MATLAB 仿真应用精品丛书

MATLAB/Simulink
电子信息工程建模与仿真

张德丰　编著

電子工業出版社
Publishing House of Electronics Industry
北京 • BEIJING

内 容 简 介

本书以 MATLAB R2016a 为平台，以工程建模仿真为背景，将专业技术与大量典型实例相结合，深入浅出地介绍了 MATLAB/Simulink 在电子信息工程中的建模与仿真应用。全书共 8 章，主要介绍了 MATLAB R2016a 基础知识、Simulink 基础知识、MATLAB/Simulink 系统仿真、Simulink 子系统与封装、MATLAB/Simulink 动力系统仿真、MATLAB/Simulink 通信系统仿真、MATLAB/Simulink 模糊控制系统仿真、MATLAB/Simulink 神经网络系统仿真等内容。本书可让读者轻松快速地掌握 MATLAB/Simulink，并进一步应用 MATLAB/Simulink 进行工程的建模与仿真，领略到 MATLAB/Simulink 的简单、易学、功能强大。

本书可作为控制工程、通信工程、电子信息方面的广大科研人员、学者、工程技术人员的参考用书，也可作为高等院校教师、在读理工学生及相关领域的广大科研人员的参考用书。

图书在版编目（CIP）数据

MATLAB/Simulink 电子信息工程建模与仿真 / 张德丰编著. —北京：电子工业出版社，2017.11
（MATLAB 仿真应用精品丛书）
ISBN 978-7-121-32898-5

Ⅰ. ①M… Ⅱ. ①张… Ⅲ. ①电子信息－计算机仿真－Matlab 软件②机电一体化－控制系统
Ⅳ.①G203-39②TH-39

中国版本图书馆 CIP 数据核字（2017）第 252606 号

策划编辑：陈韦凯
责任编辑：桑　昀
印　　刷：北京七彩京通数码快印有限公司
装　　订：北京七彩京通数码快印有限公司
出版发行：电子工业出版社
　　　　　北京市海淀区万寿路 173 信箱　邮编　100036
开　　本：787×1 092　1/16　印张：31.5　字数：806.4 千字
版　　次：2017 年 11 月第 1 版
印　　次：2025 年 7 月第 7 次印刷
定　　价：69.00 元

凡所购买电子工业出版社图书有缺损问题，请向购买书店调换。若书店售缺，请与本社发行部联系，联系及邮购电话：（010）88254888，88258888。

质量投诉请发邮件至 zlts@phei.com.cn，盗版侵权举报请发邮件至 dbqq@phei.com.cn。

本书咨询联系方式：chenwk@phei.com.cn，（010）88254441。

前　言

MATLAB是由美国MathWorks公司出品的商业数学软件，用于算法开发、数据可视化、数据分析以及数值计算的高级技术计算语言和交互式环境，主要包括MATLAB和Simulink两大部分。MATLAB在以商品形式出现后的短短几年，就以其良好的开放性和运行的可靠性，使原先控制领域里的封闭式软件包纷纷被淘汰，而改在MATLAB平台上重建。

Simulink是MATLAB中的一种可视化仿真工具，其建模较一般程序建模更直观，操作更简单，不用死记各种参数即命令的使用方法，只需用鼠标就能完成非常复杂的工作。其广泛应用于线性系统、数字控制、非线性系统以及数字信号处理的建模和仿真中。

Simulink不但功能强大、应用广泛，而且还是一个开放性系统，用户可以自己开发模块来增强Simulink的功能。对于同一个系统模型，利用Simulink可采用多个采样速率。Simulink不但能够实时地显示计算结果，还能够显示模型所表示实物的实际运动形式。使用MATLAB/Simulink进行仿真建模，已成为大量仿真工程师必须掌握的技术之一，也成为高等院校专业学生的必选课程。

MATLAB/Simulink是用于动态系统和嵌入式系统的多领域仿真和基于模型的设计工具。对于各种时变系统，包括通信、控制、信号处理、视频处理和图像处理系统，Simulink提供了交互式图形化环境和可定制模块库来进行设计、仿真、执行和测试。Simulink可以用连续采样时间、离散采样时间或两者混合的采样时间进行建模，它也支持多速率系统，也就是系统中的不同部分具有不同的采样速率。

本书基于MATLAB R2016a版，由浅入深地全面讲解MATLAB/Simulink的相关知识，帮助读者尽快掌握MATLAB/Simulink的应用。本书具有如下特点：

1．全面细致，循序渐进

本书以MATLAB R2016a为平台，简要全面、由浅入深地介绍MATLAB软件的特色、使用，再辅以MATLAB/Simulink在工程中的应用案例，帮助读者尽快地掌握使用MATLAB/Simulink进行工程应用分析的技能。

2．内容新颖，应用典型

本书结合MATLAB/Simulink解决工程应用中的各种实际问题，详细地讲解MATLAB/Simulink软件的使用方法与技巧，并通过大量典型的应用例子来实操，在讲解过程中辅以相应的图片，使读者在阅读时一目了然，从而快速地掌握书中的内容。

3．轻松易学，上手快速

本书理论与实例相结合，并通过MATLAB的在线帮助、自带实例等内容，使读者轻松地掌握所学内容，快速上手，还可以提高快速分析和解决实际问题的能力，从而能够在最短的时间内，以最好的效率解决实际通信系统中遇到的问题，提升工作效率。

本书围绕着MATLAB/Simulink在工程中的仿真与建模等内容，分为8章，主要包括：

第1章　MATLAB R2016a基础知识，主要包括MATLAB的发展史、MATLAB的功能特性、MATLAB的工作环境、MATLAB的计算基础等内容。

第2章　Simulink基础知识，主要包括Simulink的功能特点、Simulink工作环境、Simulink的工作原理、Simulink基本模块库及Simulink基本操作等内容。

第 3 章　MATLAB/Simulink 系统仿真，主要包括建模仿真的概述、MATLAB 建模仿真、Simulink 建模仿真等内容。

第 4 章　Simulink 子系统与封装，主要包括子系统介绍、高级子系统、Simulink 控制流语句及封装子系统等内容。

第 5 章　MATLAB/Simulink 动力系统仿真，主要包括动力学微分模型、数值微积分法、传递函数模型、状态空间模型等内容。

第 6 章　MATLAB/Simulink 通信系统仿真，主要包括通信系统的介绍、通信仿真方法、信源与信道模块、滤波器及调制与解调等内容。

第 7 章　MATLAB/Simulink 模糊控制系统仿真，主要包括模糊理论的概述、模糊逻辑控制函数、模糊逻辑控制箱图形界面及模糊聚类分析等内容。

第 8 章　MATLAB/Simulink 神经网络系统仿真，主要包括神经网络的概述、感知器神经网络、BP 神经网络、RBF 神经网络及自组织竞争人工神经网络等内容。

本书由张德丰编著，此外参加编写工作的还有赵书兰、刘志为、栾颖、王宇华、吴茂、方清城、李晓东、何正风、丁伟雄、李娅、辛焕平、杨文茵、顾艳春、邓奋发。

本书可作为控制工程、通信工程、电子信息方面的广大科研人员、学者、工程技术人员的参考用书，也可作为高等院校教师、在读理工学生及相关领域的广大科研人员的参考用书。

由于时间仓促，加之作者水平有限，错误和疏漏之处在所难免。在此，诚恳地期望得到各领域的专家和广大读者的批评指正。

编 著 者

目　录

第 1 章　MATLAB R2016a 基础知识

MATLAB 是一种功能强大、运算效率极高的数值计算软件，其主要面对科学计算、可视化以及交互式程序设计的高科技计算环境。它将数值分析、矩阵计算、科学数据可视化以及非线性动态系统的建模和仿真等诸多强大功能集成在一个易于使用的视窗环境中，代表了当今国际科学计算软件的先进水平。

1.1　MATLAB 的概述

MATLAB 是由美国 MathWorks 公司发布的主要面对科学计算、可视化以及交互式程序设计的高科技计算环境。MATLAB 的基本单位是矩阵，其和 Mathematica、Maple、MathCAD 并称为 4 大数学软件。MATLAB 可以进行矩阵运算、绘制函数和数据、实现算法、创建用户界面、连接其他编程语言的程序等，主要应用于工程计算、控制设计、信号处理与通信、图像处理、信号检测、金融建模设计与分析等领域。

1.1.1　MATLAB 的发展史

20 世纪 70 年代，美国新墨西哥大学计算机科学系主任 Cleve Moler 为了减轻学生编程的负担，用 FORTRAN 编写了最早的 MATLAB。1984 年，由 Little、Moler、Steve Bangert 合作成立了 MathWorks 公司正式把 MATLAB 推向市场。到 20 世纪 90 年代，MATLAB 已成为国际控制界的标准计算软件。其版本发展历程如表 1-1 所示。

表 1-1　MATLAB 发展历程

版 本 号	建 造 编 号	发 布 时 间
MATLAB 1.0		1984
MATLAB 2		1986
MATLAB 3		1987
MATLAB 3.5		1990
MATLAB 4		1992
MATLAB 4.2C	R7	1994
MATLAB 5.0	R8	1996
MATLAB 5.1	R9	1997

续表

版 本 号	建 造 编 号	发 布 时 间
MATLAB 5.1.1	R9.1	1997
MATLAB 5.2	R10	1998
MATLAB 5.2.1	R10.1	1998
MATLAB 5.3	R11	1999
MATLAB 5.31	R11.1	1999
MATLAB 6.0	R12	2000
MATLAB 6.1	R12.1	2001
MATLAB 6.5	R13	2002
MATLAB 6.5.1	R13SP1	2003
MATLAB 6.5.2	R13SP2	2005
MATLAB 7	R14	2004
MATLAB 7.0.1	R14SP1	2004
MATLAB 7.0.4	R14SP2	2005
MATLAB 7.1	R14SP3	2005
MATLAB 7.2	R2006a	2006
MATLAB 7.3	R2006b	2006
MATLAB 7.4	R2007a	2007
MATLAB 7.5	R2007b	2007
MATLAB 7.6	R2008a	2008
MATLAB 7.7	R2008b	2008
MATLAB 7.8	R2009a	2009.3.6
MATLAB 7.9	R2009b	2009.9.4
MATLAB 7.10	R2010a	2010.3.5
MATLAB 7.11	R2010b	2010.9.3
MATLAB 7.12	R2011a	2011.4.8
MATLAB 7.13	R2011b	2011.9.7
MATLAB 7.14	R2012a	2012.3.1
MATLAB8.0	R2012b	2012.9.11
MATLAB 8.1	R2013a	2013.3.7
MATLAB8.2	R2013b	2013.9.9
MATLAB8.3	R2014a	2014.3.6
MATLAB8.4	R2014b	2014.10.2
MATLAB8.6	R2015a	2015.3.6
MATLAB8.8	R2015b	2015.9.3
MATLAB9.0	R2016a	2016.3.7

1.1.2 MATLAB 的主要功能

MATLAB 之所以成为世界顶尖的科学计算与数学应用软件之一，是因为它随着版本的升级与不断完善而具有越来越强大的功能。

1. 数值计算功能

MATLAB 出色的数值计算功能是使之优于其他数学应用软件的决定性因素之一，其数值计算功能非常完善。

2. 符号计算功能

科学计算有数值计算与符号计算之分，仅有优异的数值计算功能并不能满足解决科学计算时的全部需要。在数学科学、应用科学和工程计算领域，常常会遇到符号计算问题。1993 年，MathWorks 公司从加拿大 Waterloo 大学购买了 Maple 的使用权，并以 Maple 的“内核”作为符号计算功能的“引擎”，依靠 Maple 已有的库函数，开发出了在 MATLAB 环境下实现符号计算功能的系统组件。

3. 数值分析功能

MATLAB 不但在科学计算方面具有强大的功能，而且在数值计算结果的分析和数据可视化方面也有着其他同类软件难以匹敌的优势。在科学计算和工程应用中，技术人员经常会遇到大量的原始数据和数值计算结果需要进行分析，而对数据的分析并非易事。MATLAB 能将这些数据以图形的方式显示出来，不仅使数据间的关系清晰明了，而且对于揭示内在的本质往往有着非常重要的作用。

4. 动态仿真功能

MATLAB 提供了一个模拟动态系统的交互式程序 Simulink，允许用户在屏幕上绘制框图模拟一个系统，并能动态地控制该系统。Simulink 采用鼠标驱动方式，能处理线性、非线性、连续、离散等多种系统。

Simulink 还为用户提供了两个应用程序扩展集：Simulink Extensions 和 Blocksets。其中 Simulink Extensions 是支持在 Simulink 环境下进行系统开发的一些可选择的工具类应用程序，包括 Simulink Accelerator、Real-Time Workshop 以及 Stateflow；而 Blocksets 则是针对 DSP（数字信号处理）、Communication（通信）、Nonlinear Control Design（非线性控制设计）、Fixed Point（不动点）等几个特殊应用领域设计的 Simulink 程序的集合。

5. 程序接口功能

MATLAB 提供了方便的应用程序接口（API），用户可以在 MATLAB 环境下直接调用已经编译过的 C 语言和 FORTRAN 程序。可以在 MATLAB 和其他应用程序之间建立客户机/服务器关系。同样，在 C 语言和 FORTRAN 程序中，也可以调用 MATLAB 的函数或命令，使得这些语言可以充分利用 MATLAB 强大的矩阵运算功能和方便的绘图功能。

6. 文字处理功能

MATLAB Notebook 能成功地将 MATLAB 与文字处理系统 Microsoft Word 集成为一个整体，为用户进行文字处理、科学计算、工程设计等营造了一个完美统一的工作环境。用户不仅可以利用 Word 强大的文字编辑处理功能，极其方便地创建 MATLAB 的系统手册、技术报告、命令序列、函数程序、注释文档以及与 MATLAB 有关的教科书这 6 种文档，而且还能从 Word 访问 MATLAB 的数值计算和可视化结果，直接利用 Word 对由 MATLAB 所生成的图像进行移动、缩放、剪裁、编辑等加工处理。

1.1.3 MATLAB 的技术特点

MATLAB 作为一种强大的数值计算及可视化软件，也具有自身的特点。

1. 界面友好，编程效率高

MATLAB 是一种以矩阵为基本变量单元的可视化程序设计语言。其语法结构简单，数据类型单一，指令表达方式非常接近于常用的数学公式。即使对于那些不太熟悉计算机编程的用户，只要有一点 Windows 操作的经验，在短时间内就能快速掌握 MATLAB 的主要内容和基本操作，甚至能解决大量复杂的手工难以完成的工作。

MATLAB 不仅能使用户免去大量经常重复的基本数学运算，达到事半功倍之效，而且其编译和执行速度都远远超过了采用 C 语言和 FORTRAN 语言设计的程序。可以说，MATLAB 在科学计算与工程应用方面的编程效率远远高于其他高级语言。

2. 功能强大，可扩展性强

MATLAB 不但为用户提供了科学计算、数据分析与可视化、系统仿真等强大的功能，而且还具有独树一帜的可扩展性特征。

MathWorks 公司针对不同领域的应用，推出了自动控制、信号处理、图像处理、模糊逻辑、神经网络、小波分析、通信、最优化、数量统计、偏微分方程、财政金融等 30 多个具有专门功能的 MATLAB 工具箱。各种工具箱中的函数可以链接，也可以由用户更改。

MATLAB 支持用户自由地进行二次开发。用户的应用程序既可以作为新的函数添加到相应的工具箱中，也可以扩充为新的工具箱。这些年来，国外许多不同应用领域的专家使用 MATLAB 开发出了相当多的应用程序。

3. 图形功能，灵活且方便

MATLAB 具有灵活的二维与三维绘图功能，在程序的运行过程中，可以方便迅速地用图形、图像、声音、动画等多媒体技术直接表述数值计算结果，可以选择不同的坐标系，可以设置颜色、线型、视角等，可以在图中加上比例尺、标题等标记，可以在程序运行结束后改变图形标记、控制图形句柄等，并且还可以将图形嵌入用户的 Word 文件中。

4. 在线帮助，有利于自学

MATLAB 提供了丰富的库函数，用户可以借助于 MATLAB 环境下的“在线帮助”学习各种函数的用法及其内涵。

对于有条件上网的用户，还可以直接访问 MathWorks 公司的网站，以获得诸如常见问题解答（FAQ）、产品指南等比 MATLAB 书籍更丰富的帮助信息。

1.1.4　MATLAB R2016a 新增功能

1．MATLAB 产品系列

MATLAB R2016a 主要在 MATLAB 产品系列更新以下几方面。

1）实时编辑器

（1）开发包含结果和图形以及相关代码的实时脚本。

（2）创建用于分享的交互式描述，包括代码、结果和图形以及格式化文本、超链接、图像及方程式。

2）MATLAB方面

（1）App Designer，使用增强的设计环境和扩展的 UI 组件集构建带有线条图和散点图的 MATLAB 应用。

（2）全新多 y-轴图、极坐标图和等式可视化。

（3）暂停、调试和继续 MATLAB 执行。

3）Neural Network Toolbox

使用 Parallel Computing Toolbox 中的 GPU 加速深度学习图像分类任务的卷积神经网络（CNN）。

4）Symbolic Math Toolbox

与 MATLAB 实时编辑器集成，以便编辑符号代码和可视化结果，并将 MuPAD 笔记本转换为实时脚本。

5）Statistics and Machine Learning Toolbox

Classification Learner 应用，可以自动培训多个模型，按照级别标签对结果进行可视化处理，并执行逻辑回归分类。

6）Control System Toolbox

新建及重新设计的应用，用于设计 SISO 控制器、自动整定 MIMO 系统和创建降阶模型。

7）Image Acquisition Toolbox

支持 Kinect for Windows v2 和 USB3 Vision。

8）Computer Vision System Toolbox

光学字符识别（OCR）训练程序应用、行人侦测和来自针对 3D 视觉的动作和光束平差的结构体。

9）Trading Toolbox

对交易、灵敏性和交易后执行的交易成本分析。

2. Simulink 产品系列

MATLAB R2016a 主要在 Simulink 产品系列更新以下几方面。

1）Simulink

（1）通过访问模板、最近模型和精选示例更快开始或继续工作的起始页。
（2）自动求解器选项可更快速地设置和仿真模型。
（3）针对异构设备的系统模型仿真，例如 Xilin 和 Altera SoC 架构。
（4）Simulink 单位，可在 Simulink、Stateflow 和 Simscape 组件的接口指定单位，对其进行可视化处理并检查。
（5）变量源和接收器模块，用于定义变量条件并使用生成代码中的编译器指令将其传播至链接的功能。

2）Aerospace Blockset

标准座舱仪器，用于显示飞行条件。

3）SimEvents

全新离散事件仿真和建模引擎，包括事件响应、MATLAB 离散事件系统对象制作以及 Simulink 和 Stateflow 自动域转换。

4）Simscape

全新方程简化和仿真技术，用于生成代码的快速仿真和运行时参数调整。

5）Simscape Fluids

Thermal Liquid 库，用于对属性随温度变化而变化的液体系统建模。

6）Simulink Design Optimization

用于实验设计、Monte Carlo 仿真和相关性分析的灵敏度分析工具。

7）Simulink Report Generator

三向模型合并，以图形方式解决 Simulink 项目各修订版之间的冲突。

3. 信号处理和通信

MATLAB R2016a 主要在信号处理和通信方面更新以下几方面。

1）Antenna Toolbox

电介质建模，用于分析天线和有限天线阵列中的基质效果。

2）RF Toolbox

RF Budget Analyzer，用于为级联的射频组件计算增益、噪声系数和 IP3。

3）SimRF

自动射频测试工作台生成。

4）Audio System Toolbox

一款用于设计和测试音频处理系统的新产品。

5）WLAN System Toolbox

一款用于对 WLAN 通信系统的物理层进行仿真、分析和测试的新产品。

4．代码生成

MATLAB R2016a 主要在代码生成方面更新以下几方面。

1）Embedded Coder

编译器指令生成，将信号维度作为#define 实施。

2）HDL Coder

针对 HDL 优化的 FFT 和 IFFT，支持每秒 G 数量级字节采样（GSPS）设计的帧输入。

3）HDL Verifier

PCIe FPGA 在环用于通过 PCI Express 接口仿真 Xilinx KC705/VC707 和 Altera Cyclone V GT/Stratix V DSP 开发板上的算法。

5．验证和确认

MATLAB R2016a 主要在验证和确认方面更新以下几方面。

1）Polyspace Code Prover

支持 long-double 浮点，并且改进了对无穷大和 NaN 的支持。

2）Simulink Design Verifier

对 C 语言代码 S-function 自动生成测试。

3）IEC Certification Kit

对 Simulink Verification and Validation™ 提供 IEC 62304 医学标准支持。

4）Simulink Test

使用 Simulink Real-Time 制作和执行实时测试。

1.1.5 MATLAB 产品说明

如图 1-1 所示，MATLAB 产品主要有 Complier、Simulink、Stateflow、RTW 和 Coder、MATLAB。

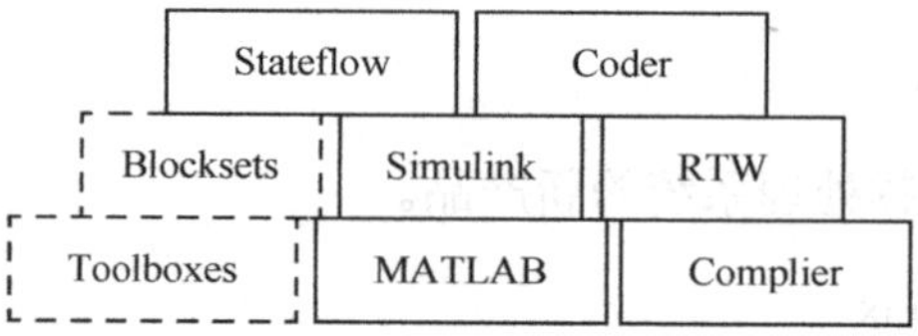

图 1-1 MATLAB 产品

1. Complier

Complier 为编译工具，它将以 MATLAB 语言为基础的函数文件编译生成函数库、可执行文件 COM 等。Complier 的存在使得 MATLAB 能够与其他高级编程语言（如 C 语言、C++语言）进行混合编程，这样提高了程序的运行效率并丰富了程序的开发手段。

2. Simulink

Simulink 是 MALTAB 的一个工具箱，它主要用来实现对工程问题的模型化及动态仿真，其本身具有良好的图形交互界面。通过采用 Simulink 模块组合的方法，能够快速、准确地创建动态系统的计算机模型。

3. Stateflow

Stateflow 为交互式设计工具，它基于有限状态机理论，用于对复杂的事件驱动系统进行建模和仿真。

4. RTW 和 Coder

RTW 是 Real-Time Workshop 的简称，它与 Coder 都是代码自动生成工具，它们可以直接将 Simulink 模型框图和 Stateflow 状态图转换成高效优化的程序代码。

5. MATLAB

MATLAB 是整个 MATLAB 产品体系的基座，它是一个语言编程型开发平台，它为其他工具提供所需要的集成环境。同时，其对矩阵和线性代数的支持，使得它本身也具有强大的数学计算功能。

如图 1-2 所示为 MATLAB/Simulink 的主要产品及其相互关系图。

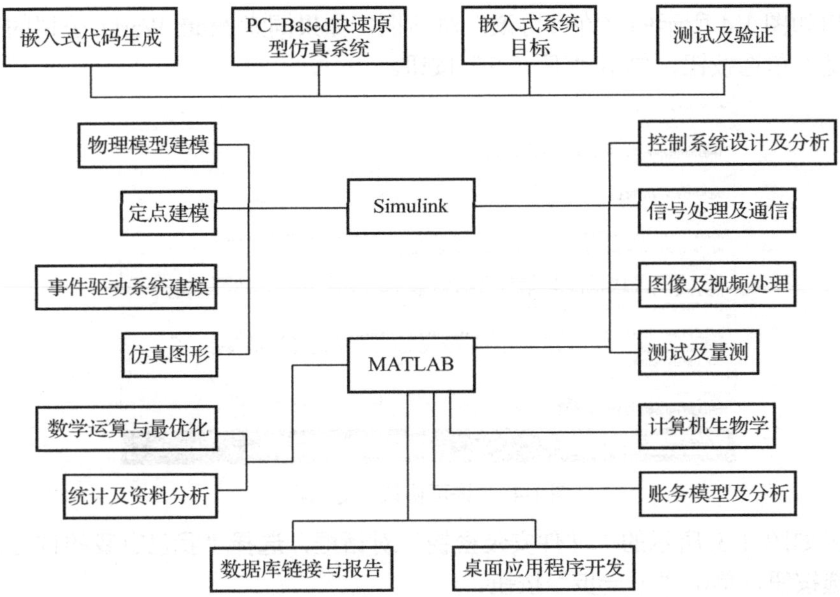

图 1-2 MATLAB/Simulink 的主要产品及其相互关系图

1.2 MATLAB 的安装与激活

使用 MATLAB 进行计算及绘图前，首先要在计算机上安装与激活 MATLAB，下面将介绍怎样安装与激活 MATLAB。

MATLAB R2016a 的安装与激活主要有以下几个步骤。

（1）将 MATLAB R2016a 的安装盘放入 CD-ROM 驱动器，系统将自动运行程序，进入初始化界面。

（2）启动安装程序后显示的“MathWorks 安装程序”对话框如图 1-3 所示。选择“使用文件安装密钥”单选按钮，再单击“下一步”按钮。

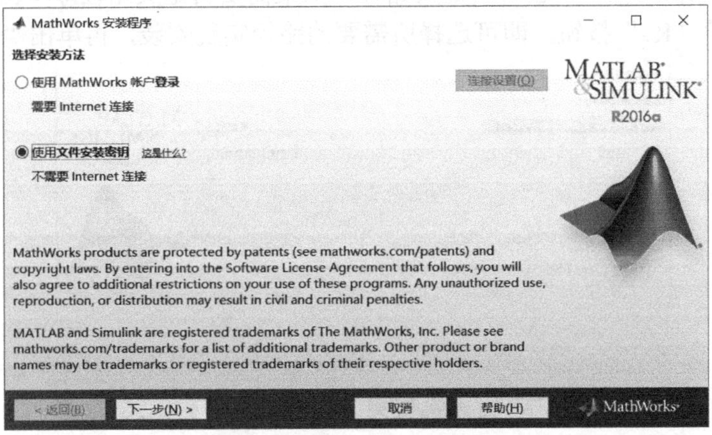

图 1-3 “MathWorks 安装程序”对话框

（3）弹出如图 1-4 所示的“许可协议”对话框，如果同意 Math Works 公司的安装许可协议，选择“是”单选按钮，单击“下一步”按钮。

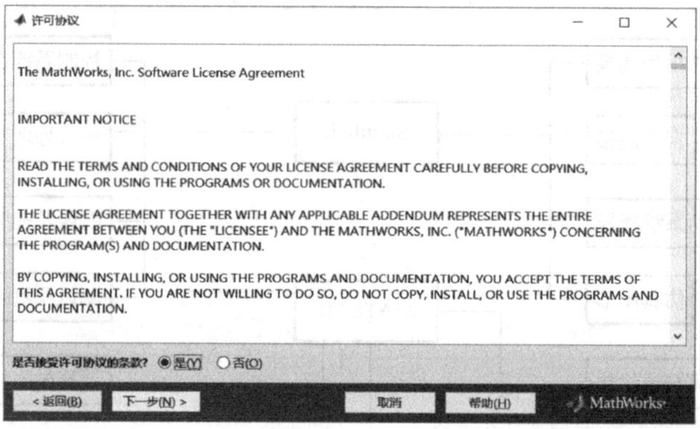

图 1-4 “许可协议”对话框

（4）弹出如图 1-5 所示的“文件安装密钥”对话框，选择“我已有我的许可证的文件安装密钥”单选按钮，单击“下一步”按钮。

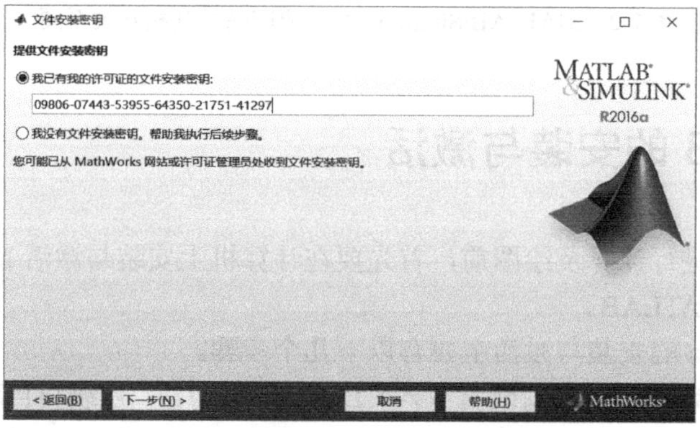

图 1-5 “文件安装密钥”对话框

（5）如果输入正确的钥匙，系统将弹出如图 1-6 所示的“文件夹选择”对话框，可以将 MATLAB 安装在默认路径中，也可自定义路径。如果需要自定义路径即单击“选择安装文件夹”右侧的“浏览（R）”按钮，即可选择所需要的路径实现安装，再单击“下一步”按钮。

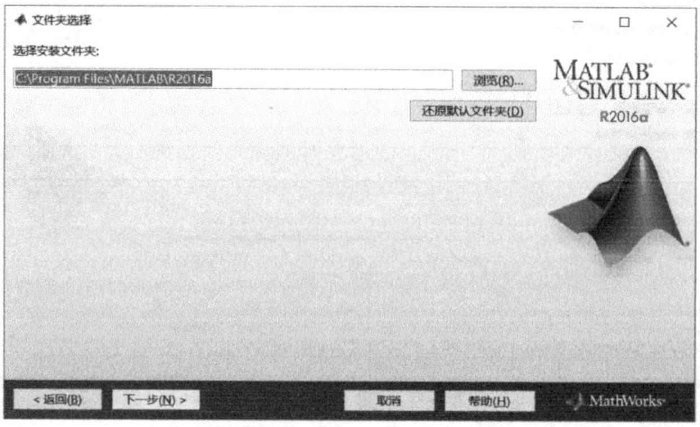

图 1-6 “文件夹选择”对话框

（6）系统将弹出如图 1-7 所示的“产品选择”对话框，可以看到用户默认安装的 MATLAB 组件、安装文件夹等相关信息。然后再单击“下一步”按钮。

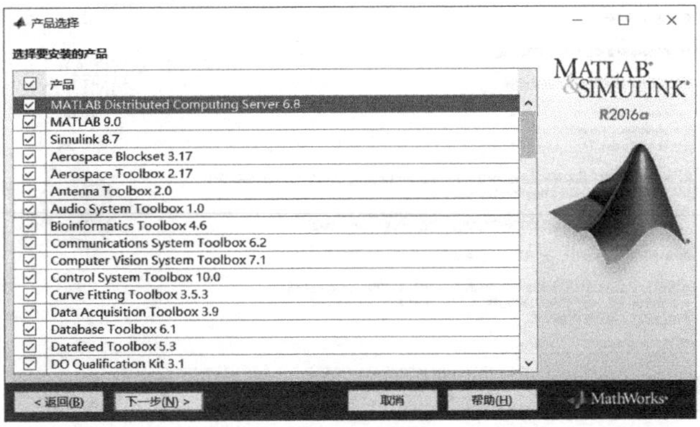

图 1-7　“产品选择”对话框

（7）在完成对安装文件的选择后，即弹出如图 1-8 所示的“确认”对话框，在该对话框中列出了前面所选择的内容，包括路径、安装文件的大小、安装的产品等，如果无误后，单击“安装”按钮进行安装。

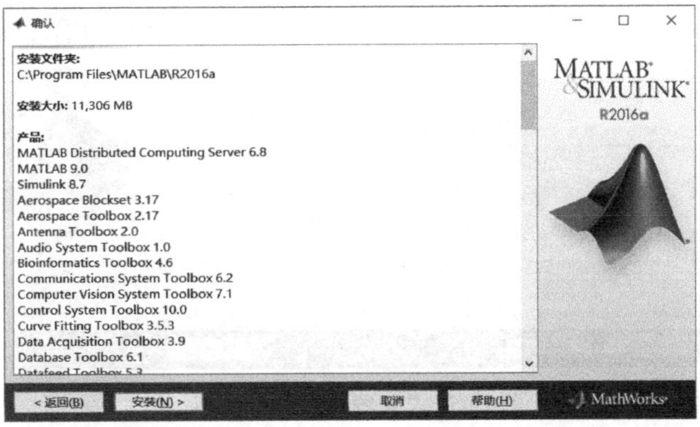

图 1-8　“确认”对话框

（8）软件在安装过程中，将显示安装进度条，如图 1-9 所示。用户需要等待产品组件安装完成。

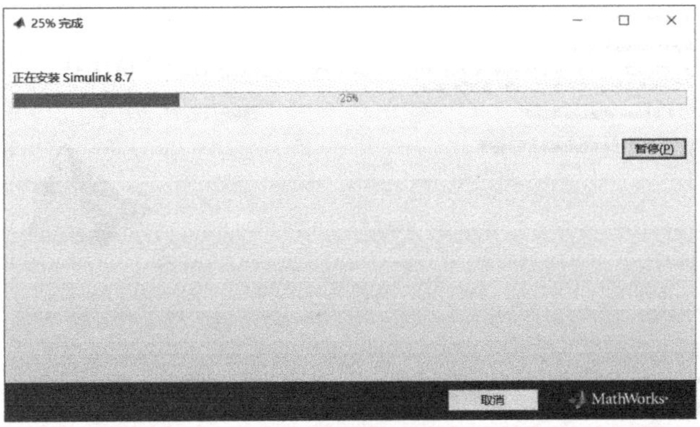

图 1-9　安装进度条

（9）软件安装完成后，将进入“产品配置说明”对话框，在该对话框中说明了安装完成 MATLAB 后需要设置哪些配置软件才可正常运行，如图 1-10 所示。

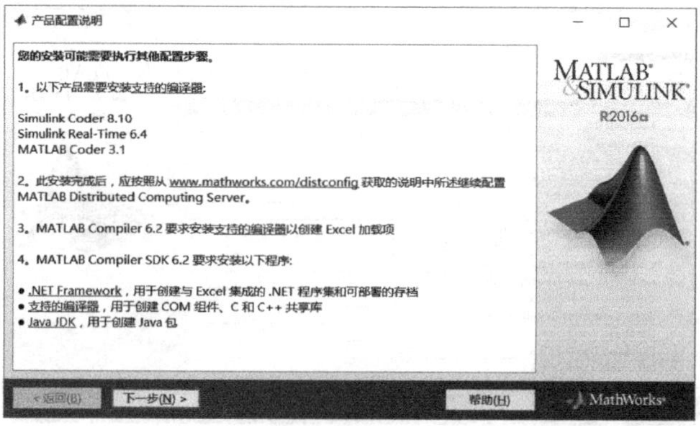

图 1-10 “产品配置说明”对话框

（10）单击图 1-10 中的“下一步”按钮，即可完成 MATLAB R2016a 的安装，安装完成后弹出“安装完毕”对话框，如图 1-11 所示。

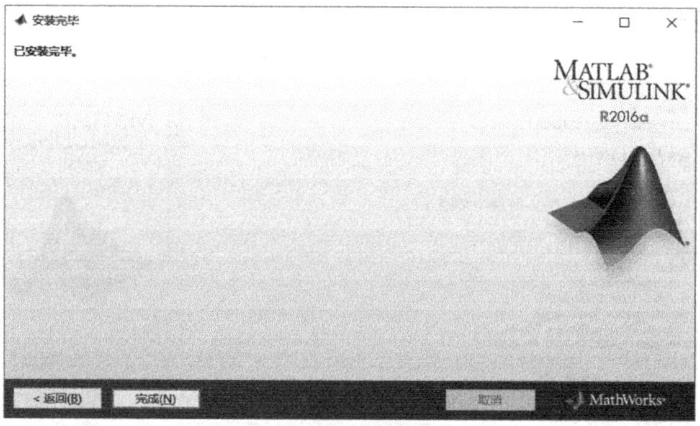

图 1-11 “安装完毕”对话框

（11）单击图 1-11 中的“完成”按钮，完成安装。此外，MATLAB R2016a 安装完成后，会自动关闭，如果要激活该软件，要返回安装目录路径下的\bin 文件，双击 MATLAB 图标，即弹出“MathWorks 软件激活”对话框，如图 1-12 所示。

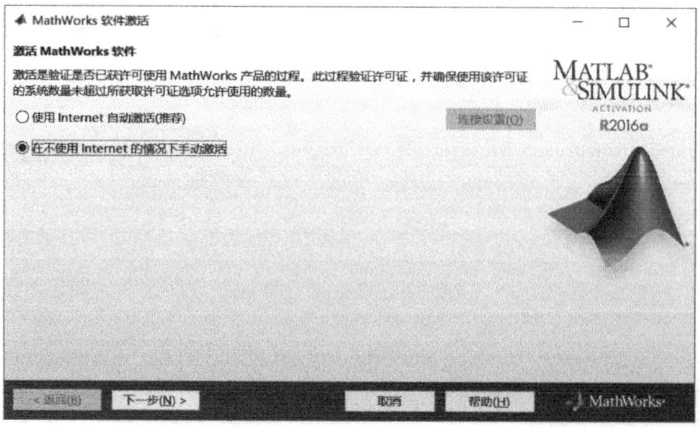

图 1-12 “MathWorks 软件激活”对话框

（12）在弹出的“离线激活”对话框中，选择“输入许可证文件的完整路径（包括文件名）”单选按钮，再单击右侧的“浏览”按钮，找到许可证文件的完整路径（license_standalone.lic），如图 1-13 所示。然后再单击“下一步”按钮。

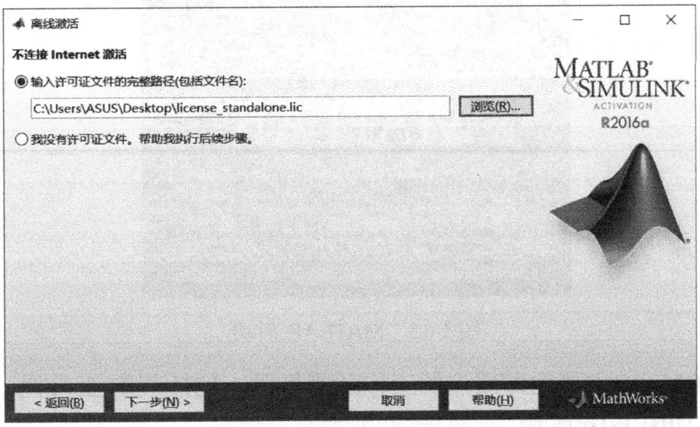

图 1-13 “离线激活”对话框

（13）弹出如图 1-14 所示的“激活完成”对话框，单击右下角的“完成”按钮，即可完成 MATLAB R2016a 的安装与激活。

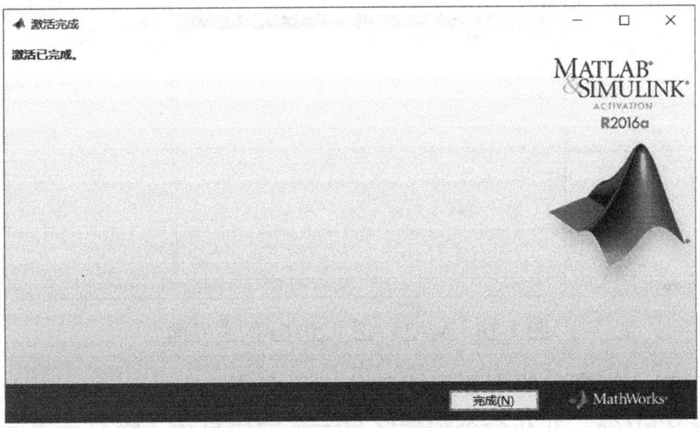

图 1-14 “激活完成”对话框

至此，即可正常运行 MATLAB R2016a 软件了。

1.3 MATLAB 的工作环境

1. MATLAB R2016a 的启动

创建 MATLAB.exe 图标的快捷方式，启动 MATLAB R2016a，出现启动界面，如图 1-15 所示；启动后，弹出 MATLAB R2016a 的用户界面。

图 1-15　MATLAB 启动

MATLAB R2016a 的主界面即用户的工作环境界面，包括菜单/工具栏、开始按钮和各个不同用途的窗口，如图 1-16 所示。

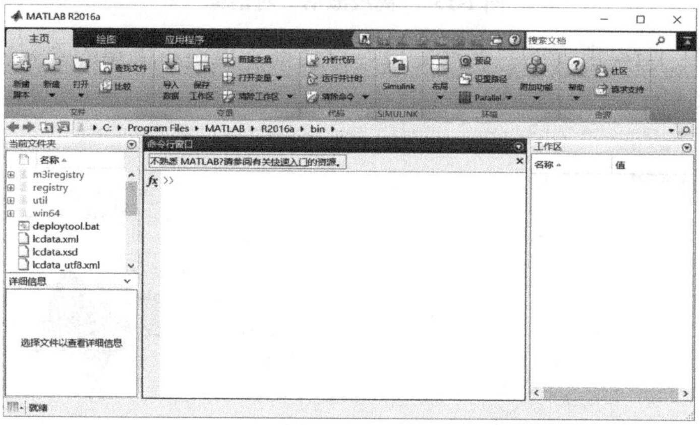

图 1-16　MATLAB R2016a 的主界面

下面分别对 MATLAB 窗口的主要组成部分进行介绍。

启动 MATLAB R2016a，并在命令编辑区显示帮助信息后，将显示提示符“>>”，该提示符表示 MATLAB R2016a 已经准备就绪，正在等待用户输入命令，这时就可以在提示符“>>”后面输入命令，完成命令的输入后直接回车，MATLAB 就会解释所输入的命令，并在命令窗口中给出计算结果。如果在输入的命令后以分号结束，再回车，则 MATLAB R2016a 也会解释执行命令，但是计算结果不显示于命令窗口中。

2．MATLAB R2016a 的退出

退出 MATLAB R2016a 的方式有以下两种：

（1）使用鼠标单击命令窗口右上角的“关闭”按钮。

（2）在命令窗口中输入“exit”命令并回车。

MATLAB 开发环境包括 MATLAB 主窗口、命令（Command）窗口、工作空间（Workspace）窗口、命令历史（Command History）窗口和当前目录（Current Folder）窗口。

1.3.1 菜单/工具栏

MATLAB 的菜单/工具栏中包括 3 个标签，分别为主页、绘图和应用程序，如图 1-16 所示。其中，绘图标签下提供数据的绘图功能；而应用程序标签则提供了各应用程序的入口。

主页标签提供了下述主要功能。

（1）新建：用于建立新的.m 文件、图形、模型和图形用户界面。

（2）新建脚本：用于建立新的.m 脚本文件。

（3）打开：用于打开 MATLAB 的.m 文件、.fig 文件、.mat 文件、.mdl 文件、.cdr 文件等，也可通过快捷组合键 Ctrl+O 来实现此项操作。

（4）导入数据：用于从其他文件导入数据，单击该按钮后弹出相应对话框，选择导入文件的路径和位置。

（5）保存工作区：用于把工作区的数据存放到相应的路径文件中。

（6）设置路径：设置工作路径。

（7）预设：用于设置命令窗口的属性，单击该按钮弹出“预设项”对话框，如图 1-17 所示。

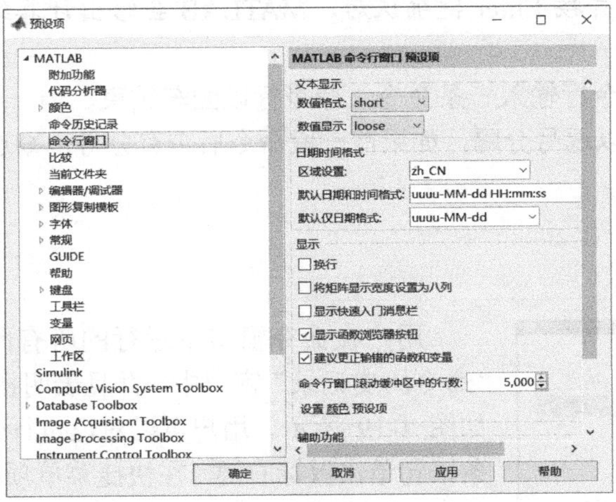

图 1-17 “预设项”对话框

（8）布局：提供工作界面上各个组件的显示选项，并提供预设的布局。

（9）帮助：打开帮助文档或其他帮助方式。

1.3.2 命令窗口

命令窗口是 MATLAB 主界面上最明显的窗口，也是 MATLAB 中最重要的窗口，默认显示在用户界面的中间。用户在命令窗口中进行 MATLAB 的多种操作，如各种指令、函数和表达式等，此窗口是 MATLAB 中使用最为频繁的窗口，并且此窗口显示除图形外的一切运行结果。

MATLAB 的命令窗口不仅可以内嵌在 MATLAB 的主界面中，而且还可以以独立窗口的形式浮动在任何界面上。右击当前“命令行窗口”右上角的“⊙”按钮，在弹出的快捷菜单中，单击“取消停靠”选项，命令行窗口就以浮动窗口的形式显示，如图 1-18 所示。

图 1-18 独立显示的“命令行窗口”

用户在提示符后输入语句，使系统执行相应的操作。最常用的是输入变量、函数及表达式等，并按回车键执行操作。

提示：“>>”是提示符，表示 MATLAB 处于准备状态，等待用户输入指令进行计算。当在提示符后输入命令，并按 Enter 键确认后，MATLAB 会给出计算结果，并再次进入准备状态。

一般来说，一个命令行输入一条命令，命令行以回车结束。但一个命令行也可以输入若干条命令，各命令之间以逗号分隔，如果前一段命令后带有分号，则逗号可以省略。

1.3.3 历史窗口

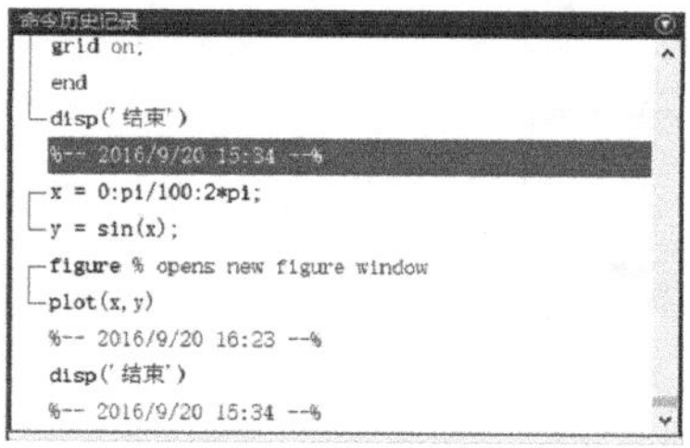

图 1-19 “命令历史记录”窗口

用户在命令窗口中运行的所有命令，都被默认保留在“命令历史记录”窗口中，并且表明指令运行的日期和时间，如图 1-19 所示。用户可以对已执行代码进行操作，选择某条语句单击鼠标右键，在快捷菜单项中选择需要的选项，如剪切、复制、粘贴和删除等选项。如果选择“执行所选内容”选项，即可重新运行历史记录中的语句，也可以通过双击一条历史语句来重新执行该语句。

1.3.4 工作空间

工作空间是 MATLAB 用于存储各种变量和效果的内存空间。“工作区”窗口是 MATLAB 集成环境的重要组成部分，它与命令窗口一样，不仅可以内嵌在 MATLAB 的主界面中，也可以以独立窗口的形式浮动在任何界面上。独立显示的“工作区”窗口如图 1-20 所示。

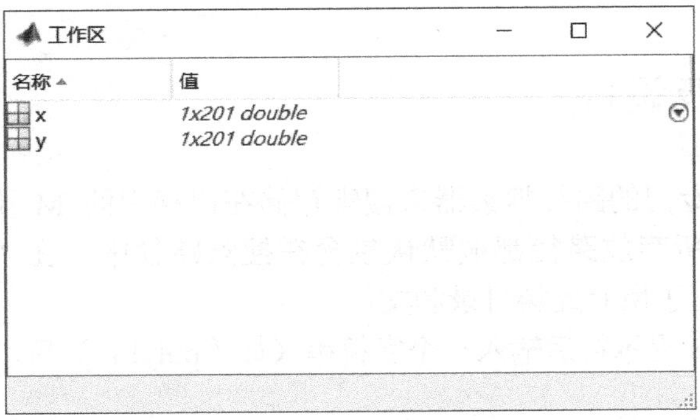

图 1-20 独立显示的“工作区”窗口

用户可以选中已有变量，单击鼠标右键对其进行各种操作。此外，工作界面的菜单/工具栏上也有相应的命令供用户使用。

（1）新建变量：向工作区添加新的变量。

（2）导入数据：向工作区导入数据文件。

（3）保存工作区：保存工作区中的变量。

（4）清除工作区：删除工作区中的变量。

1.3.5 当前文件夹

“当前文件夹”是指 MATLAB 运行时的工作目录文件夹，只有在当前目录或搜索路径下的文件，函数才可以运行或调用。如果没有特殊指明，数据文件也将存放在当前文件夹下。为了便于管理文件和数据，用户可以将自己的工作目录设置成当前目录文件，从而使得用户的操作都在当前文件夹中进行。

“当前文件夹”窗口也称为路径浏览器，可以内嵌在 MATLAB 主界面中，也可以以独立窗口的形式浮动在任何界面上。独立显示的“当前文件夹”窗口如图 1-21 所示。在“当前文件夹”窗口中可以显示或改变当前文件夹，还可以显示当前文件夹的所搜功能。通过文件夹的下拉列表框可以选择已经访问过的文件。

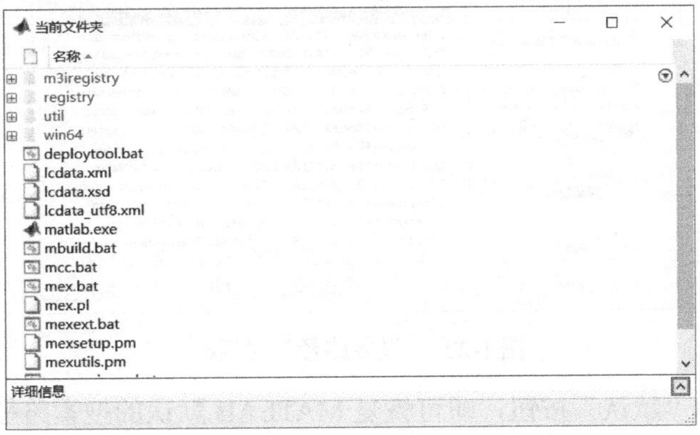

图 1-21 独立显示的“当前文件夹”窗口

1.3.6 搜索路径及设置

MATLAB 提供了专门的路径搜索器来搜索存储在内存中的 M 文件和其他相关文件，MATLAB 自带的文件所存放路径都被默认包含在搜索路径中，在 MATLAB 安装目录的“toolbox”文件夹中包含了所有此类目录和文件。

当用户在 MATLAB 提示符后输入一个字符串（如“polyfit”）后，MATLAB 进行的路径搜索步骤如下：

（1）检查 polyfit 是不是 MATLAB 工作区内的变量名，如果不是，执行下一步。

（2）检查 polyfit 是不是一个内置函数，如果不是，执行下一步。

（3）检查当前文件夹下是否存在一个名为 polyfit.m 的文件，如果没有，执行下一步。

（4）按顺序检查在所有 MATLAB 搜索路径中是否存在 polyfit.m 文件。

（5）如果仍然没有找到“polyfit”，MATLAB 就会给出一条错误信息。

提示：根据上述步骤可以推知，凡是不在搜索路径上的内容（文件和文件夹），都不能被 MATLAB 搜索到；当某一文件的文件夹在搜索路径中而其本身不在搜索路径中，则此文件夹并不会被搜索到。

一般情况下，MATLAB 系统的函数，包括工具箱函数，都是在系统默认的搜索路径之中，但是用户设计的函数有可能没有被保存到搜索路径下，很多情况容易造成 MATLAB 误认为该函数不存在。因此，只要把程序所在的目录扩展成 MATLAB 的搜索路径即可。

下面将介绍 MATLAB 搜索路径的查看和设计方法。

1. 查看 MATLAB 的搜索路径

根据具体需求，用户常常要把若干目录和 MATLAB 系统进行数据交换，或是使存放工作数据的目录能够被 MATLAB 搜索到，则需要把这些目录添加进搜索目录。用户可以单击主界面中的“设置路径”按钮，即可弹出“设置路径”对话框，如图 1-22 所示。

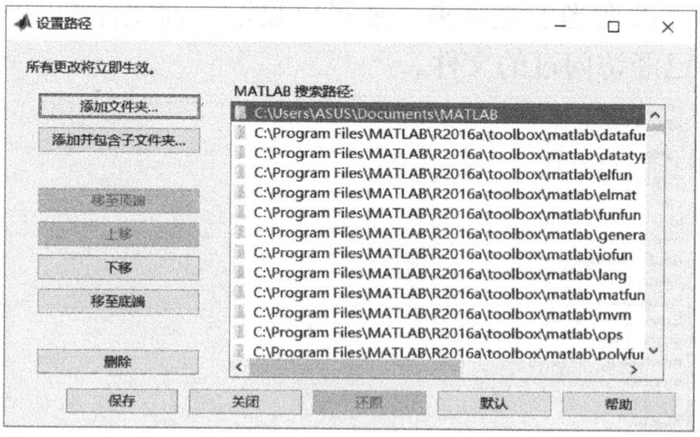

图 1-22 “设置路径”对话框

单击图 1-22 中的“默认”按钮，即可恢复 MATLAB 默认的搜索路径设置。从图 1-21 和图 1-22 可以看出，所有的搜索目录都存放在 toolbox 文件夹中。图 1-22 中各主要按钮的含义分别介绍如下。

（1）添加文件夹：表示添加新的路径；
（2）添加并包含子文件夹：表示在搜索路径上添加子目录；
（3）移至顶端：表示将选中的目录移到搜索路径顶端；
（4）上移：表示将选中的目录在搜索路径中上移一位；
（5）下移：表示将选中的目录在搜索路径中下移一位；
（6）移至底端：表示将选中的目录移到搜索路径底端；
（7）删除：表示将选中的目录移出搜索路径；
（8）默认：表示恢复到原始的 MATLAB 默认路径；
（9）还原：表示恢复到上次改变搜索路径前的设置。

此外，在“命令行窗口”中输入命令：

```
>> path
```

MATLAB 将会把所有的搜索路径列出来，如下所示：

```
        MATLABPATH
    C:\Users\ASUS\Documents\MATLAB
    C:\Program Files\MATLAB\R2016a\toolbox\matlab\datafun
    C:\Program Files\MATLAB\R2016a\toolbox\matlab\datatypes
    C:\Program Files\MATLAB\R2016a\toolbox\matlab\elfun
    C:\Program Files\MATLAB\R2016a\toolbox\matlab\elmat
    C:\Program Files\MATLAB\R2016a\toolbox\matlab\funfun
    C:\Program Files\MATLAB\R2016a\toolbox\matlab\general
    C:\Program Files\MATLAB\R2016a\toolbox\matlab\iofun
    C:\Program Files\MATLAB\R2016a\toolbox\matlab\lang
    C:\Program Files\MATLAB\R2016a\toolbox\matlab\matfun
  ……
```

2．设置 MATLAB 的搜索路径

MATLAB 提供了 3 种方法来设置搜索路径。

（1）在“命令行窗口”中输入：

```
edit path
```

或者：

```
pathtool
```

或通过 MATLAB 主界面菜单栏上的“文件”→“设置路径”菜单，进入“设置路径”对话框，然后通过该对话框编辑搜索路径。

（2）在“命令行窗口”中输入：

```
path(path,'path')    %'path'为待添加的目录的完整路径
```

（3）在“命令行窗口”中输入：

```
addapth 'path' -begin     %'path'为待添加的目录路径，将新目录添加到搜索路径的开始
addapth 'path' -end       %'path'为待添加的目录路径，将新目录添加到搜索路径的末端
```

1.3.7 M 文件编辑

有时候在 MATLAB 的命令窗口中编辑程序不太方便，因为每按一次“Enter”键，系统会立刻执行输入命令，而用户习惯写完一段程序后再执行。

MATLAB 的命令文件和函数文件都是以.m 文件为扩展名的，称之为 M 文件。打开 M 文件编辑/调试指令窗口的方法有两种。

（1）在 Command 窗口中输入“edit”命令。

（2）在“主页”模块下选择“新建脚本”命令。

打开后的 M 文件“编辑器”对话框如图 1-23 所示。

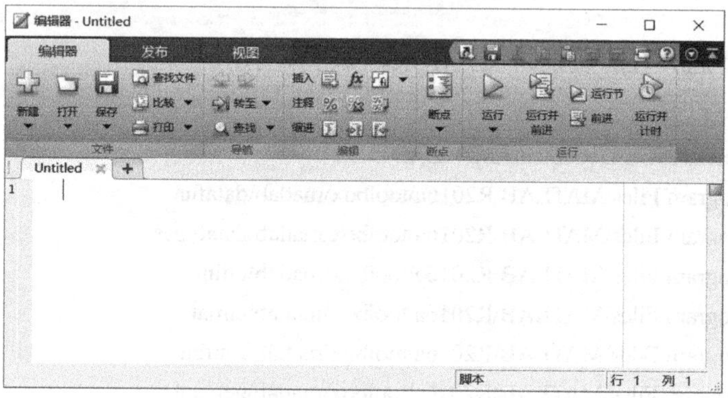

图 1-23 “编辑器”对话框

图 1-23 中空白处的右侧大块区域用于编写程序：最左面的区域显示行号，每行都有数字，包括空行。行号是系统自行加入的，随着行数的增加而增加；在行号和程序窗口之间的区域上有一些小横线，这些横线只有在可执行时才会出现，在空行、注释行、函数定义行等前面没有横线。在进行程序调试时，可以直接在这些横线上单击，添加设置或取消断点。

在这个窗口中可以编辑并保存所编写的程序。需要运行并仿真程序时，有 3 种方法。

（1）当要执行编写完的程序时，可以把编辑好的程序粘贴到命令窗口中去执行，也可以直接单击“运行并前进”按钮。

（2）当要执行没有编写完的部分程序时，可以把要执行的部分程序粘贴到命令窗口中去执行，也可在该窗口中选择要执行的部分命令，然后直接单击“运行节”按钮。

（3）在该窗口中选择需要运行的程序，单击鼠标左键选择“运行当前节”选项。

1.4 MATLAB 帮助系统

作为一个优秀的软件，MATLAB 为广大用户提供了有效的帮助系统。其中有联机帮助系统、远程帮助系统、演示程序、命令查询系统等多种方式，这些无论对于入门读者还是经常使用 MATLAB 的人员都是十分有用的，经常查阅 MATLAB 帮助文档，可以帮助读者更好地掌握 MATLAB。

1.4.1　纯文本帮助

MATLAB 中的各个函数，不管是内建函数、M 文件函数，还是 MEX 文件函数等，一般都有 M 文件的使用帮助和函数功能说明，各个工具箱通常情况下也具有一个与工具箱名称相同的 M 文件来说明工具箱的构成内容。

因此，在 MATLAB“命令行窗口”中，可以通过一些命令来获取这些纯文本的帮助信息。这些命令包括 help、lookfor、which、doc、get、type 等。

1．help 命令

help 命令常用的调用方式为：

```
help FUN
```

执行该命令可以查询到有关 FUN 函数的使用信息。例如，要了解 grid 函数的使用方法，可以在“命令行窗口”中输入：

```
>> help grid
 grid      Grid lines.
    grid ON adds major grid lines to the current axes.
    grid OFF removes major and minor grid lines from the current axes.
    grid MINOR toggles the minor grid lines of the current axes.
    grid, by itself, toggles the major grid lines of the current axes.
    grid(AX,…) uses axes AX instead of the current axes.
      grid sets the XGrid, YGrid, and ZGrid properties of
    the current axes.
      AX.XMinorGrid = 'on' turns on the minor grid.
      See also title, xlabel, ylabel, zlabel, axes, plot, box.
```

grid 的参考页显示的帮助文档介绍了 grid 函数的主要功能、调用格式及相关函数的链接。

2．lookfor 命令

lookfor 命令常用的调用方式为：

```
lookfor topic
lookfor topic -all
```

执行该命令可以按照指定的关键字查找所有相关的 M 文件。例如：

```
>> lookfor grid
griddedInterpolant                  %内插网格数据
cset_grdlatt                        %Grid/Lattice CandidateSet 生成器对象
cset_grid                           %Grid CandidateSet 生成器对象
xreggridbaglayout                   %GRIDBAGLAYOUT 构造函数
xreggridlayout                      %网格布局对象的构造方法
cplxgrid                            %极坐标复合网格
```

```
……                                  ……
setcoincidentgrid                   %设置两个轴的重合网格
gridunc                             %定义不确定参数值的网格
surfht                              %数据网格的交互式轮廓图
hdsReplicateArray - HDSREPLICATE    %网格尺寸复制数据点阵列
```

1.4.2 Demos 帮助

通过 Demos 演示帮助，用户可以更加直观、快速地学习 MATLAB 中许多实用的知识。可以通过以下两种方式打开演示帮助。

（1）选择 MATLAB 主界面菜单栏上的帮助下的“示例”命令。

（2）在“命令行窗口”中输入：

```
demos
```

无论采用上述哪种方式，执行命令后会弹出“帮助”对话框，如图 1-24 所示。MATLAB Examples 又分为“Getting Started”、“Mathematics”、“Graphics”等一系列的演示。

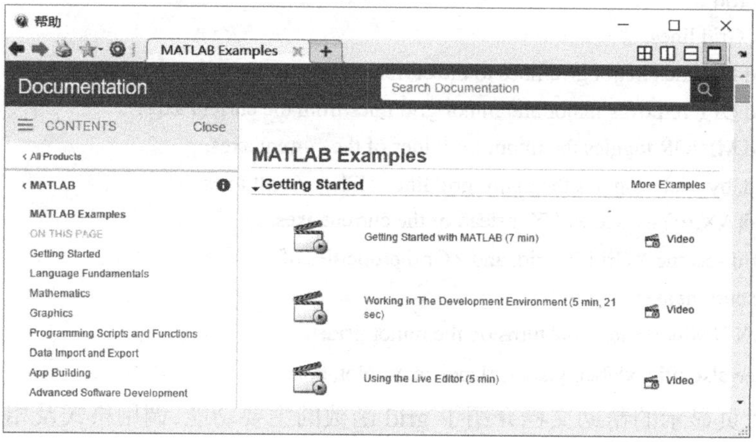

图 1-24 “帮助”对话框

1.4.3 帮助导航浏览器

帮助导航浏览器是 MATLAB 专门提供的一个独立的帮助子系统。该系统包含的所有帮助文件都存储在 MATLAB 安装目录下的 help 子目录下。用户可以采用以下两种方式打开帮助导航浏览器：

（1）helpbrowser；

（2）doc。

提示：或者单击 MATLAB 主界面工具栏上的“Help”按钮。此外，用户还可以按下 F1 键，系统也将弹出帮助窗口。

1.5　MATLAB 的工具箱

MATLAB 的一个重要特色就是它具有一套程序扩展系统和一组称为工具箱（Toolbox）的特殊应用子程序。工具箱是 MATLAB 的关键部分，是 MATLAB 强大功能得以实现的载体和手段，它是对 MATLAB 基本功能的重要扩充。

MATLAB 每年都会增加一些新的工具箱，要么是出现新的工具箱或实现工具，要么是原有工具箱的性能得到改进。因此，在一般情况下，工具箱的列表不是固定不变的，有关 MATLAB 工具箱的最新信息可以在 http://www.mathworks.com/products 中看到。

MATLAB 有 30 多个工具箱，大致可分为两类：功能型工具箱和领域型工具箱。

（1）功能型工具箱主要用来扩充 MATLAB 的符号计算功能、图形建模仿真功能、文字处理功能以及与硬件实时交互功能，能用于多种学科。

（2）领域型工具箱专业性很强，是针对某个专业的常用算法做成的函数包，如最优化工具箱（Optimization Toolbox）、信号处理工具箱（Signal Processing Toolbox）等。

1.6　MATLAB 的实例演示

本节将介绍几个例子来展示 MATLAB 在系统建模与仿真中的应用，希望读者通过这几个例子对 MATLAB 有一个初步的认识。

【例 1-1】 利用 dblquad 函数计算二重积分：

$$\int_0^{\pi}\int_0^{2\pi}(y\sin x+3\cos y-1)\mathrm{d}x\mathrm{d}y$$

其实现的 MATLAB 代码为：

```
>> clear all;
f=@(x,y)y*sin(x)+3*cos(y)-1;
xmin=pi;
xmax=2*pi;
ymin=0;
ymax=pi;
q=dblquad(f,xmin,xmax,ymin,ymax)
```

运行程序，输出如下：

```
q =
   -19.7392
```

【例 1-2】 微分方程的求解。一个非线性刚体系统可用如下方程进行描述：

$$\begin{cases} y_1' = y_2 y_3 \\ y_2' = -y_1 y_3 \\ y_3' = -0.5 y_1 y_2 \end{cases}$$

试求出在初始条件 $y_1(0)=0$， $y_2(0)=1$， $y_3(0)=1$ 下系统的解。

根据需要，建立非线性刚性系统方程的 M 文件，代码为：

```
function dy=rigid(t,y)
dy=zeros(3,1);
dy(1)=y(2)*y(3);
dy(2)=-y(1)*y(3);
dy(3)=-0.5*y(1)*y(2);
```

其实现的 MATLAB 代码为：

```
>> clear all;
options=odeset('RelTol',1e-4,'AbsTol',[1e-4,1e-4,1e-5]);
[T,Y]=ode45(@rigid,[0,12],[0 1 1],options);
plot(T,Y(:,1),':',T,Y(:,2),T,Y(:,3),'r-.');
```

运行程序，微分方程的解如图 1-25 所示。

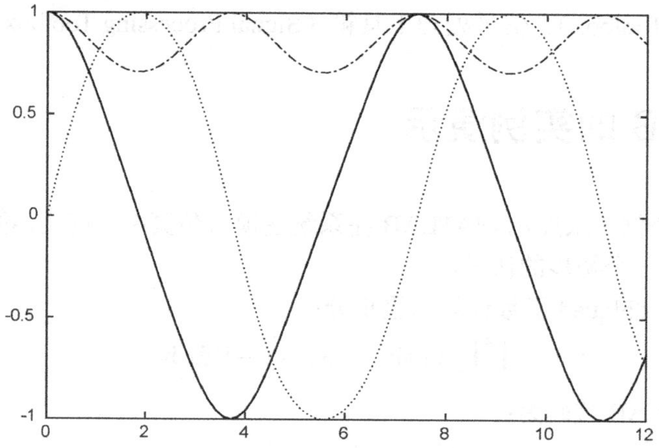

图 1-25　微分方程的解

【例 1-3】 根据绘图方程式的不同绘制不同的三维图形。

其实现的 MATLAB 代码为：

```
>> figure;          %创建一个图形窗口，效果如图 1-26 所示
colormap(hsv(64))
z = cplxgrid(30);
cplxmap(z,z)
title('z')
figure;             %重新建立一个图形窗口，效果如图 1-27 所示
cplxmap(z,z.^3)
title('z^3')
```

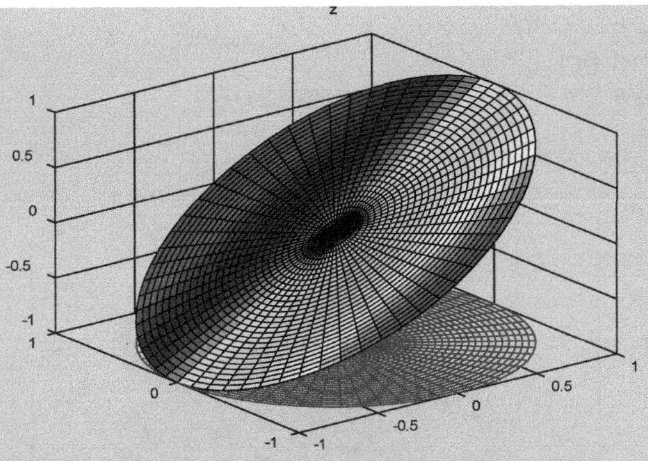

图 1-26　三维图形 1

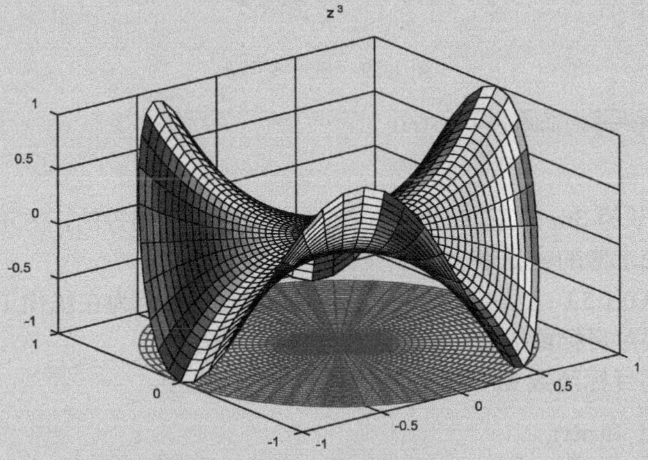

图 1-27　三维图形 2

figure;　　　　%重新建立一个图形窗口，效果如图 1-28 所示

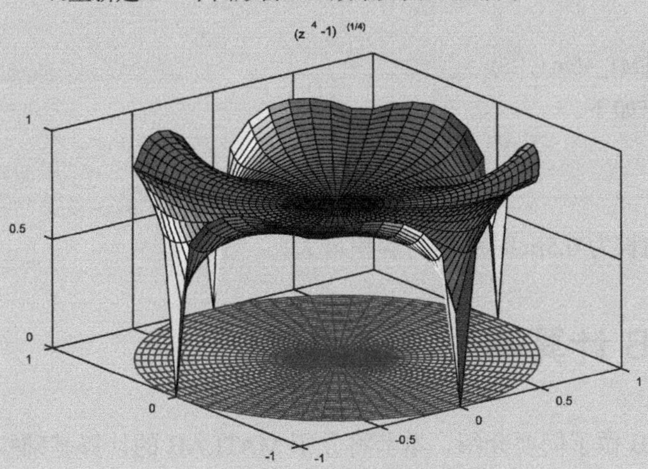

图 1-28　三维图形 3

```
cplxmap(z,(z.^4-1).^(1/4));
title('(z^4-1)^{(1/4)}')
figure;     %重新建立一个图形窗口，效果如图 1-29 所示
```

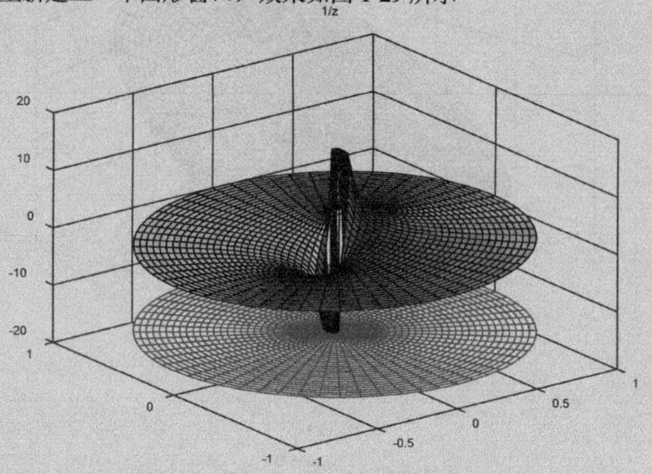

图 1-29　三维图形 4

```
cplxmap(z,1./(z+eps*(abs(z)==0)),5*pi);
title('1/z')
```

【例 1-4】 对边长为 3m 的正方形铁板，在 4 个角处剪去相等的正方形以制成方形无盖水槽，问如何剪才能使水槽的容积最大。

先在要求区间（0,1.5）上确定一个 x，使容积最大化。因为在优化工具箱中要求目标函数最小化，所以需要对目标函数进行转换，即要求最小化。

根据需要，编写目标函数 M 文件，代码为：

```
function f=M1_4fun(x)
f=-(3-2*x).^2*x;
```

调用 fminbnd 函数求解，代码为：

```
>> clear all;
x=fminbnd(@M1_4fun,0,1.5)
```

运行程序，输出如下：

```
x =
    0.5000
```

即剪掉的正方形的边长为 0.5m 时水槽的容积最大。

1.7　MATLAB 计算基础

前面对 MATLAB 做了简要介绍，本节将介绍 MATLAB 的计算基础知识，通过本节的学习，使读者快速掌握 MATLAB。

1.7.1 数据类型

MATLAB 的基本数据类型有字符串类型、数值类型、函数句柄、逻辑类型、日期和时间、单元数组、结构体类型等，用户也可以根据需要来定义自己的数据类型。

1. 字符串类型

字符和字符串运算是各种高级语言不可缺少的部分，并且应用广泛。MATLAB 提供了强大的字符串处理能力。

MATLAB 中的字符串由多个字符按行向量的形式组成，需要使用单引号对“''”，并且字符串中的每个字符（包括空格）都是对应行向量的一个元素。

建立字符串可以使用直接赋值和 char 函数两种方法。

【例 1-5】 利用两种方法建立字符串。

其实现的 MATLAB 代码为：

```
>> str=['12','22','32';'42','52','62']          %赋值法创建字符串
str =
122232
425262
>> str1=char([100 -4 4 83])
str1 =
d┘ S
>> asc = char(reshape(32:127,32,3)')
asc =
 !"#$%&'()*+,-./0123456789:;<=>?
@ABCDEFGHIJKLMNOPQRSTUVWXYZ[\]^_
`abcdefghijklmnopqrstuvwxyz{|}~
>> whos                                          %查看变量类型
Name        Size        Bytes    Class     Attributes
  asc       3x32        192      char
  str       2x6         24       char
  str1      1x4         8        char
  x         1x1         8        double
```

2. 数值类型

MATLAB 的数值类型有整数、复数、浮点数、无穷大和非数值量这 5 个类型，其中正无穷大由 inf 表示，负无穷大由-inf 表示，非数值量由 NaN 表示。

1）整数类型

MATLAB 的整数类型分为两类：一类是有符号整数，另一类是无符号整数。两者的区别是有符号整数可以表示负数、正数和零，而无符号整数只能表示整数和零，不能表示负数。

MATLAB 支持 8 位（uint8、int8）、16 位（uint16、int16）、32 位（uint32、int32）、64 位（uint64、int64）的有符号整数和无符号整数。

2）复数类型

复数包含实部和虚部两部分，MATLAB 中的虚部可以用 i 或 j 来表示。建立复数可以使用直接输入和 complex 函数两种方法。

3）浮点数类型

MATLAB 中的浮点数类型分为两类：一类为单精度浮点数，另一类为双精度浮点数。单精度浮点数以 4 字节存储，双精度浮点数以 8 字节存储，它是 MATLAB 中的默认数据类型。浮点数类型转换函数包括 single（将数据转换成单精度浮点数）和 double（将数据转换成双精度浮点数）。

4）无穷大和非数值量（NaN）

MATLAB 中的 inf 和-inf 分别表示正无穷大和负无穷大，它主要应用在被 0 除结果溢出等情况。需要说明的是：MATLAB 遇到被 0 除运算，不会报错和终止程序的运行，而是将结果赋值成 inf。

NaN 为 Not a Number 的缩写，它是 MATLAB 中定义的非数值量，主要应用在 0/0、inf/inf 等情况。

【例 1-6】 数值类型的实现。

其实现的 MATLAB 代码为：

```
>> clear all;
>> x=13.759;
>> x=x+.0005;
int16(x)                          %对 x 取整，有符号整数
ans =
      14
>>   a=1-3i
a =
   1.0000 - 3.0000i
>> b=1+2*j
b =
   1.0000 + 2.0000i
>> a = fi([-1 1],1,8,7);
y = double(a)
z = a.double
y =
   -1.0000     0.9922
z =
   -1.0000     0.9922
>> a=single(26.794)               %创建单精度数据
```

```
a =
    26.7940
```

3. 函数句柄

MATLAB 中函数句柄（handle）的作用在于可间接调用函数，其调用格式为：

```
fhandle=@functionname
```

其中，functionname 为函数名，fhandle 为该函数对应的句柄。

【例 1-7】 函数句柄实例。

其实现的 MATLAB 代码为：

```
>> fhandle=@functionname          %用符号@构建函数句柄
fhandle =
    @functionname
>> a=@(x)x.^3+1                   %创建匿名函数的方法构建函数句柄
a =
    @(x)x.^3+1
>> whos
  Name        Size        Bytes    Class              Attributes
     a        1x1            16    function_handle
  fhandle     1x1            16    function_handle
```

4. 逻辑类型

MATLAB 把所有的非零数值当作 true，而把零数值当作 false，所有关系和逻辑表达式，如果为真即返回逻辑数组 1，如果为假即返回逻辑数组 0。

除了传统的数学运算之外，MATLAB 还支持关系和逻辑运算。这项功能的一个很重要的作用就是根据真/假问题的结果来控制 MATLAB 的指令序列的执行流程，或说是执行顺序。MATLAB 的关系运算符包括所有常用的比较运算符，如表 1-2 所示。

表 1-2 关系运算符

关系运算符	描　述
<	小于
<=	小于等于
>	大于
>=	大于等于
==	等于（请注意与赋值符号的区别）
~=	不等于

逻辑运算符提供了将多个关系运算表达式组合在一起，或对关系表达式取反的方法，如表 1-3 所示。

表 1-3 逻辑运算符

逻辑运算符	描述
&	逻辑与
|	逻辑或
~	逻辑非

在算术运算符、关系运算符及逻辑运算符这三种运算符中，算术运算符的优先级最高，关系运算符的优先级次之，而逻辑运算符的优先级最低。在实际应用中，可以通过圆括号来调整运算过程的次序。

【例 1-8】 关系与逻辑运算。

其实现的 MATLAB 代码为：

```
>> clear all;
>> A=1:8;
>> B=12-A;
>> tf=A>5              %关系运算
tf =
     0     0     0     0     0     1     1     1
>> tf=~(A>5)           %逻辑非运算
tf =
     1     1     1     1     1     0     0     0
```

5. 日期和时间

MATLAB 提供了许多函数来处理日期和时间，用户可以对日期和时间进行数学运算，打开日历及找到指定的某一天。对于当前日期和时间的显示，MATLAB 提供了 3 种格式。函数 clock 将当前日期和时间返回到一个数组[year month day hour minute seconds]中。函数 now 将当前日期和时间以一个双精度日期数字或者仅以一个日期数字返回。函数 date 以 dd-mm-yyyy 格式的字符串返回当前日期。从根本上来说，clock 函数和 now 函数返回的是相同的信息。

通常，对于带有时间的数字都涉及将时间转换成日期数字格式，对时间执行标准数学运算，然后将结果再转换成简明的日期格式。因此，各种不同的格式之间的相互转化就显得非常重要了。函数 datestr 将日期数字转换成一个日期字符串，datestr 的语法是 datestr(date,dateform)，dateform 总共有 29 种，可参见 datestr 的在线帮助。函数 datenum 执行与 datestr 相反的操作。也就是说，datenum 将一个日期字符串转换成一个日期数字，这个函数的语法是 datenum(str)。另外，它还能够转换不同的日期表示形式，这时使用 datenum(year,month,day)或 datenum(year,month,day,hour,minute,second)这样的格式。

星期几可以用函数 weekday 从一个日期字符串或者一个日期数字得到，不过在这个转换过程中，MATLAB 会将星期天当作第 1 天，而将星期六当作第 7 天来处理。而用函数 eomday 可以知道任何一个月的最后一天，由于闰年的存在，这个函数需要年份和月份作为参数。同时，MATLAB 可以对用户要求的任何一个月用函数 calendar 来生成一个日历并显示在窗口中，或者将其存在一个 6×7 的矩阵中。

MATLAB 还可以对一组运算进行计时，这一功能可由函数 tic 和 toc 来实现，tic 启动一个秒表，toc 停止这个秒表并计算出运算所经历的时间。

【例 1-9】 日期与时间演示。

其实现的 MATLAB 代码为：

```
>> clear all;
>> clock
ans =
   1.0e+03 *
    2.0160    0.0090    0.0210    0.0170    0.0280    0.0139
>> date
ans =
21-Sep-2016
>> now
ans =
   7.3659e+05
>> weekday(now)
ans =
     4
>> calendar(now)
                   Sep 2016
     S      M     Tu      W     Th      F      S
     0      0      0      0      1      2      3
     4      5      6      7      8      9     10
    11     12     13     14     15     16     17
    18     19     20     21     22     23     24
    25     26     27     28     29     30      0
     0      0      0      0      0      0      0
```

6. 单元数组

顾名思义，单元数组是一种数组，但是单元数组和一般的数组又有区别，即每一个单元可以存放不同的数据类型，可以是单独的一个数、数组、字符串数组、符号对象，甚至是单元。而单元之间是平等的，以下标区别。

在单元数组中以小括号标识单元数组中的单元，如 A(4,5)表示单元数组 A 的第 4 行第 5 列的单元。以大括号标识单元内容，如 A{4,5}表示单元内容。

相比普通的数组，单元数组使用得并没有那么频繁，但是如果掌握单元数组的方法，有时候会让程序设计变得很方便，更加灵活。在 MATLAB 中可以用中小括号创建单元数组，也可以通过 cell 函数创建。

1）单元数组的构造

构造单元数组有左标志法、右标志法及函数法，下面对这几种方法进行介绍。

（1）左标志法。

左标志法就是把单元标志符{}放在等号左边，例如，创建一个 2×2 的单元数组可以使用如下语句：

```
>> c{1,1}='Butterfly';
>> c{1,2}=@sin;
>> c{2,1}=ones(2,2);
>> c{2,2}=true;
>> c                  %显示构造的单元数组
c =
    'Butterfly'       @sin
    [2x2 double]      [ 1]
```

（2）右标志法。

右标志法就是把单元标志符{}放在等号右边，例如，创建和上面一样的单元数组（2×2）可以使用如下语句：

```
>> c(1,1)={'Butterfly'};
>> c(1,2)={@sin};
>> c(2,1)={ones(2,2)};
>> c(2,2)={true};
>> c
c =
    'Butterfly'       @sin
    [2x2 double]      [ 1]
```

上述语句还可以简单地转换为以下代码：

```
>> c={'Butterfly',@sin;ones(2,2),true};
>> c
c =
    'Butterfly'       @sin
    [2x2 double]      [ 1]
```

在 MATLAB 中，也可以使用 celldisp 函数显示单元数组，例如：

```
>> celldisp(c)
c{1,1} =
Butterfly
c{2,1} =
    1     1
    1     1
c{1,2} =
    @sin
c{2,2} =
    1
```

注意：函数 celldisp 的显示格式与直接输入单元数组名的显示格式是不同的。celldisp 函数更适合于具有大量数据的单元数组的显示。

（3）函数法。

在 MATLAB 中还提供了 cell 函数用于创建元胞数组，函数的调用格式为：

```
① c = cell(n);
```

建立一个 n×n 的空矩阵元胞数组 c。如果 n 不是标量，即产生错误。

```
② c = cell(m, n)或 c = cell([m, n]);
```

建立一个 m×n 的空矩阵元胞数组 c，m 与 n 必须为标量。

```
③ c = cell(m, n, p,⋯)或 c = cell([m n p ⋯]);
```

创建一个 m×n×p×⋯的空矩阵元胞数组 c，m,n,p⋯必须都为标量。

```
④ c = cell(size(A));
```

建立一个元胞数组 c，其大小与数组 A 一样，也就是说，c 中的空矩阵单元数等于 A 的元素数。

```
⑤ c = cell(javaobj);
```

将 Java 数组或 Java 对象 javaobj 转换为 MATLAB 元胞数组。结果元胞数组的元素将是最接近于 Java 数组元素或 Java 对象的 MATLAB 类型。

例如：

```
>> X = java_array('java.lang.String', 3);
X(1) = java.lang.String('one');
X(2) = java.lang.String('two');
X(3) = java.lang.String('three');
D = cell(X)
D =
    'one'
    'two'
    'three'
```

2）单元数组的读取

以所创建的单元数组 c 为例，要读取 c{1,1}中的字符串，可以使用如下代码：

```
>> str=c{1,1}
str =
Butterfly
```

如果要读取单元数组的若干个单元数据，例如，读取单元数组 c 的第 1 行，可以使用的代码为：

```
>> c(1,:)
ans =
    'Butterfly'     @sin
```

读取单元数组 c 的第 2 列，代码为：

```
>> c(:,2)
ans =
    @sin
    [ 1]
```

此外，在 MATLAB 中，还提供了 cellplot 函数用于以图形的形式显示单元数组，例如：

```
>> cellplot(c)                    %效果如图 1-30 所示
```

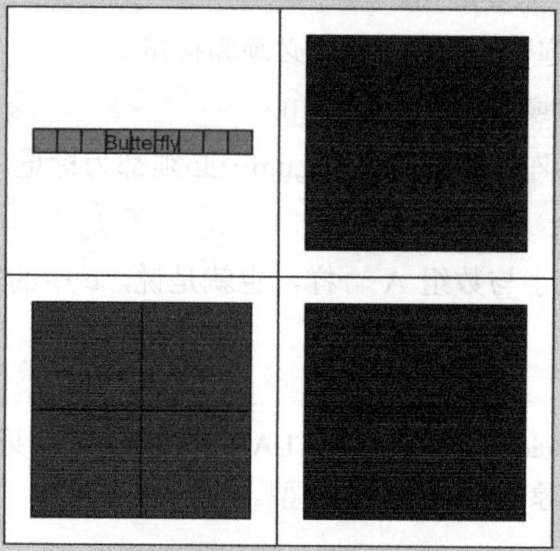

图 1-30 图形的形式显示单元数组

3）单元数组的删除

将空矩阵赋给单元数组的某一整行或某一整列，就可以删除单元数组的这一行或一列，例如，删除单元数组 c 的第一行可以用如下代码：

```
>> c(2,:)=[]
c =
    'Butterfly'     @sin
```

7. 结构体类型

与单元数组一样，结构数组（Structure Array）也能在一个数组里存放各类数据。从一定意义上讲，结构数组组织数据的能力比元胞数组更强、更富于变化。

结构数组的基本成分（Element）是结构（Structure）。数组中的每个结构是平等的，它们以下标区分。结构必须在划分"域"后才能使用。数据不能直接存放于结构中，而只能存放在域中。结构的域可以存放任何类型、任何大小的数组（如任意维数数值数组、字符串数组、符号对象等）。而且，不同结构的同名域中存放的内容可以不同。

与数值数组一样，结构数组维数不受限制，可以是一维、二维或更高维，不过一维结构数组用得最多。结构数组对结构的编址方法也有单下标编址和全下标编址两种。

在 MATLAB 中，一个结构体对象就是一个 1×1 的结构体数组，因此，可以创建具有多个结构体对象的二维或多维结构体数组。

1）创建结构体数组

创建结构体对象有两种方法：直接采用赋值语句给结构体的字段赋值；通过结构体创建函数 struct 来创建。

除了通过字段赋值外，在 MATLAB 中还提供了 struct 函数创建结构体。其调用格式为：

```
（1）s = struct('field1', values1, 'field2', values2, …);
```

filedi 表示字段名。valuei 表示对应于 filedi 的字段值，必须是同样大小的元胞数组或标量。

```
（2）s = struct('field1', {}, 'field2', {}, …);
```

用指定字段 filed1,field2 等建立一个空结构（无任何数据）。

```
（3）s = struct([]);
```

建立一个没有字段的空结构。

```
（4）s = struct(obj);
```

将对象 obj 转换为它的等价结构。

【例 1-10】 利用两种方法创建结构体数组。

其实现的 MATLAB 代码为：

```
>> clear all;
%数组法创建结构体数组
>> circle.radius=4;
>> circle.center=[0 1];
>> circle.color='yellow';
>> circle.linestyle=':';
>> circle
circle =
        radius: 4
        center: [0 1]
         color: 'yellow'
     linestyle: ':'
>> circle(1).filled='yes'
circle =
        radius: 4
        center: [0 1]
         color: 'yellow'
     linestyle: ':'
        filled: 'yes'
>> circle(1).filled
ans =
yes
%函数法创建结构体数组
>> field = 'f';
value = {'some text';
```

```
        [10, 20, 30];
        magic(5)};
s = struct(field,value)
s =
3x1 struct array with fields:
    f
>> s.f        %访问结构体数组
ans =
some text
ans =
    10    20    30
ans =
    17    24     1     8    15
    23     5     7    14    16
     4     6    13    20    22
    10    12    19    21     3
    11    18    25     2     9
```

2）结构体函数

结构体函数作为一种特殊的数组类型，具有和数值型数组、单元数组相同的处理方法。通过这些结构体函数，可以很方便地对结构体数据进行处理。MATLAB 提供了一些常用的结构体函数，如表 1-4 所示。

表 1-4　结构体函数

函　数	说　明
deal	提取多个元素的数值赋予不同的变量，或对结构体字段赋值
fieldnames	返回结构体的字段名
isfield	判断一个字段是否为指定结构体中的字段名
class	判断一个变量是否为结构体变量，输出类型名
isstruct	和 class 一样，判断一个变量是否为结构体变量，输出逻辑值
rmfield	删除结构体的字段
orderfield	对结构体的字段进行排序

【例 1-11】 利用结构体函数进行操作。

其实现的 MATLAB 代码为：

```
>> circle
circle =
1x2 struct array with fields:
    radius
    center
```

```
        color
        linestyle
        filled
>> center=cat(1,circle.center)
center =
        0       1
        2       2
>> [a1,a2]=deal(circle.color)
a1 =
yellow
a2 =
red
>> [circle.radius]=deal(10,24)
circle =
1x2 struct array with fields:
        radius
        center
        color
        linestyle
        filled
>> circle.radius
ans =
        10
ans =
        24
>> fieldnames(circle)
ans =
        'radius'
        'center'
        'color'
        'linestyle'
        'filled'
>> isfield(circle,'radius')   %判断是否为结构体
ans =
        1
>> orderfields(circle)
ans =
1x2 struct array with fields:
        center
        color
        filled
        linestyle
```

```
        radius
>> circle_n=rmfield(circle,'filled')
circle_n =
1x2 struct array with fields:
        radius
        center
        color
        linestyle
```

1.7.2 数组

当用户希望同时对多个数据执行相同运算的时候，重复的标量运算是既耗时又麻烦的。为了解决这个问题，MATLAB 定义了对数据数组与矩阵的运算。数组与矩阵是 MATLAB 语言的核心，在 MATLAB 语言系统中几乎一切运算均是以对数组和矩阵的操作为基础的。

1. 数组的创建

为了在 MATLAB 中生成一个数组，用户只需输入一个左方括号，输入空格或者逗号隔开想要的数值，然后用一个右方括号来结束这个数组。因为空格将数组值分隔开了，所以数组元素中的复数不能间杂空格，除非这种带空格的表达式是用括号括起来的。例如，[1 –3j 5 5+11j]有 4 个元素，但是同样的一些数构成的数组[(1 –3j) 5 5+11j]却只有 3 个元素。

在此，通过输入 x 的元素值来给定 x 的值，这种方式虽然在 x 只有 11 个元素的时候还可以，但是如果有 1111 个元素时怎么办呢？这时利用冒号“:”表示法，有两种方式输入 x 的值。

（1）第一种方式。

```
>> x=(0:0.1:1)*pi
x =
        0    0.3142    0.6283    0.9425    1.2566    1.5708    1.8850    2.1991    2.5133
2.8274    3.1416
>> x=linspace(0,pi,11)
x =
    0    0.3142    0.6283    0.9425    1.2566    1.5708    1.8850    2.1991    2.5133
2.8274    3.1416
```

在上边的第一种表示方式中，冒号表示法(0:0.1:1)生成一个从 0 开始，步长为 0.1，到 1 结束的数组。这个数组中的每一个元素都乘以π来得到 x 所希望得到的值。

（2）第二种方式。

MATLAB 函数 linspace 被用来创建 x，函数的调用格式为：

```
linspace(a,b,n);
```

采用函数在 a 和 b 区间内得到 n 个线性采样数据点。

这两种数组生成方式在 MATLAB 中都是很常用的。冒号表示法的方式使用户能够直接指定在数据点之间的增量，而不是指定数据点的数值；而 linspace 函数使用户能够直接指定数据点的数值，而不用指定数据点之间的增量。

上述两种方式所生成的数组的元素之间都是均匀间隔的。在特殊情况下，需要用以对数进行间隔的数组。MATLAB 提供了 logspace 函数，函数的调用格式为：

```
x=logspace(a,b,n);
```

在设定采样点总个数 n 的情况下，采样常用对数计算得到 n 个采样点数据值。

有时候需要这样一个数组，这个数组无法方便地使用均匀间隔或对数间隔的元素关系来描述，没有一个统一的方法来生成这样的数组。但是，数组的寻址和表达式组合的功能使用户可以不必一次输入一个单独元素的值，例如：

```
>> clear all;
>> a=[1:10];
>> b=linspace(pi,3*pi,6);
>> x=[a(2:3:9),b(6:-2:2),1]
x =
    2.0000    5.0000    8.0000    9.4248    6.9115    4.3982    1.0000
```

注意：如果多个语句之间用逗号或分号隔开，则可以在一行输入多条语句。

如果数组是一行多列的，则往往称该数组为行矢量；如果数组是一列多行的，则往往称该数组为列向量。生成列矢量的最直截了当的方法就是通过指定数组的每个元素的值来生成一个列矢量，这时这些元素之间要用分号隔开，例如：

```
>> x=[1:3,4:-2:0;linspace(0,2*pi,6)]
x =
    1.0000    2.0000    3.0000    4.0000    2.0000         0
         0    1.2566    2.5133    3.7699    5.0265    6.2832
```

可以看出，用空格或逗号分开的元素指定了不同列中的元素，用分号隔开的元素指定了不同行中的元素。生成列矢量的另外一种方法，就是通过矢量转置操作符“'”将行矢量转置成列矢量，同理，行矢量也可以通过转置操作符将列矢量转置成行矢量，即一个数组经过两次转置运算得到的仍然是原来的数组，例如：

```
>> x'
ans =
    1.0000         0
    2.0000    1.2566
    3.0000    2.5133
    4.0000    3.7699
    2.0000    5.0265
         0    6.2832
```

除此之外，MATLAB 还提供了一个带前置点号的转置操作符。点转置操作符可以理解成非复数共轭转置。也就是说，当数组是复数数组时，转置操作符给出的结果是复数数组的共轭转置，即复数数组元素的虚部符号被改变了；相反地，点转置操作符给出的结果是将数组转置，但是并不进行共轭运算。当数组元素都是实数时，两个操作符得到的结果是一样的。

数组也可以同时有多行多列，这时数组就以矩阵的形式存在。矩阵的行与列的生成遵循行矢量与列矢量的生成规则，逗号或空格隔开一个行中的元素，分号隔开不同的行，例如：

```
>> X=[1:3:10;2:2:8;linspace(0,10,4)]
X =
    1.0000    4.0000    7.0000   10.0000
    2.0000    4.0000    6.0000    8.0000
         0    3.3333    6.6667   10.0000
```

从本质上讲，n 维列矢量就是一个 n 行 1 列的数组，n 维行矢量就是一个 1 行 n 列的数组，矩阵就是一个 m 行 n 列的数组。

2. 数组运算

标量与数组的运算有加法、减法、乘法、除法，这些运算都是将数组中的每一个元素与标量进行相应的运算。同时，标量与数组的运算遵循了与标量表达式中相同的计算优先级运算的先后顺序，例如：

```
>> clear all;
>> a=logspace(0,-1,6)
a =
    1.0000    0.6310    0.3981    0.2512    0.1585    0.1000
>> a+3
ans =
    4.0000    3.6310    3.3981    3.2512    3.1585    3.1000
>> a*0.6
ans =
    0.6000    0.3786    0.2389    0.1507    0.0951    0.0600
```

当两个数组的维数不同时，数组之间的运算是很难定义的。因而，只有当两个数组的维数相同时，才能在数组元素对元素之间进行加、减、乘、除运算。与标量与数组之间的运算一样，数组之间的运算遵循标量表达式中相同的计算优先级运算的先后顺序，而且括号可以随意改变运算的先后顺序。元素对元素的乘法和除法与普通的乘除法类似，在此用到了不一样的符号.*、./与.\，这些符号告诉 MATLAB 执行元素对元素之间的运算，例如：

```
>> b=1:6;
>> a./b
ans =
    1.0000    0.3155    0.1327    0.0628    0.0317    0.0167
>> a.\b
ans =
    1.0000    3.1698    7.5357   15.9243   31.5479   60.0000
>> (3*a-b).*a+b
ans =
    3.0000    1.9324    2.2811    3.1845    4.2829    5.4300
```

与数组之间的四则运算一样，数组元素之间的指数运算可以通过操作符.^来执行，当指数是标量时，这个标量对这个数组的每一个元素执行指数运算，这时要求数组的行矢量与列矢量的维数相同，否则会出错，例如：

```
>> b.^a
ans =
     1.0000    1.5486    1.5486    1.4165    1.2906    1.1962
>> c=1:5;
>> c.^a
错误使用  .^
```

矩阵维度必须一致。

在 MATLAB 中矢量是以数组的形式表示的，对于数组 x=[1　3　5　7]的模（长度）可以表示为 $|x| = \sqrt{1^2 + 3^2 + 5^2 + 7^2}$ ，可由 MATLAB 的函数 norm(x)直接求出，例如：

```
>> x=[1 3 5 7]
x =
     1     3     5     7
>> norm(x)
ans =
     9.1652
```

数组之间的点积运算对数组的维数没有要求，数组间的叉积运算要求数组的维数必须为 3。维数相同的数组的点积运算可以通过函数 dot(x,y)来求得，用 dot(x,y)函数求点积等价于 sum(x.*y)，例如：

```
>> x=[1 4 7];
>> y=[2 5 8];
>> dot(x,y)
ans =
     78
>> sum(x.*y)
ans =
     78
```

数组原叉积运算要求参与运算的数组必须是维数为 3 的，叉积运算可以通过 cross(x,y)函数来求得，因而上面的数组 x 与 y 不能进行叉积运算，例如：

```
>> cross(x,y)
ans =
     -3     6    -3
```

3. 数组处理函数

在 MATLAB 中也提供了相应的函数来创建一些标准数组。ones(n)和 zeros(n)函数生成一个 n 行 n 列元素全为 1 和全为 0 的数组；而当有两个参数时，ones(m,n)和 zeros(m,n)函数生成一个 m 行 n 列元素全为 1 和全为 0 的数组，例如：

```
>> clear all;
>> ones(2)
ans =
     1     1
     1     1
>> zeros(2)
ans =
     0     0
     0     0
>> ones(3,4)
ans =
     1     1     1     1
     1     1     1     1
     1     1     1     1
>> zeros(2,3)
ans =
     0     0     0
     0     0     0
```

在实际应用中，随机数组是很重要的，MATLAB 提供了函数 rand(n)和 rand(m,n)来分别生成一个均匀分布的随机 n 行 n 列和 m 行 n 列的数组，这些数组中的所有元素都是在 0～1 之间随机取值的，例如：

```
>> rand(3)
ans =
    0.8147    0.9134    0.2785
    0.9058    0.6324    0.5469
    0.1270    0.0975    0.9575
>> rand(2,3)
ans =
    0.9649    0.9706    0.4854
    0.1576    0.9572    0.8003
```

另外，函数 randn(n)和 randn(m,n)分别生成一个 0 均值、单位方差的正态分布的 n 行 n 列和 m 行 n 列的数组，这些元素服从均值为 0、方差为 1 的正态分布，例如：

```
>> randn(3)
ans =
   -0.2050    1.4090   -1.2075
   -0.1241    1.4172    0.7172
    1.4897    0.6715    1.6302
>> randn(3,5)
ans =
```

```
        0.4889   -0.3034    0.8884   -0.8095    0.3252
        1.0347    0.2939   -1.1471   -2.9443   -0.7549
        0.7269   -0.7873   -1.0689    1.4384    1.3703
```

在实际计算中，对角数组起着很重要的作用，因而 MATLAB 系统提供了对角数组函数。函数 eye(n)和 eye(m,n)用来生成对角元素全为 1，其他元素全为 0 的 n 行 n 列和 m 行 n 列的数组，例如：

```
>> eye(2)
ans =
     1     0
     0     1
>> eye(3,4)
ans =
     1     0     0     0
     0     1     0     0
     0     0     1     0
```

v 为一个 n 维数组，函数 diag(v,k)生成 n+abs(k)维对角数组，使得当 k>0 时该数组向上第 k 个对角线上的元素为 v，当 k<0 时该数组向下第 abs(k)个对角线上的元素为 v，当 k=0 时该数组主对角线上的元素为 v，函数 diag(v)执行 diag(v,k)当 k–0 时的情形。函数 diag(x,k)当 k>0 时取得数组 x 的向上第 k 个对角线上的元素，当 k<0 时取得数组 x 的向下第 abs(k)个对角线上的元素，当 k=0 时取得数组 x 主对角线上的元素，例如：

```
>> v=[6:-1:4]'
v =
     6
     5
     4
>> diag(v)
ans =
     6     0     0
     0     5     0
     0     0     4
>> diag(v,1)
ans =
     0     6     0     0
     0     0     5     0
     0     0     0     4
     0     0     0     0
>> diag(v,2)
ans =
     0     0     6     0     0
     0     0     0     5     0
```

```
     0     0     0     0     4
     0     0     0     0     0
     0     0     0     0     0
```

给定一个数组，在很多应用程序中常常需要进行排序，这一功能由 sort 函数来实现。sort 函数只能对整数、浮点数、逻辑数值类型、字符串数据类型数组进行排序。当 x 为矢量时，sort(x)得到矢量 x 元素的升序排列；当 x 为矩阵时，该函数得到矩阵 x 的每一列单独进行升序排列；当 x 为二维数组时，函数 sort 是具有可选参数的；当 x 为多维数组时，sort(x,dim)得到 x 按第 dim 维对每一列单独进行升序排列，默认状态 dim=1；同时，sort 函数还有可选参数 mode，mode 有两种状态可选项：第一种是'ascend'，这是默认参数；第二种是'descend'，即降序排列。sort(x,2,'descend')即表示对数组 x 的每一行进行降序排列。例如：

```
>> x=rand(4,1)
x =
    0.0344
    0.4387
    0.3816
    0.7655
>> [xs,inx]=sort(x)
xs =
    0.0344
    0.3816
    0.4387
    0.7655
inx =
     1
     3
     2
     4
```

由以上结果可知，xs(k)=x(inx(k))。需要注意的是，当一个 MATLAB 函数返回两个或两个以上的变量时，它们是在等号的左边用方括号括起来的。这与数组操作不同，在数组操作中，等号右边的[a,b]表示生成一个新的数组，它把数组 b 的值附加在数组 a 的右侧。

为了得到一维数组的降序排列，只需要对刚才得到的升序排列数组按逆序输出即可，例如：

```
>> dxs=xs(end:-1:1)
dxs =
    0.7655
    0.4387
    0.3816
    0.0344
>> didx=inx(end:-1:1)
didx =
```

```
        4
        3
        2
        1
```

以上代码中，end 表示最大的行索引。当需要对二维数组进行排序时，函数 sort 得到的结果与一维时的结果有些不同。例如：

```
>> x=magic(4)    %创建魔方矩阵
x =
    16     2     3    13
     5    11    10     8
     9     7     6    12
     4    14    15     1
>> [xk,inx]=sort(x,2)
xk =
     2     3    13    16
     5     8    10    11
     6     7     9    12
     1     4    14    15
inx =
     2     3     4     1
     1     4     3     2
     3     2     1     4
     4     1     2     3
```

数组的排序在应用中经常用到，有时只希望数组按某一行或某一列排序，在 MATLAB 中，这很容易，例如：

```
>> [xk,inx]=sort(x(2,:))
xk =
     5     8    10    11
inx =
     1     4     3     2
>> xs=x(:,inx)
xs =
    16    13     3     2
     5     8    10    11
     9    12     6     7
     4     1    15    14
```

在 MATLAB 中得到一个数组的大小有多种方式，可通过 size、length 及 numel 实现。

当只有一个输出参数时，函数 size 返回的是一个行矢量，这个行矢量的第一个元素是这个数组的行数，第二个元素是这个数组的列数。当有两个输出参数时，第一个输出变量返回的是数组的行数，第二个输出变量返回的是数组的列数。

如果用两个输入参数调用 size 函数，返回的可能是行数也可能是列数，size 的第二个参数与返回数字之间的对应关系与数组元素索引的顺序是一致的，例如：

```
>> [r,c]=size(x)
r =
      4
c =
      4
>> r=size(x,1)
r =
      4
```

函数 numel 返回一个数组中元素的总和，函数 length 返回的是行数或列数中较大的那个值，对矢量而言，函数 length 返回的是这个矢量的长度，例如：

```
>> numel(x)
ans =
     16
>> length(x)
ans =
      4
```

函数 size 和 length 同样适用于 0 维数组，当 x 有 0 行或 0 列的时候，size 函数能正确地计算出数组的维数，但 length 函数则返回 0，要想得到正确的实际的最大维的长度，可以使用 max(size(x))。

有时只用一个索引来指向数组元素要更为方便一些，当在 MATLAB 系统中只用一个索引时，这个索引就从第 1 列开始，从上到下计数，然后再从第 2 列开始，又从上到下计数，直到最后一列为止。在 MATLAB 中提供了函数对单一索引与行列下标进行相互转换，函数 sub2ind 和 in2sub 分别将一个单一索引转换成行列下标和将一个行列下标转换成单一索引。

在很多情况下，需要知道满足一定条件的数组元素的下标，MATLAB 提供了很多函数来实现这一功能。函数 find 返回满足一定表达式的数组元素的下标，例如：

```
>> find(x(1,:)>3)
ans =
      1      4
```

不仅如此，对二维数组 MATLAB 同样也是适用的，例如：

```
>> find(x>6)
ans =
      1
      3
      6
      7
      8
     10
```

```
    12
    13
    14
    15
```

除了寻找数组中满足某一条件的索引之外，数组元素中的最大值、最小值元素，以及它们的位置往往也是非常重要的。MATAB 提供了 max 和 min 函数来实现这一功能。例如：

```
>> max(x(1,:))
ans =
    16
>> [m1,id1]=max(x(1,:))
m1 =
    16
id1 =
    1
```

当只有一个返回值时，函数 max 和 min 分别返回 x 的第 1 列的最大值和最小值；当有两个返回值时，这两个函数返回最大值和最小值，以及最大值和最小值所在的位置。当对二维数组应用 max 和 min 函数时，情况与一维稍微不同，例如：

```
>> [mn,id]=min(x)
mn =
    4     2     3     1
id =
    4     1     1     4
```

有时数组中不一定只有一个最大值或最小值，这时 max 和 min 函数返回的索引是数组中出现的第一个最大值或最小值的索引。为了找出所有的最大值和最小值所在的位置，可用 find 寻找，即 find(x==mn)。

除此之外，MATLAB 还提供了几个常见的数组处理函数，例如：

```
>> flipud(x)       %将数组上下位置变换顺序，相当于执行 x(end:-1:1)
ans =
     4    14    15     1
     9     7     6    12
     5    11    10     8
    16     2     3    13
>> fliplr(x)       %将数组左右位置变换顺序，相当于执行 x(:,end: -1:1)
ans =
    13     3     2    16
     8    10    11     5
    12     6     7     9
     1    15    14     4
>> rot90(x)        %将数组逆时针方向旋转 90°
ans =
```

```
        13      8     12      1
         3     10      6     15
         2     11      7     14
        16      5      9      4
>> rot90(x,2)     %将数组逆时针方向旋转 90°×2
ans =
         1     15     14      4
        12      6      7      9
         8     10     11      5
        13      3      2     16
>> triu(x)        %得到数组的上三角部分
ans =
        16      2      3     13
         0     11     10      8
         0      0      6     12
         0      0      0      1
>> tril(x)                  %得到数组的下三角部分
ans =
        16      0      0      0
         5     11      0      0
         9      7      6      0
         4     14     15      1
```

有时候经常会用到数组的复制和重组，这些可以由 repmat 和 reshape 函数来实现。它们的调用格式为：

```
(1) B = repmat(A,m,n)或 B = repmat(A,[m n]);
```

产生大的矩阵 B，把矩阵 A 当作单个元素，产生出 m 行和 n 列的矩阵 A 组成的大矩阵 B。

```
(2) repmat(A,[m,n,p]);
```

其中 A 为二维的矩阵，[]中的 3 个数字 m、n 和 p 分别代表 A 在各维上的数目，具体举例如下：首先生成 2 阶全 1 矩阵，再使用 repmat 指令，m、n 和 p 分别取 2、1 和 2，表示在行维、列维和页维分别放置 2 个、1 个和 2 个矩阵 A，得到新的高维数组。

```
(3) reshape(B,m,n,p);
```

B 为待重置的数组，m、n 和 p 分别为新数组的行、列和页数。

```
(4) reshape(B,…,[], …);
```

B 为待重置的数组，[]为被置空的列或行，其中[]×行（列）等于 B 的总元素数。

【例 1-12】 实现数组的复制与重组。

其实现的 MATLAB 代码为：

```
>> A=[1 3;4 7];
>> repmat(A,2,3)
ans =
```

```
        1     3     1     3     1     3
        4     7     4     7     4     7
        1     3     1     3     1     3
        4     7     4     7     4     7
>> B= magic(6);
reshape(B,[],3)
ans =
    35     6    19
     3     7    23
    31     2    27
     8    33    10
    30    34    14
     4    29    18
     1    26    24
    32    21    25
     9    22    20
    28    17    15
     5    12    16
    36    13    11
```

下面通过一个综合实例来演示数组处理函数的综合应用。

【例 1-13】 有两个数组 a,b（不一定有相同的维数），找出数组 a 中的元素是否在数组 b 中出现。如果有出现则输出 1；如果没有出现则输出 0。

其实现的 MATLAB 代码为：

```
>> clear all;
a=[1 2 2 2;3 3 4 1];
b=[3 2 5];
b=sort(b(:));                        %对数组 b 重组成一列并按从小到大排序
b(~[diff(b);1])=[];                  %去掉数组 b 中重复的元素
[ra,ca]=size(a);                     %返回数组 a 的行数与列数
m=zeros(ra,ca);                      %假设数组 a 中所有的元素都没有在数组 b 中出现过
a=a(:);                              %将数组 a 转换成一个列矢量
na=length(a);                        %数组 a 的元素总和
[sa,ia]=sort(a);                     %对数组 a 重新排序为了得到数组 a 中重复的元素
d=[~diff(sa);0];                     %数组 a 中的元素重复出现则为真
if any(d)
    ida=ia(find(d>0));               %数组 a 中重复出现的元素的下标
    for i=ida'
        m(i)=any(a(i)==b);           %如果数组 a 中重复出现的元素也在数组 b 中出现则为真
    end
    a(ida)=nan*ones(length(ida),1);  %将重复出现的元素记为无穷，这时数组 a 剩下未标记的位
                                     %置对应的元素都没有重复出现了
```

```
end
[x,ix]=sort([a;b]);                              %将数组 a 与数组 b 同时排序
dx=[diff(x);1];
i=ix(dx==0);                                     %数组 a 中的元素也在数组 b 中出现的下标
m(i)=ones(length(i),1);
m
```

运行程序，输出如下：

```
m =
     0     1     1     1
     1     1     0     0
```

1.7.3 矩阵及其运算

矩阵是 MATLAB 中的基本运算单元，可将 MATLAB 处理的所有数据都看作矩阵。以下将从矩阵的代数运算、矩阵的数据变换和矩阵分析等几个方面来说明矩阵运算在 MATLAB 中的应用。

1. 矩阵创建

在 MATLAB 中，可通过以下几种方法创建二维矩阵。

（1）直接输入二维矩阵的元素来创建，此时，二维矩阵的行和列可以通过一维矩阵的方式来创建，不同行之间的数据可以通过分号进行分隔，同一行中的元素可以通过逗号或空格进行分隔。

（2）MATLAB Workspace 中的 New Variable 命令创建二维矩阵，创建完成后系统在工作空间的变量列表中出现新的矩阵变量，用户可以改变该变量的名称，双击该变量进行编辑或创建。

（3）对于大规模的数据，可以通过数据表格方式来输入，此时可以单击 MATLAB Workspace 中的 Important Data 命令，选择已经编写好的矩阵数据文件导入工作空间中。

（4）可通过 MATLAB 所提供的函数生成二维矩阵。

在创建二维矩阵的过程中，需要严格保证所生成的矩阵的行和列的数目相同。如果两者的数目不同，那么系统会出现错误信息。此外，在直接生成矩阵的过程中，也可以通过单击 Enter 键来保证矩阵生成另一行元素。

【例 1-14】 矩阵的创建。

其实现的 MATLAB 代码为：

```
>> clear all;
>> A=[1 4 7;2 5 8;3 6 9]
A =
     1     4     7
     2     5     8
     3     6     9
```

```
>> B=rand(3,4)
B =
    0.8147    0.9134    0.2785    0.9649
    0.9058    0.6324    0.5469    0.1576
    0.1270    0.0975    0.9575    0.9706
>> C=[3 5 7;5 7 1 12]       %行与列数的数目不同，显示出错误信息
```

串联的矩阵的维度不一致。

2．特殊矩阵

MATLAB 中提供了许多特殊矩阵，它们有些有着广泛的用途，有些在数学上有特殊的性质，MATLAB 中常用的特殊矩阵如表 1-5 所示。

表 1-5　特殊矩阵

特殊矩阵	描　述
[]	空矩阵
blkdiag(a,b,c,d,...)	将输入的参数构成对角块矩阵，这些输入参数是维数不一定相同的矩阵，且不一定是方阵
company(u)	返回多项式的伴随矩阵，其中 u 为多项式的系数
eye(m,n)	返回一个 m 行 n 列的对角元素为 1，其他元素为 0 的矩阵
gallery	生成多种测试矩阵
hadamard(n)	生成 n 阶 Hadamard 矩阵，即所有元素为 1 或-1 的 n 阶矩阵 H，且 H'*H=n*eye(n)
hankel(r),hankel(r,c)	生成 Hankel 矩阵，其中参数 r 和 c 为矢量
hilb(n)	生成 n 阶 Hilbert 矩阵
invhilb(n)	生成 n 阶逆 Hilbert 矩阵
magic(n)	生成 n 阶魔方矩阵，参数 n≥3
ones(m,n)	生成 m 行 n 列元素全为 1 的矩阵
pascal(n)	生成 n 阶 Pascal 矩阵
rand(m,n)	生成 m 行 n 列元素在 0 与 1 之间统一分布的随机矩阵
randn(m,n)	生成 m 行 n 列元素为 0 均值和单位方差正态分布的随机矩阵
rosser	典型的对称矩阵特征值问题测试矩阵
toeplite(r),toeplite(c,r)	生成 Toeplite 矩阵
vander(v)	生成 Vandermonde 矩阵，其中 v 为一个矢量
wilkinson(n)	生成 m 阶 Wilkinson 特征值测试矩阵
zeros(m,n)	生成 m 行 n 列元素全为 0 的矩阵

这些特殊矩阵在 MATLAB 程序设计中起到了很重要的作用，尤其在数据初始化过程中应用更为广泛。

【例 1-15】 创建几个常用的特殊矩阵。

其实现的 MATLAB 代码为：

```
>> clear all;
>> hilb(4)
ans =
    1.0000    0.5000    0.3333    0.2500
    0.5000    0.3333    0.2500    0.2000
    0.3333    0.2500    0.2000    0.1667
    0.2500    0.2000    0.1667    0.1429
>> c = 1:3;
r = 3:6;
h = hankel(c,r)
h =
     1     2     3     4
     2     3     4     5
     3     4     5     6
>> magic(3)
ans =
     8     1     6
     3     5     7
     4     9     2
>> hadamard(4)
ans =
     1     1     1     1
     1    -1     1    -1
     1     1    -1    -1
     1    -1    -1     1
```

【例 1-16】（供需平衡分析）考虑生产 n 种不同商品的 n 个工厂，每个工厂的产品一部分用于市场消费，一部分用于满足某些工厂的需要。设 x_i，$i=1,2,\cdots,n$ 为第 i 个工厂生产第 i 种产品的数量。设 b_i，$i=1,2,\cdots,n$ 为市场消耗第 i 种产品的数量。设 c_{ij} 为第 i 个工厂生产第 j 个产品所需消耗的产品，这个数量 b_i 是总量 x 的一部分。假设相关各种问题的变换函数是线性的，则当总产量 x 等于总体需求时达到了平衡，即 $x=Cx+b$，其中 $C=(c_{ij})$，$b=(b_i)$。

现考虑一个生产 $n=20$ 种不同商品的 20 个工厂的问题，$c_{ij}=i+j-1$，$b_i=i$，$i=1,2,\cdots,20$，$j=1,2,\cdots,n$。

其实现的MATLAB代码为：

```
>> clear all;
C=hankel(1:20,20:39)
b=(1:20)'
C =
  1   2   3   4   5   6   7   8   9  10  11  12  13  14  15  16  17  18  19  20
  2   3   4   5   6   7   8   9  10  11  12  13  14  15  16  17  18  19  20  21
  3   4   5   6   7   8   9  10  11  12  13  14  15  16  17  18  19  20  21  22
```

```
……
20  21  22  23  24  25  26  27  28  29  30  31  32  33  34  35  36  37  38  39
b =
     1
     2
     3
     4
     5
     6
     7
  ……
    16
    17
    18
    19
    20
```

3. 矩阵运算

矩阵基本运算主要包括矩阵和常数的运算、矩阵和矩阵的运算，如幂运算、逆运算、行列式运算、秩运算、转置运算等。MATLAB 中自带了大量的基本矩阵处理函数，用于最基本的矩阵分析运算，常见的矩阵函数如表 1-6 所示。

表 1-6 常见矩阵函数

函　数	说　明	函　数	说　明
logm	矩阵的对数运算	expm	矩阵的指数运算
sqrtm	矩阵的平方根运算	det	矩阵的行列式（方阵）
cond	矩阵的条件数	null	矩阵零空间
rank	矩阵的秩	norm	矩阵的范数
condeig	对应于特征值的条件数	funm	矩阵的函数值
orth	矩阵的列空间	subspace	子空间夹角

（1）加减运算。

+和-分别表示加、减运算符，与数组运算一样。运算规则：对应元素相加、相减，即按线性中矩阵的加、减运算进行。

（2）乘法运算。

*表示乘法运算符。运算规则：按线性代数中矩阵的乘法运算进行，即前面矩阵的各行元素，分别与后面矩阵的各行元素对应相乘并相加。

（3）除法运算。

在 MATLAB 中，提供了两种矩阵除法运算，即左除“\”和右除“/”。一般情况下，X=A\b 是方程 A*X=b 的解，而 X=b/A 是方程 X*A=b 的解。

（4）幂运算。

矩阵的幂运算表达式为“A^X”，其中 A 可以是矩阵或者标量，X 是常数。当 X 为矩阵时，遵循数组运算法则。

（5）逆运算。

矩阵的逆运算即为矩阵的逆矩阵，首先必须保证所求的矩阵的行列式不等于零。MATLAB 中提供了 inv 函数来求矩阵的逆。

（6）行列式运算。

在 MATLAB 中，提供了 det 函数实现矩阵的行列式运算。

（7）秩运算。

在 MATLAB 中，提供了 rank 函数实现矩阵的秩运算。

（8）转置运算。

MATLAB 中的转置运算符为“'”。运算规则：如果矩阵 A 的元素为实数，则与线性代数中矩阵的转置相同；如果 A 为复数矩阵，则 A 转置后的元素由 A 对应元素的共轭复数构成。

（9）迹运算。

MATLAB 中的迹运算函数为 trace，即返回矩阵 A 的对角线元素之和。

【例 1-17】 矩阵的运算。

其实现的 MATLAB 代码为：

```
>> clear all;
>> x=rand(3)
x =
    0.9572    0.1419    0.7922
    0.4854    0.4218    0.9595
    0.8003    0.9157    0.6557
>> y=rand(3)
y =
    0.0357    0.6787    0.3922
    0.8491    0.7577    0.6555
    0.9340    0.7431    0.1712
>> s1=x+y        %加法运算
s1 =
    0.9929    0.8206    1.1844
    1.3345    1.1795    1.6150
    1.7343    1.6589    0.8269
>> s2=x-y        %减法运算
s2 =
    0.9215   -0.5368    0.4000
   -0.3638   -0.3360    0.3040
   -0.1337    0.1726    0.4846
>> s3=x*y        %乘法运算
s3 =
```

```
   0.8946    1.3459    0.6040
   1.2716    1.3621    0.6311
   1.4186    1.7244    1.0264
>> s4=8*x
s4 =
   7.6573    1.1351    6.3377
   3.8830    3.3741    7.6759
   6.4022    7.3259    5.2459
>> A=magic(3)
A =
     8     1     6
     3     5     7
     4     9     2
>> b=[2 1 2;3 2 2;4 6 3]
b =
     2     1     2
     3     2     2
     4     6     3
>> rank(b)          %秩运算
ans =
     3
>> y=x\b            %左除运算
y =
   0.2311    1.2276    1.2466
   2.9346    6.4669    1.6718
   1.7198   -1.3792    0.7189
>> s5=x^2           %幂运算
s5 =
   1.6190    0.9211    1.4139
   1.4372    1.1254    1.4184
   1.7353    1.1003    1.9426
>> s6=inv(A)        %逆运算
s6 =
   0.1472   -0.1444    0.0639
  -0.0611    0.0222    0.1056
  -0.0194    0.1889   -0.1028
>> s7=det(A)        %行列式运算
s7 =
  -360
>> s7=trace(A)      %迹运算
s7 =
    15
```

除此之外，矩阵在求解线性方程组中应用非常广泛，已知线性方程组的系数矩阵 $\boldsymbol{A}$ 及右端项 b，利用矩阵运算能快速求得线性方程组的解。

【例 1-18】 利用矩阵除法求解以下线性方程组：

$$\begin{cases} 2x_1 + x_2 = 1 \\ x_1 + 2x_2 + x_3 = 2 \\ x_2 + 2x_3 + x_4 = 3 \\ \qquad\vdots \\ x_{98} + 2x_{99} + x_{100} = 99 \\ x_{99} + 2x_{100} = 100 \end{cases}$$

解析：线性方程组的求解关键是给出系数矩阵，仔细观察可发现，该系数矩阵是 1 个三对角矩阵，可通过特殊矩阵以及矩阵函数来得到。

其实现的 MATLAB 代码为：

```
>> clear all;
>> A=2*eye(100)+diag(ones(99,1),1)+diag(ones(99,1),-1);      %利用特殊矩阵及矩阵函数快速构
                                                              %造系数矩阵
>> b=1:100;                                                   %右端项
>> x=b/A                                                      %利用矩阵运算计算线性方程组的解
```

运行程序，输出如下：

```
x =
  1 至 8 列
  -0.0000    1.0000    -0.0000    2.0000    -0.0000    3.0000    -0.0000    4.0000
  -0.0000    5.0000    -0.0000    6.0000    -0.0000    7.0000
  9 至 16 列
  -0.0000    8.0000    -0.0000    9.0000    -0.0000    10.0000   -0.0000    11.0000
……
93 至 100 列
  -0.0000   47.0000    -0.0000   48.0000    -0.0000    49.0000   -0.0000    50.0000
```

1.7.4 高维数组

二维数组可以看作由行和列确定的“数组面”，高维数组是数组面在多维空间上的扩展。

1. 创建高维数组

高维数组的建立有 3 种方法。

（1）通过索引将二维数组扩展成高维数组。

（2）利用内置函数建立高维数组，表 1-7 提供了常见的内置函数。

（3）利用 cat 函数建立高维数组。

表 1-7　常见的内置函数

函 数 名	说　明
ones(a1,a2,a3,…)	生成维数为 a1×a2×a3×…的全 1 数组
zeros(a1,a2,a3,…)	生成维数为 a1×a2×a3×…的全 0 数组
rand(a1,a2,a3,…)	生成维数为 a1×a2×a3×…的数组，数组元素服从[0,1]均匀分布
randn(a1,a2,a3,…)	生成维数为 a1×a2×a3×…的数组，数组元素服从标准正态分布
repmat(m,[(a1,a2,a3,…)])	生成维数为 a1×a2×a3×…的数组，数组元素为 m

【例 1-19】 创建高维数组。

其实现的 MATLAB 代码为：

```
>> A=[1 4 7;2 5 8;3 6 9];
A(:,:,2)=magic(3)                %创建 3×3×2 的数组
A(:,:,1) =
     1     4     7
     2     5     8
     3     6     9
A(:,:,2) =
     8     1     6
     3     5     7
     4     9     2
>> B=ones(3,3,4)                 %创建维数为 3×3×4 的全 1 数组
B(:,:,1) =
     1     1     1
     1     1     1
     1     1     1
B(:,:,2) =
     1     1     1
     1     1     1
     1     1     1
B(:,:,3) =
     1     1     1
     1     1     1
     1     1     1
B(:,:,4) =
     1     1     1
     1     1     1
     1     1     1
>> C=repmat(rand(2,1),[2 3 2])          %创建维数为 2×3×2 的数组，数组元素为 2×1 的随机数组
C(:,:,1) =
    0.7060    0.7060    0.7060
    0.0318    0.0318    0.0318
```

```
        0.7060    0.7060    0.7060
        0.0318    0.0318    0.0318
C(:,:,2) =
        0.7060    0.7060    0.7060
        0.0318    0.0318    0.0318
        0.7060    0.7060    0.7060
        0.0318    0.0318    0.0318
```

2. 高维数组计算

同理，在 MATLAB 中，也提供了相关函数用于实现高维数组的计算。

（1）计算维数。

在 MATLAB 中，提供了 ndims 函数用于计算数组的维数。

（2）删除维数。

在 MATLAB 中，提供了 squeeze 函数用于删除单独的维数。

（3）移动维的顺序。

在 MATLAB 中，提供了 shiftdim 函数用于移动数组维的顺序。其调用格式为：

```
B = shiftdim(X,n)
[B,nshifts] = shiftdim(X)
```

其中，参数 B 为移动后的矩阵；参数 nshifts 为移动后数组的维数；参数 X 为输入的数组名；参数 n 为指定移动的维数。

（4）改变维数。

在 MATLAB 中，提供了 permute 函数用于改变数组的维数。其调用格式为：

```
B = permute(A,order)
```

参数 B 为改变后的数组效果；参数 A 为输入高维数组；参数 order 用来指定改变数组的顺序，其值为一个向量，元素为 1～N（N 为数组 A 的维数）。

【例 1-20】 利用相关函数实现高维数组的处理。

其实现的 MATLAB 代码为：

```
>> y = rand(2,1,3)
y(:,:,1) =
    0.2769
    0.0462
y(:,:,2) =
    0.0971
    0.8235
y(:,:,3) =
    0.6948
    0.3171
>> s1=ndims(y)
s1 =
```

```
     3
>> s2 = squeeze(y)
s2 =
     0.2769     0.0971     0.6948
     0.0462     0.8235     0.3171
>> [s3,n]  = shiftdim(y)
s3(:,:,1) =
     0.2769
     0.0462
s3(:,:,2) =
     0.0971
     0.8235
s3(:,:,3) =
     0.6948
     0.3171
n =
     0
>> s4 = permute(y,[3 2 1])
s4(:,:,1) =
     0.2769
     0.0971
     0.6948
s4(:,:,2) =
     0.0462
     0.8235
     0.3171
```

1.7.5 稀疏矩阵

在求解大型线性方程组时，系数矩阵是一个 $n \times n$ 的方阵，利用计算机语言来求其解时，此方阵的存储空间是 n^2 个字和 $O(n^3)$ 的多项式时间，这样的空间和时间对大型的线性系数的求解是很难高效率地完成的。而且在大多数情况下，此线性系统的系数矩阵是稀疏矩阵。因此对稀疏矩阵的存储在利用计算机语言进行线性系统的求解时显得尤为重要。

稀疏矩阵是一种比较特殊的矩阵，即矩阵中非零元素很少，其他大量元素为零的矩阵。

1. 稀疏矩阵的存储

MATLAB 中矩阵的存储有两种方式，即全元素存储和稀疏矩阵的存储，显然在空间和时间的利用效率上全元素存储比稀疏矩阵的存储差，在计算大型线性系统时两种情况的计算效率差距很大。

稀疏矩阵的存储只需要存储在矩阵中的非零元素和非零元素对应的行索引，使用稀疏矩阵存储能有效地减少内存的需求。

【例 1-21】 存储稀疏矩阵。

其实现的 MATLAB 代码为：

```
>> clear all;
S=sparse(10000,10000,1);
tic                                    %计时开始
for n=1:1000
    A=S(100,:)+S(200,:);               %添加行
end
toc                                    %计时结束
Elapsed time is 0.501231 seconds.
>> S=sparse(10000,10000);
tic;
for n=1:1000
    A1=S(:,100)+S(:,200);              %添加列
end
toc
Elapsed time is 0.011064 seconds.
>> S=sparse(10000,10000,1);
tic;
for n=1:1000
    A=S(100,:)'+S(200,:)';
    A=A';  %先添加列的转置，然后再转置，因为在矩阵的转置操作时间可忽略不计
end
toc
Elapsed time is 0.460863 seconds.
```

2．稀疏矩阵的创建

用户可以创建双精度类型、复数类型和逻辑类型的稀疏矩阵，所有 MATLAB 数学函数、逻辑函数和引用操作都可以用在稀疏矩阵上。

表 1-8 列出了一些 MATLAB 提供的创建稀疏矩阵的常用函数。

表 1-8 常用的稀疏矩阵函数

函数名及调用格式	说　明
S = sparse(A)	创建一个稀疏矩阵
B = spdiags(A)	以对角线生成稀疏矩阵
R = sprandsym(S)	生成稀疏的对称矩阵
R = sprandn(S)	创建一个稀疏的正态分布随机矩阵
R = sprand(S)	创建一个稀疏的均匀分布随机矩阵
S = speye(n)	创建稀疏的单位矩阵

续表

函数名及调用格式	说　明
A = full(S)	把稀疏矩阵转换为满矩阵
ind = find(X)	求非零元素在稀疏矩阵中的索引
S = spconvert(D)	导入外部数据生成稀疏矩阵
S = spalloc(m,n,nzmax)	给稀疏矩阵分配内存空间
n = nnz(X)	求稀疏矩阵的非零元素的个数
s = nonzeros(A)	返回一个包含所有非零元素的列向量
spy(S)	查看稀疏矩阵中非零元素分布情况

【例 1-22】 实现稀疏矩阵的创建与操作。

其实现的 MATLAB 代码为：

```
>> A=magic(4)          %四阶魔方矩阵
A =
    16     2     3    13
     5    11    10     8
     9     7     6    12
     4    14    15     1
>> S1=sparse(A)        %将全元素存储转换
S1 =
   (1,1)       16
   (2,1)        5
   (3,1)        9
   (4,1)        4
   (1,2)        2
   (2,2)       11
   (3,2)        7
   (4,2)       14
   (1,3)        3
   (2,3)       10
   (3,3)        6
   (4,3)       15
   (1,4)       13
   (2,4)        8
   (3,4)       12
   (4,4)        1
>> S2=full(A)
S2 =
    16     2     3    13
     5    11    10     8
```

```
    9     7     6    12
    4    14    15     1
>> S3=issparse(A)       %判断是否为稀疏矩阵
S3 =
    0
>> B=[2 0 3 0;0 1 0 0;0 0 0 5;2 0 0 9]
B =
    2     0     3     0
    0     1     0     0
    0     0     0     5
    2     0     0     9
>> S4=nnz(B)            %返回矩阵中的非零元素的个数
S4 =
    6
>> C=speye(4,5)
C =
   (1,1)        1
   (2,2)        1
   (3,3)        1
   (4,4)        1
>> nnz(C)
ans =
    4
>> nonzeros(C)          %返回非零元素所组成的列向量
ans =
    1
    1
    1
    1
```

1.8 控制语句

控制流程的功能是非常强大的，因为它使得过去的计算可以影响将来的运行。MATLAB提供了 5 种流程控制结构，分别是 for 循环结构、while 循环结构、if-else-end 结构、switch-case 结构和 try-catch 模块。

1.8.1 for 循环结构

for 循环语句是流程控制语句中的基础，使用该循环语句可以按指定的次数重复执行循环体内的语句。for 循环的总体结构为：

```
for index =start:increment:end
    program statements
            ⋮
end
```

其中，index 为循环变量；increment 为增量；end 用于判断循环是否应该终止。

增量 increment 默认为 1，可以自由设置，当增量为正数时，循环执行时先将 index 赋值为 start，然后判断 index 是否小于等于 end，如果是，则执行循环语句，执行完成后，对 index 累加一个增量 increment，再判断 index 是否小于等于 end，如果是，则继续执行循环语句；对 index 累加，循环往复，直到 index 大于 end 时退出循环。

增量 increment 也可以设置为负整数，表示每次循环执行后对循环变量 index 进行递减，当 index 小于 end 时，退出循环。

【例 1-23】 利用 for 循环语句求解表达式 $\sum_{n=1}^{29} n!$ 的值。

其实现的 MATLAB 代码为：

```
>>                  %利用循环语句用于嵌套循环
clear all;
s=0;                %定义总和变量 s，并置 0
for n=1:29          %进入第 1 个循环，变量 n 取 1～29
    p=1;            %定义单个数的阶乘变量 p，并置 1
    for m=1:n       %进入第 2 个循环，变量 m 取 1～n
        p=p*m;      %计算单个数的阶乘
    end
    s=s+p;          %计算 30 个数的阶乘总和
end
disp(s)             %显示总和变量 s 的值
```

运行程序，输出如下：

```
    9.1580e+30
```

1.8.2 while 循环结构

while 循环语句与 for 循环语句不同的是，while 循环以是否满足条件来判断是否结束循环，而 for 循环则以是否达到循环指定次数来判断是否结束循环。while 循环的总体结构如下：

```
while expression
    statements
end
```

while 循环执行时首先判断 expression 的值，如果 expression 的值为非零，则执行 statements，执行完毕后继续判断 expression 的值；如果 expression 的值为零，循环将结束。通常来说，statements 中包含导致 expression 值变化的语句。

expression 的值可以是标量和数组，如果 expression 的值是数组，则只有当数组中所有元素非零时才可以执行 statements。

【例 1-24】 求解经典的鸡兔同笼问题，在笼子中有头 38 个、脚 108 只，求鸡兔各有多少只。

其实现的 MATLAB 代码为：

```
>>clear all;
i=1;
while i>0
    if rem(108-i*2,4)==0&(i+(108-i*2)/4)==38;
        break;
    end
    i=i+1;
    n1=i;
    n2=(108-2*i)/4;
end
fprintf('鸡的个数为 %d.\n',n1);
fprintf('兔的个数为%d.\n',n2);
```

运行程序，输出如下：

```
鸡的个数为 22.
兔的个数为 19.
```

1.8.3 if-else-end 结构

在很多情况下，命令序列必须满足一定条件即某个关系表达式为真的情况下才能执行。MATLAB 语言中的条件判断语句就是 if-else-end 语句。最简单的 if-else-end 语句格式为：

```
if expression
    statements
end
```

如果在上述表达式中的所有元素为真，那么就执行 if 和 end 语句之间的 statements 语句。如果条件为假，则不执行下面的表达式语句。在表达式包含几个逻辑子表达式时，即使前一个子表达式决定了表达式的最终逻辑状态，仍要计算所有的子表达式。

上述是只有一个选择时的 if 结构语句，假如有两个选择，if-else-end 结构如下：

```
if expression
    statements1
else
    statements2
end
```

此时，如果表达式为真，则执行第一组语句 statements1；如果表达式为假，则执行第二组语句 statements2。

当有 3 个或更多的选择时，if-else-end 结构采用的形式如下：

```
if expression
    statements1
elseif expression
    statements2
    ……
else
    statementsn
end
```

在这种选择结构中，程序执行到某一表达式为真时，执行其后的相关语句，此时将不再检验其他的关系表达式，跳出此选择结构，而且最后的 else 命令可有可无。

【例 1-25】 判断随机输入的一个年份是否为闰年。

其实现的 MATLAB 代码为：

```
>> clear all;
a=input('输入一个年份：');
%如果年份不能被 4 整除，则不是闰年
if mod(a,4)~=0
    leap=0;
    %如果年份可以被 4 整除，而且不能被 100 整除，则是闰年
elseif mod(a,100)~=0
    leap=1;
    %如果年份可以被 4 整除，并能被 100 整除，而且能被 400 整除，则是闰年
elseif mod(a,400)==0
    leap=1;
    %如果年份可以被 4 整除，并能被 100 整除，且不能被 400 整除，则不是闰年
else leap=0;
end
if leap==1
    disp(strcat(num2str(a),'是闰年！！！ '));
else
    disp(strcat(num2str(a),'不是闰年！！！ '));
end
```

运行程序，输出如下：

```
输入一个年份：2016
2016 是闰年！！！
```

1.8.4 switch-case 结构

if-else-end 语句所对应的是多重判断选择，而有时也会遇到多分支判断选择的问题。这时用 switch-case 结构往往要更容易些，switch-case 结构的语句格式为：

```
switch switch_expression       % switch_expression 为需要进行判决的标量或字符串
    case case_expression1
        statements1            %如果 switch_expression1 等于 case_expression1，执行 statements1，
                               %并结束此结构
    case case_expression2
        statements2            %如果 switch_expression 等于 case_expression2，执行 statements2，
                               %并结束此结构
    ......
    otherwise
        statementsn            %如果 switch_expression 不等于前面所有值，执行 statementsn，
                               %并结束此结构
end
```

说明：

（1）switch-case 结构的语法格式保证了至少有一组指令组将会被执行。

（2）switch 指令之后的表达式 switch_expression 应为一个标量或一个字符串。当表达式为标量时，比较命令为表达式==检测值 i；而当表达式为字符串时，MATLAB 将会调用字符串函数 strcmp 来进行比较：

```
strcmp(表达式,检测值 i)
```

（3）case 指令之后的检测值不仅可以是一个标量或一个字符串，还可以是一个单元数组。如果检测时是一个单元数组，则 MATLAB 将会把表达式的值与单元数组中的所有元素进行比较。如果单元数组中有某个元素与表达式的值相等，MATLAB 则认为此次比较的结果为真，从而执行与该次检测相对应的命令组。

【例 1-26】 在做空间运动分析时经常要用到坐标转换矩阵。在一个坐标系中矢量$\vec{r}$，在旋转后的新坐标系以$\vec{r}'$表示，如果平面 yz、zx 和 xz 分别绕 x 轴、y 轴和 z 轴转动角度 θ 的话，则有

$$\begin{cases}\vec{r}' = R_x(\theta)\vec{r}\\ \vec{r}' = R_y(\theta)\vec{r}\\ \vec{r}' = R_z(\theta)\vec{r}\end{cases}$$

其中：

$$R_x(\theta)=\begin{pmatrix}1 & 0 & 0\\ 0 & \cos\theta & \sin\theta\\ 0 & -\sin\theta & \cos\theta\end{pmatrix}$$

$$R_y(\theta)=\begin{pmatrix}\cos\theta & 0 & -\sin\theta\\ 0 & 1 & 0\\ \sin\theta & 0 & \cos\theta\end{pmatrix}$$

$$R_z(\theta)=\begin{pmatrix}\cos\theta & \sin\theta & 0\\ \sin\theta & \cos\theta & 0\\ 0 & 0 & 1\end{pmatrix}$$

$R(\theta)$ 即是旋转矩阵，它有一个重要的性质 $R^{-1}(\theta)=R^{T}(\theta)=R(-\theta)$ 。下面通过 switch-case 结构语句实现旋转矩阵的计算。

其实现的 MATLAB 代码为：

```
function m=Spatial_rotation(a,x)
%计算旋转矩阵
x=x*pi/180;                    %把角度化为弧度
m=zeros(3,3);
switch a
    case 1                     %绕 x 轴旋转
        m(1,1)=1;
        m(2,2)=cos(x);
        m(2,3)=sin(x);
        m(3,2)=-sin(x);
        m(3,3)=cos(x);
    case 2                     %绕 y 轴旋转
        m(1,1)=cos(x);
        m(1,2)= -sin(x);
        m(2,2)=1;
        m(3,1)=sin(x);
        m(3,3)=cos(x);
    case 3                     %绕 z 轴旋转
        m(1,1)=cos(x);
        m(1,2)=sin(x);
        m(2,1)=-sin(x);
        m(2,2)=cos(x);
        m(3,3)=1;
end
```

调用旋转矩阵函数，在命令窗口中输入：

```
>> m1=Spatial_rotation(2,50)       %绕 y 轴旋转 50°的旋转矩阵
m1 =
    0.6428   -0.7660         0
         0    1.0000         0
    0.7660         0    0.6428
>> m2=Spatial_rotation(3,75)       %绕 z 轴旋转 75°的旋转矩阵
m2 =
    0.2588    0.9659         0
   -0.9659    0.2588         0
         0         0    1.0000
```

1.8.5 try-catch 模块

try-catch 模块提供了用户控制的错误捕获机制，也即是说，利用 try-catch 模块，MATLAB 发现错误即捕获，使用户有能力来控制该怎样对错误进行响应。try-catch 模块的语句格式为：

```
try
    statements1          %命令组 1 总是首先被执行，如果正确，执行完成后结束此结构
catch exception
    statements2          %命令组 1 执行发生错误时，执行命令组 2
end
```

说明：

（1）只有当 MATLAB 执行命令组 1 发生错误时，才执行命令组 2。try-catch 模块只提供两个可供选择的命令组。

（2）当执行 statements1 发生错误时，可调用 lasterr 函数查询出错的原因。如果函数 lasterr 的运行结果为空字符串，则表示命令组 1 被成功执行了。

（3）如果执行命令组 2 时又发生错误，则 MATLAB 将会终止该结构。

【例 1-27】 编程代码，实现矩阵的转置、加和及两个矩阵的加及乘。

其实现的 MATLAB 代码为：

```
>>clear all;
A=input('请输入矩阵 A：');
B=input('请输入矩阵 B：');
try
    A',A+A,A+B,A*B
catch
    disp('there is error:')
end
disp(lasterr)
运行程序，输出如下：
请输入矩阵 A：[1 4 7;2 5 8;3 6 9]
请输入矩阵 B：[0 -2 9;11 3 -1;7 23 4]
ans =
     1     2     3
     4     5     6
     7     8     9
ans =
     2     8    14
     4    10    16
     6    12    18
ans =
     1     2    16
```

```
    13     8     7
    10    29    13
ans =
    93   171    33
   111   195    45
   129   219    57
```

下面通过一个例子来综合演示 MATLAB 的控制语句的用法。

【例 1-28】 由用户输入一个矢量，判断该矢量的单调性并输出。

解析：关键是比较前后两个元素的大小，在此要用到一个新的数组函数 diff(x)，当 x 为矢量时，返回一个低一维的元素分别为相邻各列之差的矢量；当 x 为一个矩阵时，返回一个低一行的元素为相邻各行之差的矩阵。然后只要判断函数 diff 返回的数组元素是否全大于 0 或大于等于 0，或全小于 0 或小于等于 0。

其实现的 MATLAB 代码为：

```
>> clear all;
n=1;
x=zeros(100,1);
while(n~=0)
    n=input('请输入矢量的长度 n(0 退出程序):');
    for i=1:n
        x(i)=input(['请输入矢量的第' num2str(i) '个分量：']);
    end
    y=diff(x(1:n));
    if all(y>0)
        c=2;
    elseif all(y>=0)
        c=1;
    elseif all(y<0)
        c=-2;
    elseif all(y<=0)
        c=-1;
    else
        c=0;
    end
    if(n~=0)
        disp(x(1:n))
        switch c
            case 0
                disp('输入的矢量不是单调的！');
            case 1
                disp('输入的矢量是单调递增的!');
            case 2
```

```
                disp('输入的矢量是严格单调递增的！');
            case -1
                disp('输入的矢量是单调递减的！');
            case -2
                disp('输入的矢量是严格单调递减的！');
        end
    end
end
运行程序，输出如下：
请输入矢量的长度 n(0 退出程序):8
请输入矢量的第 1 个分量：1
请输入矢量的第 2 个分量：2
请输入矢量的第 3 个分量：3
请输入矢量的第 4 个分量：4
请输入矢量的第 5 个分量：5
请输入矢量的第 6 个分量：6
请输入矢量的第 7 个分量：7
请输入矢量的第 8 个分量：8
     1
     2
     3
     4
     5
     6
     7
     8
输入的矢量是严格单调递增的！
请输入矢量的长度 n(0 退出程序):0
```

1.9　M 函数

MATLAB 提供了 M 文件，M 文件有两类：脚本文件和函数文件。这两种类文件都以.m 为文件扩展名。脚本 M 文件可以理解为较简单的 M 文件，因为它没有输入/输出变量。函数 M 文件相对脚本 M 文件稍显复杂，从表面上看，函数文件只是在同功能的脚本文件的基础上，在文件代码的开始处多添加一行函数声明。

用户可以自己定义 M 函数然后调用它。这样只需要传递给它相应的参数，就可以将结果输出给用户。用户只看到输入的参数和输出的计算结果，也即是说，一个函数就是一个黑箱。这些特性使得函数在解决某些问题的较大型程序中占据很重要的位置，因而 MATLAB 提供了一个结构，用来以文本 M 文件的形式创建用户自己的函数。

M 函数是一个以.m 为后缀的文本文件，函数需要给定一些输入参数，并能够对输入变量进行若干操作实现特定的功能，然后将所需要的结果输出。M 函数必须满足一些标准，总结为：

（1）存储 M 文件时文件名必须与文件内主函数名相一致，这是因为在调用 M 文件时，系统查询的是相应的文件名而不是函数名，如果两者不一致，则打不开目的文件或打开的是其他文件。因此，在存储 M 文件时，应将文件名与主函数统一起来，以便于理解与使用。

（2）函数 M 文件名最多可以有 31 个字符。这是由操作系统决定的，有些系统可能允许的最大字符数还要少。MATLAB 会忽略第 31 个字符以外的或操作系统限制的字符以外的字符。

（3）函数名必须以一个字母开头，在第一个字母之后可以是任意的字母、数字、下画线，这个命令规则与变量的命名规则相同。

（4）函数语句的第一行是函数声明行，并且必须包含 function 这个词，在该行中要声明函数名、输入变量列表及输出变量列表等。

（5）在函数声明行之后，第一个连续的注释行是该函数的帮助主题，也称为 H1 行，当使用 lookfor 命令时可以查看到该行信息。H1 行通常包含的是大写的函数名，以及这个函数功能的一个简要描述。

（6）H1 行之后至第一个可执行或空行为止的所有注释语句为帮助信息，这部分给出了函数的完整帮助信息，通过 MATLAB 帮助系统查看函数的帮助信息时，看到的是这部分内容。

（7）在一个连续的注释行之后的所有语句构成了函数体，函数体是实现编程目的的核心所在，它可以包括任何可执行的一切 MATLAB 语句。

（8）一个 M 函数在函数的任何地方遇到 return 或在这个函数的最后一行被执行完就终止。

（9）在函数体中对语句的解释和说明文本即为注释部分，注释语句是以%开头的。

（10）M 函数文件中只有函数声明行是一个函数文件所必需的，而其他内容是可以省略的，当然如果没有函数体则该函数为一空函数，不能产生任何作用。

【例 1-29】 汉诺塔（又称河内塔）问题是印度的一个古老的传说。开天辟地的神勃拉玛在一个庙里留下了三根金刚石的棒，第一根上面套着 64 个圆的金片，最大的一个在底下，其余一个比一个小，依次叠上去，庙里的众僧不倦地把它们一个个地从这根棒搬到另一根棒上，规定可利用中间的一根棒作为帮助，但每次只能搬一个，而且大的不能放在小的上面。

解析：解决这个问题的自然想法就是要将第一根棒上的所有金片移到第三根棒上，只要将上面的 63 个金片移到第二根棒上，然后将最下面的金片移到第三根棒上，接着的任务就是将第二根棒上的 63 个金片利用第一根棒将它们移到第三根棒上。将上述工作一直持续，也就是说要先移第 62 个金片，第 61 个金片，……这是一个经典的递归问题。

根据需要，建立一个带移动箭头的 M 文件 move.m，代码为：

```
function move(x,y)
disp([x,'-->',y]);
```

建立一个实现汉诺塔问题的 M 文件 hannuo.m，代码为：

```
function hannuo(n,a,b,c)
if(n==1)
    move(a,c);
else
    hannuo(n-1,a,c,b);
    move(a,c);
```

```
        hannuo(n-1,b,a,c);
    end
```

保存 M 文件，并在命令窗口中输入：

```
>> clear all;
n=input('Please input the number of hannuo:')
hannuo(n,'1','2','3');
```

运行程序，输出如下：

```
Please input the number of hannuo:4
n =
     4
1-->2
1-->3
2-->3
1-->2
3-->1
3-->2
1-->2
1-->3
2-->3
2-->1
3-->1
2-->3
1-->2
1-->3
2-->3
```

1.10 可视化

MATLAB 不但善于进行矩阵相关的数值运算，也适合用于各种科学图形的表示。强大的图形功能是 MATLAB 的优点之一，它能方便快速地出图，给工作带来了巨大的便利。

1.10.1 二维绘图

在 MATLAB 中，可以输入非常少，甚至不输入程序，就能得到变化多端的图形。MATLAB 提供的二维绘图函数种类多，大致可以分为线性图（line）、条形图（bar）、填充图（area）、矢量图（direction）、放射图（radial）和散射图（scatter）6 大类。

1. 基本绘图函数

plot 函数为最基本的线性图函数，其功能是绘制二维空间中的曲线。在使用此函数前，需要先定义曲线上每一个点的 x 坐标及 y 坐标。函数的调用格式为：

（1）plot(Y)

其中输入参数 Y 就是 y 轴的数据，一般习惯输入向量，则 plot(Y)可以用于绘制索引值所对应的行向量 Y，若 Y 为复数，则 plot(Y)等于 plot(real(Y),image(Y))；在其他几种使用方式中，如果有复数出现，则复数的虚数部分将不被考虑。

（2）plot(X1,Y1,…,Xn,Yn)

当 Xi、Yi 均为实数向量，且为同维向量（可以不是同型向量），则 plot 先描出点（X(i),Y(i)），然后用直线依次相连；若 Xi，Yi 为复数向量，则不考虑虚数部分。若 Xi、Yi 均为同型实数矩阵，则 plot(Xi,Yi)依次画出矩阵的几条线段；若 Xi、Yi 一个为向量，另一个为矩阵，且向量的维数等于矩阵的行数或列数，则矩阵按向量的方向分解成几个向量，再与向量配对分别画出，矩阵可分解成几个向量就有几条线。在上述的几种使用形式中，若有复数出现，则复数的虚数部分将不被考虑。

（3）plot(X1,Y1,LineSpec,…,Xn,Yn,LineSpec)

LineSpec 为选项（开关量）字符串，用于设置曲线颜色、线型、数据点等。LineSpec 的标准值设定如表 1-9 所示，前七种颜色依次（蓝、绿、红、青、品红、黄、黑）自动着色。

表 1-9 常用的绘图选项

选 项	含 义	选 项	含 义
-	实线	.	用点号标出数据点
--	虚线	O	用圆圈标出数据点
:	点线	×	用叉号标出数据点
-.	点画线	+	用加号标出数据点
r	红色	S	用小正方形标出数据点
g	绿色	D	用菱形标出数据点
b	蓝色	V	用下三角标出数据点
y	黄色	^	用上三角标出数据点
m	洋红	<	用左三角标出数据点
c	青色	>	用右三角标出数据点
w	白色	H	用六角形标出数据点
k	黑色	P	用五角形标出数据点
*	用星号标出数据点		

（4）plot(X1,Y1,LineSpec,'PropertyName',PropertyValue)

对所有用 plot 函数创建的图形进行属性值设置。

常用属性如表 1-10 所示。

表 1-10　常用属性

属 性 名	含　义	属 性 名	含　义
LineWidth	设置线的宽度	MarkerEdgeColor	设置标记点的边缘颜色
MarkerSize	设置标记点的大小	MarkerFaceColor	设置标记点的填充颜色

（5）h = plot(X1,Y1,LineSpec,'PropertyName',PropertyValue)

返回绘制函数的句柄值 h。

【例 1-30】 利用 plot 函数绘制 3 条不同颜色、线型的正弦曲线。

其实现的 MATLAB 代码为：

```
>> clear all;
x = 0:pi/10:2*pi;
y1 = sin(x);
y2 = sin(x-0.25);
y3 = sin(x-0.5);
figure
plot(x,y1,'g',x,y2,'b--o',x,y3,'c*')
```

运行程序，3 条不同形态的正弦曲线如图 1-31 所示。

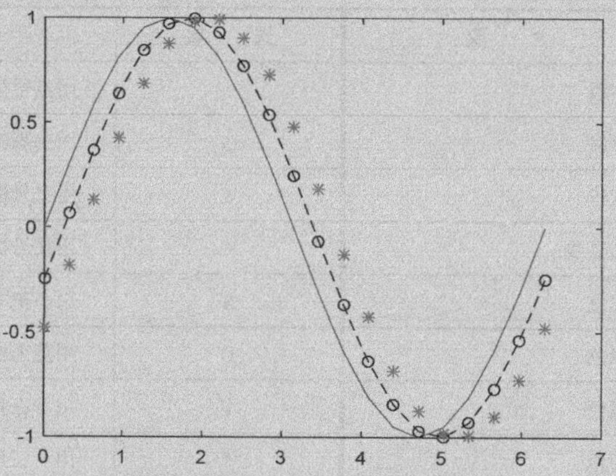

图 1-31　3 条不同形态的正弦曲线

plot 函数是在常用的 *x-y* 坐标系中绘制的，在其他一些特殊的坐标系当中，MATLAB 提供由表 1-11 给出的特殊坐标系绘图函数，分别是指对数坐标系、极坐标系及双 *y* 坐标系等。

表 1-11　特殊坐标系绘图函数

函　数	说　明
loglog	*x* 轴和 *y* 轴均为对数刻度
semilogx	*x* 轴为对数刻度，*y* 轴为线性刻度
semilogy	*x* 轴为线性刻度，*y* 轴为对数刻度

续表

函　　数	说　　明
plotyy	双 y 坐标函数
polar	极坐标函数

loglog、semilogx、semilogy 这 3 个函数跟 plot 函数类似，也可以直接在坐标后面加相关字符改变颜色、线型和标记。

【例 1-31】 绘制对数坐标及半对数坐标图。

其实现的 MATLAB 代码为：

```
>> clear all;
x1 = logspace(-1,2);
subplot(131);loglog(x1,exp(x1),'-s');
title('loglog 函数绘图');
grid on;
x2 = 0:0.1:10;
subplot(132);semilogx(10.^x2,x2,'r-.*');
title('semilogx 函数绘图');
subplot(133);semilogy(10.^x2,x2,'m--');
title('semilogy 函数绘图');
```

运行程序，特殊坐标绘图如图 1-32 所示。

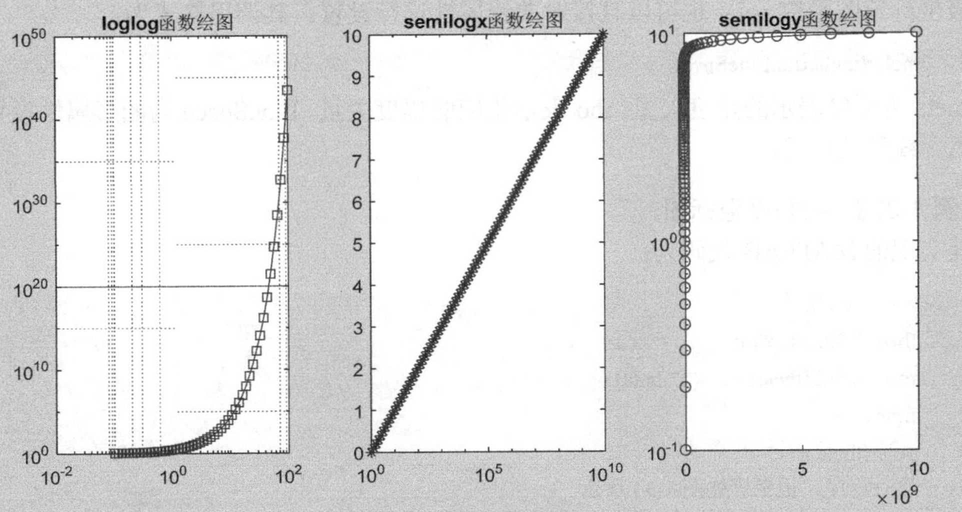

图 1-32　特殊坐标绘图

值得一提的是，双 y 坐标函数 plotyy 不像前面那些函数可以直接对曲线属性（颜色、线型及标记）进行设置。如果要对它进行设置，需要借助句柄来实现。

【例 1-32】 绘制双 y 坐标函数，并对图形进行标记。

其实现的 MATLAB 代码为：

```
>> clear all;
x = 0:0.01:20;
y1 = 200*exp(-0.05*x).*sin(x);
y2 = 0.8*exp(-0.5*x).*sin(10*x);
[hAx,hLine1,hLine2] = plotyy(x,y1,x,y2);
hLine1.LineStyle = '--';
hLine2.LineStyle = ':';
```

运行程序，双 y 坐标效果图如图 1-33 所示。

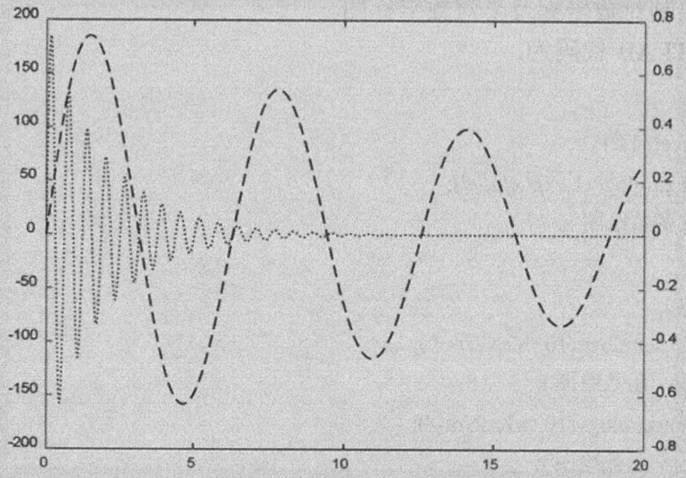

图 1-33　双 y 坐标效果图

极坐标绘图函数 polar 也可以直接对曲线属性进行设置。其调用格式为：

```
polar(theta,rho,LineSpec)
```

参数 theta 为弧度表示的角度矢量，rho 表示相应的幅度矢量，LineSpace 为图形属性设置选项，即颜色、线型及标记。

【例 1-33】 绘制极坐标图。

其实现的 MATLAB 代码为：

```
>> clear all;
theta = 0:0.01:2*pi;
rho = sin(2*theta).*cos(2*theta);
figure
polar(theta,rho,'--r')
```

运行程序，极坐标如图 1-34 所示。

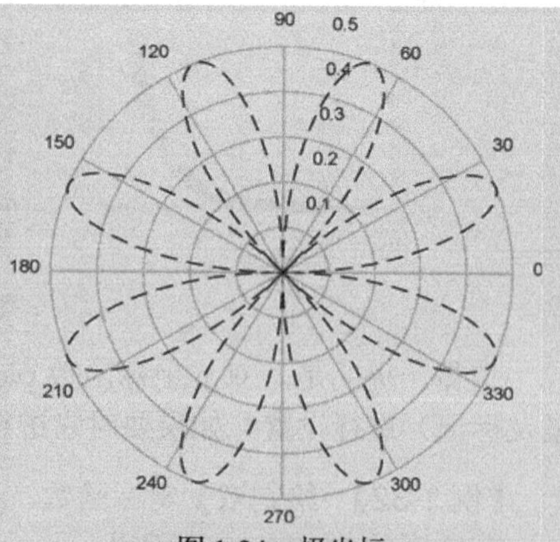

图 1-34　极坐标

2. 修改图形

在 MATLAB 中，提供了在图形上添加网格、标题、x 轴标记、y 轴标记等函数，常用的图形标记函数如表 1-12 所示。

表 1-12 常用的图形标记函数

函　数	说　明
title	为图形添加标题
xlabel	为 x 轴添加标记
ylabel	为 y 轴添加标记
text	为图形加文本注释
gtext	用鼠标放置文本
grid	加网格线

【例 1-34】 在同一窗口中作函数 $y = x^2 + \sin x$ 与 $y = \cos(x) + x$ 的图形，并添加网格线、标题及 x 轴和 y 轴的标注。

解析： 在 MATLAB 的 M 文件编辑器中给出这两个函数的表达式，有两种方法在同一窗口中绘出它们的图形，一种是利用 hold on 命令调用两次 plot 函数，另一种是在一个 plot 函数中同时画出两个函数的图形。这两种方式都能绘出它们的图形，然后在图形中添加相应的标记。

新建第一个函数的 M 文件，命名为 M1_34a.m 的 M 文件，代码为：

```
function y=M1_34a(x)
y(:,1)=x(:,1).^2+sin(x(:,1));
```

新建第二个函数的 M 文件，命名为 M1_34b.m 的 M 文件，代码为：

```
function y=M1_34b(x)
y(:,1)=cos(x(:,1))+x(:,1);
```

其实现的 MATLAB 代码为：

```
>> clear all;
x=(0:0.01:10)';
figure;
plot(x,M1_34a(x),'r.-',x,M1_34b(x));
grid
xlabel('X');
ylabel('Y');
title('一个 plot 函数中同时画出两个函数的图形');
gtext('y=2x+sinx');
gtext('y=x+cosx');
figure;
plot(x,M1_34a(x),'r.-');
grid on;
xlabel('X');
ylabel('Y');
```

```
gtext('y=2x+sinx');
gtext('y=x+cosx');
hold on;
plot(x,M1_34b(x));
title('利用 hold on 命令调用两次 plot 函数')
```

运行程序，两个函数效果分别如图 1-35 和图 1-36 所示。

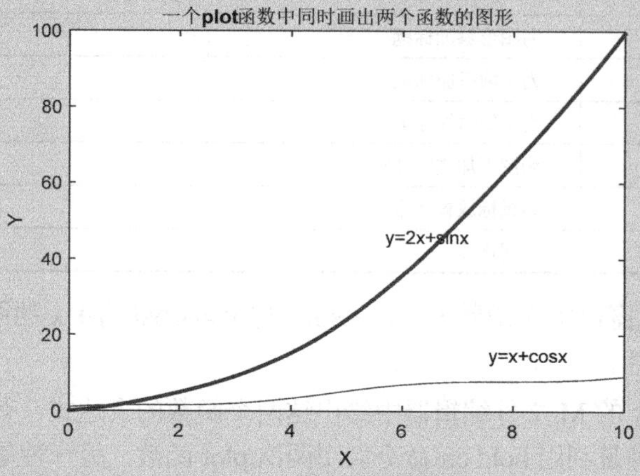

图 1-35 第一个函数效果图

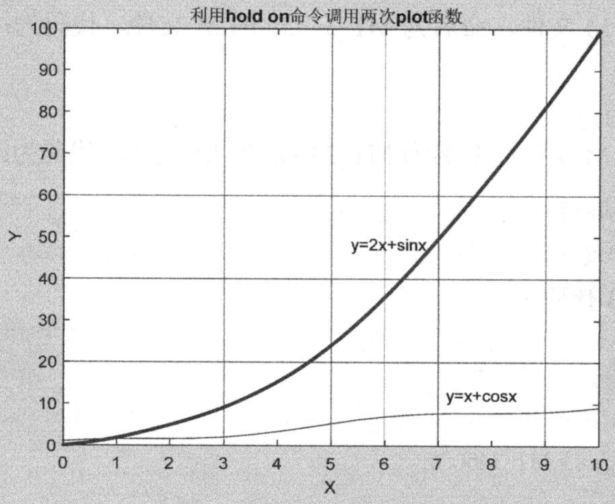

图 1-36 第二个函数效果图

3. 子图

有时因为某些原因，希望多幅图一起显示。这时候可以借助于 subplot 函数，它可以将数个小图形同时绘制于同一个视窗之中。subplot 函数的调用格式为：

```
subplot(m,n,p)
```

将当前图形窗口分成 m×n 个绘图区，即共 m 行，每行 n 个，子绘图区的编号按行优先从左到右编号。该函数选定第 p 个区为当前活动区。在每一个子绘图区允许以不同的坐标系单独绘制图形。

【例 1-35】 绘制含参数方程 $\begin{cases} x = 2(\cos t - t\sin t) \\ y = 2(\sin t + t\cos t) \end{cases}$，$t \in [-2\pi, 2\pi]$ 的图像。

其实现的 MATLAB 代码为：

```
>> clear all;
t1=-2*pi:pi/5:2*pi;
t2=-2*pi:pi/20:2*pi;
x1=2*(cos(t1) -t1.*sin(t1));
y1=2*(sin(t1)+t1.*cos(t1));
x2=2*(cos(t2) -t2.*sin(t2));
y2=2*(sin(t2)+t2.*cos(t2));
subplot(221);plot(x1,y1,'m.');
title('图 1');
axis square;     %设置坐标为正方形
subplot(222);plot(x2,y2,'m.');
title('图 2');
axis square;
subplot(223);plot(x1,y1);
title('图 3');
axis square;
subplot(224);plot(x2,y2);
title('图 4');
axis square;
```

运行程序，在同一个视窗中绘制多幅图形效果如图 1-37 所示。

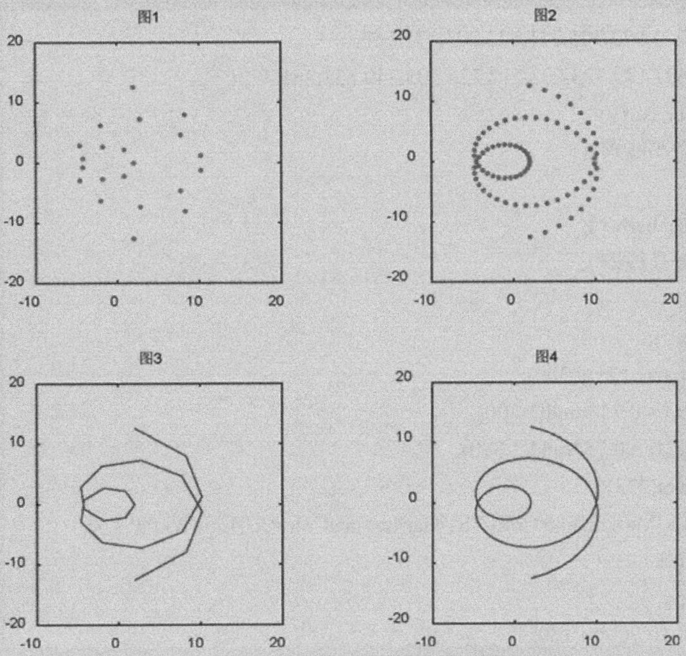

图 1-37　在同一个视窗中绘制多幅图形效果

4．特殊二维绘图

在 MATLAB 中，还有其他各种特殊二维绘图函数以适合不同的应用，如表 1-13 所示。

表 1-13　特殊二维绘图函数

函　数	说　明	类　别
bar	条形图	条形图
errorbar	误差带图	条形图
hist	直方图	条形图
stem	针状图	条形图
rose	极坐标累计图	放射图
compass	罗盘图	放射图
pie	饼图	填充图
fill	多边形填充图	填充图
feather	矢量图	矢量图
quiver	矢量场图	矢量图
comet	彗星图	矢量图
scatter	散射图	散射图
spy	稀疏矩阵可视化图	散射图

【例 1-36】 绘制特殊二维图形。

其实现的 MATLAB 代码为：

```
>> clear all;
y = [75.995,91.972,105.711,123.203,131.669,…
     150.697,179.323,203.212,226.505,249.633,281.422];
subplot(231); bar(y);
title('垂直等高线图');
axis square;
subplot(232); barh(y);
title('水平等高线图');
axis square;
rng(0,'twister');
theta = linspace(0,2*pi,300);
x = sin(theta) + 0.75*rand(1,300);
y1 = cos(theta) + 0.75*rand(1,300);
s = 40;subplot(233);
scatter(x,y1,s,'MarkerEdgeColor','b','MarkerFaceColor','c','LineWidth',1.5);
title('散点图');
axis square;
theta = (-90:10:90)*pi/180;
r = 2*ones(size(theta));
```

```
[u,v] = pol2cart(theta,r);
subplot(234);feather(u,v);
title('羽毛图');
axis square;
[X1,Y1] = meshgrid(-2:.2:2);
Z = X1.*exp(-X1.^2 - Y1.^2);
[DX,DY] = gradient(Z,.2,.2);
subplot(235);contour(X1,Y1,Z)          %等高线图
hold on
quiver(X1,Y1,DX,DY)                    %矢量图
colormap hsv;
title('带等高线的矢量图');
axis square;
X2 = linspace(0,2*pi,25)';
Y2 = (cos(2*X2));subplot(236);
stem(X2,Y2,'LineStyle','-.','MarkerFaceColor','red','MarkerEdgeColor','green');
title('火柴杆图');axis square;
```

运行程序，特殊二维图形如图 1-38 所示。

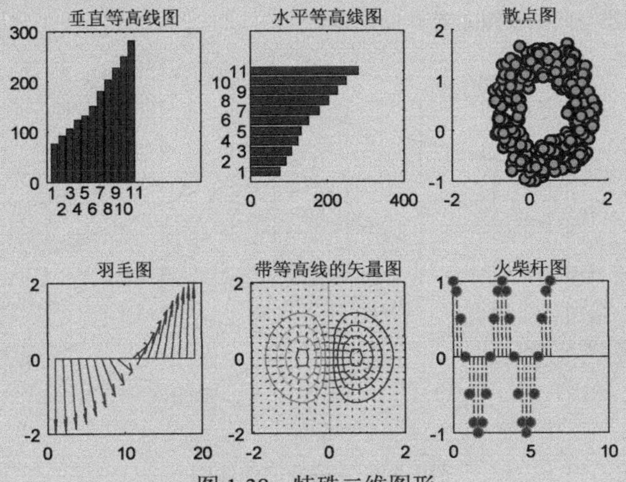

图 1-38　特殊二维图形

1.10.2　三维绘图

在科学计算可视化过程中，三维空间的立体图是一种非常的手段。三维绘图在很多方面是跟二维绘图类似的，其中曲线的属性设置则完全相同。

1. 三维曲线图

对应于二维空间的 plot 函数，三维的则是 plot3 函数，函数的调用格式为：

（1）plot3(X1,Y1,Z1,…)

以默认线型属性绘制三维点集（Xi,Yi,Zi）确定的曲线。Xi,Yi,Zi 为相同大小的向量或矩阵。

（2）plot3(X1,Y1,Z1,LineSpec,⋯)

以参数 LineSpec 确定的线型属性绘制三维点集（Xi,Yi,Zi）确定的曲线。Xi,Yi,Zi 为相同大小的向量或矩阵。

（3）plot3(⋯,'PropertyName',PropertyValue,⋯)

绘制三维曲线，根据指定的属性值设定曲线的属性。

（4）h = plot3(⋯)

返回绘制的曲线图的句柄值向量 h。

【例 1-37】 利用 plot3 函数绘制三维空间曲线图。

其实现的 MATLAB 代码为：

```
>> clear all;
x=linspace(0,20*pi,501);
y=x.*sin(x);
z=x.*cos(x);
plot3(x,y,z);
grid on;
```

运行程序，三维空间曲线图如图 1-39 所示。

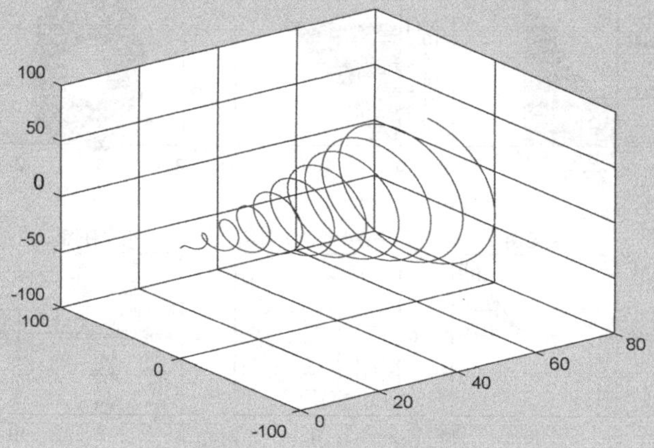

图 1-39　三维空间曲线图

2. 三维网格图

在三维绘图函数中，还有一类比较基本的函数是网格（Mesh）函数，它产生的图形会根据高度的不同显示出不同颜色。在 MATLAB 中，提供了 mesh、meshc 及 meshz 函数实现三维网格图的绘制。它们的调用格式为：

（1）mesh(X,Y,Z)

绘制三维网格图，颜色和曲面的高度相匹配，如果 X 与 Y 为向量，且 length(X)=n，length(Y)=m，而[m,n]=size(Z)，空间中的点(X(j),Y(i),Z(i,j))为所画曲面网线的交点；如果 X 与 Y 均为矩阵，则空间中的点(X(i,j),Y(i,j),Z(i,j))为所画曲面的网线的交点。

（2）mesh(Z)

参数 Z 是维数为 $m \times n$ 的矩阵，网格曲面的颜色分布与 Z 方向上的高度值成正比。

（3）mesh(…,C)

参数 X、Y、Z 都为矩阵值，参数 C 表示网格曲面的颜色分布情况。

（4）mesh(…,'PropertyName',PropertyValue, …)

对指定的属性 PropertyName 设置属性值 PropertyValue，可以在同一语句中对多个属性进行设置。

（5）h = mesh(…)

返回图形对象句柄。

（6）meshc(…)

用于画网格图与基本的等值线图。

（7）meshz(…)

用于绘制包含零平面的网格线。

【例 1-38】 绘制三维网格图实例。

其实现的 MATLAB 代码为：

```
>> clear all;
[X,Y] = meshgrid(-8:.5:8);
R = sqrt(X.^2 + Y.^2) + eps;
Z = sin(R)./R;
subplot(231);mesh(Z);
title('绘制数据 Z 的网格图');
subplot(232);mesh(X,Y,Z);
axis([-8 8 -8 8 -0.5 1]);
title('绘制三维网格图')
C = gradient(Z);
subplot(233);mesh(X,Y,Z,C);
title('颜色由 C 指定')
C = del2(Z);
subplot(234);mesh(Z,C,'FaceLighting','gouraud','LineWidth',0.3);
title('设置网格图属性');
subplot(235);meshz(Z);
title('meshz 绘制网格图');
subplot(236);meshc(Z);
title('meshc 绘制网格图');
运行程序，三维网格图如图 1-40 所示。
```

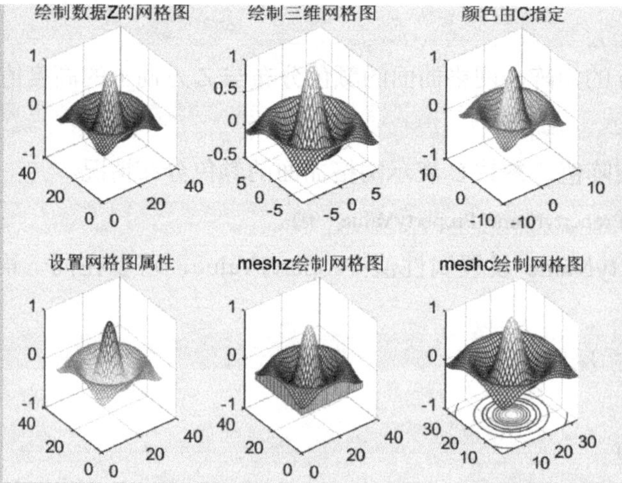

图 1-40　三维网格图

3. 三维曲面图

三维曲面图也可以用来表示三维空间内数据的变化规律，与之前介绍的三维网格图的不同之处在于对网格的区域填充了不同的色彩。

在 MATLAB 中，提供了 surf、surfc 及 surfl 函数用于绘制三维表面图。函数的调用格式为：

```
（1）surf(X,Y,Z)
```

该函数绘制彩色的三维曲面图，其中矩阵 X 和 Y 控制 x 轴和 y 轴，矩阵 Z 为 z 轴数据。

```
（2）surf(X,Y,Z,C)
```

图形的颜色采用参数 C 设置。

```
（3）surf(Z)或 surf(Z,C)
```

该函数默认向量 $\boldsymbol{x}$ 为 1:n，向量 $\boldsymbol{y}$ 为 1:m，其中[m,n]=size(Z)。

```
（4）surf(…,'PropertyName',PropertyValue)
```

该函数中对图形的一些属性值进行设置。

```
（5）h=surf(…)
```

返回三维表面图的句柄值 h。

此外，在 MATLAB 中，采用函数 surfc 绘制带有等高线的三维曲面图，该函数的调用格式和 surf 相同。通过函数 surfl 添加三维曲面的光照效果，该函数和 surf 函数的调用格式相同。

【例 1-39】 绘制三维曲面图。

其实现的 MATLAB 代码为：

```
>> clear all;
[x,y] = meshgrid(-3:1/8:3);
z = peaks(x,y);
subplot(221);surf(z);
```

```
title('surf(z)绘图形式');
subplot(222);surf(x,y,z);
title('surf(x,y,z)绘图形式')
subplot(223);surfl(x,y,z);
title('surfl(x,y,z)绘图形式')
subplot(224);surfc(x,y,z);
title('surfc(x,y,z)绘图形式');
```

运行程序，三维曲面图如图 1-41 所示。

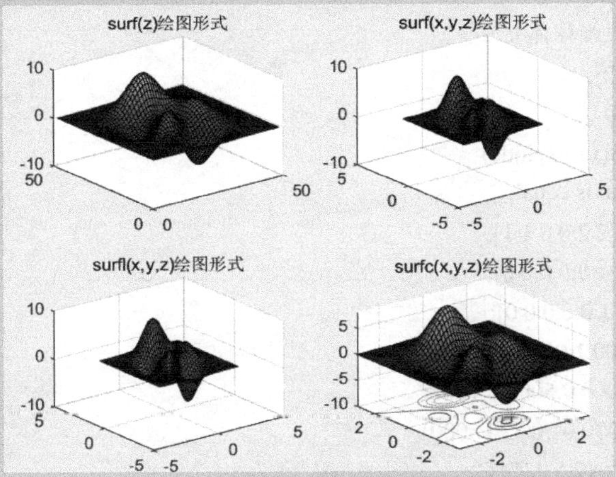

图 1-41 三维曲面图

4. 特殊三维图形

和二维图形情况一样，MATLAB 也提供了不少特殊的三维绘图函数用于绘制不同的三维图。常用的特殊三维绘图函数如表 1-14 所示。

表 1-14 常用的特殊三维绘图函数

函 数	说 明
bar3、barh3	绘制三维垂直（水平）柱状图
cylinder	绘制三维柱面图
sphere	用于绘制球面图
contour3	用于绘制三维等高线图
pie3	用于绘制三维饼图
scatter3	用于绘制三维散点图
stem3	用于绘制三维火柴杆图
quiver3	用于绘制三维向量图
comet3	用于绘制三维彗星图
fill3	用于绘制三维填充图
ribbon	用于绘制三维彩带图
patch	绘制三维片块图

【例 1-40】 绘制特殊的三维图形。

其实现的 MATLAB 代码为：

```
>> clear all;
t = 0:pi/10:2*pi;
[X1,Y1,Z1] = cylinder(2+cos(t));
subplot(231);surf(X1,Y1,Z1)
axis square;title('三维柱面图');
subplot(232);sphere
axis equal;title('三维球体');
x1 = [1 3 0.5 2.5 2];
explode = [0 1 0 0 0];
subplot(233);pie3(x1,explode)
title('三维饼图');axis equal;
X2 = [0 1 1 2;1 1 2 2;0 0 1 1];
Y2 = [1 1 1 1;1 0 1 0;0 0 0 0];
Z2 = [1 1 1 1;1 0 1 0;0 0 0 0];
C = [0.5000 1.0000 1.0000 0.5000;
     1.0000 0.5000 0.5000 0.1667;
     0.3330 0.3330 0.5000 0.5000];
subplot(234);fill3(X2,Y2,Z2,C);
colormap hsv
title('三维填充图');axis equal;
[x2,y2] = meshgrid(-3:.5:3, -3:.1:3);
z2 = peaks(x2,y2);
subplot(235);ribbon(y2,z2)
colormap hsv
title('三维彩带图');axis equal;
[X3,Y3] = meshgrid(-2:0.25:2,-1:0.2:1);
Z3 = X3.* exp(-X3.^2 - Y3.^2);
[U,V,W] = surfnorm(X3,Y3,Z3);
subplot(236);quiver3(X3,Y3,Z3,U,V,W,0.5);
hold on
surf(X3,Y3,Z3);
colormap hsv
view(-35,45);
title('三维向量场图');
axis equal;
set(gcf,'color','w');
```

运行程序，三维特殊图形如图 1-42 所示。

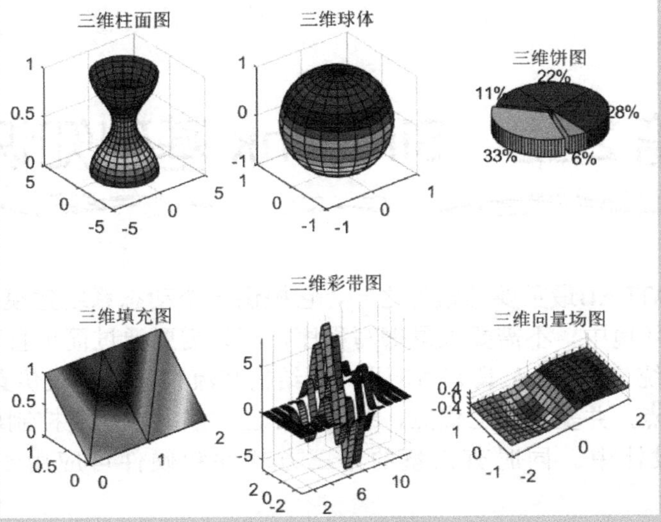

图 1-42　三维特殊图形

第2章 Simulink 基础知识

Simulink 是MATLAB最重要的组件之一，它提供一个动态系统建模、仿真和综合分析的集成环境。在该环境中，不需要大量书写程序，而只需要通过简单直观的鼠标操作，就可构造出复杂的系统。Simulink 具有适应面广、结构和流程清晰以及仿真精细、贴近实际、效率高、灵活等优点，并基于以上优点，Simulink 已被广泛应用于控制理论和数字信号处理的复杂仿真和设计中。同时有大量的第三方软件和硬件可应用于或被要求应用于Simulink 中。

2.1 Simulink 的概述

Simulink 是 MATLAB 的扩展，它是实现动态系统建模和仿真的一个软件包。它与MATLAB 语言的主要区别在于，其与用户的交互界面是基于 Windows 的模型化图形输入，其结果是使得用户可以把更多的精力投入到系统模型的构建，而非语言的编程上。

Simulink 实际上是面向结构的系统仿真软件，利用 Simulink 进行系统仿真步骤介绍如下。

（1）启动 Simulink，进入 Simulink 窗口。

（2）在 Simulink 窗口中，借助 Simulink 模块库，创建系统框图模样并调整模块参数。

（3）设置仿真参数后，启动仿真。

（4）输出仿真结果。

2.1.1 Simulink 的功能

Simulink 是 MATLAB 中的一种可视化仿真工具，是一种基于 MATLAB 的框图设计环境，是实现动态系统建模、仿真和分析的一个软件包，被广泛应用于线性系统、非线性系统、数字控制及数字信号处理的建模和仿真中。Simulink 可以用连续采样时间、离散采样时间或两种混合的采样时间进行建模，它也支持多速率系统，也就是系统中的不同部分具有不同的采样速率。为了创建动态系统模型，Simulink 提供了一个建立模型方块图的图形用户接口，这个创建过程只需单击和拖动鼠标操作就能完成，它提供了一种更快捷、直接明了的方式，而且用户可以立即看到系统的仿真结果。

Simulink 是用于动态系统和嵌入式系统的多领域仿真和基于模型的设计工具。对各种时变系统，包括通信、控制、信号处理、视频处理和图像处理系统，Simulink 提供了交互式图形化环境和可定制模块库来对其进行设计、仿真、执行和测试。

构架在 Simulink 基础之上的其他产品扩展了 Simulink 多领域建模功能，也提供了用于设计、执行、验证和确认任务的相应工具。Simulink 与 MATLAB 紧密集成，可以直接访问 MATLAB 大量的工具来进行算法研发、仿真的分析和可视化、批处理脚本的创建、建模环境的定制以及信号参数和测试数据的定义。

2.1.2 Simulink 的特点

Simulink 拥有丰富的、可扩充的预定义模块库以及交互式的图形编辑器，来组合和管理直观的模块图，以设计功能的层次来分割模型，实现对复杂设计的管理。通过 Model Explorer 导航、创建、配置、搜索模型中的任意信号、参数、属性生成模型代码，而且可以提供 API，用于与其他仿真程序的连接或手写代码集成。

Simulink 是一种强有力的仿真工具，它能让用户在图形方式下以最小的成本来模拟真实动态系统的运行。Simulink 配备了数百种自定义的系统环节模型、最先进的有效积分算法和直观的图示化工具。

依托 Simulink 强大的仿真能力，用户在制造原型机之前就可建立系统的模型，从而评估设计并修改瑕疵。Simulink 具有如下特点。

1．建立动态的系统模型并进行仿真

Simulink 是种图形化的仿真工具，用于对动态系统建模和控制规律的研究制定。由于支持线性、非线性、连续、离散、多变量和混合式系统结构，Simulink 几乎可分析任何一种类型的真实动态系统。

2．以直观的方式建模

Simulink 可视化的建模方式，可迅速地建立动态系统的框图模型。只需要在 Simulink 元件库中选出合适的模块并拖放到 Simulink 建模窗口中即可。

Simulink 标准库拥有超过 150 种模块可用于构成各种不同种类的动态模型系统。模块包括输入信号源、动力学元件、代数函数和非线性函数、数据显示模块等。

Simulink 模块可以设定为触发和使能的，用于模拟大模型系统中不同条件下子模型的行为。

3．增添定制模块元件和用户代码

Simulink 模块库是可制定的，能够扩展以包容用户自定义的系统环节模块。用户也可以修改已有模块的图标，重新设定对话框，甚至换用其他形式的弹出菜单和复选框。

Simulink 允许用户把自己编写的 C、FORTRAN、Ada 代码直接植入 Simulink 模型中。

4．快速、准确地进行设计模拟

Simulink 优秀的积分算法给非线性系统仿真带来了极高的精度。先进的常微分方程求解器可用于求解刚性和非刚性系统、不连续的系统和具有代数环的系统。Simulink 的求解器能确保连续系统或离散系统的仿真迅速、准确地进行。同时，Simulink 还为用户准备了一个图形化的调试工具，以辅助用户进行系统开发。

5. 分级表达复杂系统

Simulink 的分级建模能力使得体积庞大、结构复杂的模型构建也简便易于实现。根据需要，各种模块可以组织成若干子系统。在此基础上，整个系统可以按照自上向下或自下向上的方式搭建。子模型的层级数量完全取决于所构建的系统，不受软件本身的限制。

为方便大型复杂结构系统的操作，Simulink 还提供了模型结构浏览的功能。

6. 交互式的仿真分析

Simulink 的示波器能够以动画和图像显示数据，在运行中可调整模型参数进行 What-if 分析。能够在仿真运算进行时监视仿真结果。这种交互的特征可以帮助用户快速地评估不同的算法，进行参数优化。

由于 Simulink 完全集成于 MATLAB 中，在 Simulink 中计算的结果可以保存到 MATLAB 工作区中，因此就能使用 MATLAB 所具有的多分析、可视化及工具箱工具来操作数据。

2.2 Simulink 的导引

2.2.1 Simulink 的安装

Simulink 是 MATLAB 的一个工具箱软件包，在 MATLAB 的安装过程中，用户可以选择安装 Simulink。MATLAB 有两种安装方法：一种是使用 MathWorks 账户登录安装；一种是使用文件安装密钥，如图 2-1 所示。

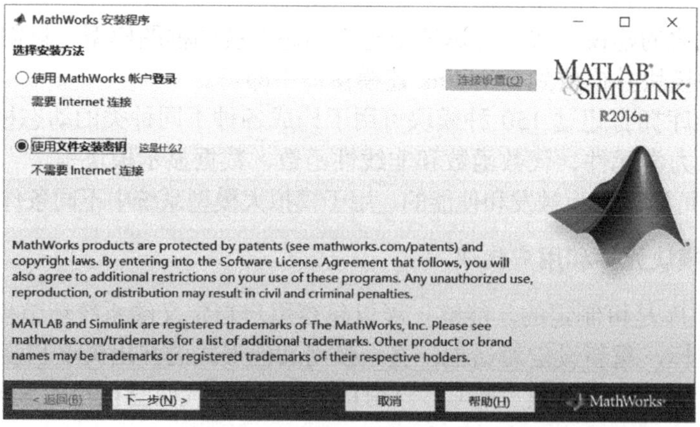

图 2-1　使用文件安装密钥安装 Simulink

当用户选择“使用文件安装密钥”单选框后，单击“下一步”按钮，根据提示输入密钥，再单击“下一步”按钮，就会出现 MATLAB“产品选择”对话框，用户可以在该对话框中选择需要安装的组件，特别是 Simulink 选项，如图 2-2 所示。

用户选择“Simulink8.7“产品后，一直单击“下一步”按钮，直到 MATLAB 安装结束，即可完成 Simulink 的安装。

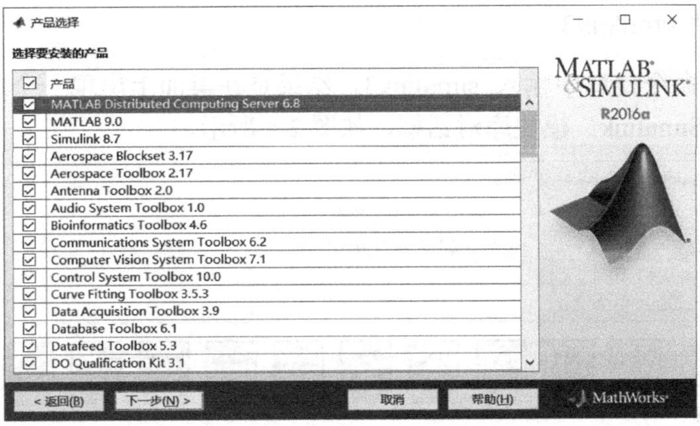

图 2-2　MATLAB“产品选择”对话框

2.2.2　Simulink 的启动

安装完成 Simulink 后，即可通过 3 种方法来启动 Simulink。

1. 快捷按钮启动 Simulink

打开 MATLAB 的工作界面，在快捷菜单中单击“ ”按钮，即可弹出一个“Simulink Start Page”对话框，选择该对话框中的“Blank Model”选项，即可新建一个 Simulink 仿真环境。在该仿真环境中选择“Tools”→“Library Browser”选项，即可打开“Simulink Library Browser”对话框，如图 2-3 所示。

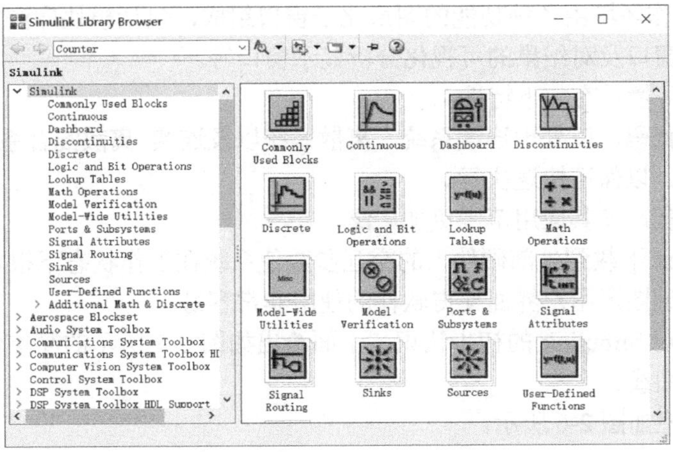

图 2-3　“Simulink Library Browser”对话框

2. 命令行启动 Simulink

在 MATLAB 命令窗口中输入 simulink，结果是在桌面上出现一个“Simulink Library

Browser”对话框。在这个对话框中列出了按功能分类的各种模块。

3．命令行启动 simulink3

在 MATLAB 命令窗口中输入 simulink3，结果是在桌面上出现一个用图标形式显示的“Library:simulink3-Simulink”模块库对话框，如图 2-4 所示。

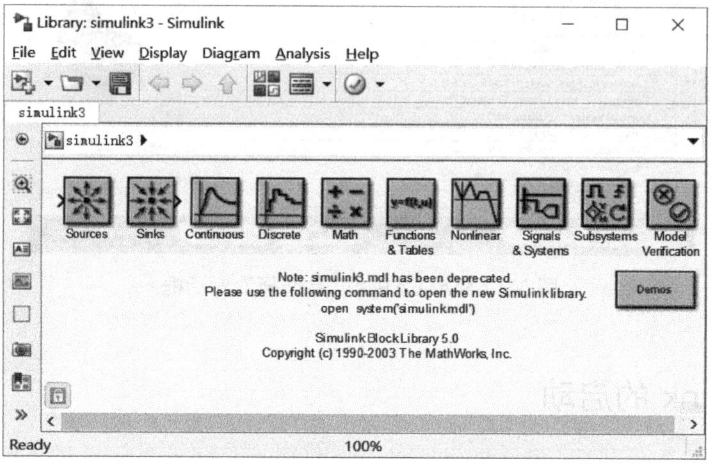

图 2-4 “Library:simulink3-Simulink”模块库对话框

两种模块库对话框只是不同的显示形式，用户可以根据各人喜好进行选用，一般来说，第二种对话框直观、形象，易于初学者，但使用时会打开太多的子窗口。

2.2.3 Simulink 工作环境

Simulink 的工作环境由各种功能的图形化子窗口组成，包括模块库浏览器、模型窗口、调试窗口、可视化窗口及对结果的可视化分析显示窗口等。

Simulink 工作环境具有如下特性。

（1）自动生成代码，以处理连续系统、离散系统以及连续-离散混合系统。

（2）优化代码，以保证快速执行。

（3）可移植的代码使其应用范围更加广泛。

（4）从 Simulink 下载到外部硬件上的交互参数使系统在工作状态下很容易调试。

（5）菜单驱动的图形用户界面使得软件的使用非常容易。

为了便于读者对 Simulink 的初步认识，下面给出如图 2-5 所示的简单仿真环境，该仿真环境显示的是正弦曲线。

Simulink 工具栏如图 2-6 所示。

2.2.4 第一个 Simulink 模型实例

下面先演示一个 Simulink 模型实例，让读者领略 Simulink 的建模与 wfyh2 仿真。

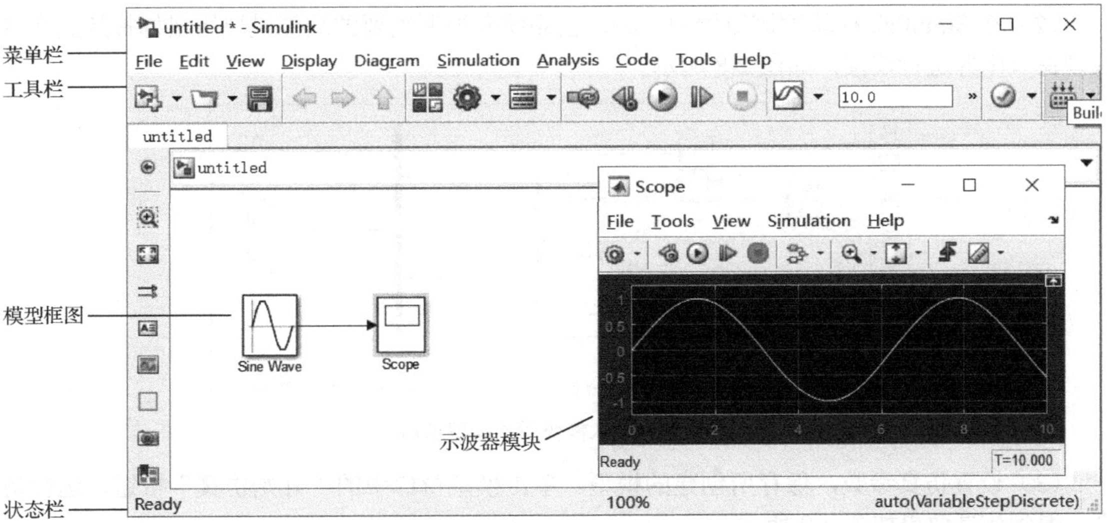

图 2-5　Simulink 简单仿真环境

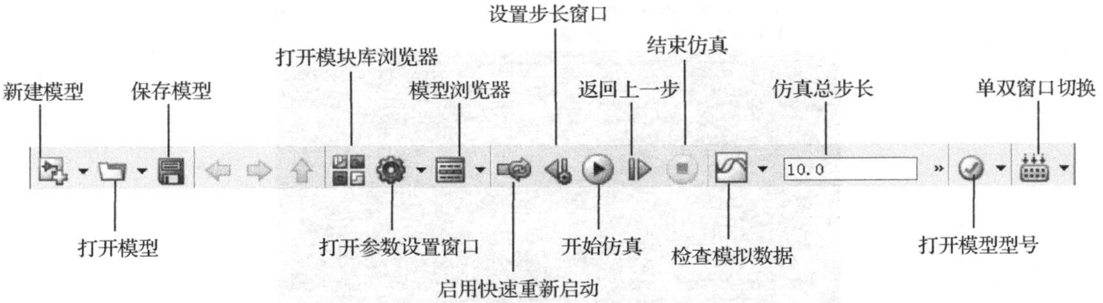

图 2-6　Simulink 工具栏

【例 2-1】 Simulink 模型建立与仿真。

其实现步骤如下。

（1）新建一个空白的模型窗口。在 Simulink 模块库浏览器中单击按钮，将弹出如图 2-7 所示的新建模型窗口。

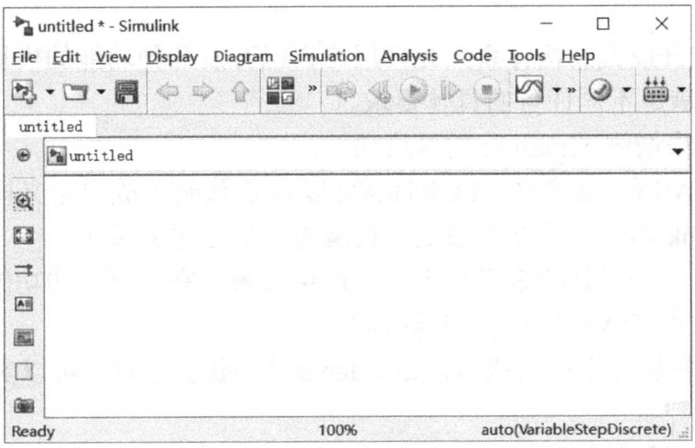

图 2-7　新建模型窗口

（2）在 Simulink 模块库浏览器中，将创建系统模型所需要的功能模块用鼠标拖放到新建模型窗口中并进行连接，如图 2-8 所示。

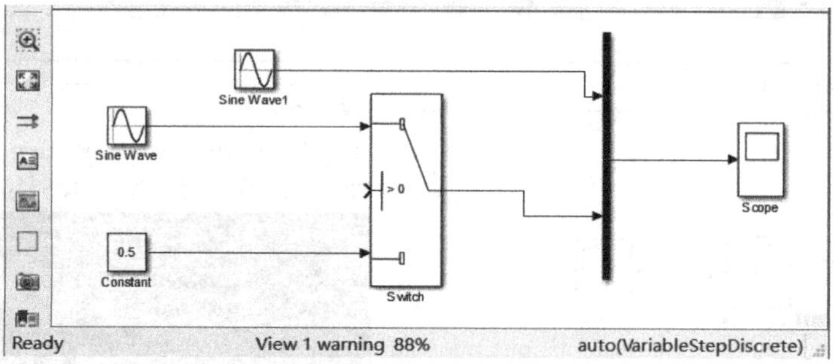

图 2-8　拖入模块后的模型窗口

（3）设置仿真参数，保存所创建的模型。单击模型窗口中的“开始仿真”按钮，运行仿真，得到仿真效果如图 2-9 所示。

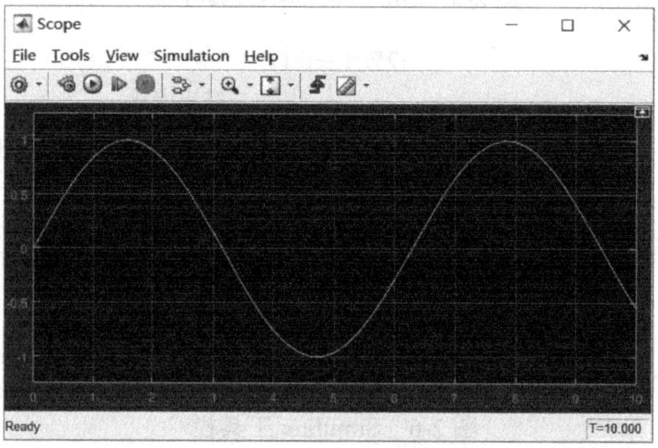

图 2-9　仿真效果

2.3　Simulink 的扩展功能

Simulink 是一个开放式结构体系，允许用户自己开发各种功能的模块，无限制地添加到 Simulink 环境中，以满足不同任务的具体要求。

可采用以下方式来增强 Simulink 的模块功能。

（1）采用 MATLAB 的 M 文件、FORTRAN 以及 C 代码生成自定义模块。

（2）利用 Simulink 本身来建立子系统，封装为一个自定义模块。

（3）将 Simulink 与开发好的 S 函数无间隙连接起来，完成复杂的功能。

（4）将原有的 FORTRAN 与 C 代码连接起来。

（5）其他大型工程软件衔接的接口，如 Adams 结构仿真软件，可以实现利用 Simulink 对 Adams 中结构的控制。

（6）有很多第三方开发的工具箱。

（7）很多软件都留有与 MATLAB 方便连接的接口，如 Femlab、Labview 等，使 Simulink 能够非常方便地利用这些软件中的信息以及被这些软件所调用。

为丰富 Simulink 建模系统，Mathworks 公司开发了许多有特殊功能的模块程序包，如 Fixed-Point Blockset 与 Communication Blockset 等。利用这些功能强大的程序包，使得用户能够非常方便地建立模型或完成系统分析。除此之外，还能够将建立的 Simulink 模型生成代码，以便实时控制等。

常用的 Simulink Blockset 有：

（1）CDMA Reference Blockset（CDMA 通信系统设计与分析）；

（2）Communication Blockset（通信系统工具箱）；

（3）Dials & Gauges Blockset（交互式图形与控制面板设计工具箱）；

（4）DSP Blockset（数字信号处理工具箱）；

（5）Fixed-Point Blockset（定点运算控制系统工具箱）；

（6）Motorola DSP Developer's Kit（Motorola DSP 开发工具）；

（7）Nonlinear Control Design Blockset（非线性控制设计工具箱）；

（8）SimPowerSystems（电力电动工具箱）；

（9）TI DSP Developer's Kit（TI DSP 开发工具）；

（10）SimMechanics（机构仿真）；

（11）Neural Network Blockset（神经网络仿真）；

（12）Stateflow（流程控制）；

（13）Real Time Workshop（实时系统）。

2.4 Simulink 的工作原理

2.4.1 计算机动态系统仿真

为了能全面、正确地理解系统仿真，需要对系统仿真所研究的对象进行概要的了解。在此对系统与系统模型进行简单的介绍。

1. 系统

系统是指具有某些特定功能并且相互联系、相互作用的元素集合。此处的系统是指广义的系统，泛指自然界的一切现象与过程。它具有两个基本特征：整体性和相关性。整体性是指系统作为一个整体存在而表现出某项特定的功能，它是不可分割的。

对于任何系统的研究都必须从如下 3 个方面考虑。

（1）实体：组成系统的元素、对象。

（2）属性：实体的特征。

（3）活动：系统由一个状态到另一个状态的变化过程。

组成系统的实体之间相互作用而引起的实体属性的变化，通常状态变量来描述。研究系统主要研究系统的动态变化。除了研究系统的实体属性活动外，还需要研究影响系统活动的外部条件，这些外部条件称为环境。

2. 系统模型

系统模型是对实际系统的一种抽象，是对系统本质（或系统的某种特性）的一种描述。模型可视为对真实世界中物体或过程信息进行形式化的结果。模型具有与系统相似的特性，可以以各种形式给出用户所感兴趣的信息。

模型可以分为实体模型和数学模型。实体模型又称为物理效应模型，是根据系统之间的相似性而建立起来的物理模型。

实体模型最常见的是比例模型，如风筒吹风实验常用的翼型或建筑模型。数学模型包括原始系统数学模型和仿真系统数学模型。原始系统数学模型是对系统的原始数学描述。

仿真系统数学模型是一种适合在计算机上演算的模型，主要是指根据计算机的运算特点、仿真方式、计算方法、精度要求，将原始系统数学模型转换为计算机程序。

数学模型可以分为许多类型：按照状态变化可分为动态模型和静态模型。用于描述系统状态变化过程的数学模型称为动态模型；而静态模型仅仅反映系统在平衡状态下系统特征值间的关系，这种关系常用代数方程来描述。

按照输入和输出的关系可将模型分为确定模型和随机模型。如果一个系统的输出完全可以用它的输入来表示，则称为确定系统；如果系统的输出是随机的，即对于给定的输入存在多种可能的输出，则该系统是随机系统。

离散系统是指系统的操作和状态变化仅在离散时刻产生的系统，如交通系统、电话系统、通信网络系统等，常常用各种概率模型来描述。

连续系统模型还可分为集中参数和分布参数的，线性和非线性的，时变和时不变的，时域和频域的，连续时间和离散时间的等。表 2-1 列出了各种类型的数学模型及其数学描述。

表 2-1　数学模型分类

模型类型	静态系统模型	动态系统模型			
		连续系统模型			离散系统模型
		集中参数	分布参数	离散时间	
数学模型	代数方程	微分方程 状态方程 传递函数	偏微分方程	差分方程 离散状态方程	概述分布排队论

归纳起来，仿真技术的主要用途主要有如下几方面。

（1）优化系统设计。在实际系统建立前，通过改变仿真模型结构和调整系统参数来优化系统设计。如控制系统、数学信号处理系统的设计经常要靠仿真来优化系统性能。

（2）系统故障再现，发现故障原因。实际系统故障的再现必然会带来某种危害性，这样做是不安全的和不经济的，而利用仿真来再现系统故障则是安全的和经济的。

（3）验证系统设计的正确性。

（4）对系统或其子系统进行性能评价和分析。多为物理仿真，如飞机的疲劳实验。

（5）训练系统操作员。常见于各种模拟器，如飞行模拟器、坦克模拟器等。
（6）为管理决策和技术提供支持。

2.4.2　Simulink 求解器

Simulink 求解器是 Simulink 进行动态系统仿真的核心所在，因此欲掌握 Simulink 系统仿真的原理，必须对 Simulink 的求解器有所了解。

1．离散求解器

离散系统的动态行为一般可以由差分方程描述。众所周知，离散系统的输入与输出仅在离散的时刻上取值，系统状态每隔固定的时间才更新一次，而 Simulink 对离散系统的仿真核心是对离散系统差分方程的求解。因此，Simulink 可以做到对离散系统的绝对精确（除有限的数据截断误差外）。

在对纯粹的离散系统进行仿真时，需要选择离散求解器对其进行求解。打开求解器的方法如图 2-10 所示。在弹出的求解器对话框中，用户在对话框左侧选择“Solver”（求解器），在对话框右侧的“Solver options”选项下将“Solver”设置为“discrete(no continuous states)”（没有连续状态的离散求解器），即可以对离散系统进行精确的求解与仿真，离散求解器的设置如图 2-11 所示。

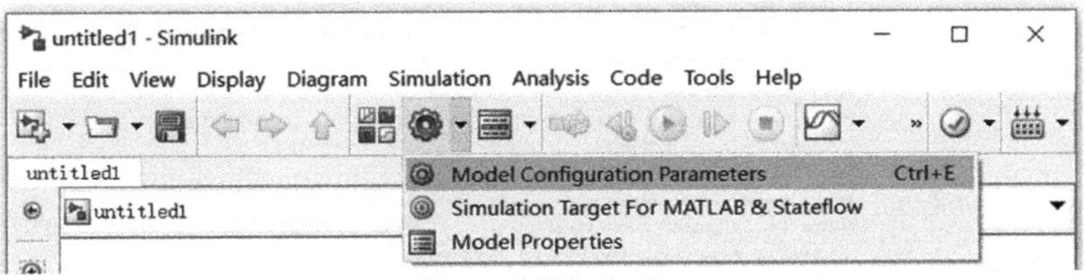

图 2-10　打开求解器的方法

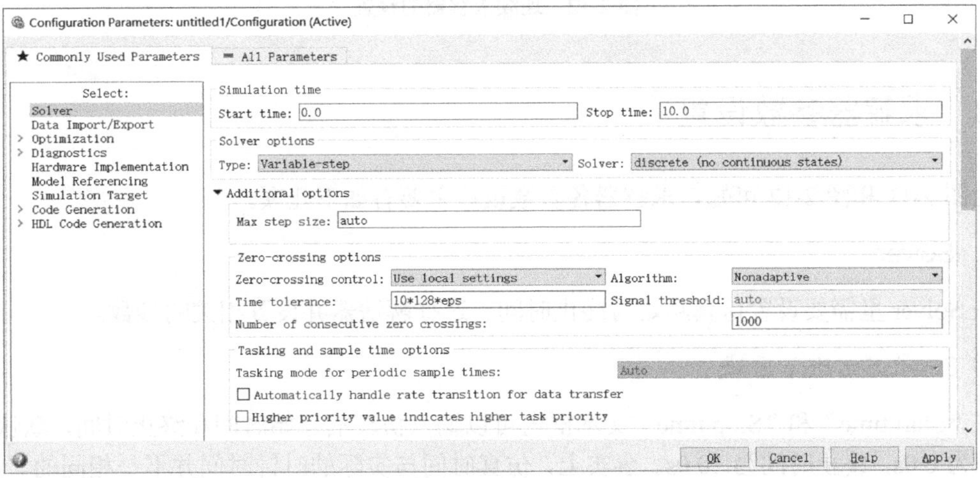

图 2-11　离散求解器的设置

2. 连续求解器

与离散系统不同，连续系统具有连续的输入与输出，并且系统中一般都存在连续的状态设置。连续系统中存在的状态变量往往是系统中某些信号的微分或积分，因此连续系统一般由微分方程或与之等价的其他方式进行描述。这就决定了使用数字计算机不可能得到连续系统的精确解，而只能得到系统的数字解（近似解）。

Simulink 在对连续待进行求解仿真时，其核心是对系统微分或偏微分方程进行求解。因此，使用 Simulink 对连续系统进行求解仿真时所得到的结果均为近似解，只要此近似解在一定的误差范围内即可。

对微分方程的数字求解有不同的近似解，因此 Simulink 的连续求解器有多种不同的形式，如变步长求解器 ode45、ode23、ode113，以及定步长求解器 ode5、ode4、ode3 等。

采用不同的连续求解器会对连续系统的仿真结果与仿真速度产生不同的影响，但一般不会对系统的性能分析产生较大的影响，因为用户以设置具有一定的误差范围的连续求解器进行相应的控制。连续求解器的设置如图 2-12 所示。

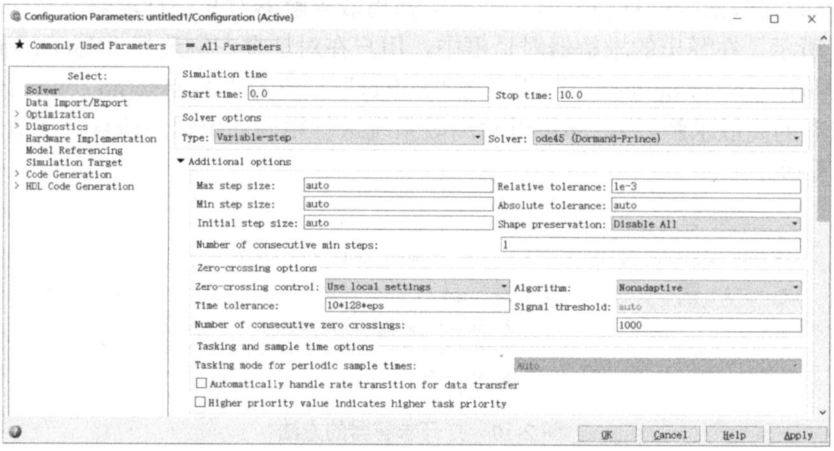

图 2-12　连续求解器的设置

2.4.3　求解器参数设置

由图 2-11 和图 2-12 可知，求解器各参数设计主要有如下几项。

1. Solver

在 Solver 里需要设置仿真起始与终止时间、选择解法器并设置相关的参数。

1）Simulation time 区域

在"Start time"和"Stop time"文本框内可以输入仿真的起始时间和终止时间，默认的起始时间为 0.0s，终止时间为 10.0s。事实上，仿真时间与实际的时钟时间并不是相同的。例如，运行 10s 的仿真过程实际并不会花费 10s，机器运行的时间取决于很多因素，包括模型的复杂程度、算法步长的大小以及计算机的速度等。

2）Solver options 区域

Simulink 模型的仿真要计算整个仿真过程中各采样点的输入值、输出值以及状态变量值，Simulink 利用用户选择的算法来执行这个操作，当然，一种算法不可能适应所有的模型，因此 Simulink 对算法进行了分类，每一种算法用来解决不同的模型类型。用户可以选择的算法有 4 类：定步长连续算法、变步长连续算法、定步长离散算法和变步长离散算法。

用户可以在“Type”下拉列表中指定仿真步长的选取方式，可供选择的有 Variable-step（变步长）和 Fixed-step（固定步长）两种方式。

（1）定步长连续算法。

这个算法在整个仿真过程中以相等的时间间隔计算模型的连续状态，算法使用数值积分方法来计算系统的连续状态，每个算法使用不同的积分方法，因此，用户可以选择最适合自己模型的计算方法。为了选择定步长连续算法，首先在“Type”下拉列表内选择“Fixed-step”选项，然后在相邻的积分方法列表中选择算法，可以选择的定步长连续算法如表 2-2 所示。

表 2-2　定步长连续算法

算　法	说　明
ode5（默认值）	固定步长的高阶龙格-库塔法，适用于大多数连续或离散系统，不适用于刚性系统
ode4	固定步长的四阶龙格-库塔法，具有一定的计算精度
ode3	固定步长的二/三阶龙格-库塔法，与 ode45 类似，但算法精度没有 ode45 高
ode2	改进欧拉法
ode1	欧拉法

（2）变步长连续算法。

Simulink 提供了变步长连续仿真算法，当系统的连续状态变化很快时，这些算法减小仿真步长以提高精度，当系统的连续状态变化较慢时，这些算法会增加仿真步长以节省仿真时间。要指定变步长连续算法，在“Type”下拉列表内选择“Variable-step”选项，然后在相邻的积分方法列表中选择算法，可以选择的变步长连续算法如表 2-3 所示。

表 2-3　变步长连续算法

算　法	说　明
ode45（默认值）	四/五阶龙格-库塔法，适用于大多数连续或离散系统，但不适用于刚性系统
ode23	二/三阶龙格-库塔法，与 ode45 类似，但算法精度没有 ode45 高
ode113	adams 项算法
ode15s	NDF 算法，适用于刚性系统
ode23s	基于龙格-库塔法的一种算法，专门应用于刚性系统
ode23t	若是刚性系统，且不要求有衰减，可以使用这个方法
ode23tb	TR-BDF2 实现，类似于 ode23s，这个算法比 ode15s 更精确

（3）定步长离散算法。

Simulink 提供了一种不执行积分运算的定步长算法，它适用于求解非线性连续状态模型和只有离散状态的模型。

（4）变步长离散算法。

Simulink 提供了一种变步长离散算法，如果用户未指定固定步长离散算法，而且模型又没有连续状态，那么 Simulink 使用这个默认的算法。

2. Data Import/Export

Data Import/Export 面板主要用于向 MATLAB 工作空间输出模型仿真结果数据或者从 MATLAB 工作空间读入数据到模型，如图 2-13 所示。

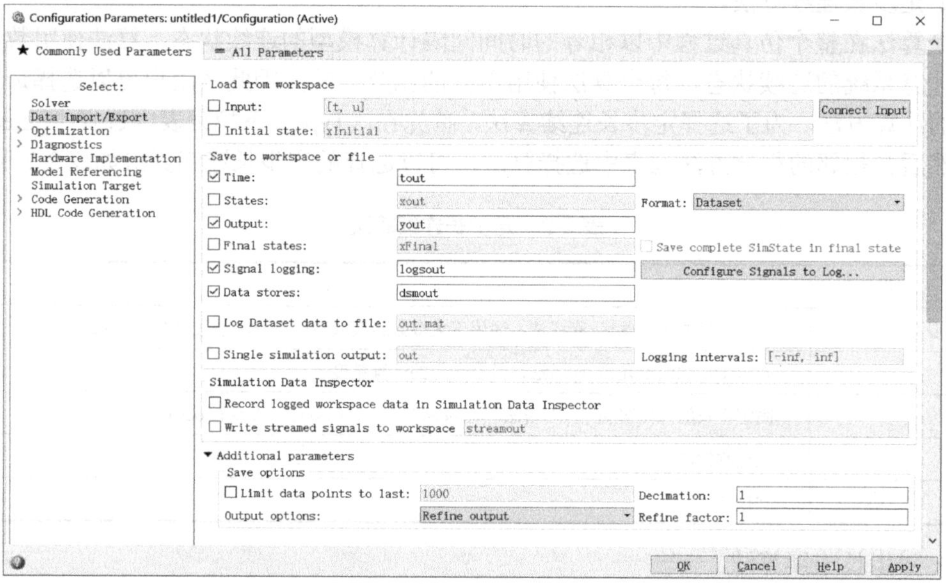

图 2-13 Data Import/Export

在这里需要完成对以下各参数的设置。

（1）Load from workspace 区域。

从 MATLAB 工作空间向模型导入数据，作为输入与系统的初始状态。

（2）Save to workspace or file 区域。

向 MATLAB 工作空间或文件输出仿真时间、系统状态、系统输出与系统最终状态。

（3）Simulation Data Inspector 区域。

自动检查工作空间的模拟数据、将数据流写入工作空间。

（4）Save options 区域。

向 MATLAB 工作空间输出数据的输出格式、数据量、存储数据的变量名及生成附加输出信号数据等。

3. Optimization

Optimization 面板用于设置各种选项来提高仿真性能和由模型生成代码的性能，其如图 2-14 所示。

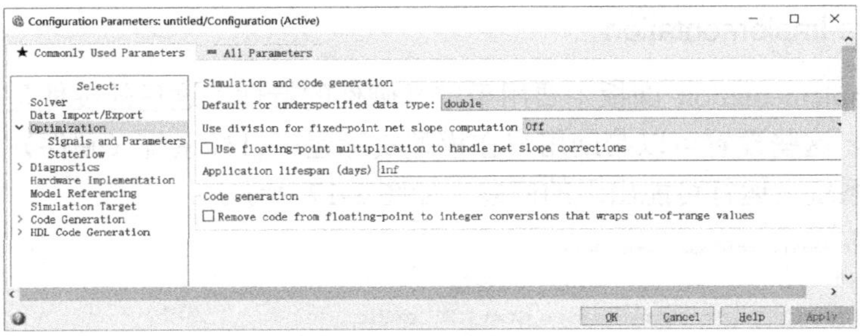

图 2-14　Optimization

在这里需要完成对以下各参数的设置。

- Default for underspecified data type：用于选择已确认数据的类型。
- Use division for fixed-point net slope computation：用区分定点法计算网络坡度。
- Use floating-point multiplication to handle net slope corrections：用浮点乘法更正网络坡度。
- Application lifespan：设定应用的寿命。
- Remove code from floating-point to integer conversions that wraps out-of-range value：使用外围数值法将浮点值转换为定点值的代码删除。
- Conditional input branch execution：用来优化模型的仿真与代码的生成。

选择"Optimization"→"Signals and Parameters"选项，即可打开"Configuration Parameters"对话框，将这些变量设置为全局变量，如图 2-15 所示。

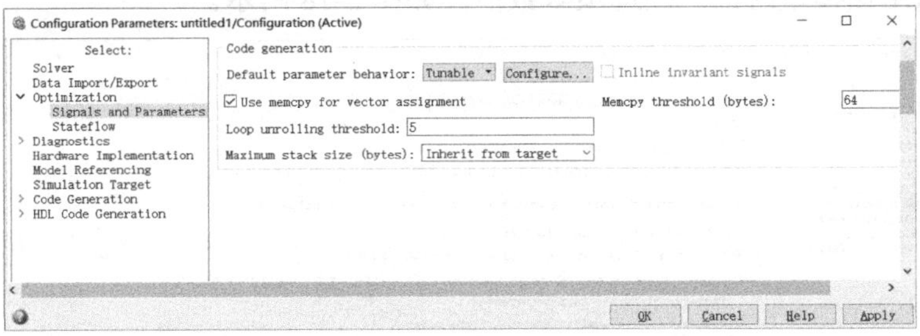

图 2-15　"Configuration Parameters"对话框

4. Diagnostics

Diagnostics 面板主要用于设置当模块在编译与仿真遇到突发情况时，Simulink 采用哪种诊断动作，如图 2-16 所示。该面板还将各种突发情况的出现原因分类列出。

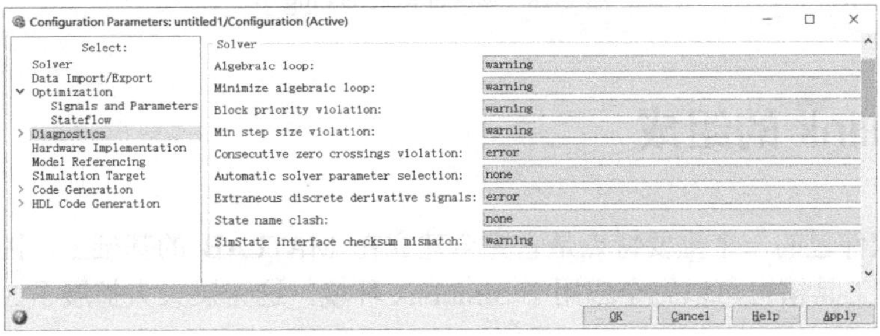

图 2-16　Diagnostics

5. Hardware Implementation

Hardware Implementation 面板主要用于定义硬件的特性，这里的硬件是指将来用来运行模型的物理硬件。这些设置可以帮助用户在模型实际运行目标系统（硬件）之前，通信仿真检测到以后目标系统上运行可能出现的问题，如图 2-17 所示。

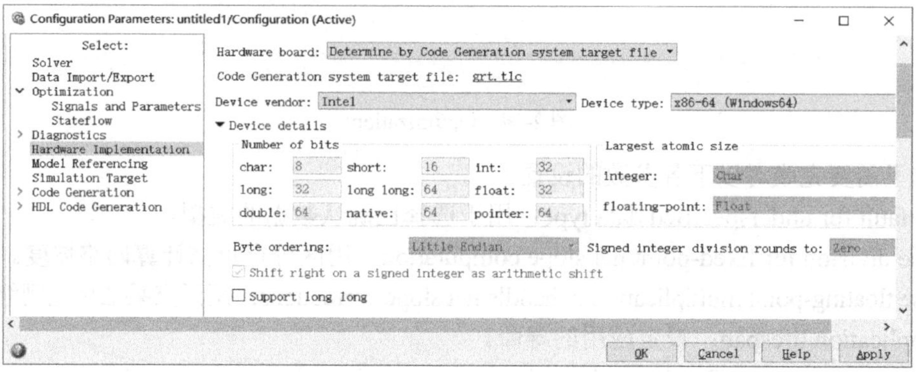

图 2-17　Hardware Implementation

6. Model Referencing

Model Referencing 面板用于生成目标代码、建立仿真以及定义当此模型中包含其他模型或者其他模型引用该模型时的一些选项参数值，如图 2-18 所示。

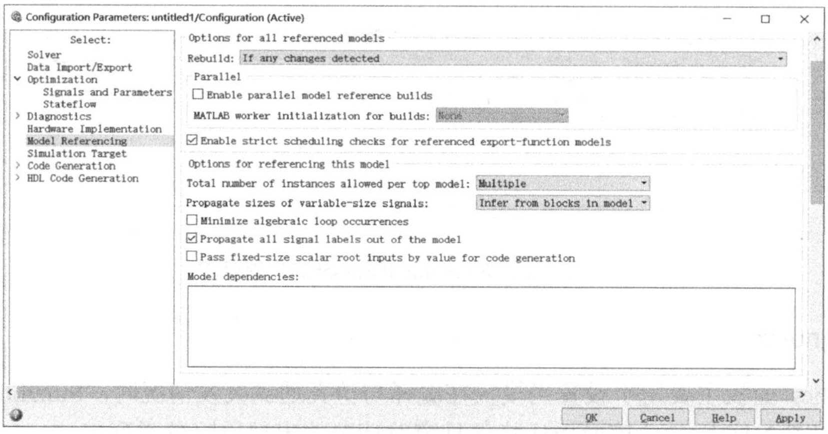

图 2-18　Model Referencing

2.5　Simulink 的组成

Simulink 软件包的一个重要特点是它完全建立在 MATLAB 的基础上，因此，MATLAB 各种丰富的应用工具箱也可以完全应用于 Simulink 环境，这无疑大大扩展了 Simulink 的建模和分析能力。

2.5.1　应用工具箱

基于 MATLAB 的所有工具箱都是经过全世界各个领域内的专家和学者共同研究的最新成果，每一个工具箱都可谓是千锤百炼，其领域涵盖了自动控制、信号处理和系统辨识等 10 多个学科，并且随着科学技术的发展，MATLAB 的应用工具箱始终在不断发展完善中。

MATLAB 应用工具箱的另一个特点是完全开放性，任何用户都可以随意浏览、修改相关的 M 文件，创建满足用户特殊要求的工具箱。由于其中的很多算法是相当成熟的产品，因此用户可以采用 MATLAB 自带的编译器将其编译成可执行代码，并嵌入硬件中直接执行。

首先启动 MATLAB，然后在 MATLAB 主界面中单击“Simulink”按钮，或在命令窗口中输入 simulink 命令。命令执行后将弹出“Simulink Library Browser”界面，如图 2-19 所示。

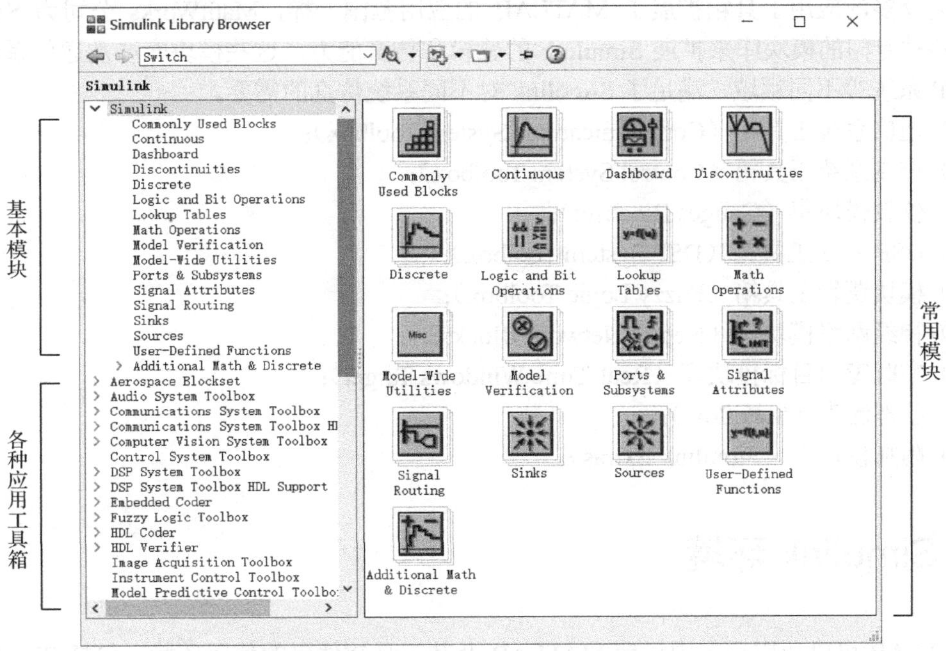

图 2-19　“Simulink Library Browser”界面

Simulink 的工具箱模块库由两部分组成：基本模块和各种应用工具箱。

Simulink 的基本模块按钮功能进行分类，主要包括以下 16 类子库：

（1）常用模块库（Commonly Used Block）；

（2）连续模块库（Continuous）；

（3）仪表板模块库（Dashboard）；

（4）不连续模块库（Discontinuous）；

（5）离散模块库（Discrete）；

（6）逻辑与位操作模块库（Logic and Bit Operations）；

（7）查找表模块库（Lookup Table）；

（8）数学运算模块库（Math Operations）；

（9）模型扩展模块库（Model-Wide Utilities）；
（10）模型验证模块库（Model Verification）；
（11）端口与子系统模块库（Port & Subsystems）；
（12）信号属性模块库（Signal Attributes）；
（13）信号路由模块库（Signal Routing）；
（14）信号接收器模块库（Sinks）；
（15）输入源模块库（Sources）；
（16）用户自定义模块库（User-Defined Functions）。

2.5.2 扩展模块库

如同众多的应用工具箱扩展了 MATLAB 的应用范围一样，MathWorks 公司为 Simulink 提供了各种专门的模块库来扩展 Simulink 的建模和仿真能力。这些模块库涉及通信系统、控制、DSP 系统等不同领域，满足了 Simulink 对不同系统仿真的需要。

（1）通信系统工具箱（Communications System Toolbox）；
（2）控制系统工具箱（Control System Toolbox）；
（3）仪表模块集（Gauges Blockset）；
（4）DSP 系统工具箱（DSP System Toolbox）；
（5）模块逻辑工具箱（Fuzzy Logic Toolbox）；
（6）神经网络模块集（Neural Network Blockset）；
（7）实时窗口目标模块库（Real-Time Windows Target）；
（8）状态流库（Stateflow）；
（9）附加模块库（Simulink Extras）。

2.6 Simulink 环境

MATLAB 可以让用户集中设置 MATLAB 及其工具软件包的使用环境，包括 Simulink 环境的设置。要设置 Simulink 环境，可以在 Simulink 窗口中依次选择“File”→“Simulink Preferences”命令，弹出“Simulink Preferences”对话框，如图 2-20 所示。

Simulink 的工作环境主要由库浏览器与模型窗口组成。前者展示 Simulink 标准模块库和专业工具箱，后者是用户创建模型方框图的主要地方。

前面提到，在库浏览器中单击工具栏中图标，即可创建一个新的模型窗口，可以在该窗口中完成模型方框图的绘制。

Simulink 环境的设置如图 2-20 所示，部分选项的含义如下。

1. Simulink Preferences

（1）Display Defaults for New Models：该栏用来设置新模型的显示方式。两个选项的含义分别为：

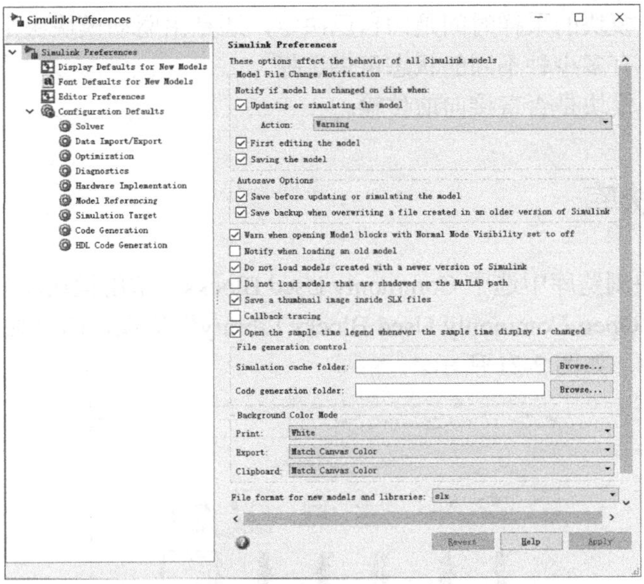

图 2-20 “Simulink Preferences”对话框

- Model Browser：定义 Simulink 在打开模型和子系统时，是否同时打开模型浏览器，是否封装模块中的内容以及是否显示库链接状态。
- Display：定义 Simulink 是否以粗线来显示非标量信号线，是否在模块方框图中显示端口数据类型。

（2）Font Defaults for New Models：该栏用来设置新模型的字体设置效果。三个选项的含义分别为：

- Blocks：用于设置新模型图形字体的类型及大小。
- Lines：用于设置新模型的线型类型及大小。
- Annotations：用于设置新模型中注释字体的类型及大小。

2. Display Defaults for New Models

该栏用来设置新模型的显示方式。两个选项的含义分别为：

（1）Model Browser：定义 Simulink 在打开模型和子系统时，是否同时打开模型浏览器，是否封装模块中的内容以及是否显示库链接状态。

（2）Display：定义 Simulink 是否以粗线来显示非标量信号线，是否在模块方框图中显示端口数据类型。

2.7　Simulink 模块库

为了方便用户快速构建所需的动态系统，Simulink 提供了大量以图形形式给出的内置系统模块。使用这些内置模块可以快速方便地设计出特定的动态系统。模块的特性介绍如下。

（1）标量扩展：是否把标量值扩展为向量值，有些模块把标量输入或参数扩展为相应维数的向量。

（2）采样时间：模块的采样时间是由自己决定，还是由驱动模块决定。
（3）状态个数：有多少种不同的状态可供选择。
（4）直接前馈：模块是否直接向前传输。

2.7.1 常用模块库

在 Simulink 模块浏览库中选中 Commonly Used Blocks（常用模块库）并右击鼠标，在弹出的快捷菜中选择“Open Commonly Used Blocks Library”选项，即可独立显示“Commonly Used Blocks”模块库，如图 2-21 所示。

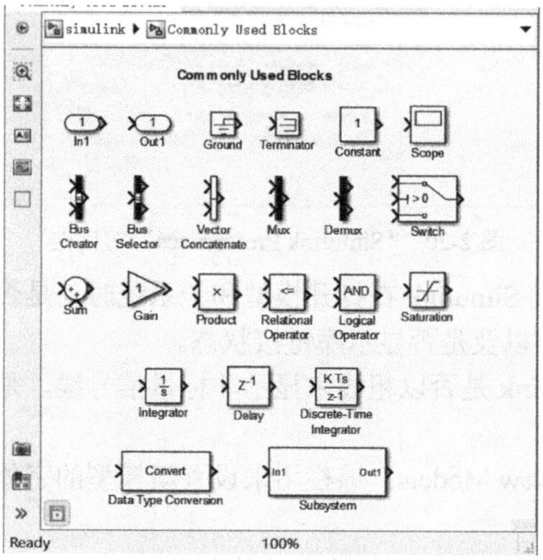

图 2-21 “Commonly Used Blocks”模块库

因为常用模块库中包含的子模块，在以下介绍的模块库中都会涉及，在此不做展开介绍。

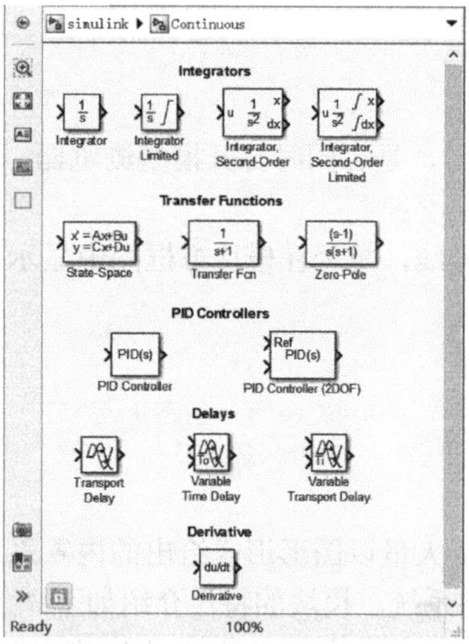

图 2-22 “Continous”模块库

2.7.2 连续模块库

连续模块库（Continuous）包括了常见的连续模块，在 Simulink 模块浏览库中选中 Continous 并右击鼠标，在弹出的快捷中选择“Open Continuous Library”选项，即可独立显示“Continous”模块库，如图 2-22 所示。

Continous 模块库中包括的子模块有 Integrators、Transfer Functions、PID Controllers、Delays 和 Derivative。

1. Integrators

（1）Integrator：输入信号积分。
（2）Integrator Limited：输入有限信号积分。
（3）Integrator Second-Order：输入二阶信号积分。

（4）Integrator Second-Order Limited：输入有限二阶信号积分。

2. Transfer Functions

（1）State-Space：状态空间系统模型。
（2）Transfer-Fcn：传递函数模型。
（3）Zero-Pole：零极点模型。

3. PID Controllers

（1）PID Controller：PID 控制。
（2）PID Controller(2DOF)：二维 PID 控制。

4. Delays

（1）Transport Delay：输入信号延迟一个固定时间再输出。
（2）Variable Time Delay：输入可变时间信号延迟再输出。
（3）Variable Transport Delay：输入信号延迟一个可变时间再输出。

5. Derivative

Derivative：输入信号微分。

2.7.3 仪表板模块库

仪表板（Dashboard）模块库主要包括一些用仪表板测量的对象的模块。在 Simulink 模块浏览库中选中 Dashboard 并右击鼠标，在弹出的快捷菜单中选择“Open Dashboard Library”选项，即可独立显示“Dashboard”模块库，如图 2-23 所示，该模块库是 MATLAB R2016a 特有的模块库。

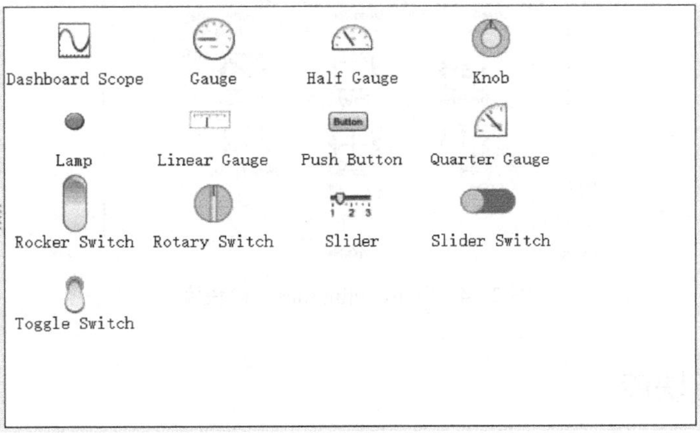

图 2-23 “Dashboard”模块库

Dashboard 模块库的子模块有：
（1）Dashboard Scope：为仪表屏，用于显示仪表；

（2）Gauge：为计量器，用于直接测出被测对象量值的装置；
（3）Half Gauge：为半计量器，用于与其他工具一起测量被测对象；
（4）Knob：旋钮，是一个可旋转操作手柄控件，可以用于模拟旋钮、开关、仪表等调节设备；
（5）Lamp：为照射灯，是一组常用来搭建动态网站或服务器的开源软件；
（6）Linear Gauge：直线仪表器，用于线型显示仪表数据；
（7）Push Button：推动按钮；
（8）Quarter Gauge：季度计，用于对比季度的增量；
（9）Rocker Switch：摇臂开关，通过手动开与关控制控件，功能与家用控件电灯开关一样；
（10）Rotary Switch：旋动式开关；
（11）Slider：滑块（拖动手柄来选择一个数值）；
（12）Slider Switch：滑动开关；
（13）Toggle Switch：钮子开关是一种的手动控制开关，主要用于交直流电源电路的通断控制。

2.7.4 不连续模块库

不连续模块库（Discontinuities）主要用于建立不连续系统模型。在 Simulink 模块浏览库中选中 Discontinuities 并右击鼠标，在弹出的快捷菜单中选择“Open Discontinuities Library”选项，即可独立显示“Discontinuities”模块库，如图 2-24 所示。

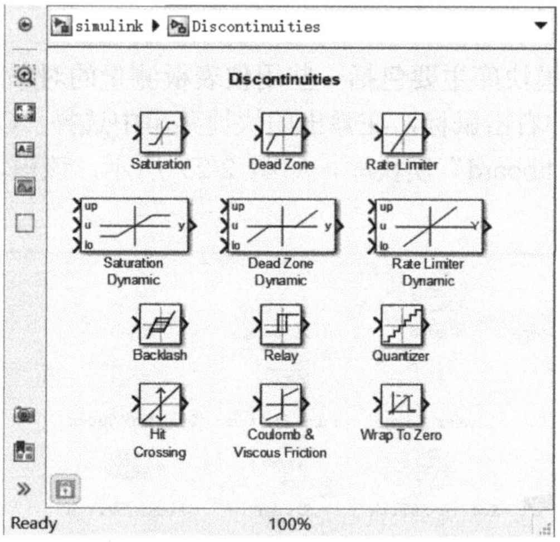

图 2-24 “Discontinuities”模块库

2.7.5 离散模块库

离散模块库（Discrete）主要用于建立离散采样的系统模型。在 Simulink 模块浏览库中选中 Discrete 并右击鼠标，在弹出的快捷菜单中选择“Open Discrete Library”选项，即可独立显示“Discrete”模块库，如图 2-25 所示。

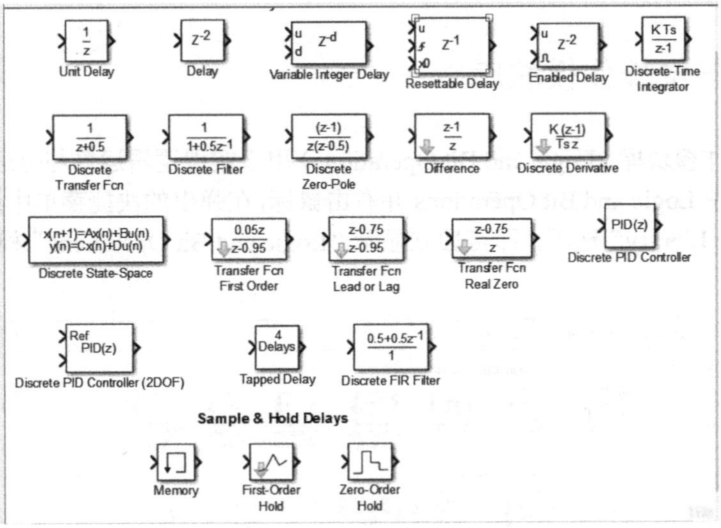

图 2-25 “Discrete”模块库

Discrete 模块库中包括的子模块有：

（1）Unit Delay：一个采样周期的延迟；

（2）Delay：采样周期延迟；

（3）Variable Integer Delay：可变整数延迟；

（4）Tapped Delay：延迟；

（5）Resettable Delay：复位延迟；

（6）Enabled Delay：启用延迟模块。

（7）Discrete-Time Integrator：离散时间积分器；

（8）Discrete Transfer Fcn：离散传递函数模型；

（9）Discrete Filter：离散滤波器；

（10）Discrete Zero-Pole：以零极点表示的离散传递函数模型；

（11）Difference：差分环节；

（12）Discrete Derivative：离散微分环节；

（13）Discrete State-Space：离散状态空间系统模型；

（14）Transfer Fcn First Order：离散一阶传递函数；

（15）Transfer Fcn Lead of Lag：超前-滞后传递函数；

（16）Transfer Fcn Real Zero：离散零点传递函数；

（17）Discrete PID Controller：实现连续和离散时间 PID 控制算法和先进的功能；

（18）Discrete PID Controller（2DOF）：实现连续和离散时间设定值加权的 PID 控制算法；

（19）Tapped Delay：抽头延迟线；

（20）Discrete FIR Filter：使用 FIR 滤波器作为输入，随着时间的推移独立过滤每个信道；

（21）Memory：记忆模块；

（22）First-Order Hold：一阶保持器；

（23）Zero-Order Hold：零阶保持。

2.7.6 逻辑与位操作模块库

逻辑与位操作模块库（Logic and Bit Operations）用于实现逻辑运算与位运算。在 Simulink 模块浏览库中选中 Logic and Bit Operations 并右击鼠标，在弹出的快捷菜单中选择"Open Logic and Bit Operations Library"选项，即可独立显示"Logic and Bit Operations"模块库，如图 2-26 所示。

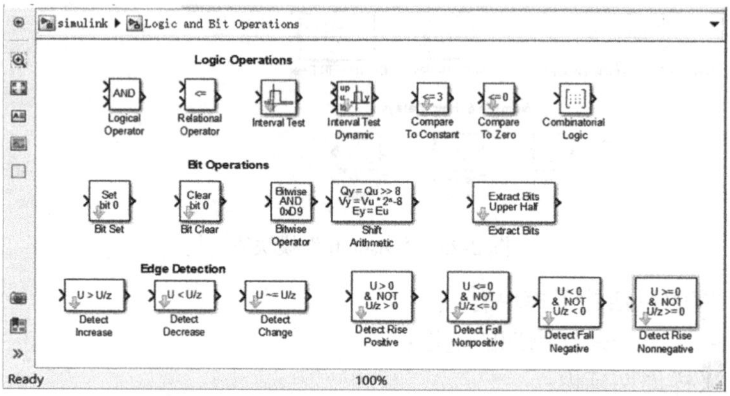

图 2-26 "Logic and Bit Operations"模块库

Logic and Bit Operations 模块库包括子模块有 Logic Operations、Bit Operations 和 Edge Detection。

1. Logic Operations

（1）Logical Operator：逻辑操作符。

（2）Relational Operator：关系操作符。

（3）Interval Test：检测开区间。

（4）Interval Test Dynamic：动态检测开区间。

（5）Compare To Constant：和常量比较。

（6）Compare To Zero：和零比较。

（7）Combinatorial Logic：组合逻辑。

2. Bit Operations

（1）Bit Set：位设置。

（2）Bit Clear：位清零。

（3）Bitwise Operator：逐位操作。

（4）Shift Arithmetic：移位运算。

（5）Extract Bits：提取位。

3. Edge Detection

（1）Detect Increase：检测递增。

（2）Detect Decrease：检测递减。
（3）Detect Change：检测跳变。
（4）Detect Rise Positive：检测正上升沿。
（5）Detect Fall Nonpositive：检测非负下降沿。
（6）Detect Fall Negative：检测负下降沿。
（7）Detect Rise Nonnegative：检测非负上升沿。

2.7.7　查表模块库

查表模块库（Lookup Tables）主要实现各种一维、二维或者更高维函数的查表。另外，用户还可以根据自己的需要创建更复杂的函数。在 Simulink 模块浏览库中选中 Lookup Tables 并右击鼠标，在弹出的快捷菜单中选择“Open Lookup Tables Library”选项，即可独立显示“Lookup Tables”模块库，如图 2-27 所示。

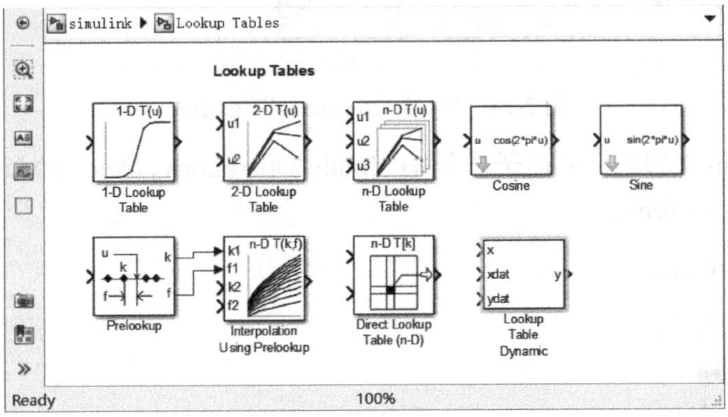

图 2-27　“Lookup Tables”模块库

Lookup Tables 模块库包括的子模块有：
（1）1-D Lookup Table：输入信号的查询表（线性峰值匹配）。
（2）2-D Lookup Table：两维输入信号的查询表（线性峰值匹配）。
（3）n-D Lookup Table：n 维输入信号的查询表（线性峰值匹配）。
（4）Cosine：余弦函数查询表。
（5）Sine：正弦函数查询表。
（6）PreLookup：预查询索引搜索。
（7）Interpolation Using PreLookup：n 个输入信号的预插值。
（8）Direct Lookup Table(n-D)：n 个输入信号的查询表（直接匹配）。
（9）Lookup Table Dynamic：动态查询表。

2.7.8　数学运算模块库

数学运算模块库（Math Operations）包括多个数学运算模块。在 Simulink 模块浏览库中选中 Math Operations 并右击鼠标，在弹出的快捷菜单中选择“Open Math Operations Library”选项，即可独立显示“Math Operations”模块库，如图 2-28 所示。

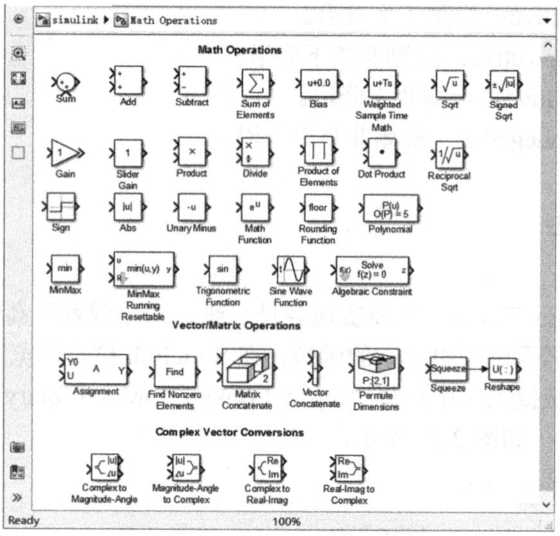

图 2-28 “Math Operations”模块库

Math Operations 模块库包括子模块有 Math Operations、Vector/Matrix Operations 和 Complex Vector Conversions。

1. Math Operations

（1）Sum：求和运算。

（2）Add：加法。

（3）Subtract：减法。

（4）Sum of Elements：元素和运算。

（5）Bias：偏移。

（6）Weighted Sample Time Math：权值采样时间运算。

（7）Sqrt：开方运算。

（8）Signed Sqrt：信号开方运算。

（9）Gain：增益运算。

（10）Slider Gain：滑动增益。

（11）Product：乘运算。

（12）Divide：除法。

（13）Product of Elements：元素乘运算。

（14）Dot Product：点乘运算。

（15）Reciprocal Sqrt：倒数开方运算。

（16）Sign：符号函数。

（17）Abs：取绝对值。

（18）Unary Minus：一元减法。

（19）Math Function：包括指数函数、对数函数、求平方、开根号等常用数学函数。
（20）Rounding Function：舍入函数。
（21）Polynomial：多项式。
（22）MinMax：最值运算。
（23）MinMax Running Resettable：最大最小值运算。
（24）Trigonometric Function：三角函数，包括正弦、余弦、正切等函数。
（25）Sine Wave Function：正弦波函数。
（26）Algebraic Constraint：代数约束。

2．Vector/Matrix Operations

（1）Assignment：赋值。
（2）Find Nonzero Elements：查找非零元素。
（3）Matrix Concatenate：矩阵级联。
（4）Vector Concatenate：向量级数。
（5）Permute Dimensions：替换元素运算。
（6）Squeeze：插值运算。
（7）Reshape：取整。

3．Complex Vector Conversions

（1）Complex to M agitate-Angle：由复数输入转为幅值与相角输出。
（2）Magnitude-Angle to Complex：由幅值与相角输入合成复数输出。
（3）Complex to Real-Imag：由复数输入转为实部与虚部输出。
（4）Real-Imag to Complex：由实部与虚部输入合成复数输出。

2.7.9 模型扩展模块库

模型扩展模块库（Model-Wide Utilities）主要包括一些用于扩展路线的模块。在 Simulink 模块浏览库中选中 Model-Wide Utilities 并右击鼠标，在弹出的快捷菜单中选择“Open Model-Wide Utilities Library”选项，即可独立显示“Model-Wide Utilities”模块库，如图 2-29 所示。

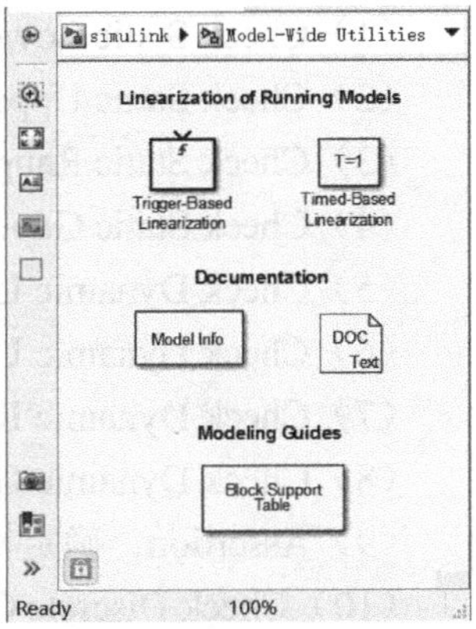

图 2-29 “Model-Wide Utilities”模块库

Model-Wide Utilities 模块库包括子模块有 Linearization of Running Models、Documentation 和 Modeling Guides。

1．Linearization of Running Models

（1）Trigger-Based Linearization：触发线性分析。
（2）Time-Based Linearization：时间线性分析。

2. Documentation

（1）Model Info：模型信息。
（2）DOC Text：文档模块。

3. Modeling Guides

Block Support Table：功能块支持的表。

2.7.10 模型验证模块库

模型验证模块库（Model Verification）包括一些常用的验证模块，用于验证数据。在 Simulink 模块浏览库中选中 Model Verification 并右击鼠标，在弹出的快捷菜单中选择“Open Model Verification Library”选项，即可独立显示“Model Verification”模块库，如图 2-30 所示。

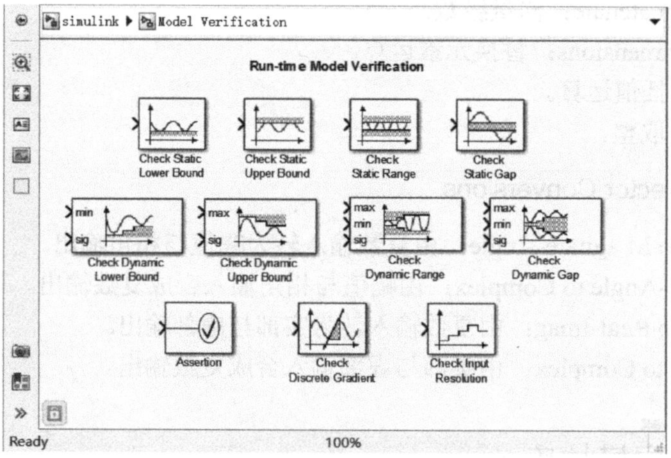

图 2-30 “Model Verification”模块库

Model Verification 模块库包括子模块有：
（1）Check Static Lower Bound：检查静态下限。
（2）Check Static Upper Bound：检查静态上限。
（3）Check Static Range：检查静态范围。
（4）Check Static Gap：检查静态偏差。
（5）Check Dynamic Lower Bound：检查动态下限。
（6）Check Dynamic Upper Bound：检查动态上限。
（7）Check Dynamic Range：检查动态范围。
（8）Check Dynamic Gap：检查动态偏差。
（9）Assertion：确定操作。
（10）Check Discrete Gradient：检查离散梯度。
（11）Check Input Resolution：检查输入精度。

2.7.11 端口与子系统模块库

端口与子系统模块库（Port & Subsystems）主要包括一些端口模块及子系统模块。在 Simulink 模块浏览库中选中 Port & Subsystems 并右击鼠标，在弹出的快捷菜单中选择“Open Port & Subsystems”选项，即可独立显示“Port & Subsystems”模块库，如图 2-31 所示。

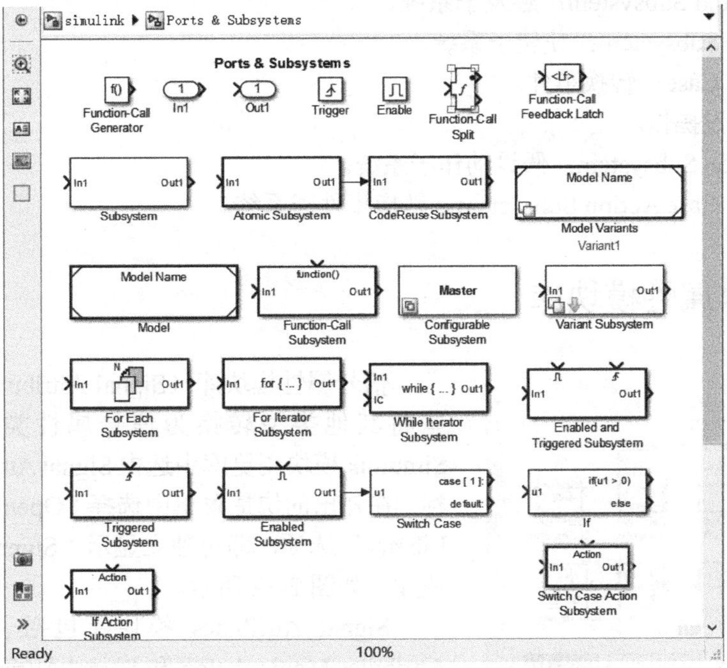

图 2-31 “Ports & Subsystems”模块库

Port & Subsystems 模块库包括的子模块有：

（1）Function-Call Generator：函数响应生成器。

（2）In1：输入端口。

（3）Out1：输出端口。

（4）Trigger：触发操作。

（5）Enable：使能。

（6）Function-Call Split：函数调用拆分。

（7）Function-Call Feedback Latch：函数响应子系统。

（8）Subsystem：子系统。

（9）Atomic Subsystem：单元子系统。

（10）CodeReuse Subsystem：代码重用子系统。

（11）Model Variants：参考指定的模型。

（12）Model：模型。

（13）Function-Call Subsystem：调用函数的子系统。

（14）Configurable Subsystem：结构子系统。

（15）Variant Subsystem：变体子系统。

（16）For Each Subsystem：每个 For 循环的子系统。

（17）For Iterator Subsystem：重复操作子系统。

（18）While Iterator Subsystem：重复子系统。

（19）Enable and Triggered Subsystem：使能和触发子系统。

（20）Triggered Subsystem：触发子系统。

（21）Enable Subsystem：使能子系统。

（22）Switch Case：转换事件。

（23）If：假设操作。

（24）If Action Subsystem：假设动作子系统。

（25）Switch Case Action Subsystem：转换事件子系统。

2.7.12 信号属性模块库

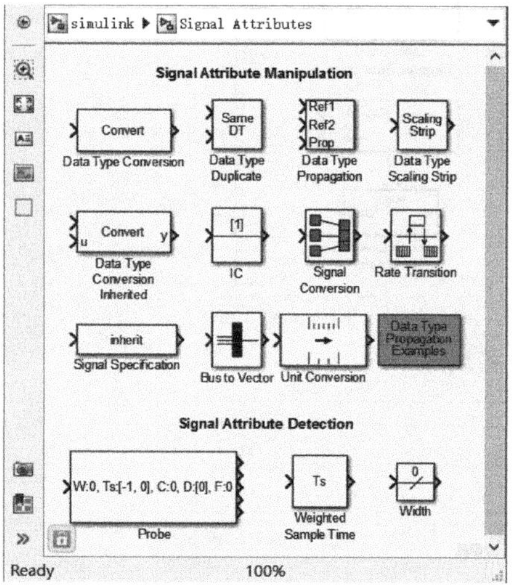

图 2-32 “Signal Attributes”模块库

信号属性模块库（Signal Attributes）主要包括一些将其他类型转换为信号属性类型的模块。在 Simulink 模块浏览库中选中 Signal Attributes 并右击鼠标，在弹出的快捷菜单中选择“Open Signal Attributes Library”选项，即可独立显示“Signal Attributes”模块库，如图 2-32 所示。

Signal Attributes 模块库包括子模块有 Signal Attributes Manipulation 和 Signal Attributes Detection。

1. Signal Attributes Manipulation

（1）Data Type Conversion：数据类型转换。

（2）Data Type Duplicate：数据类型复制。

（3）Data Type Propagation：数据类型继承。

（4）Data Type Scaling Strip：数据类型缩放。

（5）Data Type Conversion Inherited：继承的数据类型转换。

（6）IC：信号输入属性。

（7）Signal Conversion：信号转换。

（8）Rate Transition：比率变换。

（9）Signal Specification：信号特征说明。

（10）Bus to Vector：向量总线。

（11）Unit Conversion：单位转换。

2. Signal Attribute Detection

（1）Probe：探针点。

（2）Weighted Sample Time：权值采样时间。

（3）Width：信号宽度。

（4）Data Type Propagation Examples：数据类型继承例子。

2.7.13　信号路由模块库

信号路由模块库（Signal Routing）主要包括一些开关、跳转等路由模块。在 Simulink 模块浏览库中选中 Signal Routing 并右击鼠标，在弹出的快捷菜单中选择“Open Signal Routing Library”选项，即可独立显示“Signal Routing”模块库，如图 2-33 所示。

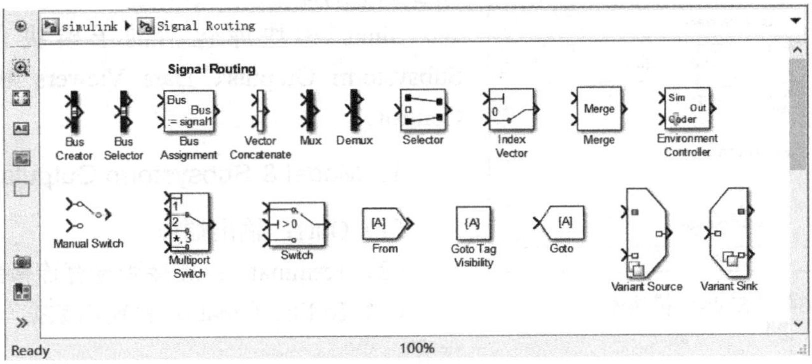

图 2-33　“Signal Routing”模块库

Signal Routing 模块库包括的子模块有：

（1）Bus Creator：总线生成。

（2）Bus Selector：总线选择。

（3）Bus Assignment：总线分配。

（4）Vector Concatenate：向量级数。

（5）Mux：将多个单一输入转化为一个复合输出。

（6）Demux：将一个复合输入转化为多个单一输出。

（7）Selector：信号选择器。

（8）Index Vector：索引向量。

（9）Merge：信号合并。

（10）Environment Controller：环境控制器。

（11）Manual Switch：手动选择开关。

（12）Multiport Switch：多端口开关。

（13）Switch：开关选择，当第二个输入端大于临界值时，输出由第一个输入端而来，否则输出由第三个输入端而来。

（14）From：信号来源。

（15）Goto Tag Visibility：标签可视化。
（16）Goto：信号去向。
（17）Variant Sink：变式水槽。
（18）Variant Source：变式水源。

2.7.14 信号接收器模块库

信号接收器模块库（Sinks）主要包括接收信号的模块。在 Simulink 模块浏览库中选中 Sinks 并右击鼠标，在弹出的快捷菜单中选择“Open Sinks Library”选项，即可独立显示“Sinks”模块库，如图 2-34 所示。

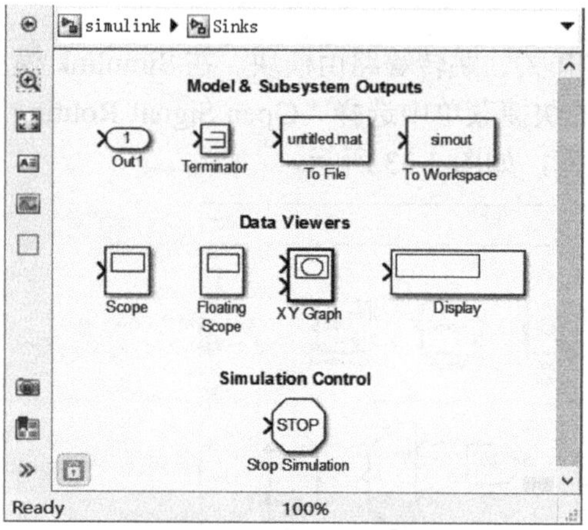

图 2-34 “Sinks”模块库

Sinks 模块库包括的子模块有 Model & Subsysterm Outputs、Data Viewers 和 Simulation Control。

1. Model & Subsysterm Outputs

（1）Out1：输出端口。
（2）Terminator：连接到没有连接到的输出端。
（3）To File（.mat）：将输出数据写入数据文件保存。
（4）To Workspace：将输出数据写入 MATLAB 的工作空间。

2. Data Viewers

（1）Scope：示波器。
（2）Floating Scope：浮动观察器。
（3）XY Graph：显示二维图形。
（4）Display：数字显示器。

3. Simulation Control

Stop Simulation：仿真停止。

2.7.15 输入源模块库

输入源（Sources）模块库主要包括一些信号源，用于作为线路的输入信号。在 Simulink 模块浏览库中选中 Sources 并右击鼠标，在弹出的快捷菜单中选择“Open Sources”选项，即可独立显示“Sources”模块库，如图 2-35 所示。

Sources 模块库包括子模块有 Model & Subsystem Inputs 和 Siegnal Generators。

1. Model & Subsystem Inputs

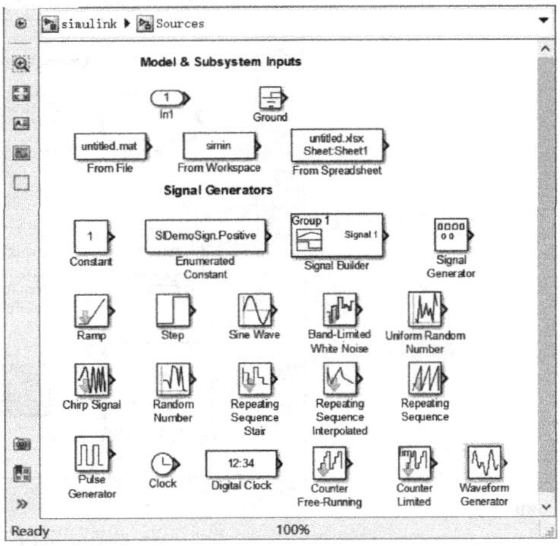

图 2-35　“Sources”模块库

（1）In1：输入信号。

（2）Ground：连接到没有连接到的输入端。

（3）From File（.mat）：来自数据文件。

（4）From Workspace：来自 MATLAB 的工作空间。

（5）From Spreadsheet：来自电子表格。

2. Signal Generators

（1）Constant：常数信号。

（2）Enumerated Constant：枚举常数信号。

（3）Signal Builder：信号创建器。

（4）Signal Generator：信号发生器，可以产生正弦、方波、锯齿波及随意波。

（5）Ramp：斜坡输入。

（6）Step：阶跃信号。

（7）Sine Wave：正弦波信号。

（8）Band-Limited White Noise：带限白噪声。

（9）Uniform Random Number：一致随机数。

（10）Chirp Signal：产生一个频率不断增大的正弦波。

（11）Random Number：产生正态分布的随机数。

（12）Repeating Sequence Stair：重复阶梯序列。

（13）Repeating Sequence Interpolated：重复序列内插值。

（14）Repeating Sequence：产生规律重复的任意信号。

（15）Pulse Generator：脉冲发生器。

（16）Clock：显示与提供仿真时间。

（17）Digital Clock：在规定的采样间隔产生仿真时间。

（18）Counter Free-Running：无限计数器。

（19）Counter Limited：有限计数器。

（20）Waveform Generator：波形发生器。

2.7.16　用户自定义模块库

用户自定义模块库（User-Defined Functions）主要包括一些用户自定义的模块。在 Simulink 模块浏览库中选中 User-Defined Functions 并右击鼠标，在弹出的快捷菜单中选择“Open User-Defined Functions Library”选项，即可独立显示“User-Defined Functions”模块库，如图 2-36 所示。

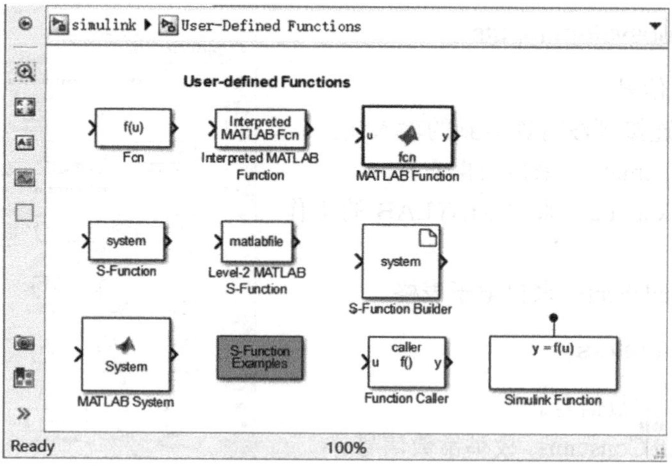

图 2-36 “User-Defined Functions”模块库

User-Defined Functions 模块库包括子模块有：

（1）Fcn：用自定义的函数（表达式）进行运算。

（2）Interpreted MATLAB Function：利用 MATLAB 的现有函数进行运算。

（3）MATLAB Function：嵌入的 MATLAB 函数。

（4）S-Function：调用自编的 S 函数的程序进行运算。

（5）Level-2 MATLAB S-Function：使用 MATLAB 的 S 函数 API 编写用户自定义的块。

（6）S-Function Builder：S 函数建立器。

（7）MATLAB System：MATLAB 子系统。

（8）S-Function Examples：S 函数例子。

（9）Functions Caller：函数调用器。

（10）Simulink Function：Simulink 仿真函数。

2.8 Simulink 系统模型

Simulink 提供了一个图形化的建模环境，通过鼠标单击和拖放操作 Simulink 模块。

2.8.1 Simulink 菜单

要运行 Simulink，用户必须首先运行 MATLAB。在 MATLAB 的命令窗口提示符后输入 Simulink，即可打开一个 Simulink Start Page 界面。在界面中，选择“Simulink”→“Blank Model”选项即可打开一个空白的 Simulink 编辑窗口。在窗口中，选择“Tools”→“Library Browser”选项即可打开 Simulink Library Browser 窗口。

用户可以把库中的模块复制到新建的 Simulink 模型窗口进行建模。Simulink 的窗口能根据常见的分辨率自动调整其大小。用户可以用鼠标拖动边界来重新定义窗口的大小，然后选择菜单“File”→“Save”命令即可保存新窗口的设置。

2.8.2　打开系统模型

Simulink 的系统模型文件是具有专门格式的模型文件，以.mdl 作为后缀名。用户可以通过下述任何一种方式来打开 Simulink 系统模型。

（1）单击 Simulink Library Browser 的工具栏上的 Open 图标；

（2）选择库浏览器菜单“File”→“Open”命令，然后选择或输入需要打开的系统模型的文件名；

（3）在 MATLAB 的命令窗口内，输入想打开的系统模型的文件名（注意，要略去文件的后缀名.mdl）。该系统模型文件必须在 MATLAB 的当前目录内或在 MATLAB 的搜索路径的某个目录内。

2.8.3　输入 Simulink 命令

Simulink 通过执行用户发出的各种命令来工作。首先介绍 Simulink 的几个常用窗口。除了启动 Simulink 后已经显示的 Simulink Library Browser 外，其他常用的 Simulink 窗口包括 Model Explorer（如图 2-37 所示）、Model Properties（如图 2-38 所示）、模型窗口（如图 2-39 所示）等。

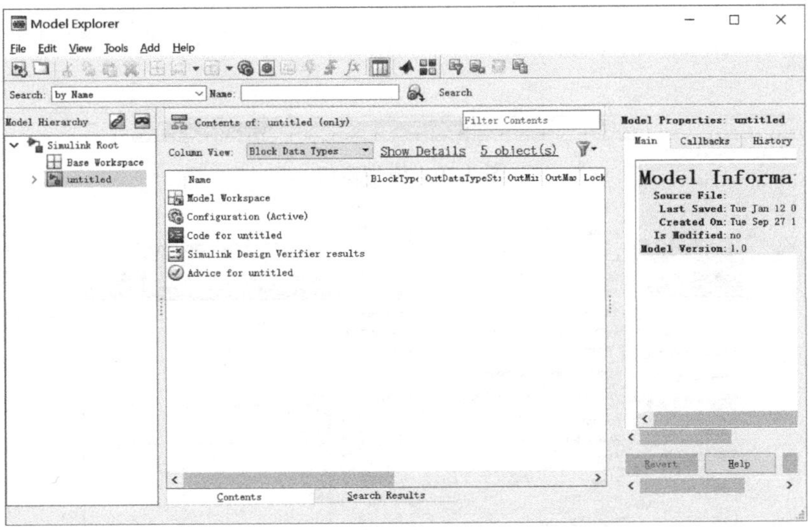

图 2-37　Model Explorer

一个 Simulink 模型窗口一般有 3 个工具栏：菜单栏、工具栏和状态栏。用户可以通过如下几种方式输入 Simulink 命令。

（1）通过 Simulink 菜单输入命令。通过菜单发出的 Simulink 命令只对这个窗口内的内容起作用。

（2）用于与上下文相关联的菜单输入命令。在 Simulink 模型窗口中，右击鼠标会出现一个 Simulink 上下文菜单。上下文菜单内容与鼠标的位置有关。当鼠标指针分别指向模块中某个模块或某个子系统时，其菜单内容分别如图 2-40 和图 2-41 所示。

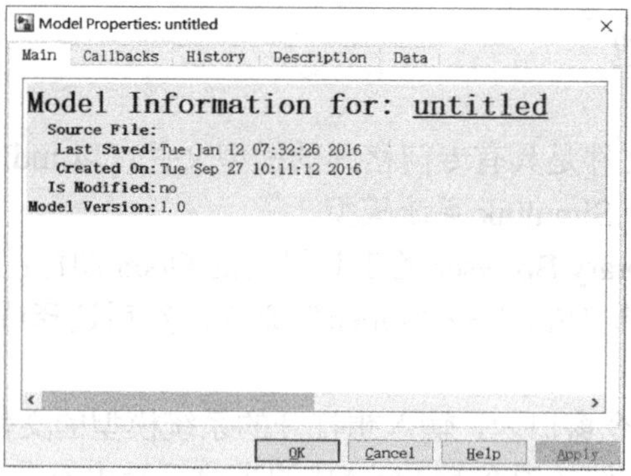

图 2-38　Model Properties

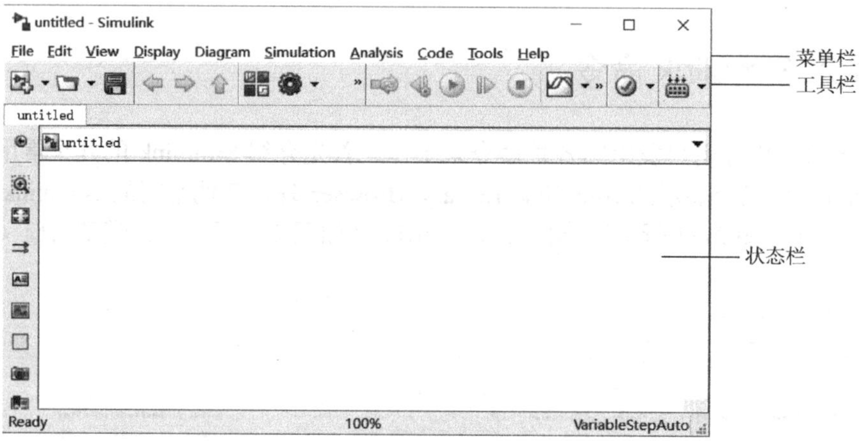

图 2-39　模型窗口

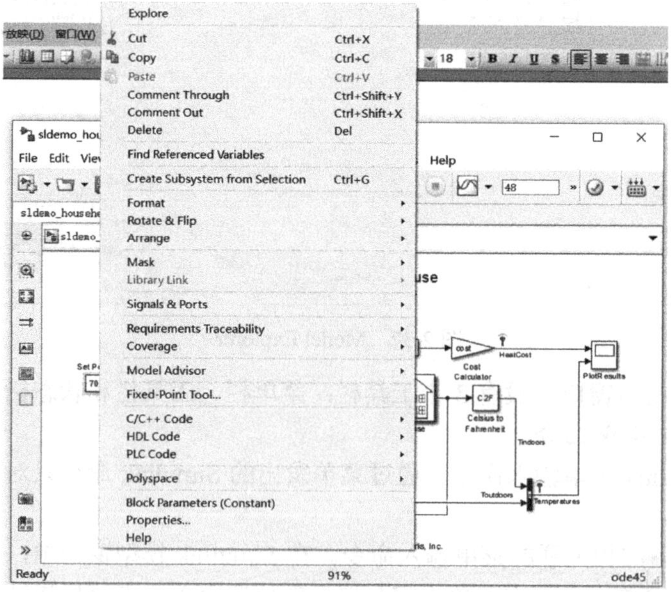

图 2-40　模块菜单

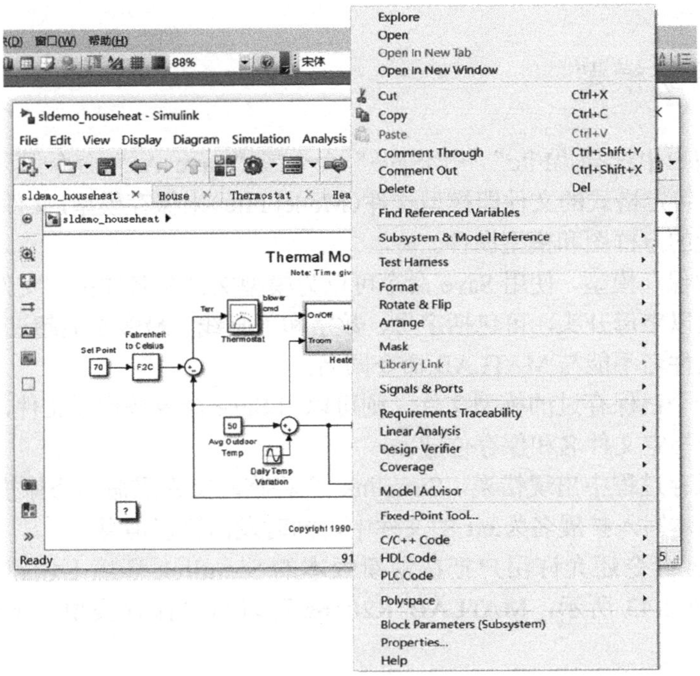

图 2-41　子系统菜单

当鼠标指针指向模型窗口的空白处时，Simulink 显示的菜单如图 2-42 所示。

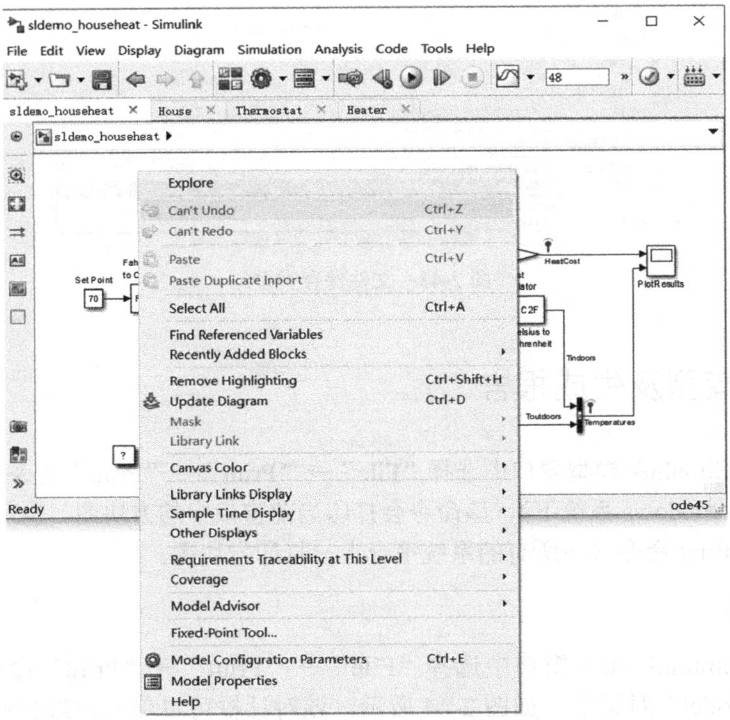

图 2-42　空白处菜单

2.8.4 保存系统模型

用户在模型窗口中选择“File”→“Save”命令或“Save As”命令保存所创建的模型，Simulink 通过生成特定格式的文件即模型文件(Model File)来保存模型，文件的扩展名为.mdl。模型文件包含模型的方框图和模型属性。

如果是第一次保存模型，使用 Save 命令可以为模型文件命名并指定文件的保存位置。模型文件的名称必须以字母开头，可包括字母、数字和下画线，最多不能超过 63 个字符。需要注意的是，模型文件名不能与 MATLAB 命令同名。

如果要保存一个已保存过的模型文件，则可以用 Save 命令替代原文件，或用 Save As 命令为模型文件重新指定文件名和保存位置。

如果在这个保存过程中出现错误，Simulink 会将临时文件重命名为原模型文件的名称，并将当前的模型版本写入扩展名为.err 的文件中，同时发出错误消息。

此外，Save As 命令还允许用户把在最新版本的 Simulink 环境下创建的模型以旧版本的格式保存，如图 2-43 所示，MATLAB R2016a 可以从“保存类型”下拉列表中选择一种文件类型。

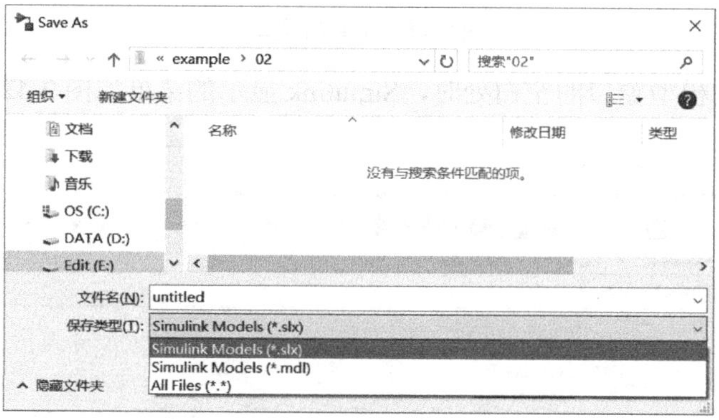

图 2-43 文件保存类型

2.8.5 打印模型及生成报告

用户可以在 Simulink 模型窗口中选择“File”→“Print”→“Print”命令来打印模型方块图（在 Microsoft Windows 系统下），该命令会打印当前窗口中的方块图，也可以在 MATLAB 命令窗口中使用 Print 命令（在所有的系统平台上）打印方块图。

1. 打印模型

当用户在 Simulink 模型窗口中选择“File”→“Print”→“Print”命令时，Simulink 会打开“Print Model”对话框，如图 2-44 所示。该对话框可以使用户选择性地打印模型内的系统。

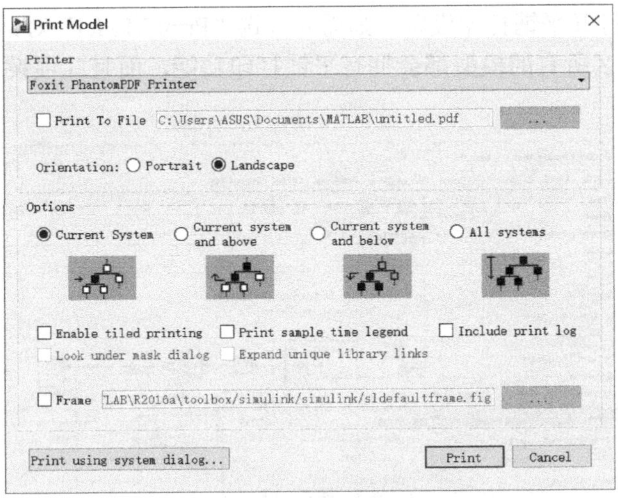

图 2-44　“Print Model”对话框

在该对话框中，“Options”选项区是 Microsoft Windows 系统下的选项，其中选择的是打印当前系统。

在“Options”选项区内，用户可以选择下列方式进行打印。

（1）Current System：只打印当前系统。

（2）Current system and above：打印当前系统和模型层级中在此系统之上的所有系统。

（3）Current system and below：打印当前系统和模型层级中在此系统之下的所有系统，并带有查看封装模块和库模块内容的选项。

（4）All systems：打印模型中的所有系统，并带有查看封装模块和模块库内容的选项。

在打印时，每个系统方块图都会带有轮廓图，当选择“Current system and below”或“All systems”单选钮时，会激活“Options”选项区中的“Look under mask dialog”和“Expand unique library links”复选框，如图 2-45 所示。

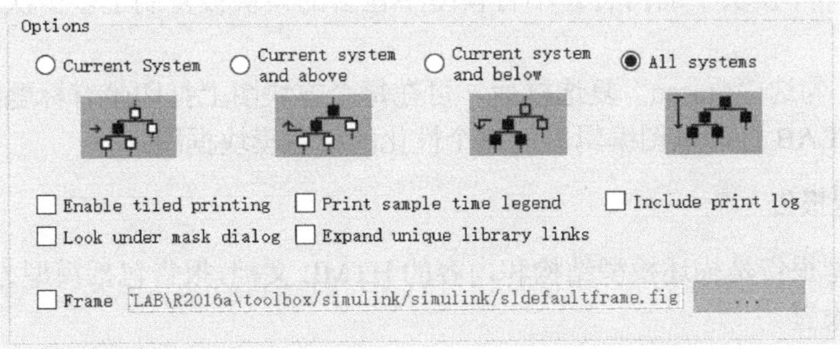

图 2-45　选择“All systems”单选钮后的对话框窗口

用户可以根据需要选择下面的复选框。

（1）Enable titled printing：默认情况下，Simulink 为了使模块方块图适合打印纸的大小，会在打印过程中自动缩放方块图，也就是说，Simulink 会放大比较小的方块图或缩小比较大的方块图，以便把这些模型方块图打印在一张纸上。

在模型窗口中，选择“File”→“Print”→“Enable Tiled Printing”命令，如图 2-46 所示。

如果要为所有的模型打开平铺打印设置，则需要勾选“Print Model”对话框中的“Enable tiled printing”复选框，那么所有的模型都会拥有平铺打印功能，而且此项设置会自动修改单个模型中的该项设置。

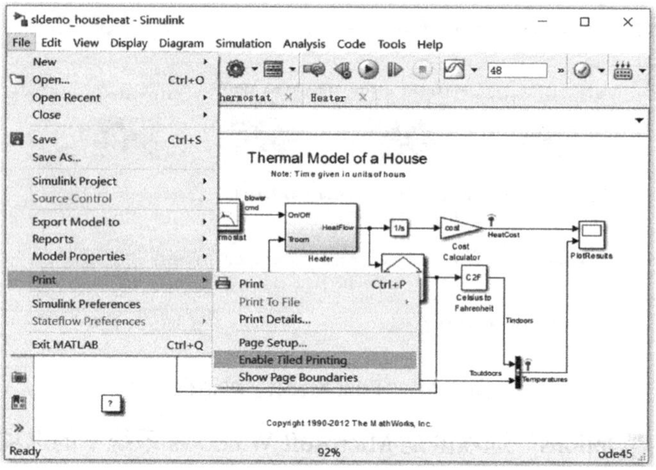

图 2-46　执行 Enable Tiled Printing 命令

（2）Print sample time legend：打印采样时间图例。当要打印带有采样时间图例时，可勾选“Print sample time legend”复选框。

（3）Include Print Log：当打印模块和系统时，如果要打印记录列表，可勾选“Include Print Log”复选框。

（4）Look under mask dialog：当打印所有系统时，把最顶层的系统看作当前系统，如果当前系统模块中有封装子系统或在当前系统模块下有封装子系统时，则 Simulink 会查看当前系统下的任何封装子系统模块。勾选该复选框后，可以打印封装子系统中的内容。

（5）Expand unique library links：当库模块是系统时，勾选“Expand unique library links”复选框后，可打印库模块中的内容。不管模型中包含的模块被复制了多少次，打印时只复制一次模块。

（6）Frame：勾选“Frame”复选框后，可在每个方块图上打印带有标题的模块框图。用户也可以用 MATLAB 打印框图编辑器创建个性化的标题模块框图。

2. 生成模型报告

Simulink 模型报告是描述模型结构和内容的 HTML 文档，报告包括模型方块图和子系统，以及模块参数的设置。

要生成当前模型的报告，可在模型窗口中选择“File”→“Print”→“Print Details”命令，打开“Print Details”对话框，如图 2-47 所示。

这个对话框有两个选项区：“File location/naming options”（文件位置/名称选项）和“System reporting options”（系统报告选项）。

在“File location/naming options”选项区内，用户可以利用路径参数指定报告文件的保存位置和名称，Simulink 会在用户指定在路径下保存生成的 HTML 报告。其中“Directory”参数有 3 个选项：“Current”选项用于指定系统的当前路径；“Temporary”选项用于指定系统的临时路径；“Other”选项用于在右侧的编辑框内指定其他的路径。

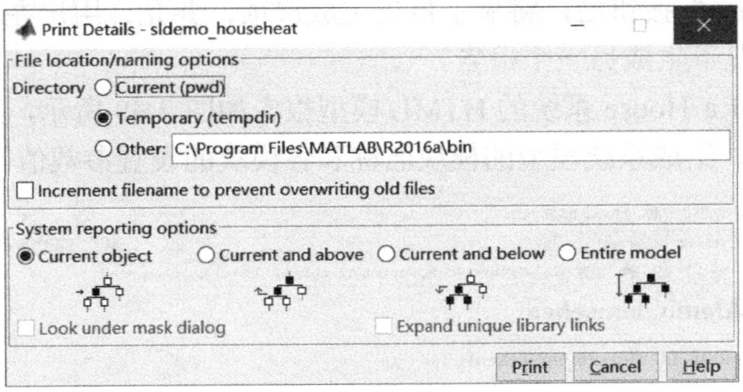

图 2-47 “Print Details”对话框

勾选“Increment filename to prevent overwriting old files”复选框，可增加文件名以防止覆盖旧文件，也就是说，每次在当前会话期为相同的模型生成报告时都生成唯一的报告文件名，这样就保护了生成的每一个报告。

在“System reporting options”选项区内，用户可以选择下列报告选项。

（1）Current object：在报告中只包括当前所选对象。

（2）Current and above：在报告中包括当前所选对象和在当前所选对象之上的所有模型级别。

（3）Current and below：在报告中包括当前所选对象和在当前所选对象之下的所有模型级别。

（4）Entire model：在报告中包括整个模型。

（5）Look under mask dialog：在报告中包括封装子系统的内容。

（6）Expand unique library links：在报告中包括子系统的库模块内容，每个子系统在报告中只描述一次，也就是说，即使这个子系统在模型中的多处位置上出现，报告中也只会给出一次说明。

完成报告选项的设置后，单击“Print”按钮，Simulink 会在系统默认的 HTML 浏览器内生成 HTML 报告并在消息面板内显示状态消息。

在此以 sldemo_househeat 系统模型为例，使用默认设置生成该系统的模型报告。单击“Print”按钮后，模型的消息面板替换了“Print Details”对话框，用户可以用在消息面板的顶部单击“向下”按钮，从列表中选择消息详细级别，如图 2-48 所示。

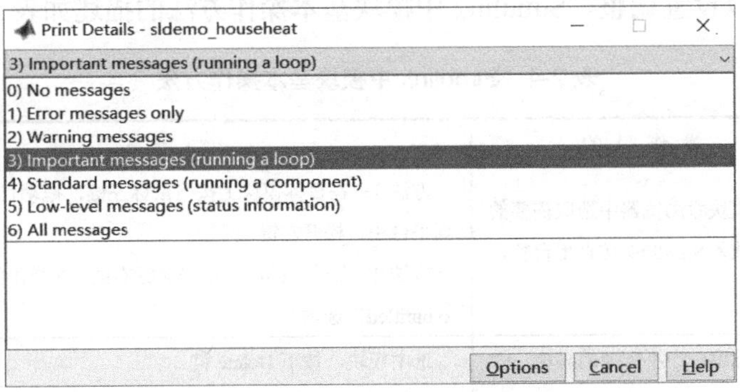

图 2-48 模型的消息面板

在报告生成过程开始时，“Print Details”对话框内的“Print”按钮将变成为“Stop”按钮，单击“Stop”按钮可终止报告生成。当报告生成过程结束时，“Stop”按钮变为“Options”按钮，单击这个“Options”按钮后，将显示报告生成选项，并允许用户在不必重新打开“Print Details”对话框的情况下生成另一个报告。

Thermal Model of a House 系统的 HTML 模型报告如图 2-49 所示，报告中详细列出了模型层级、仿真参数值、组成系统模型的模块名称和各模块的设置参数值等。

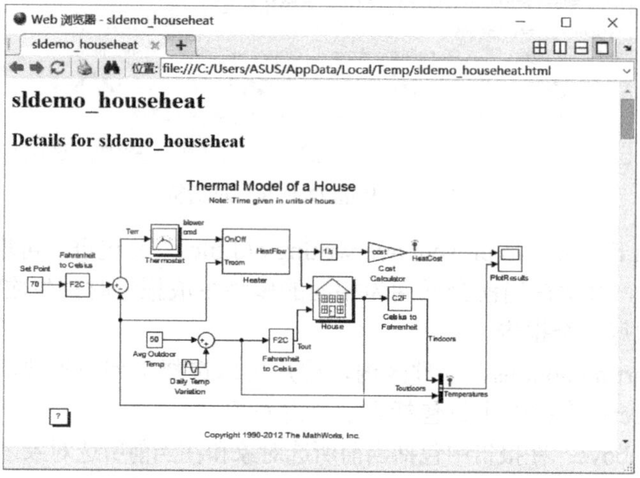

图 2-49　Thermal Model of a House 系统的 HTML 模型报告

2.9　Simulink 的基本操作

在前面已经对 Simulink 的模块库进行了相应介绍，下面就来介绍 Simulink 的一些基本操作。

2.9.1　模块的基本操作

模块是系统模型中最基本的元素，不同模块代表不同的功能。各模块的大小、放置方向、标签、参数等都可以设置调整。Simulink 中模块基本操作方法的描述如表 2-4 所示。

表 2-4　Simulink 中模块基本操作方法

操作内容	操作目的	操作方法
选取模块	从模块库浏览器中选取需要的模块放入 Simulink 仿真平台窗口中	方法 1：在目标模块上按下鼠标左键，拖动目标模块进入 Simulink 仿真平台中，松开左键 方法 2：在目标模块上单击鼠标右键，在弹出的快捷菜单中选择“Add to untitled”选项
删除模块	删除窗口中不需要的模块	选中模块，按下 Delete 键
调整模块大小	改善模型的外观，调整整个模型的布置	选中模块，模块四角将出现小方块。单击一个角上的小方块并按住鼠标左键，拖曳鼠标到合理大小位置

续表

操作内容	操作目的	操作方法
移动模块	将模块移动到合适位置，调整整个模型的布置	单击模块，拖曳模块到合适的位置，松开鼠标左键
旋转模块	适应实际系统的方向，调整整个模型的布置	方法1：选中模块，选择菜单"Diagram"→"Rotate & Flip"→"Clockwise"选项，模块顺时针旋转90°；选择菜单"Diagram"→"Rotate & Flip"→"Counterclockwise"选项，模块逆时针旋转180°；选择菜单"Diagram"→"Rotate & Flip"→"Flip Block"选项，模块左右或上下翻转；选择菜单"Diagram"→"Rotate & Flip"→"Flip Block Name"选项，模块左右或上下翻转模块名称 方法2：左键单击目标模块，在弹出的快捷菜单中进行与方法1同样的菜单项选择
复制内部模块	内部复制已经设置好的模块，而不用重新到模块库浏览器中选取	方法1：先按住Ctrl键，再单击模块拖曳模块到合适的位置，松开鼠标左键 方法2：选中模块，选择"Edit"→"Copy"项及"Edit"→"Paste"命令
模块参数调整	按照用户自己意愿调整模块的参数，满足仿真需要	方法1：双击模块，弹出"…Block Parameter…"对话框，修改参数 方法2：右键单击目标模块，在弹出的快捷菜单中选择"…Parameter"选项，弹出"…Block Parameter…"对话框
改变标签内容	按照用户自己意愿对模块进行命名，增强模型的可读性	在标签的任何位置上单击鼠标，进入模块标签的编辑状态，输入新的标签，在标签编辑框外的窗口中任何地方单击鼠标退出

如图2-50所示，将模块进行了3种操作：①模块顺时针旋转90°；②标签内容修改；③模块大小改变。

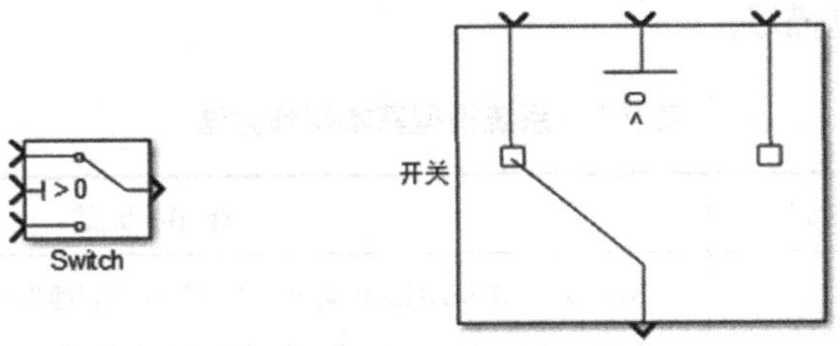

图2-50　模块操作前后对比

2.9.2　信号线的基本操作

信号线是系统模型中另一类最基本的元素，熟悉和正确使用信号线是创建模型的基础。Simulink中的信号线并不是简单的连线，它具有一定流向属性且不可逆向，表示实际模型中的信号的流向。Simulink中信号线基本操作方法的简单描述如表2-5所示。

表 2-5　Simulink 中信号线基本操作方法

操 作 内 容	操 作 目 标	操 作 方 法
在模块间连线	在两个模块之间建立信号联系	在上级模块的输出端按住鼠标左键，拖动至下级模块的输入端，松开鼠标左键
移动线段	调整线段的位置，改善模型的外观	选中目标线段，按住鼠标左键，拖曳到目标位置，松开鼠标左键
移动节点	可改变折线的走向，改善模型的外观	选中信号引出点，按住鼠标左键，拖曳到下级目标模块的信号输入端，松开鼠标左键
画分支信号线	从一个节点引出多条信号线，应用于不同目的	先选中信号引出线，然后在信号引出点按住鼠标左键，拖曳到下级目标模块的信号输入端，松开鼠标左键
删除信号线	删除窗口中不需要的线段或断开模块间连线	选中目标信号线，然后按 Delete 键
信号线标签	设定信号线的标签，增强模型的可读性	双击要标注的信号线，进入标签的编辑区，输入信号线标签内容，在标签编辑框外的窗口中单击鼠标退出

2.9.3　系统模型的基本操作

除了熟悉模块和信号线的基本操作方法，用户还需要熟悉 Simulink 系统模型本身的基本操作，包括模型文件的创建、打开、保存以及模型的注释等。表 2-6 列出了 Simulink 中系统模型基本操作方法的简单描述。

表 2-6　系统模型基本操作方法

操 作 内 容	操 作 目 的	操 作 方 法
创建模型	创建一个新的模型	方法 1：选择 MATLAB 菜单“主页”→“新建”→“Simulink Model”命令 方法 2：单击 Simulink 模块库浏览器工具栏 “New Model”（新建模型）按钮
打开模型	打开一个已有的模型	方法 1：选择 MATLAB 菜单“主页”→“打开”命令 方法 2：单击 Simulink 模块库浏览器 “Open Model”（打开模型）按钮
保存模型	保存仿真平台中模型	方法 1：选择 Simulink 仿真平台窗口菜单“File”→“Save”或“File”→“Save As”命令 方法 2：单击 Simulink 模块库浏览器 “Save”（保存）按钮
注释模型	使模型更易读懂	在模型窗口中的任何想要加注释的位置上双击鼠标，进入注释文字编辑器，输入注释内容，在窗口中任何其他位置单击鼠标退出

如图 2-51 所示，在模型中加入注释文字，使模型更具可读性。

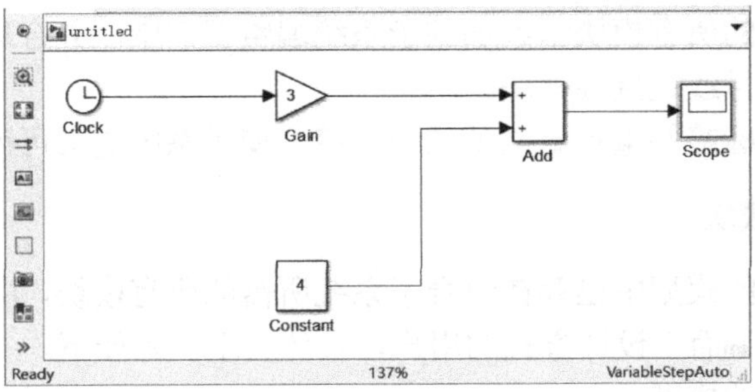

（a）未添加注释

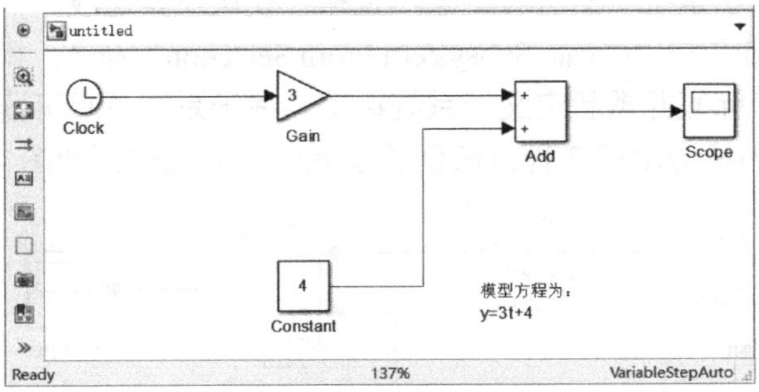

（b）添加注释

图 2-51　为模型添加文字注释

2.9.4　子系统建立

一般而言，规模较大的系统仿真模型，都包含了数量可观的各种模块。如果这些模块都直接显示在 Simulink 仿真平台窗口中，将显得拥挤、杂乱，不利于用户建模和分析。

可实现把同一种功能或几种功能的多个模块组合在一起形成一个子系统，从而简化模型，其效果如同其他高级语言中子程序和子函数的功能。

在 Simulink 中创建子系统一般有两种方法。

1．子系统模块

模块库浏览器中有一个称为 Subsystem 的子系统模块，可以往该模块中添加组成子系统的各种模块，该方法适合于采用自上而下设计方式的用户，具体实现步骤如下。

（1）新建一个空白模型。

（2）打开 Port & Subsystem（端口和子系统）模块库，选取其中的 Subsystem（子系统）模块，并把它复制到新建的仿真平台窗口中。

（3）双击 Subsystem 模块，此时可以弹出子系统编辑窗口。系统自动在该窗口中添加 1 个输入和 1 个输出端子，名为 In1 和 Out1，这是子系统与外部联系的端口，如图 2-52 所示。

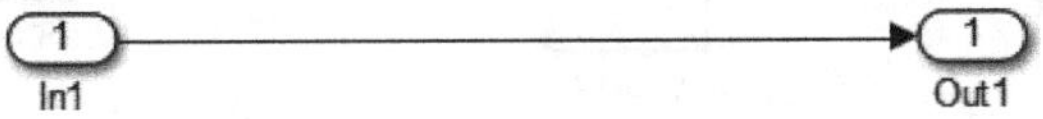

图 2-52　子系统 Subsystem

（4）将组成子系统的所有模块都添加到子系统编辑窗口中，并合理排列。
（5）根据要求用信号线连接各模块。
（6）修改外接端子标签并重新定义子系统标签，使子系统更具可读性。

2. 组合已存在的模块

该方法要求在用户的模型中已存在组合子系统所需的所有模块，并且已做好正确的连接。这种方法适合于采用自下而上设计方式的用户，具体实现步骤如下。

（1）打开已经存在的模型。
（2）选中要组合到子系统中的所有对象，包括各模块及其连线。
（3）选择菜单“Edit”→“Create Subsystem From Selection”命令，模型自动转换成子系统。
（4）修改外接端子标签并重新定义子系统标签，使子系统更具可读性。

将如图 2-51 所示的模型用第 2 种方法创建子系统，创建过程如图 2-53 至图 2-56 所示。

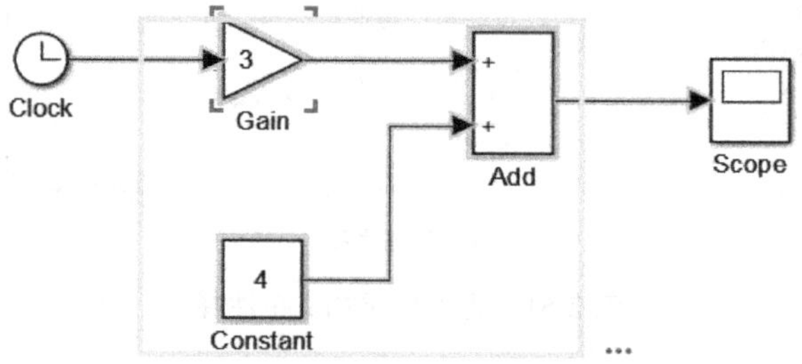

图 2-53　选中组合子系统的所有对象

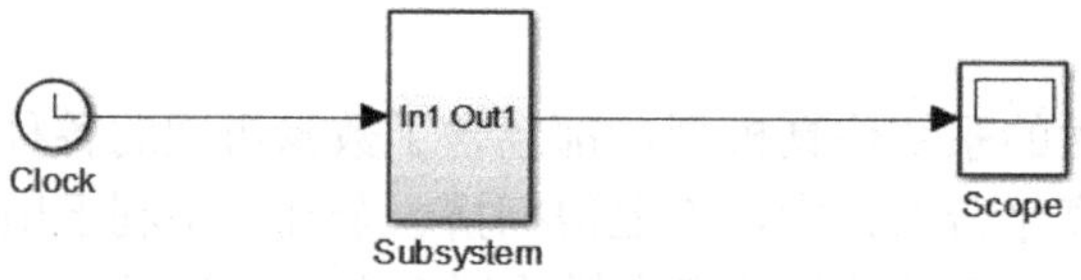

图 2-54　转换为子系统

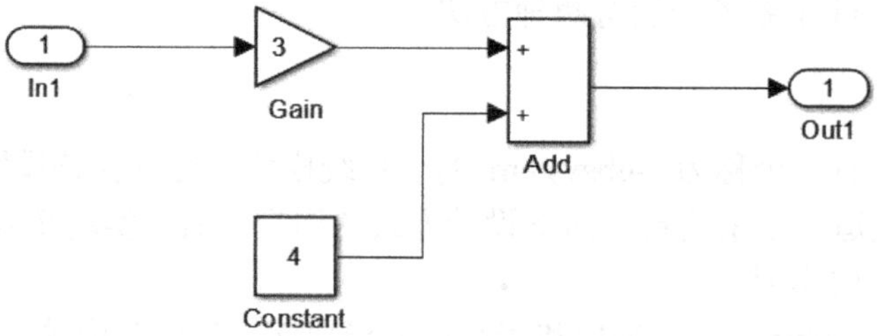

图 2-55　子系统内部结构

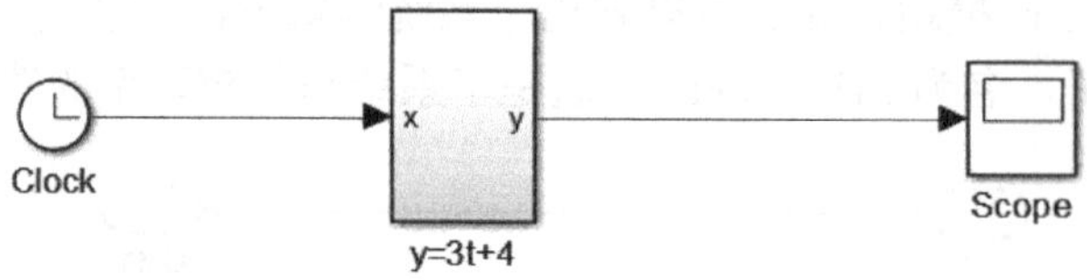

图 2-56　修改标签后子系统转换

在图 2-53 中，方框选中的是要组合到子系统中的所有对象，转换成子系统后如图 2-54 所示，图 2-55 表示子系统内部的结构，修改子系统的标签之后模型如图 2-56 所示。

注意：子系统的创建过程比较简单，但是非常有用。仿真系统的信号源和输出显示模块一般不放进子系统内部。

2.10 Simulink 仿真实例

Simulink 对动态系统的仿真可运用在各个领域，下面将介绍一个例子说明 Simulink 在一般控制系统中的仿真应用。

【例 2-2】 对图 2-57 所示的控制系统进行建模仿真，求系统的阶跃响应特性。

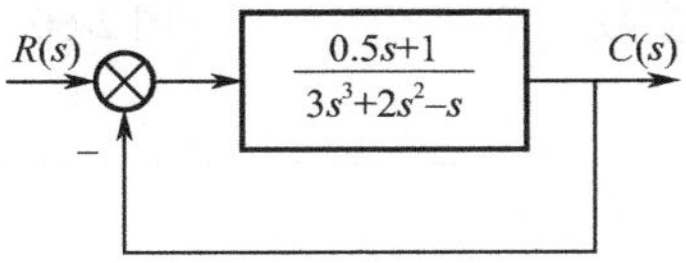

图 2-57　控制系统框图

（1）新建一个 Simulink 模型文件，命名为 M2_1.mdl。

（2）从 Simulink 模块库浏览器中寻找建模需要的模块并拖曳到仿真平台窗口，如图 2-58 所示排列模块并正确连线。

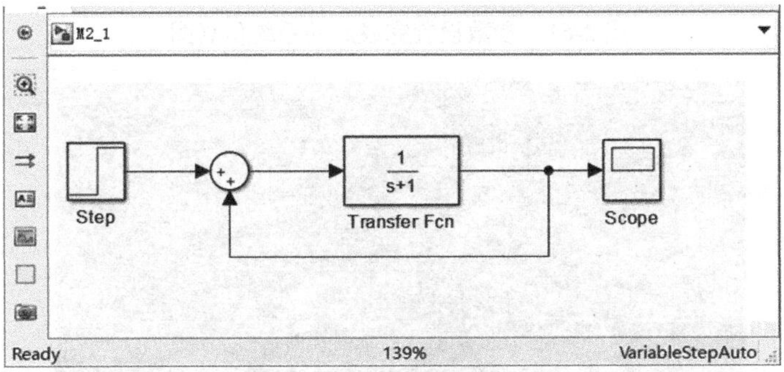

图 2-58　系统仿真图

其中，Step 模块来自 Simulink 标准模块库的 Sources 模块库，用于模拟阶跃信号；Transfer Fcn 模块来自 Continuous 模块库，用于实现系统前向通道中包含的传递函数环节。

（3）按图 2-59 所示设置 Transfer Fcn 模块参数，按图 2-60 所示设置 Sum 模块参数。参数设置完成后的系统仿真结果如图 2-61 所示。

（4）将仿真终止由默认的 10.0s 改为 30.0s，再选择菜单“Simulation”→“Run”命令或单击 Simulink 仿真平台窗口工具栏中的▶图标，进行系统仿真。仿真结束后，双击 Scope 模块，弹出示波器窗口，观察系统的阶跃响应曲线，如图 2-62 所示。

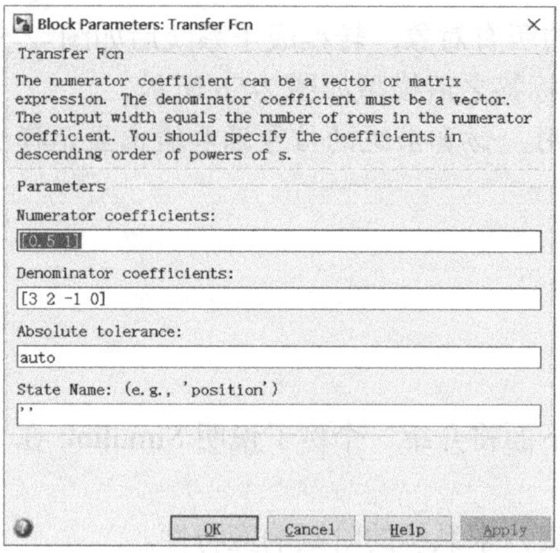

图 2-59　设置 Transfer Fcn 模块参数

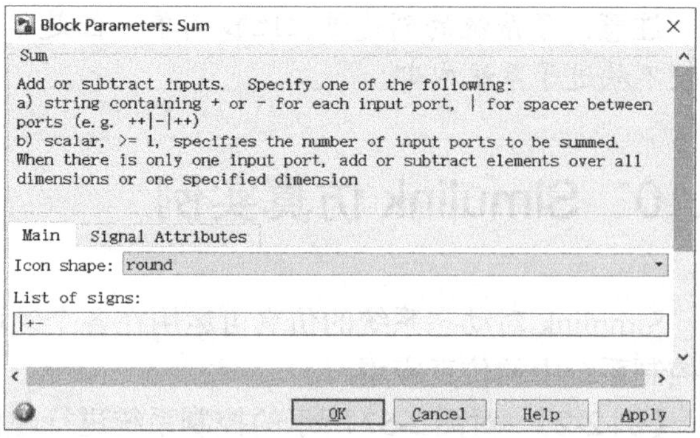

图 2-60　设置 Sum 模块参数

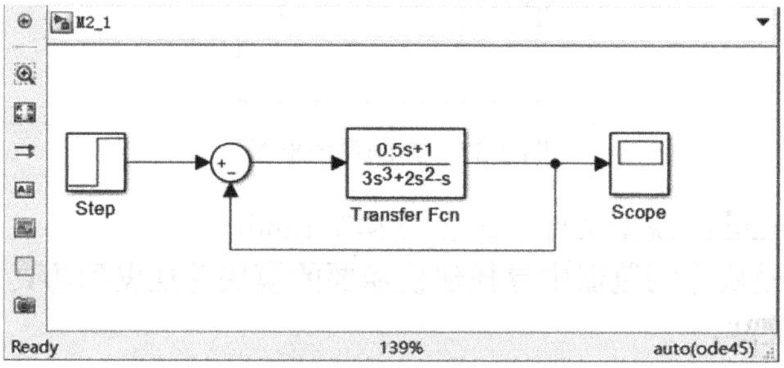

图 2-61　参数设置完成后的系统仿真图

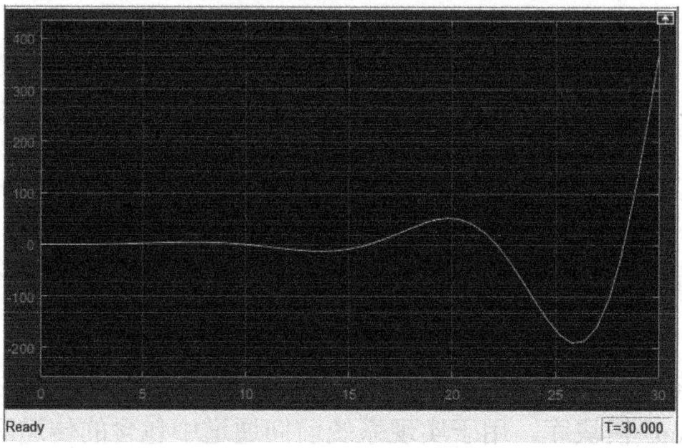

图 2-62　仿真结果

第 3 章　MATLAB/Simulink 系统仿真

3.1　系统仿真与仿真概述

系统建模过程是寻求系统的数学表达式，即建立数学描述模型和方程的过程。仿真是对所建立模型的数值求解过程，而仿真工具则是实现这一建模和数值求解过程的软件和硬件平台。理论上，任何具有科学计算能力的计算机语言都可以作为系统仿真的软件平台。所以，仿真软件平台之间的区别不是本质的，而仅仅在于针对某类型和某层次的仿真模型在计算方便程度和用户界面上的区别。

3.1.1　仿真方法与仿真工具的关系

在早期的通信系统设计和仿真中，由于计算机软件技术和硬件速度的限制，人们往往针对特殊的应用目的，采用当时通用计算机语言编写出相当冗长的仿真程序，然后在计算机上调试执行这些程序，得出数值结果并进行分析。仿真输出的数值结果往往是多达数十页的表格数据，仿真程序的设计也往往不能顾及到代码的重复使用性，所编写的仿真代码难以共享，也不能用来解决相似类型的问题，工作效率低。

随着计算机技术的进步，在各专业领域出现了一些专用的仿真软件工具和数值计算软件包，这些仿真平台与仿真的具体问题无关，因此能够解决相关专业领域的一大类问题，对问题的建模快速而且方便。这些专用软件平台及相应的硬件设备为用户提供了一个集成的交互式快速原型建模和仿真环境，并可以将软件模型、硬件数据以及信号综合在一起进行仿真。

在适用性上，通用的科学计算语言，如 C 语言、FORTRAN 语言等，可以作为对任何系统的仿真工具。事实上，专用的仿真平台和工具包也都是以这些通用计算机编程语言来实现的。然而，直接使用通用计算机编程语言进行系统计算和仿真需要研究人员除了具备本专业的知识基础之外，还必须具有较深的计算机程序设计知识。并且，由于程序代码的复杂性，仿真程序的调试以及仿真结果的正确性检验都是相当耗时和困难的。

严格来说，仿真平台由负责建立仿真计算机程序或仿真计算机模型的软件环境和负责仿真程序的存储、执行、数据采集和交换以及仿真结果显示的硬件环境两部分组成。现代仿真平台和编程语言环境应具有如下基本特征。

1. 简便高效的仿真描述语言

仿真编程应该是具有一种接近于数学语言的编程描述语言，用户只需要具备相应的数学知识和基本的计算机编程技能。仿真平台所提供的编程语言结构简单、便于调试验证和代码重用，这样，用户可以将更多精力集中在研究领域中，而不是消耗于琐碎的具体程序工作中。

2. 层次化和模块化建模的能力

仿真平台需要具有层次建模和仿真的能力。层次化建模可以轻松应付复杂系统的计算机仿真问题。在层次化模型中，一个复杂的模型可以通过多个简单的功能模块来搭建。由于简单的功能模块便于软件编码、系统测试和模块重用，从而通过层次化建模可以保证建模的效率和可靠性。层次化的建模方法还可以使建模者专注于其专业领域，无须面面俱到。

3. 可视化的建模方式

仿真平台可提供接近于专业工程描述模型的计算机模型实现，即模型实现的直观化和可视化。在电子和通信工程中，系统模型往往除了采用数学方程描述外，还较多地采用系统方框图等图示化的方式来进行直观的描述。在计算机仿真工具中，直接对系统方框图进行建模实现和仿真的平台由于物理概念清楚、直观等优点而受到工程技术人员的青睐。

4. 软件硬件协同仿真的能力

仿真平台要能够与相关的硬件仿真系统协同工作，完成数据采集，并将仿真结果输出到硬件系统中，从而实现硬件、软件联合的高级系统仿真和调试工作，如仿真平台上的信号处理过程能够结合数字信号处理器（DSP）的硬件实验平台等。

5. 交互性和图形环境

由于系统设计和分析本身就是一个交互的过程，所以也就要求仿真环境能够提供交互性，即具有交互的建模能力、交互的仿真调试能力和交互的数据分析的显示能力。作为科学研究和系统设计工具，仿真平台还应具有较强的数值可视化表现能力。科学研究成果是通过相互的学术交流来进行确认和传播的，仿真平台应便于直观地用图形、曲线，甚至是“实时的”动画形式将仿真数据结果表达出来，并且能够以符合科学和出版界普遍认可的方式来进行学术交流。

6. 跨平台和可移植性

仿真软件环境应当具有较高的移植性，能够在不同的计算机硬件平台和不同的操作系统软件平台下应用。现在，随着低层语言编译器和图形化界面编程的越来越标准化，仿真平台和仿真模型程序可以在很大程度上做到与计算机硬件平台和软件平台无关，并可在各种平台上运行。

3.1.2 仿真环境的要求

一个软件仿真环境主要由模块库、模块编辑和配置器、仿真管理器、后处理、文件和数据库管理、帮助文档和在线文档等部件组成，这些部件无缝地集成在一起，向用户提供一个友好的仿真交互界面。各部分的功能和要求如下。

1．模块库

模块库包含了预先编制好的通信系统基本模块，其中既含有具有基本数学功能的原始模块（如加法器、乘法器、积分器等），也含有通过原始模块构造而成的层次化功能模块（如滤波器、编解码器、调制解调器、锁相环等）。模块库应当是可扩展的，即用户可以通过编程的方法构造新的原始功能模块，也可以利用模块库中已有模块构建新的更复杂的功能模块。模块库中模块的数量、质量（可重用性、稳定性等）、表示方法（是层次化的还是平面的）、是否易于扩展，在线说明文档、帮助以及测试实例数据等决定了一个仿真平台模块库的效用。仿真模块应当是可重入的，即在同一个仿真模型中可以多次使用同一个模块，并且可以对所使用的模块分别进行初始化设置，通过保持信号或使能信号来独立控制其执行条件。

2．模块编辑和配置器

模块编辑和配置功能允许用户从库中选择一系列模块，根据设计需要将这些模块连接起来，定义输入输出，设置各模块的初始化条件和参数，并允许对所构建的系统进行封装，以供更高层次的系统建模使用。模块编辑和配置要直观、便于使用，要能够方便地构建任意拓扑结构的系统，并且支持层次模型结构，能够进行结构的复制、框图的输入和编辑，便于处理系统参数，包括具有使用计算表达式来描述系统参数的能力，要能够对编辑过程中出现的错误进行检查和模型完整性检查，并有良好的在线文档和帮助系统。层次化方框图建模编辑功能将大大方便系统模型的设计和综合过程。

3．仿真管理器

仿真管理器负责将仿真模型自动编译，链接相应的模型库函数，得到可执行的仿真程序并执行仿真过程，收集和存储仿真结果。所有这些过程应当尽可能自动化，尽量减少需要用户干预的成分。基于方框图建模的图形化仿真平台中，仿真管理器中有一个代码自动生成程序，负责将可视化模型翻译为通用编程语言表达的仿真程序。例如，Simulink 可以将系统框图模型翻译为 C 或 C++语言代码，甚至可以直接翻译为 DSP 芯片能够执行的汇编语言代码，这样就使得通信系统在设计、仿真、信号处理算法的验证和实现这些方面融为一体。仿真管理器还应当允许用户在仿真过程中能够采集层次模型中的各个子层上（任意子系统）产生的仿真结果数据和波形，便于系统调试和功能验证。在执行长时间的蒙特卡罗仿真过程中，还需要仿真管理器能够提供仿真过程的状态指示（如仿真当前执行的进度和次数等）、中间仿真结果的显示、仿真进程的终止和重启动等功能。

4．后处理

后处理是仿真环境中的一个重要组成部件。通过后处理，系统设计人员能够方便地观察仿真结果数据、曲线和波形。由于大部分仿真结果将以图形的形式表达出来，所以后处理应该具备内建的作图函数，从而根据仿真数据的工程特性得到不同形式的图形表达，如时域波形图、眼图、频谱图、统计直方图、互相关和自相关曲线图、信号的星座图、X-Y 图、误码曲线等。功能强大的后处理还具备对图形曲线的编辑功能（如缩放、剪切、粘贴、曲线修饰、坐标标注等），能够显示曲线上光标指向位置点的参数值，允许多种图形文件格式的导出等。

5. 文件和数据库管理

在一个复杂通信系统的大型设计项目中将包含许多仿真模型和仿真数据，并且是许多设计者参与的。对模型文件的版本控制，设计历史跟踪和模型更新以及多人协作的建模管理就成为了文件和数据库管理部件的中心任务。一个优良的数据文件管理能够对仿真模型、仿真结果以及来自一个或多个数据库的其他数据进行有效的维护，并能够对文件进行一致性检查，以尽可能减少设计人员的手工管理工作。在多人协作的系统建模和仿真中，应当十分重视文档的一致性检查和更新，以减少系统调试运行中由于文件的版本问题引起的错误。

6. 帮助文档和在线文档

仿真平台提供的帮助文档和在线文档为用户提供建模设计、系统调试、排错的指导。良好的在线文档包含仿真模块的参数说明、应用实例，便于检索并能够动态更新。模型的使用说明文件是模型重用和共享所必需的。

3.2 MATLAB 建模仿真

编程形式建立计算机仿真模型是最基本的计算机建模方法。MATLAB 编程仿真过程就是用编写脚本文件或函数文件来描述数学模型，并实现数值求解的过程。与方框图的可视化建模方式相比，编程形式虽然在形式上可能不那么直观，但是编程更为基础，对数学模型的表达也更为直接。后面章节将会看到，在 MATLAB 中将可视化的方框图模型与编程形式的仿真模型综合起来，灵活应用，可以使两者相得益彰。

由于 MATLAB 语言本身程序结构非常简单，语法接近于自然数学描述形式，所以用它进行计算机模型实现的难度不在于程序设计本身，更在于对数学模型的理解。由于实际系统行为的多样性，在数学模型中，描述系统行为的方程形式也是多种多样的，相应的数值求解方法也就不同。我们把外界对系统产生作用的物理量称为输入信号或激励，把系统内部储存的能量称为系统的状态，而将系统对外界的作用物理量称为系统的输出信号或响应。设计人员经常面对的系统仿真问题是研究系统随时间推进而变化的行为，在这种情况下，对系统的激励信号、系统自身的状态变量以及系统对激励的响应等都是随时间变化的函数。例如，对一个运动中的物体施加一个变化的力，考察其速度和位置的变化。将这个物体看作一个系统，它的质量以及运动情况就是系统的状态，而所观察到的物体的速度、位置变化就是系统对外界的输出信号。系统的输入、状态以及输出可能是单个变量，也可能是一组变量，在这个例子中，有速度和位置这两个输出信号。

将集中讨论基于时间的系统模型这类问题，对于更一般的系统，其数学模型中自变量可以具有任意的物理含义，但与基于时间的系统求解方法是相同的。

在一类物理系统中，所需要研究的系统响应只与系统当前时刻的输入有关，而与系统的状态以及过去或未来的输入信号无关，这样的系统就称为静态系统，也称为无记忆系统。例如，如果把作用在质量为 m 的物体上的力 $f(t)$ 看作输入信号，将该力在物体上产生的速度 $a(t)$ 视为系统的输出响应，显然，输入和输出满足牛顿第二运动定律，即 $a(t)=\dfrac{f(t)}{m}$，输出信号 $a(t)$

只与当前输入信号 $f(t)$ 有关，因此系统是静态的。

另外一类物理系统的输出响应不仅与当前的输入信号有关，而且还是系统状态的函数，这类系统称为动态系统或有记忆系统。例如，如果将作用在质量为 m 的物体上的力 $f(t)$ 看作输入信号，而将物体当前的运动速度 $v(t)$ 作为输出信号，显然，当前物体的速度不仅与当前的作用力有关，而且还与过去时刻的物体运动状态有关，是无限邻近的“过去”时刻的状态（速度 $v(t-\mathrm{d}t)$）以及激励（受力 $f(t-\mathrm{d}t)$）的结果，用微分方程表述为

$$f(t)=m\frac{\mathrm{d}v(t)}{\mathrm{d}t}$$

也即

$$v(t)=v(t-\mathrm{d}t)+\frac{f(t-\mathrm{d}t)}{m}\mathrm{d}t$$

从这个例子可知，对于同一个物理实体，如果研究所定义的输入输出物理量不同，那么所得出的系统模型也就不同，可能是无记忆系统，也可能是有记忆系统。通常，连续有记忆系统的数学描述是微分方程（组），离散有记忆系统的数学描述是差分方程（组）。

如果系统的当前输出信号是未来输入信号或未来系统状态的函数，换句话说，即“现在”的激励和状态能够影响系统的“过去”，那么这样的系统称为非因果系统；反之，称为因果系统或物理可实现的系统。非因果系统是物理不可实现的，但非因果系统往往是物理系统理想化的结果，具有数学意义。例如，实际中的滤波器总是因果的，但其理想化的数学模型——理想低通滤波器则是非因果的。

3.2.1　MATLAB 实现静态系统

静态系统的仿真过程就是相应代数方程的数值计算或求解过程。下面以幅度调制作为示例进行讲解。

【例 3-1】 试仿真得出一个幅度调制系统的输入输出波形。设输入被调制信号是一个幅度为 1.5V，频率为 800Hz 的余弦波，调制度为 0.5，调制载波信号是一个幅度为 4.5V，频率为 8kHz 的余弦波，所有余弦波的初相位为 0。

1. 数学模型

根据题目，该调幅系统的输入/输出关系表达式为

$$y(t)=(M+m_a M\cos 2\pi f_m t)\times A\cos \pi f_c t$$

式中，M =1.5V——被调信号的振幅；

f_m =800Hz——其频率；

A =4.5V——载波信号的幅度；

f_c =8kHz——其频率；

m_a =0.5——调制度。

2. 编程实现

连续函数必须进行离散化才能够存储于计算机中。只要时间离散化过程满足取样定理，

那么就不会引起失真。在这个系统中的信号最高工作频率为$(f_m + f_c) = 8.8\text{kHz}$，根据取样定理，只要离散取样率高于该频率的 2 倍即可无失真。在计算量和数据存储量许可的条件下，取样率可以设置更高，以使仿真计算的结果波形图显示更加光滑。本例将取样率设置为10^5，即在一个载波周期上取样 10 次，相应的取样间隔为$\Delta t = 10^{-5}\text{s}$。在本例中，取样间隔也作为仿真步进。

其实现的 MATLAB 代码为：

```
>>clear all;
dt=1e-5;
T=3*1e-3;
t=0:dt:T;
input=2*cos(2*pi*1000*t);
ca=4.5*cos(2*pi*8e3*t);
output=(2+0.5*input).*ca;
%作图：观察输入信号、载波，以及调幅输出
subplot(311);
plot(t,input);
xlabel('时间/s'); ylabel('输入信号');
subplot(312);
plot(t,ca);
xlabel('时间/s'); ylabel('载波');
subplot(313);
plot(t,output);
xlabel('时间/s'); ylabel('调幅输出');
```

以上程序代码非常简洁，并且表达上与数学形式很接近。值得指出的是，程序结构采用了 MATLAB 常用的矩阵形式，而没有采用传统计算机语言所必须采用的循环结构，因此采用矩阵计算的效率更高。仿真程序执行的结果如图 3-1 所示，图中同时画出了输入信号、载波和调幅输出。从图中可以看出，载波的包络随着被调信号的变化而变化，这样被调信号的变化信息就携带在了载波的振幅上，因此称为幅度调制。

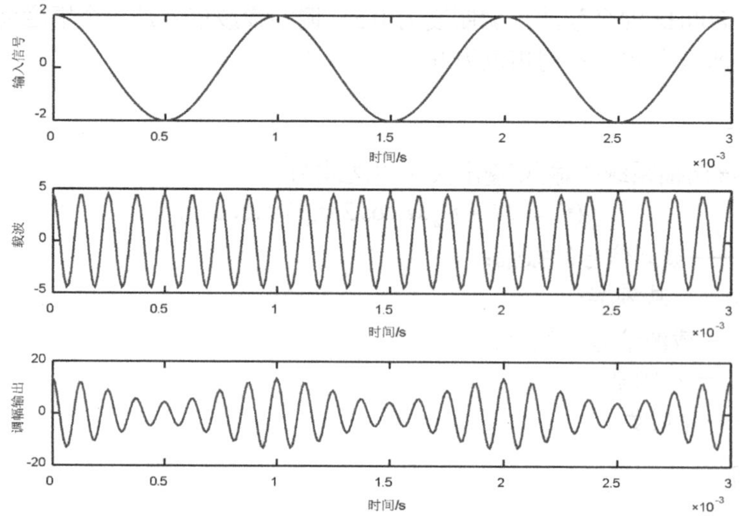

图 3-1　输入信号、载波和调幅输出信号的仿真波形

3. 另外一种编程实现方式

在上面的程序中，首先计算出了仿真时间区间内的输入信号在各取样时刻的取值并存储在一个矩阵变量 input 中，然后计算载波并存储在矩阵 ca 中，最后再计算出调幅输出。即仿真中各信号是顺序产生的，并按照信号在系统中的流通先后逻辑进行顺序计算。这是一种基于数据流仿真方法的典型例子。然而，在实际调制系统中，在某时刻上输入信号和载波以及调幅输出信号是同时产生的。如果在仿真程序中也根据仿真步进时间的推进分别在各个取样点上“同时”计算生成系统中各逻辑点上的信号取样值，那么就是一种基于时间流的仿真过程。下面的代码用循环结构实现了基于时间流的调幅仿真过程，结果与图 3-1 相同。

其实现的 MATLAB 代码为：

```
>>clear all;
dt=1e-5;
T=3*1e-3;
t=0:dt:T;
for i=1:length(t)
    input(i)=1.5*cos(2*pi*800*t(i));
    ca(i)=5*cos(2*pi*8e3*t(i));
    output(i)=(1.5+0.5*input(i)).*ca(i);
end
%作图：观察输入信号、载波，以及调幅输出
subplot(311);
plot(t,input);
xlabel('时间/s'); ylabel('输入信号');
subplot(312);
plot(t,ca);
xlabel('时间/s'); ylabel('载波');
subplot(313);
plot(t,output);
xlabel('时间/s'); ylabel('调幅输出');
```

3.2.2 MATLAB 实现动态系统

动态系统分为两种，一种为连续动态系统及离散动态系统。

1. 连续动态系统的 MATLAB 仿真

连续动态系统以微分方程（组）进行数学描述，其仿真过程就是对微分方程的编程表达和数值求解过程。下面首先通过示例来了解这一建模过程和编程的思路，然后总结出更一般的连续动态模型和求解方法。

【例 3-2】 单摆运动过程的建模和仿真。

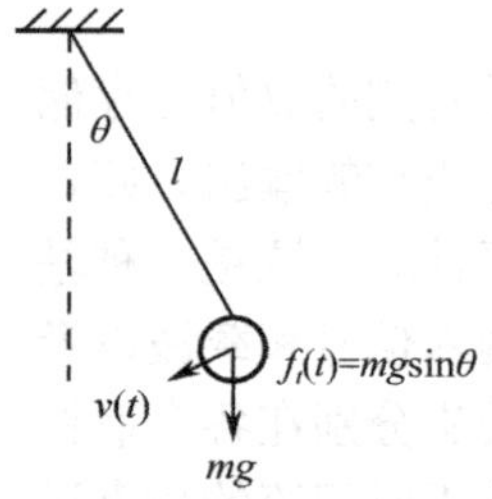

图 3-2 重力场中的单摆受力分析

（1）单摆的数学模型。

设单摆摆线的固定长度为 l，摆线的质量忽略不计，摆锤质量为 m，重力加速度为 g，系统的初始时刻为 $t=0$，在任意 $t\geqslant 0$ 时刻摆锤的线速度为 $v(t)$，角速度为 $\omega(t)$，角位移为 $\theta(t)$。以单摆的固定位置为坐标原点建立直角坐标系，水平方向为 x 轴方向，如图 3-2 所示。

在 t 时刻，摆锤所受切向力 $f_t(t)$ 是重力 mg 在其运动圆弧切线方向上的分力，即

$$f_t(t)=mg\sin\theta(t)$$

如果忽略空气阻力因素，根据牛顿第二运动定律，切向加速度为

$$a(t)=g\sin\theta(t)$$

因此得到单摆的运动微分方程组为

$$\begin{cases}\dfrac{\mathrm{d}v(t)}{\mathrm{d}t}=g\sin\theta(t)\\[2mm]\dfrac{\mathrm{d}\theta(t)}{\mathrm{d}t}=-\omega(t)=-\dfrac{v(t)}{l}\end{cases}$$

如果考虑空气阻力，可设单摆在摆动中受到阻力 f_z，显然阻力与摆锤的运动速度有关，即阻力是单摆线速度的函数：$f_z=f(v)$，为简单起见，可设

$$f_z(t)=-kv(t)$$

式中，$k\geqslant 0$——阻力比例系数；

负号——阻力方向与摆锤运动方向相反。

切向加速度由切向合力 f_t+f_z 产生，根据牛顿第二运动定律，有

$$a(t)=g\sin\theta(t)-\frac{kv(t)}{m}$$

因此得到修正后的单摆的运动微分方程组为

$$\begin{cases}\dfrac{\mathrm{d}v(t)}{\mathrm{d}t}=g\sin\theta(t)-\dfrac{kv(t)}{m} & \text{(3-1)}\\[2mm]\dfrac{\mathrm{d}\theta(t)}{\mathrm{d}t}=-\dfrac{v(t)}{l} & \text{(3-2)}\end{cases}$$

（2）数值求解。

仍然使用欧拉算法求解。将 $\mathrm{d}v(t)=v(t+\mathrm{d}t)-v(t)$ 和 $\mathrm{d}\theta(t)=\theta(t+\mathrm{d}t)-\theta(t)$ 代入式（3-1）及式（3-2）中，并以仿真步进量 Δ 作为 $\mathrm{d}t$ 的近似，得到基于时间的递推方程组为

$$\begin{cases}v(t+\Delta)=v(t)+\left(g\sin\theta(t)-\dfrac{kv(t)}{m}\right)\Delta\\[2mm]\theta(t+\Delta)=\theta(t)-\dfrac{v(t)}{l}\Delta\end{cases}$$

其实现的 MATLAB 代码为：

```
>> clear all;
dt=0.0001;                    %仿真步进
T=15;                         %仿真时间长度
```

```
t=0:dt:T;                    %仿真计算时间序列
g=9.8;
L=1.5;
m=10;
k=3;                         %空气阻力比例系数
th0=3.1;                     %设置初始角位移
v0=0;                        %初始摆速设置
v=zeros(size(t));            %程序存储变量预先初始化，可提高执行速度
th=zeros(size(t));
v(1)=v0;
th(1)=th0;
for i=1:length(t)            %仿真求解开始
    v(i+1)=v(i)+(g*sin(th(i)) -k./m.*v(i)).*dt;
    th(i+1)=th(i)-1./L.*v(i).*dt;
end
%使用双坐标系统来作图，注意作图和图标标注的技巧
[AX,B1,B2]=plotyy(t,v(1:length(t)),t,th(1:length(t)),'plot');
set(B1,'LineStyle','--');        %设置图线型
set(B2,'LineStyle',':');
set(get(AX(1),'Ylabel'),'String','线速度 v(t)m/s');        %进行标注
set(get(AX(2),'Ylabel'),'String','角位移\th(t)/rad');
xlabel('时间 t/s');
legend('线速度 v(t)','角位移\th(t)')
```

在程序中，故意将初始角位移设置为$\theta(0)=3.1$，接近弧度π，即摆锤初始位置接近最高点，这样系统将出现明显的非线性特征。空气阻力比例系数设为$k=3$，摆锤初始速度为 0，质量为 10kg，摆线长度为l=1.5m，则仿真结果如图 3-3 所示。起始阶段由于摆锤接近最高位置，所以启动速度缓慢，图中线速度在时间起始阶段增长缓慢，当角位移到达π/2 时，摆锤上的加速度达到最大，当角位移等于 0 时（摆锤位于最低点），其线速度接近最大值（**注意**：这是由于考虑了空气阻力的缘故。当忽略空气阻力作用后，则线速度在摆锤最低点达到最大值）。由于空气阻力，摆动逐渐衰竭。由于仿真输出的两个变量的物理量纲不同，本程序使用了双坐标系统来作图。

图 3-4 给出了忽略空气阻力作用（$k=0$）后的摆动波形，初始角位移设置为$\theta(0)=3$。由于没有能量损失，摆动将永远进行下去。可以看出，摆锤的运动不是正弦规律的，这是因为摆锤的运动微分方程不是线性的。当初始角位移设置较小时，摆动才能近似为正弦的。读者可修改程序中参数的设置，自行实验来观察不同的摆锤质量、摆线长、初始速度、位置和阻力系数摆波形的频率和衰减情况。

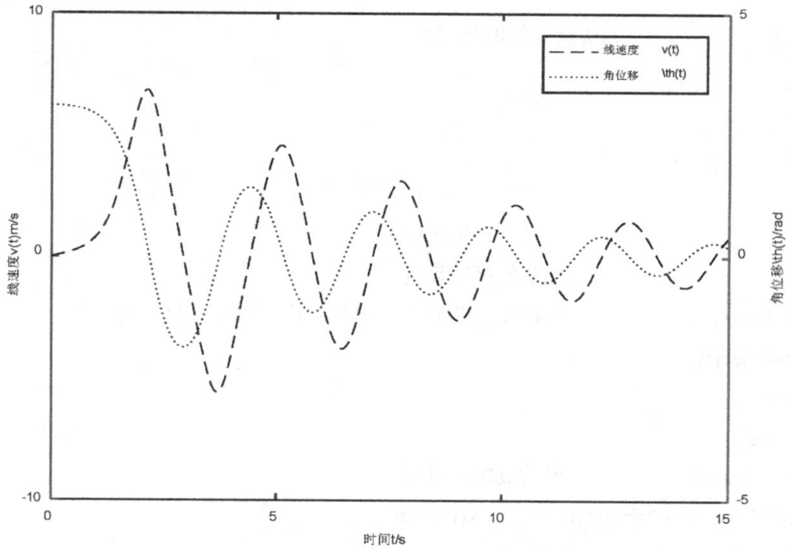

图 3-3 单摆运动的线速度和角位移仿真曲线

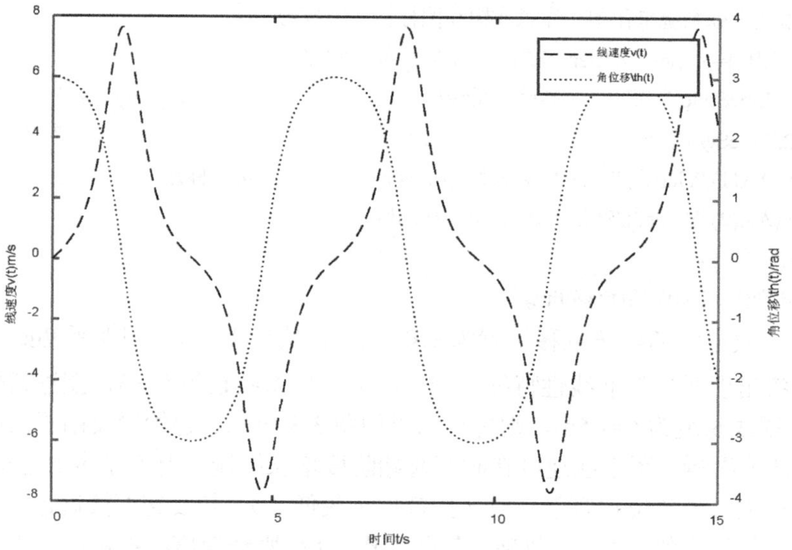

图 3-4 忽略空气阻力后单摆运动的线速度和角位移仿真曲线

2．离散动态系统的 MATLAB 仿真

在数学上，时间离散信号可以用一个数列表示，称为离散时间序列。数列中元素的取值就是对应离散时刻序列处的信号值。如果这些信号取值也是离散的，那么就称这样的信号序列为数字信号。由于数字计算机的计算字长数是有限整数，存储空间也是有限的整数，因此本质上，计算机只能够直接处理数字信号。由例 3-2 可知，对连续信号和连续系统的数值计算和仿真事实上是离散化的近似计算，即以适当步长进行的时间离散的计算过程，计算结果也是在设定的计算机存储精度下的离散值。因此，计算机仿真实质上是对数字信号和数字系统的仿真。

数列中元素之间关系可以通过数列的一个或多个起始元素以及数列的递推公式来描述，数列的递推公式也称为差分方程。对于关系比较简单的数列，可以通过数字分析找出通项公式，即差分方程的解。

离散动态系统的数学描述是差分方程或差分方程形式的状态方程组，对离散动态系统的仿真就是根据其差分方程和初始状态进行递推求出序列在给定仿真离散时间范围内的全部元素值。从这个意义上说，与连续动态系统仿真相比较，离散动态系统的仿真更为简单直接。

连续时间信号可以通过均匀采样转换为离散时间信号。如果 $f(t)$ 是一个连续时间信号，那么通过取样时间间隔为 T 的模数转换器将把它转换成离散时间信号 $f[n]$（这里忽略了模数转换器的信号幅度量化误差），在不引起含义混淆的情况下，一般将 $f[n]$ 简写为下角标形式 f_n，并引入延时算子 D 来表示对离散时间信号延迟一个取样时间间隔，即

$$f_n = f[n] = f(nT)$$

$$f_{n-1} = f[n-1] = Df(n)$$

为了保证离散信号能够不失真地表示输入信号，非常重要的一点就是需要根据输入模拟信号的频率范围选取采样速率。根据采样定理，离散时间信号所包括的最高频率是 $\frac{1}{2T}$。如果输入信号的频率范围超过该最大频率，就会造成频谱混叠，所得出的离散信号就是严重失真的。

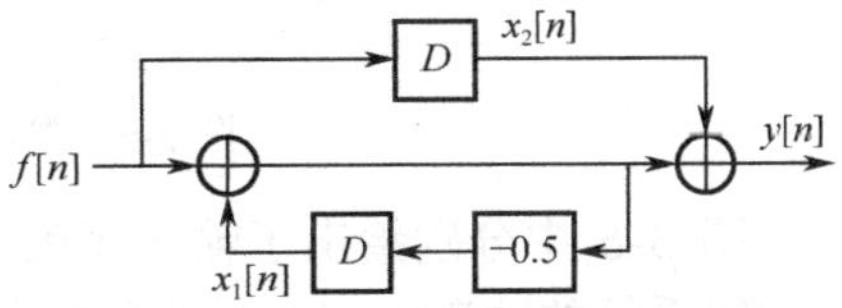

图 3-5　一个离散时间系统示例

【例 3-3】 试建立如图 3-5 所示的离散时间系统的状态方程和输出方程，通过仿真求解系统的单位数字冲激响应。

其实现的 MATLAB 代码为：

```
>> clear all;
n=5;                              %仿真计算的时间序列点数
f=[1,zeros(1,n−1)];               %输入：单位数字冲激信号
x=zeros(2,n+1);                   %状态变量存储矩阵初始化
x(:,1)=[0;0];                     %初始状态赋值
for i=1:n
    x(1,i+1)=-0.5.*(x(1,i)+f(i)); %状态方程 1
    x(2,i+1)=f(n);                %状态方程 2
    y(n)=x(1,i)+x(2,i)+f(i);      %输出方程
end
t=0:n-1;                          %得到序列对应的离散时间点并作波形图
subplot(411);
stem(t,f);                        %输入信号波形
axis([−1 n 0 1.5]);
subplot(412);
stem(t,x(1,1:n));                 %状态 1 的波形
axis([−1 n −0.6 0.6]);
subplot(413);
stem(t,x(2,1:n));                 %状态 2 的波形
```

```
axis([-1 n 0 1.5]);
subplot(414);
stem(t,y);                    %输入信号波形
axis([-1 n -0.5 1.2]);        %输出信号波形
```

运行程序，离散时间系统数字冲激响应的仿真结果如图 3-6 所示。

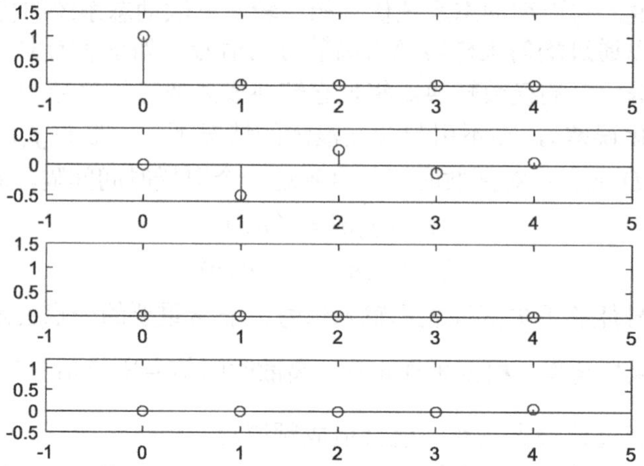

图 3-6　离散时间系统数字冲激响应的仿真结果

图 3-6 中分别给出了输入序列、两个状态序列以及输出序列的计算结果。由于仿真目的是求解系统的冲激响应，所以在程序中将系统的两个状态变量的初始值均设置为 0。图中，状态 $x_1[n]$ 是反馈输出端的波形，而状态 $x_2[n]$ 显然是输入信号 $f[n]$ 延迟了一个单位时间的结果。输出信号 $y[n]$ 则是输入信号与两个状态信号叠加的结果，对应了系统方框图。

3.2.3　MATLAB 实现状态方程

动态系统的状态方程是常微分方程（ODE）形式的，其数值算法就是对 ODE 的数值求解算法。用微分方程建立了实际问题的数学模型后，想要求解这些微分方程也往往不是易事，即便是仅仅进行数值求解，在求解精度、稳定性、效率上仍然有很多问题正在研究中。例如，属于“刚性问题”的一类微分方程就不容易解决。正是由于 ODE 问题的多样性，目前没有一种算法能够有效地解决所有的 ODE 问题。因此，MATLAB 提供了多种求解器（Solver），针对不同的 ODE 问题，可尝试采用不同的求解器。

什么是刚性（Stiff）问题呢？在用微分方程描述的一个变化过程中，如果其中包含着多个相互作用但变化速度相差悬殊的子过程，那么这样一类过程就认为具有“刚性”，描述这类过程的微分方程就称为“刚性”的。例如，当一个自动控制系统中包含几个相互作用但响应速度相差悬殊的子系统，则整个系统就是一个刚性系统。又如，在一个电子系统模型中，如果其中相互影响的子系统的工作频率有的极高，有的极低，那么整个系统也就是一个刚性系统。诸如此类的例子还有很多，总之，如果微分方程的某些解（这些解是时间的函数）变化缓慢，而另外一些解变化快速，两者形成明显对比，那么就属于刚性微分方程。

刚性问题的求解难度在于其快变子系统对慢变子系统的数值干扰：当我们试图在慢变子区间上求解刚性问题时，尽管快变分量的数值已衰减到很小，但这种快速变化的数值干扰仍然会严重影响数值解的稳定性和精度，给整个数值计算带来相当大的实质性困难。

MATLAB 提供的 ODE 求解算法有：ode45、ode23、ode113、ode23t、ode15s、ode23s 和 ode23tb。

其中，ode45、ode23 和 ode113 适合于非刚性的情况。ode45 是传统的四阶龙格-库塔（Runge-Kutta）算法的改进算法，称为四阶五级的龙格-库塔算法。与传统的四阶龙格-库塔算法相比较，它是自适应步长的，具有更高计算精度和稳定性。其计算累计截断误差可达 $\varDelta^3$（$\varDelta$ 为计算步长），是中等精度算法。ode45 算法是大部分场合下的首先算法。ode23 是二阶三级的改进龙格-库塔算法，计算速度较快，适用于精度要求较低的情况。ode113 是采用多步法的 Adams 算法，计算精度从低精度 10^{-3} 到高精度 10^{-6} 均可，而且计算速度比 ode45 快，适用于有严格误差指标要求的计算场合。

ode23t 采用梯形算法，适合于介于刚性与非刚性之间的求解问题，它是低精度的。

ode15s、ode23s 和 ode23tb 适合于求解刚性问题的情况。ode15s 是采用多步法的 Gear's 反向数值微分算法，其精度中等，如果 ode45 由于问题的刚性而计算缓慢或失效时，可尝试使用它。ode23s 则是采用一步法的二阶 Rosebrock 算法，其计算精度低于 ode15s 算法，但是计算时间比 ode15s 短。ode23tb 是采用梯形法的低精度刚性算法，计算时间也比 ode15s 要短。

在设定计算精度要求下，所有这些算法都是自适应求解步长的，也可以指定计算的时间序列或计算步长，成为固定步长算法。这些算法具有统一的调用格式，常用的几种格式为：

```
[T,Y] = solver(odefun,tspan,y0)
[T,Y] = solver(odefun,tspan,y0,options)
[T,Y,TE,YE,IE] = solver(odefun,tspan,y0,options)
sol = solver(odefun,[t0,tf],y0…)
```

式中，solver——命令 ode45、ode23、ode113、ode15s、ode23s、ode23t、ode23tb 之一；
T——输出的变量采样点系列；
Y——对应的函数的数值解；
TE——一个时间序列；
YE——解决时间序列的算法；
IE——输出变量序列；
sol——一个结构体，用来评估解决方案；
solver——求解微分方程的 MATLAB 函数；
odefun——定义微分方程组的函数，其可以用函数 inline 或者一个函数文件来定义；
tspan——变量的求解区间；
y0——初始条件；
options——求解过程控制参数，其用 odeset 函数来定义；
[t0,tf]——一个区间。

【例 3-4】 （对乒乓球的弹跳过程仿真）忽略空气对球的影响，乒乓球垂直下落，落点为光滑的水平面，乒乓球接触落点立即反弹。如果不考虑弹跳中的能量损耗，则反弹前后的瞬时速率不变，但方向相反。如果考虑撞击损耗，则反弹速率有所降低。试用 MATLAB 常微分方程求解器仿真乒乓球弹跳模型，要求能够在仿真过程中动态显示乒乓球的坠落和反弹过程，在仿真结束后输出乒乓球位移和速度的变化曲线。设乒乓球的初始位置距离水平面 1 米，由静止状态开始自由坠落，并设反弹瞬间的速度衰减系数为 $K=0.8$。

为了利用标准求解器进行求解，首先将模型中的方程改写为标准的状态方程形式，乒乓球在空中时，有运动方程

$$\frac{\mathrm{d}v(t)}{\mathrm{d}t}=-g$$

$$\frac{\mathrm{d}y(t)}{\mathrm{d}t}=v(t)$$

注意：乒乓球碰撞水平瞬间（在反弹前）的条件是 $y\leqslant 0$ 且 $v\leqslant 0$，碰撞瞬间速度发生反向并以系数 K 衰减。据此编写程序，程序中用 $x_1(t)$ 表示速度状态变量 $v(t)$，用 $x_2(t)$ 表示位移状态变量 $y(t)$，并以矩阵形式描述。

根据需要，建立状态方程 M 函数，命名为 M3_4fun.m，代码为：

```
function xdot=M3_4fun(t,x,flag)
%乒乓球弹跳模型的标准状态方程
%x(1)为乒乓球速度，x(2) 乒乓小球位移
xdot=zeros(2,1);          %状态变量矩阵初始化
xdot(1)=-9.8;             %速度加速度方程
xdot(2)=x(1);             %位移速度方程
```

其实现的 MATLAB 代码为：

```
>> clear all;
v0=0;y0=1;                %乒乓球的初始状态
x_state=[v0,y0];          %将初始状态赋值到状态变量中
dt=0.01;                  %仿真步长
t=0:dt:5;                 %仿真时间序列
K=0.8;                    %碰撞衰减系数
for k=1:length(t)         %仿真开始，每次循环向前推进一个仿真步进 dt
    x(k,:)=x_state;       %记录并保存当前状态的计算结果
    [t_out,x_out]=ode45('M3_4fun',[t(k),t(k)+dt],x_state);
    %计算下一个时刻的新状态
    %可换用 ode23、ode113、ode23t、ode15s、ode23s、ode23tb 求解器
    x_state=x_out(length(x_out),:);            %更新状态
    if(x_state(2)<=0)&(x_state(1)<0);          %当速度为负（乒乓球向下运动）且已经接触碰撞面
        x_state(1)=-K*x_state(1);              %处理碰撞瞬间情况：速度反向并衰减 K
    end
    %显示乒乓球弹跳过程
    y=x_state(2);                              %乒乓球当前位置
    subplot(2,1,1);plot(0,y,'o');
    axis([-2 2 -0.1 1]);                       %坐标范围固定
```

```
        set(gcf,'DoubleBuffer','on');                   %双缓冲避免作图闪烁
        drawnow;  %显示作图
    end
    %仿真结束，输出计算时间序列上的结果：随时间变化的速度和位移曲线
    subplot(2,1,2);plotyy(t,x(:,1),t,x(:,2),'plot');
```

运行程序，ODE 求解器仿真乒乓球的弹跳过程如图 3-7 所示。对比图中两曲线关系显示，乒乓球速度波形呈锯齿衰减，碰撞瞬间乒乓球运动速度发生跃变，而位移等于零。当乒乓球位移达到峰值时，其速度为 0。

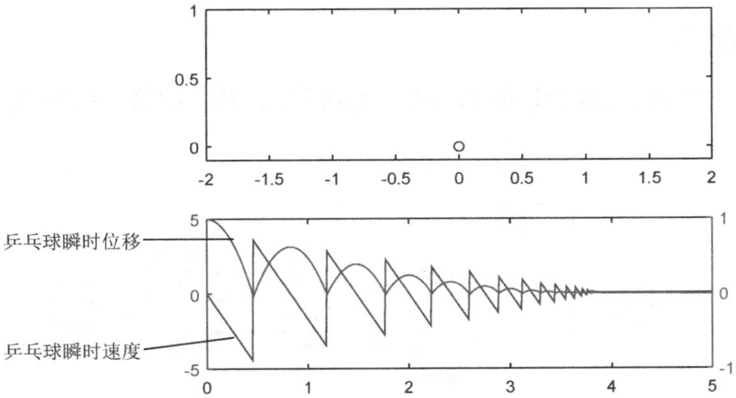

图 3-7　ODE 求解器仿真乒乓球的弹跳过程

3.3　Simulink 建模仿真

Simulink 作为一个具有友好用户界面的系统级仿真平台，通过它的图形仿真环境，可以对动态系统的仿真进行各种设置与控制，从而快速完成系统的设计任务。

3.3.1　Simulink 实现简单系统

不同系统具有不同数量的输入与输出。一般来说，输入输出数目越多，系统越复杂。最简单的系统一般只有一个输入与一个输出（SISO），而且任意时刻的输出只与当前时刻的输入有关。

对于满足以下条件的系统，称为简单系统：

（1）系统某一时刻的输出直接且唯一依赖于该时刻的输入量；

（2）系统对同样的输入，其输出响应不随时间变化而变化；

（3）系统中不存在输入的状态量，所谓的状态量是指系统输入的微分。

设简单系统的输入为 x，系统输出为 y，x 可以具有不同的物理意义。对于任何系统都可以将它视为对输入变量 x 的某种变换，因此可以用 $T[]$ 表示任意一个系统，即

$$y = T[x]$$

对于简单系统，x一般为时间变量或其他的物理变量，并具有一定的输入范围。系统输出变量y仅与x的当前值相关，从数学的角度来看，y是x的一个函数，给定一个输入值x，便有一个输出值y与之对应。

【例 3-5】 对于下面的简单系统建立简单的模型并进行仿真分析。

$$y(t)=\begin{cases}2u(t), & t>10\\ 5u(t), & t\leqslant 10\end{cases}$$

式中，$u(t)$——系统输入；

$y(t)$——系统输出。

1. 建立系统模型

根据系统的数学描述选择合适的 Simulink 系统模块，建立的简单系统模型如图 3-8 所示。

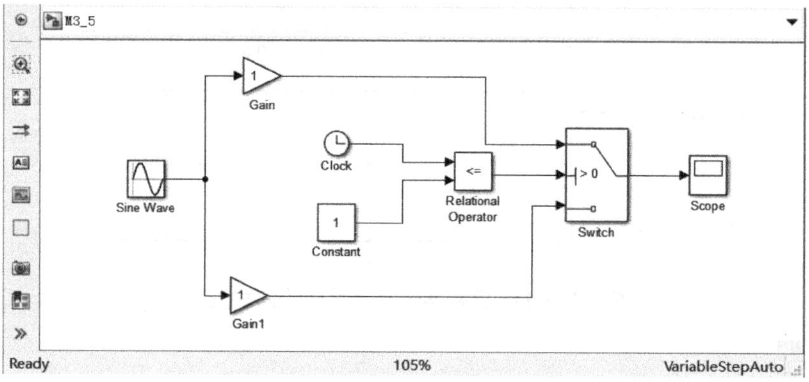

图 3-8 建立的简单系统模型

由图 3-8 可知，模型中所有模块均来自标准模块库，有一些可以在常用模块库中找到。

（1）Sine Wave 模块：该模块来自 Sources 模块库，作为系统的输入信号。

（2）Gain 和 Gain1 模块：这两个模块来自 Math Operations 模块库，作为输入信号的增益。

（3）Constant 模块：该模块来自 Sources 模块库，它是用来与 Clock 提供的时间信号作比较。

（4）Relational Operator 模块：该模块来自 Logic and Bit Operations 模块库，用于比较两个信号。

（5）Switch 模块：该模块来自 Signal Routing 模块库，用于实现系统的输出选择。

（6）Scope 模块：该模块来自 Sinks 模块库，用于观察系统的输出。

2. 系统模块参数设置

在完成系统模型的建立后，需要对系统中各模块的参数进行设置以符合系统的需求。

（1）Sine Wave 模块：采用默认的参数设置。

（2）Gain 模块：增益设置为 2。

（3）Gain1 模块：增益设置为 5。

（4）Constant 模块：常值设置为 10。

（5）Relational Operator 模块：关系操作符设置为“>”，如图 3-9 所示。

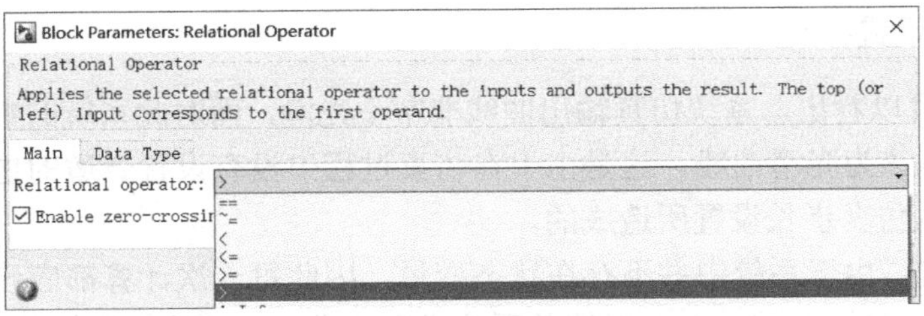

图 3-9　Relational Operator 模块参数设置

（6）Switch 模块：“Threshold”设置为 0.5，其余设置如图 3-10 所示。这样只要 Switch 模块输入端口 2 的输入大于或等于给定的 Threshold 阈值时，模块输出为第一端口输入，否则为第三端口输入。

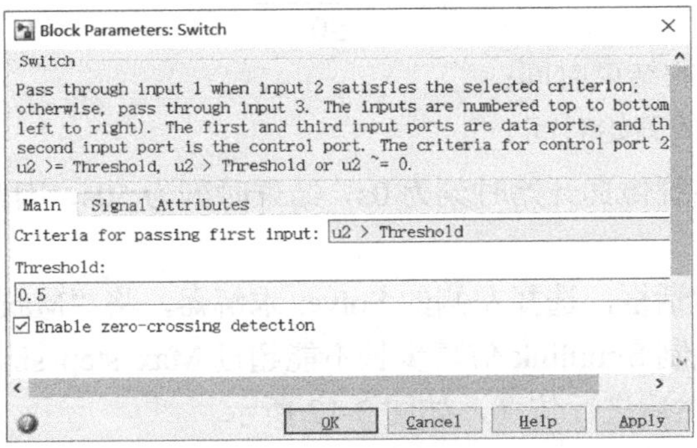

图 3-10　Switch 模块参数设置

3．系统仿真时间设置

Simulink 默认的仿真起始时间为 0s，仿真结束时间为 10s。对于此简单系统，当时间大于 10s 时系统输出才开始转换，因此需要设置合适的仿真时间。在此将设置系统仿真起始时间设置为 0s，结束时间设置为 50s。

4．系统仿真运行

当仿真结束后，双击系统模型中的 Scope 模块，显示的仿真效果如图 3-11 所示。

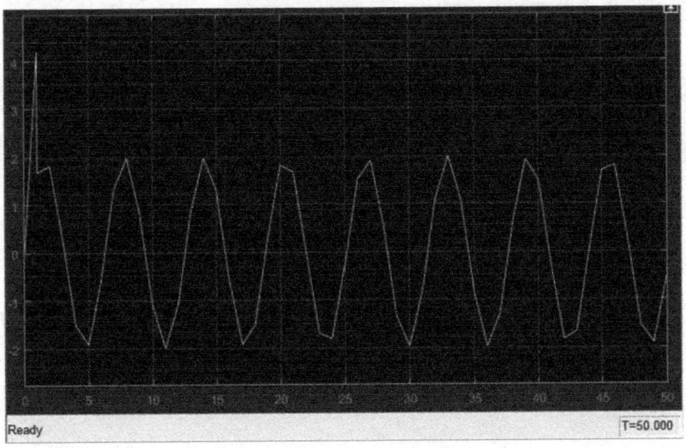

图 3-11　系统仿真效果

5. 仿真步长设置

由图 3-11 中可以看出，系统仿真输出曲线非常不光滑，而对此系统的数学描述进行分析可知，系统输出应该为光滑曲线。这是由于在仿真过程中没有设置合适的仿真步长，而是使用 Simulink 的默认仿真步长设置所造成的。

对于简单系统，由于系统中并不存在状态变量，因此每一次计算都应该是准确的（不考虑数据截断误差）。在使用 Simulink 对简单系统进行仿真时，不论采用何种求解器，Simulink 总是在仿真过程中选用最大的仿真步长。

如果仿真时间区间较长，而且最大步长设置采用默认取值 auto，则会导致系统在仿真时使用较大的步长，因为 Simulink 的仿真步长是通过下面的公式得到的：

$$h = \frac{t_{\text{fianl}} - t_{\text{start}}}{50}$$

式中，t_{fianl}——系统仿真的结束时间；

t_{start}——系统仿真的开始时间。

在此简单系统中，系统仿真开始时刻为 0s，结束时刻为 50s，因此步长为 1，从而导致系统仿真输出曲线的不光滑。

打开仿真参数设置对话框，选择左侧的 Solver 求解器，将“Max step size”（最大步长）参数进行适当的设置，强制 Simulink 仿真步长不能超过 Max step size。例如，在此简单系统中设置最大步长为 0.1，然后进行仿真，如图 3-12 所示。

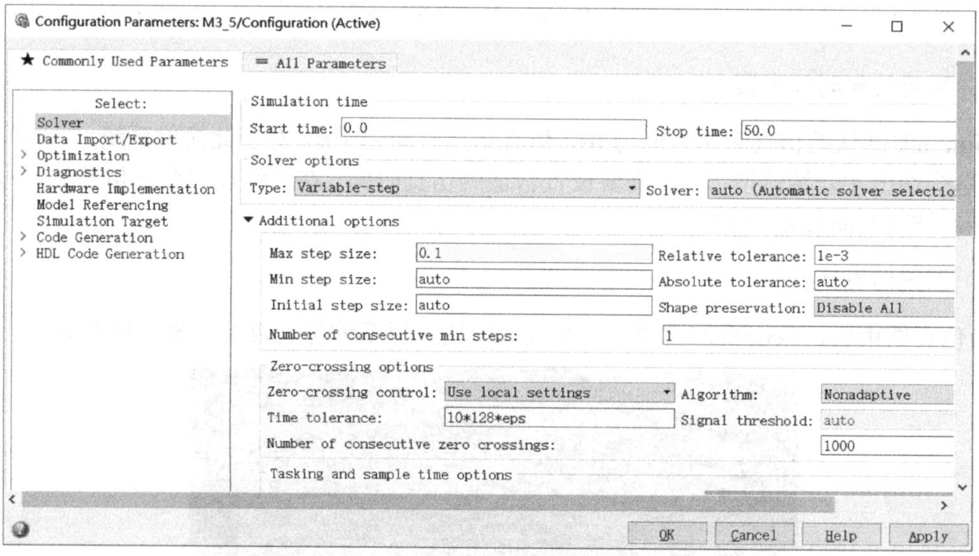

图 3-12　设置最大仿真步长

如图 3-13 所示为在此最大仿真步长设置下的系统仿真输出效果，显然，曲线变光滑了。

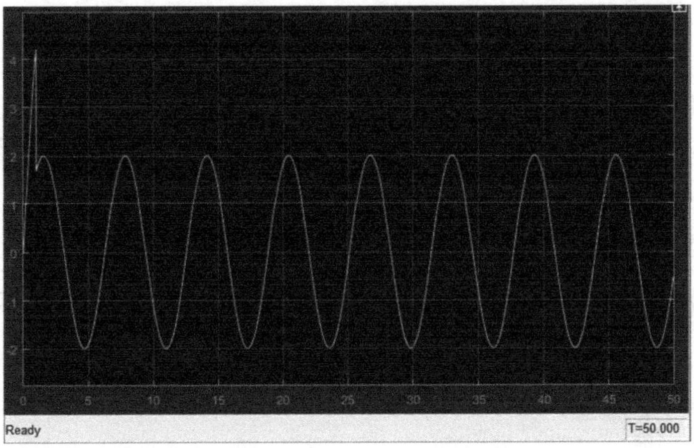

图 3-13 修改最大仿真步长后的系统仿真效果

3.3.2 Simulink 实现离散系统

前面所涉及的系统，无论是系统的输入还是系统的输出均是连续的变量，在此“连续”指的是系统的输入与输出均在时间变量上连续取值。

1. 一般离散系统

所谓离散系统，是指系统的输入与输出仅在离散的时间上取值，而且离散的时间具有相同的时间间隔。

对于满足下列条件的系统，称为离散系统：

（1）系统每隔固定的时间间隔才更新一次，即系统的输入与输出每隔固定的时间间隔便改变一次。固定的时间间隔称为系统的采样时间。

（2）系统的输出依赖于系统当前的输入、以往的输入与输出。

（3）离散系统具有离散的状态。状态指的是系统前一时刻的输出量。

设系统输入变量为 $u(nT_s)$，$n=0,1,2,\cdots$。

式中，T_s——系统的采样时间；

n——采样时刻。

由于 T_s 为一固定值，因而系统输入 $u(nT_s)$ 常被简记为 $u(n)$。设系统输出为 $y(nT_s)$，同样也可简记为 $y(n)$。于是，离散系统的数学描述为

$$y(n)=f(u(n),u(n-1),\cdots;y(n-1),y(n-2),\cdots)$$

注意：①对于离散系统，系统的输出不仅和系统当前的输入有关，而且还和系统以往的输入与输出有关；②对于一般的系统而言，系统均是从某一时刻开始运行的。因此，在离散系统中，系统初始状态的确定是非常关键的。

【例 3-6】 设某一年的人口数目为 $p(n)$，其中 n 表示年份，它与上一年的人口数目 $p(n-1)$、人口繁殖速率 r 以及新增资源所能满足的个体数目 K 之间的动力学方程为

$$p(n)=rp(n-1)\left[1-\frac{p(n-1)}{K}\right]$$

从此差分方程中可以看出，人口变化系统为一非线性离散系统。设人口初始值 $p(0)=500\ 000$，人口繁殖速率 $r=1.06$，新增资源所能满足的个体数目 $K=2\ 000\ 000$，要求建立此人口动态变化系统的系统模型，并分析人口数目的变化趋势。

1）建立系统模型

根据系统的数学描述选择合适的 Simulink 系统模块，建立人口变化系统模型如图 3-14 所示。

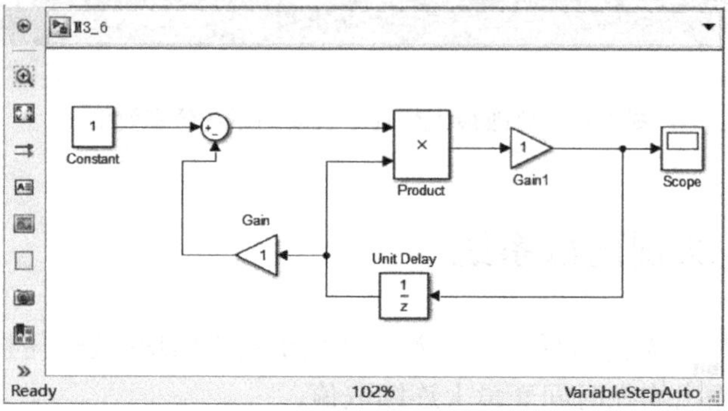

图 3-14　建立人口变化系统模型

由图 3-14 可知，模型中所有模块都可以在标准模块库的 Commonly Used Blocks（常用模块子库）中找到。其中 Unit Delay（单位延迟）模块也可从 Discrete 模块库中找到，其主要功能是将输入信号延迟一个采样时间，在此将 $p(n)$ 作为它的输入以得到 $p(n-1)$。

2）系统模块参数设置

- Gain1 模块：表示人口繁殖速率，因此取值为 1.06。
- Gain 模块：表示新增资源所能满足的个体数目的倒数，因此取值为 1/2 000 000。
- Unit Delay 模块：该模块的参数设置如图 3-15 所示，其初始值即为初始人口数目。

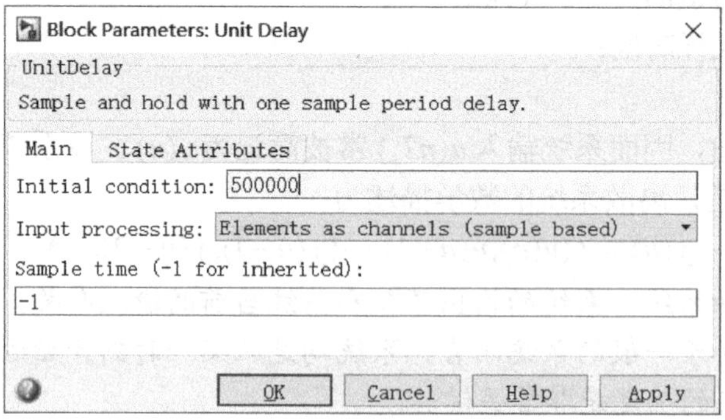

图 3-15　Unit Delay 模块参数设置

3）系统仿真参数设置

系统仿真参数设置如图 3-16 所示。

（1）仿真时间设置：设置系统仿真时间范围为 0～50 年。

（2）求解器设置：对离散系统进行仿真需要使用离散求解器，即 discrete。

（3）仿真步长设置：选定固定步长求解器，即 Fixed-step。

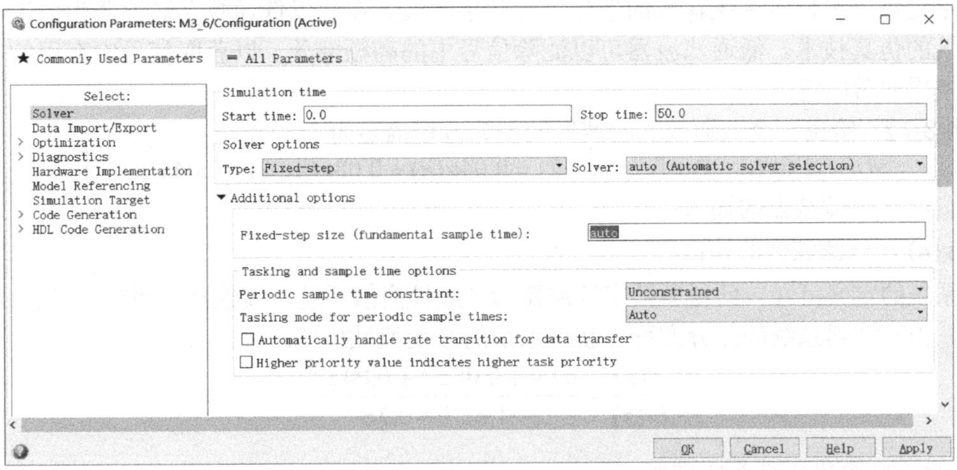

图 3-16　系统仿真参数设置

4）系统仿真运行

当仿真结束后，双击系统模型中的 Scope 模块，显示的系统仿真效果如图 3-17 所示。

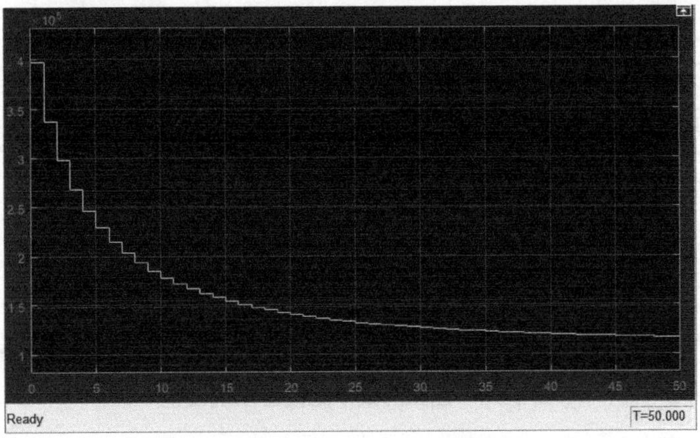

图 3-17　系统仿真效果

由图 3-17 中可以看出，人口数目在 0 到 50 年之间逐渐减少，最后将趋向一个稳定值。

注意：如果离散系统中所有模块的采样时间均相同，则此系统为单速率离散系统，否则为多速率离散系统。对于一个单速率离散系统的仿真，选择定步长求解器已经足够了。但是对于多速率离散系统进行仿真时，采用变步长仿真则具有更多的优势。

2. 线性离散系统

随着数字信号处理技术的快速发展与进步，尤其是以数字信号处理芯片为核心的数字系统的设计与使用，使得数字信号处理技术得到了广泛的应用。

数字信号处理技术具有诸多模拟信号处理技术所不具备的优点，因此在很多领域都开始取代传统的模拟信号处理。

数字滤波器可以对系统输入的信号进行数字滤波。在此以低通数字滤波器为例说明线性离散系统的仿真技术。低通滤波器可以滤除信号中的高频部分，以获取信号中有用的低频信号，其使用非常广泛。

【例 3-7】 给出一个低通数字滤波器的差分方程描述为

$$y(n)-1.6y(n-1)+0.7y(n-2)=0.04u(n)+0.08u(n-1)+0.04u(n-2)$$

式中，$u(n)$——滤波器的输入；

$y(n)$——滤波器的输出。

由线性系统的定义可知，此低通数字滤波器为一线性离散系统。线性离散系统往往在 Z 域进行描述，由滤波器系统的差分方程可获得系统的 Z 变换域描述：

$$\frac{Y(z)}{U(z)}=\frac{0.04+0.08z^{-1}+0.04z^{-2}}{1-1.6z^{-1}+0.7z^{-2}}$$

1）建立数字滤波器系统模型

在此系统中，发送方首先使用高频正弦波对一低频锯齿波进行幅度调制，然后在无损信道中传递此幅度调制信号；接收方在接收到幅度调制信号后，首先对其进行解调，然后使用低通数字滤波器对解调后的信号进行滤波以获得低频锯齿波信号。建立的数字滤波器系统模型如图 3-18 所示。

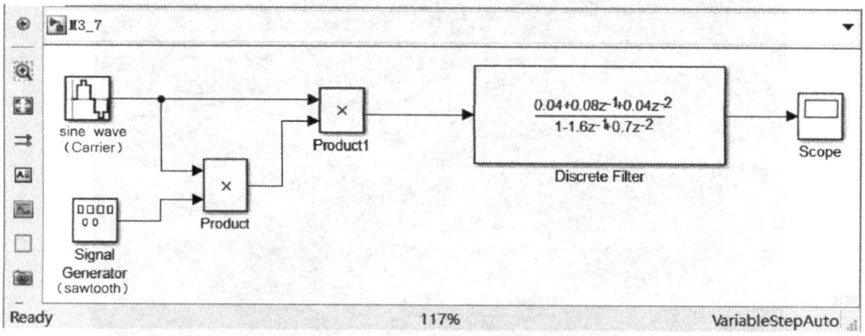

图 3-18　建立的数字滤波器系统模型

2）系统模块参数设置

（1）Sine Wave 模块：该模块来自 Sources 模块库，用来产生高频载波信号 Carrier 与解调信号 Carrier1。频率设置为 1000Hz，采样时间 Sample time 设置为 0.005s，其余参数设置为默认值，如图 3-19 所示。

（2）Signal Generator 模块：该模块来自 Sources 模块库，用来产生低频锯齿波信号 Sawtooth。Wave form 设置为 sawtooth，幅值频率均设置为 1Hz（默认值），如图 3-20 所示。

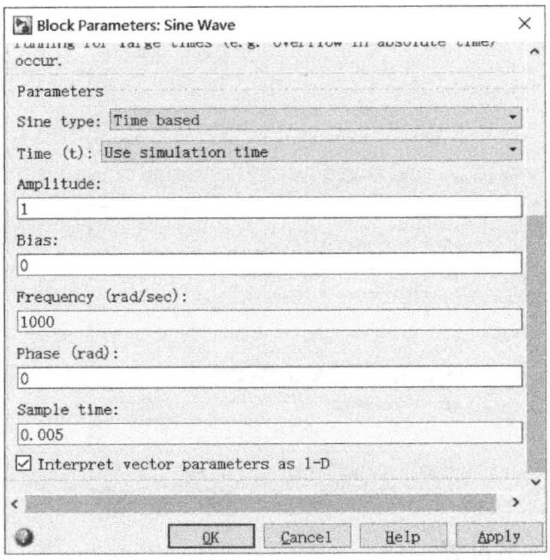

图 3-19 Sine Wave 模块参数设置

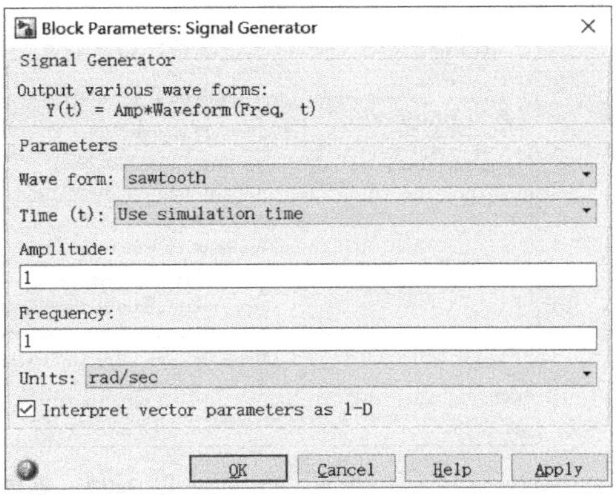

图 3-20 Signal Generator 模块参数设置

（3）Discrete Filter 模块：来自 Discrete 模块库，用来表示数字滤波器。分子多项式 Numerator 设置为[0.04 0.08 0.04]、分母多项式 Denominator 设置为[1 −1.6 0.7]、采样时间 Sample time 为设置 0.005s，如图 3-21 所示。

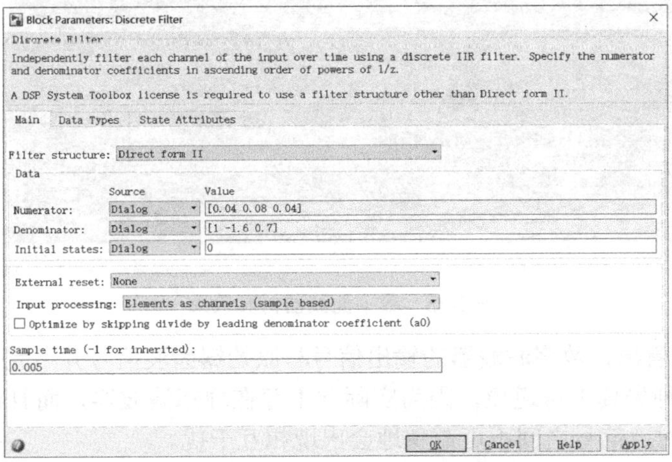

图 3-21 Discrete Filter 模块参数设置

注意：数字滤波器的采样时间一般应与解调信号的采样时间保持一致。

3）系统仿真参数设置

在系统模块参数设置完成后，接着来设置系统仿真参数。系统仿真参数设置如图 3-22 所示。

（1）仿真时间设置：设置系统仿真时间范围为 0～50s。

（2）仿真步长设置：选定变步长 Ode45 求解器，即 Variable-step；Max Step size 设置为 0.005。

4）系统仿真运行

当仿真结束后，双击系统模型中的 Scope 模块，得到数字滤波器输出仿真效果如图 3-23 所示。

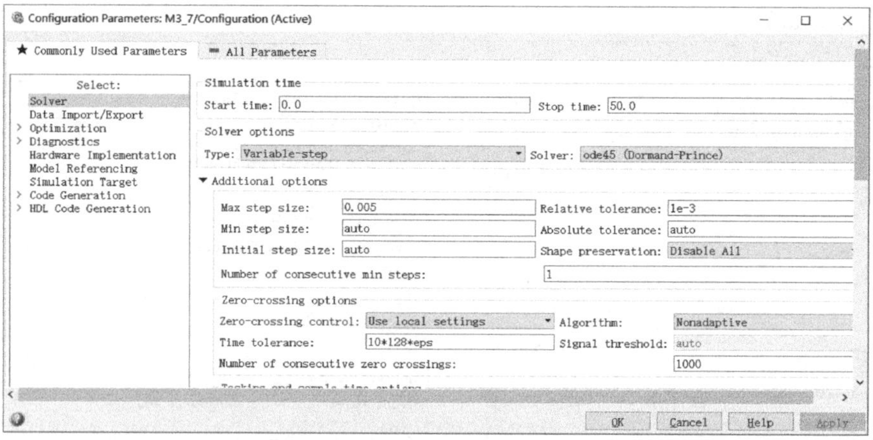

图 3-22　系统仿真参数设置

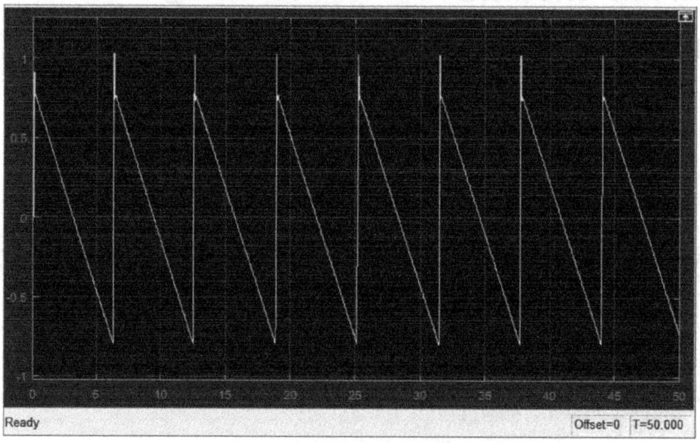

图 3-23　数字滤波器仿真效果

由图 3-23 可以看出，数字滤波器的输出信号与原始锯齿波信号并不完全一致，而是存在着一定的失真。这种失真不可避免，因为实际并不存在理想滤波器，而且在使用高频载波对低频信号进行调制时，信号之间不可避免地会出现相互干扰。

3.3.3　Simulink 实现连续系统

与离散系统不同，连续系统是指系统输出在时间上连续变化，而非仅在离散的时刻采样取值。连续系统的应用非常广泛。

1. 连续系统

对于满足下列条件的系统，称为连续系统：

（1）系统输出连续变化，变化的间隔为无穷小量；

（2）对系统的数学描述来说，存在系统输入或输出的微分项；

（3）系统具有连续的状态。在离散系统中，系统的状态为时间的离散函数，而连续系统的状态为时间的连续函数。

设连续系统的输入变量为 $u(t)$，其中 t 为连续取值的时间变量，系统的输出为 $y(t)$，连续系统最一般的数学描述为

$$y(t)=f(u(t),t)$$

注意：此处系统的输入变量与输出变量既可以是标量，也可以是向量。

除了采用最一般的数学方程描述连续系统外，还可以使用连续系统的微分方程形式对连续系统进行描述，即

微分方程：

$$x'(t)=f(x(t),u(t),t)$$

输出方程：

$$y(t)=g(x(t),u(t),t)$$

式中，$x'(t)$——连续系统的状态变量；

$y(t)$——状态变量的微分。

【例 3-8】 创建一个 Simulink 系统，演示向上抛投小球的运动轨迹。

1）建立抛投小球的运动轨迹的系统模型

根据系统的数学描述选择合适的 Simulink 系统模块，建立抛投小球的运动轨迹系统模型，如图 3-24 所示。

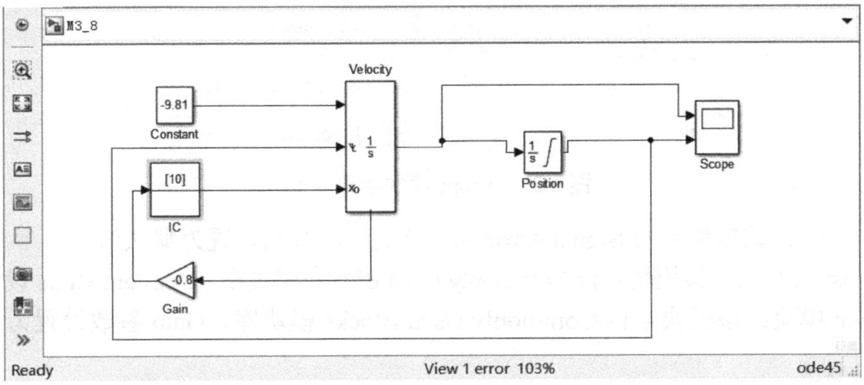

图 3-24　建立抛投小球的运动轨迹系统模型

2）系统模块参数设置

（1）Integrator Limited 模块：该模块来自 Continuous 模块库，重新命名为 Velocity，参数设置如图 3-25 所示。该积分器的功能是积分得到小球抛投的速度，为了能够更逼真地模拟该抛投运动，需要为该程序进行外部初始条件的设置，并为其设置新的重设条件端口。因此需要选中所有的相关端口。

（2）Integrator Limited 模块：该模块来自 Continuous 模块库，重新命名为 Position，参数设置如图 3-26 所示，该模块的功能是由速度积分得到的小球运动的高度。

（3）Scope 模块：该模块来自 Sources 模块库，双击 Scope 模块，弹出“Scope”对话框，单击该对话框中的快捷按钮，弹出 Scope 参数设置窗口，设置如图 3-27 所示。

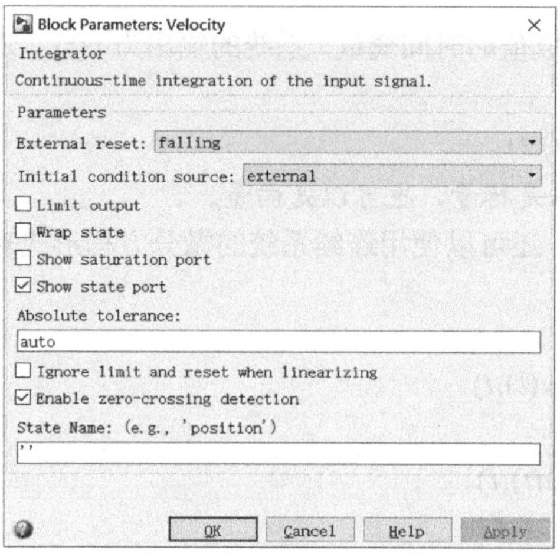

图 3-25 Integrator Limited 模块——Velocity 参数设置

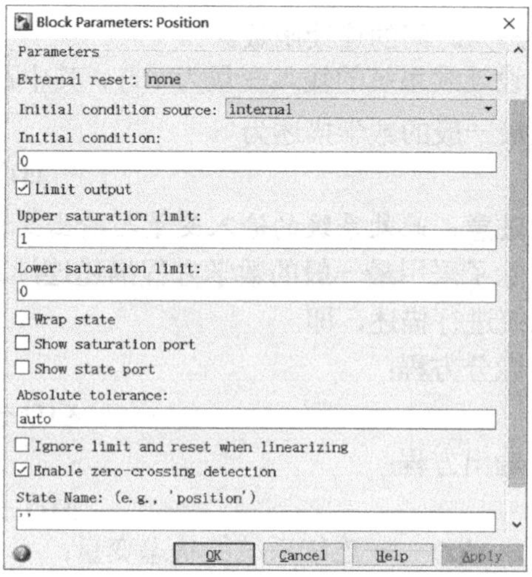

图 3-26 Integrator Limited——Position 参数设置

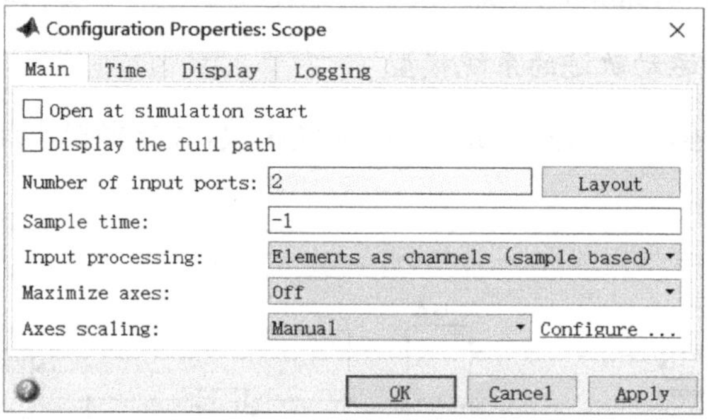

图 3-27 Scope 模块参数设置

（4）IC 模块：该模块来自 Signal Attributes 模块库，参数设置为默认值。

（5）Constant 模块：该模块来自 Commonly Used Blocks 模块库，Constant Value 设置为-9.81。

（6）Gain 模块：该模块来自 Commonly Used Blocks 模块库，Gain 参数设置为-0.8。

3）系统仿真

系统设置将系统的仿真时间范围设置为 0～6s。

4）系统仿真运行

当仿真结束后，双击系统模型中的 Scope 模块，显示的系统仿真效果如图 3-28 所示。

在仿真结果中，波动比较大的图形表示的是小球运动速度随着时间变化的曲线，大致符合线性关系；波动比较小的图形表示的是小球运动的高度随时间变化的曲线，大致符合二次抛物线的关系。

系统的原理为：本系统分析的是在初始高度为 10m 的地方以初始速度 10m/s 向上抛投小球的运动轨迹。选择重力加速度为 9.81m/s^2。同时，考虑到空气阻力对小球运动的影响，每次进行积分时，将积分后的时间步（Time Step）速度转换为前一个时间步的 0.8 倍，相当于速度的减小来替代能量的损失，得到的结果即为包含了衰减的小球运动轨迹图形和速度图形。

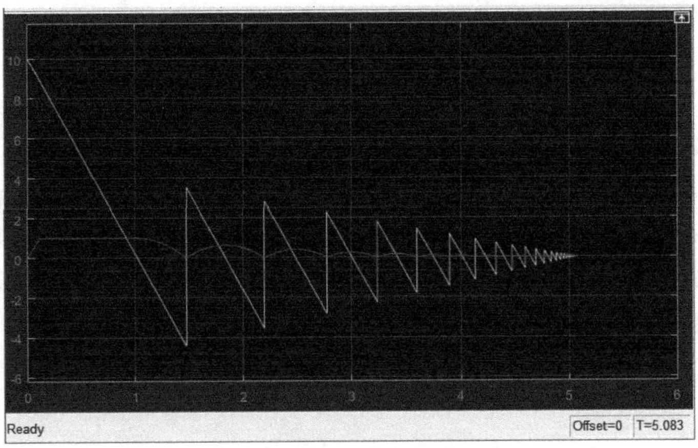

图 3-28　系统仿真效果

2．线性连续系统

用如下方式表示一个连续系统：

$$y(t)=T\{u(t)\}$$

对于满足以下条件的系统，称为线性连续系统。

（1）齐次性。对于任意的参数 α ，系统满足：

$$T\{\alpha u(t)\}=\alpha T\{u(t)\}$$

（2）叠加性。对于任意输入变量 $u_1(t)$ 和 $u_2(t)$ ，系统满足：

$$T\{u_1(t)+u_2(t)\}=T\{u_1(t)\}+T\{u_2(t)\}$$

则此连续系统为线性连续系统。

线性连续系统最一般的描述有输入输出方程形式：

$$y(t)=f(u(t),t)$$

也有微分方程形式：

微分方程：

$$x'(t)=f(x(t),u(t),t)$$

输出方程：

$$y(t)=g(x(t),u(t),t)$$

除了上述两种形式，还可以用传递函数、零极点模型与状态空间模型对其进行描述。与线性离散系统类似，线性连续系统的传递函数模型与零极点模型采用连续信号的 Laplace 变换来实现。

Laplace 变换：对于连续信号 $u(t)$，其 Laplace 变换定义为 $U(s)=\int_{-\infty}^{\infty}u(t)e^{-st}\mathrm{d}t$ 。一般而言，系统的输入时间 $t\geqslant 0$，这时 $U(s)=\int_{0}^{\infty}u(t)e^{-st}\mathrm{d}t$ 。一般将其简记为 $U(s)=L(u(t))$ 。

Laplace 变换具有如下两个重要性质：

（1）线性性；

（2）设连续信号 $u(t)$ 的 Laplace 变换为 $U(s)$ ，则 $u'(t)$ 的 Laplace 变换为 $sU(s)$ 。

线性连续系统的另一个模型为状态空间模型：

$$\begin{cases} x'(t) = Ax(t) + Bu(t) \\ y(t) = Cx(t) + Du(t) \end{cases}$$

虽然实际的动态系统多数都是非线性系统，但是在一定的范围内，非线性系统可以由线性系统来近似。

建立线性连续系统模型的方法与建立一般线性系统模型的方法没有本质的区别。其不同之处在于，线性连续系统往往使用传递函数模型、零极点模型及状态空间模型进行描述，因此经常使用与之相对应的模块（Transfer Fcn 模块、Zero-Pole 模块以及 Sate-Space 模块）。

【例 3-9】 比例微分控制器，即其控制输入为如下形式：

$$u(t) = K_p e(t) + K_d e'(t)$$

其传递函数为

$$G(s)=\frac{1}{(s-0.1)(s+1.1)}$$

显然，该系统是一个不稳定系统，试建立一个比例微分控制器，使得闭环系统稳定。

1）建立比例微分控制器系统模型

根据系统的数学描述选择合适的 Simulink 系统模型，建立比例微分控制器的系统模型，如图 3-29 所示。

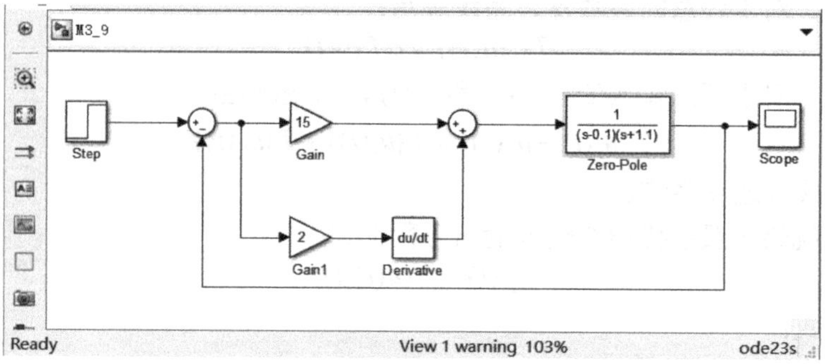

图 3-29 比例微分控制器系统模型

2）系统模块参数设置

（1）Zero-Pole 模块：来自 Continuous 模块库，用于建立极点模型。打开参数设置窗口，设置 Zeros 零点为[0]，Poles 极点为[0.1 −1.1]，Gain 增益为 1，其余为默认值，如图 3-30 所示。

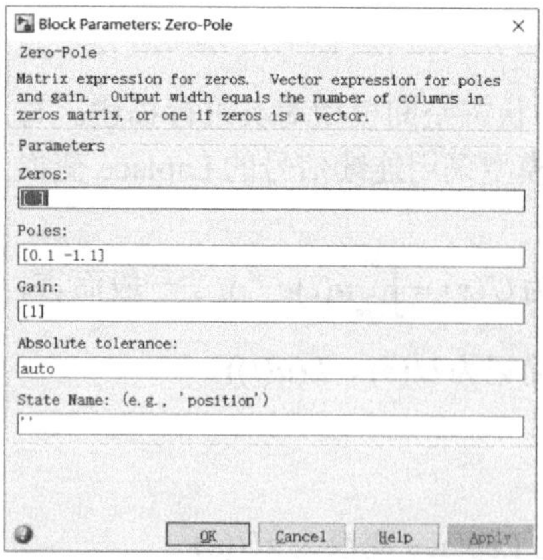

图 3-30 Zero-Pole 模块参数设置

（2）Derivative 模块：来自 Continuous 模块库，为控制器微分器，其输入为 $e(t)$，输出为 $e'(t)$，参数设置为默认值。

（3）Gain 模块：来自 Commonly Used Blocks 模块库，为控制器比例系数，即 K_p，参数设置 Gain 为 15。

（4）Gain1 模块：来自 Commonly Used Blocks 模块库，

为控制器比例系数，即 K_d，参数设置 Gain1 为 2。

（5）Step 模块：来自 Sources 模块库，参数设置为默认值，作为单位阶跃信号输出。

3）系统仿真参数设置

打开仿真参数设置窗口，仿真时间设置为 0～20s，最大仿真步长设置为 0.1，绝对误差设置为 1e-6，如图 3-31 所示。

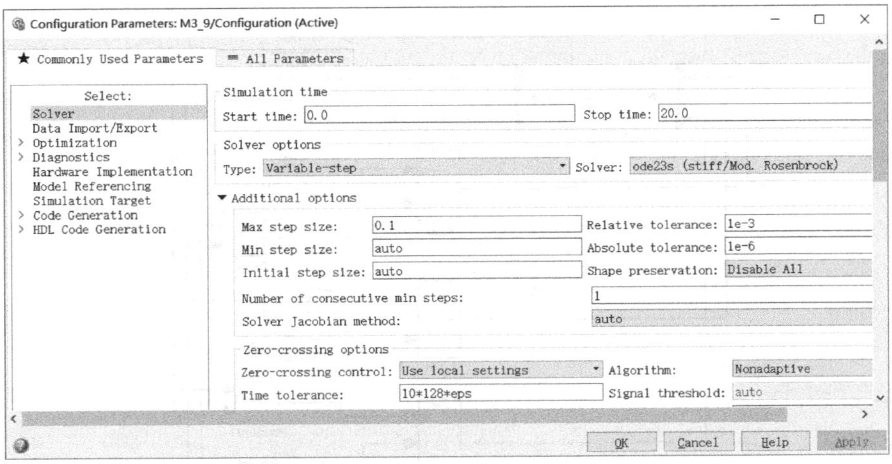

图 3-31　系统仿真参数设置

4）系统仿真运行

单击模型界面中的“运行仿真”按钮进行仿真，系统仿真效果如图 3-32 所示。

图 3-32　系统仿真效果

由图 3-32 中可以看出，在阶跃信号作用下，系统不断地对位置误差进行控制修正，最终系统达到了稳定状态。同时，也可发现，系统响应振荡严重且存在较大稳态误差，可以通过调整比例微分控制器（调整 Gain、Gain1 模块的增益）以获得更好的性能。

【例 3-10】 Lorenz 模型仿真。著名的 Lorenz 模型的状态方程可表示为

$$\begin{bmatrix}\dot{x}_1(t)\\ \dot{x}_2(t)\\ \dot{x}_3(t)\end{bmatrix}=\begin{bmatrix}-\beta & 0 & x_2(t)\\ 0 & -\sigma & \sigma\\ -x_2(t) & \rho & -1\end{bmatrix}\begin{bmatrix}x_1(t)\\ x_2(t)\\ x_3(t)\end{bmatrix}$$

Lorenz 模型中 $\beta=\frac{8}{3}$， $\sigma=10$， $\rho=28$，模型的初始值 $x_0=[18,4,-4]^T$。

根据要求建立 Lorenz 状态方程的 Simulink 模型仿真框图如图 3-33 所示。

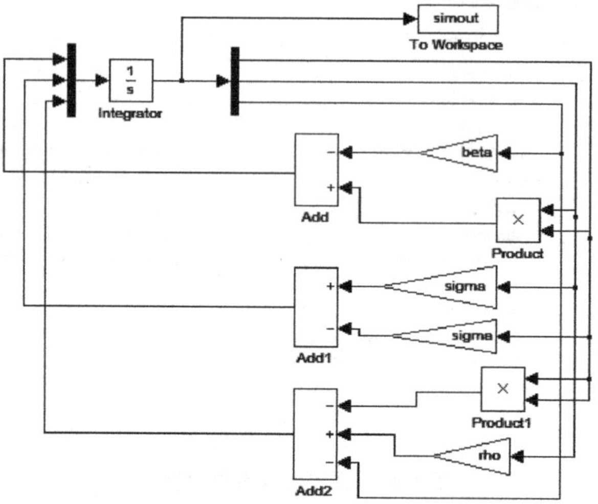

图 3-33　Lorenz 状态方程的 Simulink 模型仿真框图

根据要求将图 3-33 中的 Integrator 模块的初始值设置为[18　4　−4]行向量。在命令窗口中输入初始化 beta＝8/3，sigma＝10，rho＝28；设置仿真算法为 ode45 算法，仿真时间设置为 0～100s，最大仿真步长（Max step size）设置为 1e-3。运行仿真，在 MATLAB 命令窗口中输入以下代码：

```
>>plot3(simout.signals.values(:,1),simout.signals.values(:,2),simout.signals.values(:,3));
grid on;
set(gcf,'color','w');
```

即可得到状态变量的三维曲线仿真图，如图 3-34 所示。

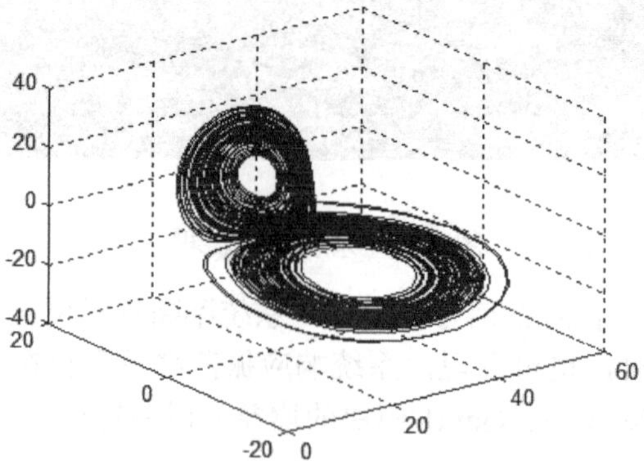

图 3-34　Lorenz 状态方程的仿真效果图

对于 Lorenz 状态方程，同样可以用 M 文件来进行仿真，先建立 Lorenz 的状态方程，代码为：

```
function xd=M3_10fun(t,x)
beta=8/3;
sigma=10;
rho=28;
xd=[-beta*x(1)+x(2)*x(3); -sigma*x(2)+sigma*x(3); -x(1)*x(2)+rho*x(2) -x(3)];
```

采用 ode45 算法求解微分方程，并绘制相空间三维图形，其实现的 MATLAB 代码如下：

```
>> clear all;
x0=[18 4 -4];
[t,x]=ode45('M3_10fun',[0,100],x0);
plot3(x(:,1),x(:,2),x(:,3));
grid on;
set(gcf,'color','w');
```

运行程序，得到仿真效果如图 3-34 所示。

3.3.4 Simulink 实现混合系统

汽车行驶控制系统是应用非常广泛的控制系统之一，其主要目的是对汽车速度进行合理的控制。系统的工作原理为：

（1）汽车速度操纵机构的位置发生改变以设置汽车的速度，这是因为操纵机构的位置对应着不同的速度。

（2）测量汽车的当前速度，并求取它与制定速度的差值。

（3）由速度差值信号驱动汽车产生相应的索引力，并由此索引力改变汽车的速度直到其速度稳定在指定的速度为止。

由系统的工作原理来看，汽车行驶控制系统为典型的反馈控制系统。下面建立此系统的 Simulink 模型并进行仿真分析。

1. 汽车行驶控制系统的数学描述

（1）速度操纵机构的位置变换器。

位置变换器是汽车行驶控制系统的输入部分，其目的是将速度操纵机构的位置转换为相应的速度，二者之间数学关系为

$$v = 30x + 50, x \in [0,1]$$

式中，x——速度操纵机构的位置；

v——与之对应的速度。

（2）离散行驶控制器。

行驶控制器是整个汽车行驶控制系统的核心部分，其功能是根据汽车当前速度与指定速度的差值，产生相应的索引力。行驶控制器是典型的 PID 控制器，其数学描述为

积分环节：

$$x(n)=x(n-1)+u(n)$$

微分环节：

$$d(n)=u(n)-u(n-1)$$

系统输出：

$$y(n)=K_p u(n)+K_i x(n)+K_d d(n)$$

式中，$u(n)$——系统输入；

$y(n)$——系统输出；

$x(n)$——系统中的状态；

K_p——PID 控制器的比例控制参数；

K_i——PID 控制器的积分控制参数；

K_d——PID 控制器的微分控制参数。

（3）汽车动力机构。

汽车动力机构是行驶控制系统的执行机构，其功能是在索引力的作用下改变汽车速度，使其达到指定的速度。索引力与速度之间的关系为

$$F=mv'+bv$$

式中，v——汽车的速度；

F——汽车的索引力；

$m=1400\text{kg}$——汽车的质量；

$b=22$——阻力因子。

2. 建立系统模型

根据系统的数学描述建立汽车行驶控制系统模型，如图 3-35 所示。

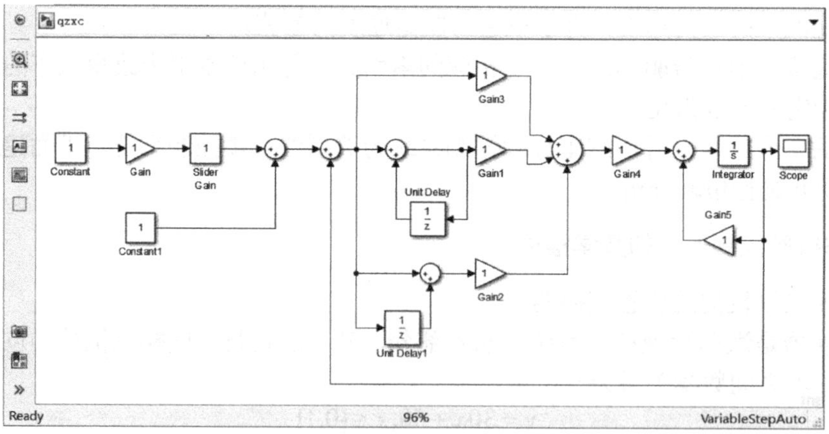

图 3-35 建立汽车行驶控制系统模型

各模块参数说明：

（1）Slider Gain 模块：来自 Math Operations 模块库，用于对位置变换器的输入信号 x 的范围进行限制。

（2）Unit Delay 模块：来自 Discrete 模块库，单位延迟，其输入为 $x(n)$，输出为 $x(n-1)$。

（3）Unit Delay1 模块：来自 Discrete 模块库，单位延迟，输入为 $u(n)$，输出为 $u(n-1)$。

（4）Integrator 模块：来自 Continuous 模块库，用于对输入信号进行积分。

3．封装子系统

修改各模块标签，并对系统不同功能的部分进行封装，如图 3-36 所示。其中，每个子系统内部的结构如图 3-37 所示。

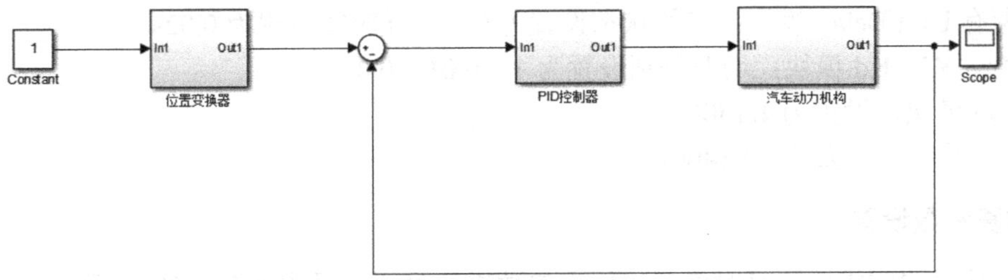

图 3-36　创建子系统并封装

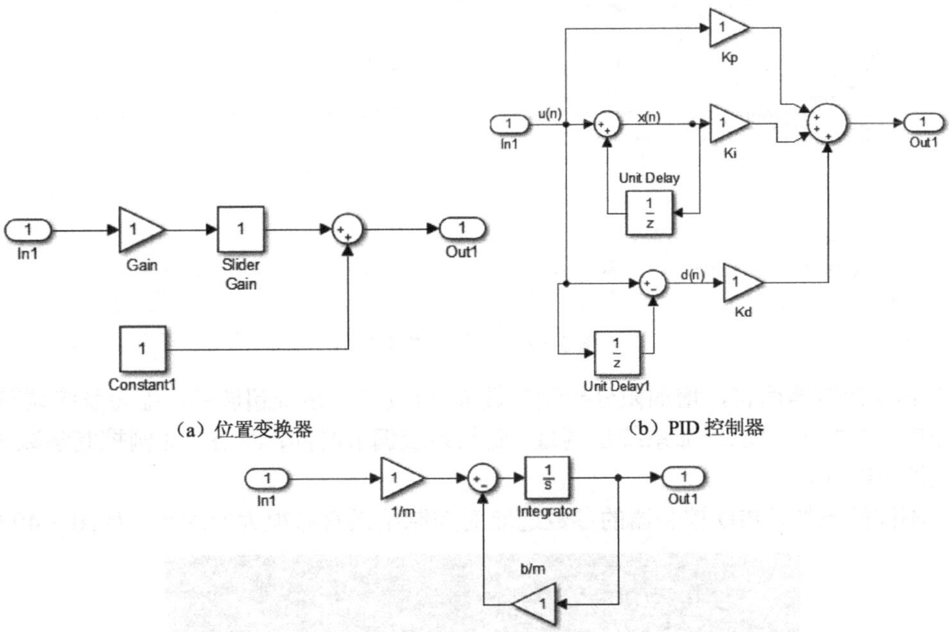

（c）汽车动力机构

图 3-37　子系统内部结构

4．模块参数设置

（1）Slider Gain 模块：Low 最小值设置为 0，High 最大值设置为 1，初始取值设置为 0.5，如图 3-38 所示。

（2）Gain 模块：增益取值设置为 30。

（3）Constant1 模块：常数取值设置为 50。

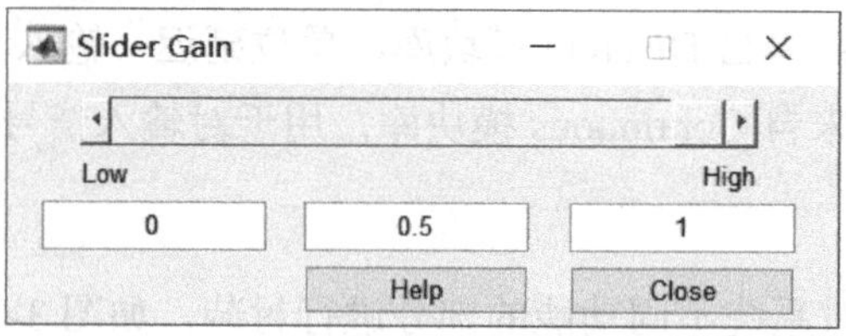

图 3-38　Slider Gain 模块参数设置

（4）所有 Unit Delay 模块：初始状态设置为 0，采样时间设置为 0.02s。

（5）Kp、Ki、Kd 模块：增益分别设置为 1、0.01、0.01。

（6）1/m 模块：设置为 1/1400。

（7）b/m 模块：设置为 22/1400。

5．仿真参数设置

模块参数设置完成后，可对模型的仿真参数进行设置，设置如图 3-39 所示。

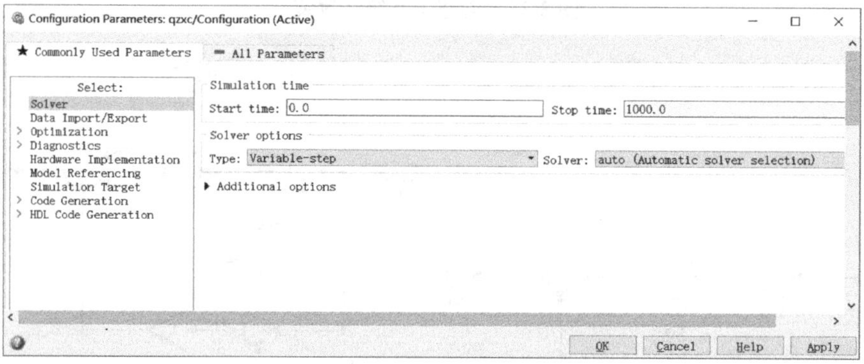

图 3-39　仿真参数设置

对于 PID 控制器而言，增加微分控制参数 K_d 可以减小系统超调量，缩短系统调节时间；增加积分控制参数 K_i 可以增加系统超调量，延长系统调节时间；而增加比例控制参数 K_p 可以缩短系统调节时间。

对于不同的系统，PID 控制器的参数选取对控制结果有着很大的影响，如图 3-40 所示。

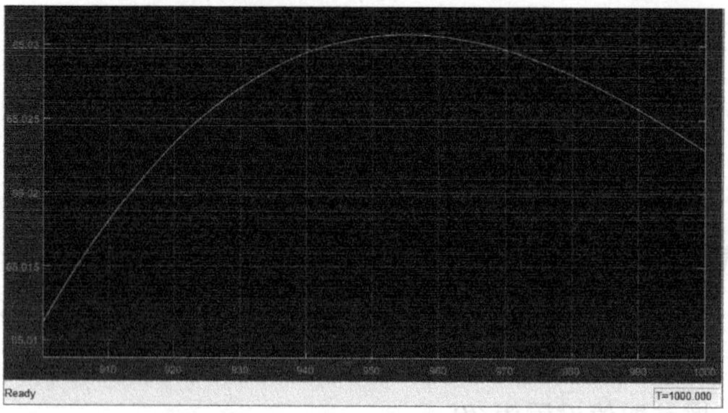

（a）K_p=1、K_i=0.01、K_d=0.01

图 3-40　不同 PID 控制参数的仿真结果

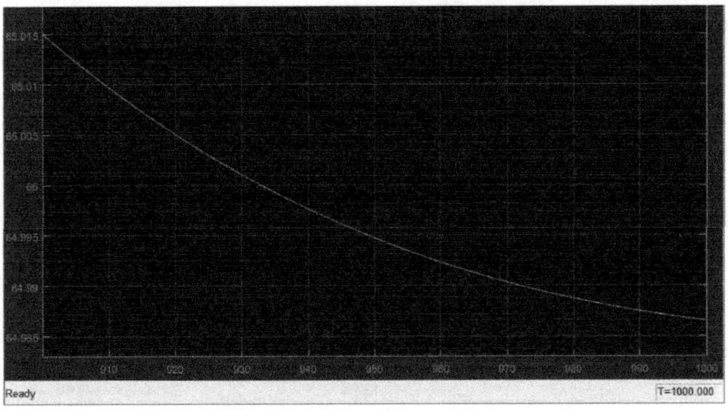

（b）K_p=1、K_i=0.003、K_d=0.01

图 3-40　不同 PID 控制参数的仿真结果（续）

3.4　命令行方式实现动态仿真

虽然利用 Simulink 的图形建模方式已经能够进行动态系统仿真了，但使用命令行方式进行动态仿真也是必要的，因为使用命令行方式可以通过编写并运行系统仿真的脚本文件来完成动态系统的仿真。在脚本文件中重复地对同一系统在不同的仿真参数或不同的系统模块参数下进行仿真，而无须一次又一次地启动 Simulink 仿真平台中的 Run 进行仿真。

3.4.1　sim 命令实现动态仿真

在 MATLAB 中，提供了 sim 函数用于实现动态系统仿真。函数的调用格式为：

（1）simOut = sim('model','ParameterName1',Value1,'ParameterName2', Value2,…)

对系统模型 model 进行系统仿真，其仿真参数 ParameterName1、ParameterName2 等的取值分别为 Value1、Value2 等。

（2）simOut = sim('model', ParameterStruct)

功能同上，只不过所有仿真参数被包含于一个结构体 ParameterStruct 上。

（3）simOut = sim('model', ConfigSet)

ConfigSet 为指定的模型配置。

注意：如果仿真参数设置为空，则相当于所有仿真参数使用默认的参数值。

simOut 为系统仿真输出结果，它是一个类，可以使用以下 3 种方法获得进一步的结果。

（1）simOut.find('VarName')

找出仿真结果中 VarName 这一项。

（2）simOut.get('VarName')

获得仿真结果中 VarName 这一项。

（3）simOut.who

返回所有仿真变量，包括工作空间中的变量。

【例 3-11】 对如图 3-41 所示的 Simulink 系统模型进行系统仿真。

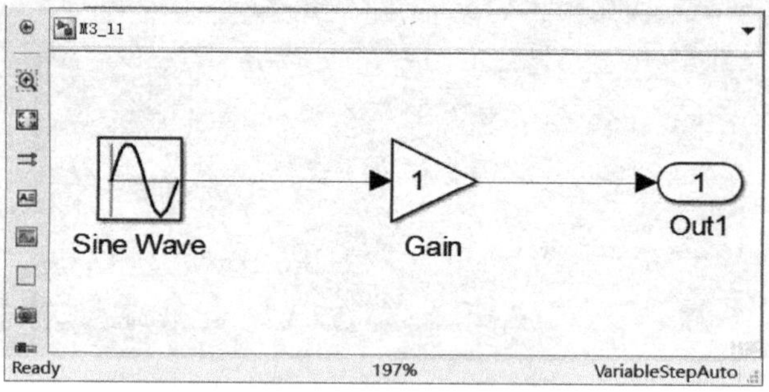

图 3-41 Simulink 系统模型

根据需要，首先打开 Simulink 的仿真参数设置对话框，选择左侧的 Data Import/Export 选项卡以输出系统中的状态变量，设置如图 3-42 所示。

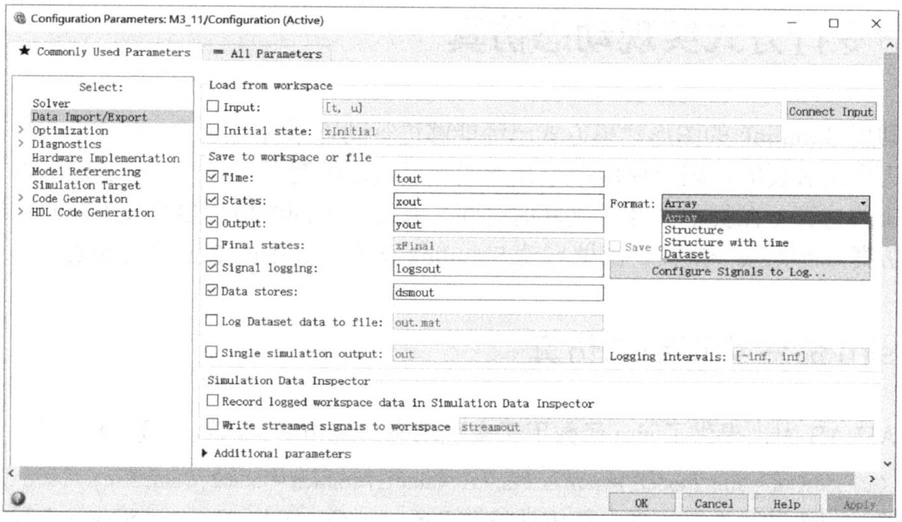

图 3-42 设置参数以输出状态变量

在 MATLAB 命令窗口中输入：

```
>> clear all;
simOut=sim('M3_11','StopTime','18','MaxStep','0.15',...
    'SaveState','on','StateSaveName','xout',...
    'SaveOutput','on','OutputSaveName','yout');
```

以上代码表示对系统模型 M3_11 进行系统仿真，仿真参数为：

仿真结束时间：18

最大步长：0.15

是否保存状态变量：是

是否保存输出变量：是

保存状态变量的名称：xout

保存输出变量的名称：yout

查询所创建的变量，实现代码为：

```
>> simOut.who
Contents of the Simulink.SimulationOutput object are:
    tout    xout    yout
```

显示出 simOut 的内容包括三项，分别为 tout（仿真时间）、xout（系统状态）及 yout（系统输出）。

注意：如果没有输出模块 Out，则输出 yout 为空。

接着，绘制仿真效果图，实现代码为：

```
>> tout=simOut.get('tout');
yout=simOut.get('yout');
plot(tout,yout);
```

运行程序，系统仿真效果如图 3-43 所示。

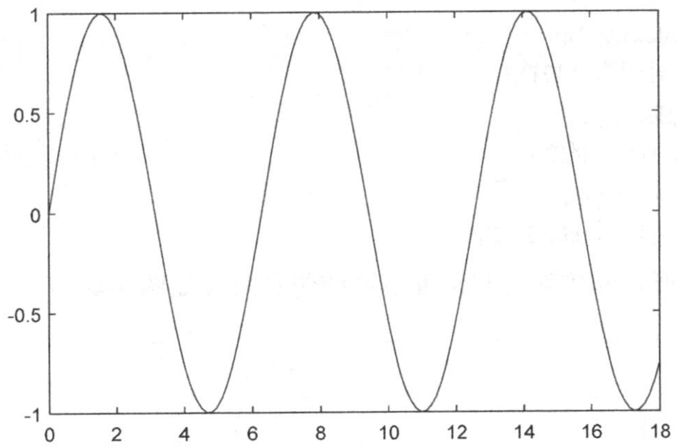

图 3-43 系统仿真效果

上面已介绍了 sim 命令中对仿真时间的简单设置，即设置仿真参数 StartTime 和 StopTime 的方法，下面再介绍两种不同的形式设置仿真时间的方法：

```
[T,X,Y] =sim('model',Timespan, Options, UT)
[T,X,Y1,…,Yn] =sim('model',Timespan, Options, UT)
```

式中，model——需要进行仿真的系统模型框图名称。

timespan——系统仿真时间范围（起始时间到终止时间），可以为如下的形式：

- tFinal：设置仿真终止时间（tStart）与终止时间（tFinal）。
- [tStart tFinal]：设置仿真起始时间（tStart）与终止时间（tFinal）。
- [tStart OutputTimes tFinal]：设置仿真起始时间（tStart）与终止时间（tFinal），并且设置仿真返回的时间向量[tStart OutputTimes tFinal]，其中 tStart、OutputTimes、tFinal 必须按照升序排列。

options——由 simset 命令所设置的除仿真时间外的仿真参数（为结构体变量）。

UT——系统模型顶层的外部可选输入。UT 可以为 MATLAB 函数，可以使用多个外部输入 UT1,UT2,…。

T——返回系统仿真时间向量。

X——返回系统仿真状态变量矩阵。首先为连续状态，然后为离散状态。

Y——返回系统仿真的输出矩阵。按照顶层输出 Outport 模块的顺序输出，如果输出信号为向量输出，则输出信号具有与此向量相同的维数。

【例 3-12】 对图 3-41 所示的 Simulink 系统模型进行系统仿真，设置仿真时间。

其实现的 MATLAB 代码为：

```
>> clear all;
[t1,x1,y1]=sim('M3_11',12);
[t2,x2,y2]=sim('M3_11',[0,12]);
[t3,x3,y3]=sim('M3_11',0:12);
[t4,x4,y4]=sim('M3_11',0:0.12:12);
subplot(2,2,1);plot(t1,y1);
xlabel('(a)仿真时间为 12');
subplot(2,2,2);plot(t2,y2);
xlabel('(b)仿真时间为[0,12]');
subplot(2,2,3);plot(t3,y3);
xlabel('(c)仿真时间为 0:12');
subplot(2,2,4);plot(t4,y4);
xlabel('(d)仿真时间为 0:0.12:12');
```

运行程序，不同形式的仿真时间设置下系统仿真效果如图 3-44 所示。

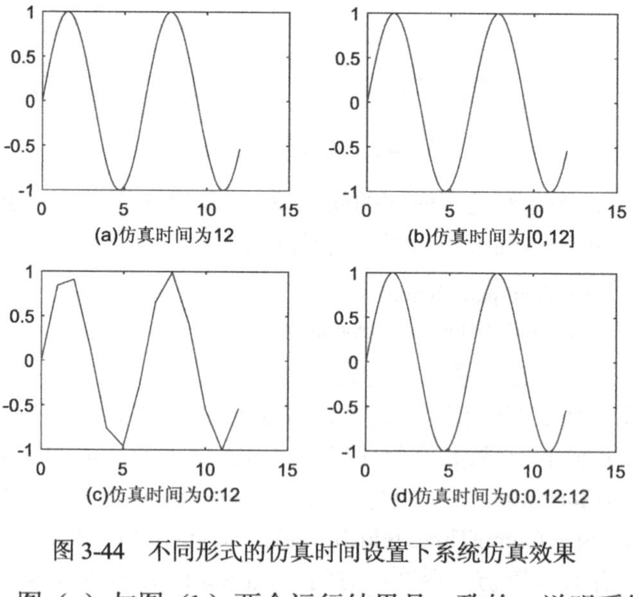

图 3-44　不同形式的仿真时间设置下系统仿真效果

由图 3-44 可见，图（a）与图（b）两个运行结果是一致的，说明系统仿真开始时间默认为 0s，同时也可看到这两个曲线是不光滑的，这与其求解器步长有关。0:12 表示间隔时间为 1s，所以图（c）的结果很明显是离散的。图（d）是时间间隔为 0.12s 的运行结果，曲线光滑得多。

如图 3-45 所示为“工作区”对话框，显示工作空间变量，4 次运行系统仿真，输出结果得到的都是离散点，其间隔均由求解器步长控制。

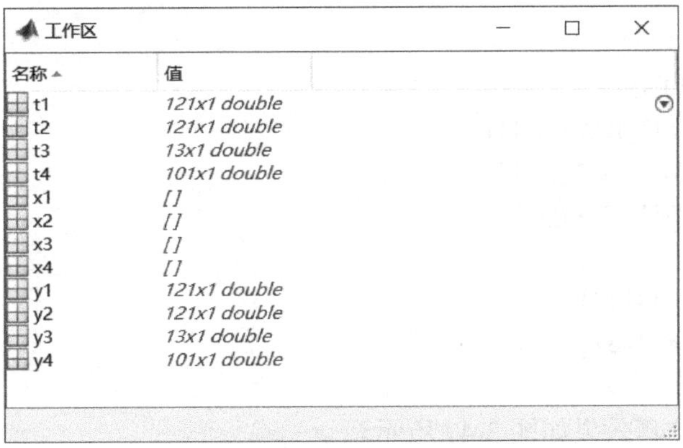

图 3-45　“工作区”对话框

系统模型 M3_11 使用的是正弦波输入信号，读者也可以尝试从 MATLAB 工作空间中获取输入信号。

【例 3-13】 从 MATLAB 工作空间中获取输入信号。

```
>> open_system('M3_11')     %打开已存在的 M3_11 模型
replace_block('M3_11','Sine Wave','simulink/Sources/In1');
save_system('M3_11','M3_12.mdl');
```

系统模型 M3_11 修改后，正弦波信号发生器 Sine Wave 换成一个输入端口 In1，系统模型如图 3-46 所示。

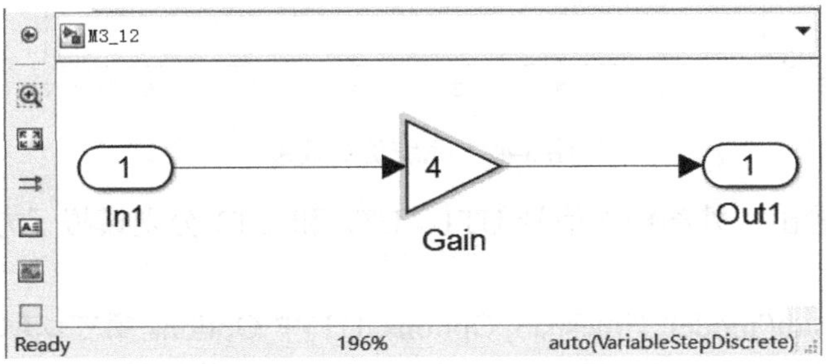

图 3-46　修改后的系统模型

注意：使用命令 save_system('M3_11','M3_12.mdl')后，MATLAB 自动关闭了系统模型 M3_11，当前系统转换到 M3_12。

接着，使用[T,X,Y] =sim('model',Timespan, Options, UT)对系统进行仿真。其中 UT 为一个具有两列的矩阵，第一列表示外部输入信号的时刻，第二列表示与给定时刻相应的信号取值。

注意：当输入信号中存在陡沿边缘时，必须在同一时刻处定义不同的信号取值。例如，以下语句产生一个方波信号：

```
UT=[0 1:1 1:1 -1;2 -1;2 1;3 1]
```

在 MATLAB 命令窗口输入以下程序：

```
>> clear all ;
UT1=[0 1;1 1;1 -1;2 -1;2 1;3 1;3 -1;4 -1;4 1;5 1;5 -1;6 -1;6 1;7 1];
t=0:0.1:7;
UT2=[t',sin(0:0.1:7)'];
UT3=[t',cos(0:0.1:7)'];
[t1,x1,y1]=sim('M3_12',7,[],UT1);
[t2,x2,y2]=sim('M3_12',7,[],UT2);
[t3,x3,y3]=sim('M3_12',7,[],UT3);
figure;
subplot(3,1,1);plot(t1,y1);
subplot(3,1,2);plot(t2,y2);
subplot(3,1,3);plot(t3,y3);
```

运行程序，系统仿真效果如图 3-47 所示。

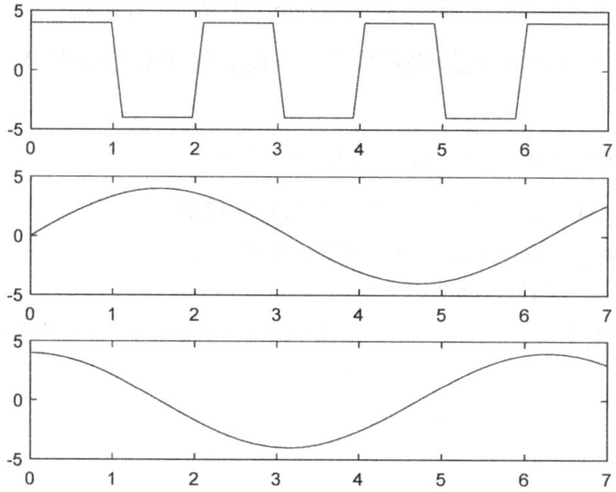

图 3-47　系统仿真效果

由图 3-47 可以看出，外部输入信号 UT1、UT2 和 UT3 分别模拟了方波信号、下弦波信号、与余弦波信号。

注意：[T,X,Y] =sim('model',Timespan, Options, UT)中 Options 项可以取空[ ]，但不能省略。

对于命令[T,X,Y] =sim('model',Timespan, Options, UT)，此处的 Options 为系统仿真参数的总体，如果为空，则设置为默认。在用命令行方式进行系统仿真时，常常会不了解系统仿真参数具体有哪些，这就需要使用 simset 和 simget 命令了。

在 MATLAB 命令窗口输入：

```
>> Options=simget('M3_12')
Options =
AbsTol: 'auto'
Debug: 'off'
Decimation: 1
DstWorkspace: 'current'
```

```
FinalStateName: ''
FixedStep: 'auto'
InitialState: []
InitialStep: 'auto'
MaxOrder: 5
ConsecutiveZCsStepRelTol: 2.8422e-13
MaxConsecutiveZCs: 1000
SaveFormat: 'Dataset'
MaxDataPoints: 0
MaxStep: 'auto'
MinStep: 'auto'
MaxConsecutiveMinStep: 1
OutputPoints: 'all'
OutputVariables: 'ty'
Refine: 1
RelTol: 1.0000e-03
Solver: 'VariableStepAuto'
SrcWorkspace: 'base'
Trace: ''
ZeroCross: 'on'
SignalLogging: 'on'
SignalLoggingName: 'logsout'
ExtrapolationOrder: 4
NumberNewtonIterations: 1
TimeOut: []
ConcurrencyResolvingToFileSuffix: []
ReturnWorkspaceOutputs: []
RapidAcceleratorUpToDateCheck: []
RapidAcceleratorParameterSets: []
```

这样即可获取系统模型 M3_12 的表示系统仿真参数的结构体变量。也可使用 simset 命令获取所有仿真参数选项及其可能的取值，例如：

```
>> simset
Solver: [ 'VariableStepDiscrete' | 'ode15s' | 'ode113' | 'ode23' | 'ode23s' | 'ode23t' | 'ode23tb' | 'ode45' | 'VariableStepAuto' |'FixedStepDiscrete' | 'ode1' | 'ode14x' | 'ode2' | 'ode3' | 'ode4' | 'ode5' | 'ode8' | 'FixedStepAuto' ]
RelTol: [ positive scalar {1e-3} ]
AbsTol: [ positive scalar {1e-6} ]
Refine: [ positive integer {1} ]
MaxStep: [ positive scalar {auto} ]
MinStep: [ [positive scalar, nonnegative integer] {auto} ]
MaxConsecutiveMinStep: [ positive integer >=1]
InitialStep: [ positive scalar {auto} ]
MaxOrder: [ 1 | 2 | 3 | 4 | {5} ]
```

```
ConsecutiveZCsStepRelTol: [ positive scalar {10*128*eps}]
MaxConsecutiveZCs: [ positive integer >=1]
FixedStep: [ positive scalar {auto} ]
ExtrapolationOrder: [ 1 | 2 | 3 | {4} ]
NumberNewtonIterations: [ positive integer {1} ]
OutputPoints: [ {'specified'} | 'all' ]
OutputVariables: [ {'txy'} | 'tx' | 'ty' | 'xy' | 't' | 'x' | 'y' ]
SaveFormat: [ {'Array'} | 'Structure' | 'StructureWithTime']
MaxDataPoints: [ non-negative integer {0} ]
Decimation: [ positive integer {1} ]
InitialState: [ vector {[]} ]
FinalStateName: [ string {''} ]
Trace: [ comma separated list of 'minstep', 'siminfo', 'compile', 'compilestats' {''}]
SrcWorkspace: [ {'base'} | 'current' | 'parent' ]
DstWorkspace: [ 'base' | {'current'} | 'parent' ]
ZeroCross: [ {'on'} | 'off' ]
SignalLogging: [ {'on'} | 'off' ]
SignalLoggingName: [ string {''} ]
Debug: [ 'on' | {'off'} ]
TimeOut: [ positive scalar {Inf} ]
ConcurrencyResolvingToFileSuffix : [ string {''} ]
ReturnWorkspaceOutputs: [ 'on' | {'off'} ]
RapidAcceleratorUpToDateCheck: [ 'on' | {'off'} ]
RapidAcceleratorParameterSets: [ 'Structure' ]
```

这些仿真参数选项均可用 simset 命令进行设置。

3.4.2 模型线性化

目前线性系统的设计与分析技术已经非常完善了，但在实际的系统中，很少有真正的线性系统，大部分的系统都是非线性系统，而 MATLAB 提供了特别的函数命令专门解决模型的线性化问题。

模型线性化包括连续系统和离散系统两类线性化模型。

1. 连续系统线性化

对于非线性系统有以下状态方程：

$$\begin{cases} \dot{x} = f[x(t),u,t] \\ y = h[x(t),u,t] \end{cases}$$

如果系统在某平衡工作点 x 、输入 u 与时间 t 指定的条件下，将该系统表示成状态空间模型：

$$\begin{cases} \dot{x} = Ax + Bu \\ y = Cx + Du \end{cases}$$

式中，x——状态向量；

u——输入向量；

y——输出向量；

A、B、C、D——状态空间矩阵。

可以用 Simulink 提供的 linmod 或 linmod2 函数命令将非线性系统在某平衡点表示为近似的线性模型。linmod 函数的调用格式为：

（1）[A,B,C,D] = linmod('sys', x, u)

在指定的系统状态 x 与系统输入 u 下对系统 sys 进行线性化处理，x 与 u 的默认值为 0。A、B、C 与 D 为线性化后的系统状态空间描述矩阵。

（2）[num, den] = linmod('sys', x, u)

num 与 den 为线性化后的系统传递函数描述。

（3）sys_struc = linmod('sys', x, u)

返回线性化后的系统结构体描述，其中包括系统状态名称、输入与输出名称以及操作点的信息。

【例 3-14】 建立如图 3-48 所示的 Simulink 系统模型，命名为 M3_13.mdl。

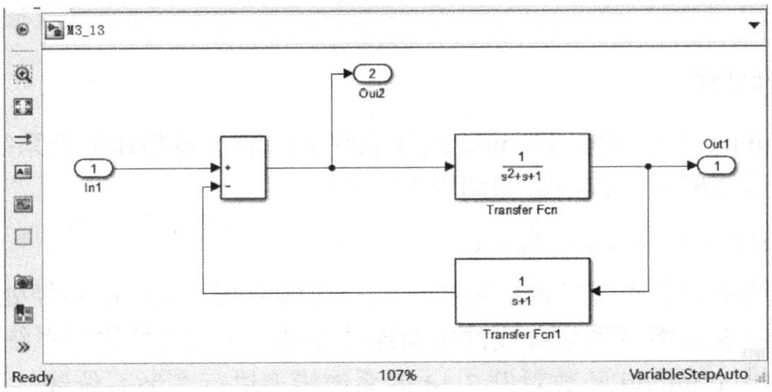

图 3-48　Simulink 系统模型

双击 sum 模块，其参数设置如图 3-49 所示；双击 Transfer Fcn 模块，其参数设置如图 3-50 所示；其余模块的参数使用默认值。

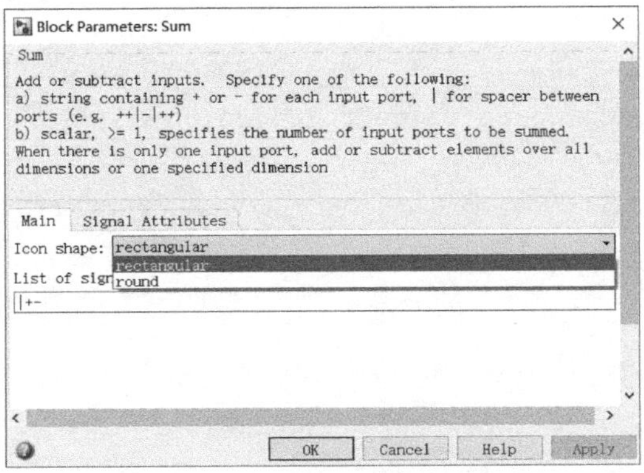

图 3-49　sum 模块参数设置

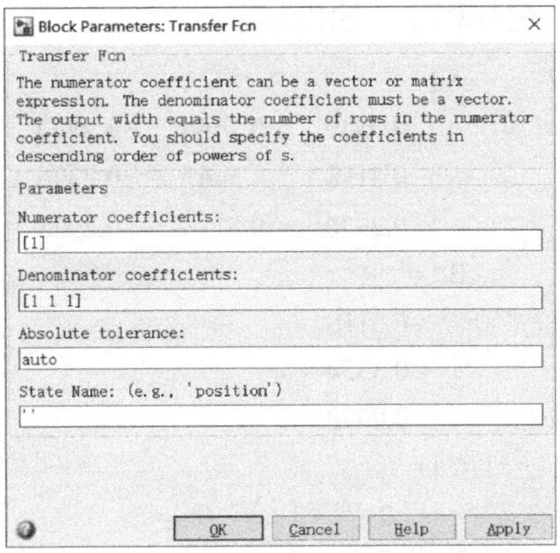

图 3-50　Transfer Fcn 模块参数设置

设置好模块后，保存系统模型，并在命令窗口中输入：

```
>> clear all;
>> [A,B,C,D]=linmod('M3_13')
A =
    -1    -1    -1
     1     0     0
     0     1    -1
B =
     1
     0
     0
C =
     0     1     0
     0     0    -1
D =
     0
     1
```

2．离散系统线性化

此外，在 Simulink 中提供的 dlinmod 函数能够从离散、多频和混合系统中提取一个和给定采样频率的近似线性模型。该函数的调用格式为：

```
[Ad,Bd,Cd,Dd] = dlinmod('sys', Ts, x, u)
```

可以对非线性、多速率混合系统（包括离散系统与连续系统）进行线性经处理。其中 Ts 为系统的采样时间，Ts=0 表示将离散系统线性化为连续系统。返回线性化后系统的状态控制描述。

【例 3-15】 利用 dlinmod 函数对例 3-14 的系统模型进行离散系统线性化。

在 MATLAB 命令窗口中输入：

```
>> clear all;
[Ad,Bd,Cd,Dd]=dlinmod('M3_13',1)
```

运行程序，输出如下：

```
Ad =
    0.0549   -0.7494   -0.2743
    0.5118    0.5667   -0.2376
    0.2376    0.5118    0.2925
Bd =
    0.5118
    0.3354
    0.0978
Cd =
     0     1     0
     0     0    -1
```

```
Dd =
      0
      1
```

3.4.3 求取平均点

在多数的系统设计中，设计者都需要对所设计的系统进行稳定性分析，因此绝大多数的系统在运行中，都需按照某种方式收敛到指定的平衡点处。所谓的平衡点即指系统的稳定工作点，此时系统中所有的状态变量的导数均为 0，系统处于稳定的工作状态。

在系统中，最主要的设计目的之一即是使系统能够满足系统稳定的要求并在指定的平衡点处正常工作。在使用 Simulink 进行动态系统设计、仿真与分析时，可使用命令 trim 函数对系统的稳定与平衡点进行分析。

trim 函数的调用格式为：

```
（1）[x,u,y,dx] = trim('sys')
```

求取距离给定初始状态 x0 最近的平衡点。

```
（2）[x,u,y,dx] = trim('sys',x0,u0,y0)
```

求取距离给定初始状态 x0、初始输入 u0 与初始输出 y0 最近的平衡点。

```
（3）[x,u,y,dx] = trim('sys',x0,u0,y0,ix,iu,iy):
```

求取距离给定初始值向量中某一初值距离最近的平衡点。

```
（4）[x,u,y,dx] = trim('sys',x0,u0,y0,ix,iu,iy,dx0,idx)
```

求取平衡点，此平衡点处的系统状态为指定值。其中 dx0 为指定状态值向量，idx 为相应的序号。

```
（5）[x,u,y,dx,options] = trim('sys',x0,u0,y0,ix,iu,iy,dx0,idx,options)
```

options 选项为用来优化平衡点的求取。

```
（6）[x,u,y,dx,options] = trim('sys',x0,u0,y0,ix,iu,iy,dx0,idx,options,t)
```

设置系统的时间为 t。

【例 3-16】仍以例 3-14 的系统模型为例，求取输出为 1 时的系统平衡点。

在 MATLAB 命令窗口中输入：

```
>> clear all;
x=[0 0 0]';
u=0;
y=[1 1]';
ix=[];iu=[];
iy=[1 2]';
[x,u,y,dx]=trim('M3_13',x,u,y,ix,iu,iy)
```

运行程序，输出如下：

```
x =
```

```
        0.0000
        1.0000
        1.0000
    u =
        2.0000
    y =
        1.0000
        1.0000
    dx =
      1.0e-15 *
        0.4441
        0.0000
             0
```

第 4 章　Simulink 子系统与封装

对于简单的动态系统仿真，可以直接建立模型，然后进行仿真。然而对于复杂的动态系统而言，直接建立系统就会显得杂乱无章，而 Simulink 子系统技术，为有效快速建立复杂的系统打下基础。

4.1　子系统介绍

当用户模型的结构非常复杂时，可以通过把多个模块组合在子系统内的方式来简化模型的外观。利用子系统创建模型有如下优点：

（1）减少了模型窗口中显示的模块数目，从而使模型外观结构更清晰，增强了模型的可读性。

（2）在简化模型外观结构图的基础上，保持了各模块之间函数关系。

（3）可以建立层级方块图，Subsystem 模块是一个层级，组成子系统的其他模块在另一层级上。

4.1.1　子系统定义

1．虚拟子系统

虚拟子系统在模型中提供了图形化的层级显示，它简化了模型的外观，但并不影响模型的执行，在模型执行期间，Simulink 会平铺所有的虚拟子系统，也就是在执行之前就扩展了子系统。这种扩展类似于编程语言，如 C 语言或 C++语言中的宏操作。

2．非虚拟子系统

（1）原子子系统（Atomic Subsystem）。原子子系统与虚拟子系统的主要区别在于，原子子系统内的模块作为一个单个单元执行，Simulink 中的任何模块都可以放在原子子系统内，包括以不同速率执行的模块。用户可以在虚拟子系统内通过选择 Treat as atomic unit 选项来创建原子子系统。

（2）使能子系统（Enable Subsystem）。使能子系统的动作类似原子子系统，不同的是它只有在驱动子系统使能端口的输入信号大于零时才会执行。

用户可以通过在子系统内放置 Enable 模块的方式来创建使能子系统，并通过设置使能子系统内 Enable 端口模块中的 State when enabling 参数来配置子系统内的模块状态。

此外，利用 Outport 输出端口模块的 Output when disabled 参数可以把使能子系统内的每个输出端口配置为保持输出或重置输出。

3. 触发子系统

触发子系统（Triggered Subsystem）只有在驱动子系统触发端口的信号的上升沿或下降沿到来时才会执行，触发信号沿的方向由 Trigger 端口模块中的 Trigger type 参数决定。

Simulink 限制放置在触发子系统内的模块类型，这些模块不能明确指定采样时间，也就是说，子系统内的模块必须具有-1 值的采样时间，即继承采样时间，因为触发子系统的执行具有非周期性，即子系统内模块的执行是不规则的。用户可以通过在子系统内放置 Trigger 模块的方式来创建触发子系统。

4. 函数调用子函数

函数调用子系统（Function-Call Subsystem）类似于用文本语言（如 M 语言）编写的 S-Function，只不过它是通过 Simulink 模块实现的。用户可以利用 Stateflow 图、函数调用生成器或 S-Function 执行函数调用子系统。

Simulink 限制放置在函数调用子系统内的模块类型，这些模块不能明确指定采样时间，也就是说，子系统内的模块必须具有-1 值的采样时间，即继承采样时间，因为函数调用子系统的执行具有非周期性。用户可以通过把 Trigger 端口模块放置在子系统内，并将 Trigger type 参数设置为 function-call 的方式来创建函数调用子系统。

5. 触发使能子系统

触发使能子系统（Enable and Triggered Subsystem）在系统被使能且驱动子系统触发端口的信号的上升沿或下降沿到来时才执行，触发边沿的方向由 Trigger 端口模块中的 Trigger type 参数决定。

Simulink 限制放置在触发使能子系统内的模块类型，这些模块不能明确指定采样时间，也就是说，子系统内的模块必须具有-1 值的采样时间，即继承采样时间，因为触发使能子系统的执行具有非周期性。用户可以通过 Trigger 端口模块和 Enable 模块放置在子系统内的方式来创建触发使能子系统。

6. Action 子系统

Action 子系统具有使能子系统和函数调用子系统的交叉特性，其中能限制一个采样时间，即连续采样时间、离散采样时间或继承采样时间。

Action 子系统必须由 If 模块或 Switch Case 模块执行，与这些子系统模块连接的所有 Action 子系统必须具有相同的采样时间。

用户可以通过在子系统内放置 Action 端口模块的方式来创建 Action 子系统，子系统图标会自动反映执行 Action 子系统的模块类型，也就是 If 模块或 Switch Case 模块。

Action 子系统至多执行一次，利用 Outport 输出端口模块的 Output when disabled 参数，Action 子系统也可以控制是否保持输出值，这是与使能子系统类似的地方。

Action 子系统与函数调用子系统类似，因为函数调用子系统在任何给定的时间步内可以执行多于一次，而 Action 子系统至多执行一次。这种限制就表示 Action 子系统内可以放置非周期性的模块，而且也可以控制状态和输出的行为。

7. While 子系统

While 子系统在每个时间步内可以循环多次，循环的次数由 While Iterator 模块中的条件参数控制。用户可以通过在子系统内放置 While Iterator 模块的方式来创建 While 子系统。

While 子系统与函数调用子系统相同的地方在于，它在给定的时间步内可以循环多次，不同的是它没有独立的循环指示器（如 Stateflow 图），而且，通过选择 While Iterator 模块中参数，While 子系统还可以存取循环次数，通过设置 States when starting 参数还可以控制当子系统开始执行时状态是否重置。

8. For 子系统

For 子系统在每个模型时间步内可执行固定的循环次数，循环次数可以由外部输入给定，或者由 For Iterator 模块内部指定。用户可以通过在子系统内放置 For Iterator 模块的方式来创建 For 子系统。

For 子系统也可以通过选择 For Iterator 模块内的参数来存取当前循环的次数。For 子系统在给定时间步内限制循环次数上与 While 子系统类似。

4.1.2 创建子系统

在 Simulink 中创建子系统的方法有两种：

1. 在已经建立好的系统模型中建立子系统

首先选择能够完成一定功能的一组模块，然后选择仿真菜单“Diagram”→“Subsystem & Model Reference”→“Create Subsystem from Selection”选项或者选择所需的模块并单击鼠标右键，在弹出的快捷菜单中选择“Create Subsystem from Selection”选项，即可建立子系统并将选中的模块封装到此系统中，如图 4-1 所示。

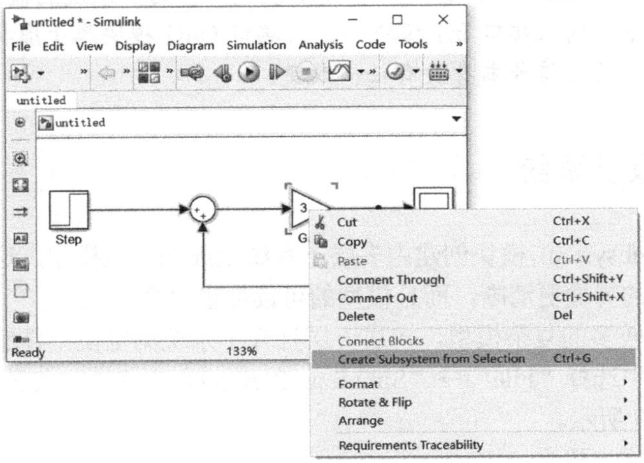

图 4-1 由模块生成子系统

2. 在建立系统模型时建立空的子系统

使用 Ports & Subsystems 子库中的 Subsystem 模块建立子系统，首先构成系统的整体模型，然后编辑空的子系统内的模块，如图 4-2 所示。

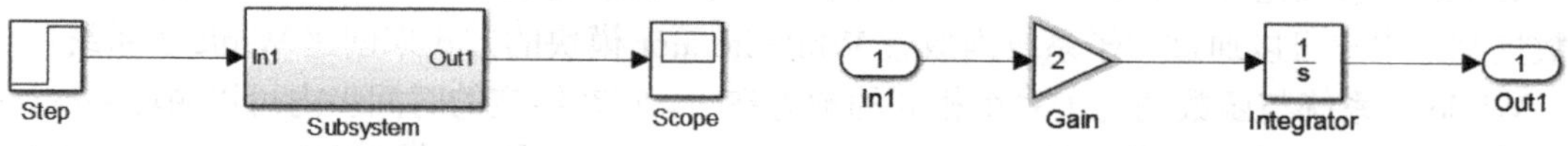

（a）整体模型　　（b）编辑子系统内部模块

图 4-2　生成空子系统再编辑其内部

4.1.3　子系统的基本操作

在使用 Simulink 子系统建立系统模型时，几个简单的操作较常用，在此简单介绍。

1. 子系统命名

命令方法与模块命名类似。为增强系统模型的可读性，应使用有代表意义的文字给系统进行命名。

注意：可以使用中文进行命名。

2. 子系统编辑

用鼠标左键双击子系统模块图标，打开子系统可对其进行编辑。

3. 子系统的输入

使用 Sources 子库中的 Import 输入模块（In1 模块）作为子系统的输入端口。

4. 子系统的输出

使用 Sinks 子库中的 Outport 输出模块（Out1 模块）作为子系统的输出端口。

注意：在子系统中，输入端口 In1 模块与输出端口 Out1 模块属于虚拟模块，它们的作用在于传递与标记信号，而对信号本身没有任何改变。

4.1.4　浏览层级子系统

用户可以利用 Subsystem 模块创建由多层子系统组成的层级模型，这样做的好处显而易见，不仅使用户模型的界面更清晰，而且模型的可读性也更强。

对于模型层级比较多的复杂模型，一层一层打开子系统浏览模型显然是不可取的，这时用户可以在模型窗口中选择“File”→“Simulink Preference”命令，打开 Simulink 中的模型浏览器选项，如图 4-3 所示。

模型浏览器的操作步骤为：

（1）按层级浏览模型。

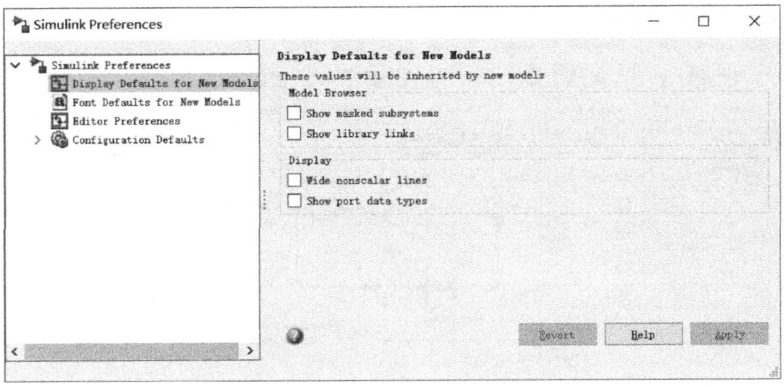

图 4-3　打开模型浏览器选项

（2）在模型中打开子系统。

（3）确定模型中所包含的模块。

（4）快速定位到模型中指定层级的模块。

模型浏览器只有在 Microsoft Windows 平台上可用。在此以 Simulink 中的 sldemo_househeat 模型为例介绍怎样使用 Windows 下的模型浏览器。

在 sldemo_househeat 模型窗口选择“View”→“Model Browser”命令，在下拉菜单中选择 Show Model Browser 命令，即可打开模型浏览器，如图 4-4 所示。

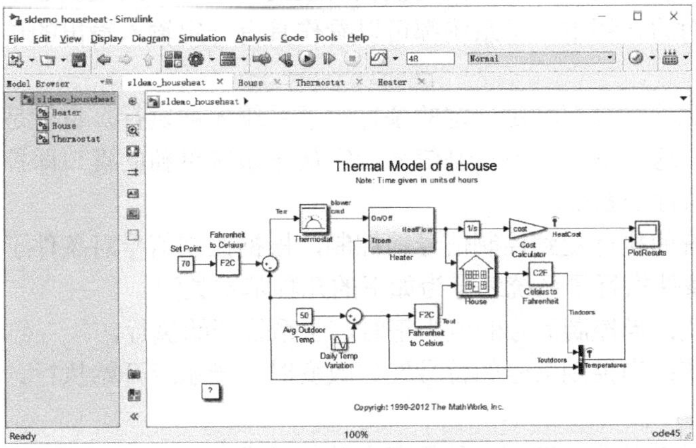

图 4-4　打开模型浏览器

此时模型窗口被分割为两个面板。左侧面板以树状结构显示组成模型的各层子系统，树状结构的根结点对应的是最顶层模型，所有的子系统以分支形式显示在左侧面板中；右侧面板显示对应系统的模型结构图。如果要查看系统的模型方块图或组成系统的任何子系统，则可以在树状结构中选择这个子系统，此时模型浏览器右侧面板中会显示相应系统的结构方块图。

如图 4-5 所示，显示的是 House 子系统的结构图，该子系统没有其他子系统。

模型浏览器还可以包括或删除模型树状显示中的库链接，也可以包括或删除被封装子系统。如果要显示模型中的库链接或被封装子系统，则可以单击右侧面板上的“显示库连接”按钮和“浏览被封装子系统”按钮按钮；如果要关闭模型浏览器，则可以单击“隐藏模型浏览器”按钮。

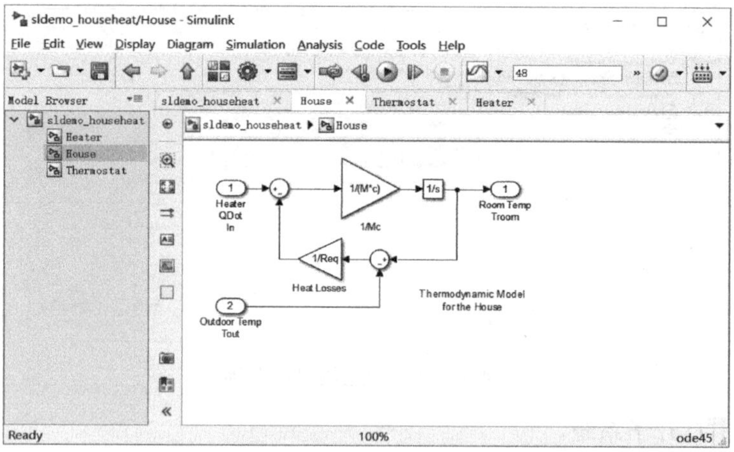

图 4-5　House 子系统结构图

4.2　高级子系统

子系统最基本的应用是将一组相关的模块封装到一个单一的模块之中，以利于建立和分析系统模型。在前面的介绍中，子系统都可以看作具有一定输入输出的单个模块，其输出直接依赖于输入信号。

但是在有些情况下，只有满足一定的条件时子系统才被执行，也就是说，子系统的执行依赖于其他的信号，这个信号称为控制信号，它从子系统单独的端口即控制端口输入。这样的子系统称为条件执行子系统。

条件执行子系统的执行受到控制信号的控制，根据控制信号对条件子系统执行的控制方式的不同，可以将条件执行子系统划分为如下的几种基本类型。

（1）使能子系统：当控制信号的值为正时，子系统开始执行。

（2）触发子系统：当控制信号的符号发生改变时，子系统开始执行。触发子系统的触发执行有 3 种形式。

- 控制信号上升沿触发：控制信号具有上升沿形式。
- 控制信号下降沿触发：控制信号具有下降沿形式。
- 控制信号双边沿触发：控制信号在上升沿或下降沿时触发子系统。

（3）函数调用子系统：这时条件子系统是在自定义的 S-Function 中发出函数调用时开始执行。

下面将对两种子系统做介绍。

4.2.1　使能子系统

使能子系统在控制信号从负数朝正向穿过 0 时开始执行，直到控制信号变为负数时停止。使能子系统的控制信号可以是标量也可以是向量。如果控制信号是标量，当该标量的值大于 0 时子系统执行；如果是向量，向量中的任意一个元素大于 0 时，子系统开始执行。

任何连续和离散模块都可以作为使能子系统。

1. 创建使能子系统

如果要在模型中创建使能子系统，可以从 Simulink 中的 Port & Subsystems 模块库中把 Enable 模块复制到子系统内，这时 Simulink 会在子系统模块图标上添加一个使能符号和使能控制输入口。在使能子系统外添加 Enable 模块后的子系统图标如图 4-6 所示。

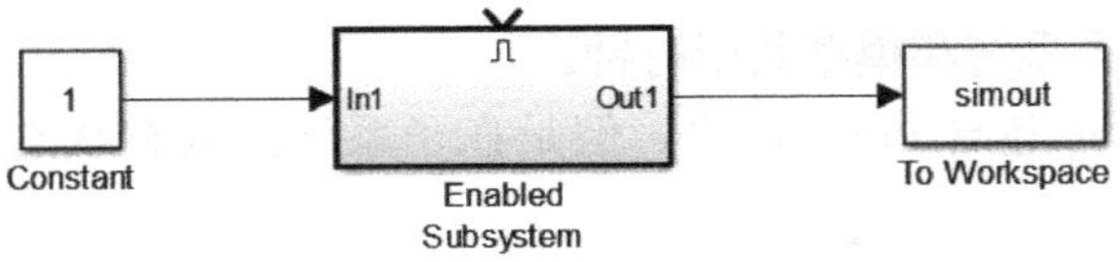

图 4-6　添加 Enable 模块后的子系统

打开使能子系统中每个 Outport 输出端口模块对话框，并为 Output when disabled 参数选择一个选项，如图 4-7 所示。

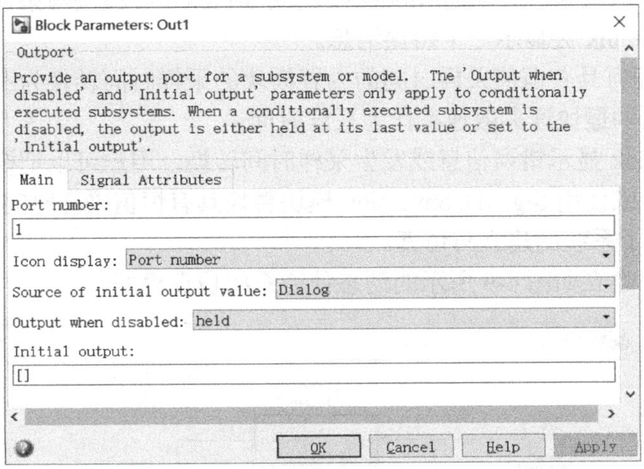

图 4-7　为 Output when disabled 参数选择一个选项

选择 held 选项表示让输出保持最近的输出值。选择 reset 选项表示让输出返回到初始条件，并设置 Initial output 值，该值是子系统重置时的输出初始值。Initial output 值可以为空矩阵[ ]，此时的初始输出等于传送给 Outport 模块的输出值。

在执行使能子系统时，用户可以通过设置 Enable 模块参数对话框来选择子系统状态，或选择保持子系统状态为前一时刻值，或重新设置子系统状态为初始条件。

打开 Enable 模块的“Block Parameters:Enable”对话框，如图 4-8 所示。对“States when enabling”可选参数进行设置。

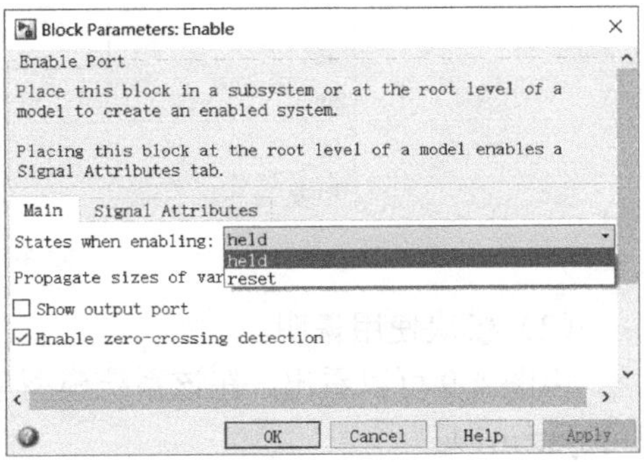

图 4-8　“Block Parameters:Enabled”对话框

Enable 模块的“Block Parameters:Enable”对话

框的另一个选项是“Show output port”复选框，选择该选项表示允许用户输出使能控制信号。这个特性可以将控制信号向下传递到使能子系统，如果使能子系统内的逻辑判断依赖于数值，或依赖于包含在控制信号中的数值，那么这个特性就十分有用。

2. 使能子系统包含的模块

使能子系统内可以包含任意 Simulink 模块，包括 Simulink 中的连续模块和离散模块。使能子系统内的离散模块只有当子系统执行时，而且只有当该模块的采样时间与仿真采样时间同步时才会执行，使能子系统和模型共用时钟。

使能子系统内也可以包含 Goto 模块，但是在子系统内只有状态端口可以连接到 Goto 模块。

3. 使能子系统模块约束

在使能子系统中，Simulink 会对与使能子系统输出端口相连的带有恒值采样时间的模块进行如下限制。

如果用户用带有恒值采样时间的 Model 模块或 S-Function 模块与条件执行子系统的输出端口相连，那么 Simulink 会显示一个错误消息。

Simulink 会把任何具有恒值采样时间的内置模块的采样时间转换为不同的采样时间，如以条件执行子系统内的最快速离散速率作为采样时间。

为了避免 Simulink 显示错误信息或发生采样时间转换，用户可以把模块的采样时间改变为非恒值采样时间，或使用 Signal Conversion 模块替换具有恒值采样时间的模块。

【例 4-1】 使能子系统的建立与仿真。

（1）根据需要，建立如图 4-9 所示的动态使能系统仿真模型。

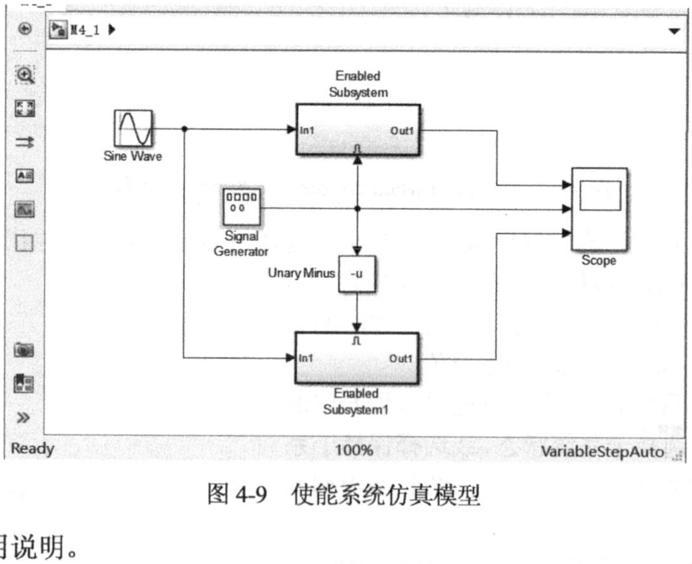

图 4-9　使能系统仿真模型

（2）模块使用说明。

由图 4-9 可以看出，在该系统模型中存在两个使能子系统（Enabled Subsystem 和 Enabled Subsystem1）。

当控制信号（由 Signal Generator 模块产生）为正时开始执行 Enabled Subsystem 子系统，

为负时（Signal Generator 模块产生的信号经过 Unary Minus 模块会反相）开始执行 Enabled Subsystem1 子系统。

如图 4-10 和图 4-11 所示，分别为使能子系统 Enabled Subsystem 和 Enabled Subsystem1 内部结构以及相应的模块参数设置。

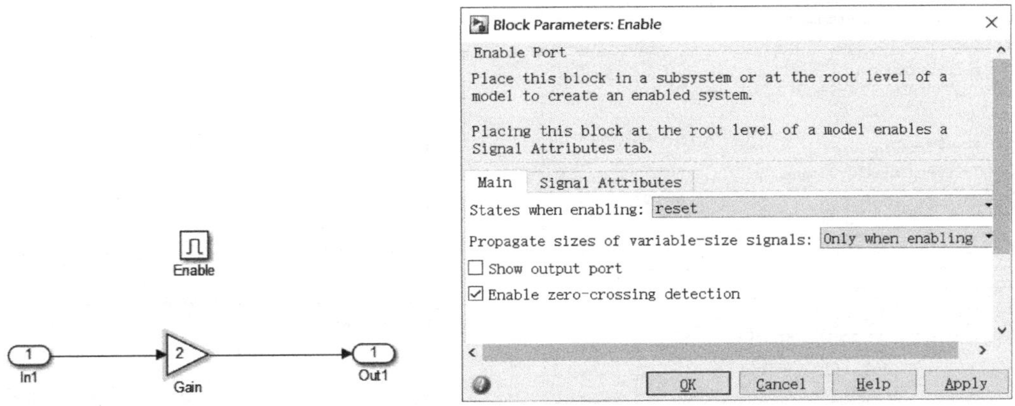

（a）Enable Subsystem 子系统　　（b）使能状态设置为 reset 重置

图 4-10　使能子系统 Enable Subsystem 内部结构以及相应的模块参数设置

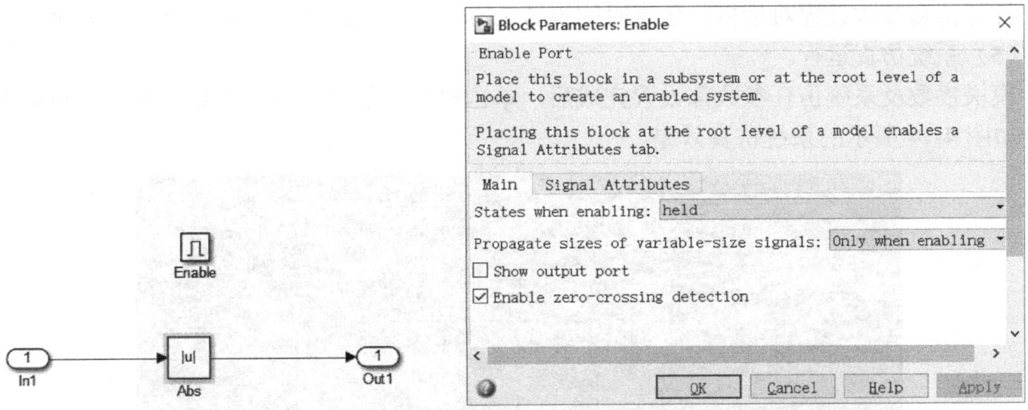

（a）Enabled Subsystem1 子系统　　（b）使能状态设置为 held 保持

图 4-11　使能子系统 Enable Subsystem1 内部结构以及相应的模块参数设置

注意：在使能信号的使能状态设置中，选择状态重置 reset 表示在使能子系统开始执行时，系统中的状态被重新设置为初始参数值；而状态保持 held 表示在使能子系统开始执行时，系统中的状态保持不变。

（3）模型参数设置。

此系统模型中各模块的参数设置如下：

- 系统输入为采用默认的正弦信号（取单位幅值、单位频率）。
- 使能子系统的控制信号源：使用 Sources 模块库中的 Signal Generator 模块，并将“Wave form”参数设置为“square”，使其产生方波信号（取单位幅值、单位频率），如图 4-12 所示。

- 使能子系统 Enabled Subsystem 中的使能信号，其使能状态设置为 reset 重置；使能子系统 Enabled Subsystem1 中的使能信号，其使能状态设置为 held 保持，分别如图 4-10 和图 4-11 所示。
- Scope 模块：将“Number of input port”参数设置为 3，如图 4-13 所示。

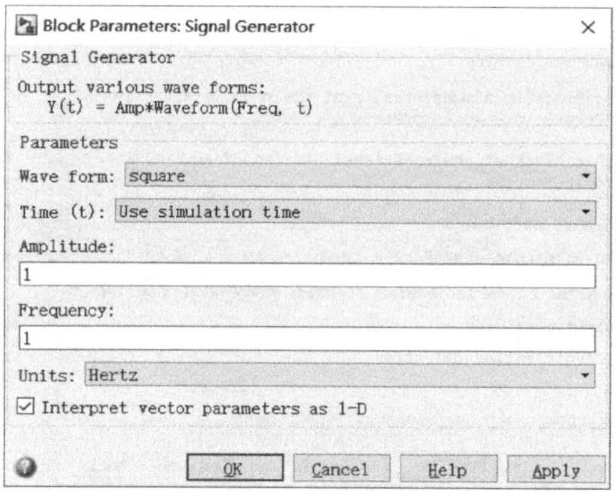

图 4-12　Signal Generator 模块参数设置

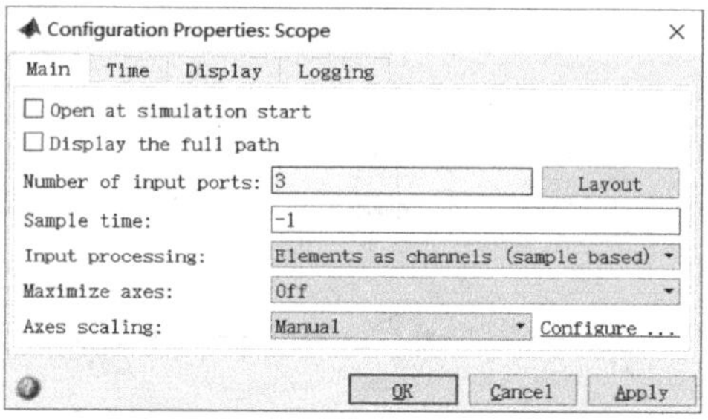

图 4-13　Scope 模块参数设置

（4）系统仿真参数设置。

打开仿真参数设置对话框，仿真时间设置为 0～10s，求解器为连续变步长求解器。

（5）系统仿真运行。

模块参数及系统仿真参数都设置完成后，单击模型中的“运行”按钮，双击 Scope 模块得到如图 4-14 所示的系统仿真效果。

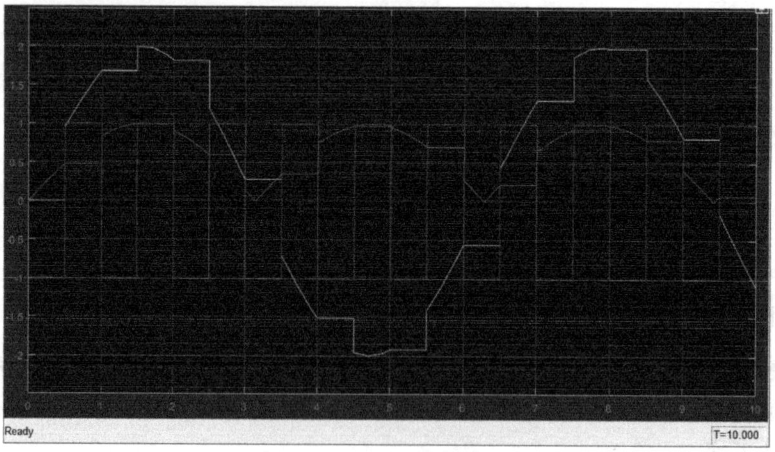

图 4-14　系统仿真效果

由图 4-14 中可以明显看出，只有在控制信号为正时，使能子系统才输出，而且设置不同的使能状态可以获得不同的结果（被重置或被保持）。

对于采用 reset 状态重置的使能子系统 Enabled Subsystem，其输出被终止；而采用了 held 状态保持的使能子系统 Enabled Subsystem1，其输出被保持。

如果在使能子系统中存在着状态变量，那么当使能模块状态设置为重置时，它的状态变量将被重置为初始状态（可能不为零）；当使能模块设置为保持时，它的状态变量将保持不变。至于系统的输出，取决于系统的状态变量以及系统的输入信号。

4.2.2　触发子系统

触发子系统也是子系统，它只有在触发事件发生时才执行。触发子系统有单个的控制输入，称为触发输入（Trigger Input），它控制子系统是否执行。用户可以选择 3 种类型的触发事件，以控制触发子系统的执行。

（1）上升沿触发（Rising）：当控制信号由负值或零值上升为正值或零值（如果初始值为负）时，子系统开始执行。

（2）下降沿触发（Falling）：当控制信号由正值或零值下降为负值或零值（如果初始值为正）时，子系统开始执行。

（3）双边沿触发（Either）：当控制信号上升或下降时，子系统开始执行。

对于离散系统，当控制信号从零值上升或下降，且只有当这个信号在上升或下降之前已经保持零值一个以上时间步时，这种上升或下降才被认为是一个触发事件。这样就消除了由控制信号采样引起的误触发事件。

用户可以通过把 Port & Subsystems 模块库中的 Trigger 模块复制到子系统中的方式来创建触发子系统，Simulink 会在子系统模块的图标上添加一个触发符号和一个触发控制输入端口。

为了选择触发信号的控制类型，可打开 Trigger 模块的参数对话框，并在“Trigger type”参数的下拉列表中选择一种触发类型，如图 4-15 所示。

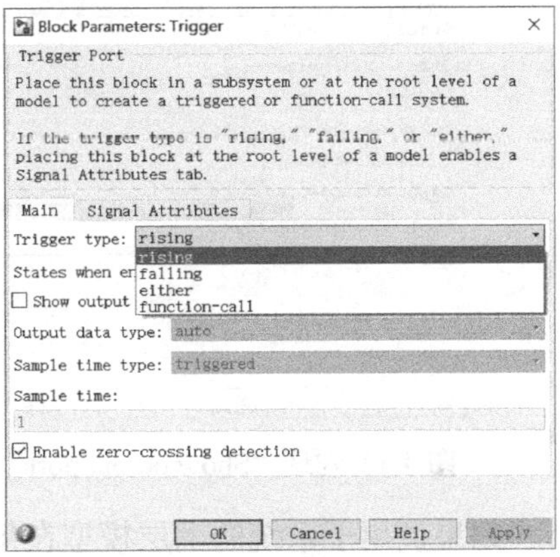

图 4-15　Trigger 模块参数对话框

Simulink 会在 Trigger and Subsystem 模块上用不同的符号表示上升沿触发、下降沿触发或双边沿触发。如图 4-16 所示就是在 Subsystem 模块上显示的触发符号。

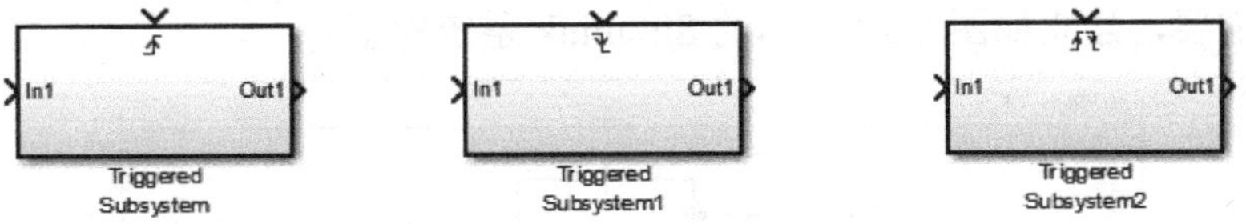

图 4-16　在 Subsystem 模块上显示的触发符号

如果选择的 Trigger type 参数是 function-call 选项，那么创建的是函数调用子系统，这种触发子系统的执行是由 S-Function 决定的，而不是由信号值决定的。

提示：

与使能子系统不同，触发子系统在两次触发事件之间一直保持输出为最终值，而且，当触发事件发生时，触发子系统不能重新设置它们的状态，任何离散模块的状态在两次触发事件之间会一直保持下去。

在 Trigger 模块参数对话框中，勾选“Show output port”复选框可输出触发控制信号，如图 4-17 所示。如果选择这个选项，则 Simulink 会显示触发模块的输出端口，并输出触发信号，信号值为：

（1）1 表示产生上升触发的信号。

（2）-1 表示产生下降触发的信号。

（3）2 表示函数调用触发。

（4）0 表示其他类型的触发。

Output data type 选项指定触发输出信号的数据类型，可以选择的类型有 auto、int8 或 double。auto 选项可自动把输出信号的数据类型设置为信号被连接端口的数据类型（为 int8 或 double）。如果端口的数据类型不是 double 或 int8，那么 Simulink 会显示错误提示。

当用户在“Trigger type”选项中选择“function-call”时，对话框底部的“Sample time type”选项将被激活，这个选项可以设置为“triggered”或“periodic”，如图 4-18 所示。

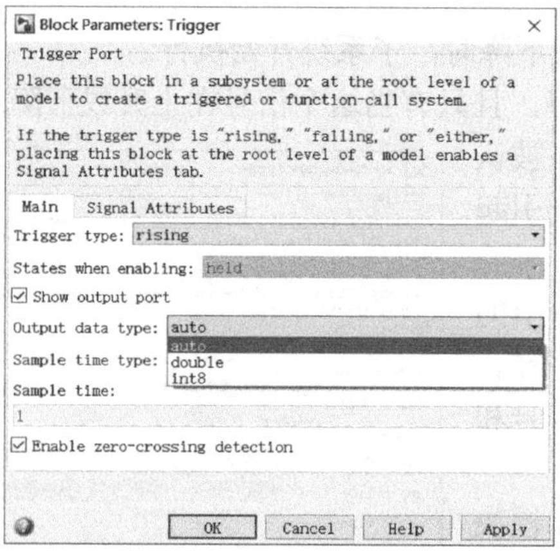

图 4-17 勾选“Show output port”复选框

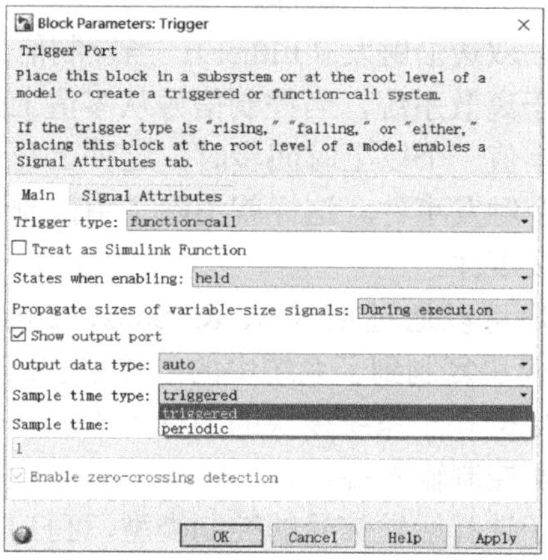

图 4-18 “Sample time type”选项

如果调用子系统的上层模型在每个时间步内调用一次子系统，那么选择“periodic”选项；否则选择“triggered”选项。当选择“periodic”选项时，“Sample time”选项将被激活，该参数可以设置包含调用模块的函数调用子系统的采样时间。

【例 4-2】 触发子系统的建立与仿真分析。

（1）根据需要，建立如图 4-19 所示的 Simulink 系统模型。

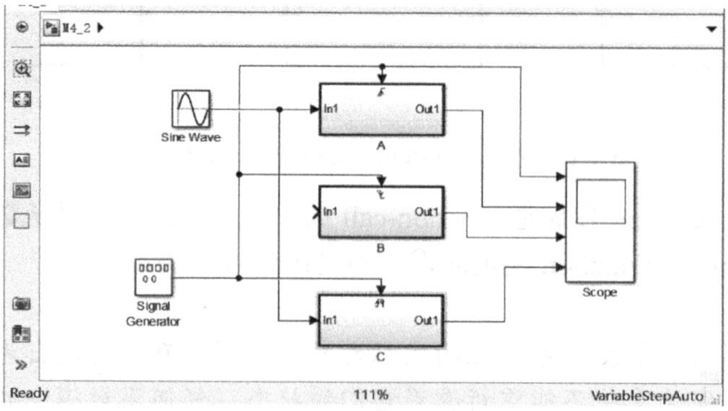

图 4-19 Simulink 系统模型

（2）模块使用说明。

由图 4-19 可以看出，在该系统模型中，Signal Generator 模块产生的是方波信号。并且模型中有 3 个触发子系统，分别采用 3 种不同的触发条件：上升沿触发、下降沿触发以及双边沿触发。子系统 A、B、C 内部结构及触发状态设置如图 4-20 至图 4-22 所示。

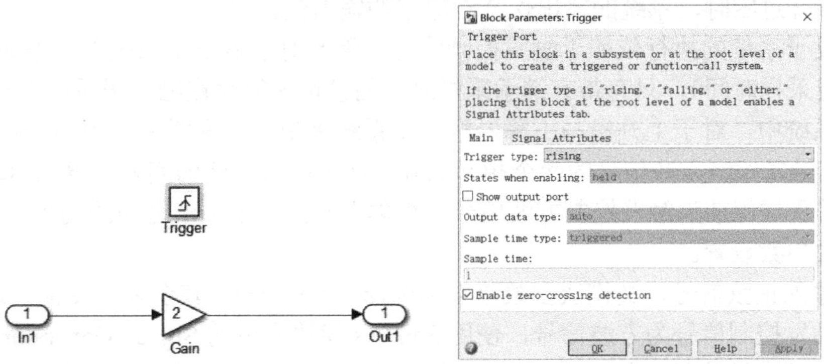

（a）触发子系统 A　　　　（b）触发状态设置为上升沿

图 4-20　子系统 A 内部结构及触发状态设置

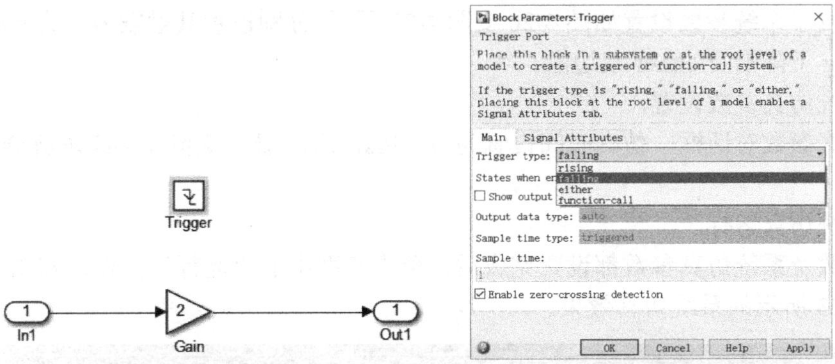

（a）触发子系统 B　　　　（b）触发状态设置为下降沿

图 4-21　子系统 B 内部结构及触发状态设置

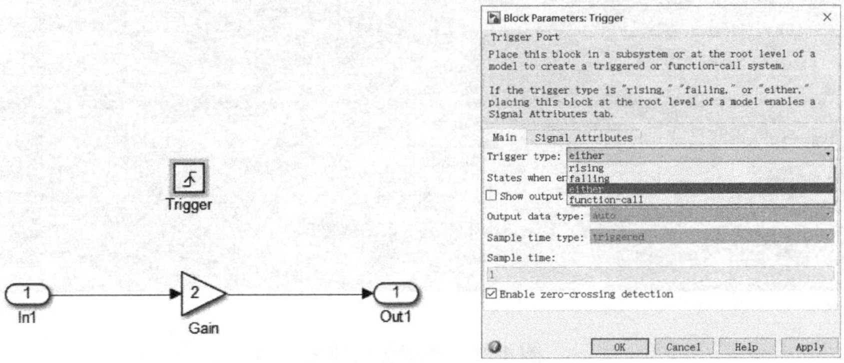

（a）触发子系统 C　　　　（b）触发状态设置为双边沿

图 4-22　子系统 C 内部结构及触发状态设置

注意：触发状态设置还有一项为“function-call”，是用于函数回调的，即当输入信号满足某一函数条件时，模块开始执行。

对于触发子系统而言，它们都具有零阶保持的特性。所谓零阶保持，是指输出结果保持不变。对于触发子系统而言，系统在触发信号控制下开始执行，系统由输入产生相应的输出；当触发信号离开过零时，系统的输出保持在原来的输出值。

由于触发子系统的执行依赖于触发控制信号，因此对于触发子系统而言不能指定常值采样时间（固定采样时间），只有带有继承采样时间的模块才能够在触发子系统中应用。

在这个系统中，对于上升沿与下降沿触发子系统来说，其采样周期为两个触发时刻之间的时间间隔（触发控制方波信号的两个相邻上升沿或下降沿之间的间隔）；对于双边沿触发子系统来说，其采样周期为触发控制方波信号的相邻上升沿与下降沿之间的间隔。

（3）模块参数设置。

- 系统输入正弦信号，其模块参数除频率选择为 8rad/sec，其余采样设置为默认值。
- 系统触发控制信号为方波信号，使用 Sources 模块库中的 Signal Generator 信号发生器模拟生成方波信号，其“wave form”波形设置为“square”方波，幅值设置为 1，频率设置为 1Hz，单位设置为 Hz。
- Scope 模块，设置其输出端口为 4。
- 各触发子系统参数设置如图 4-20 至图 4-22 所示，分别设置其触发方式为 rising 上升沿、falling 下降沿及 either 双边沿。

（4）系统仿真参数设置。

打开仿真参数对话框，仿真时间设置为 0～10s，求解器为变步长连续求解器，最大步长为 0.01。

（5）系统仿真运行。

模块参数及系统仿真参数都设置完成后，单击模型中的“运行”按钮，双击 Scope 模块得到如图 4-23 所示的系统仿真效果。

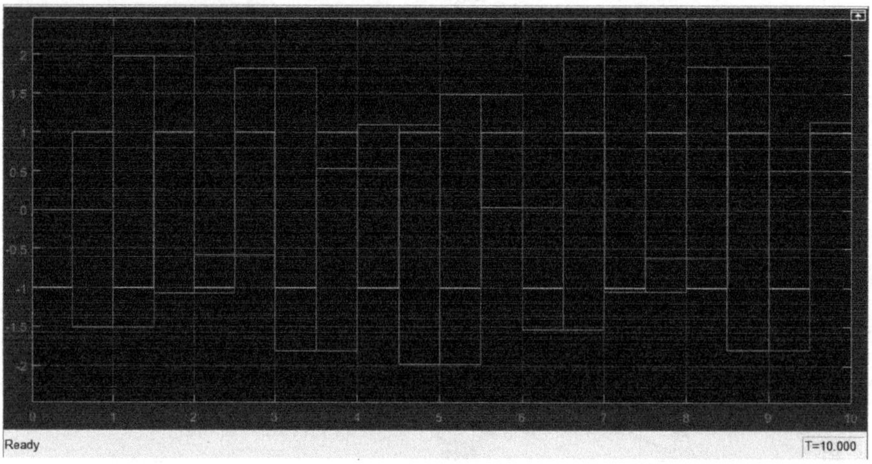

图 4-23　系统仿真效果

由图 4-23 中可以看出，对于上升沿触发子系统，当方波信号出现上升沿时，系统开始执行，并且其输出在下一个方波信号上升沿到来之前保持不变，即零阶保持特性。对于下降沿触发子系统以及双边沿触发子系统而言，其工作方式与上升沿触发子系统类似。

4.2.3 触发使能子系统

第三种条件执行子系统包含两种条件执行类型，称为触发使能子系统。这样的子系统是使能子系统和触发子系统的组合。

触发使能子系统既包含使能输入端口，又包含触发输入端口，在这个子系统中，Simulink 等待一个触发事件，当触发事件发生时，Simulink 会检查使能输入端口是否为 0，并求取使能控制信号。

如果它的值大于 0，则 Simulink 执行一次子系统，否则不执行子系统。如果两个输入都是向量，则每个向量中至少有一个元素是非零值时，子系统才执行一次。

此外，子系统在触发事件发生的时间步上执行一次，换言之，只有当触发信号和使能信号都满足条件时，系统才执行一次。

提示：

Simulink 不允许一个子系统中有多于一个的 Enable 端口或 Trigger 端口。尽管如此，如果需要几个控制条件组合，用户可以使用逻辑操作符将结果连接到控制输入端口。

用户可以通过把 Enable 模块和 Trigger 模块从 Ports & Subsystems 模块库中复制到子系统中的方式来创建触发使能子系统，Simulink 会在 Subsystem 模块的图标上添加使能和触发符号，以及使能和触发控制输入。用户可以单独设置 Enable 模块和 Trigger 模块的参数值。

【例 4-3】 建立简单的触发使能子系统。

（1）根据需要，建立如图 4-24 所示的简单的触发使能 Simulink 系统模型。

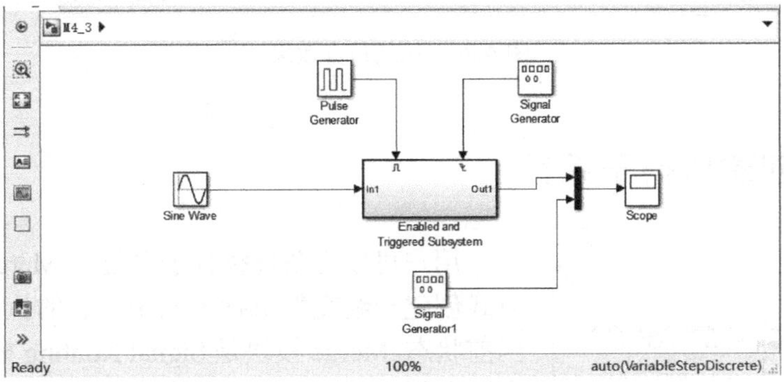

图 4-24 简单的触发使能子系统模型

（2）模块使用说明。

在系统中用正弦信号 Sine Wave、脉冲信号 Pulse Generator 及阶跃信号 Step 作为输入。

如图 4-25 所示为触发使能子系统的结构框图。

（3）在 Simulink 仿真模型中，系统使用默认值。

（4）系统仿真参数设置。

打开仿真参数设置对话框，仿真时间设置为 0～10s，求解器为连续变步长求解器。

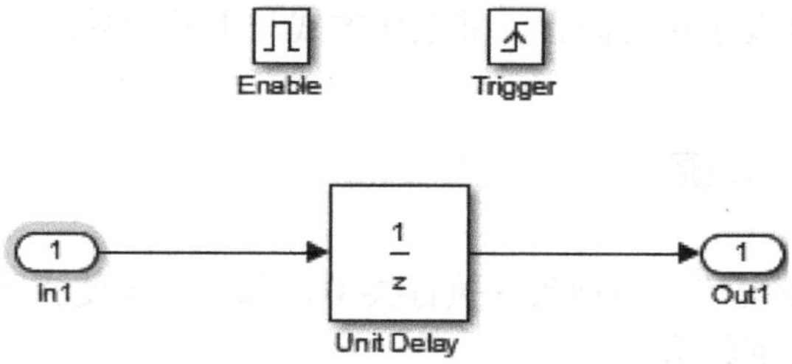

图 4-25　子系统结构框图

（5）系统仿真运行。

模块参数及系统仿真参数都设置完成后，单击模型中的“运行”按钮，双击 Scope 模块得到如图 4-26 所示的系统仿真效果。

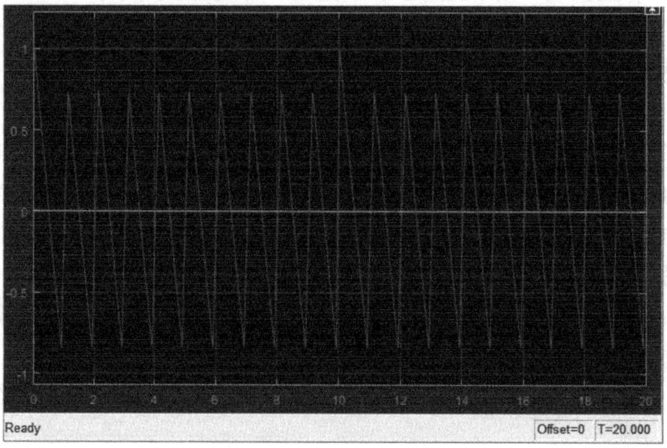

图 4-26　系统仿真效果

4.2.4　交替创建执行子系统

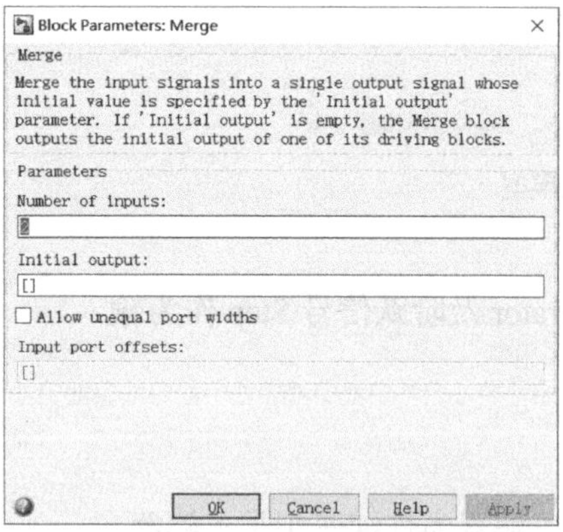

图 4-27　Merge 模块的参数设置

用户可以用条件执行子系统与 Merge 模块相结合的方式创建一组交替执行子系统，它的执行依赖于模型的当前状态。Merge 模块是 Signal Routing 模块库中的模块，它具有创建交替执行子系统的功能。

如图 4-27 所示为 Merge 模块的“Block Parameters: Merge”对话框。Merge 模块可以把模块的多个输入信号组合为一个单个的输入信号。

“Block Parameters:Merge”对话框中的“Number of inputs”参数值可以任意指定输入信号端口的数目。模块输出信号的初始值由“Initial output”参数决定。

如果“Initial output”参数为空，而且模块又有超过一个以上的驱动模块，那么 Merge 模块的初始输出等于所有驱动模块中最接近于当前时刻的初始输出值，而且 Merge 模块在任何时刻的输出值都等于当前时刻其驱动模块所计算的输出值。

Merge 模块不接收信号元素被重新排序的。在图 4-28 中，Merge 模块不接收 Selector 模块的输出，因为 Selector 模块交替改变向量信号中的第一个元素和第三个元素。

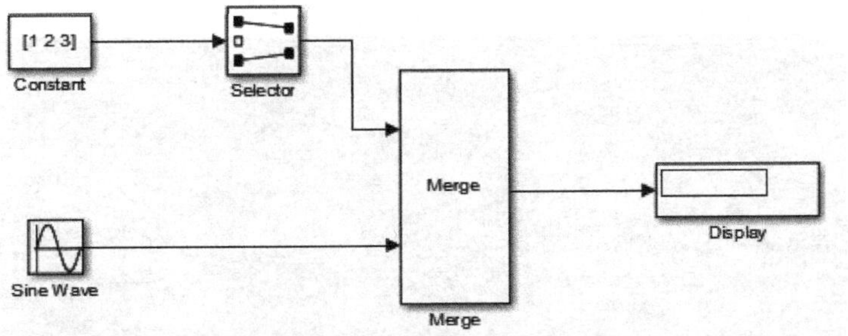

图 4-28 使用 Merge 模块模型

如果未勾选“Allow unequal port widths”复选框，那么 Merge 模块只接收具有相同维数的输入信号，而且只输出与输入同维数的信号；如果勾选了“Allow unequal port widths”复选框，那么 Merge 模块可以接收标量输入信号和具有不同分量数目的向量输入信号，但不接收矩阵信号。

勾选“Allow unequal port widths”复选框后，“Input port offsets”参数也将被激活，用户可以利用该参数为每个输入信号指定一个相对于开始输出信号的偏移量，输出信号的宽度也就等于 max(w1+o1,w2+o2,⋯,wn+on)，此处，w1,⋯,wn 为输入信号的宽度，o1,⋯,on 为输入信号的偏移量。

【例 4-4】 利用使能模块和 Merge 模块建立电流转换器模型，也就是把正弦 AC 电流转换为脉冲 DC 电流的设备，将 AC 电流转换为 DC 电流。

根据需要，建立如图 4-29 所示的电流转换 Simulink 系统模型。

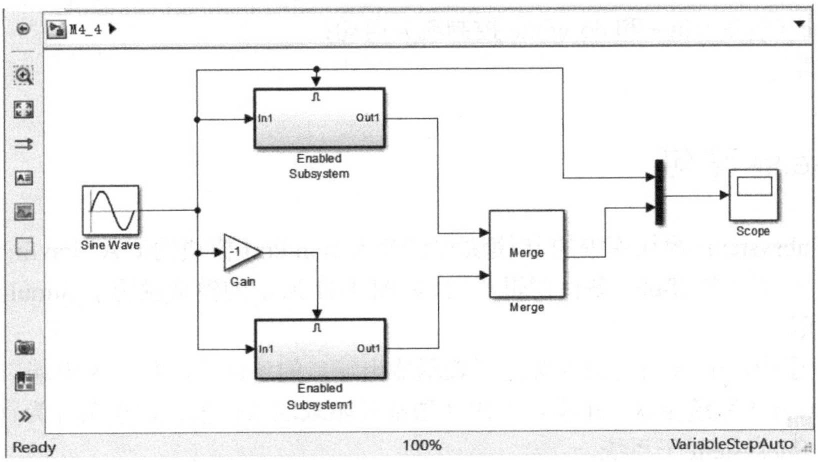

图 4-29 电流转换系统模型

在这个系统模型中，当输入信号的正弦 AC 波形为正时，使能子系统 Subsystem 模块，它把波形无变化地传递到其输出端口。

当 AC 波形为负时，使能子系统 Subsystem1 模块，由该子系统转换波形，将波形负值转换为正值。Merge 模块可把当前使能模块的输出传递到 Mux 模块，Mux 模块则把输出及原波形传递到 Scope 模块。

打开仿真参数对话框，选择变步长 ode45 求解器，运行仿真系统，得到系统仿真波形如图 4-30 所示。

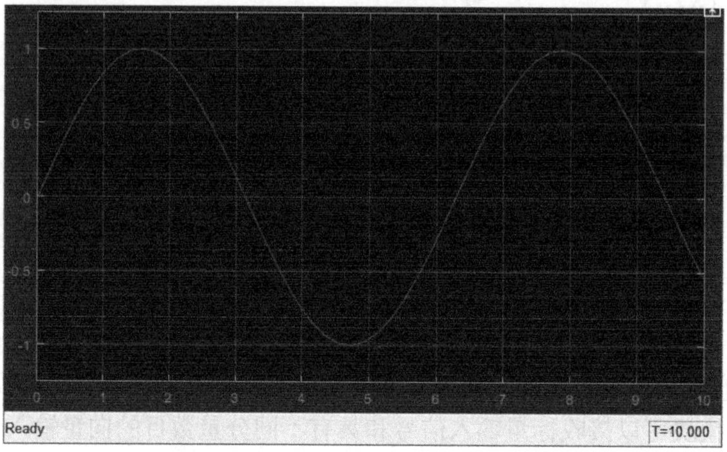

图 4-30　系统仿真效果

4.3　Simulink 控制流语句

控制流模块用来在 Simulink 中执行类似 C 语言的控制流语句。控制流语句包括：

（1）if-else 语句；

（2）switch 语句；

（3）while（包括 while 和 do-while 控制流）语句；

（4）for 语句。

4.3.1　if-else 语句

Ports & Subsystems 模块库中的 If 模块和包含 Action Port 模块的 If Action Subsystem 模块可以实现标准 C 语言的 if-else 条件逻辑语句。如图 4-31 所示的模型说明了 Simulink 中完整的 if-else 控制流语句。

在这个例子中，if 模块的输入决定了表示输出端口的条件值，每个输出端口又输入到 if Action Subsystem 子系统模块，if 模块依次从顶部开始求取条件值，如果条件为真，则执行相应的 if Action Subsystem 子系统。

这个模型中执行的 if-else 控制流语句为：

```
if (u1>0)
    {
```

```
            Action subsystem1
            }
    elseif (u2>0)
        {
            Action subsystem2
            }
    else
        {
            Action subsystem3
            }
```

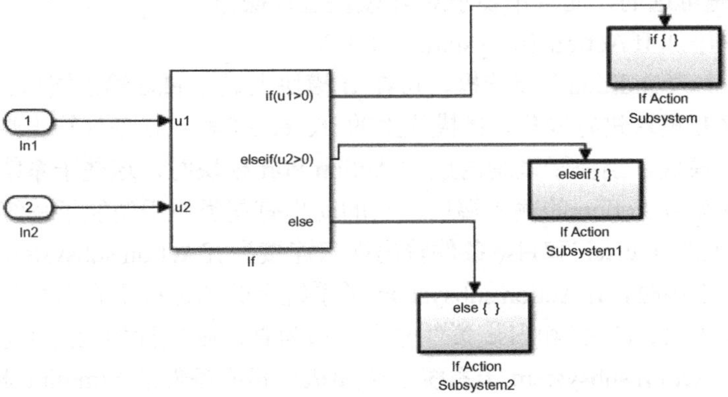

图 4-31　Simulink 中完整的 if-else 控制流语句

构造 Simulink 中 if-else 控制流语句的步骤介绍如下。

（1）在当前系统中放置 if 模块，为 If 模块提供数据输入以构造 if-else 条件。If 模块的输入在 If 模块的属性对话框内设置。这些输入在模块内部被指定为 u1、u2、……并用来构造输出条件。

（2）打开 If 模块的参数对话框，为 If 模块设置输出端口的 If-else 条件，如图 4-32 所示。

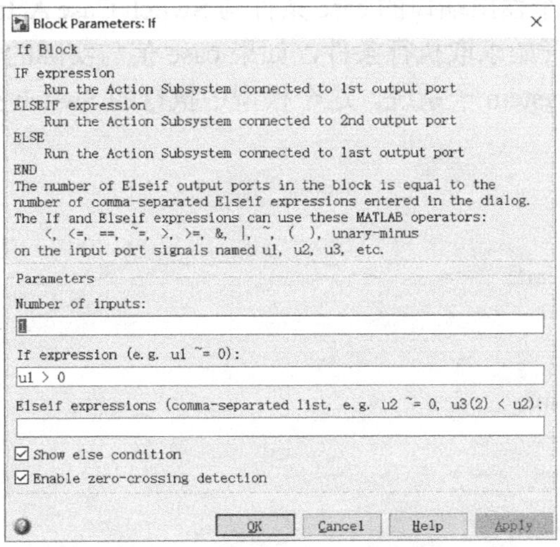

图 4-32　If 模块的参数设置

If 模块的各参数含义介绍如下。

- 在“Number of inputs”参数文本框内输入 If 模块的输入数目，用来控制 if-else 控制流语句的条件，向量输入中的各元素可以使用（行、列）变量的形式实现判断条件。例如，可在“If expression”或“Elseif expressions”参数文本框中指定向量 u2 中的第三个元素的判断条件为 u2(3)>0。
- 在“If expression”参数文本框内输入 If-else 控制流语句中的 if 条件，这就为 If 模块中标签为 if( )的端口创建了一个条件输出端口。
- 在“Elseif expression”参数文本框内输入 if-else 控制流语句中的 elseif 条件，并使用逗号分隔各个条件。这些条件为 If 模块中标签为 elseif( )的端口创建一个条件输出端口。elseif 端口是可选的，而且不要求对 If 模块进行操作。

（3）在系统中添加 If Action Subsystem 子系统。

勾选“Show else condition”复选框，可在 If 模块上显示 else 输出端口。else 端口是可选的，而且不要求对 If 模块进行操作，If 模块上的 if、elseif 和 else 条件输出端口。这些子系统内包含 Action Port 模块，当在子系统内放置 Action Port 模块时，这些子系统就成为原子子系统，并带有一个标签为 Action 的输入端口，它的动作有些类似于使能子系统。

（4）把 If 模块上的 if、elseif 和 else 条件输出端口连接到 If Action subsystem 子系统的 Action 端口。在建立这些连接时，If Action subsystem 子系统上的图标被重新命名为所连接的条件类型。如果 If 模块上的 if、elseif 和 else 条件输出端口为真，则执行相应的子系统。

（5）在每个 If Action subsystem 子系统中添加执行相应条件的 Simulink 模块。

4.3.2 Switch 语句

Ports & Subsystem 模块库中的 Switch Case 模块和包含 Action Port 模块的 Switch Case Action Subsystem 模块，可以实现标准 C 语言的 switch 条件逻辑语句。Switch Case 模块接收单个输入信号，它用来确定执行子系统的条件。

Switch Case 模块中每个输出端口的 case 条件与 Switch Case Action Subsystem 子系统模块连接，该模块依次从顶部开始求取执行条件，如果 case 值与实际的输入值一致，则执行相应的 Switch Case Action Subsystem 子系统。这个模型中执行的 Switch 控制流语句为：

```
Switch ((u1))
{
case [u1=1]:
        Action Subsystem1;
break;
case [u1=2 or u1=3];
       Action Subsystem2;
        break;
        default;
        Action Subsystem3;
}
```

构造 Simulink 中 Switch 控制流语句步骤介绍如下。

（1）在当前系统中放置 Switch Case 模块，并为 Switch Case 模块的变量输入端口提供输入数据。标签为 u1 的输入端口的输入数据是 switch 控制流语句的变量，这个值决定了执行的 case 条件，这个端口的非整数输入均被四舍五入。

（2）打开 Switch Case 模块的“Block Parameters: Switch Case”对话框，在对话框内设置模块的参数，如图 4-33 所示。

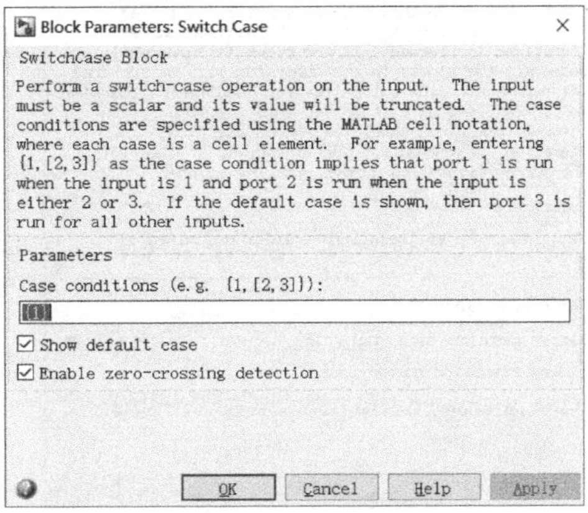

图 4-33　Switch Case 模块参数对话框

Switch Case 模块各参数含义介绍如下。

- Case conditions：在该参数文本框内输入 case 值，每个 case 值可以是一个整数或一个整数组，用户也可以添加一个可选的默认 case 值。例如，输入{2,[7 10 1]}，表示当输入值是 2 时，执行输出端口 case[2]；当输入值是 7、10 或 1 时，执行输出端口 case[7 10 1]。用户也可以用冒号指定 case 条件的执行范围。

输入{[1:5]}，表示输入值是 1、2、3、4 或 5 时，执行输出端口 case[1 2 3 4 5]。

- Show default-case：选择该复选框，将在 Switch Case 模块上显示默认的 case 输出端口。如果所有的 case 条件均为否，则执行默认的 case 条件。
- Enable zero-crossing detection：选择该复选框后，表示启动过零检测。

（3）向系统中添加 Switch Case Action Subsystem 子系统模块。Switch Case 模块的每个 case 端口与子系统连接，这些子系统内包含 Action Port 模块，当在子系统内放置 Action Port 模块时，这些子系统就成为原子子系统，并带有标签为 Action 的输入端口。

（4）把 Switch Case 模块中的每个 case 输出端口和默认输出端口与 Switch Case Action Subsystem 子系统模块中的 Action 端口相连，被连接的子系统就成为一个独立的 case 语句体。

（5）在每个 Switch Case Action Subsystem 子系统中添加执行相应 case 条件的 Simulink 模块。

4.3.3　While 语句

用户可以使用 Ports & Subsystems 模块库中的 While Iterator 模块创建类似 C 语言的循环控制流语句。

在 Simulink 的 While 控制流语句中，Simulink 在每个时间步上都要反复执行 While Iterator Subsystem 中的内容，即原子子系统中的内容，直到满足 While Iterator 模块指定的条件。

而且，对于每一次 While Iterator 模块的迭代循环，Simulink 都会按照同样的顺序执行 While 子系统中所有模块的更新方法和输出方法。

Simulink 在执行 While 子系统的迭代过程中，仿真时间并不会增加。但是，While 子系统中的所有模块会把每个迭代作为一个时间步进行处理，因此，在 While 子系统中，带有状态的模块的输出取决于上一时刻的输入。这种模块的输出反映了在 while 循环中上一次迭代的输入值，而不是上一个仿真时间步的输入值。

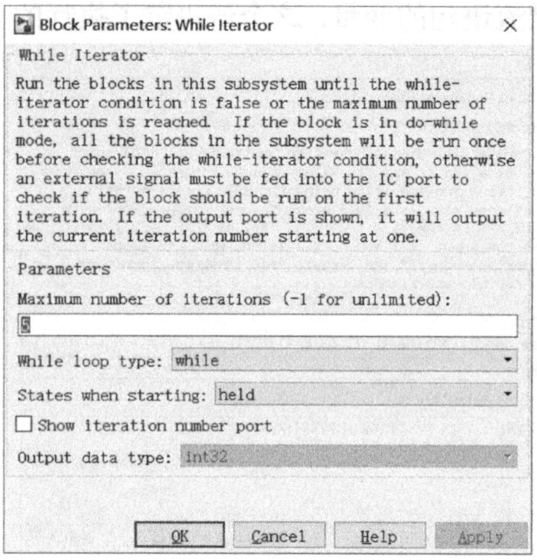

图 4-34　While Iterator 模块参数对话框

假设在 While 子系统中有一个 Unit Delay 模块，该模块输出的是在 while 循环中上一次迭代的输入值，而不是上一个仿真时间步的输入值。

用户可以用 While Iterator 模块执行类似 C 语言的 while 或 do-while 循环，而且利用 While Iterator 模块对话框中的“While loop type”参数，用户可以选择不同的循环类型。如图 4-34 所示是 While Iterator 模块的“Block Parameters:While Iterator”对话框。

1. do-while

在这个循环模式下，While Iterator 模块只有一个输入，即 while 条件输入，它必须在子系统内提供。在每个时间步内，While Iterator 模块会执行一次子系统内的所有模块，然后检查 while 条件输入是否为真。如果输入为真，则 While Iterator 模块再执行一次子系统内的所有模块，只要 while 条件输入为真，而且循环次数小于或等于 While Iterator 模块对话框中的“Maximum number of iterations”参数值时，这个执行过程会一直继续下去。

2. while

在这个循环模式下，While Iterator 模块有两个输入：while 条件输入和初始条件（IC）输入，初始条件信号必须由 While 子系统外提供。

在仿真时间步开始时，如果 IC 输入为真，那么 While Iterator 模块会执行一次子系统内的所有模块，然后检查 while 条件输入是否为真，如果输入为真，则 While Iterator 模块会再执行一次子系统内的所有模块。只要 while 条件输入为真，而且循环次数小于或等于 While Iterator 模块对话框中的“Maximum number of iterations”参数值时，这个执行过程会一直继续下去。

如果在仿真时间步开始时 IC 输入为假，那么在该时间步内 While Iterator 模块不执行子系统中的内容。

While Iterator 模块参数对话框中的 Maximum number of iterations 变量用来指定允许的最大重复次数。如果该变量指定为-1，那么不限制重复次数，只要 while 条件的输入为真，仿真就可以永远继续下去。在这种情况下，如果要停止仿真，唯一的方法就是终止 MATLAB 过程。因此，除非用户能够确定在仿真过程中 while 条件为假，否则应该尽量避免为该参数指定为-1 值。

（1）在 While Iterator Subsystem 子系统中放置 While Iterator 模块，这样子系统变成了 While 控制流语句，标签也更换为 while{…}。这些子系统的动作类似触发子系统，对于想用 While Iterator 模块执行循环的用户程序，这个子系统是循环主程序。

（2）为 While Iterator 模块的初始条件数据输入端口提供数据输入。因为 While Iterator 模块在执行第一次迭代时需要提供初始条件数据（标签为 IC），因此必须在 While Iterator

Subsystem 子系统外给定，当这个值为非零时，Simulink 才会执行第一次循环。

（3）为 While Iterator 模块的条件端口提供数据输入。标签为 cond 的端口是数据输入端口，维持循环的条件被传递到这个端口，这个端口的输入必须在 While Iterator Subsystem 子系统内给定。

（4）用户可以通过 While Iterator 模块的参数对话框来设置该模块输出的循环值，如果选择了“Show iteration number port”复选框（默认值），则 While Iterator 模块会输出它的循环次数。对于第一次循环，循环值为 1，以后每增加一次循环，循环值加 1。

（5）用户可以通过 While Iterator 模块的参数对话框把“While loop type”循环类型参数改变为 do-while 循环控制流，这会把主系统的标签改变为 do{…}while。使用 do-while 循环时，While Iterator 模块不再有初始条件（IC）端口，因为子系统内的所有模块在检验条件端口（标签为 cond）之前只被执行一次。

如果用户选择了“Show iteration number port”复选框，那么 While Iterator 模块会输出当前的循环次数，循环起始值为 1。默认不选择这个复选框。

4.3.4 for 语句

Ports & Subsystems 模块中的 For Iterator Subsystem 子系统模块可以实现标签 C 语言的 For 循环语句，For Iterator Subsystem 子系统内包含 For Iterator 模块。

在 Simulink 的 For 控制流语句中，只要把 For Iterator 模块放置在 For Iterator Subsystem 子系统内，那么 For Iterator 模块将在当前时间步内循环 For Iterator Subsystem 子系统中的内容，这个循环过程会一直继续，直到循环变量超过指定的限制值。

For Iterator 模块允许用户指定循环变量的最大值，或从外部指定最大值，并为下一个循环值指定可选的外部源。如果不为下一个循环变量指定外部源，那么下一个循环值可由当前值加 1 来确定，即 in=in+1。

For Iterator Subsystem 子系统是原子子系统，对于 For Iterator 模块的每一次循环，For Iterator Subsystem 子系统将执行子系统内的所有模块。

构造 Simulink 中 For 控制流语句的步骤介绍如下。

（1）从 Ports & Subsystems 模块库中将 For Iterator Subsystem 子系统模块放置到用户模型中。

（2）在 For Iterator 模块的参数对话框内设置模块参数。如图 4-35 所示为 For Iterator 模块的“Block Parameters:For Iterator”对话框。

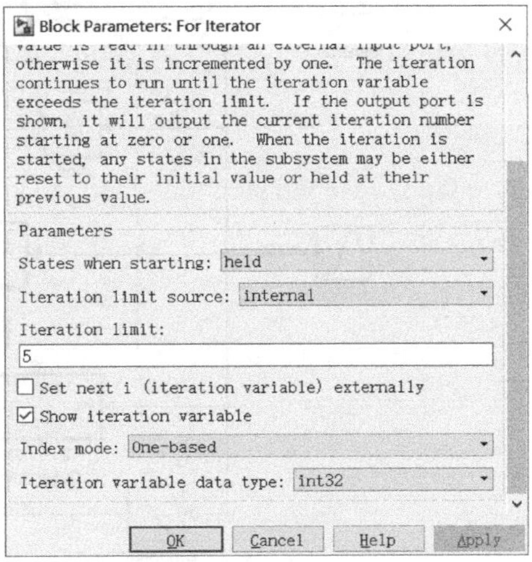

图 4-35　For Iterator 模块参数对话框

如果希望 For Iterator Subsystem 子系统在每个时间步内的第一次循环之前将系统状态重新设置为初始值，则应把“States when starting”参数设置为“reset”；否则，把“States when starting”参数设置为“held”（默认值），这会使得子系统从每个时间步内的最后一次循环到下一个时间步开始一直保持状态值不变。

"Iteration limit source" 参数用来设置循环变量。如果设置该参数值为 "internal"，那么 "Iteration limit" 文本框内的参数值将决定循环次数，每增加一次循环，循环变量加 1，这个循环过程会一直进行下去，直到循环变量超过 "Iteration limit" 参数设置值。

如果设置该参数值为 "external"，那么 For Iterator 模块上 N 端口中的输入信号将决定循环次数，循环变量的下一个值将从外部输入端口读入，这个输入必须在 For Iterator Subsystem 子系统的外部提供。

如果选择了 "Show iteration variable" 复选框（默认值），那么 For Iterator 模块会输出循环值，对于第一次循环，循环值为 1，以后每增加一次循环，循环值加 1。

只有选择了 "Show iteration variable" 复选框，才可以选择 "Set next i(iteration variable) externally" 参数。如果选择这个选项，则 For Iterator 模块会显示一个附加输入，这个输入用来连接外部的循环变量，当前循环的输入值作为下一个循环的循环变量值。

4.3.5 Simulink 控制流的实现

下面通过几个例子来演示各种控制流的实现。

【例 4-5】 利用 if 模块建立一个 if-else 仿真模型图，实现建模。

根据需要，建立如图 4-36 所示的 if 语句 Simulink 仿真系统。

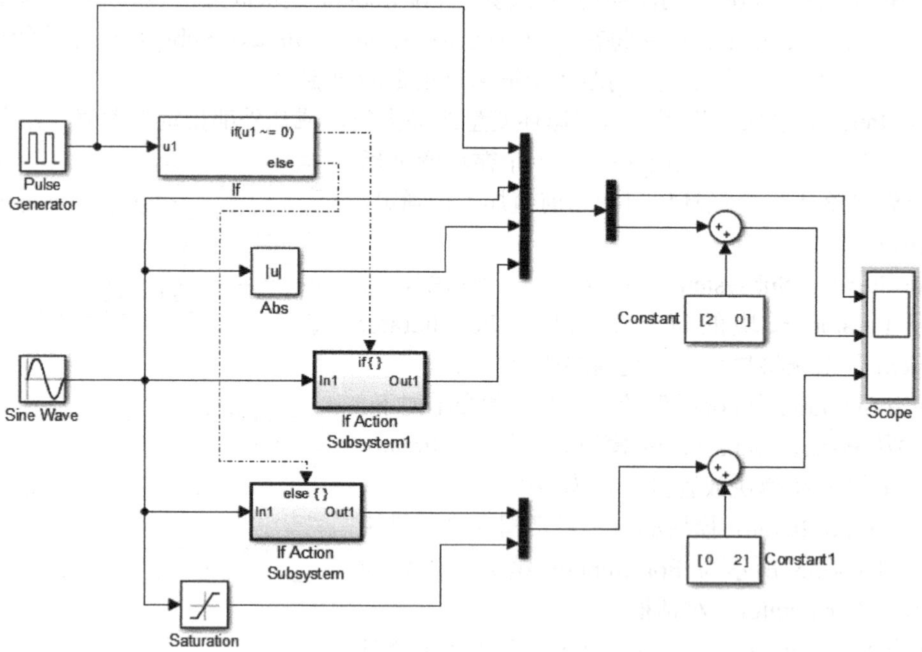

图 4-36 if 语句的 Simulink 仿真模型

在图 4-36 的仿真模型中，脉冲发生器（Pulse Generator）模块的参数设置如图 4-37 所示。

在图 4-36 的仿真模型中，Sine Wave 模块“Amplitude”参数设置为 1，“Bias”参数设置为 0，“Frequency”参数设置为 2，“Phase”参数设置为 0，“Sample time”参数设置为 0。

在图 4-34 的仿真模型中，if 模块的参数设置如图 4-38 所示。

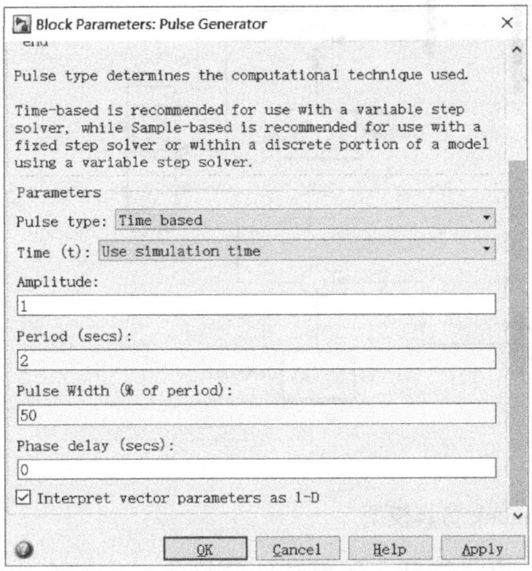

图 4-37　Pulse Generator 模块参数设置

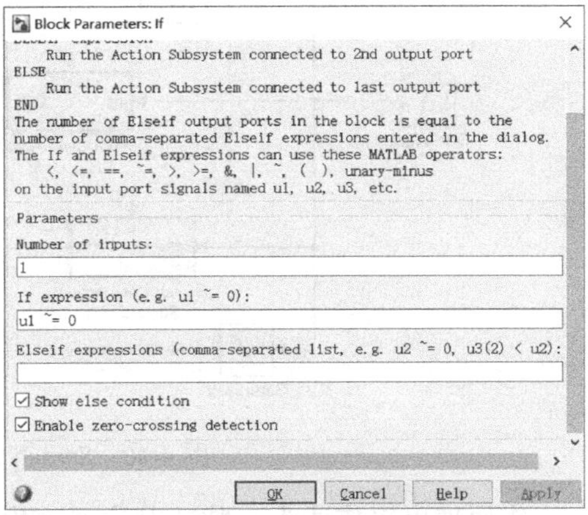

图 4-38　if 语句模块参数设置

其他模块参数设置完成后对模型进行仿真参数设置。运行仿真，系统仿真效果如图 4-39 所示。

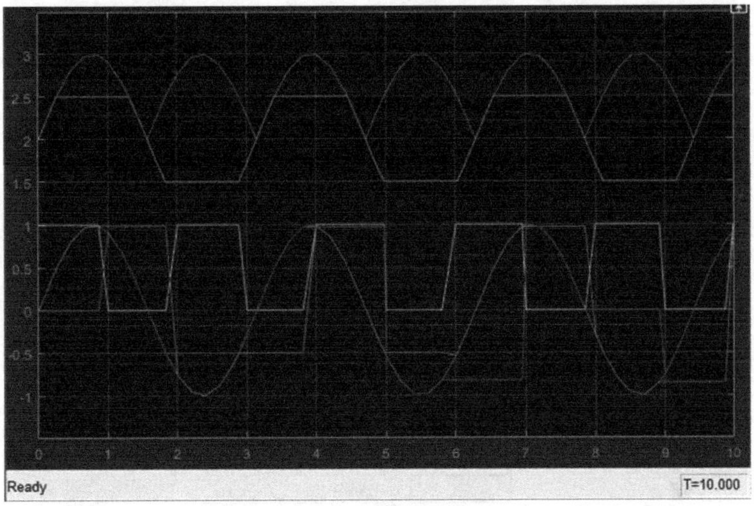

图 4-39　系统仿真效果

由图 4-39 可以看出，当使能信号为正弦时，输出值随着时间变化；而当使能信号为负时，输出信号维持不变。

【例 4-6】 利用 Switch-case 模块建立 Switch 仿真模型图，并进行建模。

根据需要，建立如图 4-40 所示的 Switch 语句 Simulink 仿真系统。

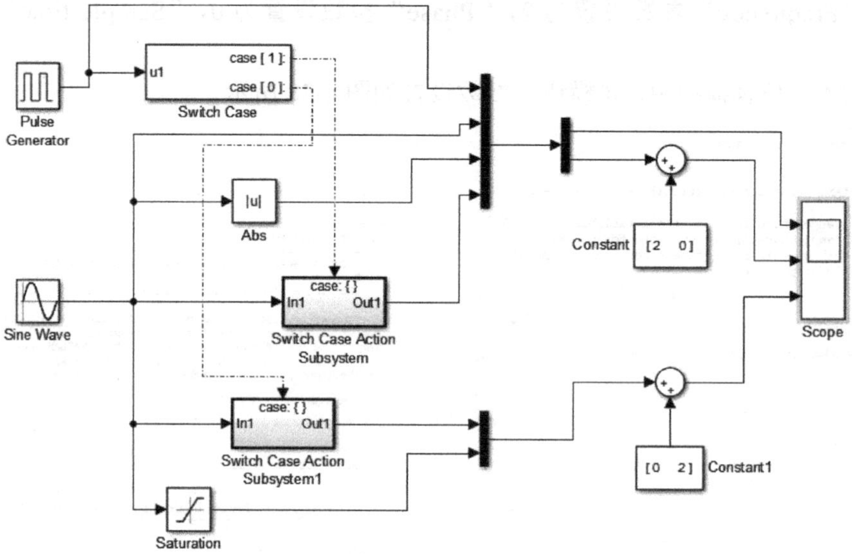

图 4-40　Switch 语句 Simulink 仿真模型

工作原理可以描述为：脉冲发生器产生 0.1 的脉冲信号，如果脉冲信号为 1，那么执行 case[1]对应的子系统，如果脉冲信号为 0，则执行 case[0]所对应的子系统。

Switch case 模块参数设置如图 4-41 所示。

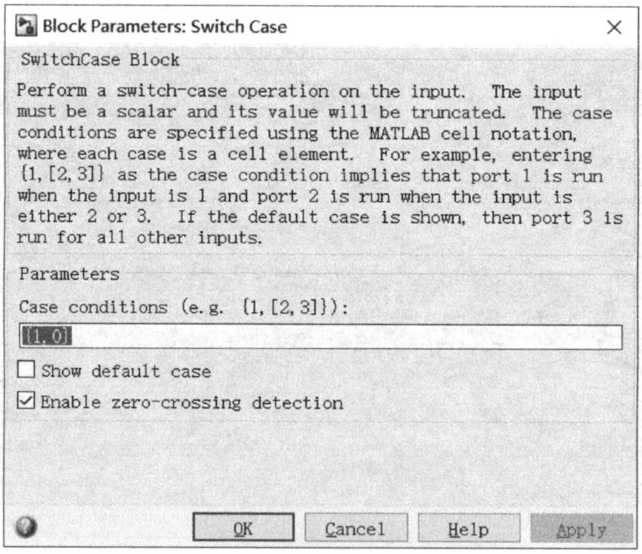

图 4-41　Switch case 模块参数设置

其他模块参数设置完成后对模型进行仿真参数设置。运行仿真，系统仿真效果如图 4-42 所示。

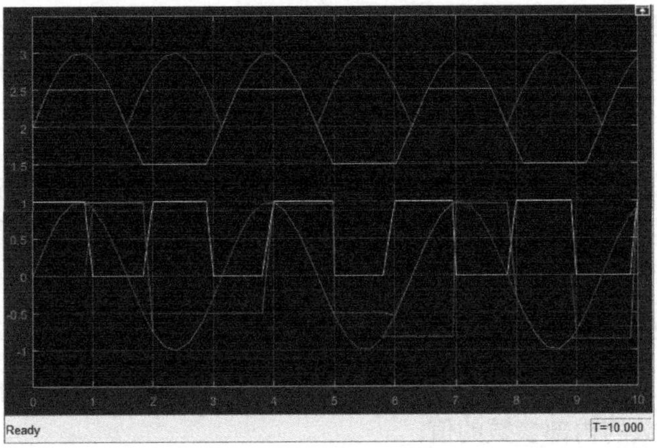

图 4-42　系统仿真效果

4.4　封装子系统

封装子系统与建立子系统并不相同，建立子系统指的是将具有一定功能的一组模块“容纳”在一个子系统中，使用单一图形方式的子系统模块来表示一组模块，从而增强系统模型的可读性，在动态系统进行仿真时需要对子系统中各个模块的参数分别进行设置；而封装子系统指的是将已经建立好的具有一定功能的子系统进行封装。

4.4.1　封装子系统的概述

Simulink 中的 Mask Editor（封装编辑器）提供了封装子系统时编辑模块的所有操作设置值，它可以对任何子系统进行封装。

1. 封装子系统可执行的操作

用户可以对封装后的子系统执行如下操作：

（1）用单个参数框（包含模块说明、参数提示和帮助文本）替换子系统的参数框及内容。

（2）用用户图标替换子系统的标准图标。

（3）通过隐藏子系统的内容防止对子系统的无目的更改。

（4）把定义了模块行为的方块图封装在子系统内，然后把被封装的子系统放置在库中，从而创建一个用户模块。

2. 封装子系统特征

封装子系统包括如下特征。

1）封装图标

封装图标替换了子系统的标准图标，也就是说，它会替代方块图中子系统模块的标准图标。Simulink 使用 MATLAB 代码绘制用户图标，用户可以在图标代码中使用任何 MATLAB 绘制命令，这就为用户在设计封装子系统的图标上提供了极大的发挥空间。

2）封装参数

Simulink 允许用户为被封装子系统定义一组用户可设置的参数，Simulink 会把参数值作为变量值存储在封装工作区中，变量的名称由用户指定。这些被关联的变量允许用户把封装参数链接到封装子系统内模块的特定参数（内部参数）上。

3）封装参数对话框

封装参数对话框包含某些控制，这些控制可以使用户设置封装参数的值，因此也可以设置任何链接到封装参数的内部参数的值。

封装参数对话框替换了子系统的标准参数对话框，也就是说，单击封装子系统图标后显示的是封装参数对话框，而不是子系统模块的标准参数对话框。用户可以自行设计封装对话框的每个特征，包括希望在对话框上显示哪些参数，以及这些参数的显示顺序、参数的提示说明、用来编辑参数的控制和参数的回调函数（用来处理由用户输入的参数值的代码）。

4）封装初始化代码

初始化代码是用户指定的 MATLAB 代码，在仿真运行开始时，Simulink 会运行这段代码，以初始化被封装的子系统。用户可以使用初始化代码设置被封装子系统中封装参数的初始值。

5）封装工作区

Simulink 会把 MATLAB 工作区与每个被封装子系统相关联，它会在工作空间中存储系统参数的当前值，以及由模块初始化代码所创建的任何变量和参数回调函数。用户可以利用模型和封装工作区变量初始化被封装子系统，并设置被封装子系统内的模块值，但要遵守如下规则：

（1）模块参数表达式只能使用定义在子系统中的变量，或者使用包含这个模块的嵌套子系统中的变量，还可以使用模型工作区中的变量。

（2）对于多层级（多于一层以上）模型，假设用户在几个层级模型中都定义了同一个变量，如果在某个层级中引用这个变量，那么变量值在局部工作区（也就是与这个层级最近的工作区）中求解。

（3）假设模型 M 包含被封装子系统 B，假如 B 引用的子系统 A 和模型 M 工作区中都有变量 x，在这种情况下，这个引用会在子系统 A 的工作区中求解变量值。

（4）被封装子系统的初始化代码只能引用其局部工作区（也就是该子系统自己的工作区）的变量。

3. 封装子系统的优点

总的来说，采用封装子系统的方法有如下优点：

（1）将子系统内众多的模块参数对话框集成一个单独的对话框。用户可以在该对话内输入相同子系统中不同模块的参数值。

（2）可以将个别模块的描述或帮助集成在一起，这样能有效地帮助用户了解该定制的模块（子系统）。

（3）可以制作该子系统的 Icon 图标，来直观地表示模块的用途。
（4）使用定制的参数对话框，避免由于不小心修改了不可改变的参数。

4．封装子系统的方便之处

以上优点为模型设计带来了很大的方便，具体如下：
（1）将子系统作为一个黑匣子，用户不必了解其中的具体细节而直接使用。
（2）子系统中模块的参数通过对话框进行设置，十分方便。
（3）保护知识产权，防止篡改。

【例 4-7】 用 Simulink 创建一个简单的封装子系统，该子系统实现 mx-n 的功能。

建立封装子系统如图 4-43 所示。模型中的子系统 mx-n 为 Subsystem 模块，它实现的是线性方程 $y=mx-n$。

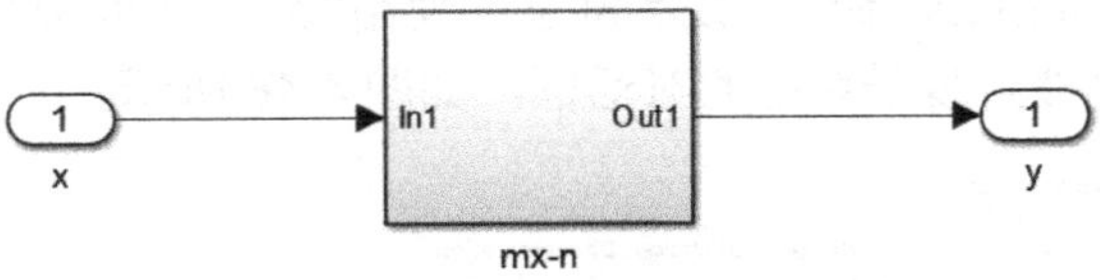

图 4-43　建立的封装子系统

双击图 4-43 中的子系统模块，可打开该子系统，结构如图 4-44 所示。

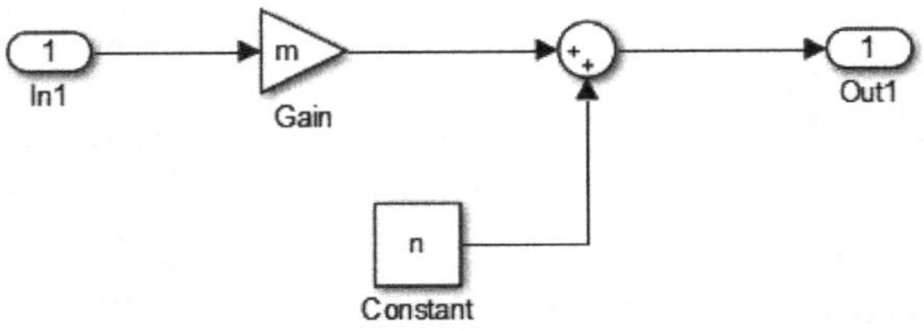

图 4-44　封装子系统内部结构

通常，当双击 Subsystem 模块时，该子系统会打开一个独立的窗口来显示子系统的模块。mx-n 子系统包含一个 Gain 模块，它的 Gain 参数被指定为变量 m；一个 Constant 模块，它的 Constant value 参数被指定为 n，这两个参数分别表示线性方程的斜率和截距。

在实例中，为子系统创建一个用户对话框和图标，对话框包含 Gain 参数和 Constant 参数的提示，双击图标可打开封装对话框，mx-n 子系统模块的参数对话框如图 4-45 所示。

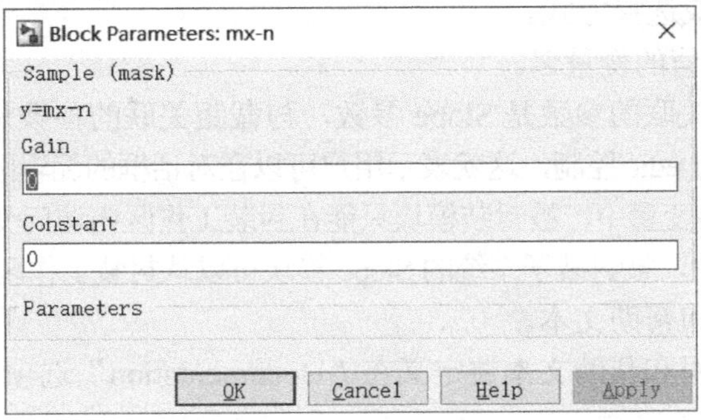

图 4-45　mx-n 封装子系统模块的参数对话框

用户可在封装对话框内输入 Gain 和 Constant 参数的数值，在子系统下的所有模块都可以使用这些值。子系统内的所有特性均被封装在一个新的接口内，这个接口具有图标界面，并包含了内嵌的 Simulink 模块。

对于该实例子系统，需要执行以下封装操作：

- 为封装对话框中的参数指定提示。在实例中，封装对话框为 Gain 参数和 Constant 参数指定提示。
- 指定用来存储每个参数值的变量名称。
- 输入模块的文档，该文档中包括模块的说明和模块的帮助文本。
- 指定创建模块图标的绘制命令。

（1）创建封装对话框。

为了对这个子系统进行封装，先在模型中选择 Subsystem 模块并右击，在弹出的快捷菜单中选择“Mask”→“Creat Mask”命令。该实例主要使用“Mask Editor”对话框中的“Parameters & Dialog”选项卡来创建被封装子系统的对话框，如图 4-46 所示。

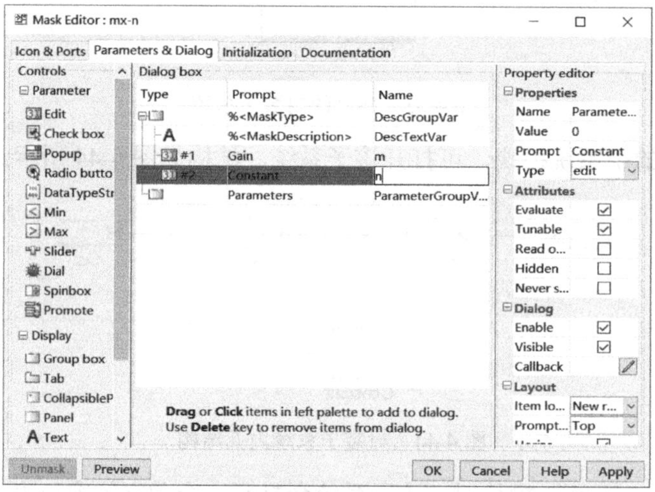

图 4-46 “Parameters & Dialog”选项卡

“Mask Editor”对话框中“Parameters & Dialog”选项卡可以用来指定封装参数的下列属性。

- Prompt：描述参数的文本标签。
- Type：用来指定用户所编辑参数值的控制类型。它是用户接口的控制风格，同时确定了参数值的输入或选择方式。
- Name：存储参数值的变量名。

在实例中，与斜率关联的参数是 Slope 参数，与截距关联的参数是 Intercept 参数。

斜率和截距都定义为 edit 控制，这就表示用户可以在对话框的编辑区域内输入数值，这些数值会存储在封装工作区的变量中，被封装模块只能在封装工作区内访问变量。在本实例中，输入的斜率值赋值到变量 m 中，被封装子系统的 Slope 模块可以从封装工作区内获得 Slope 参数的值。

（2）创建模块说明和帮助文本。

封装类型、模块说明和帮助文本被定义在“Documentation”选项卡内。其中，模块的说明描述如图 4-47 所示。

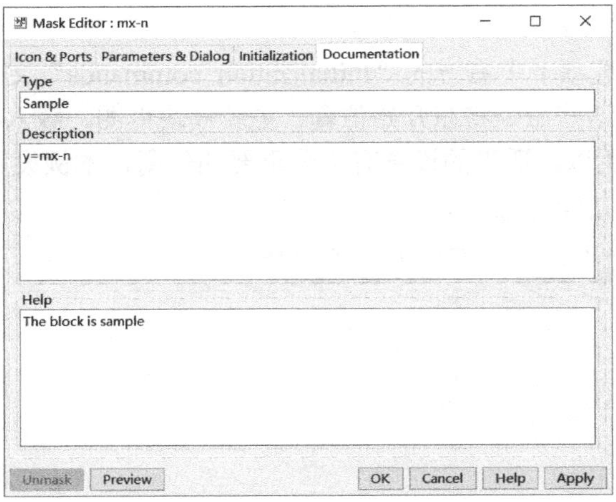

图 4-47　模块说明描述

（3）创建模块图标。

到目前为止，已为 mx-n 子系统创建了一个自定义对话框，但是，Subsystem 模块仍然显示的是通常的 Simulink 子系统图标。在此，想把封装后模块的图标设计为一条显示直线斜率的图形，以表现用户图标的特色。例如，当斜率为 3 时，图标如图 4-48 所示。

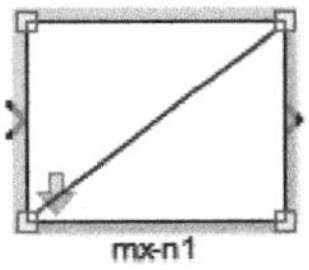

图 4-48　斜率为 3 的图标

对本实例，“Mask Editor”对话框内“Icon & Ports”选项卡的定义如图 4-49 所示。

“Icon Drawing commands”区域内的绘制命令为“plot([0,1],[0,m]+(m<0))”，绘制的是从点（0,0）到点（1,m）的一条直线，如果斜率为负，则 Simulink 会把直线向上平移 1 个单位，以保证直线显示在模块的可见绘制区域内。

绘制命令可以存取封装工作区中的所有变量，当输入不同的斜率值时，图标会更新直线的斜率。在图 4-49 左侧的“Options”选项卡内的“Icon Units”参数表示绘制坐标，在此选择“Normalized”，它表示图标中的绘制坐标定位在边框的底部，图标在边框内绘制，图标中左下角的坐标为（0,0），右上角的坐标为（1,1）。

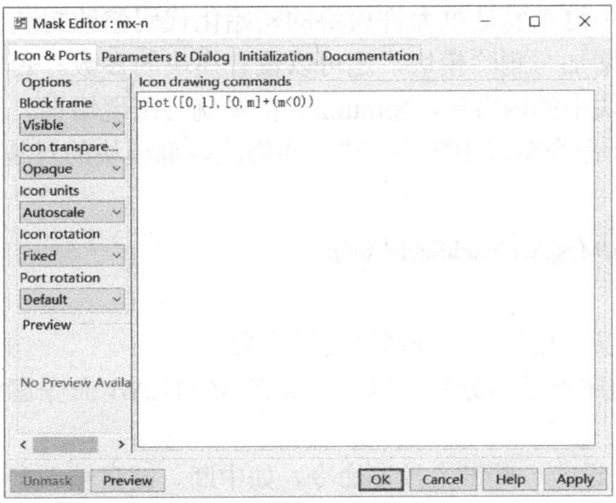

图 4-49　“Icon & Ports”选项卡

（4）初始化设置。

在“Initialization”选项卡中右方的“Initialization commands”文本框中可以输入初始化命令，如图 4-50 所示，这些命令将在开始仿真、更新模块框图、载入模型与重新绘制封装子系统的图标时被调用。所以，适当的设置有十分重要的作用，本例设置如图 4-50 所示。

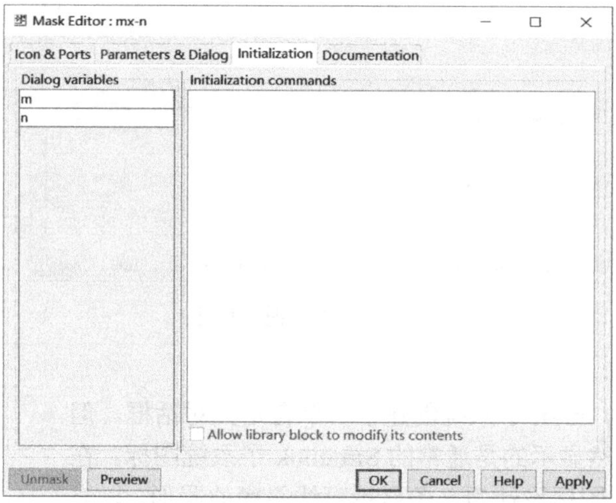

图 4-50 “Initialization”选项卡

在“Initialization”选项卡中包括以下几个控制选项：

- Dialog variables 选项：此列表中显示了与封装子系统参数相关的变量名。用户可以从这个列表中复制参数名到“Initialization commands”文本框中。也可以使用这个列表来更改参数变量，用鼠标双击相应的变量就可以更改了，然后按“Enter”键确定。
- Initialization commands 文本框：在文本框中输入初始化命令，也可以输入任何的 MATLAB 表达式，如 MATLAB 函数、运算符及在封装模块空间中的变量等，但是初始化命令不能是基本工作空间的变量。初始化命令要用分号来结尾，避免在 MATLAB 命令窗口中出现回调结果。
- Allow library block to modify its contents 复选框：该复选框仅当封装子系统存在于模块库中才可用。选中这个复选框允许模块的初始化代码修改封装子系统的内容。如可以允许初始化代码增加与删除模块，还可以设置模块的参数。否则，当试图通过模块库中的模块修改模块中的内容时，Simulink 仿真就会出现错误。不过，这个选项命令还可以在 MATLAB 命令窗口中实现，选中要修改内部模块的封装子系统模块，然后在命令窗口中输入：

```
>> set_param(gcb,'MaskSelfModifiable','on');
```

然后保存这个模块。

用户可以通过以下几种方法来调试初始化命令。

▲ 在命令的结尾不是用分号，以便能够在 MATLAB 命令窗口中直接查看相关命令运行结果。

▲ 在命令中间设定一些键盘控制命令，如中断、键盘输入参数等，可以实现人机交互，这样就可以清楚地了解每一步运行的结果。

▲ 可以在 MATLAB 命令窗口中输入：

```
>>dbstop if error
>> dbstop if warning
```

▲ 当初始化命令发生错误时，这些命令就会停止执行，然后用户就可以检查封装子系统的工作空间。

4.4.2 创建封装模块动态对话框

Simulink 允许用户为被封装模块创建动态对话框，也就是被封装模块的外观可以根据用户输入的变化而变化。可以改变的模块外观特性如下：

（1）参数的可见性控制。改变参数可以控制其他参数的可见性，当控制参数可见或不可见时，对话框分别为展开或缩小状态。

（2）使能参数状态控制。改变参数可以控制其他参数的使能和关闭，Simulink 会使关闭的参数以灰色显示。

（3）参数值。改变参数可以使相关参数设置为适当的值。

创建动态封装对话框时需要使用封装编辑器，并结合 Simulink 的 set_param 命令，具体地说，就是首先用封装编辑器定义所有的对话框参数，包括静态参数和动态参数，接着在 MATLAB 命令窗口行中用 Simulink 的 set_param 命令设置仿真系统的参数，最后保存模型或保存包含被封装子系统的库，完成动态封装对话框的创建。

1. 设置封装模块对话框参数

Simulink 定义了一组封装模块参数，这些参数定义了被封装模块对话框的当前状态，用户可以用封装编辑器检验和设置其中的许多参数。

当然，Simulink 的 get_param 和 set_param 命令也允许用户检验和设置封装对话框参数，这样做当然也有优点，因为 set_param 命令可以设置参数，因此当对话框处于打开状态时用户可以改变对话框的外观，也就是可以创建动态的封装对话框。

用户可以在 MATLAB 命令中用 set_param 命令指定当用户改变用户所定义参数的数值时需要调用的回调函数。回调函数可以用 set_param 命令改变被封装对话框的预定义参数的数值，如隐藏、显示、使能或关闭用户定义的参数。

2. 预定义封装对话框参数

Simulink 可以把下列预定义参数与被封装对话框联系起来。

（1）MaskCallbacks。

该参数值是一个字符串型的元胞数组，该数组用来为对话框中用户定义的参数指定回调表达式。第一个元素为第一个参数控制定义回调，第二个元素为第二个参数控制定义回调，以此类推。回调函数可以是任何有效的 MATLAB 表达式，包括执行 M 文件命令的表达式，这就意味着用户可以实现复杂的类似 M 文件的回调函数。

为封装对话框设置回调函数的最简单办法就是，先在模型或库窗口中选择相应模块的封装对话框，然后在 MATLAB 命令行中输入 set_param 命令。

以下代码表示为当前所选择模块的封装对话框内的第一个参数和第三个参数定义回调函数，为了保存回调设置，需保存模型或保存包含被封装模块的库。

```
set_param(gcb,'MaskCallbacks',{'parm1_callback', '',...,'parm3_callback'});
```

（2）MaskDescription。

该参数值是用来指定模块说明的字符串，用户可以通过设置该参数来动态地改变被封装模块的说明。

（3）MaskEnables。

该参数值是字符串型的元胞数组，该字符串用来控制对话框内用户所定义参数的使能状态，第一个元素定义第一个参数的使能控制状态，第二个元素定义第二个参数的使能控制状态，以此类推。数值 on 表示相应的控制被使能，数值 off 表示控制被关闭。

用户可以在回调函数中通过设置该参数来动态地使能或关闭用户输入。例如，回调函数中的下列命令将会关闭当前打开的被封装模块对话框中的第三个控制，Simulink 会将被关闭的控制呈灰色显示，以表明其已关闭。

```
set_param(gcb,'MaskEnables',{'on','on','off'});
```

（4）MaskPrompts。

该参数值是字符串型的元胞数组，该字符串用来指定用户所定义参数的提示，第一个元素为第一个参数定义提示，第二个元素为第二个参数定义提示，以此类推。

（5）MaskType。

该参数值是与对话框相关联模块的封装类型。

（6）MaskValues。

该参数值是字符串型的元胞数组，该字符串用来为对话框指定用户所定义参数的参数值，第一个元素为第一个参数定义数值，第二个元素为第二个参数定义数值，以此类推。

（7）MaskVisibilities。

该参数值是字符串型的元胞数组，该字符串用来为对话框指定用户所定义参数的可见性控制，第一个元素为第一个参数定义可见性控制，第二个元素为第二个参数定义可见性控制，以此类推。数值 on 表示相应的控制是可见的，数值 off 表示控制被隐藏。

用户可以在回调函数中通过设置该参数来动态地隐藏或显示用户所定义的参数。例如，下面回调函数中的命令隐藏了当前被选择模块中用户定义的第二个封装参数的控制，Simulink 会展开或缩小对话框以显示或隐藏参数控制。

```
set_param(gcb,'MaskVisibilities',{'on','off','on'});
```

【例 4-8】 建立图 4-51 中的行驶控制（线性）模型，修改控制器模型，将增益、常数改为变量表示，封装子系统，使得该模型具有以下功能：

（1）用户可以输入增益 m、常数 n 变量。

（2）图标显示 m、n 的值。

（3）带有帮助信息。

解析： 首先将模型中增益模块 Gain 和常数模块 Constant 参数修改为 m 和 n，然后用鼠标选择构成系统的所有模块并右击，在弹出的快捷菜单中选择“Create Subsystem from Selection”命令创建子系统，则系统模型如图 4-52 所示。

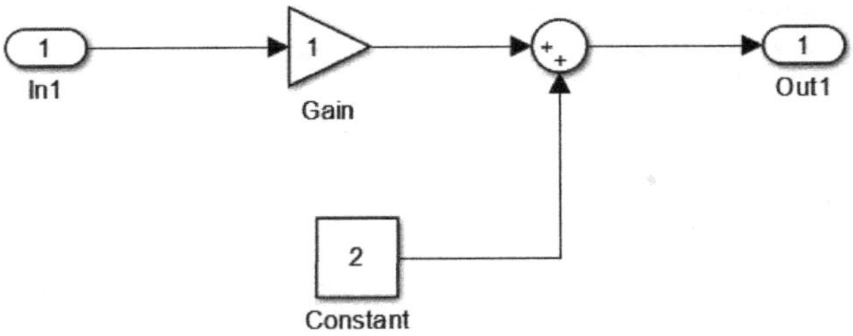

图 4-51　行驶控制模型

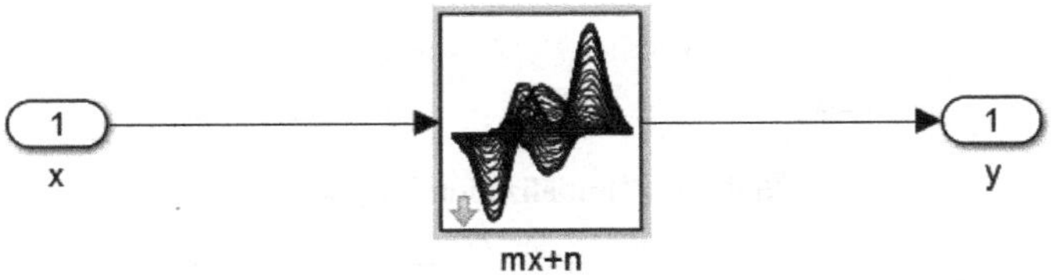

图 4-52　系统模型

选择子系统并右击，在弹出的快捷菜单中选择“Mask”→“Create Mask”命令，打开封装编辑器。在封装编辑器的“Parameters & Dialog”选项卡内单击左面的“Edit”快捷键，即可添加新变量，如第一个变量的 Prompt 为“Gain”，Name 为“m”，Type 值选择为“edit”，如图 4-53 所示。

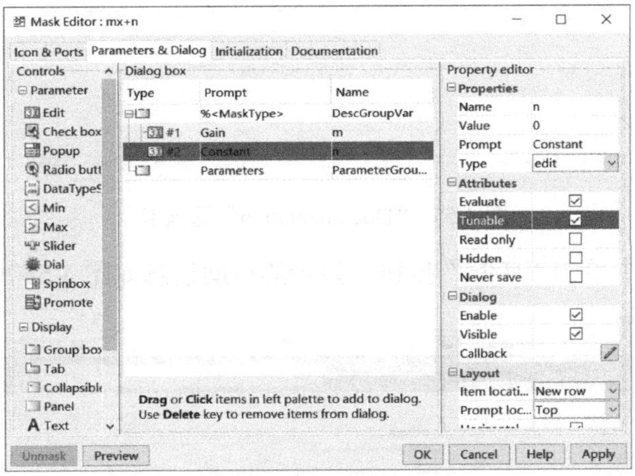

图 4-53　封装编辑器

在“Initialization”选项卡内输入初始化命令，如图 4-54 所示，以便将图标中的字符串拼接起来供生成图标使用。

初始化命令为：

```
plot([0 1],[0 m]+(m<0))
```

在“Icon & Ports”选项卡内输入图标绘制命令 plot(peaks)。

在“Documentation”选项卡内输入内容如图 4-55 所示。

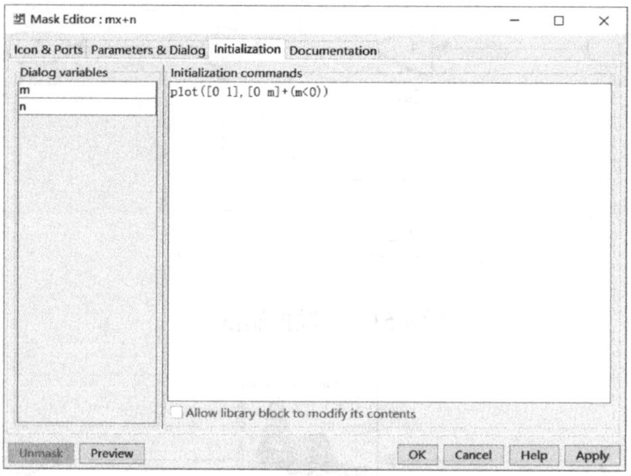

图 4-54 “Initialization”选项卡

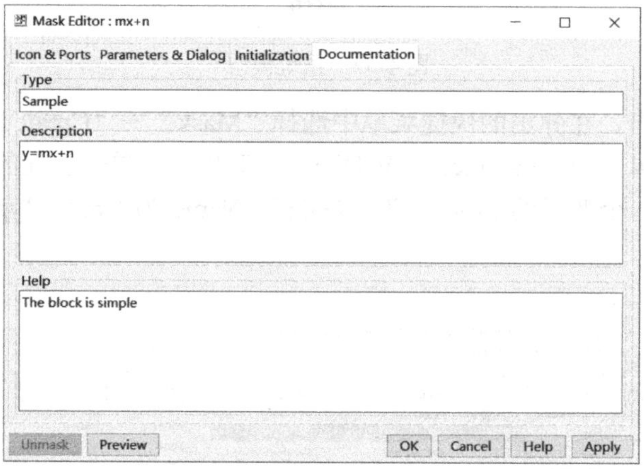

图 4-55 “Documentation”选项卡

最后，在图 4-55 中单击“Help”按钮，显示的帮助信息如图 4-56 所示。

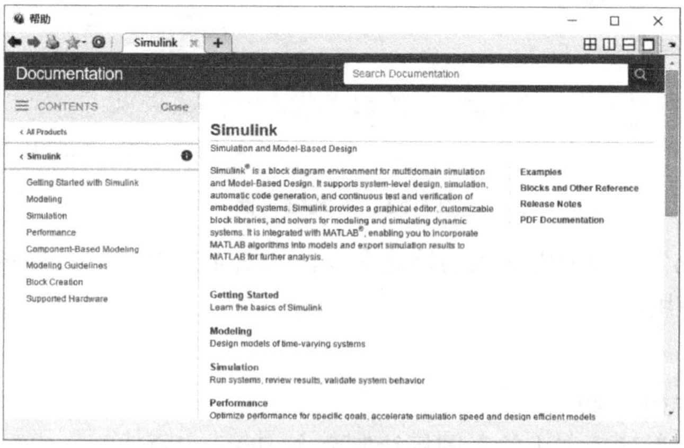

图 4-56 系统帮助信息

完成封装后的行驶控制系统的对话框如图 4-57 所示。

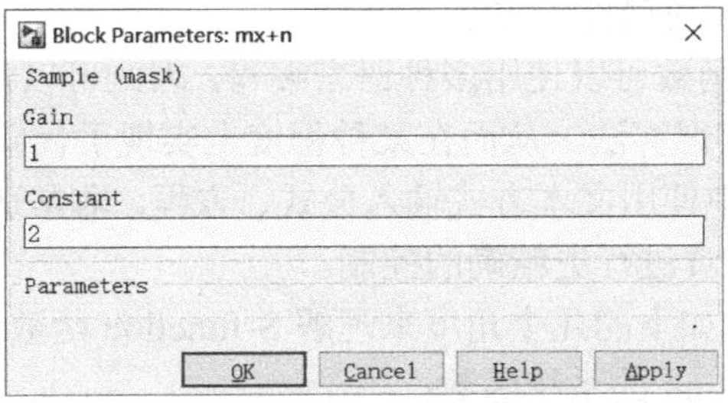

图 4-57 封装行驶控制系统对话框

4.5 S-function 函数

S-function 是系统函数（System Function）的简称，是对一个动态系统的计算机程序语言描述。S-function 能够接收来自 Simulink 解法器的相关信息，并对解法器发出的命令做出适当的响应，这种交互作用非常类似于 Simulink 系统模块与解法器的交互作用。

S-function 是一个动态系统的计算机语言描述，在 MATLAB 里，用户可以选择用 M 文件编写，也可以用 C 或 MEX 文件编写。S-function 提供了扩展 Simulink 模块库的有力工具，它采用一种特定的调用语法，使函数和 Simulink 解法器进行交互。其最广泛的用途是定制用户自己的 Simulink 模块。它的形式十分通用，能够支持连续系统、离散系统和混合系统。在这里只给大家介绍如何用 M 文件编写 S-function 函数。

S-function 主要用来实现下面几个方面的功能：

（1）向 Simulink 模块中增加一个通用目标的模型；

（2）使用 S-function 的模块来充当硬件的驱动；

（3）在仿真中嵌入已经存在的 C 代码；

（4）将系统表示成一系列的数学方程；

（5）在 Simulink 中使用动画。

4.5.1 S–function 的概述

S-function 使用一种的调用格式来与 Simulink 方程求解器相互作用，这与发生在求解器和内置 Simulink 块之间的相互作用非常相似。S-function 的形式是非常通用的，且适用于连续、离散和混合系统。

S-function 提供了一种在 Simulink 模型中增加自定义模块的手段，它作为与其他语言相结合的接口，可以使用这个语言所提供的强大能力。例如，M 文件编写的 S-function 可以充分利用 MATLAB 所提供的丰富资源，方便地调用各种工具箱函数和图形函数；使用 C-MEX 文件编写的 S-function 则可以实现对操作系统的访问。

对于大多数动态系统仿真分析而言，使用 Simulink 提供的模块即可实现，而不需要使用

S-function 函数。但是，当需要开发一个新的通用的模块作为一个独立的功能单元时，使用S-function 函数则是由一种相对简便的方法。

另外，由于 S-function 函数可以使用多种语言编写，因此可以将已有的代码结合进来，而不需要在 Simulink 中重新实现算法，从而在某种程度上实现了代码移植。

此外，S-function 函数中使用文本方式输入公式、方程，非常适合复杂动态系统的数学描述，并在仿真过程可以对仿真进行更精确的控制。

简单来说，读者可以从如下的几个角度来理解 S-function 函数：

（1）S-function 为 Simulink 的系统函数；

（2）采用非图形化的方法实现一个动态系统；

（3）可用多种语言进行编写；

（4）能够响应 Simulink 求解器命令；

（5）可以开发新的 Simulink 模块；

（6）扩展 Simulink 功能，M 文件的 S-function 可以扩展图形能力；

（7）可以与已有的代码相结合进行仿真；

（8）可以采用文本方式输入复杂的系统方程；

（9）S-function 的语法结构是为实现一个动态系统而设计的。

4.5.2 S-function 的概念

理解下面与 S-function 相关的几个概念对于读者理解 S-function 的概念与编写都是非常有益的。

1. 直接馈通

直接馈通是指输出（或者是对于变步长采样块的可变步长）直接受控于一个输入口的值。有一条很好的经验方法来判断输入是否为直接馈通，如果：

输出函数（mdlOutputs 或 flag==3）是输入 u 在 mdlOutputs 中被访问，则存在直接馈通。输出也可以包含图形输出，类似于一个 XY 绘图板。

对于一个变步长 S-function 的“下一步采样时间”函数（mdlGetTimeOfNextVarHit 或 flag==4）中可以访问输入 u 。

例如，一个需要其输入的系统（也就是具有直接馈通）是运算：

$$y = k \times u$$

式中，u——输入；

k——增益；

y——输出。

又如，一个不需要其输入的系统（也就是没有直接馈通）是一种简单的积分运算：

输出：

$$y = x$$

导数：

$$x' = u$$

式中，x——状态；

x'——状态对时间的导数；

u——输入；

y——输出。

正确设置直接馈通标志是十分重要的，因为这不仅关系到系统模型中的系统模块的执行顺序，还关系到对代数环的检测与处理。

2. 动态维矩阵

S-function 可编写成支持任意维的输入。在这种情况下，当仿真开始时，根据驱动 S-function 的输入向量的维数动态确定实际输入的维数。输入的维数也可以用来确定连续状态的数量、离散状态的数量，以及输出的数量。

M 文件的 S-function 只可有一个输入端口，而且输入端口只能接受一维（向量）的信号输入。但是，信号的宽度是可以变化的。在一个 M 文件的 S-function 内，如果要指示输入宽度是动态的，必须在数据结构 sizes 中相应的域值指定为-1，结构 sizes 是在调用 mdlInitializeSizes 时返回的一个结构。当 S-function 通过使用 length(u)来调用时，可以确定实际输入的宽度。如果指定为 0 宽度，那么 S-function 模块中将不出现输入端口。

例如，如图 4-58 所示为在一个模型中，将一个相同的 S-function 模块进行两次使用。

在图 4-58 中，上面的 S-functionA 模块由一个带四元素输出的模块作为输入；下面的 S-functionB 模块由一个时间输出模块来驱动。通过指定该 S-function 模块的输入端口具有动态宽度，那么同一个 S-function 可以适用于两种情况。

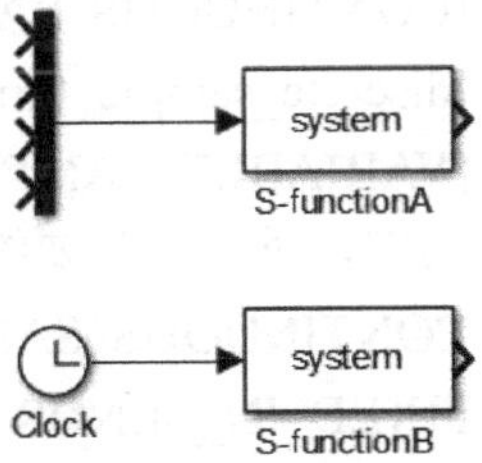

图 4-58 使用 S-function

Simulink 会自动地按照合适宽度的输入端口来调用该模块。同样的，如果块的其他特性，如输出数量、离散状态数量或连续状态数量，被指定为动态宽度，那么 Simulink 会将这些向量定义为与输入向量具有相同的长度。

3. 采样时间和偏移量

M 文件与 MEX 文件的 S-function 在指定 S-function 何时执行上都具有高度的灵活性。Simulink 对于采样时间提供了如下选项。

（1）连续采样时间：用于具有连续状态和/或非过零采样的 S-function。对于这种类型的 S-function，其输出在每个微步上变化。

（2）连续但微步长固定采样时间：用于需要在每一个主仿真步上执行，但在微步长内值不发生变化的 S-function。

（3）离散采样时间：如果 S-function 模块的行为是离散时间间隔的函数，那么可以定义一个采样时间来控制 Simulink 何时调用该模块。也可以定义一个偏移量来延迟每个采样时间点。偏移量的值不可超过相应采样时间的值。

采样时间点发生的时间按照以下公式来计算：

TimeHit=(n*period)+offset

式中，n——整数，是当前仿真步。n 的起始值总是为 0。

如果定义了一个离散采样时间，Simulink 在每个采样时间点时调用 S-function 的 mdlOutput 和 mdlUpdate。

（4）可变采样时间：采样时间间隔变化的离散采样时间。在每步仿真的开始，具有可变采样时间的 S-function 需要计算下一次采样点的时间。

（5）继承采样时间：有时，S-function 模块没有专门的采样时间特性（它既可以是连续的也可以是离散的，取决于系统中其他模块的采样时间）。

比如，一个增益块就是继承采样时间的例子，它从其输入块继承采样时间。一个块可以从以下几种块中继承采样时间：

- 输入块；
- 输出块；
- 系统中最快的采样时间。

要将一个块的采样时间设置为继承，那么在 M 文件的 S-function 中使用-1 作为采样时间，在 C 的 S-function 中使用 INHERITED_SAMPLE_TIME 作为采样时间。

采样时间是按照固定格式成对指定的：[采样时间，偏移时间]。有效的采样时间对如下：

[CONTINUOUS_SAMPLE_TIME,0.0]

[CONTINUOUS_SAMPLE_TIME,FIXED_IN_MINOR_STEP_OFFSET]

[discrete_sample_time_period,offset]

[VARIABLE_SAMPLE_TIME,0.0]

其中，下面变量要给定初始值：

CONTINUOUS_SAMPLE_TIME=0.0

FIXED_IN_MINOR_STEP_OFFSET=1.0

VARIABLE_SAMPLE_TIME=-2.0

另外，还可指定采样时间从驱动块继承而来。在此情况下，S-function 只能有一个采样时间对：

[INHERITED_SAMPLE_TIME,0.0]

或者：

[INHERITED_SAMPLE_TIME,FIXED_IN_MINOR_STEP_OFFSET]

其中：

INHERITED_SAMPLE_TIME=-1.0

以下指导方针有助于读者指定采样时间：

- 一个在积分微步期间变化的连续 S-function，应该采用[CONTINUOUS_SAMPLE_TIME,0.0]作为采样时间。
- 一个在积分微步期间不变化的连续 S-function，应该采用[CONTINUOUS_SAMPLE_TIME,FIXED_IN_MINOR_STEP_OFFSET]作为采样时间。
- 一个在指定速率下变化的离散 S-function，应该采用离散采样时间对[discrete_sample_time_period,offset]。其中：discrete_sample_time_period>0.0T 0.0=offset< discrete_sample_time_period >。
- 一个在指定速率下变化的离散 S-function，应该采用离散采样时间对[VARIAABLE_

SAMPLE_TIME,0.0]。

对于变步长的离散任务，mdlGetTimeOfNextVarHit 程序被调用以确定下一个采样时间点。如果 S-function 没有本身特定的采样时间，必须将采样时间指定为继承。有两种情况：

▲ 在积分微步内，S-function 的变化都是随着输入而变化的，应该采用[INHERITED_SAMPLE_TIME,0.0]作为其采样时间。

▲ 如果一个 S-function 随着输入而变化，但在一个积分微步内不变化（积分微步固定），应该采用[INHERITED_SAMPLE_TIME,FIXED_IN_MINOR_ STER_OFFSET]作为采样时间。

4.5.3　S-function 模块

在 Simulink 浏览器中的 User Defined Function 库中有一个 S-Function 模块，用户可以利用该模块在模型中创建 S-function。一般来说，创建包含 S-functionSimulink 模型可通过如下步骤实现：

（1）打开 Simulink 模块浏览器，将 User Defined Function 库中的 S-Function 模块复制到用户新建的模型窗口中。

（2）双击 S-Function 模块，打开其模块参数设置对话框，如图 4-59 所示，设置 S-Function 参数。

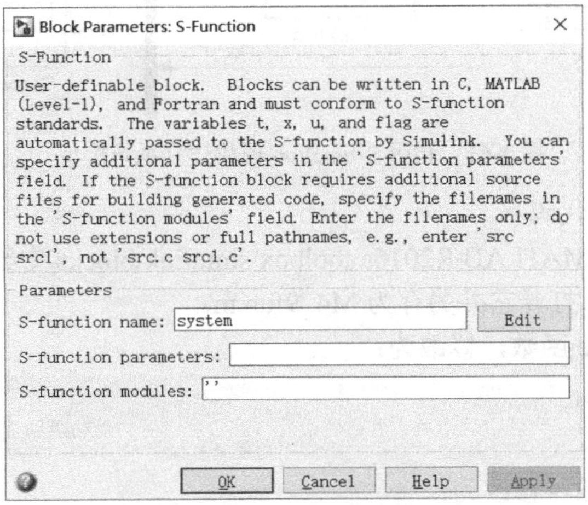

图 4-59　S-Function 模块参数设置对话框

在“S-function name”（文件名）文本框中填写 S-function 不带扩展名的文件名，在“S-function parameters”（参数编辑框）文本框中填写 S-function 所需要的参数，参数并列给出，参数间以逗号分隔开。并且文件名文本框中不能为空。

（3）创建 S-Function 源代码，单击 S-Function 模块参数设置对话框中的“Edit”按钮，即可打开源代码 M 文件的编辑窗口，如图 4-60 所示。

（4）在 Simulink 仿真模型中，连接模块，进行仿真。

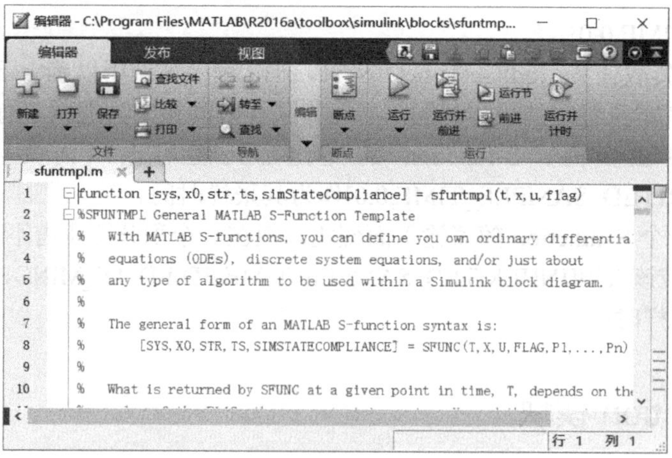

图 4-60　源代码的 M 文件的编辑窗口

【例 4-9】 以 S-function 完成对输入信号的运算：$y = 4u + 1$。

其实现步骤为：

（1）构建模型。

根据需要构建如图 4-61 所示的 Simulink 仿真模型框图，并命名为 M4_9.mdl。

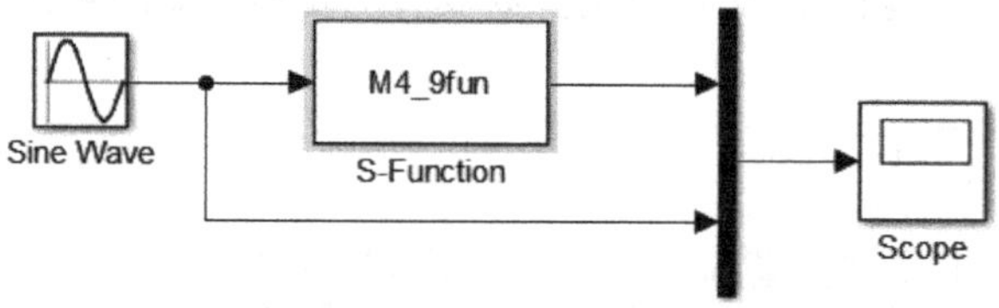

图 4-61　利用 S-function 模块建立系统模型

（2）修改 MATLAB 代码。

在 C:\Program Files\MATLAB\R2016a\toolbox\simulink\blocks 中给出了 M 文件 S-function 的模板文件 sfuntmpl.m，打开它并另存为 M4_9fun.m。

修改 mdlInitializeSize 函数，修改为：

```
sizes.NumOutputs=1;
sizes.NumInputs=1;
```

修改 mdlOutputs 函数，修改为：

```
sys=4*u+1
```

（3）模块参数设置。

双击图 4-61 中的 S-Function 模块，弹出参数设置对话框，将参数“S-function name”设置为“M4_9fun”，如图 4-62 所示。

（4）运行仿真。

其他模块参数采用默认值，单击模型界面中的运行按钮即对模型进行仿真，系统仿真效果如图 4-63 所示。

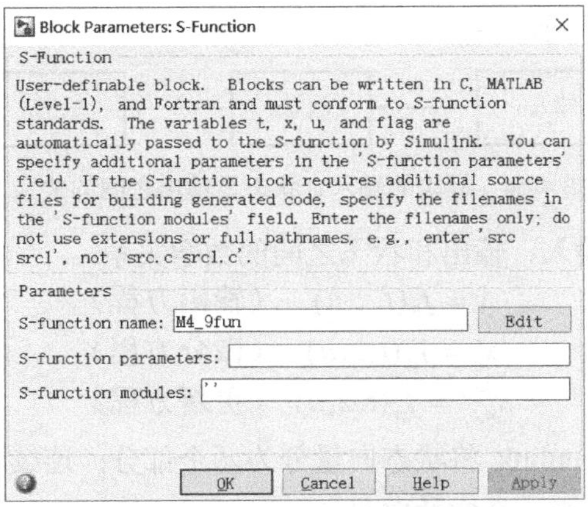

图 4-62　S-function 模块参数设置

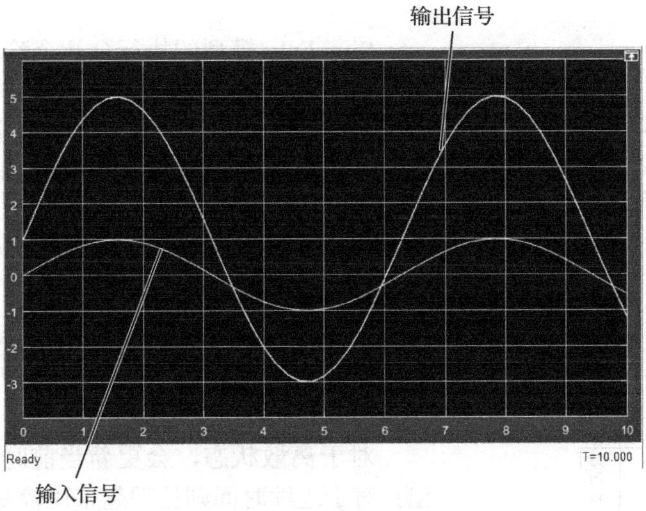

图 4-63　系统仿真效果

由图 4-63 可以看出：输入正弦信号被放大为原来的 4 倍，一条为输入信号，另一条为输出信号。

4.5.4　S-function 的工作原理

要创建一个 S-function，了解 S-function 的工作原理就显得非常必要。S-function 的一个优点就是可以创建一个通用的模块，在模型中可以多次调用，在不同的场合下仅仅修改它的参数就可以了。因此，在了解 S-function 的工作原理前，先了解一下模块的一个共同特性，以便读者能够更好地理解 Simulink 的整个仿真原理，然后将简单介绍 Simulink 的仿真阶段和 S-function 的反复调用。

1．数学关系

Simulink 模块包含一组输入、一组状态和一组输出。其中，输出是采样时间、输入和模块状态的函数，如图 4-64 所示。

图 4-64　模块的输入、状态及输出之间的关系

下面的方程式表述了输入、输出和状态之间的数学关系：

$$y = f_0(t,x,u) \quad \text{（输出方程）}$$

$$x_c' = f_d(t,x,u) \quad \text{（微分方程）}$$

$$x_{d_{k+1}} = f_u(t,x,u) \quad \text{（更新方程）}$$

其中，$x = x_c + x_d$。Simulink 将状态向量分为两个部分：连续状态 x_c 和离散状态 x_d。没有状态的模块，其状态量 x 为一个空的向量。

2. 仿真流程

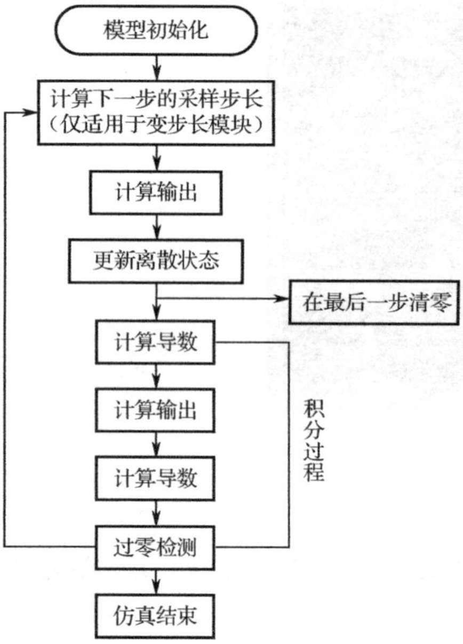

图 4-65　Simulink 仿真流程

Simulink 模型的执行分几个阶段进行，如图 4-65 所示为 Simulink 仿真的流程。

从该流程图中可以看出，仿真启动后，Simulink 首先进行模型初始化，在这个阶段主要完成模型中所有模块的具体化、传播采样时间和数据类型、对各模块的各种参数进行赋值并对模块进行排序等操作，这是进入仿真循环阶段的准备工作。

初始化阶段完成后，进入仿真循环阶段，在仿真循环的每个阶段，Simulink 会按照在初始化阶段确定的模块顺序执行模块。

对于离散状态，会更新当前时刻的离散状态并输出；对于连续时间则处理起来比较复杂，它会计算两次输出，这两次输出会在求解器当中进行一致性检查，当超过求解器设置的容限时，求解器会以一个更小的步长进行计算输出。

在连续时间状态下存在一个过零检测的过程，仿真循环当中如果检测到过零点，Simulink 系统会自动在此过零点周围进行插值。

4.5.5　S-function 的仿真流程

S-function 包括主函数和 6 个功能子函数，包括 mdlInitializeSizes 初始化、mdlDerivatives 连续状态微分、mdlUpdate 离散状态更新、mdlOutputs 模块输出、mdlGetTimeOfNextVarHit 计算下次采样时刻、mdlTerminate 仿真结束。

在 S-function 仿真过程中，利用 switch-case 语句，根据不同阶段对应的 flag 值（仿真流程标志向量）来调用 S-function 的不同子函数，以完成对 S-function 模块仿真流程的控制。

S-function 仿真流程如图 4-66 所示。

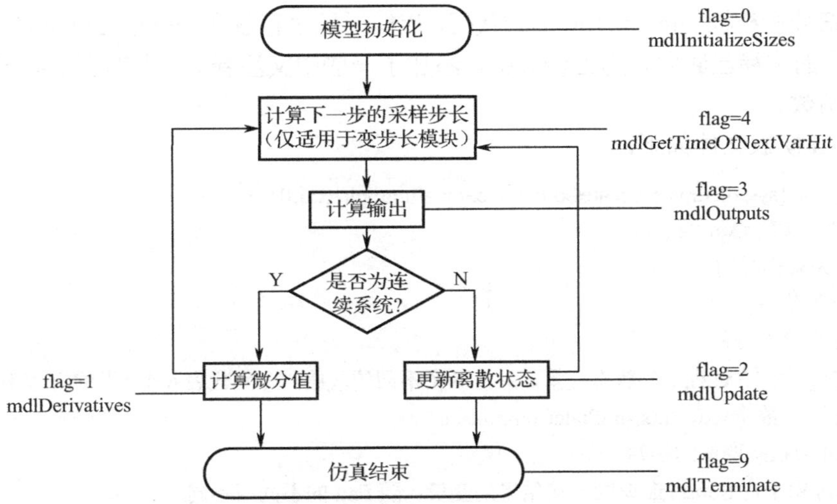

图 4-66　S-function 仿真流程

4.5.6　S-function 的回调程序

Simulink 模型中反复调用 S-function，以便执行每一阶段的任务。Simulink 会对模型中 S-function 采用适当的方法进行调用，在调用过程中，Simulink 将调用 S-function 来完成各项任务。这些任务包括：

（1）初始化。在仿真开始前，Simulink 在这个阶段初始化 S-function，这些工作包括：

- 初始化结构体 SimStruct，它包含 S-function 的所有信息。
- 设置输入输出端口的数目和大小。
- 设置采样时间。
- 分配存储空间并估计数组大小。

（2）计算下一个采样时间点，如果选择变步长解法器进行仿真时，需要计算下一个采样时间点，即计算下一步的仿真步长。

（3）计算主要时间步的输出，即为计算所有端口的输出值。

（4）更新状态，此例程在每个步长处都要执行一次，可以在这个例程中添加每个仿真步都需要更新的内容，例如离散状态的更新。

（5）数值积分，用于连续状态的求解和非采样过零点。如果 S-function 存在连续状态，Simulink 就在 minor step time 内调用 mdlDdrivatives 和 mdlOutput 两个 S-function 全程。

4.5.7　编写 M 文件的 S-function 函数

要了解 S-function 是如何工作的，最直接有效的方法就是学习 S-function 范例。

1．S-function 模板代码

下面详细分析模板 sfuntmp1.m 中的代码，该模板程序存放在 toolbox\simulink\blocks 目录下（原代码中的注释已删除，为方便分析，添加了一些中文注释）。用户可从这个模板出发构建自己的 S 函数。

S-function 模板文件如下：

```
function [sys,x0,str,ts,simStateCompliance] = sfuntmpl(t,x,u,flag)
%输入参数 t,x,u,flag
% t 为采样时间
% x 为状态变量
% u 为输入变量
% flag 为仿真过程中的状态标量，共有 6 个不同的取值，分别代表 6 个不同的子函数
%返回参数 sys,x0,str,ts,simStateCompliance
% x0 为状态变量的初始值
% sys 用于向 Simulink 返回直接结果的变量，随 flag 的不同而不同
% str 为保留参数，一般在初始化中置空，即 str=[]
% ts 为一个 1×2 的向量，ts(1)为采样周期，ts(2)为偏移量
switch flag,                        %判断 flag，查看当前处于哪个状态
  case 0,                           %表处于初始化状态，调用函数 mdlInitializeSizes
    [sys,x0,str,ts,simStateCompliance]=mdlInitializeSizes;
  case 1,                           %表调用计算连续状态的微分
    sys=mdlDerivatives(t,x,u);
  case 2,                           %表调用计算下一个离散状态
    sys=mdlUpdate(t,x,u);
  case 3,                           %表调用计算输出
    sys=mdlOutputs(t,x,u);
  case 4,                           %调用计算下一个采样时间
    sys=mdlGetTimeOfNextVarHit(t,x,u);
  case 9,                           %结束系统仿真任务
    sys=mdlTerminate(t,x,u);
  otherwise
    DAStudio.error('Simulink:blocks:unhandledFlag', num2str(flag));
end
function [sys,x0,str,ts,simStateCompliance]=mdlInitializeSizes
sizes = simsizes;                   %用于设置模块参数的结构体，调用 simsizes 函数生成
sizes.NumContStates  = 0;           %模块连续状态变量的个数，0 为默认值
sizes.NumDiscStates  = 0;           %模块离散状态变量的个数，0 为默认值
sizes.NumOutputs     = 0;           %模块输出变量的个数，0 为默认值
sizes.NumInputs      = 0;           %模块输入变量的个数
sizes.DirFeedthrough = 1;           %模块是否存在直接贯通
sizes.NumSampleTimes = 1;           %模块的采样时间个数，1 为默认值
sys = simsizes(sizes);              %初始化后的构架 sizes 经过 simsizes 函数运算后向 sys 赋值
```

```
x0  = [];                                        %向量模块的初始值赋值
str = [];
ts  = [0 0];
simStateCompliance = 'UnknownSimState';
function sys=mdlDerivatives(t,x,u)               %编写计算导数向量的命令
sys = [];
function sys=mdlUpdate(t,x,u)                    %编写计算更新模块离散状态的命令
sys = [];
function sys=mdlOutputs(t,x,u)                   %编写计算模块输出向量的命令
sys = [];
function sys=mdlGetTimeOfNextVarHit(t,x,u) %以绝对时间计算下一采样点的时间，该函数只在变
                                                 %采样时间条件下使用
sampleTime = 1;
sys = t + sampleTime;
function sys=mdlTerminate(t,x,u)                 %结束仿真任务
sys = [];
```

上述程序代码还多次引用系统函数 simsizes，该函数保存在 toolbox\simulink\simulink 路径下，函数的主要目的是设置 S-function 的大小，代码为：

```
function sys=simsizes(sizesStruct)
switch nargin,
  case 0,           % 返回结构大小
    sys.NumContStates  = 0;
    sys.NumDiscStates  = 0;
    sys.NumOutputs     = 0;
    sys.NumInputs      = 0;
    sys.DirFeedthrough = 0;
    sys.NumSampleTimes = 0;
  case 1,           % 数组转换
    % 假如输入为一个数组，即返回一个结构体大小
    if ~isstruct(sizesStruct),
      sys = sizesStruct;
      % 数组的长度至少为 6
      if length(sys) < 6,
        DAStudio.error('Simulink:util:SimsizesArrayMinSize');
      end
      clear sizesStruct;
      sizesStruct.NumContStates  = sys(1);
      sizesStruct.NumDiscStates  = sys(2);
      sizesStruct.NumOutputs     = sys(3);
      sizesStruct.NumInputs      = sys(4);
      sizesStruct.DirFeedthrough = sys(6);
```

```
            if length(sys) > 6,
              sizesStruct.NumSampleTimes = sys(7);
            else
              sizesStruct.NumSampleTimes = 0;
            end
          else
            % 验证结构大小
            sizesFields=fieldnames(sizesStruct);
            for i=1:length(sizesFields),
              switch (sizesFields{i})
                case { 'NumContStates', 'NumDiscStates', 'NumOutputs',...
                       'NumInputs', 'DirFeedthrough', 'NumSampleTimes' },
                otherwise,
                  DAStudio.error('Simulink:util:InvalidFieldname', sizesFields{i});
              end
            end
            sys = [...
              sizesStruct.NumContStates,...
              sizesStruct.NumDiscStates,...
              sizesStruct.NumOutputs,...
              sizesStruct.NumInputs,...
              0,...
              sizesStruct.DirFeedthrough,...
              sizesStruct.NumSampleTimes ...
            ];
          end
        end
```

2. M 文件 S- function 模板

模板文件里 S-function 的结构十分简单，它只为不同的 flag 值指定要相应调用的 M 文件子函数。比如，当 flag=3 时，即模块处于计算输出这个仿真阶段时，相应调用的子函数为 sys=mdloutputs(t,x,u)。

模板文件使用 switch 语句来完成这种指定，当然这种结构并不唯一，用户也可以使用 if 语句来完成同样的功能。而且在实际运用时，可以根据实际需要来去掉某些值，因为并不是每个模块都需要经过所有的子函数调用。

模板文件只是 Simulink 为方便用户而提供的一种参考格式，并不是编写 S-function 的语法要求，用户完全可以改变子函数的名称，或者直接把代码写在主函数里，但使用模板文件的好处是，比较方便，且条理清晰。

使用模板编写 S-function，用户只需把 S-function 名称换成期望的函数名称，如果需要额外的输入参量，还需在输入参数列表的后面增加这些参数，因为前面 4 个参数是 Simulink 调用 S-function 时自动传入的。对于输出参数，最好不做修改。接下去的工作就是根据所编 S-function 要完成的任务，用相应的代码去替代模板里各个子函数的代码即可。

Simulink 在每个仿真阶段都会对 S-function 进行调用，在调用时，Simulink 会根据所处的仿真阶段为 flag 传入不同的值，而且还会为 sys 这个返回参数指定不同的角色，也就是说尽管是相同的 sys 变量，但在不同的仿真阶段其意义却不相同，这种变化由 Simulink 自动完成。

M 文件 S-function 可用的子函数说明如下：

（1）mdlInitializeSizes：定义 S-function 模块的基本特性，包括采样时间、连续或者离散状态的初始条件和 sizes 数组。

（2）mdlDerivatives：计算连续状态变量的微分方程。

（3）mdlUpdate：更新离散状态、采样时间和主时间步长的要求。

（4）mdlOutputs：计算 S-function 的输出。

（5）mdlGetTimeOfNextVarHit：计算下一个采样点的绝对时间，这个方法仅仅是在用户在 mdlInitializeSizes 里说明了一个可变的离散采样时间。

（6）mdlTerminate：实现仿真任务必须得结束。

3. 定义 s-function 的初始信息

为了让 Simulink 识别出一个 M 文件 S-function，用户必须在 S-function 里提供有关 S-function 的说明信息，包括采样时间、连续或者离散状态个数等初始条件。这一部分主要是在 mdlInitializeSizes 子函数里完成。

Sizes 数组是 S-function 函数信息的载体，它的内部字段意义为：

（1）NumContStates：连续状态的个数（状态向量连续部分的宽度）。

（2）NumDiscStates：离散状态的个数（状态向量离散部分的宽度）。

（3）NumOutputs： 输出变量的个数（输出向量的宽度）。

（4）NumInputs：输入变量的个数（输入向量的宽度）。

（5）DirFeedthrough：有无直接馈入。

（6）NumSampleTimes：采样时间的个数。

如果字段代表的向量宽度为动态可变，则可以将它们赋值为-1。

注意： DirFeedthrough 是一个布尔变量，它的取值只有 0 和 1 两种，0 表示没有直接馈入，此时用户在编写 mdlOutputs 子函数时就要确保子函数的代码里不出现输入变量 u；1 表示有直接馈入。

NumSampleTimes 表示采样时间的个数，也就是 ts 变量的行数，与用户对 ts 的定义有关。

需要指出的是，由于 S-function 会忽略端口，所以当有多个输入变量或多个输出变量时，必须用 mux 模块或 demux 模块将多个单一输入合成一个复合输入向量或将一个复合输出向量分解为多个单一输出。

4. 输入和输出参量说明

S-function 默认的 4 个输入参数为 t、x、u 和 flag，它们的次序不能变动，代表的意义分别为：

t：代表当前的仿真时间，这个输入参数通常用于决定下一个采样时刻，或者在多采样速率系统中，用来区分不同的采样时刻点，并据此进行不同的处理。

x：表示状态向量，这个参数是必需的，甚至在系统中不存在状态时也是如此。它具有很灵活的运用。

u：表示输入向量。

flag：是一个控制在每个仿真阶段调用哪一个子函数的参数，由 Simulink 在调用时自动取值。

S-function 默认的 4 个返回参数为 sys、x0、str 和 ts，它们的次序不能变动，代表的意义分别为：

sys：是一个通用的返回参数，它所返回值的意义取决于 flag 的值。

x0：是初始的状态值（没有状态时是一个空矩阵[]），这个返回参数只在 flag 值为 0 时才有效，其他时候都会被忽略。

str：这个参数没有什么意义，是 MathWorks 公司为将来的应用保留的，M 文件 S-function 必须把它设为空矩阵。

ts：是一个 m×2 的矩阵，它的两列分别表示采样时间间隔和偏移。

概括说来，建立 S-function 可以分成两个分离的任务：

（1）初始化模块特性包括输入输出信号的宽度，离散连续状态的初始条件和采样时间。

（2）将算法放到合适的 S-function 子函数中去。

4.5.8 S-function 模板实现

下面利用 S-function 的模板文件来实现一些具有特定功能的模块。

1. 实现简单模块

下面利用 S-function 的模板实现含参数的简单模块。

【例 4-10】 用 S-function 实现 Gain 增益模块。

（1）修改模板文件。

- 根据需要，将 sfuntmp1.m 模板文件另存为 M4_10fun.m，并修改主函数定义，增加新的输入参数 gain：

```
function [sys,x0,str,ts,simStateCompliance] = M4_10fun(t,x,u,flag,gain)
```

- 增益参数是用来计算输出值，需要对 mdlOutput 进行修改：

```
case 3,   %表调用计算输出
    sys=mdlOutputs(t,x,u,gain);
```

- 修改 mdlInitializeSizes 初始化回调子函数：

```
sizes.NumOutputs      = 1;        %模块输出变量的个数，0 为默认值
sizes.NumInputs       = 1;        %模块输入变量的个数
```

- 修改 mdlOutputs 子函数

```
function sys=mdlOutputs(t,x,u,gain)       %编写计算模块输出向量的命令
sys = gain*u;
```

（2）建立如图 4-67 所示的系统模型。在 S-function 模块的参数对话框中设置“S-function parameter”为“3”（该设置即增益大小）。

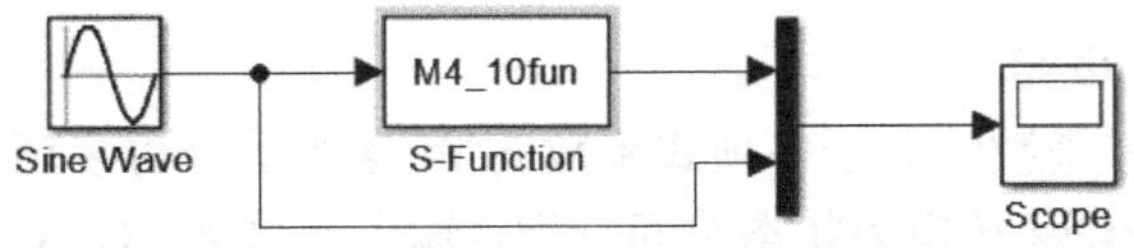

图 4-67　系统模型

注意： S-function 模块也可以进行封装，图 4-67 中的 S-function 模块是原始的未封装模块，S-function 模块的封装方法与子系统封装方法一致。

（3）运行仿真。

其他模块的参数采用默认值，仿真参数也采用默认值，单击模型中的运行按钮，即可对模型进行仿真，系统仿真效果如图 4-68 所示。

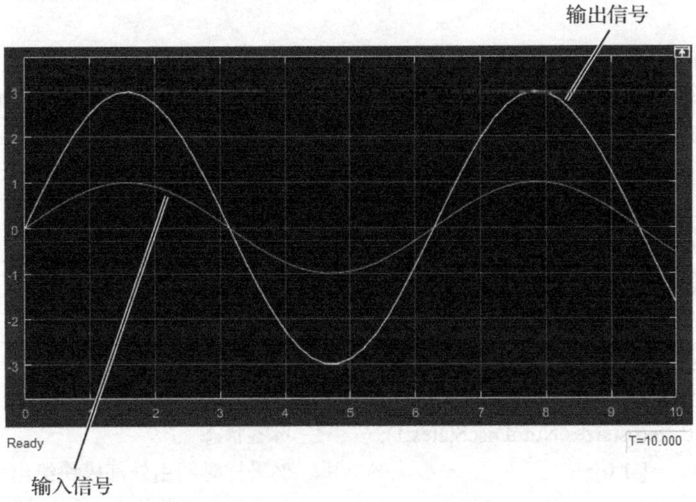

图 4-68　系统仿真效果

由图 4-68 可以看出，一条曲线为输入信号，另一条曲线为输出信号，可见 S-function 模块将输入信号放大了 3 倍，确实实现了 Gain 增益模块。

2．实现离散系统

用 S-function 模板实现一个离散系统时，首先对 mdlInitializeSizes 子函数进行修改，声明离散状态的个数，对状态进行初始化，确定采样时间等。然后再对 mdlUpdate 和 mdlOutputs 子函数做适当修改，分别输入要表示的系统的离散状态方程和输出方程即可。

【例 4-11】 给定一个离散时间系统的传递函数 $H(z)$，试用 S-function 模块进行实现，仿真得出系统的离散冲激响应，用 Simulink 基本离散系统库中的传递函数模块和状态方程模块同时实现并作对比验证。设系统的传递函数为

$$H(z)=\frac{2z+1}{z^2+0.5z+0.8}$$

首先要根据传递函数求出系统的状态空间方程。可先做出系统的信号流图，然后由梅森规则得出状态空间方程。但 MATLAB 的信号处理工具箱（Signal Processing Toolbox）中还有实现传递函数与状态空间方程相互转换的函数 tf2ss 可直接利用，其调用语法是：

```
[A, B, C, D]=tf2ss (b, a)
```

其中，输入参数 b 为传递函数的分子多项式系数向量；a 为其分母多项式的系数向量。对连续系统的传递函数也可用 tf2ss 转换为状态空间方程，输出变量 A、B、C、D 分别为状态空间方程的 4 个系数矩阵。

（1）模板文件。

根据需要，编写以下的模板文件 M4_11fun.m，代码为：

```
function [sys,x0,str,ts]= M4_21fun(t,x,u,flag,b,a)
%离散系统传递函数的 S- function 实现
%参数 b,a 分别为 H(z)的分母、分子多项式的系数向量
[A,B,C,D]=tf2ss(b,a);                          %将 H(z)转换为状态空间方程系数矩阵
switch flag
    case 0,                                    %flag=0 初始化
        sizes = simsizes;                      %获取 Simulink 仿真变量结构
        sizes.NumContStates    = 0;            %连续系统的状态数为 0
        sizes.NumDiscStates = size(A,1);       %设置离散状态变量的个数
        sizes.NumOutputs = size(D,1);          %设置系统输出变量的个数
        sizes.NumInputs =size(D,2);            %输入信号数目是自适应的
        sizes.DirFeedthrough = 1;              %设置系统是直通
        sizes.NumSampleTimes = 1;              %这里必须为 1
        sys = simsizes(sizes);                 %设置系统参数
        str =[];                               %通常为空矩阵
        x0=zeros(sizes.NumDiscStates,1);       %零状态
        ts   =[-1 0];                          %采样时间由外部模块给出
    case 2,                                    %flag=2 离散状态方程计算
        sys=A*x+B*u;
    case 3,                                    %flag=3 输出方程计算
        sys=C*x+D*u;
    case {1,4,9},                              %其他不处理的 flag
        sys=[];                                %无用的 flag 时返回 sys 为空矩阵
    otherwise                                  %异常处理
        error(['Unhandled flag= ',num2str(flag)]);
end
```

（2）建立仿真模型。

如图 4-69 所示，建立 Simulink 仿真模型，命名为 M4_11.mdl。

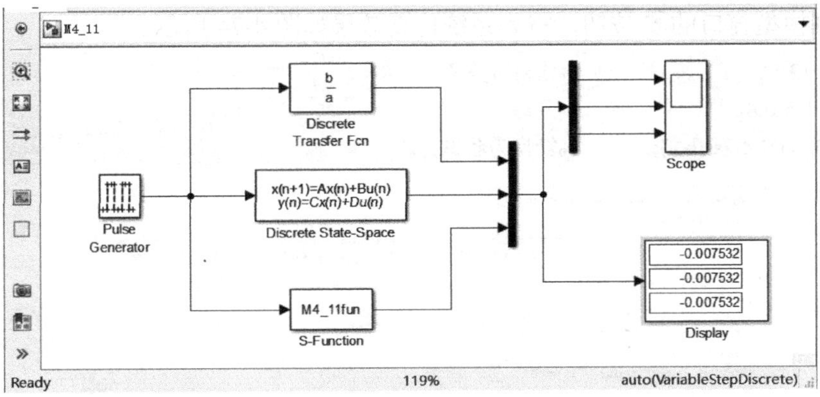

图 4-69　仿真模型框图

（3）模块参数设置。

双击图 4-69 所示的仿真模型中的 Pulse Generator 模块，在弹出的参数对话框中进行设置，如图 4-70 所示。

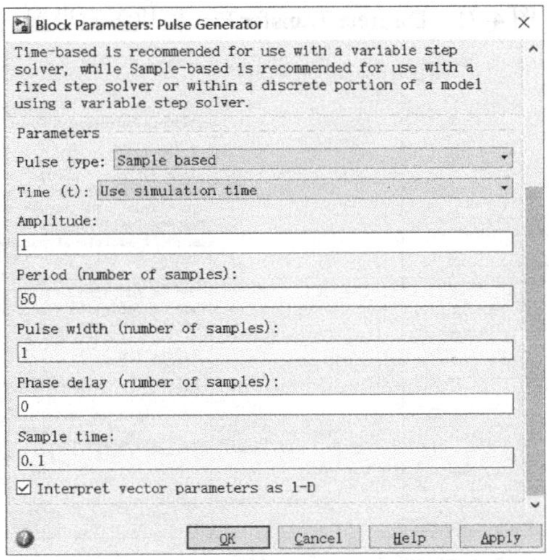

图 4-70　Pulse Generator 模块参数设置

双击图 4-69 所示的仿真模型中 Discrete Transfer Fcn 模块，在弹出的参数对话框中进行设置，如图 4-71 所示。

双击图 4-69 所示的仿真模型中 Discrete State-Space 模块，在弹出的参数对话框中进行设置，如图 4-72 所示。

双击图 4-69 所示的仿真模型中 S-function 模块，在弹出的参数对话框中进行设置，“S-function name”文本框中输入 M4_11fun，在“S-function parameters”文本框中输入 b,a，如图 4-73 所示。

还可利用 Sources 库中的 Display 模块来显示信号线上的当前仿真值，仿真采用固定步长，步长为 0.1s。

（4）运行仿真。

系统的仿真参数采用默认值，在执行仿真之前，在 MATLAB 命令窗口中输入如下代码，然后单击仿真模型窗口的▶按钮，得到系统仿真效果如图 4-74 所示。

```
>>b=[2 1];                    %H(z)的分子
a=[1 0.5 0.8];                %分母
[A,B,C,D]=tf2ss(b,a);         %转换为状态方程
```

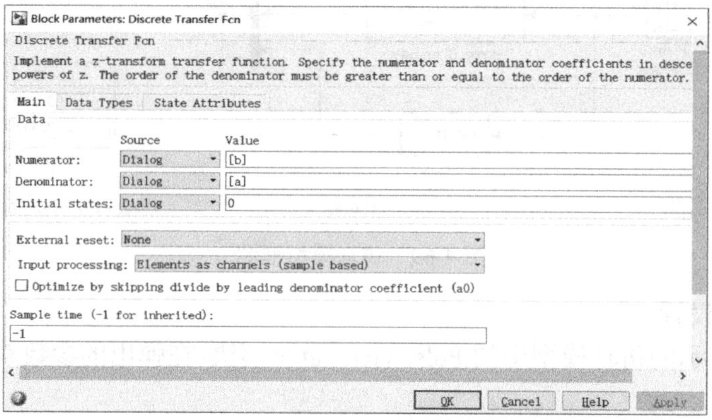

图 4-71　Discrete Transfer Fcn 模块参数设置

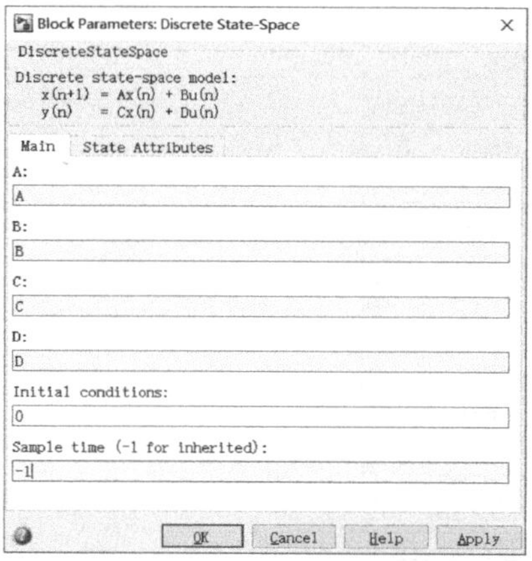

图 4-72　Discrete State-Space 模块参数设置

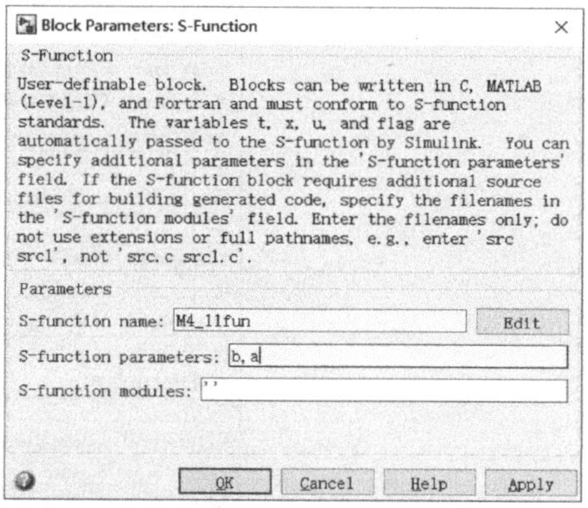

图 4-73　S-function 模块参数设置

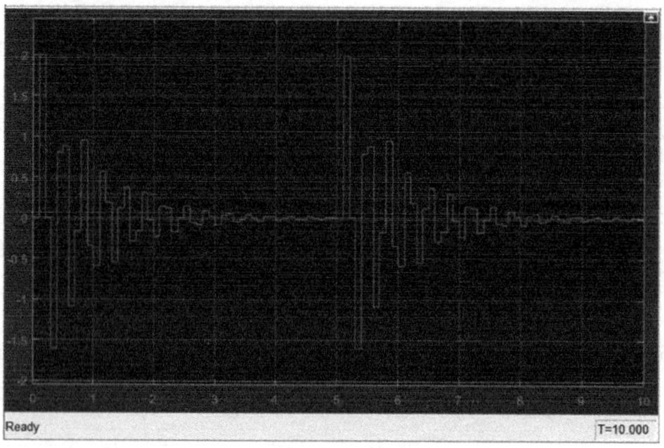

图 4-74　系统仿真效果

在图 4-74 中给出了仿真完成后示波器上 3 个系统的响应波形，显然这 3 个系统是等价的。

3．实现连续系统

用 S-function 实现一个连续系统时，首先 mdlInitilizeSizes 子函数应当做适当的修改，包括确定连续状态的个数、状态初始值和采样时间设置。另外，还需要编写 mdlDerivaties 子函数，将状态的导数向量通过 sys 变量返回，如果系统状态不止一个，可以通过索引 x(1)、x(2) 得到各个状态。当然，对于多个状态，就会有多个导数与之对应。在这种情况下，sys 为一个向量，其中包含了所有连续状态的导数。下面使用 S-function 实现连续系统的建模。

【例 4-12】 假设线性连续系统的状态方程为

$$\begin{cases} x = Ax + Bu \\ y = Cx + Du \end{cases}$$

其中，$A=\begin{bmatrix} -0.09 & -0.01 \\ 1 & 0 \end{bmatrix}$，$B=\begin{bmatrix} 1 & -7 \\ 0 & -2 \end{bmatrix}$，$C=\begin{bmatrix} 0 & 2 \\ 1 & -5 \end{bmatrix}$，$D=\begin{bmatrix} -3 & 0 \\ 1 & 0 \end{bmatrix}$。创建 S-function 描述该系统，并进行仿真。

其实现步骤如下：

（1）根据线性连续系统状态方程，在模板的基础上编写 S-function，并保存为 M4_12fun.m。

```
function [sys,x0,str,ts]=M4_12fun(t,x,u,flag)
%定义连续系统的 M4_12fun 生成连续系统状态
A=[-0.09 -0.01;1 0];
B=[1 -7;0 -2];
C=[0 2;1 -5];
D=[-3 0;1 0];
switch flag,
  case 0,
    [sys,x0,str,ts]=mdlInitializeSizes(A,B,C,D);                %初始化函数
  case 1,
    sys=mdlDerivatives(t,x,u,A,B,C,D)                           %求导数
  case 2,
    sys=mdlUpdate(t,x,u);                                       %状态更新
  case 3,
    sys=mdlOutputs(t,x,u,A,B,C,D);                              %计算输出
    case 4,
        sys=mdlGetTimeOfNextVarHit(t,x,u);
  case 9,
    sys=mdlTerminate(t,x,u);                                    %终止仿真程序
  otherwise
    error(['Simulink:blocks:unhandledFlag', num2str(flag)]);    %错误处理
end
function [sys,x0,str,ts]=mdlInitializeSizes(A,B,C,D)            %模型初始化函数
sizes = simsizes;                                               %取系统默认设置
```

```
sizes.NumContStates   = 2;                    %设置连续状态变量的个数
sizes.NumDiscStates   = 0;                    %设置离散状态变量的个数
sizes.NumOutputs      = 2;                    %设置系统输出变量的个数
sizes.NumInputs       = 2;                    %设置系统输入变量的个数
sizes.DirFeedthrough = 1;                     %设置系统是否直通
sizes.NumSampleTimes = 1;                     %采样周期的个数，必须大于等于 1
sys = simsizes(sizes);                        %设置系统参数
x0   = zeros(2,1);                            %系统状态初始化
str = [];                                     %系统阶字串总为空矩阵
ts   = [0 0];                                 %初始化采样时间矩阵
function sys=mdlDerivatives(t,x,u,A,B,C,D)
sys=A*x+B*u;
function sys=mdlUpdate(t,x,u)
sys = [];                                     %根据状态方程（差分方程部分）修改此处
function sys=mdlOutputs(t,x,u,A,B,C,D)
sys=C*x+D*u;
% mdlTerminate 终止仿真设定，完成仿真终止时的任务
function sys=mdlGetTimeOfNextVarHit(t,x,u)
sampleTime=1;
sys=t+sampleTime;
function sys=mdlTerminate(t,x,u)
sys = [];
% 程序结束
```

（2）仿真模型建立。

根据线性连续系统状态方程可建立如图 4-75 所示的 Simulink 仿真模型效果图，并命名为 M4_12.mdl。

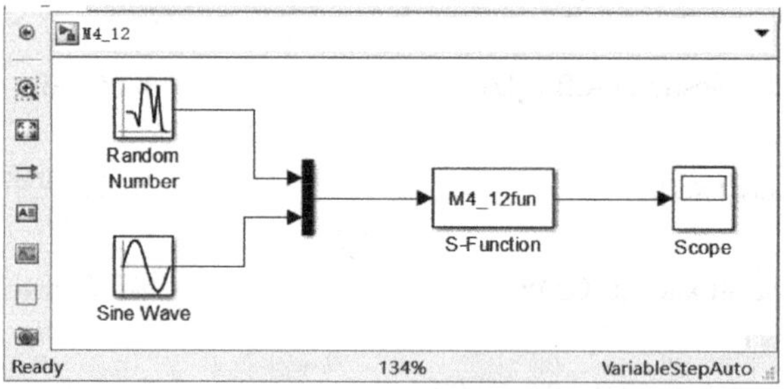

图 4-75　系统仿真模型

（3）模块参数设置。

双击仿真模型中的 S-Function 模块，在弹出的参数对话框中进行设置，“S-Function name”文本框中输入 M4_73fun，其他参数采用默认值。此外，模块 Sine Wave 及模块 Random Number 都采用默认设置。

（4）运行仿真。

系统的仿真参数采用默认值，然后单击仿真模型窗口的运行按钮进行仿真，得到系统仿

真效果如图 4-76 所示。

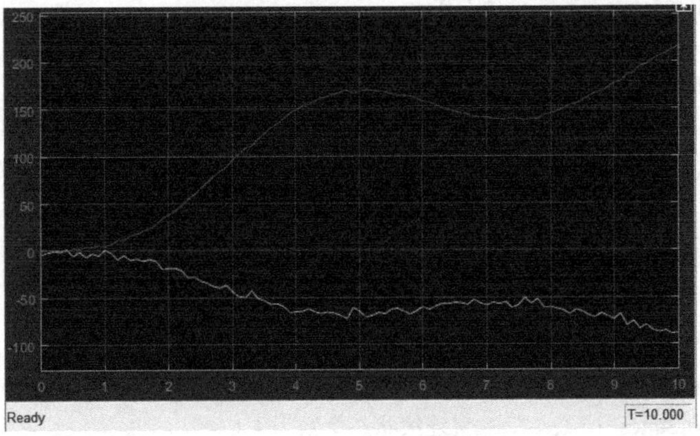

图 4-76 系统仿真效果

4．实现混合系统

所谓混合系统，就是既包含离散状态，又包含连续状态的系统。Simulink 根据 flag 的具体数值判断系统是计算连续部分还是离散部分，并调用相应的子函数，Simulink 在处理混合系统时将同时调用 S-function 的 mdlUpdate、mdlOutput 和 mdlGetTimeOfNextVarHit 子函数。对于离散系统而言，在 mdlUpdate、mdlOutput 中需要判断是否需要更新离散状态和输出。因为对于离散状态并不是在所有的采样点上都需要更新，否则就是一个连续系统了。

【例 4-13】 用 S-function 实现固定步长的混合系统。

在此利用 Simulink 自带的一个例子 mixedm.m 来说明怎样实现，其作用相当于一个连续积分系统与一个离散单位延迟串联的系统，如图 4-77 所示。

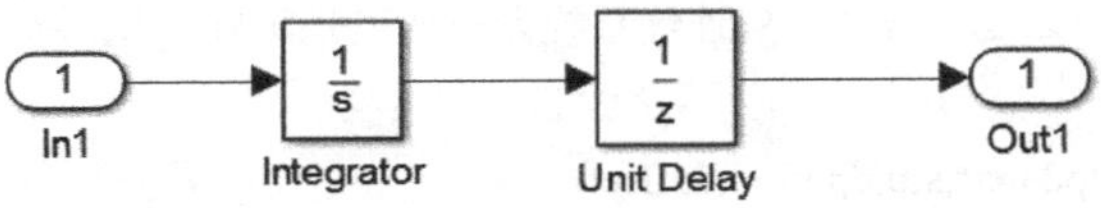

图 4-77 mixedm 混合系统

（1）mixedm 函数文件。

- 在 MATLAB 命令窗口中输入以下代码，打开 mixedm.m 文件：

```
edit mixedm
```

- 主函数部分为：

```
function [sys,x0,str,ts] = mixedm (t,x,u,flag)
dperiod = 1;
doffset = 0;
switch flag
  case 0
    [sys,x0,str,ts]=mdlInitializeSizes(dperiod,doffset);
  case 1
    sys=mdlDerivatives(t,x,u);
```

```
    case 2,
      sys=mdlUpdate(t,x,u,dperiod,doffset);
    case 3
      sys=mdlOutputs(t,x,u,doffset,dperiod);
    case 9
      sys = [];           % flag=9 即 Simulink 终止时，在此无特殊任务，所以也不需要
    otherwise
      DAStudio.error('Simulink:blocks:unhandledFlag', num2str(flag));
end
```

● mdlInitializeSize 初始化子函数代码为：

```
sizes = simsizes;
sizes.NumContStates   = 1;          %连续状态个数为 1
sizes.NumDiscStates   = 1;          %离散状态个数为 1
sizes.NumOutputs      = 1;          %输出个数 1
sizes.NumInputs       = 1;          %输入个数为 1
sizes.DirFeedthrough = 0;           %没有前馈
sizes.NumSampleTimes = 2;           %两个采样时间
sys = simsizes(sizes);
x0   = ones(2,1);
str = [];
ts   =[0 0;                         %连续系统的采样时间
        dperiod doffset];           %离散采样的采样时间
```

● mdelDerivatives、mdlUpdate、mdlOutputs 子函数代码为：

```
function sys=mdlDerivatives(t,x,u)
sys = u;                            %连续系统为一个积分环节

function sys=mdlUpdate(t,x,u,dperiod,doffset)
% 如果仿真时间在采样点的正负 1e-8 的范围内，更新状态，否则保持不变
if abs(round((t - doffset)/dperiod) - (t - doffset)/dperiod) < 1e-8
  sys = x(1);                       %离散系统为一延迟环节
else
  sys = [];
end

function sys=mdlOutputs(t,x,u,doffset,dperiod)
% 如果仿真时间在采样点的正负 1e-8 范围内输出，否则保持不变
if abs(round((t - doffset)/dperiod) - (t - doffset)/dperiod) < 1e-8
  sys = x(2);                       %输出采样时间
else
  sys = [];
end
```

（2）建立仿真模型。

根据需要，建立如图 4-78 所示的系统仿真模型。

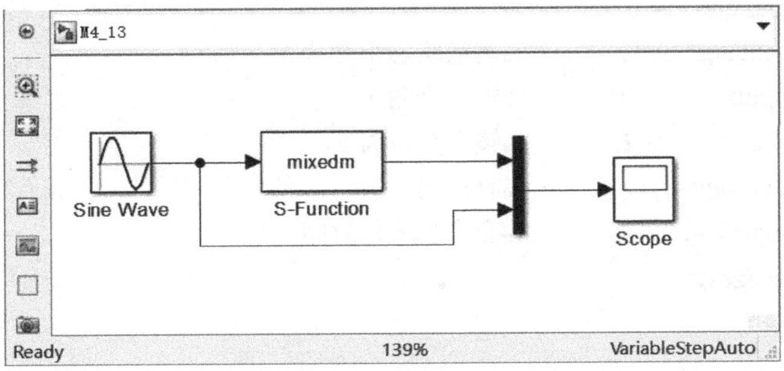

图 4-78　系统仿真模型

模块参数采用默认值，仿真参数也采用默认值。运行仿真，系统仿真效果如图 4-79 所示。

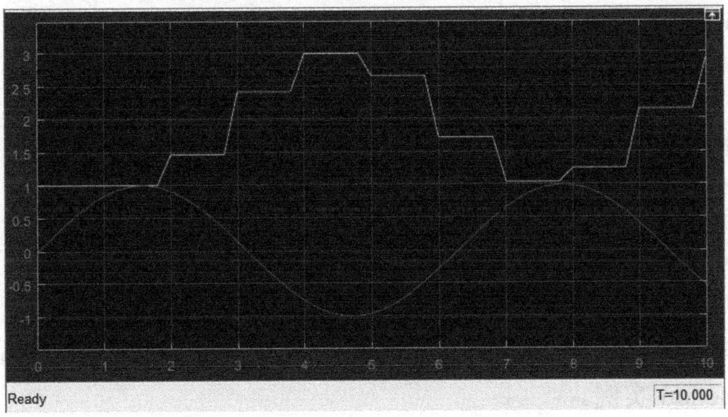

图 4-79　系统仿真效果

在图 4-79 中，波浪形的曲线为输入正弦信号，阶梯形的曲线为输出信号，可以看出正弦信号积分后，再经单位延迟离散采样的结果。

【例 4-14】 用 S-function 实现变步长的混合系统。

在此利用 Simulink 自带的一个例子 vsfunc.m 来说明怎样实现，其作用相当于下面系统：

$$\mathrm{d}t = u(2)$$

$$y_{t+\mathrm{d}t} = u_t$$

其中，$u(2)$ 表示输入 u 的第二个分量，u_t 表示时刻 t 输入 u 的值，$y_{t+\mathrm{d}t}$ 表示时刻 $t+\mathrm{d}t$ 输出 y 的值。

（1）vsfunc 函数文件。

- 在 MATLAB 命令窗口中输入以下代码，打开 vsfunc.m 文件：

```
edit vsfunc
```

- 主函数部分：因为需要执行 mdlGetTimeOfNextVarHit 子函数，所以 flag 为 4 时要调用该子函数。

```
case 4,
    sys=mdlGetTimeOfNextVarHit(t,x,u);
```

● mdlInitializeSizes 初始化子函数：

```
sizes = simsizes;
sizes.NumContStates   = 0;
sizes.NumDiscStates   = 1;          %离散状态个数为 1
sizes.NumOutputs      = 1;          %输出个数 1
sizes.NumInputs       = 2;          %输入个数为 2
sizes.DirFeedthrough = 1;           %有前馈
sizes.NumSampleTimes = 1;           %变步长采样时间
sys = simsizes(sizes);
x0   = [0];
str = [];
ts   = [-2 0];
```

● 其他子函数：

```
function sys=mdlUpdate(t,x,u)
sys = u(1);

function sys=mdlOutputs(t,x,u)
sys = x(1);

function sys=mdlGetTimeOfNextVarHit(t,x,u)
 sys = t + u(2);     %时间步长变化
```

变步长系统的实现关键在于采样时间 ts 和子函数 mdlGetTimeOfNextVarHit 的设置。

（2）自带 S-function 实例。

在 MATLAB 命令窗口中输入 sfundemos 命令，可查看 S-function 相关的实例。也可在 Simulink\Suser-Defind Functions 模块库中打开，如图 4-80 所示。

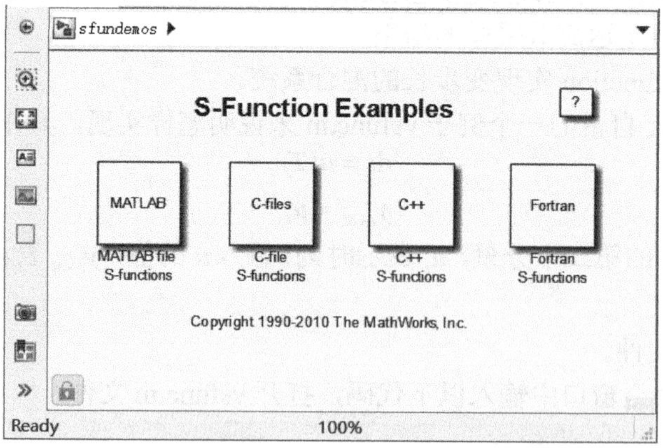

图 4-80　S-function 自带实例

说明：目录 marlabroot\simulink\blocks 下包含了许多 M 文件 S-function 函数，读者可以通过查看这些自带文件对 S-function 进行深入理解。

第 5 章 MATLAB/Simulink 动力系统仿真

机械动力学系统与电气系统在很多地方有相同的数学模型，在工程实际问题中常常同时伴随着机械元件和电器元件出现在同一个系统中，这样便产生了机电耦合系统。机电耦合系统是机械过程与电磁过程相互作用、相互联系的系统，它的主要特征是机械能与电磁能的转换现象普遍存在于各类机电系统中，任何机电耦合系统都是由机械系统、电磁系统和联系二者的耦合电磁场组成。通常机电耦合系统的频率和运动速度较低，因而电磁辐射可以忽略不计。但当频率或速度提高到一定程度时，电磁辐射的作用就不能再被忽略，在对系统进行动力学分析时，需要考虑系统中存在的各种机电耦合关系；在研究机电耦合效应时，建立耦合动力学方程，就成为机电系统动力学建模、动态设计与分析、工况监测与预报、故障诊断过程中必须解决的关键问题。

5.1 动力学微分模型

在动力学系统中，大多数情况下可以使用微分方程来表示系统的动态特性，也可以通过微分方程将原来的系统简化为状态方程或差分方程模型等。

5.1.1 动力学建模概述

一个动力学系统，一般来说由三种类型的基本机械元件构成，即惯性元件、弹性元件和阻尼元件。

1. 惯性元件

惯性元件是指具有质量或转动惯量的元件，惯量可以定义为使加速度（或角加速度）产生单位变化所需要的动力（或力矩）。

$$\text{惯量（质量）}=\frac{\text{力}}{\text{加速度}}\left(\frac{\mathrm{N}}{\mathrm{m/s^2}}\right)$$

$$\text{惯量（转动惯量）}=\frac{\text{力矩}}{\text{角加速度}}\left(\frac{\mathrm{N\cdot m}}{\mathrm{rad/s^2}}\right)$$

2. 弹性元件

弹性元件是在外力或外力偶作用下可以产生变形的元件，这种元件可以通过外力做功来储存能量。按变形性质可以分为线性元件和非线性元件，通常等效成弹簧来表示。

对于线性弹簧元件，弹簧中所受到的力与位移成正比，比例常数为弹簧刚度k，即

$$F = k\Delta x$$

式中，k——弹簧刚度；

Δx——弹簧相对于原长的变形量。

弹性力的方向总是指向弹簧的原长位移，除了弹簧和受力之间是线性关系以外，还有硬弹簧和软弹簧，它们的受力和弹簧变形之间的关系是非线性关系。

3. 阻尼元件

阻尼元件是以热的形式消耗能量而不存储能量，可以形象地表示为一个活塞在一个充满流体介质的油缸中运动，阻尼力通常表示为

$$R = c\dot{x}^{\alpha}$$

阻尼力的方向总是与速度方向相反。当$\alpha = 1$时，为线性阻尼模型，否则为非线性阻尼模型。应注意当α等于偶数时，要将阻尼力表示为

$$R = -c\dot{x}\left|\dot{x}^{\alpha-1}\right|$$

5.1.2 动力学建模基本定理

对于大多数力学问题，可以使用我们熟知的牛顿动力学基本定理来解决，动力学普遍定理包括动量定理与质心运动定理、动量矩定理和动能定理，以及其他变形形式。普遍定理的特点是比较直观，在使用中针对不同的问题可以选择不同形式的力学定理，在一般情况下利用普遍定理可以得到大多数动力学系统的数学模型。

1. 动量定理与质心运动定理

设系统在任意瞬时的动量矢为K，作用在系统上的外力矢量和为$\sum F_i$，则任意瞬时的动量对时间的导数等于作用在系统中所有外力的矢量和构成了动量定理。

$$\frac{\mathrm{d}K}{\mathrm{d}t} = \sum F_i$$

利用质心坐标的计算表达式，可将动量定理转化为质心运动定理，即

$$Ma_c = \sum F_i \quad 或 \quad \sum m_i a_{ci} = \sum F_i$$

式中，M——系统的总质量；

a_c——系统的质心；

m_i——分刚体的质量；

a_{ci}——分刚体的质心。

2. 动量矩定理

系统在任意瞬时的动量矩对时间的导数等于作用在系统中所有外力矩的矢量和。

$$\frac{\mathrm{d}H_o}{\mathrm{d}t} = \sum M_o(F_i)$$

式中，H_o——系统对固定点 O 的动量矩；

$M_o(F_i)$——力 F_i 对固定点 O 的矢矩。

除了对固定点的动量矩定理外，还有对质心的动量矩定理、对速度瞬心的动量矩定理和对加速度瞬心的动量矩定理。

3．动能定理

动能定理的导数形式：系统在任意瞬时的动能对时间的导数等于作用在系统中所有力的功率的代数和，即

$$\frac{\mathrm{d}T}{\mathrm{d}t}=\sum N$$

动能定理的积分形式：系统在任意两瞬时的动能变化等于作用在系统中所有力的功率的代数和，即

$$T_2-T_1=\sum W$$

【例 5-1】 曲柄滑块机构的运动学仿真建模（速度分析与建模）。曲柄滑块机构如图 5-1 所示，该机构只有一个自由度，首先给出机构的运动学分析模型。

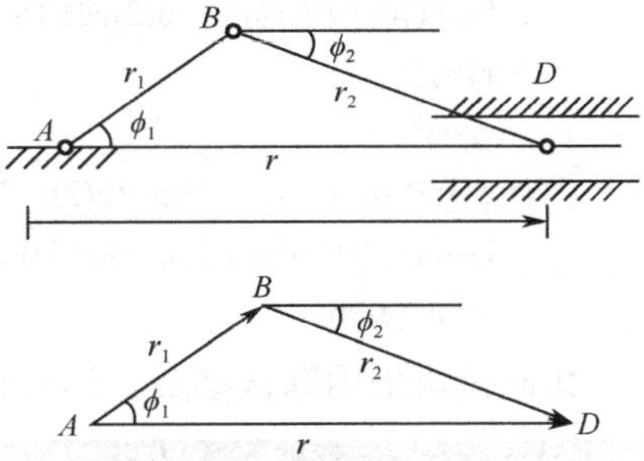

图 5-1　曲柄滑块机构

（1）机构封闭的矢量方程为

$$r=r_1+r_2$$

（2）矢量方程的分解式为

$$\begin{cases}r_1\cos\phi_1+r_2\cos\phi_2=r\\ r_1\sin\phi_1+r_2\sin\phi_2=0\end{cases}$$

（3）机构速度问题的运动学方程为

$$\begin{cases}-r_1\sin\phi_1\phi_1'-r_2\sin\phi_2\phi_2'=r'\\ r_1\cos\phi_1\phi_1'+r_2\cos\phi_2\phi_2'=0\end{cases}$$

机构的输入运动量为 ϕ_1 、ϕ'，输出量为 ϕ_2 、ϕ_2'、r 、r'，写成矩阵形式为

$$\begin{bmatrix}r_2\sin\phi_2 & 1\\ r_2\cos\phi_2 & 0\end{bmatrix}\cdot\begin{bmatrix}\phi_2'\\ r'\end{bmatrix}=\begin{bmatrix}-r_1\sin\phi_1\\ r_1\cos\phi_1\end{bmatrix}\cdot\phi_1'$$

写成显式表达式为

$$\begin{bmatrix}\phi_2'\\ r'\end{bmatrix}=\begin{bmatrix}r_2\sin\phi_2 & 1\\ r_2\cos\phi_2 & 0\end{bmatrix}^{-1}\cdot\begin{bmatrix}-r_1\sin\phi_1\\ r_1\cos\phi_1\end{bmatrix}\cdot\phi_1'$$

（4）建立仿真模型。

根据需要，建立如图 5-2 所示的仿真模型。

在仿真模型中，设系统的输入角速度 $\phi_1'=150\mathrm{rad/s}$，通过一次积分可以得到角度 ϕ_1，将这两个输入量通过一个信号混合器（以矢量形式混合为一路信号），在 Interpreted MATLAB Function 模块中填写入 compv 函数模块中的代码，可以得到输出量 (ϕ_2',r')，再进一步积分后，得到位移量 $\phi_2(t)$ 和 $r(t)$。

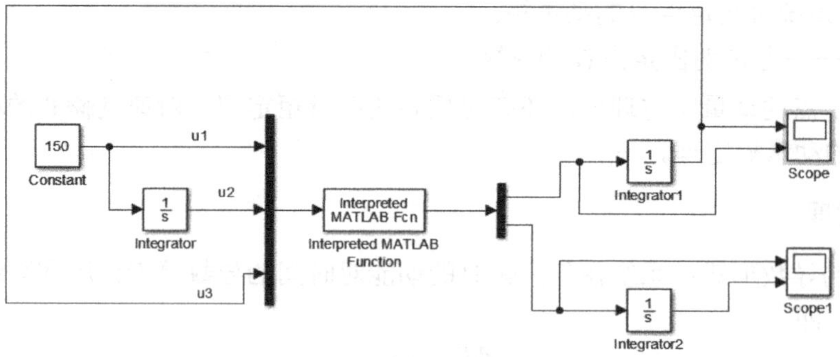

图 5-2　曲柄滑块机构的仿真模型

compv.m 函数的源代码为：

```
function x  = compv(u)
%r1 为曲柄长度，r2 为连杆长度
%u(1)曲柄角速度；u(2)曲柄角度，u(3)连杆角度
r1=15;
r2=55;
a=[r2*sin(u(3)) 1;r2*cos(u(3)) 0];
b=-u(1)*r1*[sin(u(2));cos(u(2))];
x=inv(a)*b
```

其他模块采用默认参数。运行仿真，系统仿真效果如图 5-3 和图 5-4 所示。

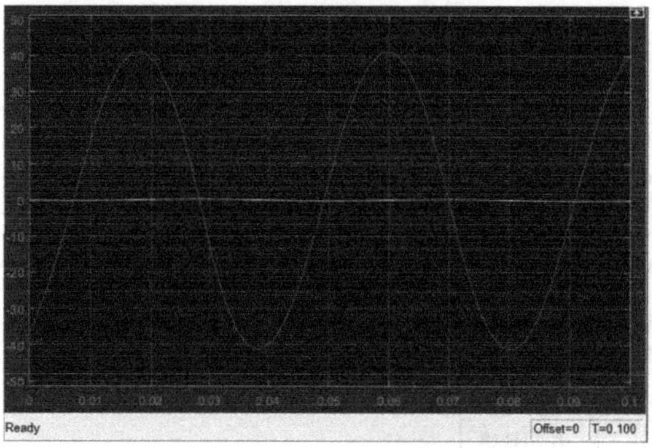

图 5-3　连杆的角速度与角度的变化规律

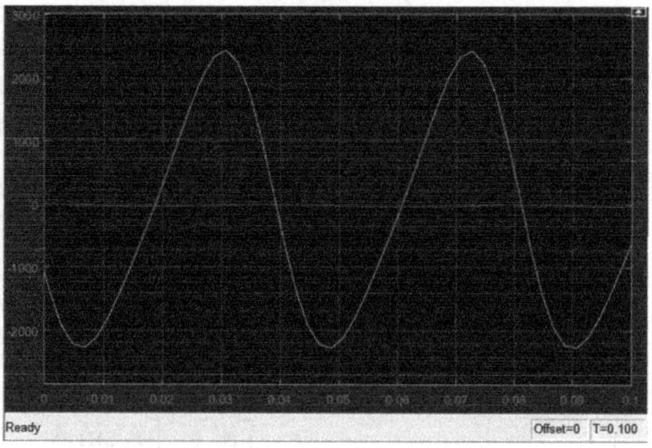

图 5-4　滑块的速度与位移的变化规律

【例 5-2】 建立如图 5-5 所示的双自由度振动系统的振动微分方程，并使用子系统封装技术。

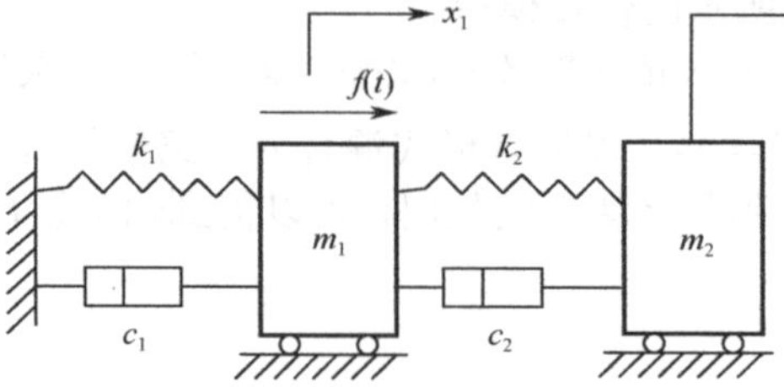

图 5-5　双自由度振动系统

分析：得到动力学方程为

$$\begin{cases} m_1 x_1'' = f(t) + k_2(x_2 - x_1) + c_2(x_2' - x_1') - k_1 x_1 - c_1 x_1' \\ m_2 x_2'' = -k_2(x_2 - x_1) - c_2(x_2' - x_1') \end{cases}$$

上式可改写为

$$\begin{cases} x_1'' = \dfrac{1}{m_1}[f(t) - (c_1 + c_2)x_1' - (k_1 + k_2)x_1 + c_2 x_2' + k_2 x_2] \\ x_2'' = \dfrac{1}{m_2}[-k_2 x_2 - c_2 x_2' + c_2 x_1' + k_2 x_1] \end{cases}$$

注意以上两式中的后两项为耦合项。

由于非耦合项不会和其他自由度交换能量，所以可以自成一个系统，将这个系统创建为一个子系统，然后再考虑各子系统之间耦合项即可。

设

$$m_1 = 2m_2 = 20\text{kg}$$
$$c_1 = c_2 = 2\text{Ns/m}$$
$$k_1 = k_2 = 500\text{N/m}$$
$$f(t) = \sin(t)$$

利用 Simulink 子系统封装技术建立相应的仿真模型，如图 5-6 所示。

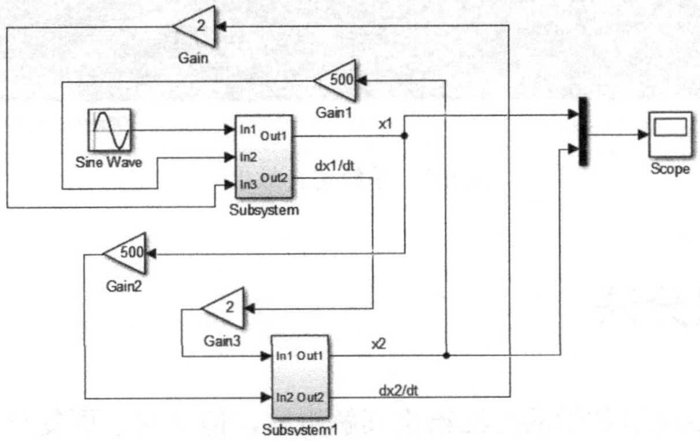

图 5-6　系统仿真模型

如果取激励 $f(t) = \sin(\sqrt{50}t)$，通过仿真可知，质量块 m_1 的振幅接近于零（动力消振器原理）。子系统分别如图 5-7 和图 5-8 所示。系统仿真效果如图 5-9 所示。

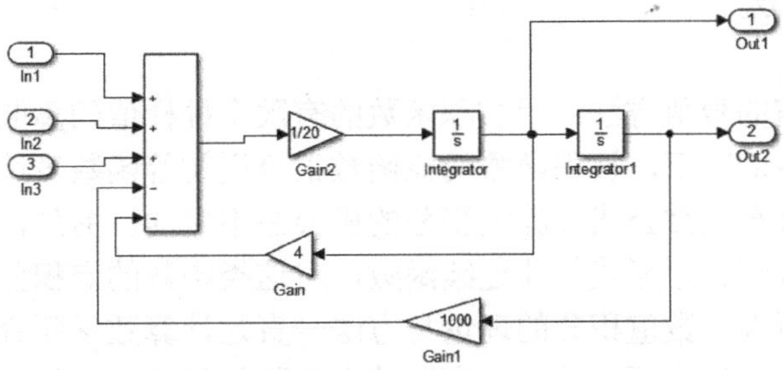

图 5-7　子系统 Subsystem 结构

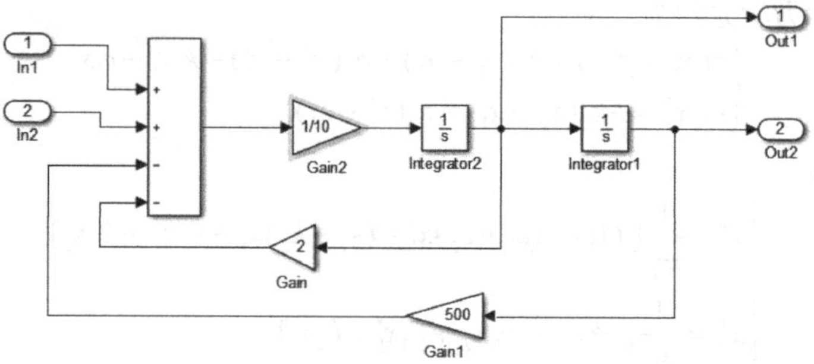

图 5-8　子系统 Subsystem1 结构

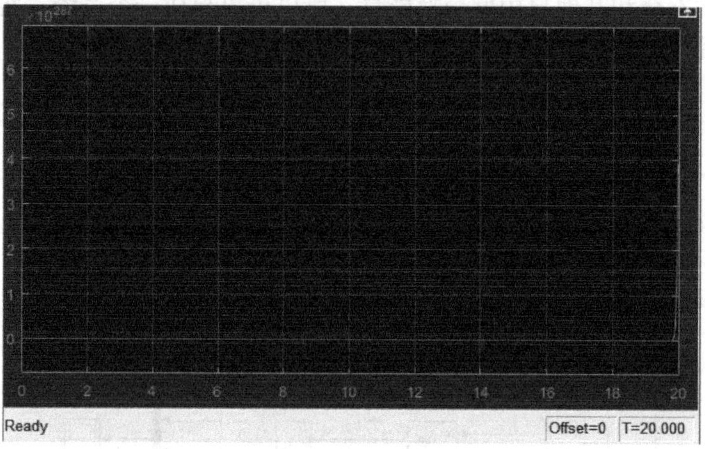

图 5-9　系统仿真效果

5.2　数值微积分法

有些简单问题可以通过数学的方法给出其解析解，但是对于更复杂的问题，要得到其解析解是非常困难的事情，然而针对系统的仿真问题，其理论基础是面向数学模型的数值解，因此数值解法奠定了计算机仿真的最重要的计算基础。

5.2.1　数值积分法

求定积分的近似值的数值方法：用被积函数的有限个抽样值的离散或加权平均近似值代替定积分的值。在有些情况下，被积函数的原函数很难用初等函数表达出来，因此能够借助微积分学的牛顿——莱布尼兹公式计算定积分的机会是不多的。另外，许多实际问题中的被积函数往往是列表函数或其他形式的非连续函数，对这类函数的定积分，也不能用不定积分方法求解。由于以上原因，数值积分的理论与方法一直是计算数学研究的基本课题。迄今已有许多数值积分的方法，如牛顿、欧拉、高斯等人在数值积分这个领域做出了各自的贡献，并奠定了它的理论基础。

1．欧拉法（折线法）

假设有一阶微分方程为

$$\frac{\mathrm{d}y}{\mathrm{d}t}=f(t,y)$$

为了求出积分 $y_{i+1}(i=0,2,\cdots,n)$，选择初始时刻 t_i，在此位置临近割线近似代替原切线，即

$$\frac{\mathrm{d}y}{\mathrm{d}t}\approx\frac{y_{i+1}-y_i}{t_{i+1}-t_i}=f(t_i,y_i)$$

该微分方程的欧拉法示意如图 5-10 所示。

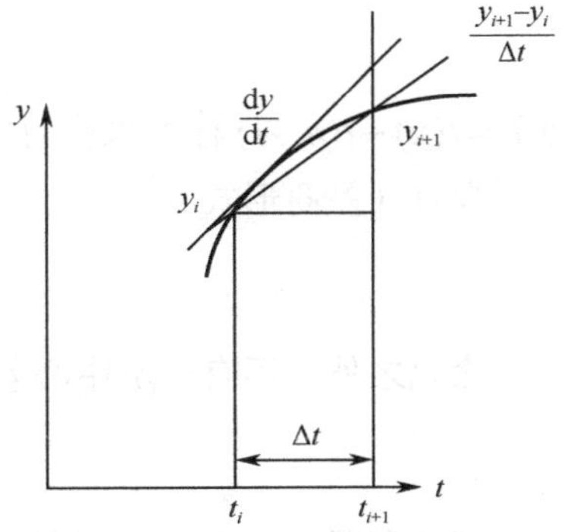

图 5-10 欧拉法示意

则可解出：

$$y_{i+1}=y_i+f(t_i,y_i)\Delta t$$

为了写成一般式，令

$$t_{i+1}-t_i=h_i \qquad (h_i\text{称为步长})$$

在等步长情况下，可以写成递推形式：

$$y(k+1)=y(k)+hf(k) \qquad k=0,1,2,\cdots,n$$

式中，k——离散点的取值。

该公式称为欧拉公式。

2．梯形法

实际上，欧拉方法是将一个步长内的积分近似为一个小矩形的积分，为了得到更精确的计算结果，采用梯形方法来计算步长内的积分值，将积分表达式写成：

$$\int_{t_0}^{t}f[t,y(t)]\mathrm{d}t\approx\frac{1}{2}\{f[t_0,y(t_0)]+f[t-y(t)]\}(t-t_0)$$

$$y_{i+1}=y_i+\frac{1}{2}h[f(t_i,y_i)+f(t_{i+1},y_{i+1})]$$

在计算 y_{i+1} 时的表达式要用到 y_{i+1} 的值，实际上，上面的式子的积分项并不能计算结果，通常采用迭代运算法：

$$y_{i+1}^{0}=y_i+hf(t_i,y_i)$$

当 i=0 时，该式子中的 t，y 为初值。有了这个项，可以计算下一步：

$$\begin{cases}y_{i+1}^{(1)}=y_i+\dfrac{1}{2}h[f(t_i,y_i)+f(t_{i+1},y_{i+1}^{0})]\\[2mm] y_{i+1}^{(k+1)}=y_i+\dfrac{1}{2}h[f(t_i,y_i)+f(t_{i+1},y_{i+1}^{k})]\end{cases}$$

在上面这一组式子中，其中的第二项可以认为是初值，第三项是要用到前一次的迭代运算。如果迭代序列是收敛的，则极限肯定存在，当 k 趋向无穷大时，可以得到这个精确结果。

怎样给出迭代的精度呢？可以采用前一次的计算值和后一次的迭代值的差来控制，即

$$\left|y_{i+1}^{(k+1)}-y_i^{k}\right|<\delta \qquad \delta\text{为小量}$$

在实际计算中，认为迭代一次或两次就可以满足精度，所以，可写出以下的递推公式：

$$y(k)=y(k-1)+\frac{h}{2}[f(k-1)+f(k)] \qquad k=1,2,\cdots,n$$

5.2.2 数值微分法

1. 一阶数值微分

设 $\frac{\mathrm{d}y}{\mathrm{d}t}=f(t,y)$，应用离散数据点的近似微商，可表示为

$$\frac{\mathrm{d}y}{\mathrm{d}t}\approx\frac{y(k)-y(k-1)}{t(k)-t(k-1)}$$

令 $T=t(n)-t(n-1)$ 称为采样时间。

则有（差商形式）：

$$\frac{\mathrm{d}y}{\mathrm{d}t}(k)=\frac{y(k)-y(k-1)}{T}$$

除此之外，还有一阶中心差分的差商形式：

$$\frac{\mathrm{d}y}{\mathrm{d}t}(k)=\frac{y(k+1)-y(k-1)}{2T}$$

可以利用 Simulink 工具箱中单位延迟的离散模块建立数值积分和微分的仿真模型。

【例 5-3】 已知 $f(t)=\sin\omega t$，试计算 $f(t)$ 的近似积分和近似微分。

解析：根据梯形法，有

近似积分计算公式：

$$y(k)=y(k-1)+f(k)T$$

近似差商计算公式：

$$\frac{\mathrm{d}y}{\mathrm{d}t}(k)=\frac{f(k)-f(k-1)}{T}$$

根据需要，建立的仿真模型如图 5-11 所示。

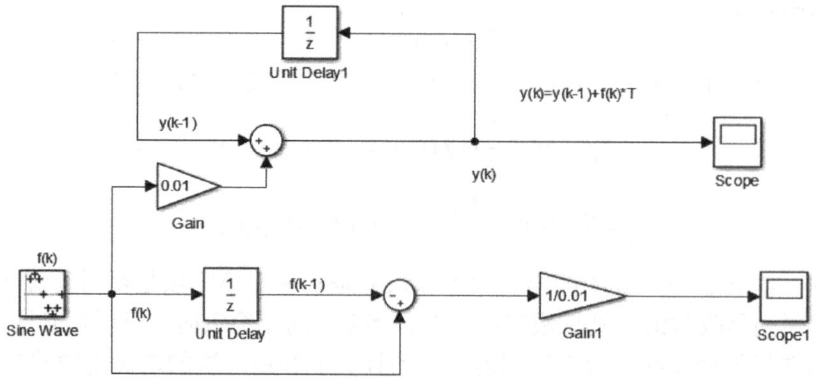

图 5-11　近似积分/差商仿真模型

利用 Simulink 离散模块库中的单位延迟模块（Unit Delay），很容易实现差分格式，设置该模块中的采样周期（Sample Time）和递推公式中的采样周期T相同，设置采样周期为 10s，$\omega=1$，初值等于零的正弦波的积分和导数离散仿真模型，参数设置如图 5-12 所示。

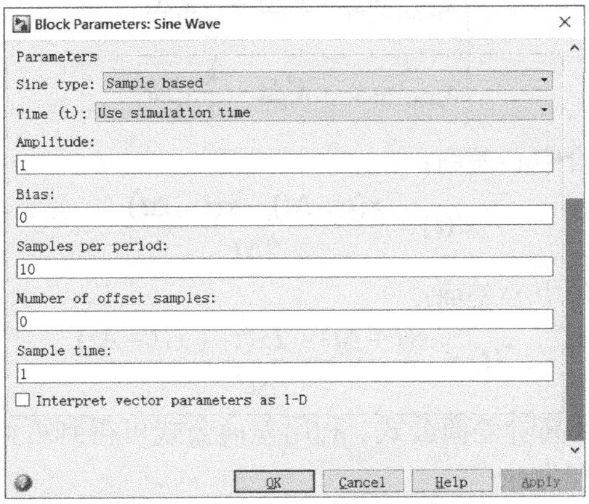

图 5-12 Sine Wave 模块参数设置

运行仿真，近似积分和近似差商仿真效果分别如图 5-13 和图 5-14 所示。

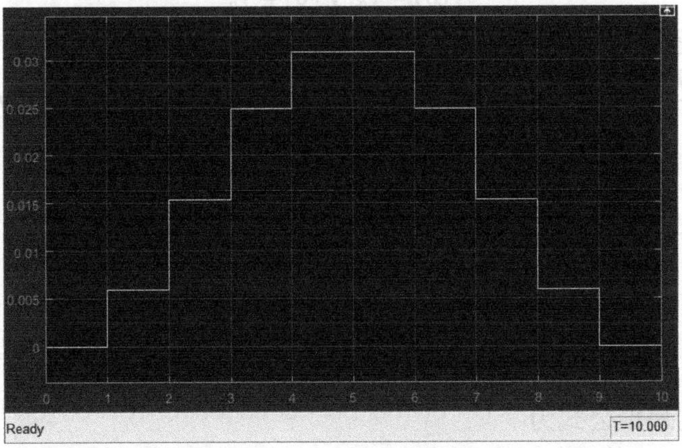

图 5-13 近似积分仿真效果

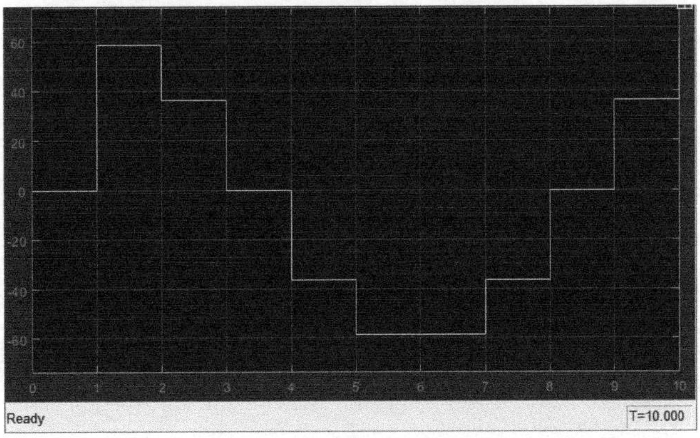

图 5-14 近似差商仿真效果

2. 二阶数值微分

为了得到二阶中心差商表达式，取位移的二阶泰勒展开式为

$$\begin{cases} x_{t+\Delta t} = x_t + x_t'\Delta t + \dfrac{1}{2}x_t''\Delta t^2 \\ x_{t-\Delta t} = x_t - x_t'\Delta t + \dfrac{1}{2}x_t''\Delta t^2 \end{cases}$$

两式相减，可得到一阶中心差商：

$$x'(t) = \frac{x(t+\Delta t) - x(t-\Delta t)}{2\Delta t}$$

两式相加，可得到二阶中心差商：

$$x''(t) = \frac{x(t+\Delta t) - 2x(t) + x(t-\Delta t)}{\Delta t^2}$$

根据这个原理，可得到高阶差商公式。利用差商公式可得到近似的各个节点上的积分值。设二阶系统动力学方程为

$$my'' + cy' + ky = f(t)$$

初始条件为

$$y(0) = y_0, y'(0) = y_0'$$

利用二阶中心差商格式，有

$$m\frac{y(k+1) - 2y(k) + y(k-1)}{\Delta t^2} + c\frac{y(k+1) - y(k-1)}{2\Delta t} + ky(k) = f(k)$$

整理后可得：

$$y(k+1)\left(m + \frac{c\Delta t}{2}\right) - y(k)[2m - k\Delta t^2] + y(k-1)\left(m - \frac{c\Delta t}{2}\right) = \Delta t^2 f(k)$$

简写成：

$$y(k+1) = \frac{2\Delta t^2}{2m + c\Delta t}f(k) + \frac{4m - 2k\Delta t^2}{2m + c\Delta t}y(k) + \frac{c\Delta t - 2m}{2m + c\Delta t}y(k-1)$$

得到近似积分的递推公式为

$$y(k+1) = a(\Delta t)y(k) + b(\Delta t)y(k-1) + c(\Delta t)f(k) \tag{5-1}$$

其中：

$$\begin{cases} a(\Delta t) = 2\dfrac{2m - k\Delta t^2}{2m + c\Delta t} \\ b(\Delta t) = \dfrac{c\Delta t - 2m}{2m + c\Delta t} \qquad\qquad k = 0,1,2,\cdots,n \\ c(\Delta t) = \dfrac{2\Delta t^2}{2m + c\Delta t} \end{cases}$$

各个系数与采样时间间隔有关，公式中由于涉及 $y(-1)$ 和 $y(1)$，可根据初始条件 $y(0) = y_0$、$y'(0) = y_0'$ 和动力学方程求出。

根据速度的差分表达式：

$$y'(k)=\frac{y(k+1)-y(k-1)}{2\Delta t}$$

令 $k=0$，有：

$$y(1)-y(-1)+2\Delta t\cdot y'(0)=0 \tag{5-2}$$

根据初始时刻的动力学方程：

$$my''(0)+cy'(0)+ky(0)=f(0)$$

用差商来表示，有：

$$y''(0)=\frac{y(1)-2y(0)+y(-1)}{\Delta t^2}=\frac{1}{m}[f(0)-cy'(0)-ky(0)] \tag{5-3}$$

联立式（5-2）及式（5-3），可得：

$$\begin{cases} y(1)=\dfrac{1}{2}\left[\dfrac{\Delta t^2}{m}f(0)+\left(2\Delta t-\dfrac{\Delta t^2 c}{m}\right)y'(0)+\left(2-\dfrac{\Delta t^2 k}{m}\right)y(0)\right] \\ y(-1)=\dfrac{1}{2}\left[\dfrac{\Delta t^2}{m}f(0)-\left(2\Delta t+\dfrac{\Delta t^2 c}{m}\right)y'(0)+\left(2-\dfrac{\Delta t^2 k}{m}\right)y(0)\right] \end{cases}$$

当初始速度和初始位移为零（ $y'(0)=y(0)=0$ ）时，有：

$$y(-1)=y(1)=\frac{\Delta t^2}{2m}f(0)$$

【例 5-4】 设单自由度弹簧阻尼系统的质量等于 1，刚度系数等于 9，阻尼系数等于 0.3，外部激励为一幅值为 1 的阶跃激励，采样时间 $T=0.01\text{s}$，建立该系统的离散仿真模型。

解析：根据题意得其数学模型为

$$\begin{cases} y''+0.3y'+9y=f(t) \\ y(0)=y'(0)=0 \end{cases}$$

根据推导的离散模型得到递推式（5-1）：

$$y(k+1)=a(\Delta t)y(k)+b(\Delta t)y(k-1)+c(\Delta t)f(k)$$

其中：

$$\begin{cases} a(\Delta t)=2\dfrac{2m-k\Delta t^2}{2m+c\Delta t} \\ b(\Delta t)=\dfrac{c\Delta t-2m}{2m+c\Delta t} \\ c(\Delta t)=\dfrac{2\Delta t^2}{2m+c\Delta t} \end{cases} \quad 或 \quad \begin{cases} a(\Delta t)=1.9961 \\ b(\Delta t)=-0.9970 \\ c(\Delta t)=9.9850\times 10^{-5} \end{cases}$$

节点的值为 $y(1)=y(-1)=\dfrac{\Delta t^2}{2}f(0)$。为了比较仿真结果，在建立了连续系统和离散系统的仿真模型，如图 5-15 所示。

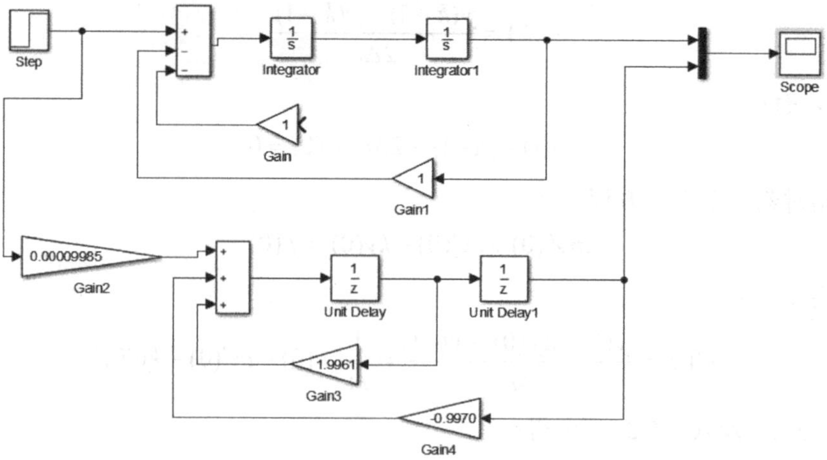

图 5-15　连续和离散系统仿真模型

运行仿真，系统仿真效果如图 5-16 所示。

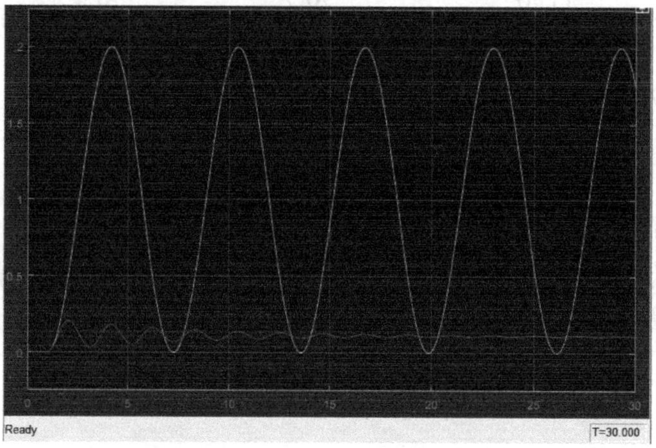

图 5-16　系统仿真效果

5.2.3　龙格–库塔法

龙格-库塔法由于具有较高的精度而在计算机仿真中占有重要的地位，它是求解常微分方程初值问题的常用方法。

1．二阶龙格–库塔法

将梯形法做进一步推广，可得到龙格-库塔法，对于一阶方程：

$$\begin{cases}\dfrac{\mathrm{d}y}{\mathrm{d}t}=f(t,y)\\ y(t_0)=y_0\end{cases}$$

假设从 t_0 跨出一步，在 $t_1=t_0+h$ 时的解为 $y_1=y(t_0+h)$，在 t_0 附近做泰勒展开，只保留二次项，则有：

$$y_1 = y_0 + f(t_0, y_0)h + \frac{1}{2}\left(\frac{\partial f}{\partial t} + \frac{\partial f}{\partial y}\frac{\partial y}{\partial t}\right)h^2\bigg|_{\substack{t=t_0 \\ y=y_0}} \tag{5-4}$$

其中：

$$\frac{\partial y}{\partial t} = f(t, y)$$

假设这个解可写成：

$$y_1 = y_0 + (a_1 k_1 + a_2 k_2)h$$

其中：

$$\begin{cases} k_1 = f(t_0, y_0) \\ k_2 = f(t_0 + b_1 h, y_0 + b_2 k_1 h) \approx f(t_0, y_0) + b_1 \dfrac{\partial f}{\partial t} h + b_2 k_1 \dfrac{\partial f}{\partial y} \end{cases}$$

即有：

$$y_1 = y_0 + a_1 h f(t_0, y_0) + a_2 h\left[f(t_0, y_0) + b_1 \frac{\partial f}{\partial t} h + b_2 k_1 \frac{\partial f}{\partial y}\right] \tag{5-5}$$

由式（5-4）和式（5-5）可知，有 $a_1 + a_2 = 1$、$a_2 b_1 = \frac{1}{2}$、$a_2 b_2 = \frac{1}{2}$ 四个未知数、3 个方程，可自由地选择一个值，令 $b_1 + b_2 = 1$，即有 $a_1 + a_2 = \frac{1}{2}$。于是有一组方程为

$$\begin{cases} y_1 = y_0 + \dfrac{h}{2}(k_1 + k_2) \\ k_1 = f(t_0, y_0) \\ k_2 = f(t_0 + k, y_0 + k_1 h) \end{cases}$$

由于计算，只取 h 和 h^2 项，所以式（5-4）称为二阶龙格-库塔法。

2. 四阶龙格-库塔法

二阶龙格-库塔法仍然存在精度不高的缺点，通常采用的是四阶龙格-库塔法。对形如初值问题的一阶系统为

$$\begin{cases} \dfrac{\mathrm{d}y}{\mathrm{d}t} = f(t, y) \\ y(t = t_0) = y_0 \end{cases}$$

四阶龙格-库塔法的递推公式为

$$y_i = y_{i-1} + \frac{h}{6}(k_1 + 2k_2 + 2k_3 + k_4)$$

其中：

$$\begin{cases} k_1 = f(t_{i-1}, y_{i-1}) \\ k_2 = f\left(t_{i-1} + \dfrac{h}{2}, y_{i-1} + \dfrac{h}{2}k_1\right) \\ k_3 = f\left(t_{i-1} + \dfrac{h}{2}, y_{i-1} + \dfrac{h}{2}k_2\right) \\ k_4 = f\left(t_{i-1} + h, y_{i-1} + hk_3\right) \end{cases} \quad i = 1, 2, \cdots, n \tag{5-6}$$

在实际应用中，为了提高仿真精度，四阶龙格–库塔法的计算步距是可以变化的，也就是在计算过程中可根据所要求的精度对步长做适当改变，这对于精确计算有很大的好处。因为一般的系统在阶跃函数作用下的过渡过程一开始变化比较快，而最后变化将趋于平缓。为了达到较高的精度必须按起始段来选择步距h，显然这个步距将很小，这样在平缓阶段，就显得十分浪费。因此，在做精确仿真计算时，可以采用变步长的办法，步骤为：

（1）按系统的过渡过程情况将它分成几段，每一步都预先给一个步长h。

（2）当过渡过程进入该段时，先要做步长的计算。即用h做一次计算，然后再用$\dfrac{h}{2}$做一次计算，求得二者之差的绝对值。如果它小于某一预定的值，则认为h这个步长符合精度的要求，即可用此步长继续算下去；如果二者之差的绝对值大于该预定值，则认为h这个步长过大，那么用$\dfrac{h}{2}$做一次计算，再用$\dfrac{h}{4}$做二次计算，再进行比较。当然，这样一来，计算的工作量将会增加。

对于工程设计来讲，计算精度往往并不要求十分高，如误差不超过0.5%也会令人满意了。为此，一般常采用定步长的计算方法，作为一个经验数据，当用四阶龙格–库塔法进行计算时，h可选$\left(\dfrac{t_c}{10}, \dfrac{t_n}{40}\right)$，其中$t_c$为系统在阶跃函数作用下的上升时间；$t_n$为系统在阶跃函数作用下的过渡过程时间。

最后还要指出：当采用龙格–库塔法对连续系统进行数字仿真时，步长的选择会影响计算结果的稳定性，因此应尽量选择较小的步长以保证计算的稳定性。

5.2.4 四阶龙格–库塔法

如果能够将一个连续系统表示成一组一阶微分方程，且每个一阶方程都可以用数值积分的方法来求解，则可以求解出整个系统的全部解，包括各阶导数的值都能给出。可以将这种方法写成子程序以方便调用。下面给出了以四阶龙格–库塔法的程序设计，根据式（5-6）得到表达式为

$$\begin{cases} k_1 = f(x_i, y_i) \\ k_2 = f\left(x_i + \dfrac{h}{2}, y_i + \dfrac{h}{2}k_1\right) \\ k_3 = f\left(x_i + \dfrac{h}{2}, y_i + \dfrac{h}{2}k_2\right) \\ k_4 = f\left(x_i + h, y_i + hk_3\right) \\ y_{i+1} = y_i + \dfrac{h}{6}(k_1 + k_2 + k_3 + k_4) \end{cases} \qquad i = 1, 2, \cdots, n$$

根据上式可建立仿真程序，这就是面向微分方程的数字仿真程序结构，由于面向微分方程的数字仿真模型还有状态空间方法和传递函数方法等情况，因此面向微分方程的仿真程序结构也有两种。

1. 求解一阶微分方程组

设一阶微分方程组形式为

$$\frac{\mathrm{d}x_i}{\mathrm{d}t} = f_i(t, x_1, x_2, \cdots, x_n) \qquad i = 1, 2, \cdots, n$$

下面仅考虑由两个方程组成的方程组的情况，更多维情况设计方法相同。设初值为

$$\begin{cases} y' = f(t, y, z) & y(0) = y_0 \\ z' = g(t, y, z) & z(0) = z_0 \end{cases}$$

根据式（5-6）的推导，则可得到加阶龙格-库塔法的格式为

$$\begin{cases} y_{i+1} = \dfrac{y_i + h(k_1 + 2k_2 + 2k_3 + k_4)}{6} \\ z_{i+1} = \dfrac{z_i + h(p_1 + 2p_2 + 2p_3 + k_4)}{6} \end{cases}$$

其中：

$$\begin{cases} k_1 = f(t_i, y_i z_i) \\ k_2 = f\left(t_i + \dfrac{h}{2}, y_i + \dfrac{h}{2}k_1, z_i + \dfrac{h}{2}k_1\right) \\ k_3 = f\left(t_i + \dfrac{h}{2}, y_i + \dfrac{h}{2}k_2, z_i + \dfrac{h}{2}k_2\right) \\ k_4 = f\left(t_i + h, y_i + hk_3, z_i + hk_3\right) \\ p_1 = g(t_i, y_i z_i) \\ p_2 = g\left(t_i + \dfrac{h}{2}, y_i + \dfrac{h}{2}p_1, z_i + \dfrac{h}{2}p_1\right) \\ p_3 = g\left(t_i + \dfrac{h}{2}, y_i + \dfrac{h}{2}p_2, z_i + \dfrac{h}{2}p_2\right) \\ p_4 = g\left(t_i + h, y_i + hp_3, z_i + hp_3\right) \end{cases} \qquad i = 1, 2, \cdots, n$$

2. 高阶微分方程

对于高阶微分方程，总可以通过引进状态变量，将高阶微分方程转化为微分方程组来处理。下面利用四阶龙格–库塔法求解二阶弹簧阻尼系统响应。

【例 5-5】 设计一个有阻尼的弹簧质量系统，动力学方程为

$$mx'' + cx' + kx = f(t)$$

则一阶微分方程组为

$$\begin{cases} \dfrac{dx_1}{dt} = x_2 \\ \dfrac{dx_2}{dt} = x'' = -20x_1 - 4x_2 + 2f(t) \end{cases}$$

假定初值为

$$\begin{cases} x_1(0) = 0 \\ x_2(0) = 0 \end{cases}$$

这是一个由两个方程组成的一阶微分方程组，只需使用变量 $k_1, \cdots, s_1, \cdots$ 即可，需要注意的是，求得的解 x_2 代表系统的速度，x_1 代表系统的位移。

根据需要，定义一阶方程组 M 函数文件，命名为 M5_5fun.m，代码为

```
function dy=M5_5fun(t,y)
dy=zeros(2,1);
dy(1)=y(2);
dy(2)=-20*y(1) -4*y(2) -2*sin(2*t);
```

实现高阶微分方程求解，代码为

```
>> clear all;
x0=0;                                      %初始时间
y0=[0;0];                                  %初始条件
xt=10;                                     %终止时间
n=1000;                                    %数据点数，应注意数据点数的多少会直接影响采用步长
tic                                        %开始计时
[t,y]=runge_kutta4('M5_5fun',x0,xt,y0,n)   %调用龙格–库塔法子程序
time_rk4=toc                               %结束时间
plot(t,y);
grid on;
```

运行程序，输出如下：

```
t =
         0
    0.0100
    0.0200
    0.0300
    ……
    9.9800
```

```
        9.9900
       10.0000
       10.0100
    y =            0            0
       -0.0000   -0.0002
       -0.0000   -0.0008
       -0.0000   -0.0017
       ……        ……
       -0.0691   -0.1757
       -0.0709   -0.1729
       -0.0726   -0.1700
    time_rk4 =              %整个仿真所需要的时间
        0.0822
```

有阻尼的弹簧质量系统仿真效果如图 5-17 所示。

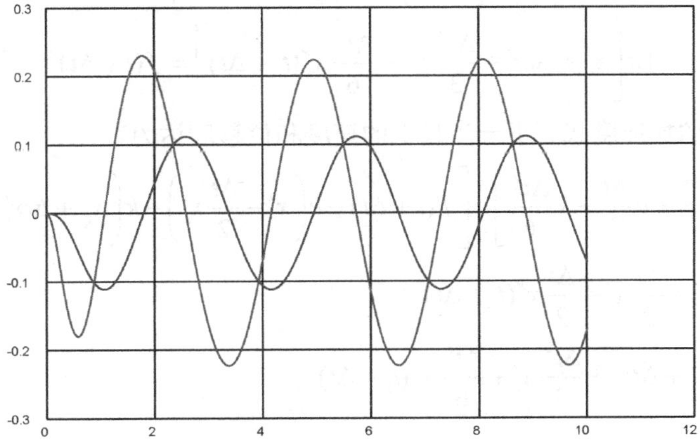

图 5-17　有阻尼的弹簧质量系统仿真效果

5.2.5　隐式逐步积分法

设二阶动力学方程为

$$mx''(t) + cx'(t) + kx(t) = f(t)$$

经过一个短暂的时间间隔 Δt，则上式可表示为

$$mx''(t+\Delta t) + cx'(t+\Delta t) + kx(t+\Delta t) = f(t+\Delta t) \tag{5-7}$$

线性加速度法的基本思想是加速度在时刻 t_i 和 $t_i+\Delta t$ 之间的变化视为线性变化，即：

$$x''(t) = x_i'' + \frac{x_{i+1}'' - x_i''}{2\Delta t}(t-t_i)^2 \tag{5-8}$$

其中，$t_i < t < t_{i+1}$，$\Delta t = t_{i+1} - t_i$。

线性加速度示意如图 5-18 所示。

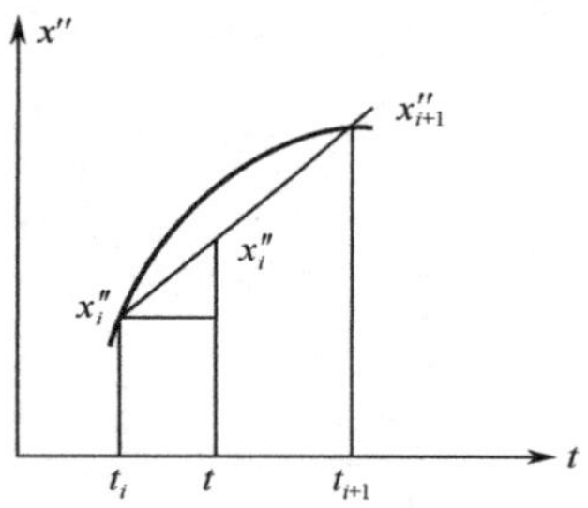

图 5-18 线性加速度示意

对式（5-8）进行一次和二次积分，可得到速度和位移的变化规律为

$$\begin{cases} x'(t)=x'_i+x''_i(t-t_i)+\dfrac{x''_{i+1}-x''_i}{2\Delta t}(t-t_i)^2 \\ x(t)=x_{t_i}+\displaystyle\int_{t_i}^{t}x'(t)\mathrm{d}t=x_{t_i}+x'_i(t-t_i)+\dfrac{x''_i}{2}(t-t_i)^2+\dfrac{x''_{i+1}-x''_i}{6\Delta t}(t-t_i)^3 \end{cases}$$

将 $t=t_i+\Delta t$ 代入上式，可求得下一时刻的速度和位移为

$$\begin{cases} x'(t_i+\Delta t)=x'_i+\dfrac{\Delta t}{2}x''_i+\dfrac{\Delta t}{2}x''(t_i+\Delta t) \\ x(t_i+\Delta t)=x_{t_i}+\Delta t x'_i+\left(\dfrac{1}{2}-\dfrac{1}{6}\right)\Delta t^2 x''+\dfrac{\Delta t^2}{6}x''_i(t_i+\Delta t) \end{cases}$$

代入到增量方程式（5-7），有：

$$mx''(t+\Delta t)+c\left[x'_i+\frac{\Delta t}{2}x''_i+\frac{\Delta t}{2}x''(t+\Delta t)\right]$$
$$+k\left[x_{t_i}+\Delta t x'_i+\frac{\Delta t^2}{3}x''+\frac{\Delta t^2}{6}x''(t_i+\Delta t)\right]=f(t+\Delta t)$$

求出下一时刻的加速度式、下一步长上的速度和位移表达为

$$\begin{cases} x''(t_i+\Delta t)=\left[m+c\dfrac{\Delta t}{2}+k\dfrac{\Delta t^2}{6}\right]^{-1}\left[f(t+\Delta t)-c\left(x'_i-\dfrac{\Delta t}{2}x''_i\right)-k\left(x_{t_i}+\Delta t x'_i+\dfrac{\Delta t^2}{3}x''_i\right)\right] \\ x'(t_i+\Delta t)=x'_i+\dfrac{\Delta t}{2}x''_i+\dfrac{\Delta t}{2}x''(t_i+\Delta t) \\ x'(t_i+\Delta t)=x_{t_i}+\Delta t x'_i+\dfrac{\Delta t^2}{3}x''_i+\dfrac{\Delta t^2}{6}x''(t_i+\Delta t) \end{cases} \tag{5-9}$$

重复以上过程，可得到 $(t+2\Delta t)$ 时刻的加速度、速度和位移，这样通过逐次计算，就可以得到整个时间段内的加速度、速度和位移。其中，激励力 $f(t)$ 的变化也认为是按线性变化的。

对于一个振动系统来说，初始速度和初始位移一般是给定的，而初始时刻的加速度则根据动力学方程得到。由式（5-9）可见，线性加速度法是通过前一步的加速度、速度和位移，使动力学微分方程化为代数方程来求解的。线性加速度法是一种有条件稳定的格式，如果积分步长 Δt 和系统的振动周期配合不理想，系统会发散。一般情况下，当系统的运动周期比积分步长大 5～10 倍时，才能取得比较精确的计算结果。

在使用中，可将式（5-9）写成矩阵形式：

$$\begin{bmatrix} x'' \\ x' \\ x \end{bmatrix}_{k+1}=\begin{bmatrix} -mv\left(\dfrac{c\Delta}{2}+\dfrac{k\Delta^2}{3}\right) & -mv(c+k\Delta) & -mvk \\ \dfrac{\Delta}{2}\left[1--mv\left(\dfrac{c\Delta}{2}+\dfrac{k\Delta^2}{3}\right)\right] & 1-\dfrac{\Delta}{2}mv(c+k\Delta) & -\dfrac{\Delta}{2}mvk \\ \dfrac{\Delta^2}{3}-\dfrac{\Delta^2}{6}mv\left(\dfrac{c\Delta}{2}+\dfrac{k\Delta^2}{3}\right) & \Delta-\dfrac{\Delta^2}{6}mv(c+k\Delta) & 1-\dfrac{\Delta^2}{6}mvk \end{bmatrix}\begin{bmatrix} x'' \\ x' \\ x \end{bmatrix}_k+\begin{bmatrix} mvf \\ \dfrac{\Delta}{2}mvf \\ \dfrac{\Delta^2}{6}mvf \end{bmatrix}$$

其中，$mv=\left[m+c\dfrac{\Delta}{2}+k\dfrac{\Delta^2}{6}\right]^{-1}$；$\Delta=\Delta t$（步长）；$k=0,1,2,\cdots,n-1$。

【例 5-6】 系统的动力学方程为

$$2\times\begin{bmatrix}1&0&0\\0&1&0\\0&0&1\end{bmatrix}\begin{bmatrix}x_1''\\x_2''\\x_3''\end{bmatrix}+\begin{bmatrix}2&-1&0\\-1&2&-1\\0&-1&2\end{bmatrix}\begin{bmatrix}x_1'\\x_2'\\x_3'\end{bmatrix}+50\begin{bmatrix}2&-1&0\\-1&2&-2\\0&-1&2\end{bmatrix}\begin{bmatrix}x_1\\x_2\\x_3\end{bmatrix}=\begin{bmatrix}6\sin(3.5)\\-2\cos(2t)\\1.5\sin(1.5t)\end{bmatrix}$$

初始条件为

$$\begin{cases}\begin{bmatrix}x_1'(0)\\x_2'(0)\\x_3'(0)\end{bmatrix}=\begin{bmatrix}1\\1\\1\end{bmatrix}\\\begin{bmatrix}x_1(0)\\x_2(0)\\x_3(0)\end{bmatrix}=\begin{bmatrix}1\\1\\1\end{bmatrix}\end{cases}$$

试用线性加速度法计算三自由度在时间 0～15s 时的位移时间历程。

根据需要，其实现的 MATLAB 代码为：

```
>> clear all;
m=2*[1 0 0;0 1 0;0 0 1];                        %质量矩阵
c=[2 -1 0;-1 2 -1;0 -1 2];                      %阻尼矩阵
k=50*[2 -1 0; -1 2 -2;0 -1 2];                  %刚度矩阵
x0=[1 1 1]';                                    %初位移
v0=[1 1 1]';                                    %初速度
delt=0.01;                                      %时间步长
time=20;                                        %仿真时间
n=time/delt;                                    %循环次数
disp=zeros(n,3);                                %设定 n 行 3 列存储位移矩阵
minv=inv(m+delt*c/2+delt^2*k/6);
i=1;
for t=0:delt:time
    f=[6.0*sin(3.5*t) -2.0*cos(2*t) 1.5*sin(1.5*t)]';    %外扰力
    if t==0
        a0=inv(m)*(f-k*x0-c*v0);                %初始加速度
    else
        a=minv*(f-c*(v0+delt/2*a0)-k*(x0+delt*v0+delt^2*a0/3));  %计算加速度
        v=v0+delt*(a0+a)/2;                     %计算速度
        x=x0+delt*v0+delt^2/3*a0+delt^2/6*a;    %计算位移
        a0=a;v0=v; x0=x;
        i=i+1;
    end
    disp(i,:)=x0;
end
```

```
t=0:delt:time;
plot(t,disp(:,1),t,disp(:,2),t,disp(:,3));
grid on;
xlabel('时间（s）');
title('3 自由度时程曲线');
```

运行程序，三自由度系统仿真效果如图 5-19 所示。

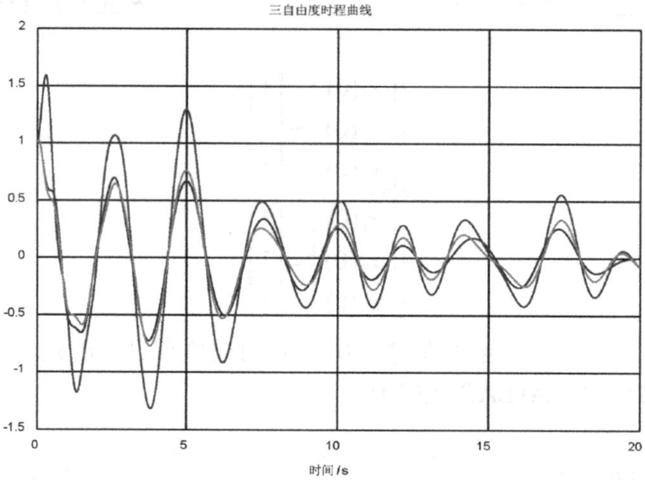

图 5-19　三自由度系统仿真效果

5.2.6　微分方程的边值问题

常微分方程边值问题的基本数值解法分为两类：一类是利用差分方法将它转化成线性或非线性方程组求解；另一类是将它转化成初值问题来求解，这种方法称为试射法（打靶法）。

例如，对于二阶微分方程：

$$y''=f(x,y,y') \qquad a\leqslant x\leqslant b$$

其边值条件可分为以下 3 类。

第一边值条件：

$$\begin{cases}y(a)=\alpha\\ y(b)=\beta\end{cases}$$

第二边值条件：

$$\begin{cases}y'(a)=\alpha_1\\ y'(b)=\beta_1\end{cases}$$

第三边值条件：

$$\begin{cases}y'(a)-a_0y(a)=\alpha_1\\ y'(b)-\beta_0y(b)=\beta_1\end{cases}$$

下面介绍解线性方程边值问题的差分方法以及适用于非线性方程边值问题的试射法。

1. 差分法

设二阶线性方程的一般形式为

$$y''+p(x)y'+q(x)y=f(x) \qquad a\leqslant x\leqslant b$$

利用中心差分法可以得到差分方程为

$$\frac{y_{i+1}-2y_i+y_{i-1}}{h^2}+p_i\frac{y_{i+1}-y_{i-1}}{2h}+q_iy_i=f_i$$

简写为

$$a_iy_{i-1}+b_iy_i+c_iy_{i+1}=d_i$$

其中，$a_i=1-\dfrac{hp_i}{2}$；$b_i=-2+h^2q_i$；$c_i=1+\dfrac{hp_i}{2}$；$d_i=h^2f_i$；$i=1,2,\cdots,n-1$。

该方程含有 $(n+1)$ 个未知数 $y_k(k=0,1,2,\cdots,n-1)$ 的线性方程组，方程的个数为 $(n-1)$。要使方程组有解，还需要补充两个边值条件方程。

对于第一边值条件：

$$\begin{cases}y(0)=\alpha\\ y(n)=\beta\end{cases}$$

于是得到第一边值问题的差分方程组的矩阵形式为

$$\begin{bmatrix}b_1 & c_1 & & & \\ a_2 & b_2 & c_3 & & \\ & \ddots & \ddots & \ddots & \\ & & a_{n-2} & b_{n-2} & c_{n-2}\\ & & & a_{n-1} & b_{n-1}\end{bmatrix}\begin{bmatrix}y_1\\ y_2\\ \vdots\\ y_{n-2}\\ y_{n-1}\end{bmatrix}=\begin{bmatrix}d_1-a_1\alpha\\ d_2\\ \vdots\\ d_{n-2}\\ d_{n-1}-c_{n-1}\beta\end{bmatrix} \tag{5-10}$$

这个方程组是三对角方程组，可以利用追赶法求解。

对于第二及第三边值条件，由于条件中包含了导数，所以边值条件也必须用差商来近似表示：

$$\begin{cases}\dfrac{y_2-y_0}{2h}=\alpha_1\\ \dfrac{y_n-y_{n-2}}{2h}=\beta_1\end{cases},\quad \begin{cases}\dfrac{y_2-y_0}{2h}=\alpha_0y_0+\alpha_1\\ \dfrac{y_n-y_{n-2}}{2h}=\beta_0y_n+b_1\end{cases} \tag{5-11}$$

如果需要进一步提高精度，需要用更高阶的插值公式，如牛顿等距插值公式，可使截断误差达到 $o(h^2)$。

将式（5-11）代入边值条件中，就得到两个方程再与式（5-10）联立，就可得到对应的差分方程组，用追赶法解出 $y_i(i=1,2,\cdots,n)$。

2. 打靶法

打靶法（试射法）的基本思想是将边值问题化为相应的初值问题，从而可以借用前面介绍的求解常微分方程的数值解法来求解边值问题的数值解。

先考虑两点边值问题：

$$\begin{cases} y'' = f(x, y, y') \\ y(a) = \alpha \\ y(b) = \beta \end{cases}$$

化为初值问题：

$$\begin{cases} y'' = f(x, y, y') \\ y(a) = \alpha \\ y'(a) = m_k \end{cases}$$

令 $y' = z$，将上述问题化为一阶方程组，即

$$\begin{cases} y' = z \\ y(a) = \alpha \\ z' = f(x, y, z) \\ y'(a) = m_k \end{cases}$$

写成矩阵形式：$Y' = F$，即

$$\begin{bmatrix} y' \\ z' \end{bmatrix} = \begin{bmatrix} z \\ f(x, y, z) \end{bmatrix}$$

初值为

$$\begin{bmatrix} y(a) \\ z(a) \end{bmatrix} = \begin{bmatrix} a \\ m \end{bmatrix}$$

这样就化为标准微分方程初值问题了，可写成离散解为

$$Y_{i+1} = Y_i + hF_i$$

或

$$\begin{bmatrix} y_{i+1} \\ z_{i+1} \end{bmatrix} = h \begin{bmatrix} zi \\ f(x_i, y_i, z_i) \end{bmatrix}$$

因此，利用打靶法求解边值问题的关键是怎样把边值条件转化为等价的初值条件，即确定 m。

假定相应于 m_k 的初值问题的解为 $y(x, m_k)$，它是 m_k 的隐函数，并假定 $y(x, m_k)$ 随 m_k 连续变化，这样要找的问题就是满足下面代数方程的根：

$$y(b, m_k) - \beta = 0$$

通过迭代法可以得到解，迭代公式为

$$m_{k+1} = m_k - \frac{m_k - m_{k-1}}{y(b, m_k) - y(b, m_k)}(y(b, m_k) - \beta) \qquad k = 1, 2, \cdots$$

【例 5-7】 用打靶法求解如下边值问题：

$$\begin{cases} 5y'' + yy' = 2x^3 + 16 \\ y(2) = 8 \\ y(3) = 35/3 \end{cases}$$

解析：将此化为一阶微分方程的初值问题。

令 $y' = z$，则

$$z' = -\frac{yz}{4} + \frac{x^3}{2} + 4$$

初值为

$$\begin{cases} y(2) = 6 \\ z(2) = m_k \end{cases}$$

取 $m_0 = 1.2$，计算得

$$y(3, m_0) = 11.38 \neq 35/3$$

再选取另一点 $m_1 = 2.2$，计算得

$$y(3, m_1) = 11.74 \neq 35/3$$

将 m_0，m_1 做插值计算新的 m_2，根据式（5-11）有：

$$m_2 = m_1 - \frac{m_1 - m_0}{y(3, m_1) - y(3, m_0)}(y(3, m_1) - 35/3) = 2.398$$

$$y(3, m_2) = 11.81 \neq 35/3$$

$$m_3 = m_2 - \frac{m_2 - m_1}{y(3, m_2) - y(3, m_1)}(y(3, m_2) - 35/3) = 2.197$$

$$\vdots$$

当　$m_5 = 2$时，$y3m_5 = 11.667 \approx \frac{35}{3}$

最后，得到化为初始问题的模型为

$$\begin{cases} 4y'' + yy' = 2x^3 + 16 \\ y(2) = 8 \\ y'(2) = 2 \end{cases}$$

3. 三角对角追赶法

针对在边值问题中的三对角矩阵的特殊情况，给出了追赶法的程序如下。设方程组 $Ax = b$，当系数矩阵 A 为三对角矩阵时，先将 A 做三角分解，即 $A = LU$，其中 L 为下三角的两对角矩阵，U 为上三角的两对角矩阵，且主对角元素全为 1。求解时，先求 $Ly = b$ 的解，再求 $Ux = y$ 的解 x。

在 MATLAB 中，没有提供专门的函数实现追赶法求解边值问题，自定义编写 followup.m 函数实现该功能，函数源代码为

```
function x=followup(A,b)
n=rank(A);
for(i=1:n)
    if(A(i,i)==0)
        disp('ERROR');   %对角线元素有 0，显示错误
        return;
    end
end
d=ones(n,1);
```

```
a=ones(n-1,1);
c=ones(n-1);
for(i=1:n-1)
    a(i,1)=A(i+1,i);
    c(i,1)=A(i,i+1);
    d(i,1)=A(i,i);
end
d(n,1)=A(n,n);
%求解 Ly=b 的解 y，保存在 b 中
for(i=2:n)
    d(i,1)=d(i,1)- (a(i-1,1)/d(i-1,1))*c(i-1,1);
    b(i,1)=b(i,1)- (a(i-1,1)/d(i-1,1))*b(i-1,1);
end
%求解 Ux=y 的解 x
x(n,1)=b(n,1)/d(n,1);
for(i=(n-1): -1:1)
    x(i,1)=(b(i,1)-c(i,1)*x(i+1,1))/d(i,1);
end
```

【例 5-8】 用追赶法求解如下线性方程组：

$$\begin{cases} 2.5x_1 + x_2 = 1 \\ x_1 + 1.5x_2 + x_3 = 1 \\ x_2 + 0.5x_3 + x_4 = 1 \\ x_3 + 0.5x_4 + x_5 = 1 \\ x_4 + 1.5x_5 + x_6 = 1 \\ x_5 + 2.5x_6 = 1 \end{cases}$$

其实现的 MATLAB 代码为：

```
>> clear all;
A=[2.5 1 0 0 0 0;1 1.5 1 0 0 0;0 1 0.5 1 0 0;0 0 1 0.5 1 0;0 0 0 1 1.5 1;0 0 0 0 1 2.5];
b=ones(6,1);
x=followup(A,b)
运行程序，输出如下：
x =
    0.4615
   -0.1538
    0.7692
    0.7692
   -0.1538
    0.4615
```

5.3　传递函数模型

传递函数是线性系统分析和研究的基本数学工具，对标准形式的微分方程进行拉普拉斯变换，可以将其转化为代数方程，这样不仅将实数域中的微分、积分运算简化为复数域中的代数运算，大大简化了运算，而且根据传递函数还可以方便地导出系统的频率特性，利用传递函数可以得到系统的频率特性，利用这些特性与系统的参数关系可以识别系统的物理参数。

5.3.1　传递函数的概述

1．传递函数的定义

线性系统的传递函数定义是在全部初始条件为零的假设下，系统输出量（响应函数）的拉普拉斯变换与输入量（驱动函数）的拉普拉斯变化之比。

设线性系统的输入为 $u(t)$，输出为 $y(t)$，对应的微分方程为

$$(a_n p^n + a_{n-1} p^{n-1} + \cdots + a_1 p + a_0) y(t) = (c_m p^m + c_{m-1} p^{m-1} + \cdots + c_1 p + c_0) u(t)$$

其中，$p^m = \dfrac{\mathrm{d}^m}{\mathrm{d}t^m}$ 为微分算子，且有 $n \geqslant m$。

假设 $y(t)$ 和 $u(t)$ 各阶导数的初值均为零，对方程两端取拉普拉斯变换，可得

$$(a_n s^n + a_{n-1} s^{n-1} + \cdots + a_1 s + a_0) Y(s) = (c_m s^m + c_{m-1} s^{m-1} + \cdots + c_1 s + c_0) U(s)$$

系统的输出、输入和传递函数有如下关系：

$$Y(s) = H(s) U(s)$$

2．传递函数的特性

系统的传递函数具有其自身的特性，主要表现在：

（1）传递函数只取决于系统结构（或元件）的参数，与外部信号的大小和形式无关。

（2）传递函数只能适用于线性定常系统（由拉普拉斯变换的性质可以得到，因为拉普拉斯变换是一种线性变换）。

（3）传递函数一般为复变量 s 的有理分式，它的分母多项式 s 的最高次数 n 高于分子多项式 s 的最高次数 m，即 $n \geqslant m$。

（4）由于传递函数是在零初始条件下定义的，因此它不能反映非零初始条件下的运动情况（暂态响应）。

（5）一个传递函数只能表示一个输入与一个输出之间的关系，对于多输入多输出系统，要用传递函数矩阵才能表征系统的输入与输出关系。

5.3.2　传递函数的基本环节

根据不同的数学模型，可将传递函数分为以下几种类型。

1. 比例环节

凡输出量 $y(t)$ 正比于输入量 $u(t)$，其特点是输出不失真也不延迟而按比例地反映输入的环节称为比例环节，其动力学方程为

$$y(t) = Ku(t)$$

式中，$y(t)$ ——输出；

$u(t)$ ——输入；

K ——环节的放大系数或增益，其传递函数为

$$H(s) = \frac{Y(s)}{U(s)} = K$$

2. 一阶延迟环节

首先来分析 RC 串联电路系统的传递函数，以 $q(t)$ 表示电路中电容器上的电荷，$u(t)$ 为电压，则关于电荷的变化满足的动态方程为

$$RC\frac{\mathrm{d}q(t)}{\mathrm{d}t} + q(t) = cu(t)$$

设 $f(t)$ 为系统的输入力，$x(t)$ 为系统的输出位移，则对应的机械系统的微分方程为

$$\left[c\frac{\mathrm{d}x(t)}{\mathrm{d}t} + kx(t)\right]3a = f(t)a$$

这样的系统称为一阶系统。

为了不失一般性，设 $y(t)$ 为输出，$u(t)$ 为输入，则一阶系统的一般形式可表示为

$$a_1\frac{\mathrm{d}y(t)}{\mathrm{d}t} + a_0 y(t) = b_0 u(t)$$

其标准形式为

$$\tau\frac{\mathrm{d}y(t)}{\mathrm{d}t} + y(t) = \eta u(t)$$

式中，τ ——时间常数；

η ——系统的灵敏度。

为分析方便，令 η =1，以这种归一化系统为研究模型，即

$$\tau\frac{\mathrm{d}y(t)}{\mathrm{d}t} + x(t) = f(t)$$

根据传递函数的概念可得

$$H(s) = \frac{1}{\tau s + 1}$$

实际的输出可写成：

$$x(s) = \eta H(s) f(s)$$

一阶延迟环节的特点是系统的输出比系统的输入晚一步（延迟），所以具有惯性，而这个延迟是由于系统有黏性阻尼的缘故，显然如阻尼 $c = 0$，则退化为比例环节。

3. 微分环节

凡是系统的输出正比于系统输入的微分，即

$$y(t)=T\frac{\mathrm{d}u(t)}{\mathrm{d}t}Tu(t)$$

传递函数为

$$H(s)=\frac{Y(s)}{U(s)}=Ts$$

式中，T——微分环节的时间常数（注意和一阶系统中定义的时间常数 τ 的概念是不一样的）。

一般情况下，微分环节在实际中不可能单独存在，如当系统的输入为单位阶跃函数 $u(t)=l(t)$ 时，有

$$y(t)=T\frac{\mathrm{d}}{\mathrm{d}t}[u(t)]=T\delta(0)$$

输出的是脉冲函数，由于 $\delta(0)\to\infty$，这样在实际中是不成立的，同时也说明了传递函数分子的阶数不可能高于分母的阶数。在实际应用中，常将微分环节与其他环节联合使用。

4．积分环节

该环节的输出等于系统的输入量对时间的积分成正比，即

$$y(t)=K\int_0^t u(t)\,\mathrm{d}t$$

式中，K——常数。

传递函数为

$$H(s)=\frac{Y(s)}{U(s)}=\frac{K}{s}$$

5.3.3 传递函数的形式

传递函数常用的形式主要有以下几种。

1．零极点形式

将系统的传递函数写成：

$$H(s)=K\frac{(s-z_1)(s-z_2)\cdots(s-z_i)}{(s-\lambda_1)(s-\lambda_2)\cdots(s-\lambda_i)}$$

则称为传递函数的增益零极点模型。

式中，K——增益；

$z_i(i=1,2,\cdots,N)$——系统的零点；

$\lambda_i(i=1,2,\cdots,n)$——系统的极点。

极点就是分母多项式等于零的根，其实传递函数的极点就是对应的微分方程的特征根。传递函数的零点和极点对系统的动态性能有影响。根据传递函数的特点可知，极点的数目必须要大于或等于零点的数目，或者说，分母的方次要大于等于分子的方次。

2．留数形式

一般形式的传递函数可写成：

$$H(s)=\frac{k_1}{s-\lambda_1}+\frac{k_2}{s-\lambda_2}+\cdots+\frac{k_n}{s-\lambda_n}$$

称为传递函数的留数形式。此处$\lambda_1,\lambda_2,\cdots,\lambda_n$为系数的极点（假定无重根情况）；$k_1,k_2,\cdots,k_n$称为系统的留数，各个留数可通过下式求出：

$$k_i=\lim_{s\to\lambda_i}H(s)\times(s-\lambda_i)\qquad i=1,2,\cdots,n$$

3．串联形式

设有两个系统的传递函数分别为$H_1(s)$和$H_2(s)$，将如图 5-20 所示的两个系统串联，分析两个系统串联后的总系统的传递函数。

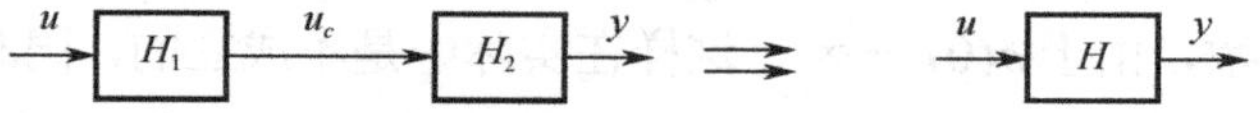

图 5-20　传递函数串联示意图

因为

$$u_c=u\times H_1(s)$$
$$y=u_c\times H_2(s)$$

即

$$y=u\times H_1(s)\times H_2(s)=u\times H(s)$$
$$H(s)=H_1(s)\times H_2(s)$$

当两个线性系统模型串联时，其等效系统的传递函数等于串联系统中两传递函数的乘积，即

$$H(s)=H_1(s)\times H_2(s)$$

可以推广到更一般情况，如果有n个系统串联，则总系统的传递函数为分系统的传递函数的连乘，即

$$H(s)=H_1(s)\times H_2(s)\times\cdots\times H_n(s)$$

或

$$H(s)=\frac{y(s)}{u(s)}=\frac{s-z_1}{s-\lambda_1}\frac{s-z_2}{s-\lambda_2}\cdots\frac{s-z_n}{s-\lambda_n}$$

注意：此处假定极点比零点数目大 1，由此可见，可以通过传递函数的零极点形式，将系统传递函数分解为多个传递函数的串联，根据这个表达式可以将一个高次传递函数分解成一系列简单一次传递函数的串联形式。

4．并联形式

设有两个系统的传递函数，分别为$H_1(s)$和$H_2(s)$，将两个系统串联，如图 5-21 所示，分析两个系统串联后的总系统的传递函数为

$$y_1=u_1\times H_1(s)$$
$$y_2=u_2\times H_2(s)$$

又因为

$$u_1 = u_2 = u$$
$$y = y_1 + y_2$$

则有

$$y = y_1 + y_2 = u_1 \times H_1(s) + u_2 \times H_2(s) = u(H_1(s) + H_2(s)) = u \times H(s)$$

其中：

$$H(s) = H_1(s) + H_2(s)$$

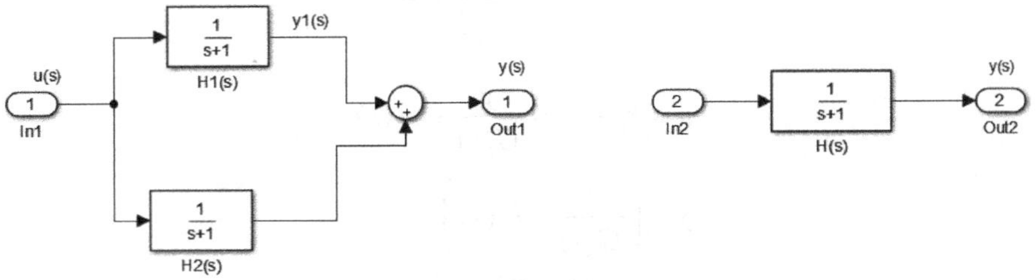

图 5-21　传递函数并联示意图

当两个线性系统模型并联时，其等效系统的传递函数等于并联系统中两传递函数的和，即

$$H(s) = H_1(s) + H_2(s)$$

可以推广到更一般的情况，如果有 N 个系统串联，则总系统的传递函数为各分系统的传递函数的和，即

$$H(s) = H_1(s) + H_2(s) + \cdots + H_n(s) + \sum_{i=1}^{N} H_i(s)$$

如果将串联形式的传递矩阵写为

$$H(s) = \frac{y(s)}{u(s)} = \frac{k_1}{s-\lambda_1}\frac{k_2}{s-\lambda_2}\cdots\frac{k_N}{s-\lambda_N}$$

式中，$k_1, k_2, \cdots, k_N$——系统的留数，其中 $k_i = \lim\limits_{s \to \lambda_i} H(s)(s-\lambda_i)$。

由此可见，可以通过留数形式的传递函数，将系统传递函数分解为多个传递函数的并联，也就是说，根据这个表达式可以将一个高次传递函数分解成一系列简单一次传递函数式的并联形式，这是留数形式传递函数带来的优点之一。

5. 反馈连接

在控制领域中，常常需要将系统的输出与系统的输入信息相比较，再将这个新的信息作为系统的输入，使系统达到某种预期的需要，这种系统称为反馈系统。一般来说，反馈系统中由反馈元件完成反馈，如图 5-22 所示，设 $H(s)$ 为反馈元件的传递函数，这样就构成了反馈系统，通常称为闭环系统，则闭环系统的传递函数如下。

根据信号的流向，有

$$y = G(s)x_1 x_2 = H(s)y$$

又因为

$$x_1 = u - x_2$$

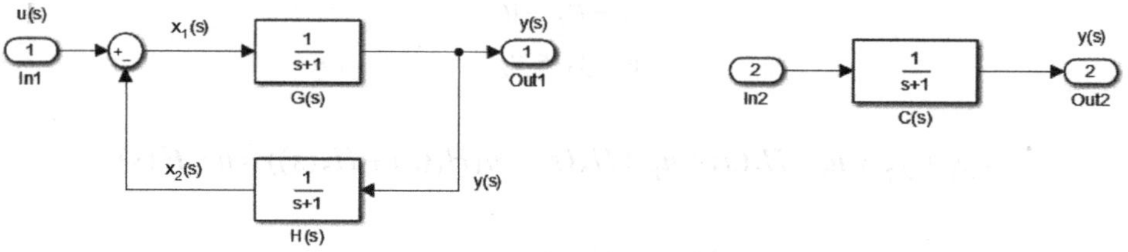

图 5-22　反馈连接示意图

即

$$u = x_1 + x_2 = \frac{y}{G(s)} + H(s)$$

$$y = \left(\frac{1}{G(s)} + H(s)\right)$$

$$y = \frac{1+G(s)H(s)}{G(s)}$$

$$y = \frac{G(s)}{1+G(s)H(s)}u$$

得到的负反馈状态的等效传递函数为

$$C(s) = \frac{G(s)}{1+G(s)H(s)} \tag{5-12a}$$

如果是正反馈系统，则有

$$C(s) = \frac{G(s)}{1-G(s)H(s)} \tag{5-12b}$$

6．开环传递函数

在控制领域中，经常要分析如图 5-23 所示的反馈系统：不同支路之间的传递函数情况。输入信号 $R(s)$ 与反馈信号 $B(s)$ 的差值称为误差信号 $E(s)$，系统的输出信号用 $C(s)$ 表示，系统元件的传递函数用 $G(s)$ 表示，反馈元件的传递函数用 $H(s)$ 表示。这是一个带有反馈元件的闭环系统框图。

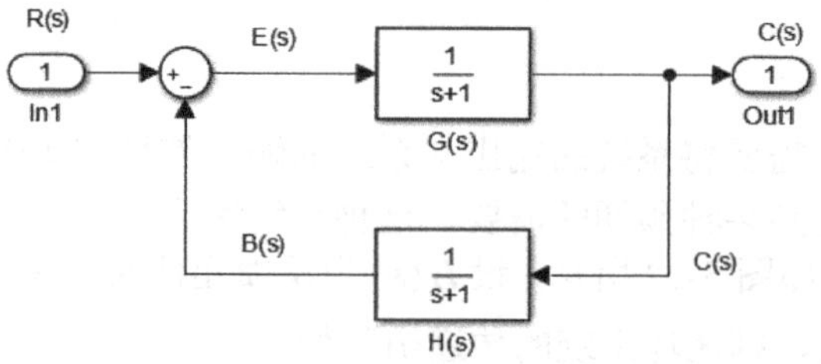

图 5-23　传递函数模型框图

通常在带有反馈的系统中，有如下定义。

（1）误差传递函数：

$$H_E = \frac{E(s)}{R(s)}$$

（2）前馈传递函数：

$$G(s) = \frac{C(s)}{E(s)}$$

它为系统的主要传递函数。

（3）反馈传递函数：

$$H(s) = \frac{B(s)}{C(s)}$$

它将输出信息通过传递函数返回到系统的输入。

（4）开环传递函数：

$$H_{OP} = \frac{B(s)}{E(s)}$$

反馈信号 $B(s)$ 与误差信号 $E(s)$ 的比称为开环传递函数。

在图 5-23 中,由于 $B(s) = G(s)H(s)E(s)$，则系统的开环传递函数为

$$H_{OP} = \frac{B(s)}{E(s)} = G(s)H(s)$$

由此可看到，开环系统的传递函数相当于系统传递函数与反馈传递函数串联的形式，如图 5-24 所示，串联形式的传递函数等于 $G(s)H(s)$。

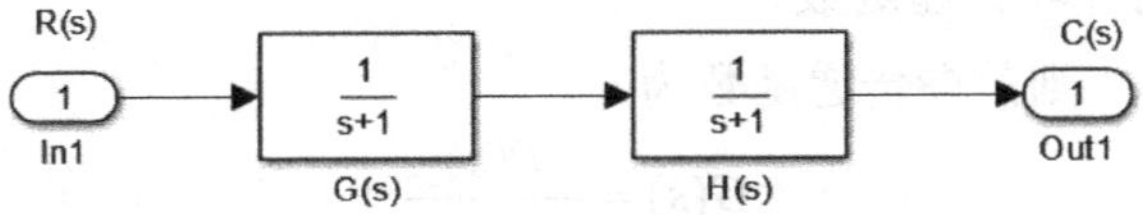

图 5-24　开环传递函数

开环传递函数也可以理解为系统回路的相加点断开后，以 $E(s)$ 作为系统的输入，经前馈传递函数和反馈传递函数而产生的输出 $B(s)$。此时的输出与输入的比值 $\frac{B(s)}{E(s)}$ 可以认为是一个无反馈的开环系统的传递函数。由于 $B(s)$ 与 $E(s)$ 在相加点的量纲相同，所以，开环系统的传递函数是无量纲的，这一点十分重要。

（5）闭环传递函数。输出信号 $C(s)$ 与输入信号 $R(s)$ 的比称为闭环传递函数，即

$$H(s) = \frac{C(s)}{R(s)}$$

由于：

$$C(s) = G(s)E(s)$$
$$E(s) = R(s) - B(s) = R(s) - C(s)H(s)$$

则有：

$$C(s) = G(s)\left[R(s) - C(s)H(s)\right]$$

可得：

$$C(s)=\frac{G(s)R(s)}{1+G(s)H(s)}$$

最后系统的闭环传递函数为

$$\frac{C(s)}{R(s)}=\frac{G(s)}{1+G(s)H(s)}$$

由于 $C(s)=G(s)E(s)$，带入闭环传递函数有

$$H(s)=\frac{C(s)}{R(s)}=\frac{G(s)E(s)}{R(s)}=\frac{G(s)}{1+G(s)H(s)}$$

误差传递函数为

$$H_E(s)=\frac{E(s)}{R(s)}=\frac{1}{1+G(s)H(s)}$$

闭环系统的量纲取决于输入和输出的量纲，两者的量纲可以相同也可以不相同。有时可以将系统内部分成几个相对独立的部分，然后再连接成一定形式，所以系统的开环传递函数闭环传递函数是针对某个固定系统而言的。

根据以上分析可知，当某系统的传递函数 $P(s)$ 已知、可以构造成一个反馈系统时，只要给出前馈传输或者反馈传递函数，就可根据式（5-12）计算出另一个传递函数。

工程中常常有单位负反馈系统，即反馈传递函数 $H=1$，可以得到系统的前馈传递函数为

$$G(s)=\frac{P(s)}{1-P(s)}$$

式中，$P(s)$——系统的开环传递函数。

如果是单位正反馈，则前馈传递函数为

$$G(s)=\frac{P(s)}{1+P(s)}$$

5.3.4 传递函数的仿真与建模

1．相关的 MATLAB 函数

在 MATLAB 中，提供了相关函数用于实现传递函数，下面分别进行介绍。

1）series 函数

在 MATLAB 中，提供了 series 函数用于实现模型间的串联连接。函数的调用格式为：

```
（1）sys=series(sys1,sys2);
```

将 sys1 和 sys2 进行串联连接，构成基本串联连接形式。此时的连接方式相当于 sys=sys1×sys2。

```
（2）sys=series(sys1,sys2,y1,u2);
```

将 sys1 和 sys2 进行广义串联连接。

【例 5-9】 设两个采样周期均为 0.1s 的离散系统，其脉冲传递函数分别为

$$G_1(z)=\frac{z^2+3z+2}{z^4+3z^3+5z^2+7s+3}$$

$$G_2(z)=\frac{10}{(z+2)(z+3)}$$

求将它们串联连接后得到的传递函数。

其实现的 MATLAB 代码为：

```
>> clear all;
G1=tf([1 3 2],[1 3 5 7 3],0.1);
G2=zpk([],[-2 -3],10,0.1);
G=series(G1,G2)
运行程序，输出如下：
G =
                              10 (z+2) (z+1)
  --------------------------------------------------------
  (z+2) (z+1.869) (z+3) (z+0.6245) (z^2 + 0.5063z + 2.57)
Sample time: 0.1 seconds
Discrete-time zero/pole/gain model.
```

2）parallel 函数

在 MATLAB 中，提供了 parallel 函数用于关联连接。函数的调用格式为：

```
（1）sys=parallel(sys1,sys2);
```

将 sys1 和 sys2 进行并联连接，构成如基本并联连接形式。此时的连接方式相当于 sys=sys1+sys2。

```
（2）sys=parallel(sys1,sys2,u1,u2,y1,y2);
```

将 sys1 和 sys2 进行广义并联连接。并联后得到的模型 sys 的输入向量和输出向量分别为

$$R=[v_1 \quad u \quad v_2]^{\mathrm{T}}$$

$$T=[z_1 \quad y \quad z_2]^{\mathrm{T}}$$

【例 5-10】 设系统的传递函数矩阵分别为

$$G_1=\begin{bmatrix}\dfrac{s+5}{s^2+s-2} & \dfrac{s-1}{s+2}\\ \dfrac{1}{s^2-4s+5} & \dfrac{s-6}{s^2+3s+1}\end{bmatrix}$$

$$G_2=\begin{bmatrix}\dfrac{1.5}{(s-3)(s+4)} & \dfrac{s+1}{(s+2)(s+3)}\\ \dfrac{s+2}{(s+1)(s+4)} & \dfrac{s+2}{(s+3)(s+5)}\end{bmatrix}$$

求将它们进行并联连接后的状态空间模型。

其实现的 MATLAB 代码为：

```
>> clear all;
num={[1 5] [1 -1];[1] [1 -6]};
den={[1 1 -2] [1 2];[1 -4 5] [1 3 1]};
G1=tf(num,den);
z={[] [-1];[ -2] [-2]};
p={[3 -4] [-2 -3];[ -1 -4 ] [-3 -5]};
k=[1.5 1;1 1];
G2=zpk(z,p,k);
G=parallel(G1,G2,2,2,1,1)
运行程序，输出如下：
G =
  From input 1 to output…
              1
   1:  -------------
       (s^2 - 4s + 5)
          (s+5)
   2:  ----------
       (s+2) (s-1)
   3:  0
  From input 2 to output…
             (s-6)
   1:  ------------------
       (s+2.618) (s+0.382)
       (s-0.5616) (s+2) (s+3.562)
   2:  -----------------------
             (s+2)^2 (s+3)
          (s+2)
   3:  ----------
       (s+3) (s+5)
  From input 3 to output…
   1:  0
          1.5
   2:  ----------
       (s-3) (s+4)
          (s+2)
   3:  ----------
       (s+1) (s+4)
Continuous-time zero/pole/gain model.
```

3）feedback 函数

在 MATLAB 中，提供了 feedback 函数用于实现两个模型反馈连接。函数的调用格式为：

```
sys = feedback(sys1,sys2);
```

将 sys1 和 sys2 两个模型进行负反馈连接。

【例 5-11】 对给定的两个传递模型进行反馈连接。

$$G(s)=\frac{2s^2+5s+1}{s^2+2s+3}$$

$$H(s)=\frac{5(s+2)}{s+10}$$

其实现的 MATLAB 代码为：

```
>> clear all;
G = tf([2 5 1],[1 2 3],'inputname','torque','outputname','velocity');
H = zpk(-2,-10,5)              %转换为零极点模型
Cloop = feedback(G,H)          %两函数反馈连接
运行程序，输出如下：
H =
   5 (s+2)
   -------
   (s+10)
Continuous-time zero/pole/gain model.
Cloop =
   From input "torque" to output "velocity":
   0.18182 (s+10) (s+2.281) (s+0.2192)
   ----------------------------------
     (s+3.419) (s^2 + 1.763s + 1.064)
Continuous-time zero/pole/gain model.
```

4）zpk 函数

```
（1）sys = zpk(z,p,k);
```

建立连续系统的零极点增益模型 sys。z, p, k 分别对应零极点系统中的零点向量，极点向量和增益。

```
（2）sys = zpk(z,p,k,Ts);
```

建立离散系统的零极点增益模型 sys。

```
（3）sys = zpk(z,p,k,'Property1',Value1,…,'PropertyN',ValueN);
```

建立连续系统的零极点增益模型 sys。模型 sys 的属性（Property）及属性值（Value）用'Property'和 Value 指定。

```
（4）sys = zpk(z,p,k,Ts,'Property1',Value1,…,'PropertyN',ValueN);
```

建立离散时间系统的零极点增益模型 sys。

```
（5）sys = zpk('s');
```

指定零极点增益模型以拉氏变换算子 s 为自变量。

```
（6）sys = zpk('z');
```

指定零极点增益模型以 z 变换算子为自变量。

```
(7) zsys = zpk(sys);
```

将任意线性定常系统模型 sys 转换为零极点增益模型。

【例 5-12】 利用 MIMO 传递函数 $H(s)=\begin{bmatrix} \dfrac{-1}{s} & \dfrac{3(s+5)}{(s+1)^2} \\ \dfrac{2(s^2-2s+2)}{(s-1)(s-2)(s-3)} & 0 \end{bmatrix}$，创建零极点函数模型。

其实现的 MATLAB 代码为：

```
>> clear all;
Z = {[],-5;[1-i 1+i] []};
P = {0,[-1 -1];[1 2 3],[]};
K = [-1 3;2 0];
H = zpk(Z,P,K)
运行程序，输出如下：
H =
  From input 1 to output…
        -1
   1:  --
        s
         2 (s^2 - 2s + 2)
   2:  ----------------
        (s-1) (s-2) (s-3)
   From input 2 to output...
        3 (s+5)
   1:  -------
        (s+1)^2
    2:  0
Continuous-time zero/pole/gain model.
```

5）zpkdata 函数

在 MATLAB 中，提供了 zpkdata 函数用于实现留数极点增益模型。函数的调用格式为：

```
(1) [z,p,k] = zpkdata(sys);
```

返回零极点模型的零点 z、极点 p 及增益 k。

```
(2) [z,p,k,Ts] = zpkdata(sys);
```

同时返回模型的采样时间 Ts。

【例 5-13】 求给定传递函数 $H(s)=\dfrac{x^2 3x+1}{x^3+2x^2+5x+10}$ 的零极增益模型。

其实现的 MATLAB 代码为：

```
>> clear all;
num=[1 3 1];                %传递函数分子系数
den=[1 2 5 10];             %传递函数的分母系数
G=tf(num,den);              %构建传递函数形式
[zG,pG,kG]=zpkdata(G,'v')   %求传递函数的零极点增益模型，'v'表示返回数据矢量
[r,p,k]=residue(num,den)    %求传递函数的留数
```

运行程序，输出如下：

```
zG =
    -2.6180
    -0.3820
pG =
   -2.0000 + 0.0000i
   -0.0000 + 2.2361i
   -0.0000 - 2.2361i
kG =
      1
r =
    0.5556 - 0.1739i
    0.5556 + 0.1739i
   -0.1111 + 0.0000i
p =
   -0.0000 + 2.2361i
   -0.0000 - 2.2361i
   -2.0000 + 0.0000i
k =
      []
```

即零极点模型为

$$H(s)=\frac{(s+2.618)(s+0.328)}{(s+2)(s^2+5)}=\frac{(s+2.618)(s+0.328)}{(s+2)(s+2.236\mathrm{i})(s-2.236\mathrm{i})}$$

系统的留数模型为

$$H(s)=\frac{0.556-0.1739\mathrm{i}}{s-2.236\mathrm{i}}+\frac{0.556+0.1739\mathrm{i}}{s+2.236\mathrm{i}}+\frac{-0.1111}{s+2}$$

下面再看一个稍微复杂的实例。

【例 5-14】 系统传递函数示意如图 5-25 所示。

其中：

$$H_1(s)=\frac{1}{s+10}$$

$$H_2(s)=\frac{1}{s+1}$$

$$H_3(s)=\frac{s+1}{s^2+4s+4}$$

$$H_4(s)=\frac{s+1}{s+6}$$
$$H_5(s)=\frac{s+1}{s+2}$$
$$H_6(s)=2$$
$$H_7(s)=1$$

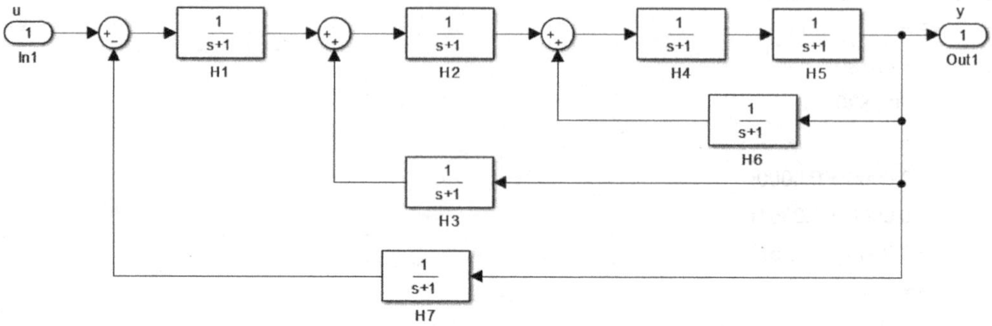

图 5-25　系统传递函数示意

试求系统的总模型。

其实现的 MATLAB 代码为:

```
>> clear all;
h1=tf([1],[1,10]);                   %传递函数 1
h2=tf([1],[1,1]);                    %传递函数 2
h3=tf([1,1],[1,4,4]);                %传递函数 3
h4=tf([1,1],[1,6]);                  %传递函数 4
h5=tf([1,1],[1,2]);                  %传递函数 5
h6=2;                                %传递函数 6
h7=1;                                %传递函数 7
p1=minreal(h4*h5/(1-h4*h5*h6));      %传递函数的最小实现
p2=minreal(h2*p1/(1-h2*p1*h3));
p3=feedback(h1*p2,h7, -1)            %反馈系统（负反馈）
hz=zpk(p3)                           %零极点增益模型
```

运行程序，输出如下：

```
p3 =
            -s^5 - 7 s^4 - 19 s^3 - 25 s^2 - 16 s - 4
  ---------------------------------------------------------------
  s^7 + 12 s^6 - s^5 - 303 s^4 - 1147 s^3 - 1837 s^2 - 1375 s - 394
 Continuous-time transfer function.
hz =
                        - (s+2)^2 (s+1)^3
  ------------------------------------------------------
  (s+10.07) (s-5.697) (s+1.541) (s+1)^2 (s^2 + 4.088s + 4.456)
 Continuous-time zero/pole/gain model.
```

2．Simulink 仿真建模

对于一个动力学系统，除了使用微分方程模型来建立仿真模型外，还可以使用传递函数模型来建立仿真模型，下面通过实例来说明这种模型的使用。

【例 5-15】 设单自由度弹簧质量系统的数学微分方程为

$$m''y + c'y + ky = f(t)$$

两端取拉普拉斯变换，假设 y 的各阶导数的初值为零，即

$$ms^2 y(s) + csy(s) + ky(s) = f(s)$$

则传递函数定义为

$$H(s) = \frac{y(s)}{f(s)} = \frac{1}{ms^2 + cs + k}$$

解析： 设 $m = 10$、$c = 2$、$k = 100$，即

$$H(s) = \frac{1}{10s^2 + 2s + 100}$$

在正弦激励下，对应系统的仿真模型如图 5-26 所示。

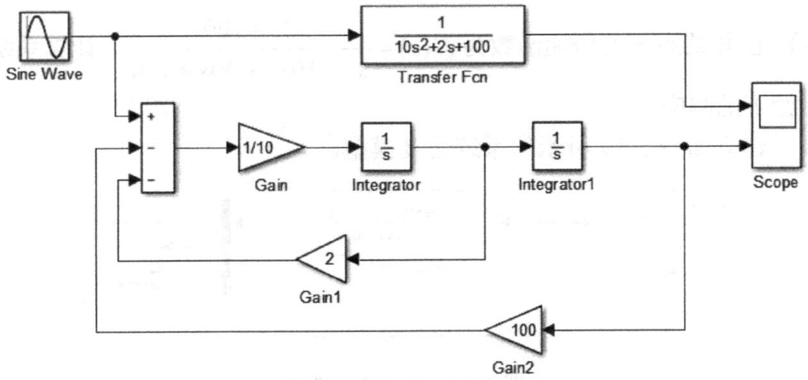

图 5-26 Simulink 仿真模型

双击图 5-26 中的 Transfer Fcn 模块，模块参数设置如图 5-27 所示。

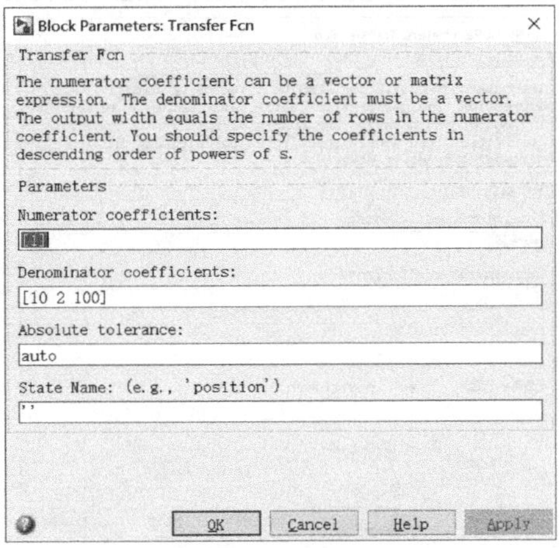

图 5-27 Transfer Fcn 模块参数设置

Gain、Gain1 模块的增益值分别设置为 $\frac{1}{10}$ 和 2，其他模块参数采用默认值。

仿真时间为 0～100s，其他仿真参数也采用默认值。运行仿真，系统仿真效果如图 5-28 所示。

图 5-28　系统仿真效果

为了对比结果，由图 5-28 可看出，仿真框图中附加了微分方程模型，观察输出图形。

【例 5-16】 已知某系统的传递函数为 $H(s)=\dfrac{3s+100}{s^3+10s^2+40s+100}$，计算系统在周期为 5s 的方波信号激励下的响应。

根据需要，建立如图 5-29 所示的系统仿真模型。

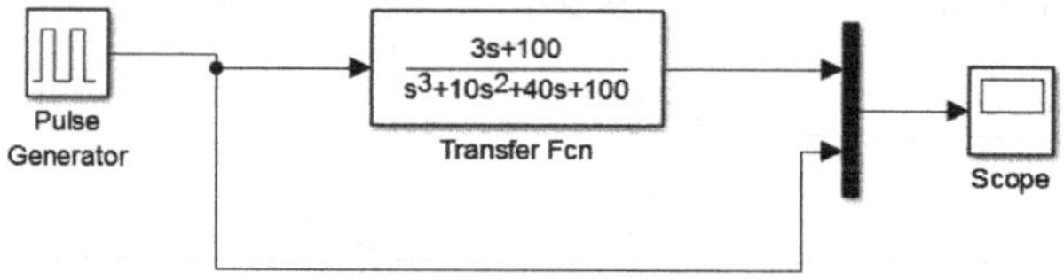

图 5-29　系统仿真模型

双击图 5-29 中的 Pulse Generator 模块，将其周期设置为 5s，其他参数采用默认值；双击 Transfer Fcn 模块，其参数设置如图 5-30 所示；其他模块参数采用默认值。

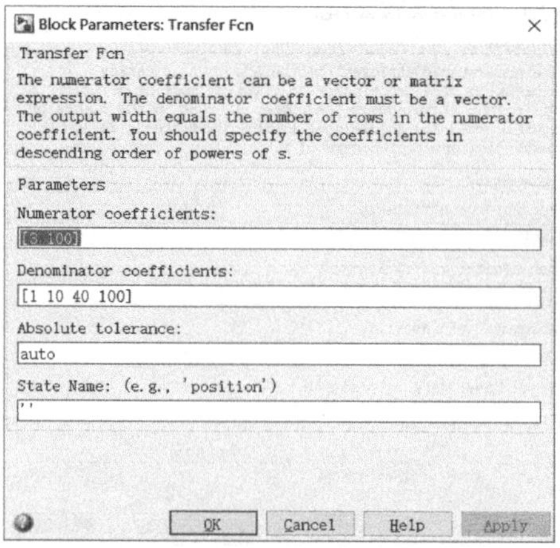

图 5-30　Transfer Fcn 模块参数设置

仿真参数也采用默认值，运行仿真，系统仿真效果如图 5-31 所示。

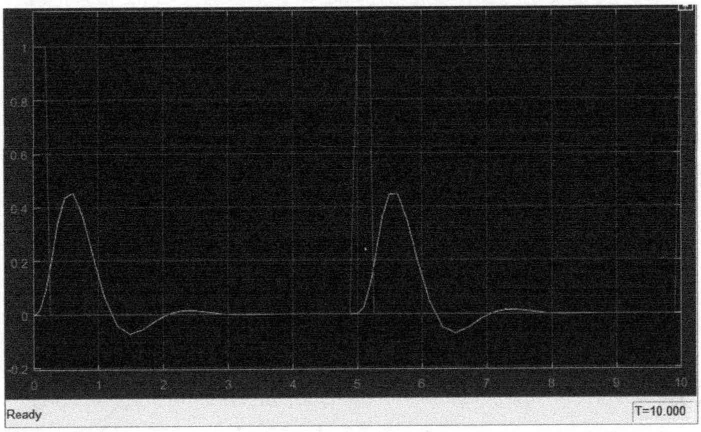

图 5-31　系统仿真效果

5.4　状态空间模型

系统的状态空间描述是建立在状态和状态空间概念基础上的。状态与状态变量描述的概念早就存在于经典动力学和其他一些领域，但更多地将它应用于控制系统的研究，状态空间的引入促成了现代控制理论的建立。

状态空间的主要数学基础是线性代数。在状态空间中，广泛地用矢量表示系统的各种变量组，包括输入矢量、输出矢量和状态变量。

一个系统的状态是完全表征系统时域行为的一个最小内部变量组，组成变量组的 n 个变量称为系统状态变量。状态变量在物理上可以是不可测量或不可观测的，这使得选择状态变量的自由度增大。但在实际应用中，通常选用容易测量或观测的过程变量作为状态变量。

状态空间模型按所受影响因素的不同分为确定性状态空间模型和随机性状态空间模型；按数值形式分为离散空间状态模型和连续空间状态模型；按所描述的动力学系统可以分为线性与非线性的模型以及时变与时不变的模型。

状态空间模型具有以下特点：

（1）状态空间模型不仅能反映系统内部状态，而且能揭示系统内部状态与外部的输入和输出变量的联系。

（2）状态空间模型将多个变量时间序列处理为矢量时间序列，这种从变量到矢量的转变更适合解决多输入、多输出变量情况下的建模问题。

（3）状态空间模型能够用现在和过去的最小信息形式描述系统的状态，因此，它不需要大量的历史数据资料，既省时又省力。

（4）状态空间模块可以起到与传递函数模块相同的作用，所不同的是，状态空间模块允许用户指定初始条件，并且可以共享内部变量。

5.4.1 状态空间模型的形式

1．一般形式

设某线性系统的数学模型有 p 个输入、q 个输出的 n 个一阶微分方程，可以表示为

$$
\begin{aligned}
x_1' &= a_{11}x_1 + a_{12}x_2 + \cdots + a_{1n}x_n + b_{11}u_1 + b_{12}u_2 + \cdots + b_{1p}u_p \\
x_2' &= a_{21}x_1 + a_{22}x_2 + \cdots + a_{2n}x_n + b_{21}u_1 + b_{22}u_2 + \cdots + b_{2p}u_p \\
&\vdots \\
x_n' &= a_{n1}x_1 + a_{n2}x_2 + \cdots + a_{nn}x_n + b_{n1}u_1 + b_{n2}u_2 + \cdots + b_{np}u_p
\end{aligned}
$$

输出方程表示为

$$
\begin{aligned}
y_1 &= c_{11}x_1 + c_{12}x_2 + \cdots + c_{1n}x_n + d_{11}u_1 + d_{12}u_2 + \cdots + d_{1p}u_p \\
&\vdots \\
y_q &= c_{q1}x_1 + c_{q2}x_2 + \cdots + c_{qn}x_n + d_{q1}u_1 + d_{q2}u_2 + \cdots + d_{qp}u_p
\end{aligned}
$$

将此方程组写成矩阵形式：

$$
\begin{cases} X' = AX + Bu(t) \\ Y = CX + Du(t) \end{cases}
$$

式中，矩阵 $A_{n\times n}$——状态矩阵；

矩阵 $B_{n\times p}$——输入矩阵；

矩阵 $C_{q\times n}$——输出矩阵；

矩阵 $D_{q\times p}$——直传矩阵；

矢量 X——状态矢量；

矢量 u——输入矢量；

矢量 Y——输出矢量。

上式第一式称为状态空间方程，第二式称为输出方程。除了 A 为方阵外，其他矩阵的维数由具体问题所决定。

2．化高阶微分

1）能控标准型

工程中常见的状态空间模型就是系统的输入不含导数的情况，比如对于形如 n 阶微分方程：

$$
y^{(n)} + a_1 y^{(n-1)} + \cdots + a_{n-1}y' + a_n y = b_0 u(t) \quad（y(t) \text{ 为输出，} u(t) \text{ 为输入）}
$$

引进 n 个状态变量：

$$
\begin{aligned}
x_1 &= y \\
x_2 &= x_1' = y' \\
x_3 &= x_2' = y'' \\
&\ \ \vdots \\
x_{n-1} &= x_{n-2}' = y^{(n-2)} \\
x_n &= x_{n-1}' = y^{(n-1)}
\end{aligned}
$$

根据：

$$
\begin{aligned}
x_n' = y^{(n)} &= -a_1 y^{(n-1)} - a_2 y^{(n-2)} \cdots - a_n y + b_0 u(t) \\
&= -a_1 x_n - a_2 x_{n-1} \cdots - a_n x_1 + b_0 u(t)
\end{aligned}
$$

其矩阵形式为

$$
\begin{cases}
\begin{bmatrix} x_1' \\ x_2' \\ \vdots \\ x_n' \end{bmatrix} = \begin{bmatrix} 0 & 1 & \cdots & \cdots & 0 \\ 0 & 0 & 1 & \cdots & 0 \\ \vdots & \vdots & \vdots & \ddots & \vdots \\ -a_n & -a_{n-1} & \cdots & \cdots & -a_1 \end{bmatrix} \begin{bmatrix} x_1 \\ x_2 \\ \vdots \\ x_n \end{bmatrix} = \begin{bmatrix} 0 \\ 0 \\ \vdots \\ b_0 \end{bmatrix} u(t) \\
y = \begin{bmatrix} 1 & 0 & 0 & \cdots & 0 \end{bmatrix} \begin{bmatrix} x_1 \\ x_2 \\ \vdots \\ x_n \end{bmatrix}
\end{cases}
\tag{5-13}
$$

式（5-13）的第一个方程称为状态方程，第二个方程称为输出方程。

式（5-13）可简写为

$$
\begin{cases} X' = AX + Bu(t) \\ Y = CX \end{cases}
$$

式中，A——状态矩阵；

B——输入矩阵；

C——输出矩阵；

X——状态矢量；

u——输入矢量；

Y——输出矢量。

其中：

$$
A = \begin{bmatrix} 0 & 1 & \cdots & \cdots & 0 \\ 0 & 0 & 1 & \cdots & 0 \\ \vdots & \vdots & \vdots & \ddots & \vdots \\ -a_n & -a_{n-1} & \cdots & \cdots & -a_1 \end{bmatrix},\quad B = \begin{bmatrix} 0 \\ 0 \\ \vdots \\ b_0 \end{bmatrix},\quad C = \begin{bmatrix} 1 & 0 & 0 & \cdots & 0 \end{bmatrix}
$$

单输入单输出矩阵的输入矩阵 B 只有一列，$u(t)$ 为标量，输出矩阵 C 只有一行，而矩阵 A 是一种特殊形式的矩阵。在此，矩阵 A 称为可控标准型。

在一般情况下，n 个一阶线性在模拟机上进行仿真时，如果按单个积分元件来建立仿真框图时，则具有以下特点：

（1）n 阶系统必有 n 个状态变量。

（2）由 n 个积分器、若干个比例器和若干个求和器构成仿真模型。

（3）每个积分器的输出端就是状态变量。

（4）同一个动态模型可以有不同的仿真模型。

2）能观标准型

能观标准型是状态空间的另一种表示形式，设系统的微分方程为

$$y^{(n)}+a_1y^{(n-1)}+\cdots+a_{n-1}y'+a_ny=b_0u(t)$$

可以这样选取状态变量：

$$\begin{aligned}
x_1&=y^{(n-1)}+a_1y^{(n-2)}+\cdots+a_{n-1}y\\
x_2&=y^{(n-2)}+a_1y^{(n-3)}+\cdots+a_{n-2}y\\
&\vdots\\
x_{n-1}&=y'+a_1y\\
x_n&=y
\end{aligned}$$

这样，可得到状态空间方程为

$$\begin{bmatrix}x_1'\\x_2'\\x_3'\\\vdots\\x_n'\end{bmatrix}=\begin{bmatrix}0&0&\cdots&\cdots&-a_0\\1&0&0&\cdots&-a_1\\0&1&\cdots&\cdots&-a_2\\\vdots&\vdots&\ddots&\ddots&\vdots\\0&0&\cdots&\cdots&-a_{n-1}\end{bmatrix}\begin{bmatrix}x_1\\x_2\\x_3\\\vdots\\x_n\end{bmatrix}+\begin{bmatrix}b_0\\0\\0\\\vdots\\0\end{bmatrix}u(t) \tag{5-14}$$

输出方程为

$$y=x_n$$

式（5-14）可简写为

$$\begin{cases}X'=AX+Bu(t)\\Y=CX\end{cases}$$

其中：

$$A=\begin{bmatrix}0&0&\cdots&\cdots&-a_0\\1&0&0&\cdots&-a_1\\0&1&\cdots&\cdots&-a_2\\\vdots&\vdots&\ddots&\ddots&\vdots\\0&0&\cdots&\cdots&-a_{n-1}\end{bmatrix},\quad B=\begin{bmatrix}b_0\\0\\0\\\vdots\\0\end{bmatrix},\quad C=\begin{bmatrix}0&0&0&\cdots&1\end{bmatrix}$$

在此，矩阵 A 称为能观标准型。

5.4.2　状态空间的相似变换

同一个数学模型，由于选取的状态变量不同，可以得到不同的状态空间模型，也就是说，状态空间模型具有唯一性。能否找到一个合适的变换，使得状态空间具有更简单的模型。通

过下面的方法可以使状态矩阵化为对角型的简单情况。

1．一般情况

设某系统的状态空间模型为

$$\begin{cases} x'(t) = Ax(t) + Bu(t) \\ y(t) = Cx(t) + Du(t) \end{cases}$$

取一组新的状态变量 z，借助于任意一个非奇异矩阵 P 作为变换矩阵，将原状态空间变换到新的状态空间，即

$$\{x\} = [p]\{z\}$$

将此变换代入到原方程，有

$$\begin{cases} Pz' = APz + Bu(t) \\ y(t) = CPz + Du(t) \end{cases}$$

这样可以得到新的状态空间模型为

$$\begin{cases} z' = P^{-}APz + P^{-}Bu(t) \\ y(t) = CPz + Du(t) \end{cases}$$

由此可知，由于 P 矩阵的非唯一性，这种变换有无穷多种，因此一般情况下这种变换很少采用。然而在动力学分析中，通常使用特征矢量矩阵作为变换矩阵 P 简化模型。

2．特殊情况

将高阶微分方程转换到状态空间时，其状态矩阵 A 具有可控标准型的形式，即

$$A = \begin{bmatrix} 0 & 1 & 0 & 0 & \cdots & 0 \\ 0 & 0 & 1 & 0 & \cdots & 0 \\ 0 & 0 & 0 & 1 & \cdots & 0 \\ \vdots & \vdots & \vdots & \vdots & \ddots & \vdots \\ -a_n & -a_{n-1} & \cdots & \cdots & -a_1 & \cdots \end{bmatrix}$$

下面来分析这种特殊情况，通过选择这样的变换矩阵能使得新的状态空间具有简单的形式。

设矩阵 A 的特征对问题为

$$\det[\lambda I - A] = 0$$

具有无重特征根的情况下，特征值为 $\lambda_1, \lambda_2, \cdots, \lambda_n$，如果取变换矩阵为

$$P = \begin{bmatrix} 1 & 1 & \cdots & 1 \\ \lambda_1 & \lambda_2 & \cdots & \lambda_n \\ \lambda_1^2 & \vdots & \ddots & \lambda_n^2 \\ \vdots & \vdots & \ddots & \vdots \\ \lambda_1^{n-1} & \lambda_2^{n-1} & \cdots & \lambda_n^{n-1} \end{bmatrix}$$

则能够使新的状态空间的状态矩阵为一对角阵，且对角阵元素为对应的特征值。

根据以上给出的一般情况下的新的状态空间模型：

$$\begin{cases} z' = P^{-}APz + P^{-}Bu(t) \\ y(t) = CPz + Du(t) \end{cases}$$

变换矩阵 P 的任意一列为对应的特征值的特征矢量，显然有矩阵 A 与 $P^{-}AP$ 为相似矩阵，且有

$$P^{-}AP = \begin{bmatrix} \lambda_1 & & & \\ & \lambda_2 & & \\ & & \ddots & \\ & & & \lambda_n \end{bmatrix}$$

这样就证明了这一结论的正确性。

5.4.3　状态空间与传递函数模型间的转换

对于线性系统，传递函数和状态空间是一个问题的两种表达形式，它们之间必然会相互转换。也就是说可以从一种模型转换到另一种模型。

1．状态空间模型转换为传递函数模型

（1）单输入单输出系统。

设系统的状态空间模型为

$$\begin{cases} x'(t) = Ax(t) + Bu(t) \\ y(t) = Cx(t) + Du(t) \end{cases} \tag{5-15}$$

式中，$x'(t)$——$n \times 1$ 型状态矢量；

A——$n \times n$ 矩阵；

B——$n \times 1$ 型列矢量；

C——$1 \times n$ 型行矢量；

$u(t)$，$y(t)$——标量；

D——传输系数。

对式（5-15）进行拉普拉斯变换，则有

$$\begin{cases} sx(s) - x(0) = Ax(s) + Bu(s) \\ y(s) = Cx(s) + Du(s) \end{cases}$$

由上式第一式可得

$$[Is - A]x(s) = Bu(s) + x(0)$$

即

$$x(s) = [Is - A]^{-1}(Bu(s) + x(0))$$

代入到输出方程可得

$$y(s) = C(sI - A)^{-1}x(0) + C(sI - A)^{-1}Bu(s) + Du(s)$$

由于传递函数是在零初始条件下定义的，则有

$$H(s) = \frac{y(s)}{u(s)} = C(sI - A)^{-1}B + D$$

（2）多输入多输出系统。

对于多输入多输出系统，在式（5-15）中的矩阵 B 是 $n\times r$ 矩阵，C 是 $m\times n$ 矩阵，应用上述方法可以得到多输入多输出系统的传递函数矩阵形式。

2. MATLAB 函数实现

在 MATLAB 中，提供了相关函数用于实现将系统状态空间与传递函数模型之间的转换，下面分别给予介绍。

（1）ss2tf 函数。

在 MATLAB 中，提供了 ss2tf 函数用于将状态空间模型转换为传递函数模型。函数的调用格式为：

```
[b,a]=ss2tf(A,B,C,D,iu);
```

对多输入的系数，必须具体化 i。例如，如果系统有 3 个输入（u1,u2,u3），则 i 必须为 1、2 或 3 中的一个，其中 1 表示 u1，2 表示 u2，3 表示 u3。如果系统只有一个输入，即调用格式中的 i 可以省略。

【例 5-17】 将给定状态空间模型转换为传递函数模型。

$$A=\begin{bmatrix}1 & 2 & -1 & 2\\ 2 & 6 & 3 & 0\\ 4 & 7 & -8 & -5\\ 7 & 2 & 1 & 6\end{bmatrix},\ B=\begin{bmatrix}-1\\ 0\\ 0\\ 1\end{bmatrix},\ C=\begin{bmatrix}-2 & 5 & 6 & 1\end{bmatrix},\ D=7$$

其实现的 MATLAB 代码为：

```
>> clear all;
A=[1 2 -1 2;2 6 3 0;4 7 -8 -5;7 2 1 6];          %定义状态矩阵
B=[-1 0 0 1]';                                    %定义输入矩阵
C=[-2 5 6 1];                                     %定义输出矩阵
D=7;                                              %定义传递矩阵
[num,den]=ss2tf(A,B,C,D)                          %将状态空间模型转换为传递函数模型
printsys(num,den)                                 %显示传递函数的模型
```

运行程序，输出如下：

```
num =
   1.0e+04 *
    0.0007   -0.0032   -0.0684    0.2689    1.0356
den =
   1.0e+03 *
    0.0010   -0.0050   -0.0860    0.3450    1.2360
num/den =
   7 s^4 - 32 s^3 - 684 s^2 + 2689 s + 10356
   ----------------------------------------
       s^4 - 5 s^3 - 86 s^2 + 345 s + 1236
```

（2）ss2zp 函数。

在 MATLAB 中，提供了 ss2zp 函数用于将状态空间模型转换为零极点增益模型。函数的

调用格式为：

```
[z,p,k]=ss2zp(A,B,C,D,i);
```

A,B,C,D 为状态空间模型的系数矩阵，iu 用于指定变换所需要的输入量。z,p,k 为函数的零点、极点及增益量。

【例 5-18】 将给定的离散时间函数 $H(z)=\dfrac{2+3z^{-1}}{1+0.4z^{-1}+z^{-2}}$ 转换为状态空间模型，再将状态空间模型转换为零极点增益模型。

其实现的 MATLAB 代码为：

```
>> clear all;
b = [2 3 0];
a = [1 0.4 1];
[A,B,C,D] = tf2ss(b,a)            %将离散时间传递函数转换为状态空间模型
[z,p,k] = ss2zp(A,B,C,D,1)        %将状态空间模型转换为零极点增益模型
G=zpk(z,p,k)                      %以零极点增益模型形式显示
运行程序，输出如下：
A =
   -0.4000    -1.0000
    1.0000          0
B =
     1
     0
C =
    2.2000    -2.0000
D =
     2
%传递函数的零点、极点
z =
          0
    -1.5000
p =
  -0.2000 + 0.9798i
  -0.2000 - 0.9798i
k =
     2
G =
    2 s (s+1.5)
  ---------------
  (s^2 + 0.4s + 1)
Continuous-time zero/pole/gain model.
```

（3）tf2ss 函数。

在 MATLAB 中，提供了 tf2ss 函数用于将传递函数转换为状态空间模型。函数的调用格

式为：

```
[A,B,C,D]=tf2ss(b,a);
```

输入参数 b 和 a 分别为传递函数分子和分母多项式系数；输出 A,B,C,D 为状态空间模型系数矩阵。

该函数的用法可参照例 5-17。

（4）tf2zp 函数。

在 MATLAB 中，提供了 tf2zp 函数用于将传递函数模型转换为零极点模型。函数的调用格式为：

```
[z,p,k]=tf2zp(b,a);
```

参数 b 和 a 分别为传递函数的分子和分母多项式系数；z,p,k 为零极点增益模型的零点、极点和增益向量。

【例 5-19】 将传递函数模型 $H(s)=\dfrac{2s^2+3s}{s^2+0.4+1}$ 转换为零极点增益模型。

其实现的 MATLAB 代码为：

```
>> clear all;
b = [2 3];
a = [1 0.4 1];
[b,a] = eqtflength(b,a);                %使长度相等
[z,p,k] = tf2zp(b,a)                    %获取零极点增益模型
```

运行程序，输出如下：

```
z =
         0
   -1.5000
p =
  -0.2000 + 0.9798i
  -0.2000 - 0.9798i
k =
     2
```

（5）zp2ss 函数。

在 MATLAB 中，提供了 zp2ss 函数用于将零极点增益模型转换为状态空间模型。函数的调用格式为：

```
[A,B,C,D] = zp2ss(z,p,k);
```

输入参数 z,p,k 为零极点增益模型的零点、极点和增益向量。输出参数 A,B,C,D 为状态空间模型的系数矩阵、控制矩阵、输出矩阵和直接输出矩阵。

【例 5-20】 已知一控制系统的零极点模型为 $G(s)=\dfrac{s-3}{(s+1)(s+4)}$，求其状态空间模型。

其实现的 MATLAB 代码为：

```
>> clear all;
z=3;
```

```
p=[-1 -4];
k=1;
[A,B,C,D]=zp2ss(z,p,k)
G=ss(A,B,C,D)                    %以状态空间模型形式显示
```

运行程序，输出如下：

```
A =
    -5    -2
     2     0
B =
     1
     0
C =
    1.0000   -1.5000
D =
     0
G =
  A =
        x1   x2
   x1   -5   -2
   x2    2    0
  B =
        u1
   x1    1
   x2    0
  C =
         x1     x2
   y1     1   -1.5
  D =
        u1
   y1    0
Continuous-time state-space model.
```

（6）zp2tf 函数。

在 MATLAB 中，提供了 zp2tf 函数用于将零极点增益模型转换为传递函数模型。函数的调用格式为：

```
[b,a]=zp2tf(z,p,k);
```

参数 b 和 a 分别为传递函数的分子和分母多项式系数；p,p,k 为零极点增益模型的零点、极点及增益向量。

【例 5-21】 已知一控制系统的零极点模型为 $G(s)=\dfrac{s-1}{(s-1)(s+5)}$，求其传递函数模型。

其实现的 MATLAB 代码为：

```
>> clear all;
```

```
z=1;
p=[1 -5];
k=1;
[b,a]=zp2tf(z,p,k)
G=tf(b,a)                    %以传递函数形式显示
```

运行程序，输出如下：

```
b =
     0     1    -1
a =
     1     4    -5
G =
       s - 1
  -------------
  s^2 + 4 s - 5
 Continuous-time transfer function.
```

最后通过一个稍微复杂的实例来演示模型之间的转换。

【例 5-22】 已知双输入、双输出系统的状态空间模型如下，求系统传递函数模型。

$$\begin{bmatrix} x_1' \\ x_2' \\ x_3' \end{bmatrix} = \begin{bmatrix} 0 & 1 & 0 \\ 0 & 0 & 1 \\ 0 & -3 & -4 \end{bmatrix} \begin{bmatrix} x_1 \\ x_2 \\ x_3 \end{bmatrix} + \begin{bmatrix} 1 & 2 \\ 2 & 1 \\ 1 & 1 \end{bmatrix} \begin{bmatrix} u_1 \\ u_2 \end{bmatrix}$$

$$\begin{bmatrix} y_1 \\ y_2 \end{bmatrix} = \begin{bmatrix} 1 & 0 & 0 \\ 1 & 2 & 1 \end{bmatrix} \begin{bmatrix} x_1 \\ x_2 \\ x_3 \end{bmatrix} + \begin{bmatrix} 1 & 2 \\ 1 & 1 \end{bmatrix} \begin{bmatrix} u_1 \\ u_2 \end{bmatrix}$$

解析：这是一个双输入双输出系统，其对应的传递函数是 2×2 的矩阵形式，即

$$H = \begin{bmatrix} H_{11} & H_{12} \\ H_{21} & H_{22} \end{bmatrix}$$

如果要算对应于第一个输入的传递函数矩阵，可在 MATLAB 命令窗口中输入：

```
>> A=[0 1 0;0 0 1;0 -3 -4];
>> B=[1 2;2 1;1 1];
>> C=[1 0 0;1 2 1;]
>> D=[1 2;1 1];
>> [num,den]=ss2tf(A,B,C,D,1)
```

运行程序，输出如下：

```
num =
    1.0000    5.0000    9.0000   12.0000
    1.0000   10.0000   21.0000   12.0000
den =
     1     4     3     0
```

则得到对应于第一输入的传递函数为

$$\begin{bmatrix} H_{11} \\ H_{12} \end{bmatrix} = \frac{1}{s^3+4s^2+3s}\begin{bmatrix} s^3+5s^2+9s+12 \\ s^3+10s^2+21s+12 \end{bmatrix}$$

如果计算第二个输入的传递函数，可在 MATLAB 命令窗口中输入：

```
>> [num,den]=ss2tf(A,B,C,D,2)
```

运行程序，输出如下：

```
num =
      2.0000    10.0000    15.0000    11.0000
      1.0000     9.0000    19.0000    11.0000
den =
      1     4     3     0
```

则得到对应于第二输入的传递函数为

$$\begin{bmatrix} H_{21} \\ H_{22} \end{bmatrix} = \frac{1}{s^3+4s^2+3s}\begin{bmatrix} 2s^3+10s^2+15s+11 \\ s^3+9s^2+19s+11 \end{bmatrix}$$

3. 直接法

根据传递函数模型可知，对于线性定常系统来说，微分方程模型和传递函数模型是同一个问题的两种不同表达形式，将微分方程模型也可以转化为状态空间模型时，由于可选取的状态变量不同，因此，直接从传递函数转化为状态空间模型不是唯一的，但是它转换到微分方程模型是唯一的，由此可知不同形式的状态空间模型是等价的。针对不同的情况有以下几种变换方法。

（1）系统无零点时直接法。

如果系统没有零点，可以根据微分方程与状态空间的联系得到系统的状态空间模型。

设系统的微分方程为

$$x^{(n)} + a_1x^{(n-1)} + \cdots + a_{n-1}x' + a_nx = b_0u(t)$$

则对应的传递函数为

$$H(s) = \frac{x(s)}{u(s)} = \frac{b_0}{s^n + a_1s^{n-1} + a_2s^{n-2} + \cdots + a_{n-1}s + a_n}$$

可以得到对应的能控标准型和能观标准型两种形式。

① 能控标准型状态空间模型为

$$A = \begin{bmatrix} 0 & 1 & \cdots & \cdots & 0 \\ 0 & 0 & 1 & \cdots & 0 \\ \vdots & \vdots & \vdots & \ddots & \vdots \\ -a_n & -a_{n-1} & \cdots & \cdots & -a_1 \end{bmatrix},\ B = \begin{bmatrix} 0 \\ 0 \\ \vdots \\ b_0 \end{bmatrix},\ C = \begin{bmatrix} 1 & 0 & 0 & \cdots & 0 \end{bmatrix}$$

② 能观标准型状态空间模型为

$$A=\begin{bmatrix}0 & 0 & \cdots & \cdots & -a_0\\ 1 & 0 & 0 & \cdots & -a_1\\ 0 & 1 & \cdots & \cdots & -a_2\\ \vdots & \vdots & \ddots & \ddots & \vdots\\ 0 & 0 & \cdots & \cdots & -a_{n-1}\end{bmatrix},\ B=\begin{bmatrix}b_0\\ 0\\ 0\\ \vdots\\ 0\end{bmatrix},\ C=\begin{bmatrix}0 & 0 & 0 & \cdots & 1\end{bmatrix}$$

（2）系统有零点时直接法。

如果系统有零点，根据系统有输入导数的状态空间可得到对应的两种模型，根据 5.4.2 节，容易得到相应的状态空间模型。

【例 5-23】 已知单输入双输出系统的传递函数 $H(s)$ 为

$$H(s)=\frac{\begin{matrix}3s+2\\ \hline s^2+7s+2\end{matrix}}{3s^3+5s^2+2s+1}$$

求系统对应的状态空间模型。

解析：系统的传递函数有零点，利用 MATLAB 代码可得到状态空间模型为：

```
>> clear all;
num=[0 3 2;1 7 2];                %传递函数分子系数
den=[3 5 2 1];                    %传递函数分母系数
[A,B,C,D]=tf2ss(num,den)          %传递函数模型转换为状态空间模型
G=ss(A,B,C,D)                     %根据 A,B,C,D 建立状态空间模型
```

运行程序，输出如下：

```
A =
   -1.6667   -0.6667   -0.3333
    1.0000         0         0
         0    1.0000         0
B =
     1
     0
     0
C =
         0    1.0000    0.6667
    0.3333    2.3333    0.6667
D =
     0
     0
G =
  A =
            x1        x2        x3
   x1   -1.667   -0.6667   -0.3333
   x2        1         0         0
   x3        0         1         0
  B =
```

```
        u1
   x1    1
   x2    0
   x3    0
   C =
            x1        x2       x3
   y1        0         1   0.6667
   y2   0.3333     2.333   0.6667
   D =
        u1
   y1    0
   y2    0
Continuous-time state-space model.
```

5.4.4 串并联法实现模型间转换

下面介绍利用串联、并联方法实现将传递函数模型转换为状态空间模型。

1．并联模型法

一个系统传递函数的一般表达式为

$$H(s)=\frac{y(s)}{u(s)}=\frac{c_0 s^{n-1}+c_1 s^{n-2}+\cdots+c_{n-1}}{s^n+a_1 s^{n-1}+\cdots+a}$$

设系统有 n 个无重根的极点 $\lambda_1,\lambda_2,\cdots,\lambda_n$，则 $H(s)$ 可以写成留数形式：

$$H(s)=\frac{y(s)}{u(s)}=\frac{k_1}{s-\lambda_1}+\frac{k_2}{s-\lambda_2}+\cdots+\frac{k_n}{s-\lambda_n}$$

其中的留数可以由下式求得，即

$$k_i=\lim_{s\to\lambda_i}H(s)\times(s-\lambda_i)\qquad i=1,2,\cdots,n$$

下面的任务就是要写出对应的状态空间模型，先引进 n 个状态变量为 $x_1,x_2,\cdots,x_n$。令

$$x_i=\frac{u(s)}{s-\lambda_i}\quad 或\quad sx_i(s)=x_i\lambda_i(s)+u(s) \tag{5-16}$$

对式（5-16）每一个表达式乘以 k_i 后相加，则有

$$y(s)=k_1x_1(s)+k_2x_2(s)+\cdots+k_nx_n(s) \tag{5-17}$$

对式（5-16）和式（5-17）进行拉普拉斯反变换，则有

$$\begin{cases}x_i'=\lambda_i x_i+u\\ y=k_1x_1+k_2x_2+\cdots+k_nx_n\end{cases}\qquad i=1,2,\cdots,n \tag{5-18}$$

将式（5-18）写成矩阵形式：

$$\begin{bmatrix} x_1' \\ x_2' \\ \vdots \\ x_n' \end{bmatrix} = \begin{bmatrix} \lambda_1 & & & \\ & \lambda_2 & & \\ & & \ddots & \\ & & & \lambda_n \end{bmatrix} \begin{bmatrix} x_1 \\ x_2 \\ \vdots \\ x_n \end{bmatrix} + \begin{bmatrix} 1 \\ 1 \\ \vdots \\ 1 \end{bmatrix} u$$

输出方程为

$$y = \begin{bmatrix} k_1 & k_2 & \cdots & k_n \end{bmatrix} \begin{bmatrix} x_1 \\ x_2 \\ \vdots \\ x_n \end{bmatrix}$$

【例 5-24】 已知系统的传递函数为

$$H(s) = \frac{1}{(s+1)(s+2)(s+3)}$$

试建立并联程序的仿真模型。

解析：求系统的极点：

$$\lambda_1 = -1，\lambda_2 = -2，\lambda_3 = -3$$

将传递函数与成留数形式，并求各表达式系数：

$$H(s) = \frac{k_1}{(s+1)} + \frac{k_2}{(s+2)} + \frac{k_3}{(s+3)}$$

$$k_1 = \lim_{s \to -1} H(s)(s+1) = \frac{1}{2}$$

$$k_2 = \lim_{s \to -2} H(s)(s+2) = -1$$

$$k_3 = \lim_{s \to -3} H(s)(s+3) = \frac{1}{2}$$

则得到并联系统的状态空间模型为

$$\begin{bmatrix} x_1' \\ x_2' \\ x_n' \end{bmatrix} = \begin{bmatrix} -1 & 0 & 0 \\ 0 & -2 & 0 \\ 0 & 0 & -3 \end{bmatrix} \begin{bmatrix} x_1 \\ x_2 \\ x_n \end{bmatrix} + \begin{bmatrix} 1 \\ 1 \\ 1 \end{bmatrix} u$$

输出方程为

$$y = \begin{bmatrix} \frac{1}{2} & 1 & -\frac{1}{2} \end{bmatrix} \begin{bmatrix} x_1 \\ x_2 \\ x_3 \end{bmatrix}$$

根据需要，建立仿真模型如图 5-32 所示。

Gain、Gain1、Gain2、Gain3、Gain4、Gain5 模块的增益值分别设置为 1/2、−1、−1、−2、1/2、−3。Transfer Fcn 模块的 Numerator coefficients 参数设置为[1]，Denominator coefficients 参数设置为[1　6　11　6]，其他模块采用默认值。

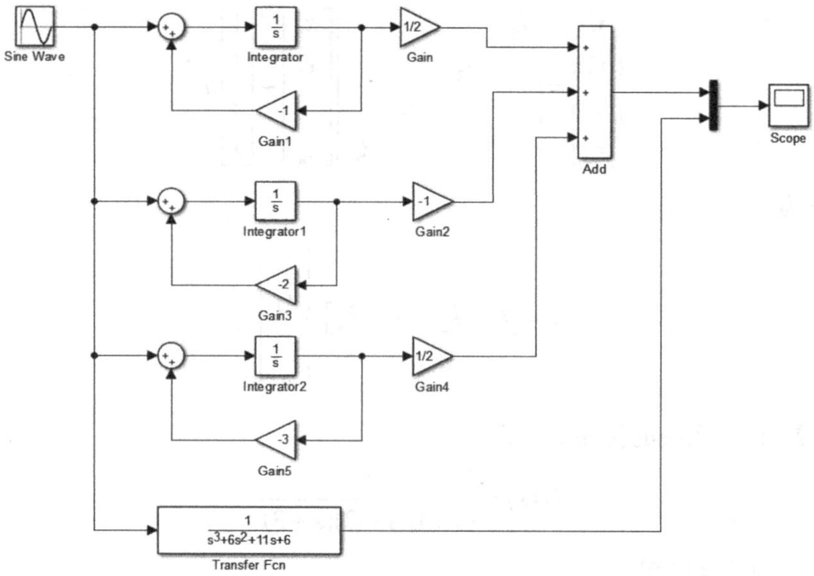

图 5-32　系统仿真模型

仿真时间为 0～40s，其他仿真参数也采用默认值，系统运行仿真，其效果如图 5-33 所示。

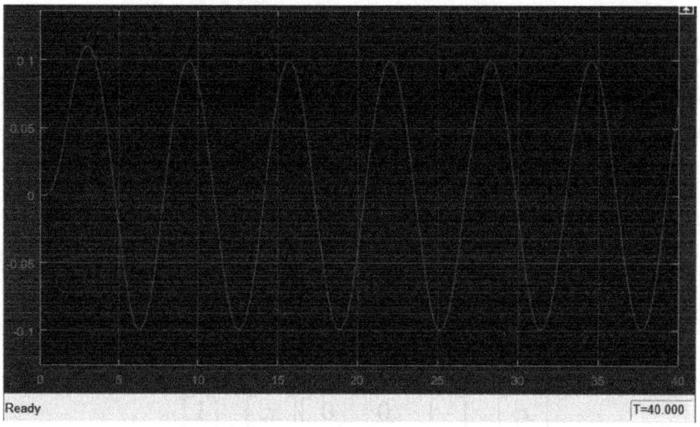

图 5-33　系统仿真效果

2. 串联模型法

假设系统的传递函数为

$$H(s)=\frac{c_0 s^{n-1}+c_1 s^{n-2}+\cdots+c_{n-1}}{s^n+a_1 s^{n-1}+\cdots+a_n}$$

如果能够从上式的分母中解得 n 个根（称为系统的极点），即（设无重根的情况）$\lambda_1,\lambda_2,\cdots,\lambda_n$，并设系统的零点为 $z_1,z_2,\cdots,z_{n-1}$，则 $H(s)$ 就可以写成零极点形式：

$$H(s)=\frac{y(s)}{u(s)}=\frac{s-z_1}{s-\lambda_1}\frac{s-z_2}{s-\lambda_2}\cdots\frac{1}{s-\lambda_n}$$

如果把其中的每一项看成是一个子单元，则 i 个单元的传递函数的输入可表示为 $u_i=y_{i-1}$，

其输出是第 $(i+1)$ 个单元的输入，为 $u_{i+1}=y_i$，即

$$H_i(s)=\frac{y_i(s)}{u_i(s)}=\frac{y_i(s)}{y_{i-1}(s)}=\frac{s-z_i}{s-\lambda_i}$$

第 $(i+1)$ 个单元为

$$H_{i+1}(s)=\frac{y_{i+1}(s)}{u_{i+1}(s)}=\frac{y_{i+1}(s)}{y_i(s)}=\frac{s-z_{i+1}}{s-\lambda_{i+1}}$$

如果令 $u_n=u$、$y_1=y$，则有

$$\frac{y(s)}{u(s)}=\frac{y_1(s)}{u_n(s)}=\frac{y_1(s)}{u_1(s)}\frac{y_2(s)}{u_2(s)}\cdots\frac{y_n(s)}{u_n(s)}=H_1\times H_2\times\cdots\times H_n$$

如图 5-34 所示，第一个单元的输入 u_n 为系统的输入 u，从左开始，前一个单元的输出是后一个单元的输入，最后一个单元输出的 y_1 为系统的输出 y。为了转化到状态空间，引入状态变量 $x_i(t)(i=1,2,\cdots,n)$，并令：

$$y_i(s)=x_i(s)(s-z_i)$$

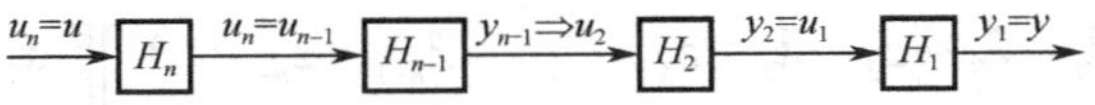

图 5-34　传递函数的串联模型

则有：

$$H_i(s)=\frac{y_i(s)}{u_i(s)}=\frac{x_i(s)(s-z_i)}{u_i(s)}=\frac{s-z_i}{s-\lambda_i}$$

可得：

$$\frac{x_i(s)}{u_i(s)}=\frac{1}{s-\lambda_i}\quad 或\quad sx_i(s)-\lambda_i x_i(s)=u_i(s)$$

对此式取拉普拉斯逆变换，可有：

$$x_i'(t)=\lambda_i x_i(t)+u_i(t)$$

而

$$y_i(t)=x_i'(t)-z_i x_i(t)\qquad i=1,2,\cdots,n$$

注意：第 n 个单元的传递函数为

$$H_n(s)=\frac{y_n(s)}{u_n(s)}=\frac{y_n(s)}{y_{n-1}(s)}=\frac{1}{s-\lambda_i}$$

状态空间方程为

$$x_n'(t)=\lambda_n x_n(t)+u_n(t)$$

注意到左边第一个单元的输出为 $y_n=x_n$。

对于 $(n-1)$ 单元有：

$$x_{n-1}'(t)=\lambda_{n-1}x_{n-1}(t)+u_{n-1}(t)\tag{5-19}$$

输入为 $u_{n-1}(t)=x_n$，则式（5-19）可以表示为

$$x'_{n-1}(t)=\lambda_{n-1}x_{n-1}(t)+x_n(t)$$

$(n-1)$ 单元的输出为

$$y_{n-1}(t)=x'_{n-1}(t)-z_{n-1}x_{n-1}(t)$$

$(n-2)$ 单元的特性方程为

$$x'_{n-2}(t)=\lambda_{n-2}x_{n-2}(t)+u_{n-2}(t) \tag{5-20}$$

其中：

$$u_{n-2}(t)=y_{n-1}(t)=x'_{n-1}(t)-z_{n-1}x_{n-1}(t)$$

代入式（5-20）有

$$\begin{aligned}x'_{n-2}(t)&=\lambda_{n-2}x_{n-2}(t)+x'_{n-1}(t)-z_{n-1}x_{n-1}(t)\\&=\lambda_{n-2}x_{n-2}(t)+\lambda_{n-1}x_{n-1}(t)+x_n(t)-z_{n-1}x_{n-1}(t)\\&=\lambda_{n-2}x_{n-2}(t)+(\lambda_{n-1}-z_{n-1})x_{n-1}(t)+x_n(t)\\&\vdots\end{aligned}$$

可以得到状态空间为

$$\begin{bmatrix}x'_1\\x'_2\\\vdots\\x'_{n-2}\\x'_{n-1}\\x'_n\end{bmatrix}=\begin{bmatrix}\lambda_1&\lambda_2-z_2&\lambda_3-z_3&\cdots&\lambda_{n-1}-z_{n-1}&1\\0&\lambda_2&\lambda_3-z_3&\cdots&\lambda_{n-1}-z_{n-1}&1\\0&\cdots&\ddots&\ddots&\vdots&\vdots\\\vdots&\cdots&\cdots&\lambda_{n-2}&\lambda_{n-1}-z_{n-1}&1\\\vdots&\cdots&\cdots&\cdots&\lambda_{n-1}&1\\0&\cdots&\cdots&\cdots&\cdots&\lambda_n\end{bmatrix}\begin{bmatrix}x_1\\x_2\\\vdots\\x_{n-2}\\x_{n-1}\\x_n\end{bmatrix}+\begin{bmatrix}0\\0\\0\\\vdots\\0\\1\end{bmatrix}u$$

输出方程为

$$y=[\lambda_1-z_1\quad\lambda_2-z_2\quad\cdots\quad\lambda_{n-1}-z_{n-1}\quad 1]\begin{bmatrix}x_1\\x_2\\\vdots\\x_{n-1}\\x_n\end{bmatrix}$$

【例 5-25】 已知系统的传递函数为

$$H(s)=\frac{1}{(s+1)(s+2)(s+3)}$$

试建立串联程序的仿真模型。

解析：求系统的极点为

$$\lambda_1=-1,\ \lambda_2=-2,\ \lambda_3=-3$$

由于系统无零点，因此各个分单元的传递函数为

$$H_i(s)=\frac{y_i(s)}{u_i(s)}=\frac{1}{s-\lambda_i}$$

根据需要，建立如图 5-35 所示的 Simulink 仿真模型。

除了 Gain 模块及 Transfer Fcn 的参数设置如图 5-35 所示外，其他模块参数采用默认值。

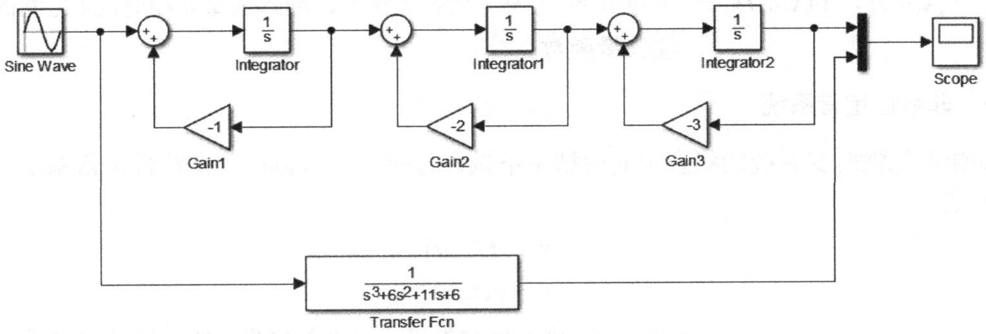

图 5-35 系统仿真模型

仿真时间为 0～20s，其他仿真参数也采用默认值，系统运行仿真，其效果如图 5-36 所示。

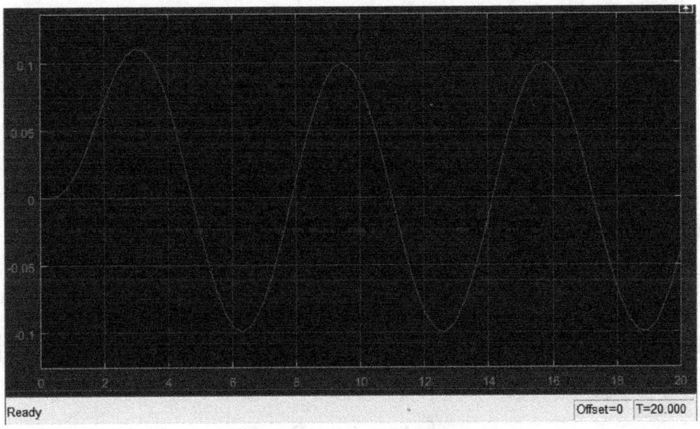

图 5-36 系统仿真效果

5.4.5 建立状态空间仿真模型

状态空间模型由状态方程和输出方程组成，其中，状态方程描述了系统内部各状态变量之间及其与各输入变量间的动态关系，输出方程组则描述了系统输出是如何由状态变量和输入变量决定的。一般情况下，确定性系统的状态有如下四种形式。

1. 非线性时变系统

如果系统状态方程和输出方程显含了状态变量 x、输入变量 u 和时间变量 t 之间的非线性关系，这就构成了非线性时变系统的状态空间模型，其形式为

$$\begin{cases} x' = f(x,u,t) \\ y = g(x,u,t) \end{cases}$$

式中，x——n 维状态矢量；

u——r 维输入矢量；

y——m 维输出矢量；

$f(x,u,t)$，$g(x,u,t)$——n 维和 m 维关于状态矢量 x、输入矢量 u 和时间 t 之间的非线性矢量函数。

2. 非线性定常系统

如果非线性时变系统的状态空间模型中不显含时间变量 t，则成为非线性定常系统的状态空间模型：

$$\begin{cases} x' = f(x,u) \\ y = g(x,u) \end{cases}$$

式中，$f(x,u)$，$g(x,u)$——n 维和 m 维关于状态矢量 x 和输入矢量 u 的非线性量函数。这些非线性函数中不显含时间变量 t，即表示系统的结构和参数不随时间变化而变化。

3. 线性时变系统

线性时变系统的状态空间模型为

$$\begin{cases} x' = A(t)x + B(t)u \\ y = C(t)x + D(t)u \end{cases}$$

其中，各系数矩阵的各元素为时间变量 t 的时变函数。

4. 线性定常系统

如果线性时变系统的状态空间模型中各系数矩阵不显含时间 t，则为线性定常系统的状态空间模型，即

$$\begin{cases} x' = Ax + Bu \\ y = Cx + Du \end{cases}$$

在建立仿真模型时，如果系统是非线性的，要根据非线性模型使用 Simulink 的有关模块来搭建仿真模型。下面通过例子来说明。

【例 5-26】 已知系统的状态空间方程为

$$\begin{bmatrix} x_1' \\ x_2' \end{bmatrix} = \begin{bmatrix} x_2 \\ -x_1 - (x_1^2 - 1)x_2 \end{bmatrix}$$

$$\{y\} = \begin{bmatrix} 1 & 0 \\ 0 & 1 \end{bmatrix} \begin{bmatrix} x_1 \\ x_2 \end{bmatrix}$$

初值为

$$\begin{bmatrix} x_1(0) \\ x_2(0) \end{bmatrix} = \begin{bmatrix} 1 \\ 0 \end{bmatrix}$$

试建立系统的仿真模型。

解析：这是一个非线性定常系统模型，可以借助于信号分离模块和信号合成模块与标量乘法器建立非线性函数，其系统仿真模型如图 5-37 所示。

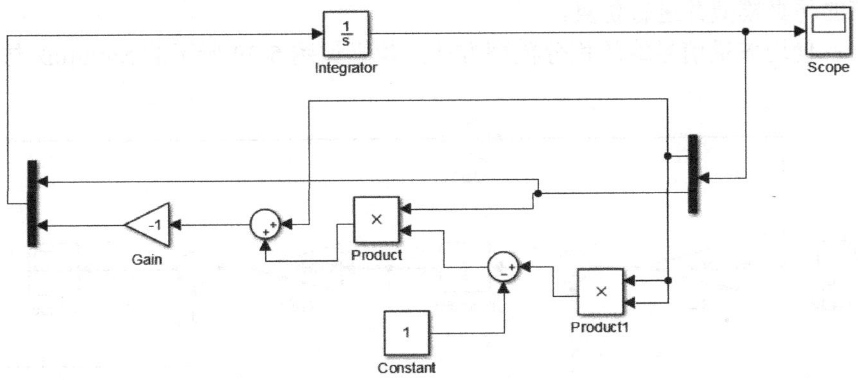

图 5-37 系统仿真模型

在仿真模型中，Gain 模块的增益值设置为-1，Constant 模块的 Constant Value 参数设置为 1，Integrator 模块的初始值设置为 1，其他模块参数采用默认值。

仿真参数也采用默认值，系统运行仿真，其效果如图 5-38 所示。

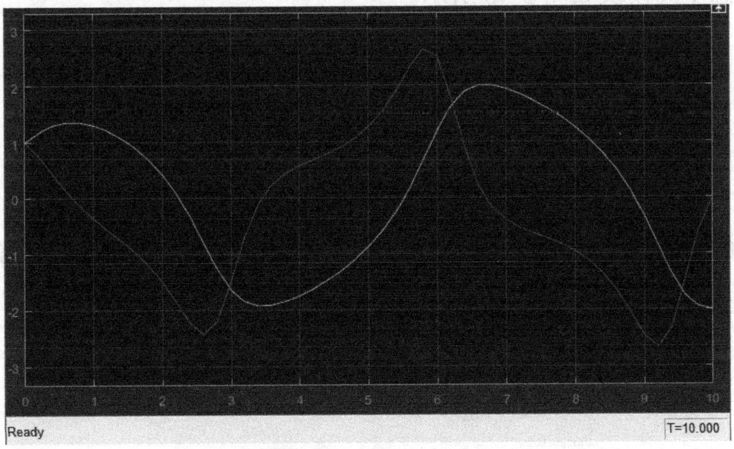

图 5-38 系统仿真效果

注意：也可以直接写成高阶微分方程形式来建立仿真模型，即

$$x'' = -x - (x^2 - 1)x'$$

【例 5-27】 已知系统的状态空间方程为

$$\begin{bmatrix} x_1' \\ x_2' \\ x_3' \end{bmatrix} = \begin{bmatrix} 0 & 1 & 0 \\ 0 & 0 & 1 \\ -8 & -14 & -7 \end{bmatrix} \begin{bmatrix} x_1 \\ x_2 \\ x_3 \end{bmatrix} + \begin{bmatrix} 0 \\ 0 \\ 3 \end{bmatrix} u$$

输出方程为

$$y = \begin{bmatrix} 1 & 0 & 0 \end{bmatrix} \begin{bmatrix} x_1 \\ x_2 \\ x_3 \end{bmatrix}$$

式中，u——正弦函数。

试建立系统的仿真模型并进行仿真。

方法一：使用矢量信号线的积分模型方法，建立如图 5-39 所示的 Simulink 仿真模型。

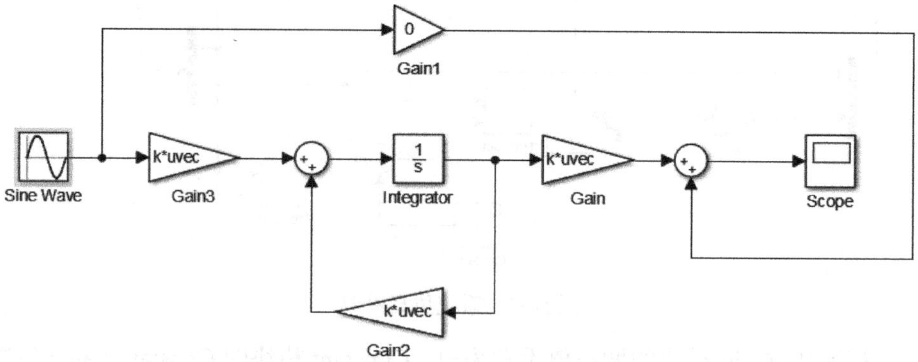

图 5-39　矢量信号线的积分模型

方法二：状态空间模块如图 5-40 所示。

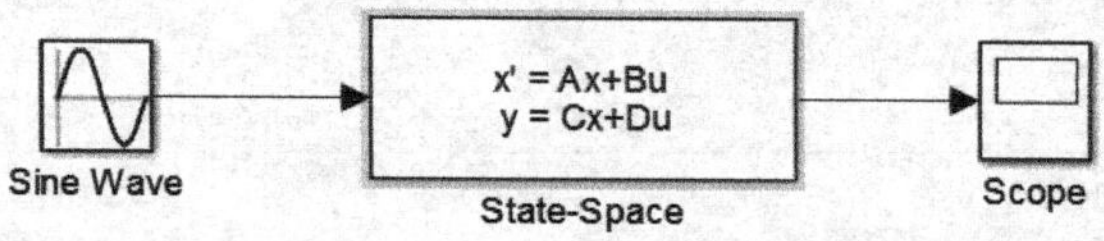

图 5-40　状态空间模块

双击模块中的 Sate-Space 模块，设置该模块的参数，如图 5-41 所示。其他模块参数采用默认值。

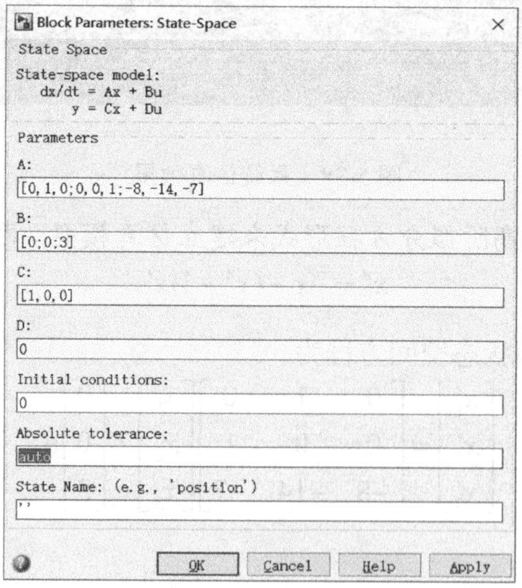

图 5-41　状态空间模块设置

仿真参数也都采用默认值，系统运行仿真，得到效果如图 5-42 所示。

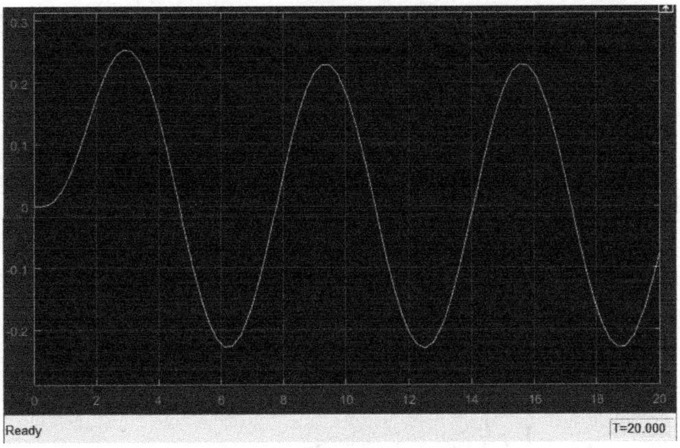

图 5-42 系统仿真效果

5.5 系统的瞬态响应分析

在一般情况下，一个动力学系统在输入作用下，其输出量中包含瞬态分量和稳态分量两个分量。对于稳定系统，只要系统含有耗能元件，瞬态分量随时间的推移而逐渐消失，最后保留下来的就是稳态分量，其实稳态分量从输入信号加入的瞬时起就始终存在。稳态响应反映了控制系统跟踪输入信号或抑制扰动信号的能力和精度。这种能力或精度称为系统的稳态性能。一个系统的稳态性能是以某些典型输入下系统响应的稳态误差来评价的。

系统的响应取决于结构参数、外力作用、初始条件等。为了描述系统的内部特征，分析和比较系统性能的优劣，通常对外力作用和初始条件做一些典型化处理。处理的原则是接近实际、简单。

另外，在动力学控制中，除了关心系统的稳态响应外，往往需要研究在各个控制过程中的瞬态变化情况，因为控制过程对控制系统性能与系统的瞬态响应有关，同时瞬态响应也包含了系统的物理参数（质量、阻尼和刚度）。

在工程中，常常是根据系统在单位阶跃、脉冲或斜坡函数激励下来评价系统的动态性能，因此本节将讨论一阶和二阶系统在典型激励下的响应。

几种常见的典型外激励如下。

（1）单位阶跃为 $f(t)=u(t)=l(t)$，如指令的突然转换、开关闭合、负荷突变、突加载荷等。对应的拉普拉斯变换为 $f(s)=u(s)=\dfrac{1}{s}$。

（2）单位斜坡为 $f(t)=r(t)=tu(t)=tl(t)$，如数控机床加工斜面时的给进指令等。对应的拉普拉斯变换为 $f(s)=r(s)=\dfrac{1}{s^2}$。

（3）单位脉冲为 $f(t)=\delta(t)$，如脉动电压、冲击力等。对应的拉普拉斯变换为 $f(t)=\delta(t)=1$。

（4）正弦激励为 $f(t)=\sin\omega t$，余弦激励为 $f(t)=\cos\omega t$，如海浪、旋转机械、伺服振动台等。对应的拉普拉斯变换分别为 $\dfrac{\omega}{s^2+\omega^2}$ 和 $\dfrac{s}{s^2+\omega^2}$。

（5）周期激励：如果满足 $f(t)=f(t+T)$，其中 T 为周期，对于这种激励，常借助傅里叶级数，将周期激励分解为一系列的正弦和余弦的和，即

$$f(t)=\frac{a_0}{2}+\sum_{n=1}^{\infty}[a_n\cos(\omega nt)+b_n\sin(\omega nt)]$$

其中：

$$a_0=\frac{2}{T}\int_{-\frac{T}{2}}^{\frac{T}{2}}f(t)\mathrm{d}t$$

$$a_n=\frac{1}{T}\int_{-\frac{T}{2}}^{\frac{T}{2}}f(t)\cos n\omega t\mathrm{d}t$$

$$b_n=\frac{1}{T}\int_{-\frac{T}{2}}^{\frac{T}{2}}f(t)\sin n\omega t\mathrm{d}t$$

$$f(t)=\frac{a_0}{2}+\sum_{n=1}^{\infty}[a_n\cos(\omega nt)+b_n\sin(\omega nt)]$$

除此之外，在振动实验中还经常采用正弦扫频激励和随机激励等。在以上各种激励中，前三种激励是人们最关心的，除了随机激励外，其他的任意激励往往可以通过以上激励的组合来得到。

不难得到单位阶跃 $l(t)$、单位斜坡 t 和单位脉冲 $\delta(t)$ 三种激励有如下关系：

$$\begin{cases}\delta(t)=\dfrac{\mathrm{d}u(t)}{\mathrm{d}t}\\ u(t)=\dfrac{\mathrm{d}r(t)}{\mathrm{d}t}\end{cases}$$

$$u(t)=\int_{-\infty}^{\infty}\delta(t)\mathrm{d}t=l(t)$$

$$r(t)=\int_0^t u(t)\mathrm{d}t$$

$$\int_{-\infty}^{\infty}\delta(t-t_0)\mathrm{d}t=l(t-t_0)$$

其拉普拉斯变换为

$$\begin{cases}\delta(s)=su(s)\\ u(s)=sr(s)\end{cases}$$

5.5.1 一阶系统的瞬态分析

1. 标准一阶单位响应

为了研究一阶系统的一些特性，通常将上面提到的模型写成标准一阶模型，下面分析一阶系统在典型激励下的响应以及性能。

1）标准一阶响应

一阶系统的微分方程为

$$RC\frac{\mathrm{d}u(t)}{\mathrm{d}t}+u_C=E(t)$$

令 $T=RC$（时间常数），一阶系统的微分方程的标准形式为

$$T\frac{\mathrm{d}y}{\mathrm{d}t}+y=f(t)$$

得到系统的传递函数为

$$H(s)=\frac{1}{Ts+1}$$

当 $f(t)=u(t)=l(t)$，$t>0$ 时，则有

$$Y(s)=H(s)F(s)=\frac{1}{s(Ts+1)}$$

根据拉普拉斯逆变换，得到单位脉冲响应函数为

$$y(t)=L^{-1}[Y(s)]=1-e^{-\frac{t}{T}}$$

2）一阶系统性能指标

在一般情况下，给出了几个指标来说明一阶系统的一些特性。

（1）调节时间：$t_s=3T(s)$（对应 5%误差带）；$t_s=4T(s)$（对应 2%误差带）。T 越小，t_s 也越小，系统的快速性越好。

（2）稳态误差：$e_{ss}=1-h(\infty)=0$。

结论：一阶系统在单位阶跃输入下的稳态误差为 0。

2．一阶单位斜坡响应

设系统的激励为

$$f(t)=r(t)=t \qquad t\geqslant 0$$

应用上述方法，容易得到一阶系统在单位斜坡激励下的响应为

$$X(s)=H(s)F(s)=\frac{1}{s^2(Ts+1)}$$

$$x(t)=L^{-1}[x(S)]=t-T+e^{-\frac{t}{T}}$$

稳态误差为

$$e_{ss}=\lim_{t\to\infty}[f(t)-x(t)]=\lim_{t\to\infty}[t-t+T+e^{-\frac{t}{T}}]=T$$

也可以先写出误差函数 $E(s)=R(s)-x(s)=\frac{1}{s^2}-\frac{1}{s^2(Ts+1)}=\frac{Ts}{s^2(Ts+1)}$，再利用终值定理，则有

$$e_{ss}=\lim_{s\to 0}s\frac{Ts}{s^2(Ts+1)}=\lim_{s\to 0}s\frac{Ts}{s(Ts+1)}\lim_{s\to 0}s\frac{T}{s(Ts+1)}=T$$

结论：一阶系统在单位斜坡输入下的稳态误差为T（时间常数）。它只能通过减小时间常数T来减小，而不能最终消除，如图 5-43 所示。

3．一阶单位脉冲

当$f(t)=\delta(t)$时，有

$$X(s)=H(s)F(s)=\frac{1}{(Ts+1)}$$

而

$$x(t)=L^{-1}[x(s)]=\frac{1}{T}e^{-\frac{t}{T}}$$

显然，T越小，响应的持续时间越短，系统的快速性越好，如图 5-44 所示。

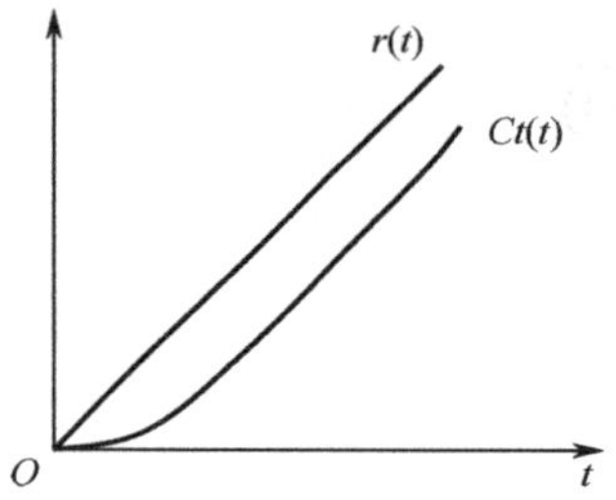

图 5-43　一阶单位斜坡响应

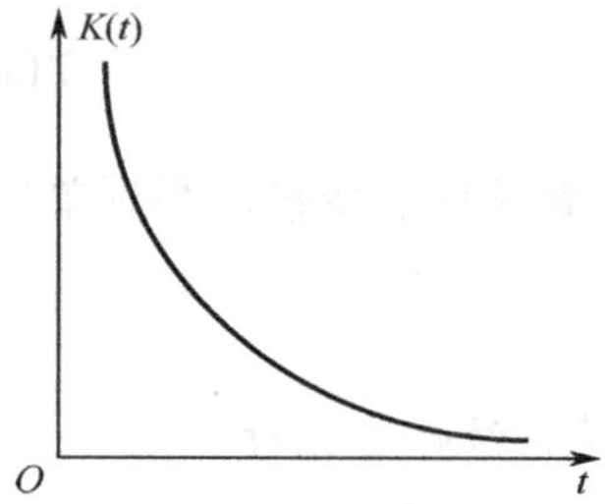

图 5-44　一阶系统单位脉冲响应

5.5.2　二阶系统的瞬态分析

二阶系统在振动分析中是一种重要的数学模型。

1．标准二阶单位脉冲

位置控制系统（伺服系统）在动态控制系统中应用极为广泛，假定转子在旋转过程中受到摩擦轮带来的阻力矩：

$$M_b=-bc'(t)$$

式中，b——阻尼系数。

转子系统的动力学方程为

$$Jc''(t)+bc'(t)=T(t)$$

在零初始条件下，负载元件的传递函数为

$$G(s)=\frac{1}{s(Js+b)}$$

为了将输出角度稳定在给定的$r(s)$上，将系统的输出与期望输出的差值乘以一个常数k_p作为系统的输入，这样构成了一个闭环控制系统，容易得到闭环控制系统的动力学方程为

$$Jc''(t)+bc'(t)=k_p(r(t)-c(t))$$

或

$$Jc''(t)+bc'(t)+k_pc(t)=k_pr(t) \tag{5-21}$$

这样可以得到闭环控制系统的传递函数为

$$H(s)=\frac{c(s)}{r(s)}=\frac{k_p}{Js^2+bs+k_p}=\frac{k_p/J}{s^2+(b/J)s+(k_p/J)}=\frac{\omega_n^2}{s^2+2\xi\omega_n s+\omega_n^2} \tag{5-22}$$

式中，$\omega_n=\sqrt{\dfrac{k_p}{J}}$——系统的无阻尼固有频率；

$\xi=\dfrac{b}{2\sqrt{Jk_p}}$——系统的阻尼比。

用二阶微分方程描述的系统称为二阶系统，如弹簧、质量、阻尼系统，扭转弹簧系统，RLC 网络，忽略电感后的电动机等。此外，许多高阶系统在一定条件下，往往可以简化成二阶系统。因此，研究和分析二阶系统的动态特性，具有重要的实际意义。

通常将二阶系统简化为闭环结构来研究，为了使研究的结论具有普遍性，将闭环传递函数式（5-21）与开环传递函数式（5-22）之间的关系表示为

$$H(s)=\frac{C(s)}{r(s)}=\frac{G(s)}{1+G(s)}=\frac{\omega_n^2}{s^2+2\xi\omega_n s+\omega_n^2}$$

式中，$G(s)=\dfrac{\omega_n^2}{s(s+2\xi\omega_n)}$——开环系统传递函数；

$\omega_n=\sqrt{\dfrac{k}{m}}$——固有频率；

$\xi=\dfrac{c}{2\sqrt{mk}}$——阻尼比。

系统的输出为

$$C(s)=\frac{\omega_n^2}{s^2+2\xi\omega_n s+\omega_n^2}r(s)$$

当输入为脉冲激励时，$r(t)=\delta(t)$，对应的拉普拉斯变换为

$$r(t)=K[\delta(t)]=1$$

则响应为

$$C(s)=\frac{\omega_n^2}{s^2+2\xi\omega_n s+\omega_n^2}$$

写成零极点形式为

$$C(s)=\frac{\omega_n^2}{(s-s_1)(s-s_2)}$$

根据因式分解可得到系统的极点，系统的极点就是动力系统的特征根，即

$$s_{1,2}=-\xi\omega_n\pm\omega_n\sqrt{\xi^2-1}=-\xi\omega_n\pm\omega_d$$

式中，$\omega_d=\omega_n\sqrt{\xi^2-1}$——系统的阻尼固有频率。

2. 欠阻尼标准二阶阶跃

在二阶系统中，通常由规范的性能指标函数来表示系统的动态特性，研究系统的瞬态响应，一方面是通过瞬态响应来研究系统的物理参数，另一方面是通过瞬态响应指标为系统控制分析提供依据。尤其是在确定控制参数方面，瞬态响应指标是必不可少的。

在大多数情况下，二阶系统的瞬态响应是根据系统在单位阶跃激励下的响应来分析的，从物理上说，产生单位阶跃激励比较容易实现，它能使得系统既有明显的瞬态响应，同时还具有稳态响应，还有一点就是和大多数激励相比较，阶跃激励对于结构往往是最不利的情况。

对于二阶系统，当阻尼比$0<\xi<1$时，二阶系统的特征方程有一对共轭复根，即

$$s_{1,2}=-\xi\omega_n \pm \mathrm{j}\omega_n\sqrt{1-\xi^2}=-\xi\omega_n \pm \mathrm{j}\omega_d$$

式中，$\omega_d=\omega_n\sqrt{1-\xi^2}$ ——有阻尼振荡固有频率，且$\omega_d<\omega_n$。

传递函数为

$$H(s)=\frac{C(s)}{R(s)}=\frac{\omega_n^2}{s^2+2\xi\omega_n s+\omega_n^2}$$

当输入信号为单位阶跃函数时，在零状态时，标准二阶系统输出为

$$c(s)=H(s)R(s)=\frac{1}{s}-\frac{s-\xi\omega_n}{(s+\xi\omega_n)^2+\omega_d^2}-\frac{\xi\omega_n}{(s+\xi\omega_n)^2+\omega_d^2}$$

对上式进行拉普拉斯逆变换，得欠阻尼二阶系统的单位阶跃响应，并用$x(t)$表示，即

$$x(t)=1-e^{-\xi\omega_n t}\left[\cos\omega_d t+\frac{\xi}{\sqrt{1-\xi^2}}\sin\omega_d t\right]=1-\frac{e^{-\xi\omega_n t}}{\sqrt{1-\xi^2}}(\omega_d t+\beta) \qquad t\geqslant 0$$

3. 欠阻尼标准二阶性能指标

通常，利用标准二阶欠阻尼系统零状态在单位阶跃激励$r(t)=l(t)$下的瞬态响应来定义系统的性能指标，在这些性能指标中还包含了系统本身的物理参数。通常有 7 个常用的性能指标，即上升时间t_r、延迟时间t_d、峰值时间t_p、最大超调量M_p、调整时间t_s、稳态误差e_{ss}、振荡次数N。

1）上升时间t_r

上升时间t_r是指$x(t)$从 0 到第一次上升到稳态值所需的时间（对于阻尼系统，通常规定响应的曲线从稳态值的10%上升到90%所需时间）。

上升时间公式为

$$t_r=\frac{\arctan\left(-\dfrac{\sqrt{1-\xi^2}}{\xi}\right)}{\omega_d}=\frac{\pi-\beta}{\omega_d}$$

显然，当阻尼比ξ不变时，β角也不变。如果无阻尼振荡频率ω_n增大，即增大闭环极点到坐标原点的距离，那么上升时间t_r就会缩短，从而加快了系统的响应速度；阻尼比越小（β越大）上升时间就越短。

2）延迟时间 t_d

延迟时间 t_d 是指响应曲线从 0 上升到稳态值 50%所需的时间。

延迟时间的近似表达式为

$$t_d \approx \frac{1+0.6\xi+0.2\xi^2}{\omega_n} \qquad \xi>1 \tag{5-23}$$

$$t_d \approx \frac{1+0.7\xi^2}{\omega_n} \qquad 0<\xi<1 \tag{5-24}$$

式（5-23）和式（5-24）表明，增大 ω_n 或减小 ξ，都可以减小延迟时间 t_d。或者说，当阻尼比不变时，闭环极点离 $[s]$ 平面的坐标原点越远，系统的延迟时间越短；而当自然频率不变时，闭环极点离 $[s]$ 平面的虚轴越近，系统的延迟时间越短。

3）峰值时间 t_p

峰值时间 t_p 是指输出响应从 0 开始第一次达到最大峰值所需要的时间。

峰值时间的计算公式为

$$t_p = \frac{\pi}{\omega_d} \quad 或 \quad \frac{\pi}{\omega_n\sqrt{1-\xi^2}} \tag{5-25}$$

式（5-25）表明，峰值时间等于阻尼振荡周期的 1/2。当阻尼比不变时，极点离实轴的距离越远，系统的峰值时间越短，或者说，极点离坐标原点的距离越远，系统的峰值时间越短。

4）最大超调量 M_p

最大超调量 M_p 是指响应的最大峰值与稳定值的差值所占稳定值的百分比。

计算最大超调量的公式为

$$M_p = x(t_p)-1 = \mathrm{e}^{\frac{-\pi\xi}{\sqrt{1-\xi^2}}} \times 100\%$$

显然，超调量与阻尼比 ξ 有关，与自然频率 ω_n 无关。

5）调整时间 t_s

相对于 $x(\infty)$ 的波动小于某个给定值的时间：

$$|x(t)-x(\infty)| \leqslant \varDelta \cdot x(\infty)$$

其中，$\varDelta=5\%$或$\varDelta=2\%$。在实际系统中，需要综合全面考虑各方面的因素，然后再作正确的抉择，即所谓“最佳”设计。

6）稳态误差 e_{ss}

$$e_{ss} = \lim_{t\to\infty}(1-x(t)) = 0$$

欠阻尼情况下的稳态误差等于零，即经过较长时间，系统的响应趋于稳态情况。

7）振荡次数 N

在调整时间 t_s 内，$x(t)$ 穿越稳态值的次数为 1/2，即振荡次数为 1/2，即有

$$N=\frac{t_s}{T}=\frac{t_s}{2\pi/\omega_n}$$

式中，T——振荡周期。

注意：

（1）上升时间 t_r 和峰值时间 t_p 表征系统响应初始阶段的快慢程度。

（2）调节时间 t_s 表征系统过渡过程持续的时间，总体上反映了系统的快速性。

（3）最大超调量 M_p 反映了系统的平稳性。

（4）稳态误差 e_{ss} 反映系统的最终控制精度。

4．非标准欠阻尼性能指标

尽管以上指标是根据位控系统在单位阶跃输入下得到的，但是可以扩展到任意大小的阶跃激励情况。其中有些指标可以扩充到非位控系统的情况。

以上仅对标准二阶系统（灵敏度归一化处理）而言。如果是非标准二阶系统，则最后的输出乘以实际的灵敏度就可以了。

例如，对于考虑有阻尼的弹簧质量系统，其输入为 $f(t)=l(t)$，动力学方程为

$$mx''+cx'+kx=f_0f(t)$$

这是一个针对非标准的二阶振动系统，可以转换为标准二阶系统来分析，可写为

$$\frac{1}{\omega_n^2}x''+\frac{2\xi}{\omega_n}x'+x=\frac{f_0f(t)}{k}$$

或

$$x''+2\xi\omega_nx'+\omega_n^2x=\eta\omega_n^2f(t)$$

式中，$\eta=\frac{f_0}{k}$——灵敏度。

灵敏度归一化后有

$$x''+2\xi\omega_nx'+\omega_n^2x=\omega_n^2f(t)$$

这样就转化为标准系统，其传递函数为

$$H(s)=\frac{X(s)}{F(s)}=\frac{\omega_n^2}{s^2+2\xi\omega_ns+\omega_n^2}$$

对应的输出为

$$C(s)=\frac{\omega_n^2}{s^2+2\xi\omega_ns+\omega_n^2}f(s)$$

在小阻尼情况下，标准系统的输出为

$$x(t)=\frac{\omega_n^2}{\omega_d}\mathrm{e}^{-\xi\omega_nt}\sin\omega_d \qquad t\geqslant0$$

实际输出为

$$x^*(t)=\eta\cdot x(t)=\frac{1}{m\omega_d}\mathrm{e}^{-\xi\omega_nt}\sin\omega_dt \qquad t\geqslant0$$

5.5.3 MATLAB/Simulink 仿真建模

在 MATLAB 中，可以直接使用 sim 函数来调用 Simulink 仿真模型，函数的调用格式为：

```
[t,x,y]=sim('model',timespan,option,ut);
```

参数'model'为 Simulink 生成的模型文件名；timespan 为仿真时间，可指定终止时间和起始时间；其余参数为可选，option 为用于设置初始条件、步长与容许误差等值，ut 为外部输入信号。

在 Simulink 中，系统默认采用变步长的四阶/五阶龙格–库塔积分算法（ode45 函数）进行仿真，如果采用其他算法，可在算法设置中进行选择。

【例 5-28】 已知某系统模型为 $x''+34.5x'+1000x=f_0 f(t)$，当 $f_0=1000(N)$、$f(t)=1\cdot(t)$ 时，联合脚本文件和模型文件求系统的动态指标。

解析： 将原式写为

$$x''+2\xi\omega_n x'+\omega_n^2 x=\eta\omega_n^2 f(t)$$

其中，灵敏度 $\eta=\dfrac{f_0}{K}=1$，因此，该系统为标准二阶系统。

根据题意，建立如图 5-45 所示的 Simulink 仿真模型，并命名为 M5_28.mdl。

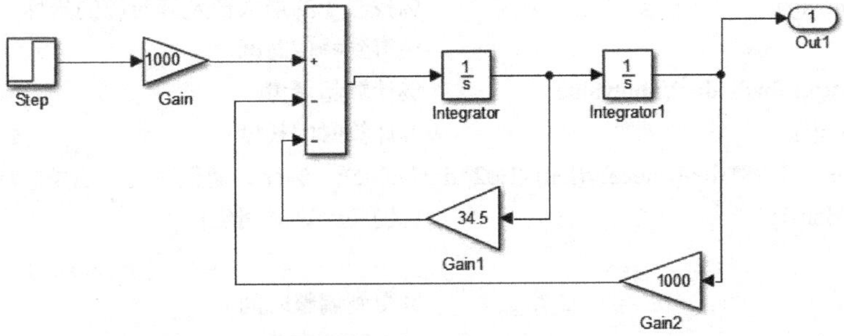

图 5-45　Simulink 仿真模型

根据需要，建立 M 文件，其实现的 MATLAB 代码为：

```
>> clear all;
[t,x,y]=sim('M5_28',[0:0.001:5]);   %调用模型文件，仿真时间为 0～5s，步长为 0.01s
[ym,k]=max(y);                      %求最大值和最大值所在位置
tp=t(k)                             %计算峰值时间
len=length(t)                       %计算时间长度
finalvalue=y(len)                   %计算稳态值
mp=100*(ym-finalvalue)              %计算超调量百分比
%计算调整时间，当型循环
while(y(len)>0.98*finalvalue&y(len)<1.02*finalvalue);   %循环条件
    len=len-1;                      %倒序列计算时间坐标
end
ts=t(len)                           %得到调整时间
```

运行程序，输出如下：

```
tp =
    1.1190
len =
        5001
finalvalue =
     1
mp =
   12.9402
ts =
    1.1840
```

此外，还可以利用传递函数计算系统性能指标，代码为：

```
>>num=[1000];                                    %传递函数分子
den=[1 34.5 1000];                               %传递函数分母
sys=tf(num,den);                                 %建立传递函数
%利用终值定理来计算稳态值
finalvalue=polyval(num,0)/polyval(den,0);        %计算稳态值
[y,t]=step(sys);                                 %求系统的单位阶跃响应，输出 y,t 的值
[yp,k]=max(y);                                   %找出 y 的最大值及其对应的坐标
tp=t(k)                                          %得到峰值时间
mp=100*(yp-finalvalue)/finalvalue                %计算超调量
len=length(t);                                   %计算时间长度
while(y(len)>0.98*finalvalue&y(len)<1.02*finalvalue);   %计算调整时间，当型循环
    len=len-1;                                   %倒序计算时间坐标
end
ts=t(len)                                        %得到调整时间
step(sys)                                        %阶跃响应曲线
grid on;
```

运行程序，输出如下：

```
finalvalue =
     1
tp =
    0.1175
mp =
   12.9341
len =
   127
ts =
    0.1815
```

系统运行仿真，其效果如图 5-46 所示。

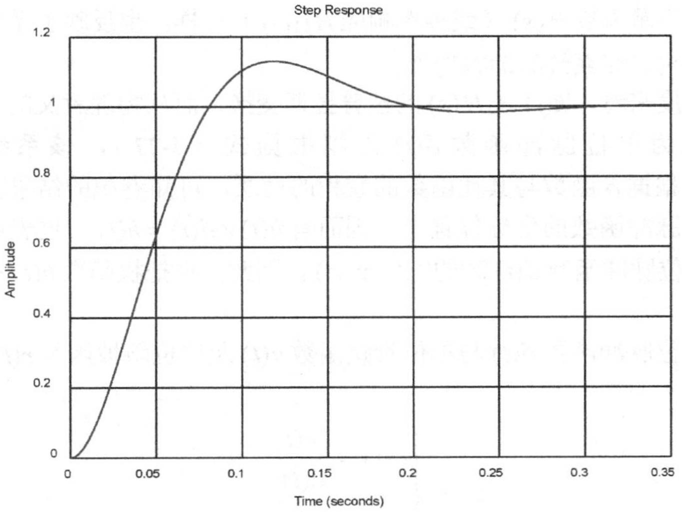

图 5-46　系统仿真结果

5.6　系统频域分析

频率响应函数是在传递函数分析法的基础上演变而来的，频率特性分析法在工程中被广泛应用。

5.6.1　单位脉冲与频率响应函数

在 MATLAB 中，获取频率响应的方法有很多，其中通过单位脉冲响应函数也可以得到系统的频率响应函数。

1．单位脉冲响应函数

系统的传递函数为

$$H(s)=\frac{Y(s)}{X(s)} \quad 或 \quad Y(s)=H(s)X(s)$$

当系统的输入为单位脉冲函数时，即 $x(t)=\delta(t)$，又因为单位脉冲函数的拉普拉斯变换为 $X(s)=L[\delta(t)]=1$，则得到系统的时域响应为

$$y(t)=L^{-1}[H(s)]=h(t) \tag{5-26}$$

式中，$h(t)$——单位脉冲响应函数，也称"权函数"，表示传递函数 $H(s)$ 的拉普拉斯逆变换，即

$$h(t)=L^{-1}[H(s)]$$

则将式（5-26）取拉普拉斯逆变换，并根据拉普拉斯变换的卷积特性可得

$$y(t)=h(t)\times x(t)=\int_0^{\infty} h(\tau)\cdot x(t-\tau)\mathrm{d}\tau \tag{5-27}$$

式（5-27）表明，系统的响应（输出）等于权函数 $h(t)$ 与激励（输入）$x(t)$ 的卷积。可

见，权函数$h(t)$与传递函数$H(s)$（或频率响应$H(\mathrm{j}\omega)$）一样，也反映了系统的输入与输出关系，因而也可以用来表征系统的动态特性。

从纯数学的角度来看，$h(t)$是$H(s)$的拉普拉斯变换，而从物理意义的角度来看，如果某线性系统的输入为单位脉冲函数$\delta(t)$，则根据式（5-27），该系统的输出应当是$y(t)=h(t)\times\delta(t)$，根据δ函数与其他函数的卷积的性质，可知卷积的结果就是简单地将其他函数的图形搬移到脉冲函数的坐标位置上，因而有$h(t)\times\delta(t)=h(t)$。这表明，权函数$h(t)$等于系统的输入为单位脉冲函数$\delta(t)$时的响应$y_\delta(t)$，因此，也把权函数$h(t)$称为“单位脉冲响应函数”。

在时域中，单位脉冲函数$\delta(t)$与单位阶跃函数$u(t)$及单位斜坡函数$r(t)=1\cdot t$在数学上存在以下关系：

$$\begin{cases}\delta(t)=\dfrac{\mathrm{d}u(t)}{\mathrm{d}(t)}\\ u(t)=\dfrac{\mathrm{d}r(t)}{\mathrm{d}(t)}\end{cases}$$

即单位脉冲函数是单位阶跃函数的导数，而单位阶跃函数又是单位斜坡函数的导数，它们之间可通过微积分互相转换。因此，除了可用单位脉冲响应函数$h(t)$来表征系统的动态特性外，还可以用单位阶跃响应函数或单位斜坡响应函数来表征系统的动态特性。

权函数的物理意义以及脉冲函数、阶跃函数和斜坡函数之间的关系为系统动态特性的研究提供了除用稳态正弦实验法求解系统动态特性函数（频率响应函数）以外的新途径，即仍然采用实验的方法，对系统进行脉冲、阶跃或斜坡等瞬态信号激励，只要测得系统对这些瞬态信号的响应，也就可以获得系统的动态特性。尤其是对于阶跃响应，由于阶跃信号比较容易产生，因而在系统特性的测定中比较常用。

权函数$h(t)$（或阶跃响应函数和斜坡响应函数）是在时域中通过瞬态响应过程描述系统的动态特性；频率响应$G(\mathrm{j}\omega)$是在频域中通过对不同频率的正弦激励，以在稳定状态下的系统响应特性描述系统的动态特性（它不能反映响应的过滤过程）；传递函数$H(s)$描述系统的特性则具有普遍意义，它既反映了系统响应的稳态过程，也反映了系统响应的过渡过程。由于测试工作总是力求在系统的响应达到稳态阶段再进行（以期获得较好的测试结果），因此在测试技术中常用频率响应来描述系统的动态特性。

2. 单位脉冲与频率响应函数

根据上述可知，线性系统在单位脉冲作用下产生瞬态响应$h(t)$称为系统的单位脉冲响应或权函数，而系统在单位脉冲激励下的响应可表示为$h(t)$，则系统在任意激励$f(t)$作用下的响应可以表示为单位脉冲函数与激励的卷积积分，即

$$x(t)=\int_{-\infty}^{\infty}f(\tau)h(t-\tau)\,\mathrm{d}\tau$$

现在对上式进行拉普拉斯变换，可得

$$\begin{aligned}X(s)&=\int_0^{\infty}\left[\int_0^{\infty}f(\tau)h(t-\tau)\mathrm{d}\tau\right]\mathrm{e}^{-st}\mathrm{d}t=\int_0^{\infty}f(\tau)\left[\int_0^{\infty}h(t-\tau)\mathrm{e}^{-st}\mathrm{d}t\right]\mathrm{d}\tau\\&=\int_0^{\infty}f(\tau)\mathrm{e}^{-st}h(s)\mathrm{d}\tau=f(s)h(s)\end{aligned}$$

其中：

$$\int_0^\infty h(t-\tau)\mathrm{e}^{-st}\mathrm{d}t = \int_0^\infty h(\xi)\mathrm{e}^{-s(\xi+\tau)}\mathrm{d}\tau = \int_0^\infty h(\xi)\mathrm{e}^{-s\tau}\mathrm{e}^{-s\xi}\mathrm{d}\xi = \mathrm{e}^{-s\tau}h(s)$$

这为卷积定理，即时域的卷积积分的拉普拉斯变换等于 s 域中两个函数的乘积，即

$$X(s) = L\left[\int_0^\infty f(\tau)h(t-\tau)\mathrm{d}\tau\right] = f(s)h(s) \tag{5-28}$$

将式（5-28）中的 s 用 $\mathrm{j}\omega$ 替换，得到傅里叶变换为

$$F\left[\int_0^\infty f(\tau)h(t-\tau)\mathrm{d}\tau\right] = f(\mathrm{j}\omega)h(\mathrm{j}\omega)$$

根据式（5-28），得传递函数为

$$H(s) = \frac{y(s)}{f(s)} = \int_0^\infty h(t)\mathrm{e}^{st}\mathrm{d}t$$

当 $f(t)=\delta(t)$ 时，因为

$$f(s) = L[\delta(t)] = \int_0^\infty h(t)\mathrm{e}^{st}\mathrm{d}t$$

则有

$$y(s) = H(s)f(s) = H(s)$$

用 $\mathrm{j}\omega$ 替换 s，可得频率响应函数，即

$$G(\mathrm{j}\omega) = Fh(t) = \int_0^\infty h(t)\mathrm{e}^{-\mathrm{j}\omega t}\mathrm{d}t$$

结论：系统的单位脉冲响应函数的拉普拉斯变换等于系统的传递函数；单位脉冲响应函数的傅里叶变换等于系统的频率响应函数。

3．标准二阶频率响应特性

在实际应用中，常将二阶系统转化为归一化模型，这给分析其二阶系统的响应带来了很大的方便。常将二阶系统的灵敏度归一化后的系统称为二阶标准系统。

设一般二阶系统的微分方程通式为

$$a_2\frac{\mathrm{d}^2 y}{\mathrm{d}t^2} + a_1\frac{\mathrm{d}y}{\mathrm{d}t} + a_0 y(t) = b_0 x(t) \tag{5-29}$$

将式（5-29）改写成

$$\frac{\mathrm{d}^2 y}{\mathrm{d}t^2} + 2\xi\omega_n\frac{\mathrm{d}y}{\mathrm{d}t} + \omega_n^2 y(t) = \eta\omega_n^2 x(t)$$

式中，$\omega_n = \sqrt{\dfrac{a_0}{a_2}}$——固有频率；

$\xi = \dfrac{a_1}{2\sqrt{a_0 a_1}}$——阻尼率；

$\eta = \dfrac{b_0}{a_0}$。

令 $\eta=1$，于是式（5-29）经灵活度归一后可进一步改写为

$$\frac{\mathrm{d}^2 y}{\mathrm{d}t^2}+2\xi\omega_n\frac{\mathrm{d}y}{\mathrm{d}t}+\omega_n^2 y(t)=\omega_n^2 x(t)$$

两边取拉普拉斯变换，可得

$$s^2Y(s)+2\xi\omega_n sY(s)+\omega_n^2Y(s)=\omega_n^2X(s)$$

标准二阶系统的传递函数为

$$H(s)=\frac{Y(s)}{X(s)}=\frac{\omega_n^2}{s^2+2\xi\omega_n s+\omega_n^2}$$

标准二阶系统的频率响应为

$$G(\mathrm{j}\omega)=\frac{1}{1-\lambda^2+2\mathrm{j}\xi\lambda} \tag{5-30}$$

（1）标准二阶系统的幅频特性。

幅值为

$$|G(\omega)|=\frac{1}{\sqrt{(1-\lambda^2)^2+(2\xi\lambda)^2}}$$

相位为

$$\varphi(\omega)=-\arctan\frac{2\xi\lambda}{1-\lambda^2}$$

极值为

$$-4(1-\lambda^2)\lambda+8\xi^2\lambda=0$$

其中

$$\lambda=\sqrt{1-2\xi^2}$$

$G(\omega)$ 峰值出现在 $p_d=\omega_n\sqrt{1-2\xi^2}$，其峰值的大小为

$$G(p_d)=G_{\max}=\frac{1}{2\xi\sqrt{1-\xi^2}}$$

令 $G_{\max}=\dfrac{1}{2\xi\sqrt{1-\xi^2}}=1$ 时，可以得到 $2\xi\sqrt{1-\xi^2}=1$，即

$$4\xi^2(1-\xi^2)=1\Rightarrow 4\xi^2-4\xi^2-1=0$$

解得

$$\xi=\frac{\sqrt{2}}{2}=0.707$$

考虑到小阻尼情况，从而可以得到一个重要结论，当 $0.707\leqslant\xi<1$ 时，系统不发生凸起峰值。

（2）标准二阶的实、虚频特性。

将式（5-30）分解为实部和虚部，有

$$G(\mathrm{j}\omega)=G^R+\mathrm{j}C^I=\frac{(1-\lambda^2)}{(1-\lambda^2)^2+(2\xi\lambda)^2}+\mathrm{j}\left(-\frac{2\xi\lambda}{(1-\lambda^2)^2+(2\xi\lambda)^2}\right)$$

式中，G^R——实部；

C^I——虚部。

对于非标准二阶系统，则只需将实部、虚部分量前乘以系统的灵敏度η即可。

5.6.2 频率响应建模与仿真

在 MATLAB 中，提供了相关函数用于分析频率响应。

在 MATLAB 中，提供了 polyval 函数用于计算连续系统的频率响应函数。函数的调用格式为：

```
（1）G(jw)=GW=polyval(P,s);
```

其中，参数 P 为传递函数分子或分母多项式的系数矢量；s 为自变量（求频率响应时应取 s=jw）；GW 为返回的计算结果（复数矢量）。

```
（2）[b,w]=freqs([num],[den],n);
```

其中，参数 num 为传递函数分子的系数矢量；den 为分母的系数矢量；n 为数据；返回参数 b 为频率响应；w 为频率矢量。

【例 5-29】 设某单自由度系统的传递函数为

$$H(s)=\frac{1}{s^2+0.05s+1}$$

试通过 MATLAB 代码绘制系统的各种频率响应特性曲线。

（1）幅频和相频特性曲线。

实现的 MATLAB 代码为：

```
>> clear all;
num=[1];                                  %传递函数的分子多项式系数
den=[1 0.05 1];                           %传递函数的分母多项式系数
w=0.05:0.001:0.5*pi;                      %给定频率范围和频率分辨率
GW=polyval(num,j*w)./polyval(den,j*w);    %求频率响应
mag=abs(GW);                              %幅频特性
theta=angle(GW)*180/pi;                   %幅角化为度
subplot(2,1,1);plot(w,mag);               %绘制幅频特性曲线
grid on;
title('幅频特性');
ylabel('|G|');
subplot(2,1,2);plot(w,theta);             %绘制相频特性曲线
grid
title('相频特性');
xlabel('\omega(rad/s)');
```

```
ylabel('dgr')
```

运行程序，系统仿真效果如图 5-47 所示。

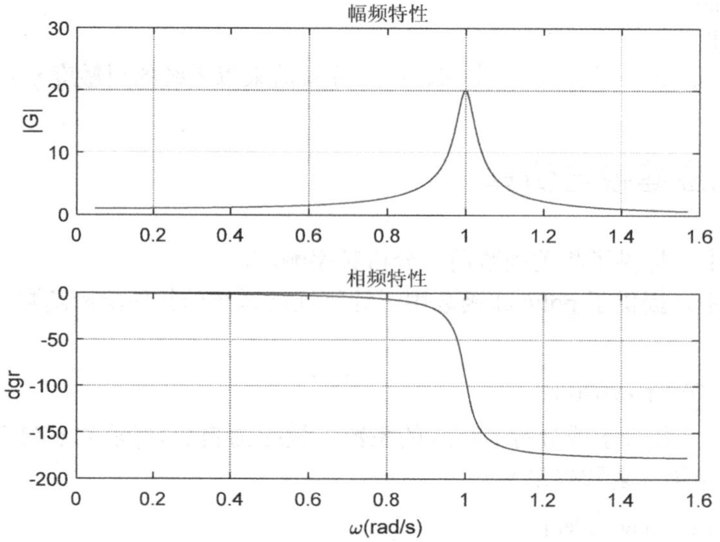

图 5-47　幅值、相位特性系统仿真效果图

（2）通过对频率响应函数分离为实部与虚部函数 real(GW)和 imag(GW)，可得到实频特性曲线和虚频特性曲线，代码为：

```
>> clear all;
num=[1];                                        %传递函数的分子多项式系数
den=[1 0.05 1];                                 %传递函数的分母多项式系数
w=0.05:0.001:0.5*pi;                            %给定频率范围和频率分辨率
GW=polyval(num,j*w)./polyval(den,j*w);          %求频率响应
mag=real(GW);                                   %real 计算频率响应的实部
theta=imag(GW);                                 %imag 计算频率响应的虚部
subplot(2,1,1);plot(w,mag);
grid on;
title('频率特性的实部');
ylabel('G');
subplot(2,1,2);plot(w,theta);
grid on;
title('频率特性的虚部');
xlabel('\omega(rad/s)');
ylabel('G');
```

运行程序，系统仿真效果如图 5-48 所示。

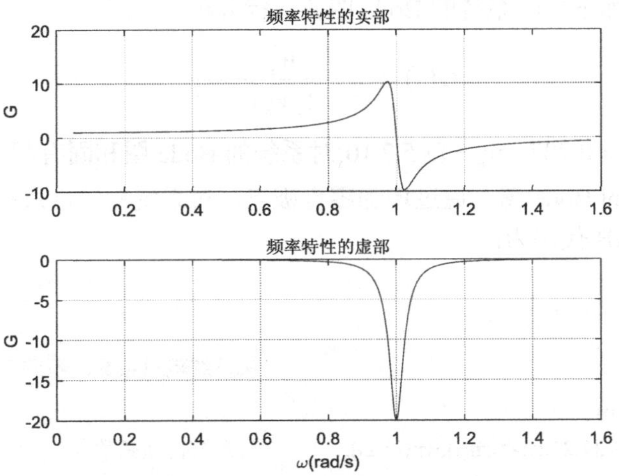

图 5-48　实频、虚频特性系统仿真效果图

（3）Nyquist 图。

实现的 MATLAB 代码为：

```
>> clear all;
num=[1];                                    %传递函数的分子多项式系数
den=[1 0.05 1];                             %传递函数的分母多项式系数
w=0.05:0.001:0.5*pi;                        %给定频率范围和频率分辨率
GW=polyval(num,j*w)./polyval(den,j*w);      %求频率响应
rew=real(GW);                               %计算频率响应的实部
imw=imag(GW);                               %计算频率响应的虚部
plot(rew,imw);
grid on;
title('Nyquist 图');
```

运行程序，系统仿真效果如图 5-49 所示。

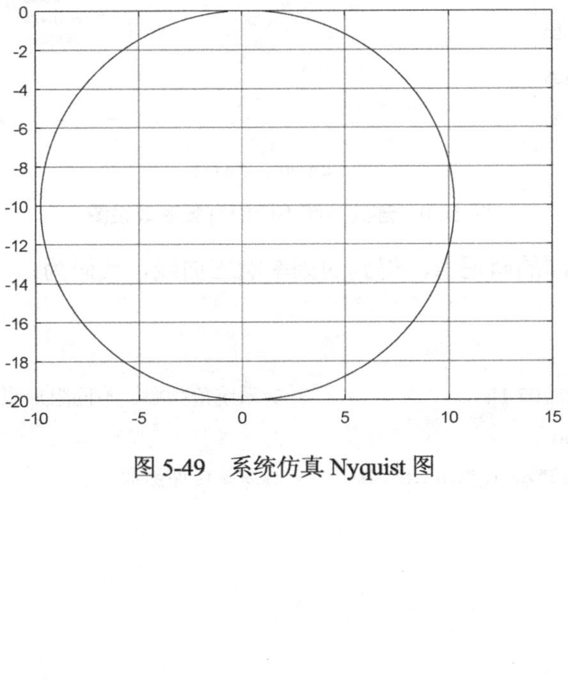

图 5-49　系统仿真 Nyquist 图

【例 5-30】 绘制如下二阶系统的 Bode 图并进行分析。

$$G(s)=\frac{w_n^2}{s^2+2\xi w_n s+w_n^2}$$

解析：分别绘制$\xi=0.707$、$w_n=[3\ 5\ 7\ 10]$时系统的 Bode 图和固有频率$w_n=6$时，$\xi=[0.1\ 0.4\ 0.6\ 0.707\ 1]$时系统的 Bode 图。通过增加零点极点，对系统稳定性进行分析。

其实现的 MATLAB 代码为：

```
>> clear all;
zeta=0.707;
wn=[3 5 7 10];                                   %系统阻尼系数，不同角频率下系统的 Bode 图
for i=1:length(wn)
    s=tf(wn(i)^2,[1,2*zeta*wn(i),wn(i)^2]);      %系统传递函数
    bode(s);                                     % Bode 图绘制
    hold on;
end
legend('\tau=3rad/s','\tau=5rad/s','\tau=7rad/s','\tau=10rad/s');
xlabel('\omega(rad/s)')
title('Bode 图')
```

运行程序，系统仿真效果如图 5-50 所示。

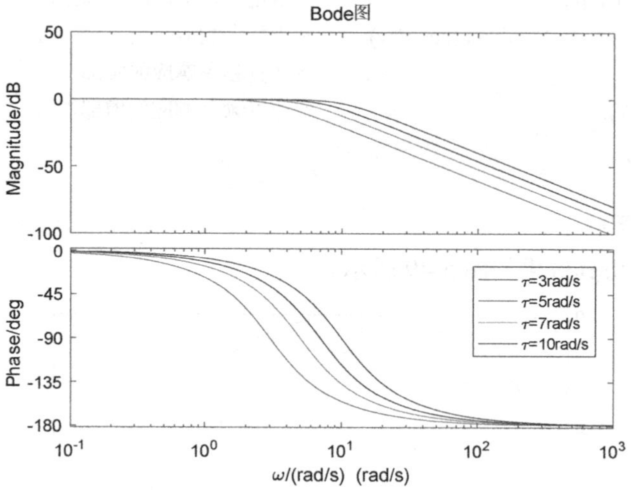

图 5-50 连续系统不同固有频率效果图

也可以通过设置不同的阻尼值，得到的频率响应曲线，代码为：

```
>> clear all;
wn=6;
zeta=[0.1 0.4 0.6 0.707 1];                      %系统角频率，不同阻尼系数下系统的 Bode 图
for i=1:length(zeta)
    s=tf(wn^2,[1,2*zeta(i)*wn,wn^2]);            %系统传递函数
```

```
    bode(s);                                    % Bode 图绘制
    hold on;
end
legend('\zeta=0.1','\zeta=0.4','\zeta=0.6','\zeta=0.707','\zeta=1');
xlabel('\omega(rad/s)');
title('Bode 图')
```

运行程序，系统仿真效果如图 5-51 所示。

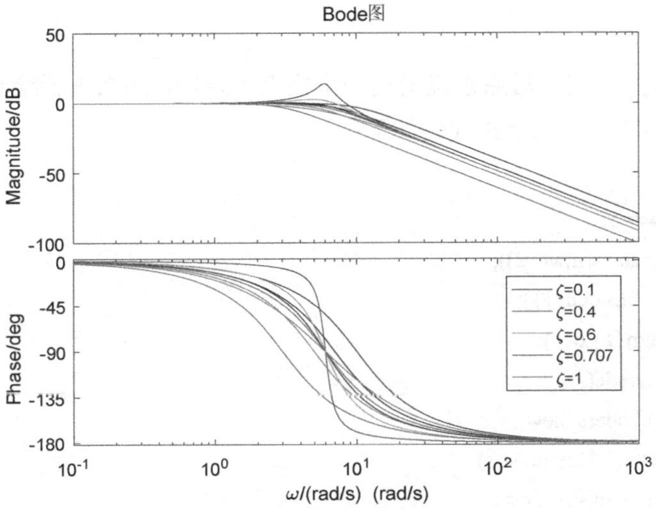

图 5-51 连续系统不同阻尼系数效果图

取 $\xi=0.707$、$w_n=5$ 时，运行下面的 MATLAB 代码：

```
>> clear all;
zeta=0.707; wn=5;
s=tf(wn^2,[1,zeta*wn,wn^2]);
f1=5+10*i;
r1=evalfr(s,f1)                     %计算系统在单点（复数）处的频率响应
w_t=[10 20 50+i*40];
r2=freqresp(s,w_t)                  %计算系统在多点向量处的频率响应
[gm,pm,wcg,wcp]=margin(s)           %计算系统的增益、相角裕度和截止频率
```

运行程序，输出如下：

```
r1 =
  -0.0417 - 0.1747i
r2(:,:,1) =
   0.1559 + 0.0000i
r2(:,:,2) =
   0.0504 + 0.0000i
r2(:,:,3) =
```

```
    0.0015 - 0.0056i
gm =
    Inf
pm =
    59.9901
wcg =
    Inf
wcp =
    6.1240
```

取 $\xi = 0.707$、$w_n = 5$ 时，对原系统增加一个极点（p=1），那么重新绘制系统的 Bode 图和 Nyquist 曲线。其实现的 MATLAB 代码如下：

```
>> clear all;
zeta=0.707; wn=5;
s=tf(wn^2,[1,zeta*wn,wn^2]);
den=conv([1 -2],s.den{1});
s_new=tf(s.num{1},den);
subplot(1,2,1);bode(s);
subplot(1,2,2);bode(s_new);
figure; subplot(1,2,1);nyquist(s)
subplot(1,2,2);nyquist(s_new);
```

运行程序，系统仿真效果分别如图 5-52 和图 5-53 所示。

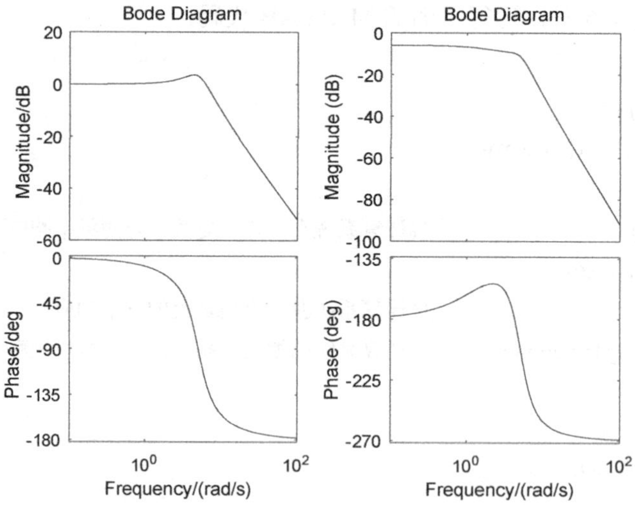

图 5-52　增加了一个极点后系统的 Bode 图

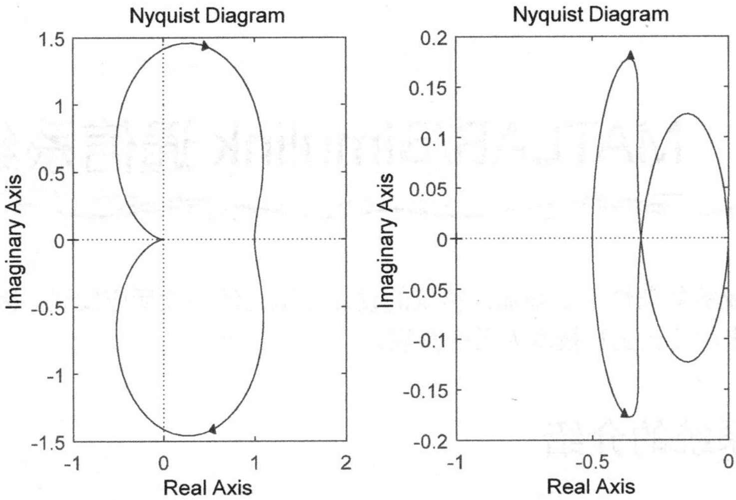

图 5-53　增加了一个极点后系统的 Nyquist 图

由图 5-52 和图 5-53 可以看出，加入一个极点（p=1）后，根据 Nyquist 稳定性判据和开环对数频率特性用于闭环系统稳定性判据均可以分析，得出增加极点后的系统是不稳定的。

第6章　MATLAB/Simulink 通信系统仿真

随着通信系统的复杂性不断增加，传统的设计方法已经不能适应发展，因而通信系统的模拟仿真技术越来越受到工程技术人员的重视。

6.1　通信系统的介绍

通信系统是用于完成信息传输过程的技术系统的总称。现代通信系统主要借助电磁波在自由空间的传播或在导引媒体中的传输机理来实现，前者称为无线通信系统，后者称为有线通信系统。当电磁波的波长达到光波范围时，这样的电信系统称为光通信系统，其他电磁波范围的通信系统则称为电磁通信系统，简称为电信系统。

由于光的导引媒体采用特制的玻璃纤维，因此有线光通信系统又称光纤通信系统。一般电磁波的导引媒体是导线，按其具体结构可分为电缆通信系统和明线通信系统；无线电信系统按其电磁波的波长可分为微波通信系统与短波通信系统。另外，按照通信业务的不同，通信系统又可分为电话通信系统、数据通信系统、传真通信系统和图像通信系统等。

由于人们对通信的容量要求越来越高，对通信的业务要求越来越多样化，所以通信系统正迅速向着宽带化方向发展，而光纤通信系统将在通信网中发挥越来越重要的作用。

6.1.1　通信系统的分类

广义而言，通信系统可以指一个全球通信网络，也可以指地球同步卫星系统，或者地面微波传输系统，或安装了网卡或调制解调器的个人计算机，等等。为了清楚地说明通信系统，往往将系统进行分类。

1．按系统层次分类

按系统层次分，通信系统模型可分为：

- 网络层次模型；
- 链路层次模型；
- 电路层次模型。

1）网络层次模型

网络层次模型是通信系统的最高层描述，它由以下几部分组成：

（1）通信节点（信号处理点）；

（2）通信链路；
（3）传输系统。

网络层次模型研究和设计的主要目标是信息流量控制和分配。传输协议的设计、优化和验证是网络层次模型分析和仿真的主要工作。

2）链路层次模型

链路层次模型是对通信节点和链路以及传输信号的具体化。链路层次模型由如下元素构成：调制器、编码器、滤波器、放大器、传输信道、译码器、解调器等。

链路层次模型研究和考察的对象是信号的传输过程、信号处理的算法对传输质量指标的影响，而不关心算法和传输过程的具体实现方法。编解码算法、调制算法的有效性、传输可靠性、传输容量分析、传输错误率分析等是链路层次模型分析和仿真的主要任务。

3）电路层次模型

电路层次模型是对链路层次模型中元素的具体化。例如，用于处理信号的仿真电路、数字电路、植入数字信号处理芯片中的算法等。

2. 按信号类型分析

通信系统中的信号是指携带信息的某一物理量，在数学上一般表示为时间 t 的函数 $f(t)$。根据函数类型的不同可以将信号划分为如下几种。

（1）时间连续信号：信号在定义域（时间）上是连续的。
（2）时间离散信号：信号在定义域（时间）上是离散的。
（3）模拟信号：值域也是连续的时间信号。
（4）数字信号：值域也是离散的时间离散信号。

根据链路层次通信系统中流通的信号类型不同，可以将其划分为如下几种。

（1）连续时间系统：输入/输出是时间连续信号的系统。
（2）离散时间系统：输入/输出是时间离散信号的系统。
（3）模拟系统：输入/输出是模拟信号的系统。
（4）数字系统：输入/输出是数字信号的系统。
（5）混合系统：系统中流通的信号类型不止一种的系统。

3. 按系统特征分类

链路层通信系统模型，关心的是给定输入的情况下系统的输出是什么，系统输出与输入以及系统本身的参数有什么联系等问题，而不关心系统的内部构造和具体实现。

根据系统参数类型的不同，可以将其划分为以下几种。

（1）恒参系统：描述系统的参数不随时间变化而变化。
（2）变参系统（或时变系统）：系统参数随时间变化而变化
（3）确定系统：系统参数的变化是确知的，即系统参数是时间的确定函数。
（4）随机系统：系统参数服从某种随机分布的随机过程。

根据系统输出与输入之间的关系，可以将其划分为以下几种。

（1）无记忆系统：系统当前时刻的输出仅仅取决于当前时刻的系统输入，而与系统以往的输入无关。

（2）有记忆系统（或动态系统）：系统的当前输出与输入信号的历史值有关。

根据系统输入输出的个数，又可以将其分为以下几种。

（1）单输入单输出系统（SISO）。

（2）单输入多输出系统（SIMO）。

（3）多输入单输出系统（MISO）。

（4）多输入多输出系统（MIMO）。

6.1.2 通信系统的组成

通信是将信息从发信者传递给在另一个时空点的收信者。由于完成这一信息传递的通信系统的种类繁多，因此它们的具体设备和业务功能可能各不相同，经过抽象概括，通信系统的基本模型如图 6-1 所示。整个系统由信源、发送设备、信道（或传输媒质）、接收设备和信宿（收信者）五部分组成。

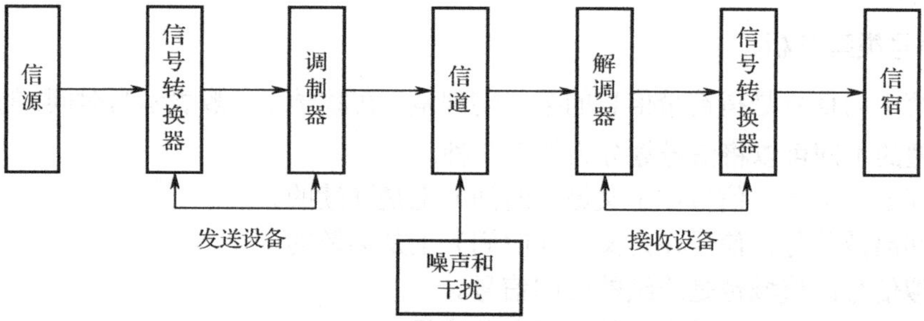

图 6-1 通信系统的基本模型

上述模型概括地反映了通信系统的共性。根据我们的研究对象及所关心的不同问题，将会使用不同形式的具体的通信系统模型。

1. 信源

信源是信息的产生者或信息的形成者。根据信源所产生信号的性质不同，可分为模拟信源和离散信源。

模拟信源（如电话机和电视摄像机等）输出幅度连续的信号；离散信源（如电传机、计算机等）输出离散的符号序列或文字。模拟信源可通过抽样和量化转换为离散信源。随着信源和接收者的不同，信息的速率将在很大范围内变化。例如，一台电传打字机的速率为 50bit/s，而彩色电视的速率为 270Mbit/s。由于信源产生的种类和速率不同，因而对传输系统的要求也各不相同。

2. 信道

信道是指信号传输的媒介，信号是经过信道传送到接收设备的。传输媒介既可以是有线的，也可以是无线的，二者都有多种物理传输媒介。

在信号传输过程中，必然会引入发送设备、接收设备、传输媒介的热噪声，以及各种干扰和衰减，即信号在信道中传输时，会产生信道噪声。

媒介的固有特性和干扰特性会直接影响变换方式的选取，如通过电导体传播的有线信道和通过自由空间传播的无线信道，其信号变换方式是不同的。不同频段的无线电波在空间传播的途径、性能和衰减（衰落）也是不同的。

3. 信宿

信宿是将复原的原始信号转换成相应的消息。

应当指出，上述模型是点对点的单向通信系统。对于双向通信，通信双方都要有发送设备和接收设备。对于多个用户之间的双向通信，为了能实现信息的有效传输，必须进行信息的交换和分发，由传输系统和交换系统组成的一个完整的通信系统或通信网络来实现。其中交换系统完成不同地址信息的交换，因此交换系统中的每一台交换机组成了通信网络中的各个节点。

一个实际的通信系统往往由终端设备、传输链路和交换设备三大部分组成。

1）终端设备

终端设备的主要功能是把待传送的信息与在信道上传送的信号相互转换。这就要求发送传感器和接收传感器将信号恢复成能被利用的信息，还应该有处理信号的设备以便能与信道匹配。另外，还需要有能产生和识别通信系统内所需的信令信号或规约。对应不同的电信业务有不同的信源和信宿，也就有着不同的变换的反变换设备，因此对应不同的电信业务也就有不同的终端设备，如电话业务的终端设备就是电话机，传真业务的终端设备就是传真机，数据业务的终端设备就是数据终端机等。

2）传输链路

传输链路是连接源点和终点的媒介和通路，除对应于通信系统模型中信道部分之外，还包括一部分变换和反变换设备。

传输链路的实现方式主要有以下几种：

（1）物理传输媒介本身就是传输链路，如实线和电缆。

（2）采用传输设备和物理传输媒介一起形成的传输链路，如载波电路和光通信链路。

（3）传输设备利用大气传输链路，如微波和卫星通信链路。

3）交换设备

交换设备是现代通信网络的核心，其基本功能是完成接入交换节点的链路的汇集、转换和分配。对不同电信业务网络的转接，交换设备的性能要求也不相同。例如，电话业务网的交换设备实时性强，因此目前电话业务网主要采用直接接续通话电路的交换方式。

对于主要用于计算机通信的数据业务网，由于数据终端或计算机可有各种不同的速率，为了提高链路利用率，可将流入信息流进行分组、存储，然后再转发到所需链路上去，这种方式叫作分组交换方式。例如，分组数据交换机就按这种方式进行交换，这种方式可以比较高效地利用传输链路。

4．发送与接收设备

1）发送设备

发送设备的基本功能是将信源和传输媒介匹配起来，即将信源产生的消息信号变换为有利于传送的信号形式送往传输媒介。变换方式是多种多样的，在需要频率搬移时，调制是最常见的变换方式。发送设备还包括为达到某种特殊要求所进行的各种处理，如多路复用、保密处理和纠错编码处理等。

2）接收设备

接收设备的主要作用是将来自信道的带有干扰的发送信号加以处理，并从中提取原始信息，完成发送变换过程的逆变换——解调和译码。对于多路利用信号，还包括多路去复用，实现正确分路。由于接收的消息信号存在噪声和传输损伤，接收设备还可能包含趋近理想恢复的某些措施和方法。

6.1.3 模拟通信系统的概述

如果信源输出是模拟信号，在发送设备中没有将其转换为数字信号，而是直接对其进行时域或频域处理（如放大、滤波、调制等）之后进行传输，则这样的通信系统称为模拟通信系统。

在发送端，信号转换器负责将其他物理量表示的仿真信号转换为仿真电信号，如各种传感器、摄像头、话筒等。

基带处理部分对输入的模拟电信号进行放大、滤波后，送入调制器进行调制，转变为频带信号，称为已调信号。频带处理部分负责对已调信号的滤波、上变频以及功率放大，并输出到有线信道中或通过天线发送到无线信道中。

在接收端，信号经过频带处理部分选频接收、下变频和中频放大后，送入解调器进行解调，还原出基带信号，再经过适当的基带信号处理后送入信号转换器，如显示器、扬声器等，最终还原为最初发送类型物理量表示的仿真信号。

对于短距离有线传输，如有线对讲系统，可以不使用调制和解调，这样的系统就是模拟基带传输系统。

但是对于大多数模拟通信系统来说，为了将多路信号复用在同一物理媒介上传输，抑制干扰并匹配天线传输特性，必须使用调制和解调对信号进行频谱搬移，这样的传输系统就是模拟频带传输系统。

6.1.4 数字通信系统的概述

如果信源输出是数字信号，或信源输出的仿真信号经过了模数转换变成了数字信号，再进行处理和传输，则这样的通信系统称为数字通信系统。数字通信系统的模型如图 6-2 所示。

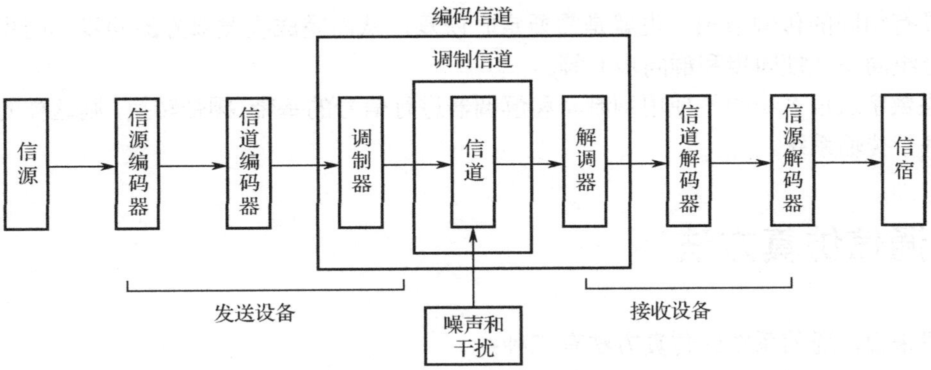

图 6-2 数字通信系统模型

注意：

（1）图中各个模块和模块功能在具体的系统中不一定全部采用。采用哪些模块和模块中哪些具体功能要取决于相应通信系统的具体设计要求。

（2）发送端和接收端的模块是相互对应的，例如发送端使用了编码器，则接收端必须使用对应的解码器。

在发送端，信源输出的消息经过信源编码得到一个具有若干离散取值的离散时间序列。信源编码的功能为：

① 将仿真信号转换为数字序列；

② 压缩编码，提高通信效率；

③ 加密编码，提高信息传输安全性。

信源编码的输出序列将送入信道编码器，信道编码的功能为：

① 负责对数字序列进行差错控制编码，如分母编码、卷积编码、交织和扰乱等，以抵抗信道中的噪声和干扰，提高传输可靠性；

② 对差错控制编码输出的数字序列进行码型变换（也称为基带调制），如单双极性变换、归零-不归零码变换、差分编码、AMI 编码、HDB3 编码等，其目的是匹配信道传输特性，增加定时信息，改变输出符号的统计特性并使之具有一定的检错能力；

③ 对输出码型进行波形映射，以适应于带限传输信道，如针对带限信道的无串扰形成的成形滤波、部分响应成形滤波等。

调制器完成数字基带信号到频带信号的转换，数字调制方式有多种，如幅移键控（ASK）、相移键控（PSK）、频移键控（FSK）、正交幅度调制（QAM）、正交相移键控（QPSK），等等，还可能包括扩频调制。调制器输出的频带信号经过功率放大后送入物理信道。

传输信号在物理信道中发生衰落、波形畸变，并混入噪声和干扰。

在接收端，接收信号经过滤波、变频、放大等信号调理后，送入解调器。解调器完成频带数字信号到基带数字信号的变换。

基带数字信号在信道译码器中完成译码，即完成与发送端信道编码器功能相反的变换，其输出的数字序列将送入信源译码器中进行译码，即完成解密、解压缩以及数模转换等功能，最终向信宿输出接收消息。

在接收端，为了完成解调，通常需要提取发送的调制载波，而为了完成译码，必须使收发双方具有相同的传输节拍，也就是需要定时恢复，从而完成收发双方的同步，同步包括位同步和分组同步（帧同步和群同步）等。

如果数字通信系统中不使用调制器和解调器进行信号的基带-频带转换，则这样的系统称为数字基带传输系统。

6.2 通信仿真方法

一般来说，通信系统的仿真方法有三种：

（1）基于动态系统模型的状态方程求解法。

（2）基于概率模型的蒙特卡罗方法。

（3）混合方法。

6.2.1 状态方程求解法

动态系统，也就是有记忆系统的数学描述是状态方程。所谓系统建模，就是根据研究对象的物理模型找出相应的状态方程的过程。

在通信系统中，通常关心的信号是以时间为自变量的函数，所以相应状态方程中的状态变量、输入变量、输出变量也都是时间的函数。

在连续时间系统中，状态方程是一组微分方程。在当前时刻t处的状态向量值$x(t)$和输入信号向量值$u(t)$已知的条件下，以微分方程组形式的状态方程确定了当前时刻的输出信号向量$y(t)$以及与当前时刻无限接近的下一未来时刻$(t+\mathrm{d}t)$的新的状态向量$(t+\mathrm{d}t)$。以此类推，如果已知当前系统状态，由状态方程给出未来所有时刻上的系统状态值和输出信号值。

在计算机数值求解中，只能以一个微小的时间间隔δt来近似表示当前时刻与下一时刻之间的无穷小时间差$\mathrm{d}t$，所以数值求解（实质上就是微分方程的数值求解）总是近似的。将这个微小的时间间隔δt称为求解的步长。

在给定求解精度要求下，需要根据动态系统的性质以及输入信号的特征来选择求解步长和求解算法。一般地，求解步长过小将增加计算量，使得仿真速度下降，而求解步长过大会严重影响仿真结果的精度，甚至导致求解递推过程不收敛而使得求解失败。

微分方程的求解算法可以划分为变步长算法和固定步长算法两大类。

- 变步长算法：求解步长是自适应变化的，以兼顾求解精度和求解速度。
- 固定步长算法：步长需要在仿真之前，根据系统特征、信号特征和精度要求进行人工选择。

在通信系统中，流动的信号和相应的处理部件一般是频带受限的，由采样定理给出了保证连续信号离散化过程不失真所要求的最大取样间隔，所以，只要固定步长算法的求解步长设定满足取样定理的要求，一般也能够保证求解输出的正确性。

对于离散时间系统，状态方程以一组差分方程的形式给出。求解就是要得出在各离散时刻$(0,1,2,\cdots,k,\cdots)$上的系统状态值和输出信号值。当给定当前离散时刻k处的状态向量值$x(k)$

以及当前输入的时间离散信号取值 $u(k)$ 时，由差分方程组就确定了当前系统输出信号取值 $y(k)$ 以及下一个时刻（$k+1$）的新的系统状态取值 $x(k+1)$。

如果已知系统的初始状态 $x(0)$ 和输入的离散时间信号 $u(k)$（$k=0,1,2,\cdots$），通过递推就可以得出未来各个离散时刻的系统状态值和系统输出信号。

如果系统模型中存在数模转换模块（例如取样器、模拟低通滤波器等），那么系统中既存在时间连续信号，又有时间离散信号，其状态方程组中既有微分方程，又有差分方程。对于这种混合系统，在进行数值求解时往往可根据取样定理，采用满足系统最高工作频率不失真要求的固定步长算法，这样易于协调微分方程和差分方程之间的数据交互。

【例 6-1】 对乒乓球的弹跳过程进行仿真。忽略空气对球的影响，乒乓球垂直下落，落点为光滑的水平面，乒乓球接触落点立即反弹。如果不考虑弹跳中的能量损耗，则反弹前后的瞬时速率不变，但方向相反。如果考虑撞击损耗，则反弹速率有所降低。目的是通过仿真得出乒乓球位移随时间变化的关系曲线，并进行弹跳过程的“实时”动画显示。

（1）数学模型。

首先对乒乓球弹跳过程进行一些理想化假设。设球是刚性的，质量为 m，垂直下落，撞击面为水平光滑平面。在理想情况下撞击无能量损耗。如果考虑撞击面损耗，则撞击前后速度方向相反，大小按比例系数 K（$0<K\leqslant 1$）下降。在 t 时刻的速度设为 $v=v(t)$，位移设为 $y=y(t)$，并以撞击为坐标原点，水平方向为坐标横轴建立直角坐标系。球体的速度以竖直向上方向为正方向。重力加速度为 $g=9.8\text{m/s}^2$。

初始条件假设：设初始时刻 $t_0=0$，球体的初始速度为 $v_0=v(t_0)$，初始位移为 $y_0=y(t_0)$。

受力分析：在空中时乒乓球受重力（$F=mg$）作用，其中，$g=\dfrac{\mathrm{d}v}{\mathrm{d}t}$。则在（$t+\mathrm{d}t$）时刻乒乓球的速度为（注意，其中负号是考虑了速度的方向）

$$v(t+\mathrm{d}t)=v(t)-g\mathrm{d}t \tag{6-1}$$

在（$t+\mathrm{d}t$）时刻乒乓球的位移为

$$y(t+\mathrm{d}t)=y(t)+v(t)\mathrm{d}t$$

在乒乓球撞击水平面的瞬间，即 $y(t)=0$ 的时刻，它的速度方向改变，大小按比例 K 衰减。当 K=1 时，就是无损耗弹跳情况。因此，乒乓球反弹瞬间（$t+\mathrm{d}t$）时刻的速度为

$$v(t+\mathrm{d}t)=-Kv(t)-g\mathrm{d}t \qquad 0<K\leqslant 1 \tag{6-2}$$

反弹瞬间的位移为

$$y(t+\mathrm{d}t)=y(t)-Kv(t)\mathrm{d}t=-Kv(t)\mathrm{d}t$$

（2）仿真模型设计。

从数学模型中可见，乒乓球在空中自由运动时刻与撞击时刻的动力方程不同。通过乒乓球所处位置（位移）是否为零可判定乒乓球处于何种状态。程序中采用 if 语句来做出判断，以决定使用式（6-1）还是式（6-2）来计算。

其实现的 MATLAB 程序代码如下：

```
>> clear all;
g=9.8;                  %重力加速度
v0=0;                   %初始速度
y0=1.2;                 %初始位置
```

```
m=1.8;                      %乒乓球质量
t0=0;                       %起始时间
K=0.85;                     %弹跳的损耗系数
n=5000;                     %仿真的总步长
dt=0.001;                   %仿真步长
v=v0;                       %初状态
y=y0;
for k=1:n
    if(y>0)|(v>0)           %乒乓球在空中的动力方程计算
        v=v-g*dt;
        y=y+v*dt;
    else                    %如果撞击进行如下计算
        y=y-K.*v*dt;
        v=-K.*v-g*dt;
    end
    s(k)=y;                 %当前位移记录到s数组中以便作图
end
t=t0:dt:dt*(n-1);           %仿真时间
plot(t,s,'r:');
xlabel('时间/s');
ylabel('位移 y(t)/m');
axis([0 5 0 1.2]);
```

运行程序，系统仿真效果如图 6-3 所示。

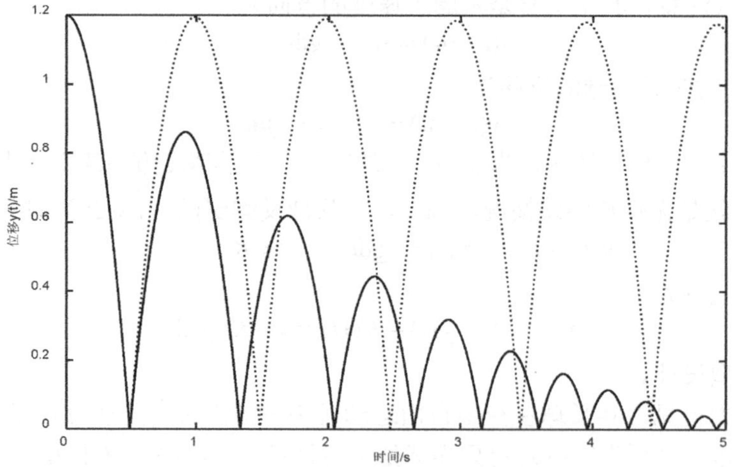

图 6-3　系统仿真效果

在图 6-3 中，分别作撞击误差系数 K=1 和 K=0.85 两种情况下的乒乓球弹跳位移曲线。

对以上程序稍加修改就可以得到显示乒乓球弹跳过程的动画。修改后的代码如下（有兴趣的读者可以修改程序，观察不同的撞击衰减系数下的乒乓球弹跳过程）：

```
>> clear all;
```

```
g=9.8;                    %重力加速度
v0=0;                     %初始速度
y0=1.2;                   %初始位置
m=1.8;                    %乒乓球质量
t0=0;                     %起始时间
K=0.85;                   %弹跳的损耗系数
n=5000;                   %仿真的总步长
dt=0.005;                 %仿真步长
v=v0;                     %初状态
y=y0;
for k=1:n
    if(y>0)               %乒乓球在空中的动力方程计算
        v=v-g*dt;
        y=y+v*dt;
    else                  %如果撞击进行如下计算
        y=y-K.*v*dt;
        v=-K.*v-g*dt;
    end
    plot(t,s,'ro');
    axis([-2 2 0 1]);
    set(gcf,'DoubleBuffer','on');
    drawnow;
end
```

6.2.2 蒙特卡罗方法

蒙特卡罗（Monte Carlo）方法是一种基于随机实验和统计计算的数值方法，也称计算机随机模拟方法或统计模拟方法。

蒙特卡罗方法的数学基础是概率论中的大数定理和中心极限定理。大数定理指出，随着独立随机实验次数增加，实验统计事件出现的频率将接近于该统计事件的概率。

蒙特卡罗方法的基本思想：当所求解问题是某种随机事件出现的概率，或者是某个随机变量的期望值时，通过某种实验的方法，以这种事件出现的频率来估计该随机事件的概率，或得出这个随机变量的某些数字特征，并将其作为问题的解。

以一个直观的例子来理解蒙特卡罗方法。假设要计算一个不规则图形的面积，那么图形的不规则程度和解析性计算（比如，积分）的复杂程度是成正比的，如果图形足够复杂，将很难甚至不可能得出解析性计算的表达式。蒙特卡罗方法是怎样计算的呢？

设想有一袋豆子，把豆子均匀地朝这个图形上撒，假定豆子都在一个平面上，相互之间没有重叠。然后数这个图形之中有多少颗豆子，得到豆子的数目就是图形的面积。当你的豆子越小，撒的豆子越多、越均匀的时候，结果就越精确。

以数学语言描述就是：考虑平面上的一个边长为 1 的正方形及其内部的一个形状不规则

的图形，则该［图形］的面积近似为 $N = M$ 。投掷的点数越多，结果就越精确。

就通信系统而言，由于面临信道、噪声环境以及系统本身的复杂性，使得求解问题的维数可能高达数百甚至上千。即使找到了解析结果，用传统的数值方法也难以计算。况且在更多情况下，当系统模型考虑了多种因素后，往往解析结果是难以得出的。

对这类问题，求解的难度将随维数的增加呈指数增长，即导致所谓的维数灾难。

蒙特卡罗方法的计算复杂性不再依赖于维数，也不需要知道问题的解析表达式，因此能够很好地用来对付维数灾难问题和解析结果未知的问题。利用高速计算器，以前这些本来是无法计算的问题现在也能够得出数值结果了。

在建模和仿真中，应用蒙特卡罗方法主要有两部分工作：

（1）用蒙特卡罗方法模拟某一过程时，产生所需要的各种概率分布的随机变量；

（2）用统计方法把模型的数字特征估计出来，从而得到问题的数值解，即仿真结果。

【例 6-2】 试用蒙特卡罗方法求出半径为 1 的圆的面积，并与理论值对比。

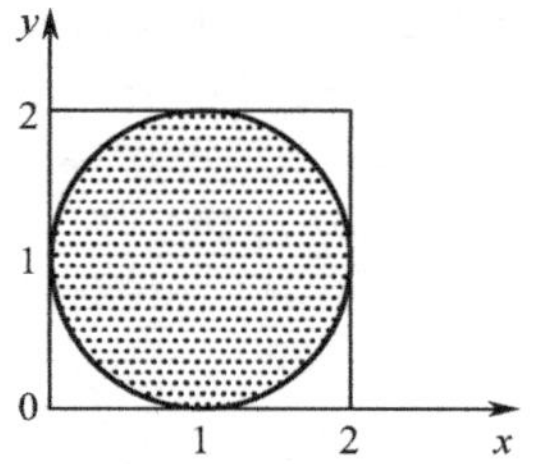

图 6-4　用蒙特卡罗方法求圆面积

（1）数学模型。

设有两个相互独立的随机变量 x, y ，服从[0 2]上的均匀分布。那么，由它们所确定的坐标点 (x, y) 是均匀分布于边长为 2 的一个正方形区域中，该正方形的内接圆的半径为 1，如图 6-4 所示。显然，坐标点 (x, y) 落入圆中的概率 p 等于该圆面积 S_c 与正方形面积 S 之比，即

$$S_c = pS$$

因此，只要通过随机实验统计出落入圆点的频度，即可计算出圆的近似面积。当随机实验的次数足够多的时候，计算结果就趋近于理论真值。

（2）仿真模型设计。

其实现的 MATLAB 程序代码如下：

```
>> clear all;
s=0:0.01:2*pi;
x=sin(s);
y=cos(s);                          %计算半径为 1 的圆周上的点，以便进行圆周观察
m=0;                               %在圆内落点计数器
x1=2*rand(999,1)-1;                %产生均匀分布于[-1 1]直接的两个独立随机数 x1,y1
y1=2*rand(999,1)-1;
N=999;                             %设置实验次数
for n=1:N                          %循环进行重复实验并统计
    p1=x1(1:n);
    q1=y1(1:n);
    if(x1(n)*x1(n)+y1(n)*y1(n))<1  %计算落点到坐标原点的距离，误差落点是否在圆内
    m=m+1;                         %如果落入圆中，计数器加 1
    end
    plot(p1,q1,'.',x,y,'-k',[ -1 -1 1 1 -1],[ -1 1 1 -1 -1],'-k');
    axis equal;                    %坐标纵横比例相同
    axis([-2 2 -2 2]);             %固定坐标范围
```

```
        text(-1, -1.2,['试验总次数 n=',num2str(n)]);     %显示实验结果
        text(-1, -1.4,['落入圆中数 m=',num2str(m)]);
        text(-1, -1.6,['近似圆面积 Sc=',num2str(m/n*4)]);
        set(gcf,'DoubleBuffer','on');
        drawnow;
end
```

程序执行中，将动态显示随机落点情况和当前的统计计算结果。图 6-5 为重复落点 288 次时的计算结果。随着实验次数增加，计算结果将趋近于半径为 1 的圆面积的真值π。

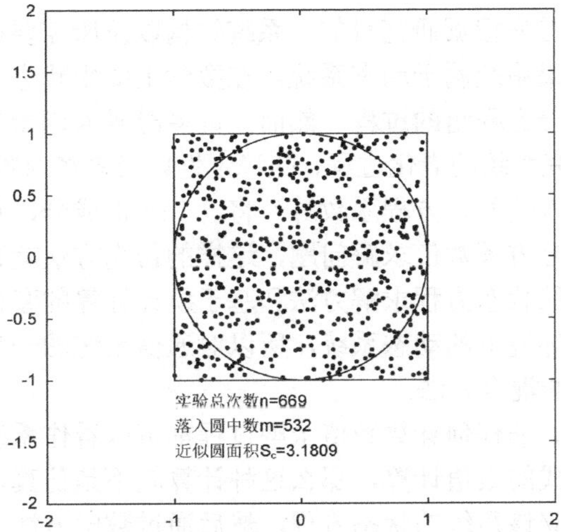

图 6-5　蒙特卡罗法随机实验计算圆面积的过程

动画模式适合于原理演示。但是，如果要提高程序效率，就应该取消仿真过程中的可视化显示，并利用 MATLAB 的矩阵运算机制来改造程序。下面的程序将随机实验次数提高到了 1000 万次，计算得到的圆面积（也即圆周率）精度提高到了小数点后大约 2 位。程序中同时使用了矩阵运算机制和循环结构来负责完成重复随机实验，其目的是为了兼顾计算速度和程序内存占用量。矩阵运算是一种并行计算机制，计算速度快，但是矩阵越大，内存占用就越多；而循环结构则可重复使用相同的内存区域，尽管速度较慢。这是 MATLAB 语言固有的特点，在编程中应当就具体问题做出权衡。

其实现的 MATLAB 代码为：

```
>> tic                                  %启动计时器
n=10000;                                %每次随机落点 10000 个
for k=1:1000                            %重复实验 1000 次
    x1=2*rand(n,1)-1;
    y1=2*rand(n,1)-1;
    m(k)=sum((x1.*x1+y1.*y1)<1);        %求落入圆中的点数和
end
Sc=mean(m).*4./n                        %计算并显示结果
time=toc                                %显示耗时
```

由于是随机实验，重复运行的结果也不完全相同，且不同计算机配置上的运行耗时也不

一样，运行结果如下：

```
Sc =
    3.1414
time =
    0.2873
```

6.2.3 混合方法

在实践中，我们往往首先根据研究目的、系统结构以及所需要得出的系统参数等指标来建立相应的仿真模型。如果系统属于动态系统，在数学上即用状态方程描述，那么对方系统的仿真过程就是求解该微分方程组的过程。然而，许多时候人们希望考察系统在具有随机性的环境中的表现，例如研究系统的老化过程、热稳定性以及系统对噪声的处理情况等。这时，系统模型的参数（例如输入信号、方程系数等）将含有随机成分，那么对系统的仿真就是在具有随机变量条件下的微分方程数值求解问题，这样的仿真方法就称为混合方法，因为仿真同时使用了基于数值计算的状态方程求解方法和基于统计计算的蒙特卡罗方法。由于通信系统是一种工作在随机噪声环境下的动态系统，所以对通信系统的一般仿真方法就是确定方程求解与统计计算相互结合的混合方法。

这里需要指出的是，并非任何计算数值求解过程都可以看作系统的仿真过程。如果计算是对理论所得出的解析公式的数值计算，那么这种计算就不是仿真。例如，欲求解某动态系统的阶跃响应，可以先建立该系统的状态方程，然后通过数学方法（例如，若是线性时不变系统，可用拉普拉斯变换方法求解）求出系统的阶跃响应的解析表达公式，再通过计算机编程计算得出解析公式的数值结果，并画出曲线，但是这仅仅是对理论解的数值计算而已。如果在建立了系统的状态方程之后，定义输入信号为阶跃函数，然后直接对状态方程作数值计算得出结果，那么这就是一个仿真过程。又比如，在加性高斯信道条件下，数字通信系统的传输误码率与信噪比之间的关系可以通过概率分析方法得到解析公式，根据误码率解析公式计算得出结果（曲线）的过程仅仅是解析数值计算过程，不是系统仿真的过程。而通过蒙特卡罗方法对传输进行实验并进行误码统计得出结果（曲线）的过程就是仿真过程。

如果解析数值计算和仿真过程都是正确的，那么在误差范围内，两者所得出的结果必然是一致的，这样就可以通过仿真结果与解析结果之间的对比来检验程序的正确性。可见，对系统的仿真只需要建立系统的数学模型，而不需要对模型的理论求解（在实际问题中，往往理论求解是不可能的或不存在的，例如将上述系统的输入信号变为随机噪声，或者将上述系统变为一个时变系统或非线性系统）。因此，当验证了仿真计算过程的正确性之后，可以将之推广到更为复杂或更加接近实际的情况，从而得出通过解析方法难以得到的数值结果。

在实际物理实验中，当一个乒乓球垂直下落到一个完全水平的玻璃板上后，乒乓球不断弹跳，直到能量耗尽。假定空气是静止的，没有风，但弹跳中的乒乓球在玻璃板上的落点仍不会是同一点，这说明在乒乓球运动过程中受到微弱的水平面方向力的作用，产生了水平方向上的漂移。这些水平力在示例 6-2 中被忽略不计，所以那里仿真的结果中小球落点总是在坐标原点处。如果要建立更加接近真实物理环境的弹跳模型，就必须考虑这些被忽视的微小的扰动因素。通过物理实验观察，我们可以做这样的合理假设：水平面方向上对乒乓球的微弱作用力可能来自多种因素的综合，其中各因素对合力的贡献甚小。根据大数定理，在数学上就可以将水平作用力建模为一个高斯随机变量。为简单起见，这里仍然忽略了空气对乒乓球的其他作用因素，如球运动中的阻力、空气的浮力等。

同时，将例 6-2 推广到三维空间中的情况。

【例 6-3】 设水平面为 xz 坐标平面，y 轴指向为垂直方向。乒乓球在 x 方向上的受力 $F_x(t)$ 是一个零均值独立高斯随机过程。乒乓球在 z 方向上的受力 $F_z(t)$ 与 $F_x(t)$ 具有相同的分布，但两者相互独立，即

$$F_x(t) \sim N(0,\sigma^2)$$
$$F_z(t) \sim N(0,\sigma^2)$$

x 、z 方向相应的加速度、速度和位移分别用 a_x 、a_z 、v_x 、v_z 、s_x 、s_z 表示，乒乓球的质量为 m 。由牛顿第二运动定律，可得出以下运动方程：

$$a_x(t) = \frac{F_x(t)}{m}$$
$$\mathrm{d}v_x(t) = a_x(t)\mathrm{d}t$$
$$\mathrm{d}s_x(t) = v_x(t)\mathrm{d}t$$

z 方向的运动方程类似。

其实现的 MATLAB 仿真程序代码为：

```
>> clear all;
g=9.8;                  %重力加速度
v0=0;                   %初始速度
y0=1.2;                 %初始位置
m=0.4;                  %乒乓球质量
t0=0;                   %起始时间
K=0.85;                 %弹跳的损耗系数
n=5000;                 %仿真的总步长
dt=0.005;               %仿真步长
v=v0;                   %初状态
y=y0;
vx=0;
vz=0;
sx=0;
sz=0;
for k=1:n
    if y>0              %乒乓球在空中的动力方程计算
        v=v-g*dt;
        y=y+v*dt;
    else                %如果撞击进行如下计算
        y=y-K.*v*dt;
        v=-K.*v-g*dt;
```

```
    end
    Fx=randn;                        %x 水平方向的随机力，方差为 1
    ax=Fx./m;                        %Fx 导致的 x 水平方向的加速度
    vx=vx+ax*dt;                     %乒乓球在 x 水平方向的瞬时速度
    sx=sx+vx*dt;                     %乒乓球在 x 水平方向上的位移
    Fz=randn;                        %z 水平方向的随机力，方差为 1
    az=Fz./m;                        %Fz 导致的 z 水平方向的加速度
    vz=vz+az*dt;                     %乒乓球在 z 水平方向的瞬时速度
    sz=sz+vz*dt;                     %乒乓球在 z 水平方向上的位移
    plot3(sx,sz,y,'r.');
    grid on;hold on;
    axis([-2 2 -2 2 0 1]);           %坐标范围固定
    set(gcf,'DoubleBuffer','on');    %双缓冲避免作图闪烁
    xlabel('水平方向 x');ylabel('水平方向 z');
    zlabel('垂直方向 y');title('小球的弹跳过程');
    drawnow;
end
```

仿真以动画方式进行，以便于观察。图 6-6 是程序运行的系统仿真结果。图中显示了小球的运动轨迹，弹跳的落点是随机的。修改乒乓球的质量，弹跳落点的概率特性也会发生变化，质量大的乒乓球落点相对集中。读者也可将空气阻力考虑到数学模型中，从而仿真出比较真实的弹跳过程。

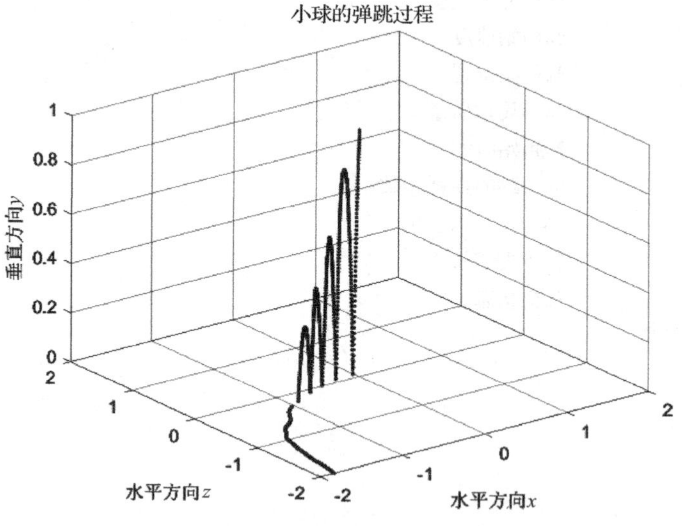

图 6-6　系统仿真结果

从该例子中可以看出，计算机仿真方法可以在不知道解析求解的情况下通过“计算机实验”来研究事物的变化规律，方便人们研究更真实、更复杂的物理系统。往往这些考虑了多种因素的物理系统是很难进行解析的，这时，仿真方法几乎就成为唯一能够获得求解的方法。在这个例子中，既用到了确定系统的微分方程求解，也用到了随机统计实验，这就是一种混合的仿真方法。

6.3 信源与信道模块

信源是信息的来源，信源发生的信息可以是离散信号，也可以是模拟信号。信道是信号的传输通道。根据传输介质的不同而分为有线信道和无线信道。信宿是信息的接收者，可以是人也可以是机器。信息传播过程简单地描述为信源→信道→信宿。

6.3.1 信源模块

在 Simulink 中自带了信源与信道的相关模块，下面分别对这些模块进行介绍。

1. 随机数产生器

随机数产生器用来产生$[0, M-1]$范围内具有均匀分布的随机整数。MATLAB 产生随机数的程序为：

```
>> randi(4,4)
ans =
      4     3     4     4
      4     1     4     2
      1     2     1     4
      4     3     4     1
```

随机整数产生器输出整数的范围$[0, M-1]$可以由用户自定义，Simulink 中随机整数产生器模块如图 6-7 所示。

双击随机整数产生器模块，弹出参数设置对话框，如图 6-8 所示。

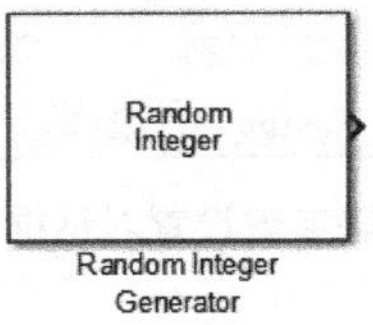

图 6-7　随机整数产生器模块

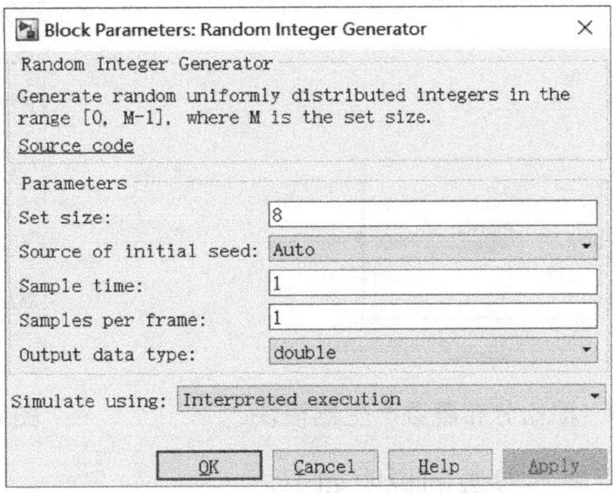

图 6-8　随机整数产生器参数设置对话框

模块各参数的说明如下。

（1）Set size：输入一个随机数（正整数或正整数矢量），从而设定整数输出范围。例如，输入的 M，随机整数产生器输出整数的范围为$[0, M-1]$。

（2）Source of initial seed：随机整数产生器的随机种子。当使用相同的随机种子时，随机整数产生器每次都会产生相同的二进制序列，不同的随机数种子产生不同的序列。当随机数种子的维数大于 1 时，输出信号的维数也大于 1。

（3）Sample time：输出序列的采样时间，一般采用系统默认设置。

（4）Sample per frame：指定随机整数产生器的每帧采样。

（5）Output data type：决定模块输出数据类型，默认为 double 双精度类型。该项参数下拉列表中还有 single、uint8、uint16、uint32 及 boolean 等类型，用户可以根据自己需要设定输出数据。需要注意的是，如果要输出 boolean 型，“Set size”参数必须设置为 2。

2．泊松分布整数产生器

泊松分布整数产生器产生服从泊松分布的整数序列。

泊松分布整数产生器利用泊松分布产生随机整数。假设 x 是一个服从泊松分布的随机变量，那么 x 等于非负整数 k 的概率表示为

$$P_r(k)=\frac{\lambda_k \mathrm{e}^{-k}}{k!} \qquad k=0,1,2,\cdots$$

式中，λ——一个正数，称为泊松参数。

泊松随机过程的均值和方差均等于 λ。

利用泊松分布整数产生器可以在双传输通道中产生噪声，在这种情况下，泊松参数 λ 应小于 1，通常远小于 1。泊松分布参数产生器的输出信号可以是基于帧的矩阵、基于采用的行向量或列向量，当然也可以是基于采样的一维序列。

Simulink 中泊松分布整数产生器模块如图 6-9 所示。

双击泊松分布整数产生器模块，弹出参数设置对话框，如图 6-10 所示。

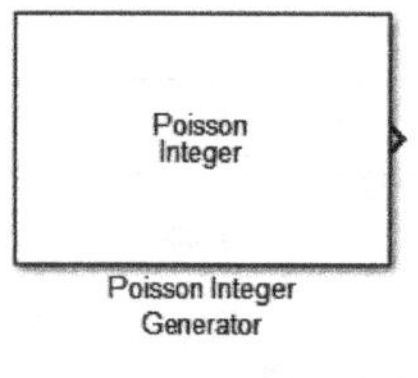

图 6-9　泊松分布整数产生器模块

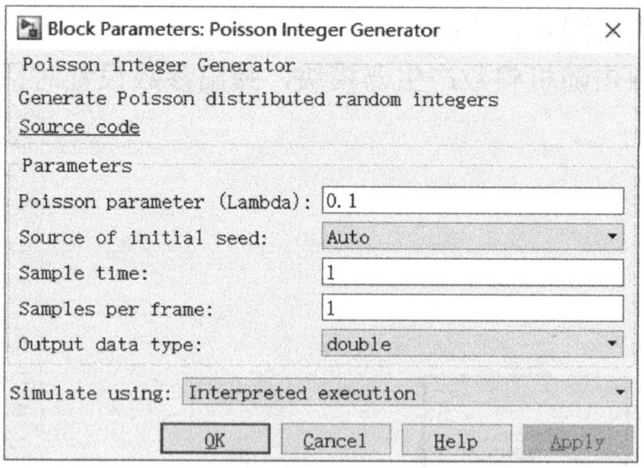

图 6-10　泊松分布整数产生器模块参数设置对话框

模块各参数的说明如下。

（1）Poisson parameter（Lambda）：泊松参数 λ，如果输入一个标量，那么输出矢量的每一个元素共享相同的泊松参数。

（2）Source of initial seed：泊松分布整数产生器的随机种子。当使用相同的随机种子时，随机整数产生器每次都会产生相同的二进制序列，不同的随机数种子产生不同的序列。当随机数种子的维数大于 1 时，输出信号的维数也大于 1。

（3）Sample time：输出序列的采样时间，一般采用系统默认设置。

（4）Samples per frame：指定随机整数产生器的每帧采样。

（5）Output data type：决定模块输出数据类型，默认为 double 双精度类型。该项参数下拉列表中还有 single、uint8、uint16、uint32 等类型，用户可以根据自己需要设定输出数据。

（6）Simulate using：指定仿真使用的方式。

3．伯努利二进制信号产生器

伯努利二进制信号产生器产生随机的二进制数据，并且这个二进制序列中的 0 和 1 满足伯努利分布。具体如下：

$$P_r(x)=\begin{cases} p & x=0 \\ 1-p & x=1 \end{cases}$$

伯努利二进制信号产生器产生的序列里，产生 0 的概率为 p，产生 1 的概率为$(1-p)$。根据伯努利序列的性质可知，输出信号的均值为$(1-p)$，方差为 $p(1-p)$。产生 0 的概率 p 值由伯努利二进制信号产生器中的“Probability of zero”选项进行设置，它可以是 0 到 1 之间的某个实数。

Simulink 中伯努利二进制信号产生器模块如图 6-11 所示。

双击伯努利二进制信号产生器模块，弹出参数设置对话框，如图 6-12 所示。

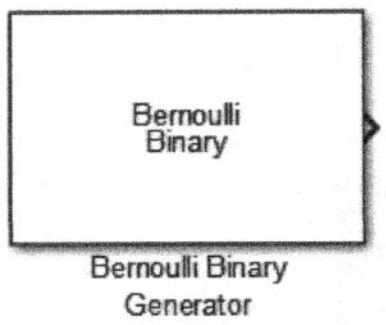

图 6-11　伯努利二进制信号产生器模块

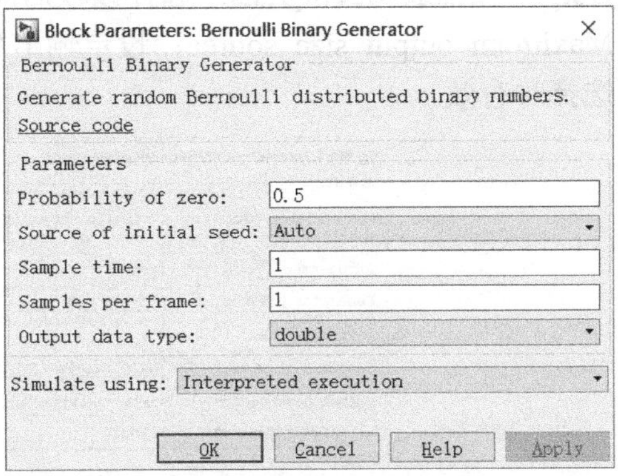

图 6-12　伯努利二进制信号产生器参数设置对话框

模块各参数说明如下。

（1）Probability of zero：伯努利二进制信号产生器输出“0”的概率为 0 和 1 之间的实数。

（2）Source of initial seed：伯努利二进制信号产生器的随机数种子，它可以是与“Probability of zero”参数长度相同的矢量或标量。当使用相同的随机数种子时，伯努利二进制信号产生器每次都会产生相同的二进制序列；不同的随机数种子通常产生不同的序列。当随机数种子的维数大于 1 时，伯努利二进制信号产生器的输出信号的维数也大于 1。

（3）Sample time：输出序列中每个二进制符号的持续时间。

（4）Samples per frame：指定伯努利二进制信号产生器每帧采样。

（5）Output data type：决定模块输出的数据类型，可以是 boolean、uint8、uint16、uint32、single、double 等众多类型，默认为 double 类型。

（6）Simulate using：指定使用仿真的方式。

4. PN 序列产生器

PN 序列产生器用于产生一个伪随机序列。

PN 序列产生器利用线性反馈移位寄存器（LFSR）来产生 PN 序列，线性反馈移位寄存器可以通过简单的移位暂存器得到实现。

PN 序列产生器中共有 r 个寄存器，每个寄存器都以相同的抽样频率更新寄存器的状态，即第 k 个寄存器在$(t+1)$时刻的状态 m_k^{t+1} 等于第$(k+1)$个寄存器在 t 时刻的状态 m_{k+1}^t。PN 序列产生器可以用一个生成的多项式表示：

$$g_r z^r + g_{r-1} z^{r-1} + g_{r-2} z^{r-2} + \cdots + g_1 z + g_0$$

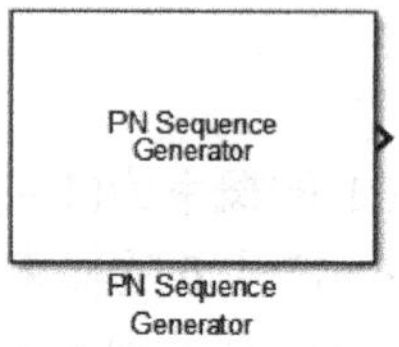

图 6-13　PN 序列产生器模块

Simulink 中 PN 序列产生器模块如图 6-13 所示。

双击 PN 序列产生器模块，弹出参数设置对话框，如图 6-14 所示。

模块各参数说明如下（说明：有些参数是在某复选框选中后出现的）。

（1）Sample time：输出序列中每个元素的持续时间。

（2）Sample per frame：用来确定每帧的抽样点的数目。本项只有当 Frame-based outputs 项选中后有效。

（3）Output variable-size signals：选择该项后即设定输入单变量的范围。

（4）Maximum output size source：设定输出数据源大小，该参数在 Output variable-size signals 项选择时有效。

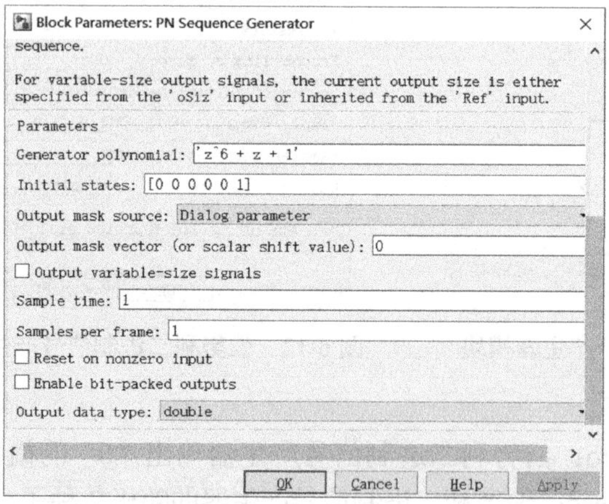

图 6-14　PN 序列产生器模块参数设置对话框

（5）Maximum output size：设定输出数据的大小，该参数在 Output variable-size signals 项选择时有效。

（6）Reset on nonzero input：选择该项之后，PN 序列产生器提供一个输入端口，用于输入复位信号。如果输入不为 0，PN 序列产生器会将各个寄存器恢复到初始状态。

（7）Enable bit-packed outputs： 选定后激活 Number of packed bits、Interpret bit-packed values as signed 两项。

（8）Number of packed bits：设定输出字符的位数（1～32）。

（9）Interpret bit-packed values as signed：有符号整数与无符号整数判断项。如果该项被选定，最高位为 1 时，表示为负。

（10）Output data type：决定模块输出的数据类型，默认为 double 类型。

（11）Output mask source：选择模块中的输出屏蔽信息的给定方式。此项为复选框。如果选定 Dialog parameter，则可在 Output mask vector(or scalar shift value)项中输入；如果选定 Input port，则需要在弹出的对话框中输入。

（12）Output mask vector（or scalar shift value）：给定输出屏蔽（或移位量）。输入的整数或二进制向量决定了生成的 PN 序列相对于初始时刻的延时。如果移位限定为二进制向量，那么向量的长度必须和生成多项式的次数相同。此项只有在“Output mask source”参数选定为 Dialog parameter 时有效。

5．Gold 序列产生器

Gold 序列产生器用来产生 Gold 序列。Gold 序列的一个重要的特性是其具有良好的互相关性。Gold 序列产生器根据两个长度为 $N = 2^n - 1$ 的序列 u 和 v 产生一个 Gold 序列 $G(u,v)$，序列 u 和 v 称为一个“优选对”。但是想要成为“优选对”进而产生 Gold 序列时，长度 $N = 2^n - 1$ 的序列 u 和 v 必须满足以下几个条件：

（1）n 不能被 4 整除。

（2）$v = u[q]$，即序列 v 是通过对序列 u 每隔 q 个元素进行一次采样得到的序列，其中 q 是奇数，$q = 2^k + 1$ 或 $q = 2^{2k} - 2^k + 1$。

（3）n 和 k 的最大公约数满足条件：

$$\gcd(n,k) = \begin{cases} 1 & n \equiv 1 \bmod 2 \\ 2 & n \equiv 2 \bmod 4 \end{cases}$$

由“优选对”序列 u 和 v 产生的 Gold 序列 $G(u,v)$ 可用以下公式表示：

$$G(u,v) = \{u, v, u \oplus v, u \oplus Tv, u \oplus T^2 v, \cdots, u \oplus T^{N-1} v\}$$

式中，$T^n x$ ——将序列 x 以循环移位的方式向左移 n 位；

$\oplus$ ——模二加。

值得注意的是，由于长度 N 的两个序列 u 和 v 产生的 Gold 序列 $G(u,v)$ 中包含了 $N+2$ 个长度为 N 的序列。Gold 序列产生器可根据设定的参数输出其中的某一个序列。

如果有两个 Gold 序列 X、Y 属于同一个集合 $G(u,v)$，并且长度 $N = 2^n - 1$，那么这两个序列的互相关函数只能有三种可能：$-t(n)$、-1、$t(n) - 2$。其中：

$$t(n) = \begin{cases} 1 + 2^{(n+1)/2} & n\text{为偶数} \\ 1 + 2^{(n+2)/2} & n\text{为奇数} \end{cases}$$

Simulink 中 Gold 序列产生器模块如图 6-15 所示。

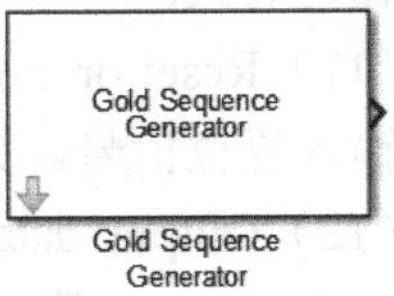

图 6-15　Gold 序列产生器模块

双击 Gold 序列产生器模块，弹出模块参数设置对话框，如图 6-16 所示。

模块的各参数说明如下（说明：有些参数是在某复选框选中后出现的）。

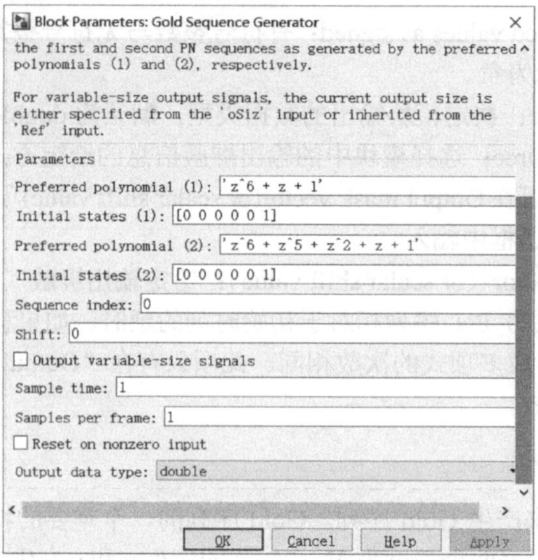

图 6-16 Gold 序列产生器模块参数设置对话框

（1）Preferred polynomial(1)：“优选对”序列 1 的生成多项式，可以是二进制向量的形式，也可以是由多项式下标构成的整数向量。

（2）Initial states(1)：“优选对”序列 1 的初始状态。它是一个二进制向量，用于表明与优选对序列 1 对应的 PN 序列产生器中每个寄存器的初始状态。

（3）Preferred polynomial(2)：“优选对”序列 2 的生成多项式，可以是二进制向量的形式，也可以是由多项式下标构成的整数向量。

（4）Initial states(2)：“优选对”序列 2 的初始状态。它是一个二进制向量，用于表明与优选对序列 2 对应的 PN 序列产生器中每个寄存器的初始状态。

（5）Sequence index：用于限定 Gold 序列 $G(u,v)$的输出，其范围是$[-2,-1,0,1,2,\cdots,2n-2]$。

（6）Shift：指定 Gold 序列发生器的输出序列的时延。该参数是一个整数，表示序列延时 Shift 个抽样周期后输出。

（7）Sample time：输出序列中每个元素的持续时间。

（8）Output variable-size signals：选择该项后即设定输入单变量的范围。

（9）Maximum output size source：设定输出数据源大小，该参数在 Output variable-size signals 项选择时有效。

（10）Maximum output size：设定输出数据的大小，该参数在 Output variable-size signals 项选择时有效。

（11）Reset on nonzero input：勾选该复选框之后，Gold 序列发生器提供一个输入端口，用于输入复位信号。如果输入不为 0，Gold 序列发生器会将各个寄存器恢复到初始状态。

（12）Output data type：决定模块输出的数据类型，可以是 boolean、double、smallest、unsigned、integer 等类型，默认为 double 类型。

6.3.2 信道模块

在信号传输的过程中，它会不可避免地受到各种干扰，这些干扰统称为噪声。根据信道中占据主导地位的噪声的特点，信道可以分成加性高斯白噪声信道、多径瑞利退化信道、多行莱斯退化信道等。下面将分别进行介绍。

1. 加性高斯白噪声信道

加性高斯白噪声是最简单的一种噪声，它表现为信号围绕平均值的一种随机波动过程。加性高斯白噪声的均值为 0，方差表现为噪声功率的大小。加性高斯白噪声信道模块的作用就是在输入信号中加入高斯白噪声。

Simulink 中加性高斯白噪声信道模块如图 6-17 所示。双击高斯白噪声信道模块，弹出模块参数设置对话框，如图 6-18 所示。

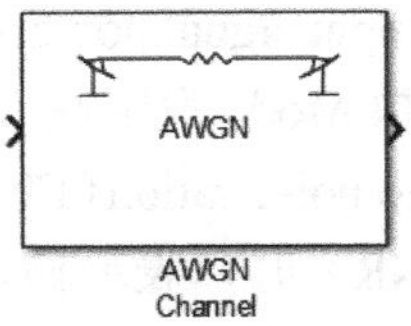

图 6-17　加性高斯白噪声信道模块

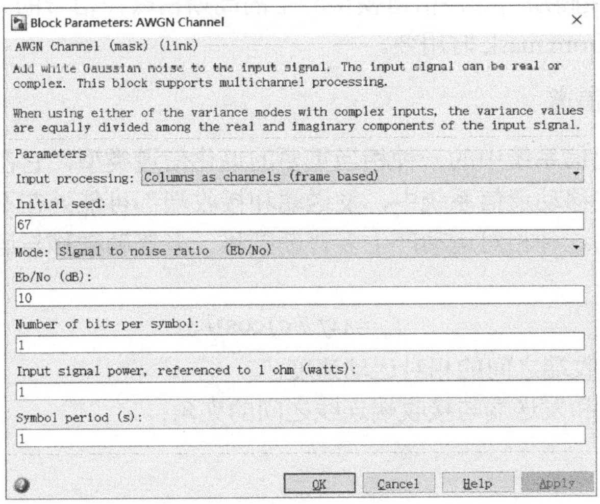

图 6-18　高斯白噪声信道模块参数设置对话框

模块参数设置对话框中的各参数说明如下。

（1）Initial seed：加性高斯白噪声信道模块的初始化种子。不同的初始种子值对应不同的输出，相同的初始值对应相同的输出。因此具有良好的可重复性，便于多次重复仿真。当输入矩阵为信号时，初始种子值可以是向量，向量中的每个元素对应矩阵的一列。

（2）Mode：加性高斯白噪声信道模块中的模式设定。当设定为 Signal to noise ration（Eb/No）时，模块根据信噪比 Eb/N0 确定高斯噪声功率；当设定为 Signal to noise ration（Es/N0）时，模块根据信噪比 Es/N0 确定高斯噪声功率，此时需要设定 3 个参量：信噪比 Es/N0、输入信号功率和信号周期。当设定为 Signal to noise ration（SNR）时，模块根据信噪比 SNR 确定高斯噪声功率，此时需要设定两个参量：信噪比 SNR 和信号周期。当设定为 Variance from mask 时，模块根据方差确定高斯噪声功率，这个方差由 Variance 指定，而且必须为正。当设定为

Variance from port 时，模块有两个输入：一个是输入信号，另一个输入确定高斯白噪声的方差。

（3）Eb/No（dB）：加性高斯白噪声信道模块的信噪比 Eb/No，单位为 dB。本项只有当 Mode 项选定为 Signal to noise ration（Eb/No）时有效。

Es/No（dB）：加性高斯白噪声信道模块的信噪比 Es/No，单位为 dB。本项只有当 Mode 项选定为 Signal to noise ration（Es/No）时有效。

SNR（dB）：加性高斯白噪声信道模块的信噪比 SNR，单位为 dB。本项只有当 Mode 项选定为 Signal to noise ration（SNR）时有效。

（4）Number of bits per symbol：加性高斯白噪声信道模块每个输出字符的比特数，本项只有当 Mode 项选定为 Signal to noise ration（Eb/No）时有效。

（5）Input signal power：加性高斯白噪声信道模块输入信号的平均功率，单位为 W。本项只有在参数 Mode 设定在 Signal to noise ration（Eb/No、Es/No、SNR）三种情况下有效。选定为 Signal to noise ration（Eb/No、Es/No）时，表示输入符号的均方根功率；选定为 Signal to noise ration（SNR）时，表示输入抽样信号的均方根功率。

（6）Symbol period：加性高斯白噪声信道模块每个输入符号的周期，单位为 s。本项只有在参数 Mode 设定在 Signal to noise ration（Eb/No、Es/No）情况下有效。

（7）Variance：加性高斯白噪声信道模块产生的高斯白噪声信号的方差。本项只有在参数 Mode 设定为 Variance from mask 时用效。

2. 多径瑞利退化信道

瑞利退化是移动通信系统中的一种相当重要的退化信道类型，它在很大程度上影响着移动通信系统的质量。在移动通信系统中，发送端和接收端都可能处在不停的运动状态之中，发送端和接收端之间的这种相对运动产生多普勒频移。多普勒频移与运动速度和方向有关，计算公式为

$$f_d = (vf / c)\cos\theta$$

式中，v——发送和接收端之间的相对运动速度；

θ——运动方向和发送端与接收端连线之间的夹角；

c——光速；

f——频率。

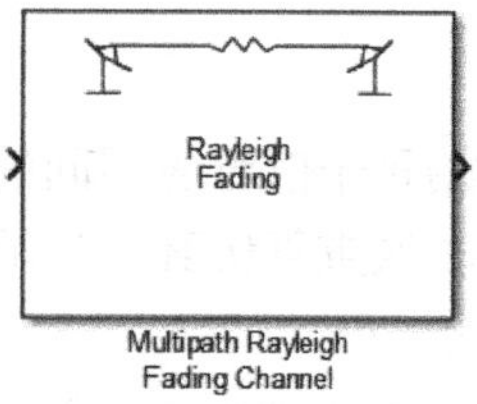

图 6-19　多径瑞利退化信道模块

Simulink 中多径瑞利退化信道模块如图 6-19 所示。

双击多径瑞利退化信道模块，弹出模块参数设置对话框，如图 6-20 所示。

参数设置对话框中的各参数说明如下。

（1）Maximum Doppler shift（Hz）：多径瑞利退化信道模块的最大多普勒频移，单位为 Hz。

（2）Doppler spectrum type：多普勒频谱类型。

（3）Discrete path delay vector（s）：多径瑞利退化信道模块输入信号各路径的时延，单位为 s。

（4）Average path gain vector（dB）：多径瑞利退化信道模块输入信号各路径的增益，单位为 dB。

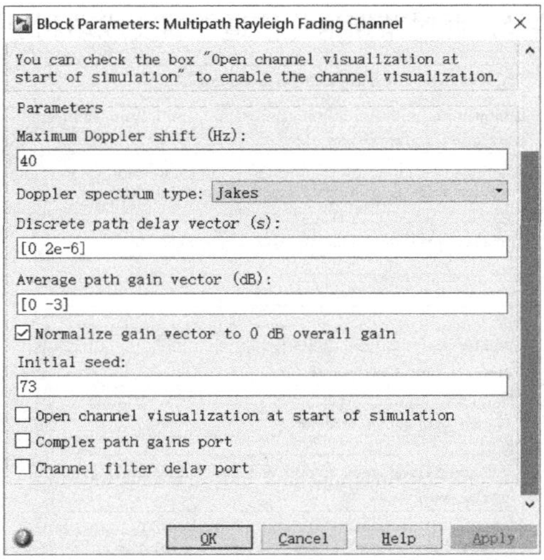

图 6-20　多径瑞利退化信道模块参数设置对话框

（5）Normalize gain vector to 0 dB overall gain：选定本参数后，多径瑞利退化信道模块把参数 Average path gain vector 乘上一个系数作为增益向量，使得所有路径的接收信号强度和等于 0dB。

（6）Initial seed：多径瑞利退化信道的初始化种子。

（7）Open channel visualization at start of simulation：多径瑞利退化信道模块中通道可视化选项。选定本参数后，仿真开始时将会打开通道可视化工具。

（8）Complex path gains port：多径瑞利退化信道模块复数路径增益端口项。选定本参数后，输出每个通道的复数路径增益。这是一个 $N\times M$ 多通道结构，其中 N 为每帧样品数，M 为离散的路径数。

（9）Channel filter delay port：多径瑞利退化信道模块信道滤波延时端口项，选定本参数后，输出本模块中由于滤波引起的延时。单路径时，延时为 0；多路径时，延时大于 0。

3．多径莱斯退化信道

在移动通信系统中，如果发送端和接收端之间存在着一条占优势的视距传播路径，这种信号就可以模拟成多径莱斯退化信道。当发送端和接收端之间既存在着视距传播路径，又存在着多条反射路径时，它们之间的信道可以同时用多径莱斯退化模块和多径瑞利退化信道来仿真。

Simulink 中多径莱斯退化信道模块如图 6-21 所示。

双击多径莱斯退化信道模块，弹出模块参数设置对话框，如图 6-22 所示。

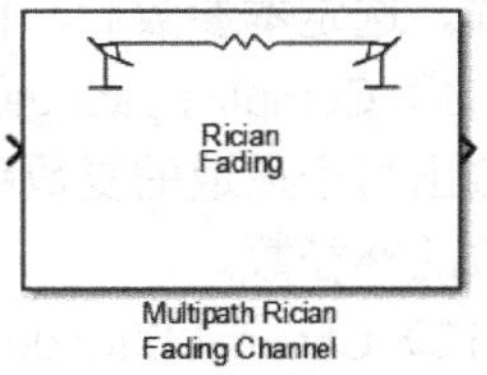

图 6-21　多径莱斯退化信道模块

模块参数设置对话框的各参数说明如下。

（1）K-factor（scalar or vector）：多径莱斯退化信道模块中的 K 因子。它表示视距传播路径的能量与其他多径信号的能量之间的比值。K 因子越大，表示发送端和接收端之间的视距传播路径的能量越强；当 K 因子等于 0 时，发送端和接收端之间不存在视距传播路径，此时莱斯退化信道就演变成瑞利退化信道。

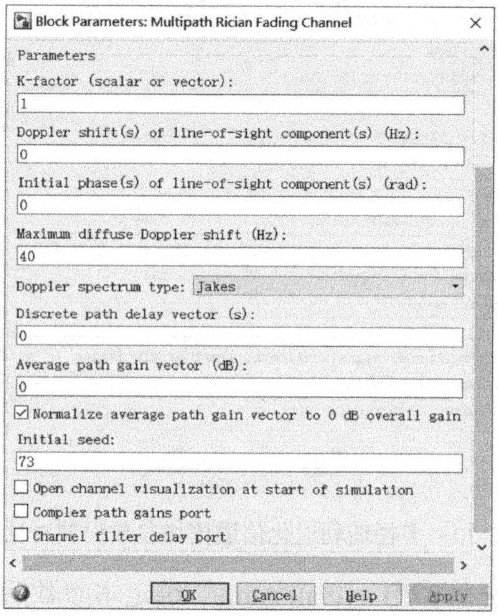

图 6-22　多径莱斯退化信道模块参数设置对话框

（2）Doppler shift(s) of line-of-sight component(s)（Hz）：设置视距传播路径的多普勒频移，单位为 Hz。

（3）Initial phase(s) of line-of-sight component（s）（rad）：设置视距的初始化相位值。

（4）Maximum diffuse Doppler shift（Hz）：多径莱斯退化信道模块中最大的扩散多普勒频移设定，必须为正数。

（5）Doppler spectrum type：多普勒频谱类型。

（6）Discrete path delay vector（s）：多径莱斯退化信道模块输入信号各路径的时延，单位为 s。

（7）Average path gain vector（dB）：多径莱斯退化信道模块输入信号各路径的增益，单位为 dB。

（8）Normalize average path gain vector to 0 dB overall gain Initial seed：选定本参数后，多径莱斯退化信道模块把参数 Average path gain vector 乘上一个系数作为增益向量，使得所有路径的接收信号强度和等于 0dB。

（9）Initial seed：多径莱斯退化信道的初始化种子。

（10）Open channel visualization at start of simulation：多径莱斯退化信道模块中通道可视化选项。选定本参数后，仿真开始时将会打开通道可视化工具。

（11）Complex path gains port：多径莱斯退化信道模块复数路径增益端口项。选定本参数后，输出每个通道的复数路径增益。这是一个 $N \times M$ 多通道结构，其中 N 为每帧样品数，M 为离散的路径数。

（12）Channel filter delay port：多径莱斯退化信道模块信道滤波延迟端口项，选定本参数后，输出本模块中由于滤波引起的延迟。单路径时，延迟为 0；多路径时，延迟大于 0。

6.3.3　信源与信道模块应用

本节将应用前面介绍的信源与信道模块应用于实际中。

【例 6-4】 设某二进制数字通信系统的码元传输速率为 100bit/s，仿真模型的系统采样速率为 1000Hz。用示波器观察并比较信号经过高斯白噪声信道前后的不同。

其实现步骤为：

（1）根据需要，建立如图 6-23 所示的 Simulink 仿真模型。

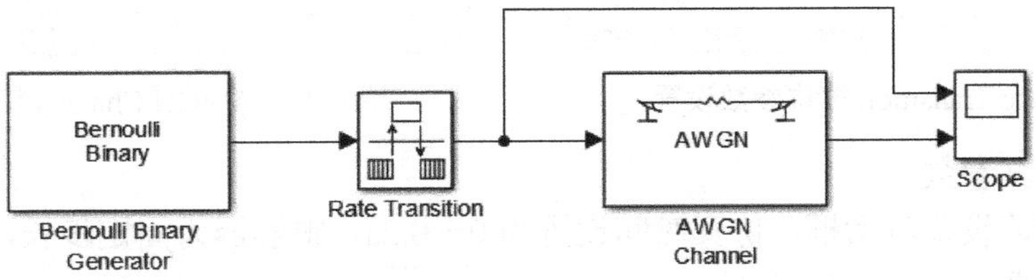

图 6-23　建立 Simulink 仿真模型

（2）模块参数设置。

双击图 6-23 中的 Bernoulli Binary Generator 模块，设置产生零的概率为 0.5，初始种子随意设置，采样时间为 0.01 以产生 100bit/s 的二进制随机信号，模块参数设置如图 6-24 所示。

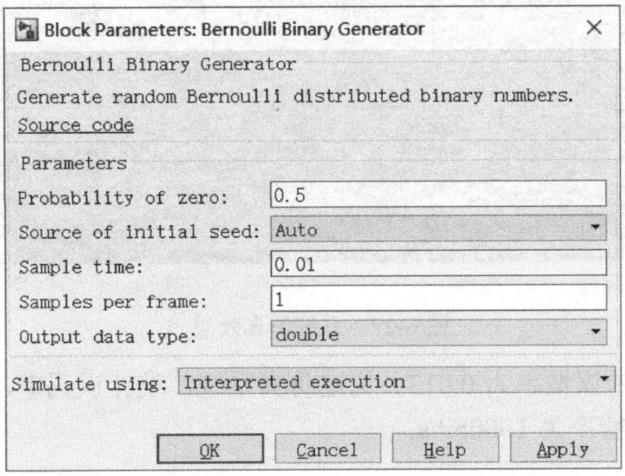

图 6-24　Bernoulli Binary Generator 模块参数设置

双击图 6-23 中的 Rate Transition 模块，设置输出端口的采样时间为 0.001，这样系统采样速率便为 1000Hz，模块参数设置如图 6-25 所示。

双击图 6-23 中的 AWGN Channel 模块，初始种子随意设置，信道模式设为 Signal to noise ratio（Es/No），Es/No 设为 20dB，输入信号功率为 1W，输入符号周期为 0.01，模块参数设置如图 6-26 所示。

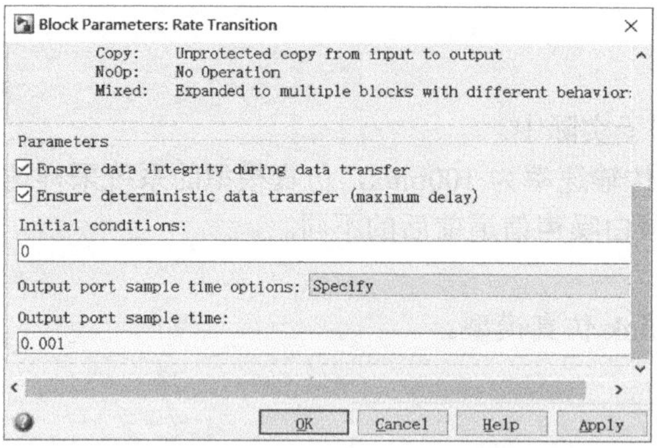

图 6-25 Rate Transition 模块参数设置

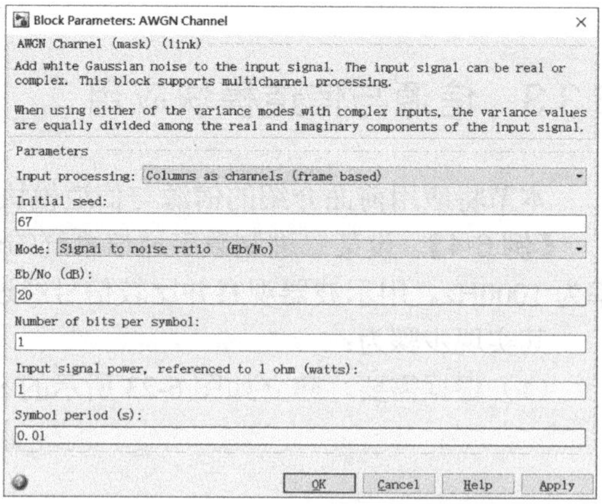

图 6-26 AWGN Channel 模块参数设置

（3）设置仿真参数。

打开仿真参数设置对话框，仿真时间设置为 0～0.2s，求解器为固定步长，步长为 0.001。

（4）运行仿真。

当模块参数及仿真参数都设置完成后，即可单击“运行”按钮，实现系统运行仿真，系统仿真效果如图 6-27 所示。

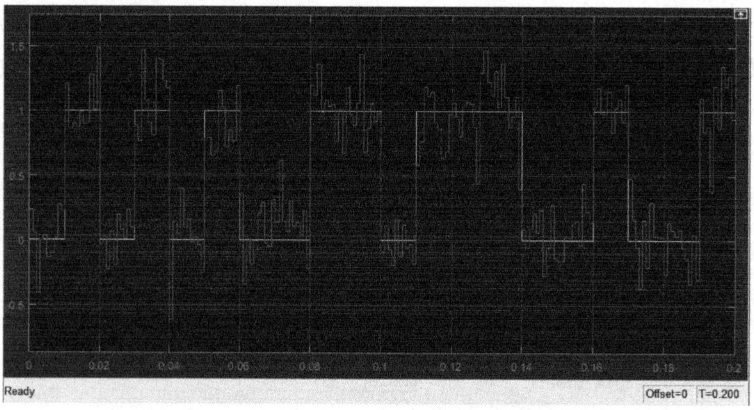

图 6-27 系统仿真效果

【例 6-5】 设传输错误概率为 0.013，构建仿真系统，统计误码率，要求传输信号为二进制单极性信号，传输比特率为 1000bit/s。

其实现步骤为：

（1）根据需要，建立如图 6-28 所示的 Simulink 系统模型。

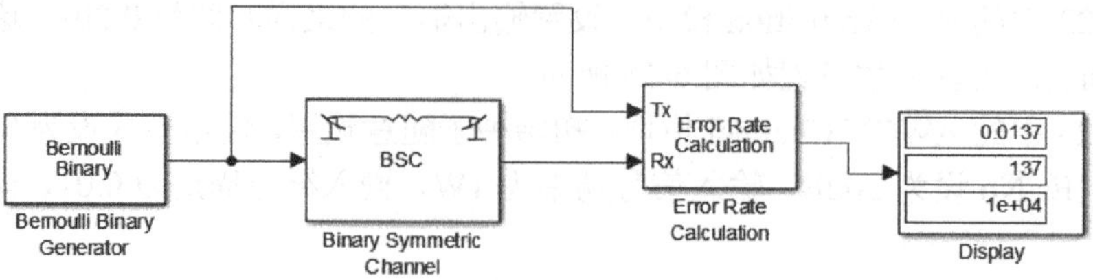

图 6-28 Simulink 仿真模型

（2）模块参数设置。

双击图 6-28 中的 Bernoulli Binary Generator 模块，设置产生零的概率为 0.5，初始种子随意设置，采样时间为 0.01s。

双击图 6-28 中的 Binary Symmetric Channel 模块，设置误码率为 0.013，初始种子随意设置，模块参数设置如图 6-29 所示。

双击图 6-28 中的 Error Rate Calculation 模块，接收延时和计算时均设置为 0，计算模式设置为全帧计算模式（Entire frame），数据输出设置为 Port 端口（也可以设置为 Workspace，输出至 MATLAB 工作空间），模块参数设置如图 6-30 所示。

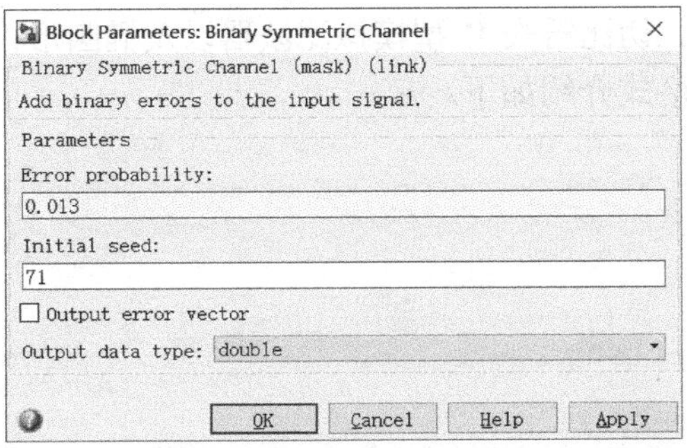

图 6-29　Binary Symmetric Channel 模块参数设置

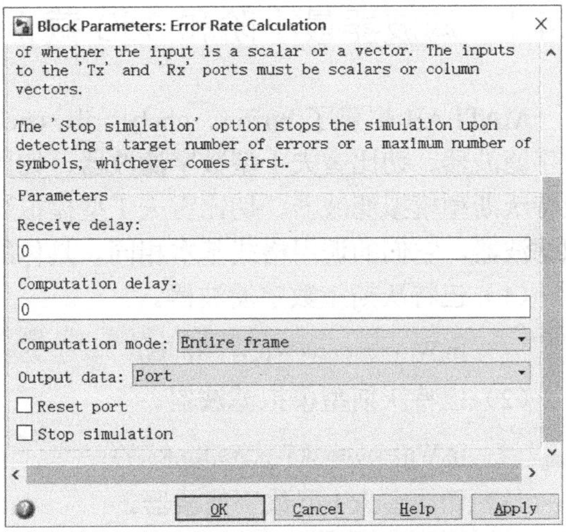

图 6-30　Error Rate Calculation 模块参数设置

（3）仿真参数设置。

打开仿真参数设置窗口，仿真时间为 0～10s，求解器为固定步长，步长为 0.001。

（4）运行仿真。

模块参数及仿真参数设置完毕后，进行运行仿真，系统仿真效果如图 6-28 所示。Dispaly 模块上显示 3 个结果，分别代表误码率、总误码数目以及总统计码字数目。从图 6-28 可以看到，Binary Symmetric Channel 模块输出误码率为 0.0137，总误码数为 137，总统计码字数为 1e+04。

6.4　滤波器

滤波器是一种对信号有处理作用的器件或电路。随着电子市场的不断发展也越来越被广泛生产和使用。

滤波器主要分为有源滤波器和无源滤波器。主要作用是让有用信号尽可能无衰减地通过，对无用信号尽可能大地反射。

滤波器一般有两个端口：一个输入信号、一个输出信号，利用这个特性可以通过滤波器的一个方波群或复合噪声，而得到一个特定频率的正弦波。

滤波器的功能就是允许某一部分频率的信号顺利通过，而另外一部分频率的信号则受到较大的抑制，它实质上是一个选频电路。在滤波器中，把信号能够通过的频率范围称为通频带或通带；反之，信号受到很大衰减或完全被抑制的频率范围称为阻带；通带和阻带之间分界频率称为截止频率。滤波器是由电感器和电容器构成的网络，可使混合的交直流电流分开。

一个单输入单输出的滤波器通常用传递函数或冲激响应来表示。如果滤波器的冲激响应是一个时间连续函数 $h(t)$，那么就称为模拟滤波器，其传递函数用拉普拉斯变换 $H(t)$ 表示。

如果滤波器的冲激响应是一个离散时间序列 $h(k)$，则称该滤波器为数字滤波器，其传递函数用 Z 变换 $H(Z)$ 来表示。

6.4.1 滤波器最小阶和 3dB 截止频率

MATLAB 提供了 buffer、cheb1ord、cheb2ord、ellipord 这 4 个函数分别进行巴特沃斯型数字滤波器、切比雪夫 I 型数字滤波器、切比雪夫 II 型数字滤波器以及椭圆形数字滤波器或巴特沃斯型模拟滤波器、切比雪夫 I 型模拟滤波器、切比雪夫 II 型模拟滤波器以及椭圆形模拟滤波器，它们的调用格式基本相同。具体的调用格式介绍如下。

（1）巴特沃斯型数字滤波器。

```
[n,Wn]=buttord(Wp,Ws,Rp,Rs)
```

（2）巴特沃斯型模拟滤波器。

```
[n,Wn]=buttord(Wp,Ws,Rp,Rs,'s')
```

（3）切比雪夫 I 型数字滤波器。

```
[n,Wp]=cheb1ord(Wp,Ws,Rp,Rs)
```

（4）切比雪夫 I 型模拟滤波器。

```
[n,Wp]=cheb1ord(Wp,Ws,Rp,Rs,'s')
```

（5）切比雪夫 II 型数字滤波器。

```
[n,Wp]=cheb2ord(Wp,Ws,Rp,Rs)
```

（6）切比雪夫 II 型模拟滤波器。

```
[n,Wp]=cheb2ord(Wp,Ws,Rp,Rs,'s')
```

（7）椭圆形数字滤波器。

```
[n,Wp]=ellipord (Wp,Ws,Rp,Rs)
```

（8）椭圆形模拟滤波器。

```
[n,Wp]=ellipord(Wp,Ws,Rp,Rs,'S')
```

其中，对于数字滤波器而言，输入参数 Wp、Ws 分别为归一化的频率 ω_p 和 ω_s；对于模拟滤波器设计，输入参数 f_p、f_s 是无须归一化处理的；Rp、Rs 是以分贝为单位的通带内波动 R_p 和阻带内最小衰减 R_s；返回值 n 为达到设计指标的最低系数阶数。返回值 W_n 为数字滤波器的 3dB 归一化截止频率，f_n 为模拟滤波器的 3dB 截止频率。

低通数字滤波器：$W_p < W_s$，通带为 $0 \sim W_p$，阻带为 $W_s \sim 1$。

低通模拟滤波器：$f_p < f_s$，通带为 $0 \sim f_p$，阻带为 $f_s \sim \infty$。

高通数字滤波器：$W_p > W_s$，通带为 $0 \sim W_s$，阻带为 $W_p \sim \infty$。

带通数字滤波器：$W_s(1) < W_p(1) < W_p(2) < W_s(2)$，阻带为 $0 \sim W_s(1)$ 以及 $W_s(2) \sim 1$，通带为 $W_p(1) \sim W_p(2)$。

带通模拟滤波器：$f_s(1) < f_p(1) < f_p(2) < f_s(2)$，阻带为 $0 \sim f_s(1)$ 以及 $f_s(2) \sim \infty$，通带为 $f_p(1) \sim f_p(2)$。

带阻数字滤波器：$W_s(1) < W_p(1) < W_p(2) < W_s(2)$，阻带为 $0 \sim W_p(1)$ 以及 $W_p(2) \sim 1$，通带为 $W_s(1) \sim W_s(2)$。

带阻模拟滤波器：$f_s(1) < f_p(1) < f_p(2) < f_s(2)$，阻带为 $0 \sim f_p(1)$ 以及 $f_p(2) \sim \infty$，通带为 $f_s(1) \sim f_s(2)$。

6.4.2 线性滤波器的常用命令

MATLAB 提供了一系列命令来计算线性系统的时间响应。一些常用的命令为：

impulse：计算脉冲响应。

step：计算连续（离散）系统的阶跃响应。

initial：计算连续（离散）系统的零输入响应。

同理，MATLAB 也提供了计算线性系统的频率响应的命令。调用格式为：

```
h=freps(b,a,w)
[h,w]=freqs(b,a,n)
```

其中，b 为传递函数 H(s)分子多项式系数向量；b 为分母多项式系数向量；w 指定计算频率点序列；返回值 h 是对应于频率点序列 w 的复频率响应；n 指定计算频率的指数。

如果 w 省略，则自动选取 200 个频率点作计算，如果无输出变量 h，则自动作幅值响应和相频响应图。

此外，在 MATLAB 中提供了 filter 函数用于实现数字滤波器。函数的调用格式为：

```
y = filter(b,a,x)
y = filter(b,a,x,zi)
y = filter(b,a,x,zi,dim)
```

其中，b 为传递函数 H(z)的分子多项式系数向量。a 为其分母多项式系数向量，a(1)如果不等于 1，则滤波器以及 a(1)对系数进行归一化，如果 a(1)为零，则返回错误。x 是输入信号序列，可以是复数。y 为滤波输出信号序列，其维数与输入序列 x 相同。zi 为滤波器的初始状态向量，dim 表示维数。

6.4.3 滤波器的实现

下面通过几个实例来演示滤波器的实现。

【例 6-6】绘制 Butterworth 低通模拟原型滤波器的幅频平方响应曲线，阶数分别为 2, 5, 10, 20。其实现的 MATLAB 代码为：

```
>>clear all;
n=0:0.01:2;                              %频率点
for i=1:4                                %取 4 种滤波器
    switch i
        case 1, N=2;
        case 2; N=5;
        case 3; N=10;
        case 4; N=20;
    end
    [z,p,k]=buttap(N);                   %设计 Butterworth 滤波器
    [b,a]=zp2tf(z,p,k);                  %将零极点增益形式转换为传递函数形式
    [H,w]=freqs(b,a,n);                  %按 n 指定的频率点给出频率响应
    magH2=(abs(H)).^2;                   %给出传递函数幅度平方
    hold on;
    plot(w,magH2);                       %绘制传递函数幅度平方
end
xlabel('w/wc');                          %显示横坐标
ylabel('|H(jw)|^2');                     % 显示纵坐标
title('Butterworth 模拟原型滤波器');     %标题显示
text(1.5,0.18,'n=2');                    %做必要的标记
text(1.3,0.08,'n=5');
text(1.16,0.08,'n=10');
text(0.93,0.98,'n=20');
grid on;
```

运行程序，系统仿真效果如图 6-31 所示。

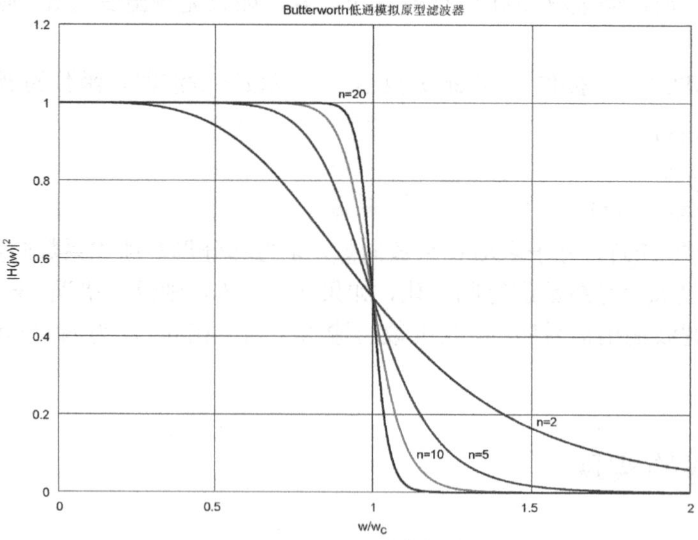

图 6-31　系统仿真效果

【例 6-7】 设计一个模拟低通滤波器，$f_p = 2000\text{Hz}$，$f_s = 4000\text{Hz}$，$R_p = 5\text{dB}$，$R_s = 20\text{dB}$。用巴特沃斯滤波器原型，求出其 3dB 截止频率和滤波器阶数、传递函数，并作幅频、相频特性曲线。

其实现的 MATLAB 代码为：

```
>> clear all;
%设计要求指标
fp=2000;
fs=4000;
Rp=5;
Rs=20;
[n,fn]=buttord(fp,fs,Rp,Rs,'s');          %计算阶数和截止频率
Wn=2*pi*fn;                               %转换为角频率
[b,a]=butter(n,Wn,'s');                   %计算 H(s)
f=0:100:10000;                            %计算频率点和频率范围
s=j*2*pi*f;
Hs=polyval(b,s)./polyval(a,s);            %计算相应频率点处 H(s)的值
subplot(2,1,1);
plot(f,20*log10(abs(Hs)));                %幅频特性
axis([0 10000 -40 1]);
xlabel('频率 Hz');ylabel('幅度 dB');
subplot(2,1,2);
plot(f,angle(Hs));                        %相频特性
xlabel('频率 Hz');ylabel('相角 rad');
```

运行程序，系统仿真效果如图 6-32 所示。

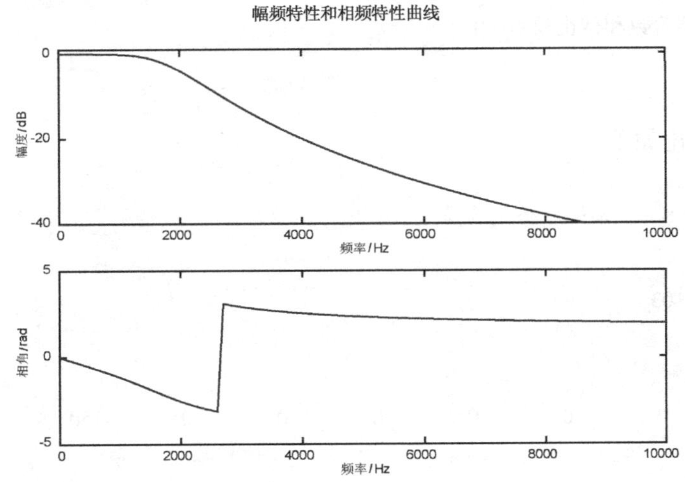

图 6-32 系统仿真效果

在图 6-32 中，上面一个为幅频特性曲线，巴特沃斯滤波器在通带和阻带上都是平坦下降的。下面一个为相频特性曲线，巴特沃斯滤波器表示一种缓变性质。

说明：也可以用命令 freqs(b,a)直接画出 H(s)的频率响应曲线。

【例 6-8】试设计一个模拟低通滤波器，$f_p = 3500\text{Hz}$，$f_s = 5500\text{Hz}$，$R_p = 2.5\text{dB}$，$R_s = 25\text{dB}$。首先分别用巴特沃斯和椭圆形滤波器原型，求出其 3dB 截止频率和滤波器阶数、传递函数，并作幅频、相频特性曲线。其次用 Digital Filter Design 模块实现该模拟器，用示波器观察其冲激响应，并与计算得出的理论曲线进行对比。

其实现步骤如下：

（1）用 MATLAB 代码实现相应求解。

① 用巴特沃斯滤波器设计。

其实现的 MATLAB 代码为：

```
>> clear all;
fp=3500; fs=5500; Rp=2.5; Rs=25;                 %设计要求指标
[n,fn]=buttord(fp,fs,Rp,Rs,'s');                 %用巴特沃斯滤波器计算阶数和截止频率
Wn=2*pi*fn;                                      %转换为角频率
[b,a]=butter(n,Wn,'s');                          %计算巴特沃斯滤波器 H(s)
f=0:100:10000;                                   %计算频率点和频率范围
s=j*2*pi*f;
Hs=polyval(b,s)./polyval(a,s);                   %计算相应频率点处 H(s)的值
figure(1);
subplot(2,1,1);plot(f,20*log10(abs(Hs)));        %幅频特性
axis([0 10000 -40 1]);
xlabel('频率 Hz');ylabel('幅度 dB');
grid on;
subplot(2,1,2);plot(f,angle(Hs));                %相频特性
xlabel('频率 Hz');ylabel('相角 rad');
disp('滤波器阶数和截止频率：')
grid on;
n,fn,b,a
```

运行程序，输出如下：

```
n =
     7
fn =
   3.6466e+03
b =
   1.0e+30 *
     0      0      0      0      0      0      0    3.3150
a =
   1.0e+30 *
    0.0000    0.0000    0.0000    0.0000    0.0000    0.0000    0.0007    3.3150
```

巴特沃斯滤波器的幅频响应与相频响应曲线如图 6-33 所示。

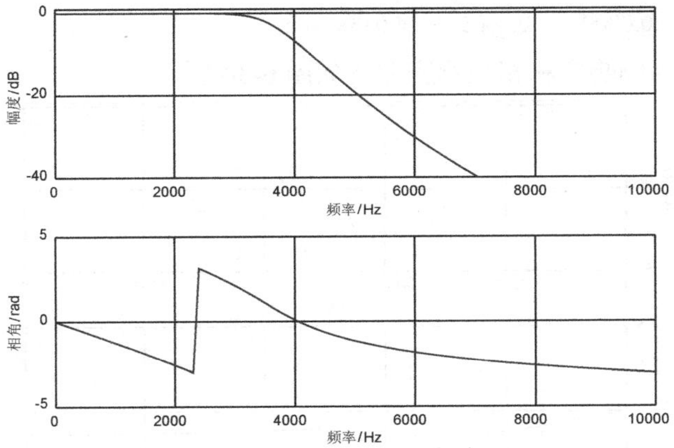

图 6-33　巴特沃斯滤波器的幅频响应与相频响应曲线

② 用椭圆形滤波器设计。

其实现的 MATLAB 代码为：

```
>> clear all;
fp=3500; fs=5500; Rp=2.5; Rs=25;             %设计要求指标
[n,fn]=ellipord(fp,fs,Rp,Rs,'s');             %用椭圆形滤波器计算阶数和截止频率
Wn=2*pi*fn;                                   %转换为角频率
[b,a]=ellip(n,Rp,Rs,Wn,'s');                  %用椭圆形滤波器计算 H(s)
f=0:100:10000;                                %计算频率点和频率范围
s=j*2*pi*f;
Hs=polyval(b,s)./polyval(a,s);                %计算相应频率点处 H(s)的值
figure(1);
subplot(2,1,1);plot(f,20*log10(abs(Hs)));     %幅频特性
axis([0 10000 -40 1]);
xlabel('频率 Hz');ylabel('幅度 dB');
grid on;
subplot(2,1,2);plot(f,angle(Hs));             %相频特性
xlabel('频率 Hz');ylabel('相角 rad');
disp('滤波器阶数和截止频率：')
grid on;
n,fn,b,a
```

运行程序，输出如下：

```
n =
     3
fn =
          3500
b =
   1.0e+12 *
          0       0.0000          0       4.0558
a =
   1.0e+12 *
```

```
        0.0000      0.0000      0.0005      4.0558
```

椭圆形滤波器的幅频响应和相频响应曲线如图 6-34 所示。

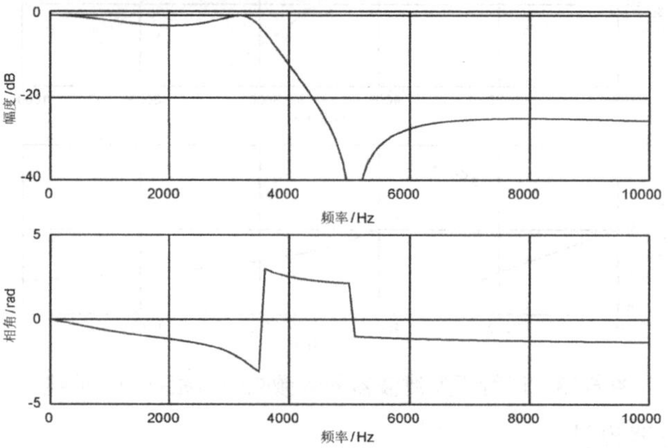

图 6-34　椭圆形滤波器的幅频响应和相频响应曲线

由巴特沃思滤波器的分子 *b*，分母 *a* 系数计算出传递函数，再调用 impulse 函数计算理论中冲激函数，其实现的 MATLAB 代码为：

```
>> b=[0  0  0   0   0    0   0  3.3150e+030];
a=[0.0000  0.0000  0.0000   0.0000  0.0000  0.0000  0.0007e+030  3.3150e+030];
Transfer=tf(b,a)          %传递函数方程
impulse(Transfer);        %冲激响应
title('冲激响应曲线');xlabel('时间');ylabel('幅度');
```

运行程序，得到传递函数的形式如下：

```
Transfer =
      3.315e30
  ----------------
  7e26 s + 3.315e30
Continuous-time transfer function.
```

其对应的冲激响应波形如图 6-35 所示。

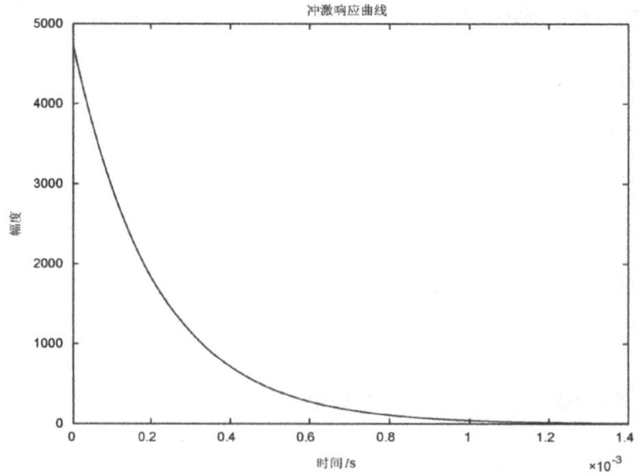

图 6-35　巴特沃斯滤波器的冲激响应曲线图

（2）用 Simulink 模型实现。

① 根据要求，建立如图 6-36 所示的 Simulink 仿真模型。

② 模块参数设置。

数字滤波器的设计采样率为 4800 样值/秒。模型中采用脉冲串信号作为输入以近似冲激输入，只要脉冲串周期足够长、脉冲宽度足够窄即可。

双击图 6-36 模型中的“Pulse Generator”脉冲串信号发生器，弹出参数设置对话框，如图 6-37 所示。

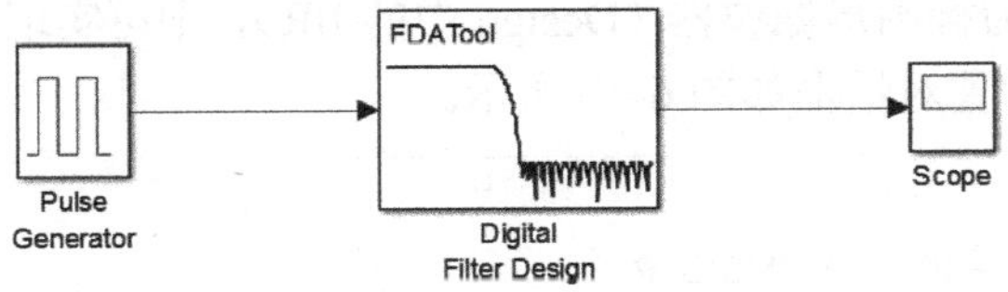

图 6-36　Simulink 仿真模型

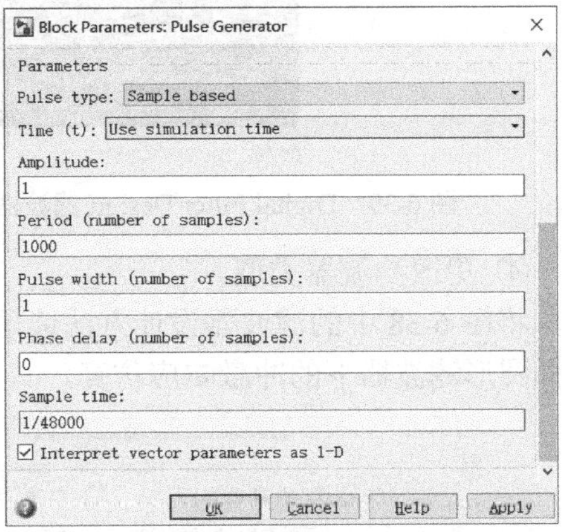

图 6-37　Pulse Generator 模块参数设置

双击图 6-36 模型中的“Digital Filter Design”模块，打开 Digital Filter Design 模块参数设置对话框，如图 6-38 所示。参数设置完成后，单击对话框中的“Design Filter”按钮完成设计，既可显示幅频响应和相频响应曲线，也可显示冲激响应、零极点图、滤波器系数等内容。

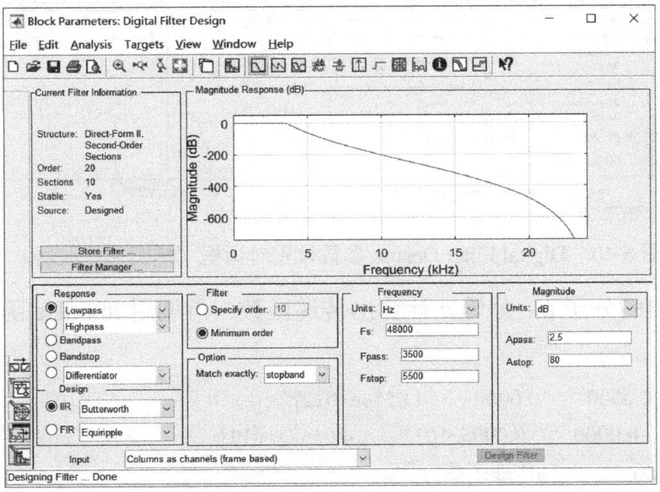

图 6-38　Digital Filter Design 参数设置对话框（巴特沃斯滤波器）

③ 运行仿真。

仿真系统设置为固定步长，步长取 1/48000，仿真时间设置为 0.001s。然后单击仿真模型中的“运行”按钮进行系统仿真，其效果如图 6-39 所示。

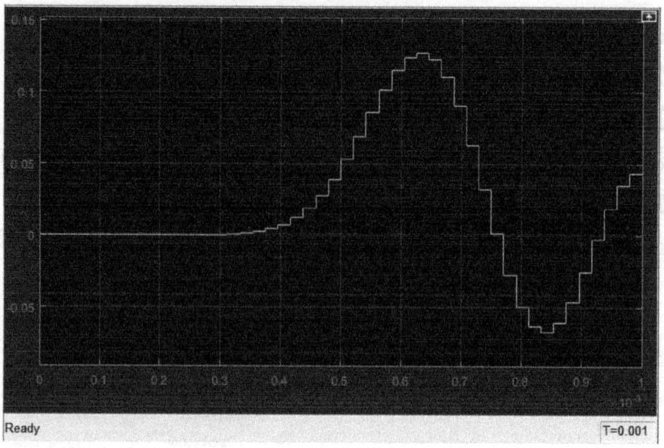

图 6-39　Digital Filter Design 滤波器实现的冲激响应系统仿真效果（巴特沃斯滤波器）

④ 更改滤波器类型。

将图 6-38 中的滤波器设计方法选项修改为椭圆形滤波器（Design 中的 IIR），则可实现数字椭圆形滤波器下的冲激响应仿真，其参数设置对话框如图 6-40 所示。

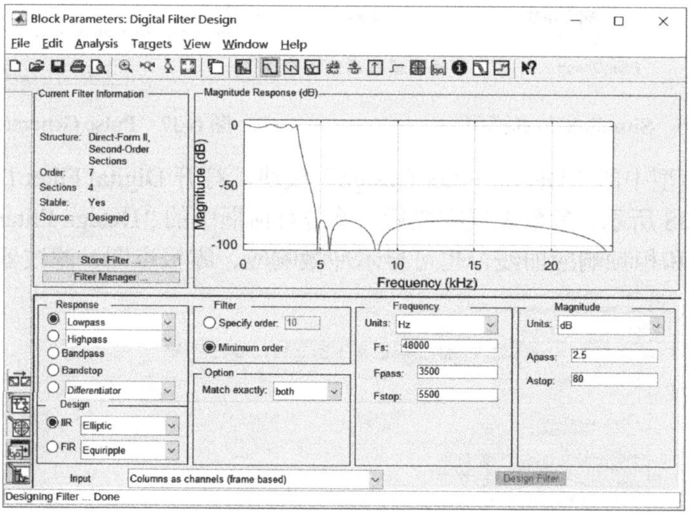

图 6-40　Digital Filter Design 参数设置对话框（椭圆形滤波器）

由椭圆形滤波器的分子 *b*，分母 *a* 计算出传递函数，再调用 impulse 函数计算理论中冲激函数，代码为：

```
>> b=[ 0      0.0000      0.0000      4.0558e+012];
a=[0.0000      0.0000      0.0005e+012      4.0558e+012];
Transfer=tf(b,a)          %传递函数方程
impulse(Transfer);        %冲激响应
title('冲激响应曲线');xlabel('时间');ylabel('幅度');
```

运行程序，得到传递函数形式如下：

```
Transfer =
      4.056e12
```

```
    -----------------
    5e08 s + 4.056e12
Continuous-time transfer function.
```

其对应的冲激响应波形如图 6-41 所示。

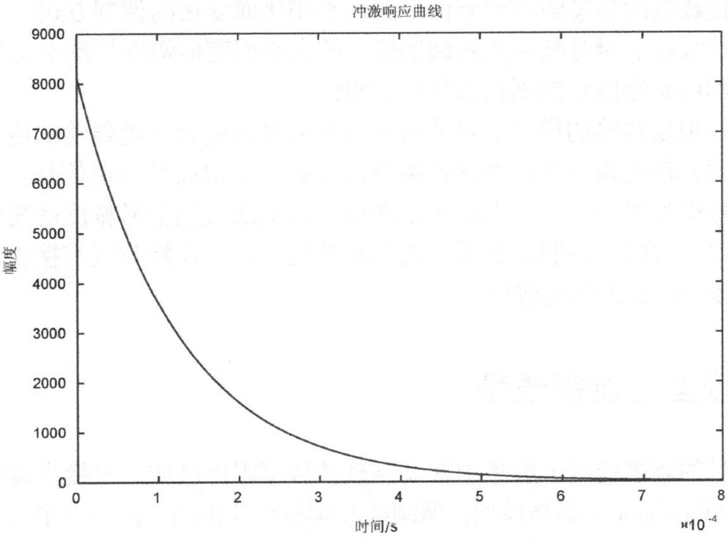

图 6-41　椭圆形滤波器的冲激响应曲线图

相应的 Simulink 实现数字椭圆形滤波器的系统仿真效果如图 6-42 所示。

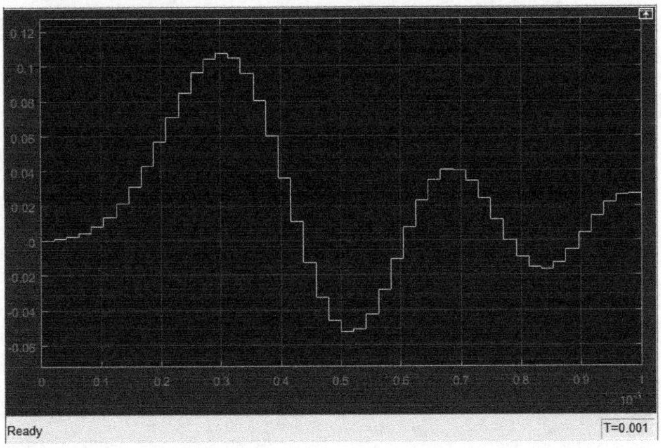

图 6-42　Digital Filter Design 滤波器实现的冲激响应系统仿真效果（椭圆形滤波器）

6.5　调制与解调

调制是将各种数字基带信号转换成适于信道传输的数字调制信号（已调信号或频带信号）；解调是将在接收端收到的数字频带信号学原数字基带信号。调制时域定义的就是用基带信号去控制载波信号的某个或几个参量的变化，将信息荷载在其上形成已调信号传输，而解调是调制的反过程，通过具体的方法从已调信号的参量变化中将恢复原始的基带信号。调制频域定义就是将基带信号的频谱搬移到信道通带中或其中的某个频段上的过程，而解调是将信道中的频带信号恢复为基带信号的反过程。

根据所控制的信号参量的不同，调制可分为：

（1）调幅，使载波的幅度随着调制信号的大小变化而变化的调制方式。

（2）调频，使载波的瞬时频率随着调制信号的大小而变但幅度保持不变的调制方式。

（3）调相，利用原始信号控制载波信号的相位。

调制的目的是把要传输的模拟信号或数字信号变换成适合信道传输的信号，这就意味着把基带信号（信源）转变为一个相对基带频率而言频率非常高的带通信号。该信号称为已调信号，而基带信号称为调制信号。调制可以通过使高频载波随信号幅度的变化而改变载波的幅度、相位或频率来实现。调制过程用于通信系统的发端。在接收端需接收者（信宿）处理和理解的过程。该过程称为调制解调。

6.5.1 基带模型与调制通带

调制输出信号的频谱能量一般集中在调制载波频率附近区域。直接由调制函数建立的仿真模型成为通带（Passband）调制模型。调制载波频率往往很高，在仿真中为了保证信号无失真，必须采用很高的系统仿真采样率，这样仿真步长将很小，于是系统仿真计算量和存储量将大大增加，从而影响系统仿真执行效率。

改进的方法是将调制信号用等效的复低通信号表示。由于等效复低通信号的最高频率远远小于调制载波频率，相应的系统仿真采样率也就大大下降了。等效复低通信号分析方法即采用复包络方法，相应调制器等效低通模型为调制器基带（Baseband）模型。

设任意正弦波调制输出信号为$x(t)$，用复函数形式表达出来就是：

$$\begin{aligned}x(t)&=r(t)\cos[2\pi f_c+\varphi(t)]\\&=\mathrm{Re}[r(t)\mathrm{e}^{\mathrm{j}(2\pi f_c t+\varphi(t))}]\\&=\mathrm{Re}[r(t)\mathrm{e}^{\mathrm{j}\varphi(t)}\mathrm{e}^{\mathrm{j}2\pi f_c t}]\\&=\mathrm{Re}[\tilde{x}(t)\mathrm{e}^{\mathrm{j}2\pi f_c t}]\end{aligned}$$

式中，$r(t)$——幅度调制部分；

$\varphi(t)$——相位调制部分；

f_c——载波频率。

复信号$\tilde{x}(t)=r(t)\mathrm{e}^{\mathrm{j}\varphi(t)}$包含了与被调信号相关的全部变量，而调制方式的数学性能本质上与载波频率的数值无关，因此具有低通属性的复信号$\tilde{x}(t)=r(t)\mathrm{e}^{\mathrm{j}\varphi(t)}$可以用来表达调制过程。复信号$\tilde{x}(t)=r(t)\mathrm{e}^{\mathrm{j}\varphi(t)}$被称为调制信号$x(t)$的复低通等效信号或调制信号的复包络信号。

6.5.2 调制/解调 MATLAB 实现

根据调制的性质、被调信号类型等可以将调制分为以下不同的类型。

1．线性调制

如果调制前后的信号频谱的形状不变或仅发生线性比例变化，仅仅是频谱在频域轴上的位置发生变化，则称为线性调制，如幅度调制、抑制载波双边带调制、单边带调制等。

2．非线性调制

如果在调制过程中，信号频谱不仅发生频率位置的搬移，而且信号频谱的形状还产生了非线性变化，则称为非线性调制，如频率调制、相位调制等。

3．幅度调制（频率调制）

以基带信号去控制载波信号的幅度（频率）。

4．角度调制（相位调制）

以基带信号去控制载波信号的角度（相位）。

5．模拟调制

如果被调信号是模拟信号，则相应的调制称为模拟调制方式，如普通调幅（AM）、抑制载波双边带调幅（DSB-SC）、单边带调幅（SSB）、残留边带调幅（VSB）、调频（FM）和调相（PM）等。

6．数字调制

如果被调信号携带的是离散的数据符号，则相应的调制方式称为数字调制方式，如幅移键控（ASK）、频移键控（FSK）、相移键控（PSK）等。

下面通过几个例子来实现调制/解调。

【例 6-9】 设基带信号为一个在 150～400Hz 内、幅度随频率逐渐递减的音频信号，载波信号为 1000Hz 的正弦波，幅度为 1，仿真采样率设为 10 000Hz，仿真时间为 1s。求 SSB 调制输出信号波形和频谱。

其实现的 MATLAB 程序代码如下：

```
>>clear all;
Fs=10000;                                       %仿真的采样率
t=1/Fs:1/Fs:1;                                  %仿真时间点
m_t(Fs*1)=0;                                    %基带信号变量初始化
for f=150:400                                   %基带信号发生：频率为 150～400Hz
    m_t=m_t+0.01*sin(2*pi*f*t)*(400-f);         %幅度随线性递减
end
m_t90shift=imag(hilbert(m_t));                  %基带信号的希伯尔特变换
carriercos=cos(2*pi*1000*t);                    %1000Hz 载波 cos
carriersin=sin(2*pi*1000*t);                    %1000Hz 正交载波 sin
S_SSB1=m_t.*carriercos-m_t90shift.*carriersin;  %上边带 SSB
S_SSB2=m_t.*carriercos+m_t90shift.*carriersin;  %下边带 SSB
```

```
%下面作出各波形以及频谱
figure;
subplot(421);
plot(t(1:100),carriercos(1:100),t(1:100),carriersin(1:100),':m');     %载波
subplot(422);
plot([0:9999],abs(fft(carriercos)));                                   %载波频谱
axis([0 2000 -500 12000]);
subplot(423);
plot(t(1:100),m_t(1:100));                                             %基带信号
subplot(424);
plot([0:9999],abs(fft(m_t)));                                          %载波频谱
axis([0 2000 -500 12000]);
subplot(425);
plot(t(1:100),S_SSB1(1:100));                                          %SSB 波形上边带
subplot(426);
plot([0:9999],abs(fft(S_SSB1)));                                       %SSB 波形上边带
axis([0 2000 -500 12000]);
subplot(427);
plot(t(1:100),S_SSB2(1:100));                                          %SSB 波形下边带
subplot(428);
plot([0:9999],abs(fft(S_SSB2)));                                       %SSB 波形下边带
axis([0 2000 -500 12000]);
```

运行程序，系统仿真效果如图 6-43 所示。

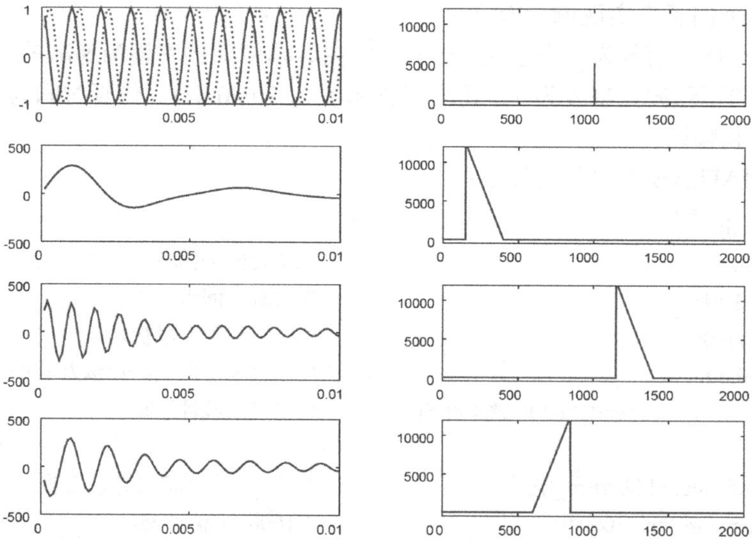

图 6-43　单边带调制的信号波形及对应幅度频谱系统仿真效果

在图 6-43 中，作 0～0.01s 内的信号时域波形和 0～2000Hz 内的幅度频谱。由图可知，单边带调制是对基带信号的线性频谱搬移，调制前后频谱仅仅是位置发生变化，频谱形状没有

改变。但是，基带信号和单边带调制输出信号时域波形上没有简单的对应关系。

【例 6-10】 已知信号 $S(t)=\begin{cases}1 & 0<t<t_0/3 \\ -2 & t_0/3<t<2t_0/3 \\ 0 & 2t_0/3<t<t_0\end{cases}$，采用载波 $C(t)=\cos 2\pi f_c t$ 进行调频，$f_c=200\text{Hz}$，$t_0=1.5\text{s}$，偏移常数 $K_F=50$，调制信号的时域表达式为 $M(t)=A_c\cos\left(2\pi f_c t+2\pi K_F\int_{-\infty}^{t}S(\tau)\mathrm{d}\tau\right)$，绘制调频波的波形及频谱图。

其实现的 MATLAB 代码为：

```
>> clear all;
t0=0.15;                                   %信号持续时间
tz=0.0005;                                 %抽样时间间隔
fc=200;                                    %载波频率
kf=50;                                     %调制系数
fz=1/tz;
t=[0:tz:t0];                               %定义时间序列
df=0.25;                                   %频率分辨力
%定义信号序列
m=[ones(1,t0/(3*tz)),-2*ones(1,t0/(3*tz)),zeros(1,t0/(3*tz)+1)];
int_m(1)=0;                                %对 m 积分，以便后面调频
for i=1:length(t)-1
    int_m(i+1)=int_m(i)+m(i)*tz;
end
[M,m,df1]=fftseq(m,tz,df);                 %傅里叶变换
M=M/fz;
f=[0:df1:df1*(length(m) -1)]-fz/2;
u=cos(2*pi*fc*t+2*pi*kf*int_m);            %调制信号调制在载波上
[U,u,df1]=fftseq(u,tz,df);                 %傅里叶变换
U=U/fz;                                    %频率压缩
figure;
subplot(2,1,1);plot(t,m(1:length(t)));     %作未调信号的波形
axis([0,0.15, -2.1,2.1]);
xlabel('时间');  title('未调信号');
subplot(2,1,2);plot(t,u(1:length(t)));
axis([0,0.15, -2,2.1]);
xlabel('时间');title('调频信号');
figure;
subplot(2,1,1);plot(f,abs(fftshift(M)));
xlabel('频率');title('信号的频谱');
subplot(2,1,2);plot(f,abs(fftshift(U)));
xlabel('频率');title('调频信号的频谱');
```

运行程序，得到三角波的波形如图 6-44 所示，三角波调相波的频谱图如图 6-45 所示。

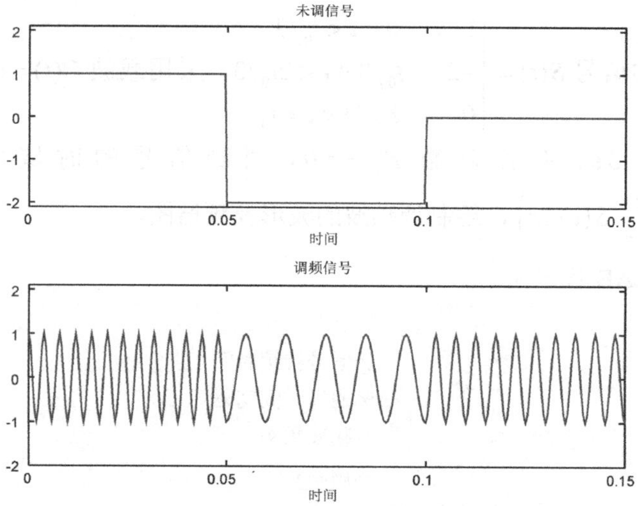

图 6-44　三角波调相波形

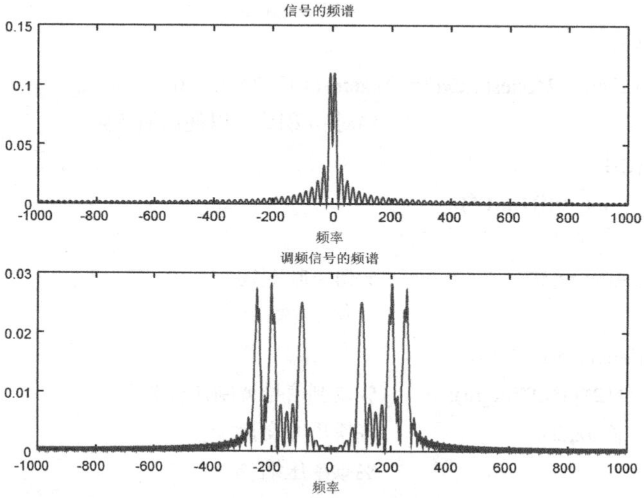

图 6-45　三角波调相波的频谱图

以上代码中，调用到自定义的 fftseq.m 函数，用于实现频率变换，代码为：

```
function [M,m,df]=fftseq(m,tz,df)
fz=1/tz;
if nargin==2                    %判断输入参数的个数是否符合要求
    n1=0;
else
    n1=fz/df;                   %根据参数个数决定是否使用频率缩放
end
n2=length(m);
n=2^(max(nextpow2(n1),nextpow2(n2)));
```

```
M=fft(m,n);                    %进行离散傅里叶变换
m=[m,zeros(1,n-n2)];
df=fz/n;
```

6.5.3 调制/解调模块

MATLAB 提供了很多模拟调制解调器模型分析的模块，下面分别给予介绍。

1. DSB AM 调制

DSB AM 调制模块对输入信号进行双边带幅度调制。输出为通带表示的调制信号，输入和输出信号都是基于采样的实数标量信号。

模块中，如果输入一个时间函数$u(t)$，则输出为$(u(t)+k)\cos(2\pi f_c t+\theta)$。其中，$k$为 Input signal offset 参数；f_c为 Carrier frequency 参数；θ为 Initial phase 参数。通常设定k为输入信号$u(t)$的负值部分最小值的绝对值。

在通常情况下，Carrier frequency 参数要比信号的最高频率高很多。根据奈奎斯特采样理论，模型中采样时间的倒数必须大于 Carrier frequency 参数的 2 倍。

Simulink 中 DSB AM 调制模块及模块参数设置对话框如图 6-46 所示。

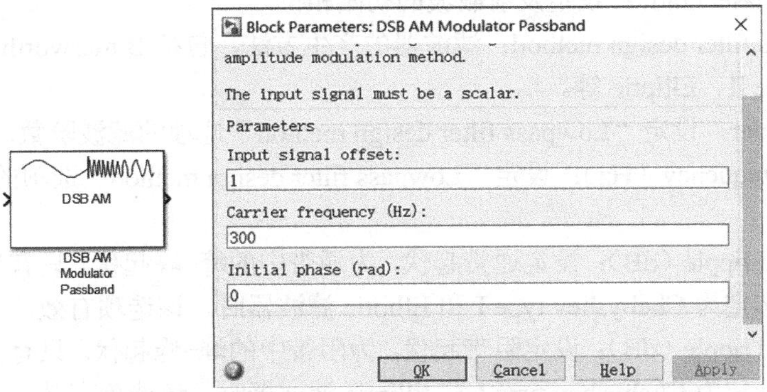

图 6-46 DSB AM 调制模块及其参数设置对话框

模块参数设置对话框的各参数含义为：

（1）Input signal offset：设定补偿因子k，应该大于等于输入信号最小值的绝对值。

（2）Carrier frequency(Hz)：设定载波频率。

（3）Initial phase(rad)：设定载波初始相位。

2. DSB AM 解调

DSB AM 解调模块对双边带幅度调制的信号进行解调。输入信号为通带表示的调制信号，输入和输出信号都是基于采样的实数标量信号。

在解调过程中，DSB AM 解调模块便成了低通滤波器。在通常情况下，Carrier frequency 参数要比信号的最高频率高很多。根据奈奎斯特采样理论，模型中采样时间的倒数必须大于 Carrier frequency 参数的 2 倍。

Simulink 中 DSB AM 解调模块及其参数设置对话框如图 6-47 所示。

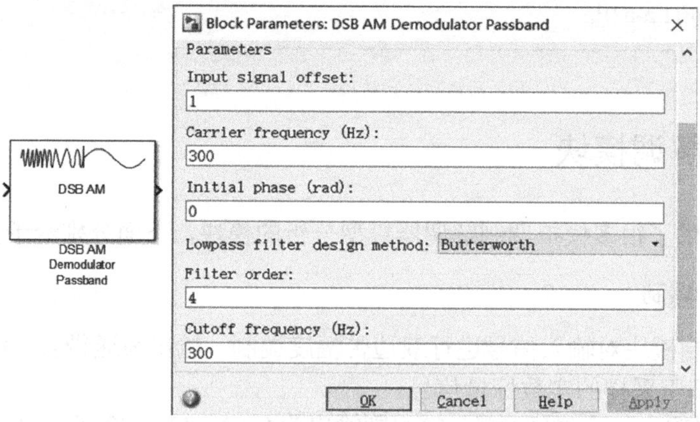

图 6-47　DSB AM 解调模块及其模块参数设置对话框

模块参数设置对话框的各参数含义为：

（1）Input signal offset：设定输出信号偏移。模块中的所有解调信号都将减去这个偏移量，从而得到输出数据。

（2）Carrier frequency（Hz）：设定调制信号的载波频率。

（3）Initial phase（rad）：设定发射载波的初始相位。

（4）Lowpass filter design method：滤波器的产生方法，包括 Butterworth、Chebyshev type I、Chebyshev type II、Elliptic 等。

（5）Filter order：设定“Lowpass filter design method”选项的滤波阶数。

（6）Cutoff frequency（Hz）：设定“Lowpass filter design method”选项的低通滤波器的截止频率。

（7）Passband ripple（dB）：设定通带起伏，为通带中的峰-峰起伏。只有当“Lowpass filter design method”选定为 Chebyshev type I 和 Elliptic 滤波器时，该选项有效。

（8）Stopband ripple（dB）：设定阻带起伏，为阻带中的峰-峰起伏。只有当“Lowpass filter design method”选定为 Chebyshev type I 和 Elliptic 滤波器时，该选项有效。

3．DSBSC AM 调制

DSBSC AM 调制模块对双边带幅度调制的信号进行调制。输出信号为通带表示的调制信号，输入和输出信号都是基于采样的实数标量信号。

在模块中，如果输入一个时间函数 $u(t)$，则输出为 $u(t)\cos(f_c t+\theta)$。其中，f_c 为 Carrier frequency 参数，θ 为 Initial phase 参数。

在通常情况下，Carrier frequency 参数要比输入信号的最高频率高很多。根据奈奎斯特采样理论，模型中采样时间的倒数必须大于 Carrier frequency 参数的 2 倍。

Simulink 中 DSBSC AM 调制模块及其参数设置对话框如图 6-48 所示。

模块参数设置对话框中各参数含义为：

（1）Carrier frequency（Hz）：设定载波频率。

（2）Initial phase（rad）：设定初始相位的载波频率。

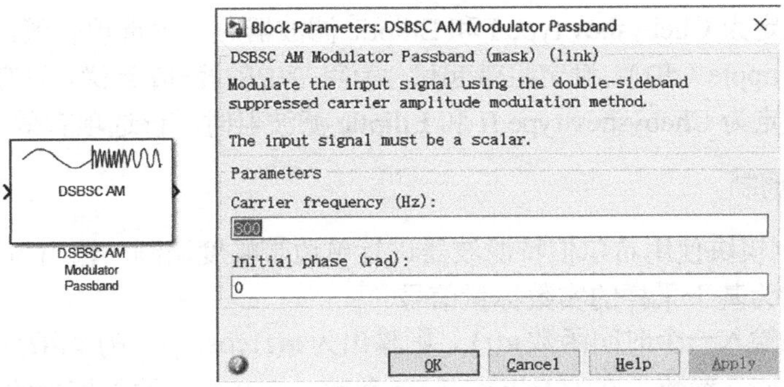

图 6-48 DSBSC AM 调制模块及其参数设置对话框

4. DSBSC AM 解调

DSBSC AM 解调模块对双边带幅度调制的信号进行解调。输入信号为通带表示的调制信号，输入和输出信号都是基于采样的实数标量信号。

在通常情况下，Carrier frequency 参数要比输入信号的最高频率高很多。根据奈奎斯特采样理论，模型中采样时间的倒数必须大于 Carrier frequency 参数的 2 倍。

Simulink 中 DSBSC AM 解调模块及其参数设置对话框如图 6-49 所示。

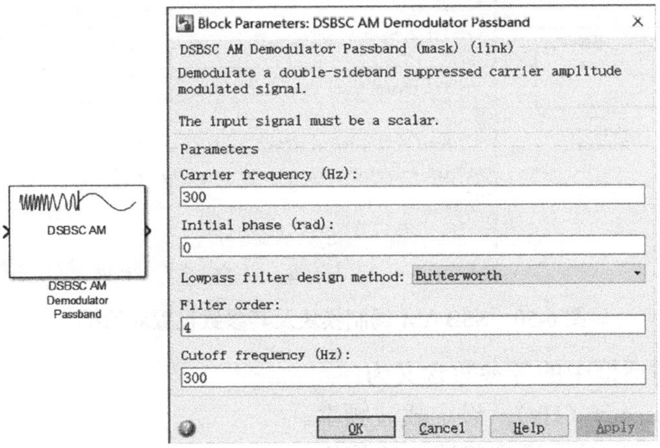

图 6-49 DSBSC AM 解调模块及其参数设置对话框

模块参数设置对话框中的各参数含义：

（1）Carrier frequency（Hz）：DSBSC AM 解调模块中调制信号的载波频率。

（2）Initial phase（rad）：设定载波初始相位。

（3）Lowpass filter design method：滤波器的产生方法，包括 Butterworth、Chebyshev type I、Chebyshev type II 及 Elliptic 等。

（4）Filter order：设定“Lowpass filter design method”选项中选定的数字低通滤波器的滤波阶数。

（5）Cutoff frequency（Hz）：设定“Lowpass filter design method”选项的数字低通滤波器的截止频率。

（6）Passband ripper（dB）：设定通带起伏，为通带中的峰-峰起伏。只有当“Lowpass filter

design method”选定为 Chebyshev type I 和 Elliptic 滤波器时，该选项有效。

（7）Stopband ripple（dB）：设定阻带起伏，为阻带中的峰-峰起伏。只有当“Lowpass filter design method”选定为 Chebyshev type II 和 Elliptic 滤波器时，该选项有效。

5．SSB AM 调制

SSB AM 调制模块使用希尔伯特滤波器进行单边带幅度调制。输出为通带形式的调制信号。输入和输出均为基于采样的实数标量信号。

模块中，如果输入一个时间函数$u(t)$，则输出为$u(t)\cos(f_c t+\theta)\mp\hat{u}(t)\sin(f_c t+\theta)$。其中，$f_c$为 Carrier frequency 参数，$\theta$为 Initial phase 参数。$\hat{u}(t)$表示输入信号的$u(t)$的希尔伯特转换。式中减号代表上边带，加号代表下边带。

在通常情况下，Carrier frequency 参数项要比输入信号的最高频率高很多。根据奈奎斯特采样理论，模型中采样时间的倒数必须大于 Carrier frequency 参数项的 2 倍。

Simulink 中 SSB AM 调制模块及其参数设置对话框如图 6-50 所示。

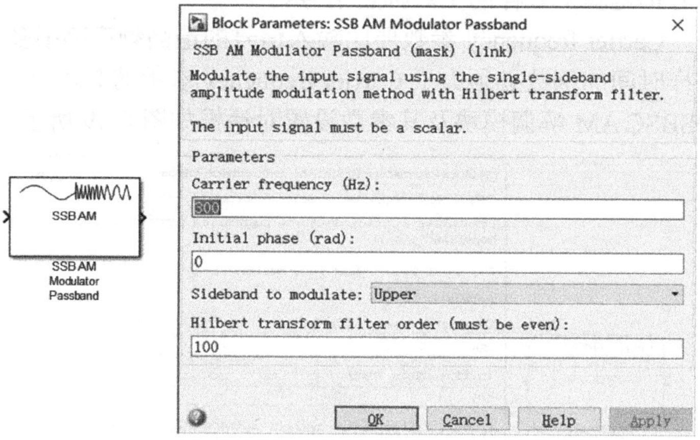

图 6-50　SSB AM 调制模块及其参数设置对话框

模块参数设置对话框中的各参数含义为：

（1）Carrier frequency（Hz）：设定载波频率。

（2）Initial phase（rad）：设定载波初始相位。

（3）Sideband to modulate：传输方式设定项。有 upper 和 lower 两种，分别为上边带传输和下边带传输。

（4）Hilbert Transform filter order：设定用于希尔伯特转化的 FIR 滤波器的长度。

6．SSB AM 解调

SSB AM 解调模块对单边带幅度调制的信号进行调解。输入信号为通带表示的调制信号，输入和输出信号输入和输出均为基于采样的实数标量信号。

在通常情况下，Carrier frequency 参数要比输入信号的最高频率高得多。根据奈奎斯特采样理论，模型中采样时间的倒数必须大于 Carrier frequency 参数的 2 倍。

Simulink 中 SSB AM 解调模块及其参数设置对话框如图 6-51 所示。

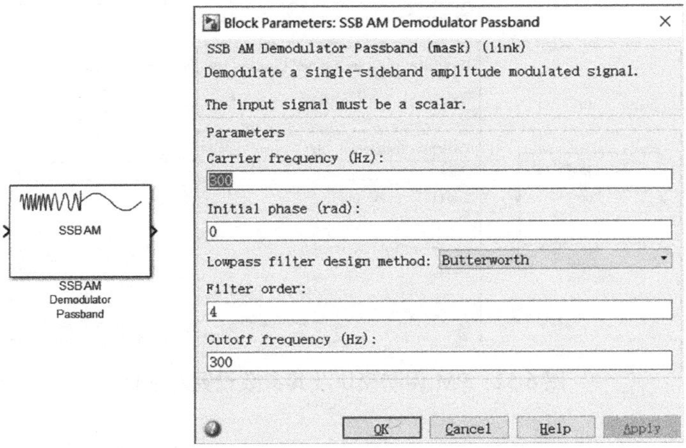

图 6-51　SSB AM 解调模块及其参数设置对话框

模块参数对话框中的各参数含义为：

（1）Carrier frequency（Hz）：SSB AM 解调模块中调制信号的载波频率。

（2）Initial phase（rad）：已调制信号的相位补偿θ。

（3）Lowpass filter design method：滤波器的产生方法，包括 Butterworth、Chebyshev type I、Chebyshev type II 及 Elliptic 等。

（4）Filter order：设定“Lowpass filter design method”选项中选定的数字低通滤波器的滤波阶数。

（5）Cutoff frequency（Hz）：设定“Lowpass filter design method”选项的数字低通滤波器的截止频率。

（6）Passband ripper（dB）：设定通带起伏，为通带中的峰-峰起伏。只有当“Lowpass filter design method”选定为 Chebyshev type I 和 Elliptic 滤波器时，该选项有效。

（7）Stopband ripple（dB）：设定阻带起伏，为阻带中的峰-峰起伏。只有当“Lowpass filter design method”选定为 Chebyshev type II 和 Elliptic 滤波器时，该选项有效。

7．PM 调制

对 PM 调制模块进行通带相位调制。输出为通带表示的调制信号，输出信号的频率随输入幅度变化而变化。输入和输出信号均采用基于采样的实数标量信号。

模块中，如果输入一个时间函数$u(t)$，则输出为$\cos(2\pi f_c t + 2\pi K_c u(t) + \theta)$。其中$f_c$为 Carrier frequency 参数，$\theta$为 Initial phase 参数，$K_c$为 Modulation constant 参数。

在通常情况下，Carrier frequency 参数项要比输入信号的最高频率高得多。根据奈奎斯特采样理论，模型中采样时间的倒数必须大于 Carrier frequency 参数项的两倍。

Simulink 中 PM 调制模块及其参数设置对话框如图 6-52 所示。

模块参数设置对话框中的各参数含义为：

（1）Carrier frequency（Hz）：表示调制信号的载波频率。

（2）Initial phase（rad）：表示发射载波的初始相位。

（3）Frequency deviation（Hz）：表示载波频率的频率偏移。

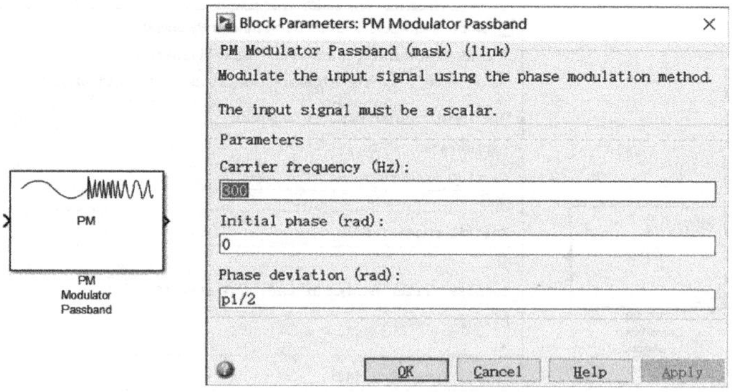

图 6-52　PM 调制模块及其参数设置对话框

8. PM 解调

PM 解调模块对通带相位调制的信号进行解调。输入信号为通带形式的已调信号，输入和输出均为基于采样的实数标量信号。

在解调过程中，模块要使用一个滤波器。为了执行滤波器的希尔伯特转化，载波频率最好大于输入信号采样时间的 10%。

Simulink 中 PM 解调模块及其参数设置对话框如图 6-53 所示。

模块参数设置对话框中的各参数含义为：

（1）Carrier frequency（Hz）：表示调制信号的载波频率。

（2）Initial phase（rad）：表示发射载波的初始相位。

（3）Frequency deviation（Hz）：表示载波频率的相位偏移。

（4）Hilbert transform filter order：表示用于希尔伯特转化的 FIR 滤波器的长度。

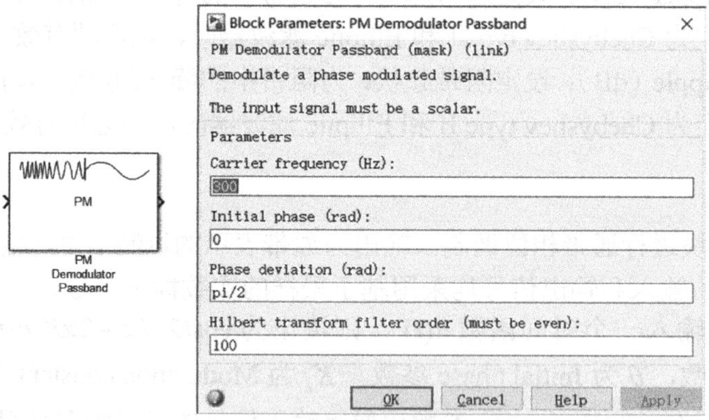

图 6-53　PM 解调模块及其参数设置对话框

9. FM 调制

FM 调制模块用于频率调制。输出为通带形式的调制信号。输出信号的频率随着输入信号的幅度而变化，输入和输出信号均采用基于采样的实数标量信号。

模块中，如果输入一个时间函数 $u(t)$，则输出为 $\cos(2\pi f_c t + 2\pi K_c\int_0^t u(\tau)\mathrm{d}\tau + \theta)$。其中 f_c 为

Carrier frequency 参数，θ 为 Initial phase 参数，K_c 为 Modulation constant 参数。

在通常情况下，Carrier frequency 参数项要比输入信号的最高频率高得多。根据奈奎斯特采样理论，模型中采样时间的倒数必须大于 Carrier frequency 参数项的 2 倍。

Simulink 中 FM 调制模块及其参数设置对话框如图 6-54 所示。

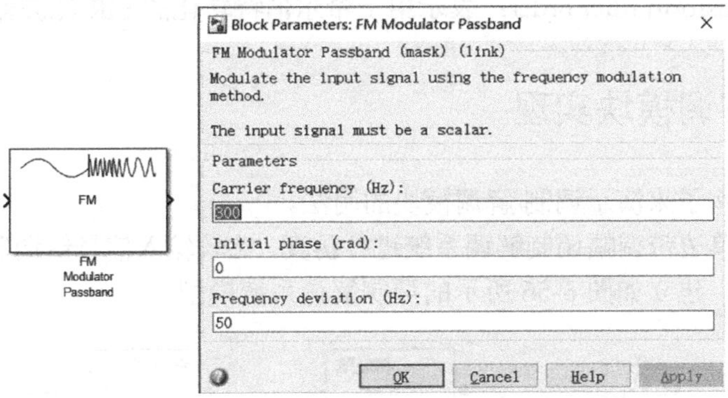

图 6-54　FM 调制模块及其参数设置对话框

参数设置对话框中的各参数含义为：

（1）Carrier frequency（Hz）：表示调制信号的载波频率。

（2）Initial phase（rad）：表示发射载波的初始相位。

（3）Frequency deviation（Hz）：表示载波频率的频率偏移。

10．FM 解调

FM 解调模块对频率调制信号进行解调。输入为通带形式的信号，输入和输出信号均采用基于采样的实数标量信号。

在解调过程中，模块要使用一个滤波器。为了执行滤波器的希尔伯特转化，载波频率最好大于输入信号采样时间的 10%。

在通常情况下，Carrier frequency 参数项要比输入信号的最高频率高得多。根据奈奎斯特采样理论，模型中采样时间的倒数必须大于 Carrier frequency 参数项的 2 倍。

Simulink 中 FM 解调模块及其参数设置对话框如图 6-55 所示。

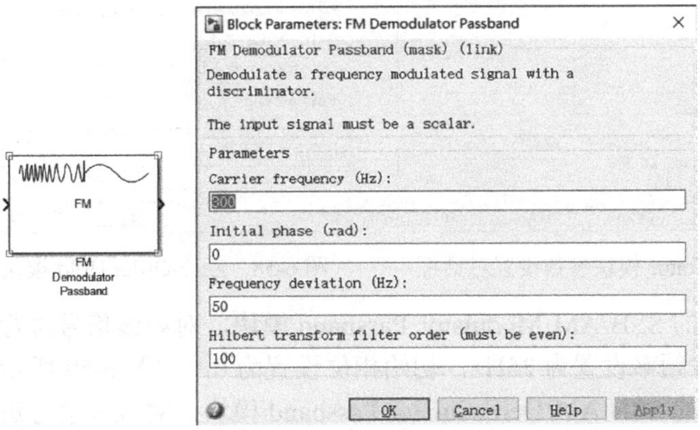

图 6-55　FM 解调模块及其参数设置对话框

参数设置对话框中的各参数含义为：

（1）Carrier frequency（Hz）：表示调制信号的载波频率。

（2）Initial phase（rad）：表示发射载波的初始相位。

（3）Frequency deviation（Hz）：表示载波频率的频率偏移。

（4）Hilbert transform filter order：表示用于希尔伯特转化的 FIR 滤波器的长度。

6.5.4　调制/解调模块实现

下面通过一个例子来演示调制/解调模块的用法。

【例 6-11】 对单边带调幅调制解调系统进行仿真，比较输入信号经调制解调前后的不同。

（1）根据需要，建立如图 6-56 所示的调制解调系统模型。

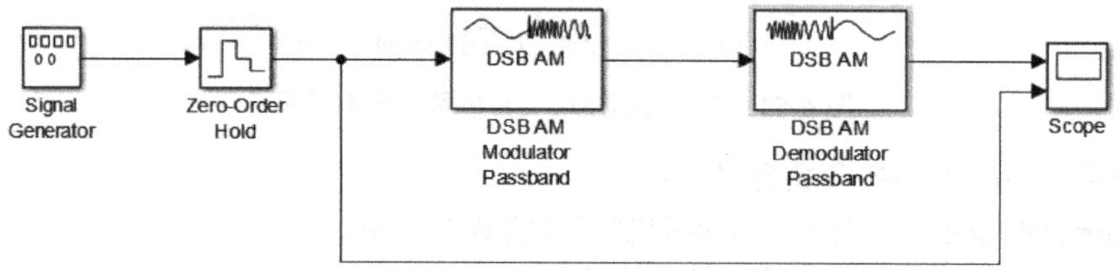

图 6-56　单边带调幅调制解调系统模型

双击图 6-56 中的 Signal Generator 模块，波形选择锯齿波（sawtooth），振幅设置为 4，频率设置为 0.3Hz，如图 6-57 所示。

双击图 6-56 中的 Zero-Order Hold 零阶保持器模块，用于对信号进行离散化，设置采样时间为 0.01s，如图 6-58 所示。

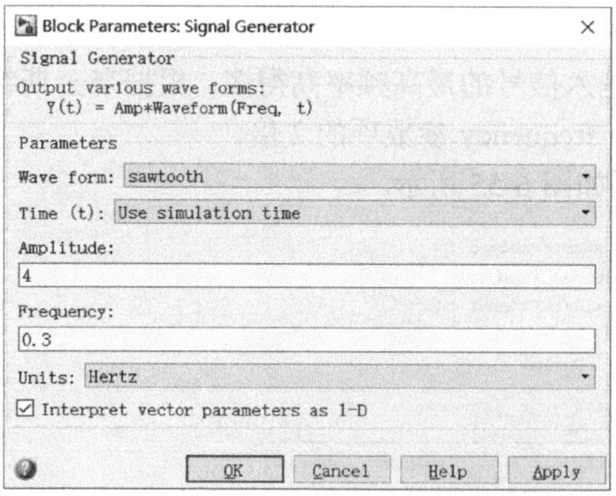

图 6-57　Signal Generator 模块参数设置对话框

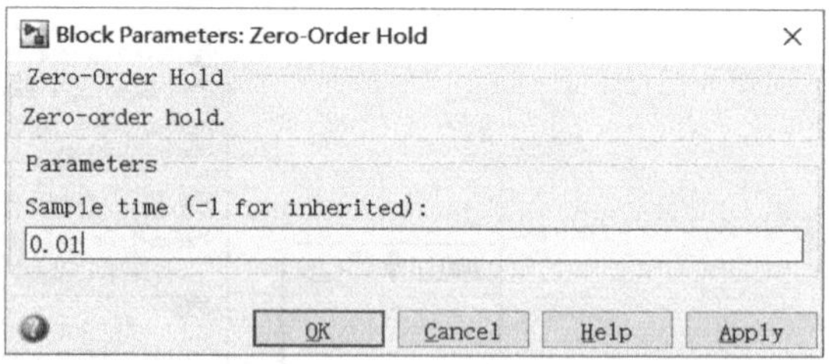

图 6-58　Zero-Order Hold 模块参数设置对话框

双击图 6-56 中的 SSB AM Modulator Passband 模块，对载波信号进行调制。将输入信号偏移设置为 1，载波频率设置为 25Hz，初始相位设置为 0，如图 6-59 所示。

双击图 6-56 中的 SSB AM Demodulator Passband 模块，对载波信号进行解调。载波迟延设置为 25Hz，初始相位设置为 0，截止频率设置为 30，滤波阶数设置为 2，输入信号偏移设置为 1，滤波器的产生方法设置为 Butterworth（低通滤波器），如图 6-60 所示。

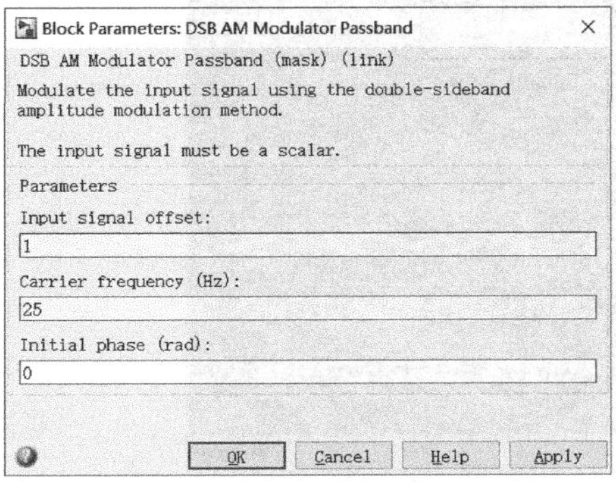

图 6-59　SSB AM Modulator Passband 模块参数设置对话框

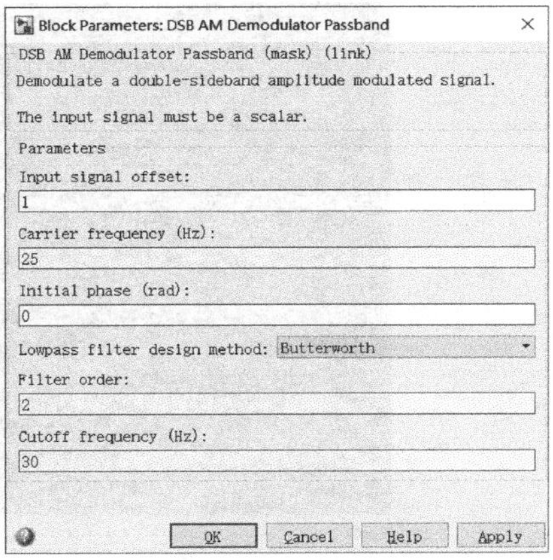

图 6-60　SSB AM Demodulator Passband 模块参数设置

仿真参数采用默认值，运行仿真，系统仿真效果如图 6-61 所示。

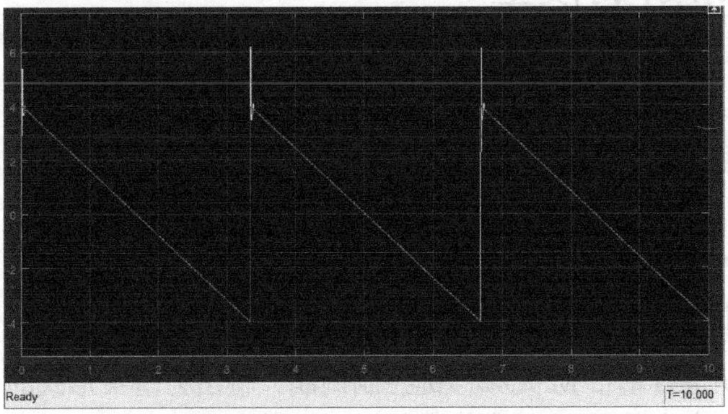

图 6-61　解调器截止频率为 30Hz 时的系统仿真效果

（2）修改解调器的截止频率，观察截止频率对信号的影响。

将其截止频率设置为 49Hz 时，运行仿真，系统仿真效果如图 6-62 所示。可以发现，较高的截止频率会导致解调信号干扰载波信号。

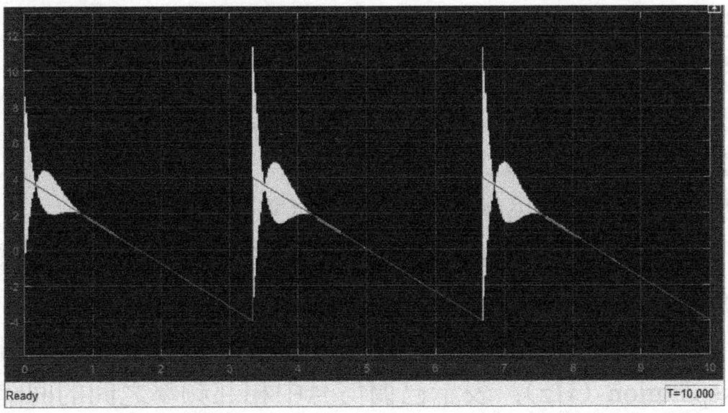

图 6-62　解调器截止为 49Hz 时的系统仿真效果

将其截止频率设置为 4Hz 时，运行仿真，系统仿真效果如图 6-63 所示。

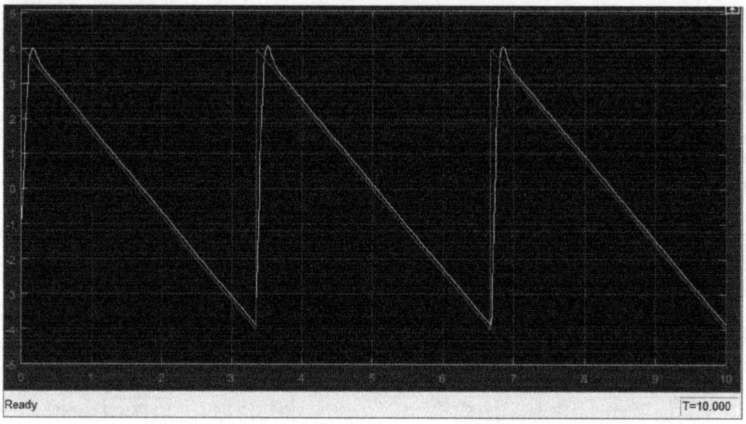

图 6-63　解调器截止频率为 4Hz 时的系统仿真效果

6.6　数字调制/解调模型

6.6.1　数字调制/解调模型介绍

在 MATLAB 中，也提供了很多数字调制解调器的模块，下面分别给予介绍。

1．M-FSK 调制

M-FSK 调制模块进行基带 M 元频移键控制调制。输出为基带形式的已调信号。

“M-ary number”中参数 M 为已调信号频率。

“Frequency separation”为已调信号连续频率之间的间隔。

模块的输入和输出为离散信号。“Input type”决定模块是接收 0 到(M−1)之间的整数，还是二进制形式的整数。

如果“Input type”选为 Integer，那么模块接收整数输入。输入可以是标量，也可以是基于帧的列向量。如果“Input type”选为 Bit，那么模块接收比特组的输入，称为二进制字。输入可以是长度为 K 的向量或基于帧的列向量（长度为 K 的整数倍）。

Simulink 中 M-FSK 调制模块及其参数设置对话框如图 6-64 所示。

模块参数设置对话框中的各参数含义为：

（1）M-ary number：表示信号星座图的点数，M 必须为一个偶数。

（2）Input type：表示输入由整数组成还是由比特组成。如果该项设置为 Bit，那么参数“M-ary number”必须为 2^K，K 为正整数。

（3）Symbol set ordering：设定模块怎样将每一个输入比特组映射到相应的整数上。

（4）Frequency separation（Hz）：表示已调信号中相邻频率之间的间隔。

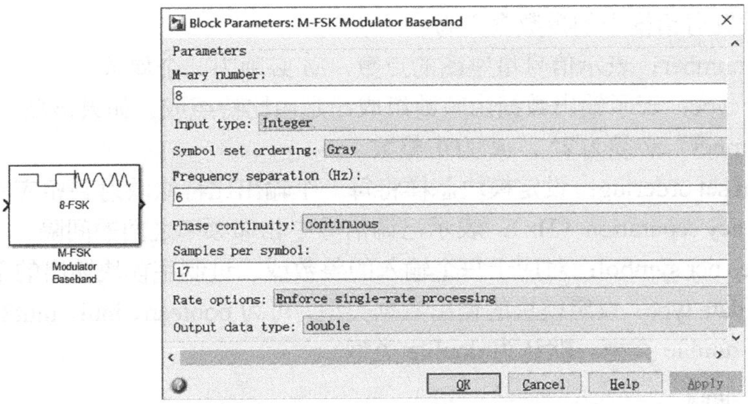

图 6-64　M-FSK 调制模块及其参数设置对话框

（5）Phase continuity：决定已调制信号的相位是连续的还是非连续的。如果该项设置为 Continuous，那么即使频率发生变化，调制信号的相位依然维持不变。如果该项设置为 Discontinuous，那么调制信号由不同频率的 M 正弦曲线构成，这样如果输入值发生变化，那么调制信号的相位也会发生变化。

（6）Samples per symbol：对应于每个输入的整数或二进制字模块输出的采样个数。

（7）Output data type：设定模块的输出数据类型，可为 double 或 single 类型。默认为 double 类型。

2. M-FSK 解调

M-FSK 解调模块进行基带 M 元频移键控制解调。输入为标量或基于采样的向量。

“M-ary number”中参数 M 为已调信号频率。

“Frequency separation”为已调信号连续频率之间隔。

“Output type”决定模块是接收 0～(M−1)之间的整数，还是二进制形式的整数。

如果“Output type”选为 Integer，那么模块接收整数输入，输入可以是标量，也可以是基于帧的列向量。如果“Input type”选为 Bit，那么模块接收 K 比特组的输入，称为二进制字。输入可以是长度为 K 的列向量或者基于帧的列向量（长度为 K 的整数倍）。

Simulink 中 M-FSK 解调模块及其参数设置对话框如图 6-65 所示

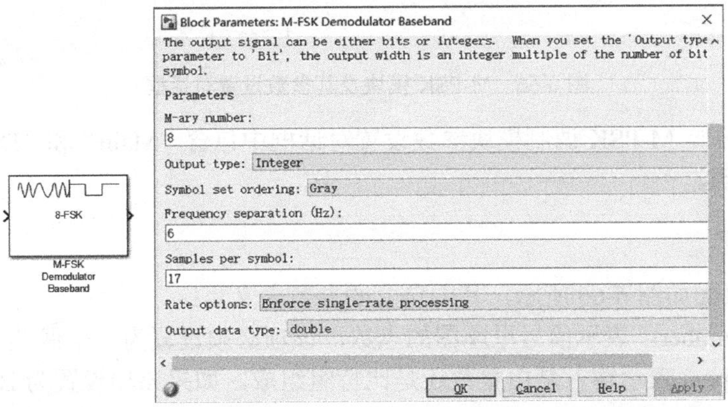

图 6-65　M-FSK 解调模块及其参数设置对话框

模块参数设置对话框中的参数含义为：

（1）M-ary number：表示信号星座图的点数，M 必须为一个偶数。

（2）Output type：表示输出数据由整数组成还是由比特组成。如果该项设置为 Bit，那么参数“M-ary number”必须为 2^K， K 为正整数。

（3）Symbol set ordering：设定模块怎样将每一个输出比特组映射到相应的整数上。

（4）Frequency separation（Hz）：表示已调信号中相邻频率之间的间隔。

（5）Samples per symbol：对应于每个输入的整数或二进制字模块输出的采样个数。

（6）Output data type：设定模块的输出数据类型，可为 boolean、int8、uint8、int16、uint16、int32、uint32 或 double 类型。默认为 double 类型。

3．M-PSK 调制

M-PSK 调制模块进行基带 M 元相移键控制调制。输出为基带形式的已调信号。

“M-ary number”中参数 M 为已调信号频率，系统默认为 8。

模块的输入和输出为离散信号。

“Input type”决定模块是接收 0～(M−1)之间的整数，还是二进制形式的整数。

如果“Input type”选为 Integer，那么模块接收整数输入，输入可以是标量，也可以是基于帧的列向量。如果“Input type”选为 Bit，那么模块接收 K 比特组的输入，称为二进制字。输入可以是长度为 K 的列向量或者基于帧的列向量（长度为 K 的整数倍）。

Simulink 中 M-PSK 调制模块及其参数设置对话框如图 6-66 所示。

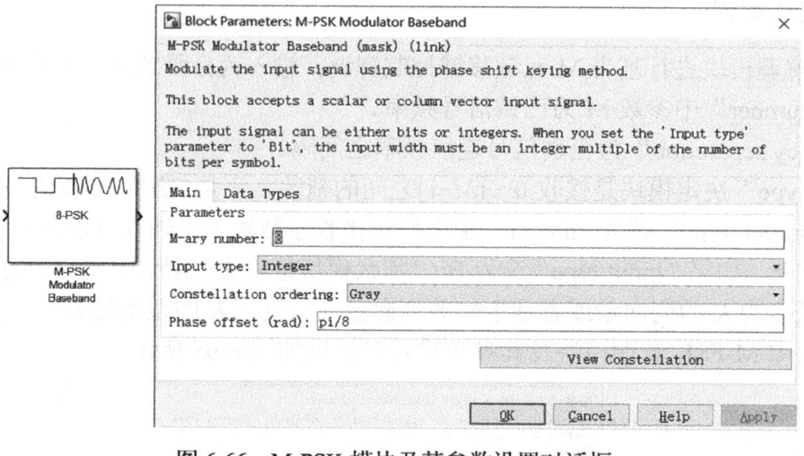

图 6-66　M-PSK 模块及其参数设置对话框

由图 6-65 可知，M-PSK 调制模块参数设置对话框中包含“Main”和“Data Types”两类，默认为“Main”类。

1）“Main”类

“Main”类页面如图 6-66 所示，其中包含的参数含义为：

（1）M-ary number：表示信号星座图的点数，该项必须设置为一个偶数。

（2）Input type：表示输入是由整数还是比特组组成。如果该项设置为 Bit，那么“M-ary number”项必须为 2^K，其中 K 为正整数。此时模块的输入信号是一个长度为 K 的二进制向量，

且有 $K=\log_2 M$ 。如果该项设置为 Integer，那么模块接收范围为[0,M−1]的整数输入。输入可以是标量，也可以是基于帧的列向量。

（3）Constellation ordering：星座图编码方式。如果该项设置为 Binary，MATLAB 把输入的 K 个二进制符号当作一个自然二进制序列；如果该项设置为 Gray，MATLAB 把输入的 K 个二进制符号当作一个 Gray 码。

（4）Constellation mapping：该项只有当“Constellation ordering”项设置为 User-defined 时有效。该项可以是大小为 M 的行或列向量。其中向量的第一个元素对应图中 0+Phase offset 角，后面的元素按照逆时针旋转，最后一个元素对应星座图的点−pi/M+Phase offset。

（5）Phase offset：表示信号星座图中的零点相位。

2）“Data Types” 类

“Data Types”类页面如图 6-67 所示。

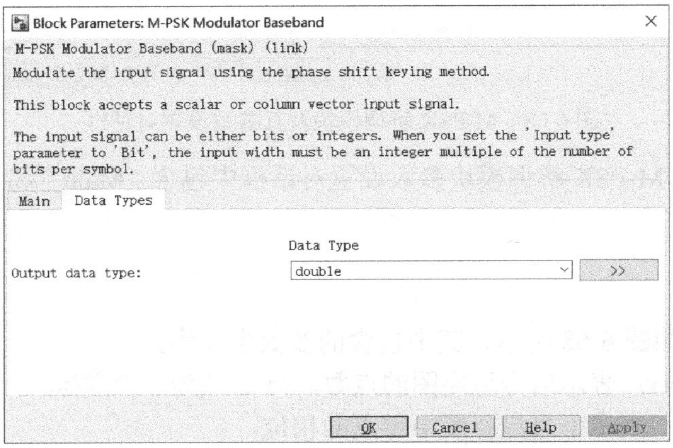

图 6-67 “Data Types”类页面

根据选择不同内容，对应的参数项也不同，主要参数含义为：

（1）Output data type：设定输出数据类型。可以设为 double、single、Fixed-point、User-defined 或 Inherit via back propagation 等多种类型。

（2）Output word length：设定 Fixed-point 输出类型的输出字长。该项只有当“Output data type”设置为 Fixed-point 时有效并可见。

（3）User-defined data type：设定带符号的或定点数据类型。该项只有当“Output data type”设置为 User-defined 时有效并可见。

（4）Set output fraction length to：设定固定点输出比例。该项只有当“Output data type”设置为 Fixed-point 或 User-defined 时有效并可见。

（5）Output fraction length：设定固定点输出数据的分数位数。

4．M-PSK 解调

M-PSK 解调模块进行基带 M 元相移键控制解调。输入为标量或基于采样的向量。

“M-ary number”中参数 M 为已调信号频率。

模块的输入和输出为离散信号。

如果“Output type”选为Integer，那么模块接收整数输入，输入可以是标量，也可以是基于帧的列向量。如果“Output type”选为Bit，那么模块接收K比特组的输入，称为二进制字。输入可以是长度为K的列向量或基于帧的列向量（长度为K的整数倍）。

Simulink中M-PSK解调模块及其参数设置对话框如图6-68所示。

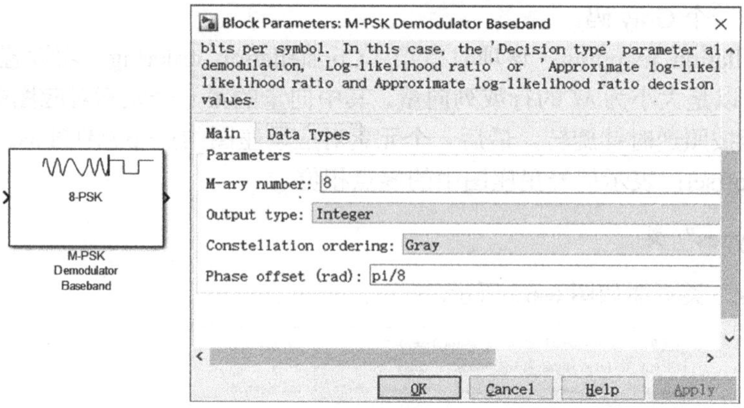

图6-68　M-PSK解调模块及其参数设置对话框

由图6-68可知，M-PSK解调模块参数设置对话框中包含“Main”和“Data Types”两类，默认为“Main”类。

1）“Main”类

“Main”类页面如图6-68所示，其中包含的参数含义为：

（1）M-ary number：表示信号星座图的点数，M必须为一个偶数。

（2）Phase offset：表示信号星座图中零点的相位。

（3）Constellation ordering：星座图编码方式。决定模块怎样将符号映射成输出比特或整数。

（4）Constellation mapping：该项只有当“Constellation ordering”设置为User-defined时有效。该项可以是大小为M的行或列向量。其中向量的第一个元素对应图中0°角，后面的元素按照逆时针旋转，最后一个元素对应星座图的点−pi/M。

（5）Output type：表示输出数据由整数组成还是由比特组成。如果该项设置为Bit，那么参数“M-ary number”必须为2^K，K为正整数。

（6）Decision type：当“Output type”选为Bit时出现本项，用于设定输出为bitwise hard decision、LLR或approximate LLR形式。

（7）Noise variance source：只有当“Decision type”选定为Approximate log-likelihood ratio或Log-likelihood ratio时显示该项。如果选择Dialog，则在“Noise variance”中输入噪声变化。如果选择Port，模块中显示用于设定噪声变化的端口。

（8）Noise variance：当“Noise variance source”设置为Dialog时显示该项，用于设定噪声变化。

2）“Data Types”类

“Data Types”类页面如图6-69所示。

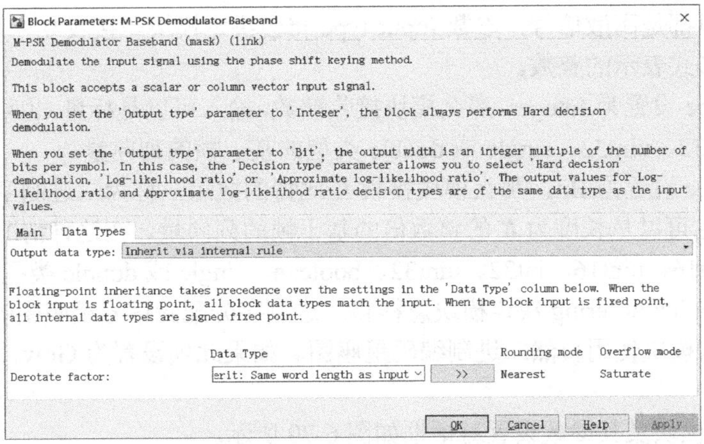

图 6-69 “Data Types”类页面

“Data Types”类包含的参数含义为：

（1）Output：设定输出。对于比特输出，当“Decision type”设置为 Hard decision 时，输出数据类型可以为 Inherit via internal rule、Smallest unsigned integer、double、single、int8、uint8、int16、uint16、int32、uint32、boolean 等。对于整数输出，输出数据类型可以是 Inherit via internal rule、Smallest unsigned integer、double、single、int8、uint8 、int16、uint16、int32、uint32 等。

如果该项设置为 Inherit via internal rule（默认项）时，那么数据的输出类型由输入端决定。如果输入端的输入为 floating-point type 型数据，则输出数据类型相同。如果该项设定为 fixed-point，那么输出数据类型将会和该项设定为 Smallest unsigned integer 时相同。如果该项设定为 Smallest unsigned integer，那么输出数据的类型由模型中结构参数对话框中的“Hardware Implementation”决定。如果“Hardware Implementation”选为 ASIC/FPGA，并且“Output type”为 Bit，那么输出数据类型为 ideal minimum one-bit size。如果“Hardware Implementation”选为 ASIC/FPGA，并且“Output type”设置为 Integer，那么输出数据类型为 ideal minimumize。

（2）Denormalization factor：该项只使用于“M-ary number”设置为 2、4、8，输入为 fixed-point 类型时，“Phase offset”选为非平凡（即该项当 M=2 时为 π/2 的整数倍；当 M=4 时为 π/4 的奇数倍；当 M=8 时为任意值）的情况。该项有两个可选项：Same word length as input 和 Specify word length。选定后出现设置对话框。在输出为比特的情况下如果“Decision type”设定为 Log-likelihood ratio 或 Approximate log-likelihood ratio 类型时，输出与输入的数据类型相同。

5. M-PAM 调制

Simulink 对数字幅度调制提供了 General QAM Modulator Baseband、M-PAM Modulator Baseband、Rectangular QAM Modulator Baseband 等多个模块。以下以 M-PAM Modulator Baseband 模块进行介绍。

M-PAM Modulator Baseband 称为 M 相基带幅度调制模块，该模块用于基带 M 元脉冲的幅度调制。模块的输出为基带形式的已调制的信号。模块中，“M-ary number”中的参数 M 为信号星座图的点数，而且必须是偶数。

模块使用默认的星座图映射方式，将位于 0～（M−1）的整数 X 映射为复数值[$2X-M+1$]。

模块的输入和输出都是离散信号，参数 Input type 将会决定模块是接收 0～（M−1）的整数，还是接收二进制形式表示的整数。

如果 Input type 设置为 Integer，那么模块接收整数，输入可以是标量，也可以是 int8、uint8、int16、uint16、int32、uint32、single 或 double 类型的基于帧的列向量。

如果 Input type 设置为 Bit，那么模块接收 K 比特的数组，称为二进制字。输入可以是长度为 K 的向量，也可以是长度为 K 的整数倍的基于帧的列向量。在这种情况下，模块可以接受 int8、uint8、int16、uint16、int32、uint32、boolean、single 或 double 类型的数据。

参数 Constellation ordering 决定模块怎样将二进制字分配到信号星座图的点。如果此项设置为 Binary，那么模块使用自然二进制编码星座图。如果此项设置为 Gray，那么模块使用格雷码星座图。

M-PAM 调制模块及其参数设置对话框如图 6-70 所示。

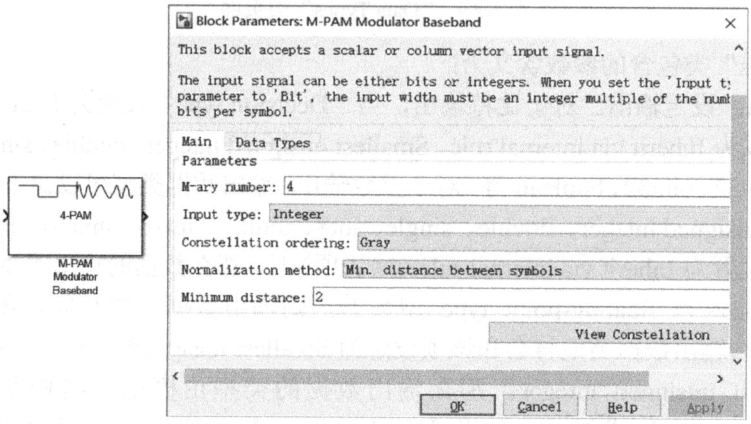

图 6-70　M-PAM 调制模块及其参数设置对话框

由图 6-70 可知，M-PAM 调制模块参数设置对话框中包含“Main”和“Data Types”两类，默认为“Main”类。

1）“Main”类

“Main”类页面如图 6-70 所示，其中包含的参数含义为：

（1）M-ary number：表示信号星座图的点数，该项必须设置为一个偶数。

（2）Input type：表示输入是由整数（Integer）还是比特组（Bit）组成。如果该项设置为 Bit，那么“M-ary number”项必须为 2^K，其中 K 为正整数。

（3）Constellation ordering：该项决定怎样将输入的比特组映射成相应的整数。

（4）Normalization method：该项决定怎样测量信号的星座图，有 Min.distance between symbols、Average Power 和 Peak Power 等可选项。

（5）Minimum distance：表示星座图中两个距离最近点间的距离。该项只有当“Normalization method”选为 Min.distance between symbols 时有效。

（6）Average power(watts)：星座图中符号的平均功率，该项只有当“Normalization method”选为 Average Power 时有效。

（7）Peak power(watts)：星座图中符号的最大功率，该项只有当“Normalization method”

选为 Peak Power 时有效。

2）“Data Types” 类

“Data Types” 类页面如图 6-71 所示。

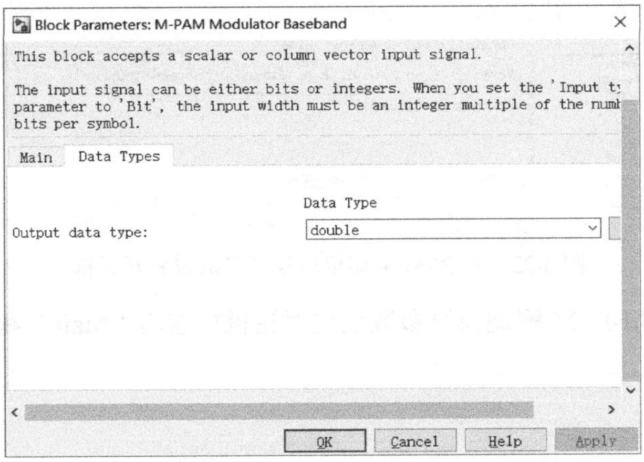

图 6-71 “Data Types” 类页面

根据选择不同内容，对应的参数项也不同，主要参数含义为：

（1）Output data type：设定输出数据类型。可以设置为 double、single、Fixed-point、User-defined 或 Inherit via back propagation 等多种类型。

（2）Output word length：设定 Fixed-point 输出类型的输出字长。该项只有当“Output data type”选为 Fixed-point 时有效并可见。

（3）User-defined data type：设定带符号的或定点数据类型。该项只有当“Output data type”选为 User-defined 时有效并可见。

（4）Set output fraction length to：设定固定点输出比例。该项只有当“Output data type”选为 Fixed-point 或 User-defined 时有效并可见。

（5）Output fraction length：设定固定点输出数据的分数位数。

6. M-PAM 解调

Simulink 中对数字幅度解调提供了 General QAM Demodulator Baseband、M-PAM Demodulator Baseband、Rectangular QAM Demodulator Baseband 等多个模块。以下以 M-PAM Demodulator Baseband 模块进行介绍。

M-PAM Demodulator Baseband 称为 M 相基带幅度解调模块，该模块用于基带 M 元脉冲幅度调制的解调。模块的输入为基带形式的已调制信号。

Output type 项将会决定模块是产生整数，还是二进制形式表示的整数。如果“Output type”设置为 Integer，那么模块输出整数。如果“Output type”设置为 Bit，那么模块输出 K 比特的组，称为二进制字。“Constellation ordering”决定模块怎样将二进制字分配到信号星座图的点。

M-PAM 解调模块及其参数设置对话框如图 6-72 所示。

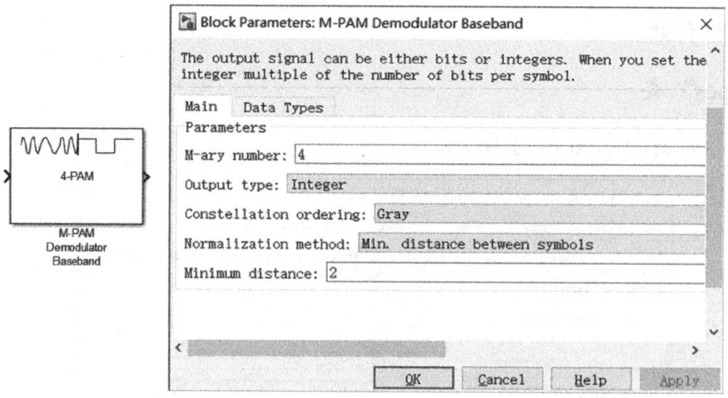

图 6-72　M-PAM 解调模块及其参数设置对话框

由图 6-72 可知，M-PAM 解调模块参数设置对话框中包含“Main”和“Data Types”两类，默认为“Main”类。

1）“Main”类

“Main”类页面如图 6-72 所示，其中包含的参数含义为：

（1）M-ary number：表示信号星座图的点数，该项必须设置为一个偶数。

（2）Output type：表示输出是由整数（Integer）还是比特组（Bit）组成。如果该项设置为 Bit，那么“M-ary number”项必须为 2^K，其中 K 为正整数。

（3）Constellation ordering：该项决定怎样将输出的比特组映射成相应的整数。该项只有在“Output type”设定为 Bit 时有效。

（4）Normalization method：该项决定怎样测量信号的星座图，有 Min.distance between symbols、Average Power 和 Peak Power 等可选项。

（5）Minimum distance：表示星座图中两个距离最近点间的距离。该项只有当“Normalization method”选为 Min.distance between symbols 时有效。

（6）Average power(watts)：星座图中符号的平均功率，该项只有当“Normalization method”选为 Average Power 时有效。

（7）Peak power(watts)：星座图中符号的最大功率，该项只有当“Normalization method”选为 Peak Power 时有效。

2）“Data Types”类

“Data Types”类页面如图 6-73 所示。

“Data Types”类中包含的参数含义为：

（1）Output data type：输出设定选项。当参数设定为 Inherit via internal rule（默认）时，模块的输出数据类型由输入端决定。当输入数据为 single 或 double 类型时，输出与输入类型相同。否则输出数据类型将会和该项设定为 Smallest unsigned integer 情况相同。

当参数设定为 Smallest unsigned integer 时，输出数据的类型由模型中结构参数对话框中的“Hardware Implementation”项决定。如果“Hardware Implementation”项选为 ASIC/FPGA，输出为满足期望最小长度的最小字长无符号整数。

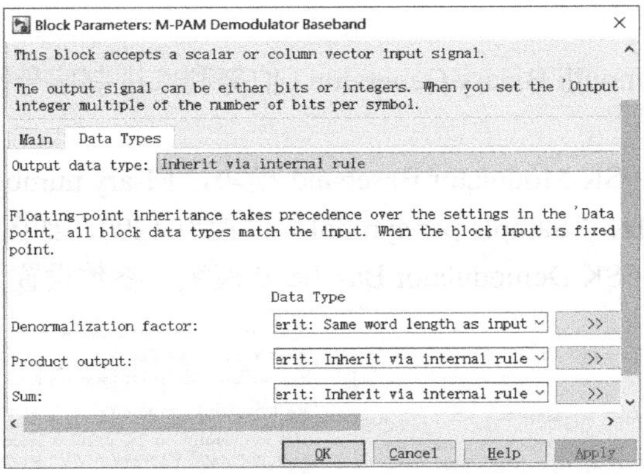

图 6-73　“Data Types”类页面

（2）Denormalization factor：可以选定为 Sample word length ad input 或 Specify word length，选定后将会出现一个输入框。

（3）Product output：可以选定为 Inherit via internal rule 或 Specify word length，选定后将会出现一个输入框。

（4）Sum：可以选定为 Inherit via internal rule、Same as product output 或 Specify word length，选定后将会出现一个输入框。

6.6.2　数字调制/解调模型实现

下面通过一个例子来综合实现数字调制/解调模型的用法。

【例 6-12】 FSK 频移键控是一种标准的调制技术，它将数字信号加载到不同频率的正弦载波上。试建立一个用于基带信号的频移键控仿真模型。

（1）根据需要，建立如图 6-74 所示的频移键控仿真模型。

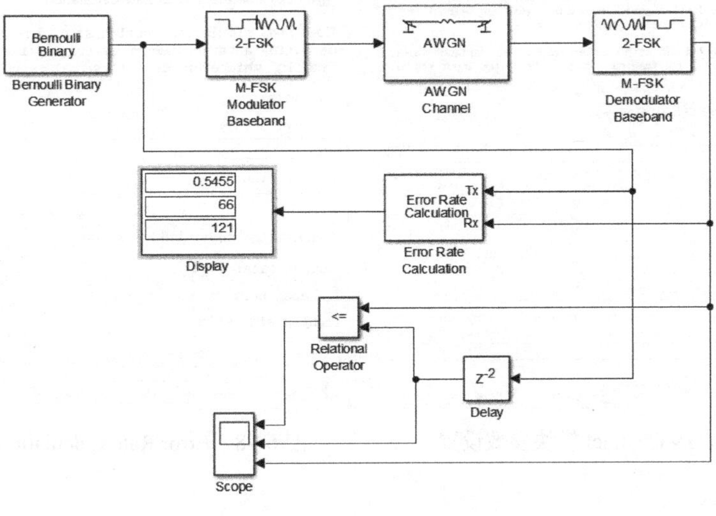

图 6-74　频移键控仿真模型

（2）参数设置。

双击图 6-74 中的 Bernoulli Binary Generator（伯努利二进制信号发生器）模块，将采样时间设置为 1/1200。

双击图 6-74 中的 M-FSK Modulator Baseband 模块，“M-ary number”设置为 2，“Frequency separation”设置为 1000Hz，“Sample per symbol”设置为 1200，如图 6-75 所示。

双击图 6-74 中的 M-FSK Demodulator Baseband 模块，参数设置如图 6-76 所示。

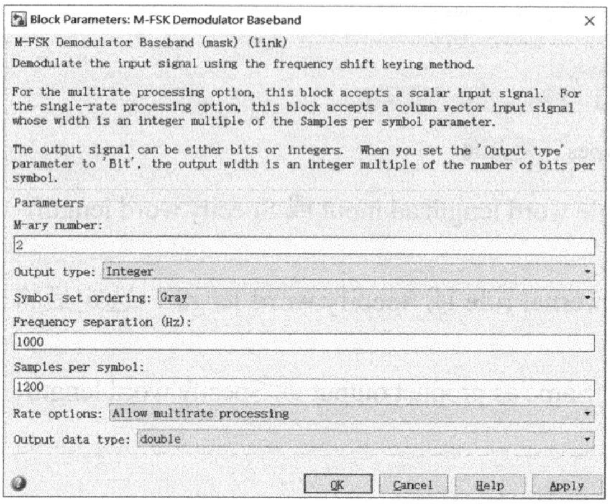

图 6-75　M-FSK Modulator Baseband 模块参数设置

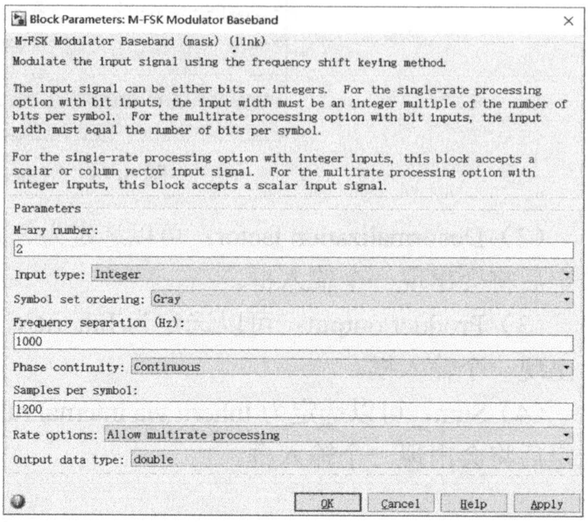

图 6-76　M-FSK Demodulator Baseband 模块参数设置

双击图 6-74 中的 AWGN Channel（高斯白噪声信道）模块，“Eb/No”设置为 10dB，“Symbol period”为 1/1200s，如图 6-77 所示。

双击图 6-74 中的 Error Rate Calculation（误码计算）模块，“Output data”（输出数据）设置为 port 端口，如图 6-78 所示。

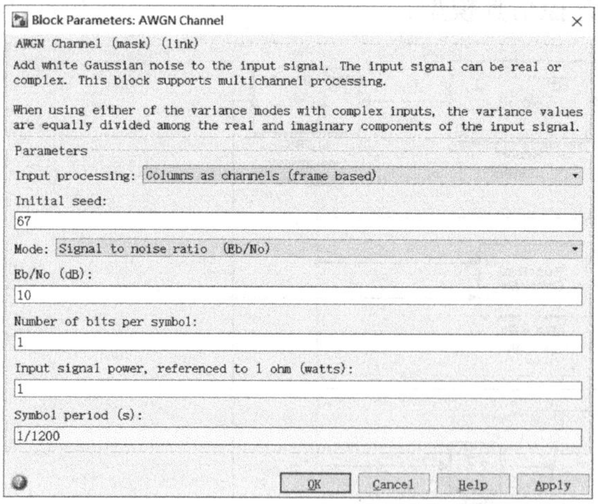

图 6-77　AWGN Channel 模块参数设置

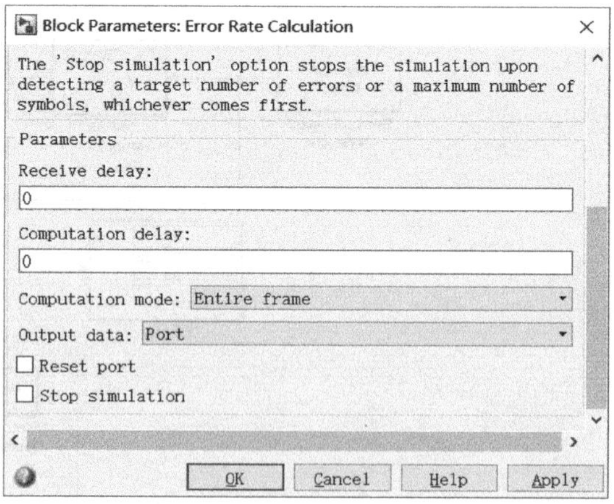

图 6-78　Error Rate Calculation 模块参数设置

（3）运行仿真。

设置仿真时间为 0.1s，运行系统仿真模型，可看到 Display 模块显示了如图 6-74 所示的数据，即误码率为 0.5455，误码数为 66，总码数为 121。系统仿真效果如图 6-79 所示。

图 6-79　系统仿真效果

在图 6-79 中，第一个为接收信号与经延迟后的源信号的比较结果，第二个为经延迟后的源信号波形，第三个为接收到的信号波形。

第 7 章　MATLAB/Simulink 模糊控制系统仿真

模糊逻辑是指模仿人脑的不确定性概念判断、推理思维方式，对于模型未知或不能确定的描述系统，以及强非线性、大滞后的控制对象，应用模糊集合和模糊规则进行推理，表达过渡性界限或定性知识经验。模拟人脑方式，实行模糊综合判断，推理解决常规方法难以对付的规则型模糊信息问题。模糊逻辑关于表达界限不清晰的定性知识与经验，借助于规则型推理，解决因“排中律”的逻辑破缺产生的种种不确定问题。

7.1　模糊理论的概述

模糊理论的基础是模糊集合理论，在此基础之上发展起来的模糊关系、模糊逻辑、模糊语言、模糊推理是模糊理论的重要组成部分。

7.1.1　模糊集合

在经典集合论中，一个元素与一个集合之间的关系只有“属于”和“不属于”两种情况，如“不大于 3 的自然数”是一个清晰明确的概念。但是，实际生活中也会遇到一些不明确的概念，即模糊集合，如“比 3 大得多的自然数”就是一个模糊概念。

1．模糊集合的概念

L. A. Zadeh 用隶属函数来表示模糊集合，用模糊集合来表示模糊概念。经典集合理论中，一个元素对一个集合的隶属度智能取 0 和 1 用于代表“属于”和“不属于”，而模糊集合理论则表明隶属度可以是区间[0,1]中的任意一个数值。

对于论域U中的模糊集合A，以隶属函数μ_A表征，有如下映射：

$$\mu_A : U \rightarrow [0,1]$$

$\mu_A(u)$称为U对A的隶属度，它表示论域U中元素u属于模糊集合A的程度，可以在区间[0,1]上连续取值，可简记为$A(u)$。

注意：

（1）$\mu_A(u)$的值越接近 1，表示u从属于A的程度越大；反之，$\mu_A(u)$的值越接近于 0，则表示u从属于A的程度越小。

（2）当$\mu_A(u)$的值域为{0,1}时，模糊集合A也就蜕变为一个经典集合。可以看出，模糊集合实际上就是经典集合的一个扩充。

2．模糊集合的表示法

对于论域U上的模糊集合A，通常有如下 4 种表示方法。

（1）Zadeh 法。

当U为离散有限域$\{u_1,u_2,\cdots,u_n\}$时，按照 Zadeh 表示法有：

$$A=\frac{A(u_1)}{u_1}+\frac{A(u_2)}{u_2}+\frac{A(u_n)}{u_n}$$

其中，$\frac{A(u_i)}{u_i}$并不代表分式，而是表示元素u_i对集合A的隶属度$\mu_A(u_i)$和元素u_i本身的对应关系。加号也不表示加法运算，而表示集合A全体元素间排序与整体之间的关系。

当U是连续有限域时，按照 Zadeh 表示法有：

$$A=\int_u \frac{\mu_A(u)}{u}$$

（2）矢量法。

如果单独将论域U中的元素对应的隶属度值写成矢量形式来表示模糊集合A，则可以表示为

$$A=(A(u_1),A(u_2),\cdots,A(u_n))$$

注意：隶属度为 0 的项不能省略。

（3）序偶法。

如果将论域U中的元素与其对应的隶属度值组成序偶，则可以为

$$A=\{<u_1,A(u_1)>,<u_2,A(u_2)>,\cdots,<u_n,A(u_n)>\}$$

（4）函数法。

隶属函数表示元素对集合的从属程度大小，所以完全可以用隶属函数曲线来表示一个模糊集合。例如，以年龄做论域，取$U=[0,200]$，Zadeh 给出了“年老”O和“年轻”Y两个模糊集合的隶属函数表达式，分别为

$$\mu_O(u)=\begin{cases}0 & 0\leqslant u\leqslant 50\\ \left[1+\frac{(u-50)^{-2}}{5}\right]^{-1} & 50<u\leqslant 200\end{cases}$$

$$\mu_Y(u)=\begin{cases}1 & 0\leqslant u\leqslant 25\\ \left[1+\frac{(u-25)^{-2}}{5}\right]^{-1} & 25<u\leqslant 200\end{cases}$$

7.1.2 模糊关系

描述其元素之间相关程度的数学模型称为模糊关系。如果两个非空集合U和V之间的模糊关系，可以由模糊集合R来描述，其隶属函数为

$$u_R=U\times V\rightarrow[0,1]$$

例如，设A、B为实数集合，$a\in A$，$b\in B$，则模糊关系“b与a大致相等”可以用下面的隶属函数表示：

$$u_R(a,b)=\begin{cases}\dfrac{1}{1+(a+b)^4} & |b-a|\leqslant 5\\ 0 & \text{其他}\end{cases}$$

7.1.3 模糊逻辑

传统经典逻辑中，所谓命题就是可以明确判断其真假的陈述句。然而，实际生活中，不是所有陈述都是清晰明确的。例如“他很年轻”、“今天有点冷”等，其中“很年轻”和“有点冷”都是模糊概念，无法直接用“真”或“假”来判断。

对于含有模糊概念的对象，只能采用基于模糊集合理论的模糊逻辑系统来描述。所谓模糊合理，是指含有模糊概念或者是带有模糊性的陈述句，例如“他是胖小子”。

模糊命题的一般形式为

$$A\text{:e is F}$$

式中，e——模糊变量；

F——某一个模糊概念所对应的模糊集合。

模糊命题的真值由该模糊变量对模糊集合的隶属程度来表示：

$$A=\mu_F(e)$$

7.1.4 模糊语言

一般来说，含有模糊概念的语言就是模糊语言。模糊语言也具有它自己的组成要素和语法规则，将这些赋予计算机，就能使计算机在一定程度上具有判断和处理模糊信息的能力，也就是提高了机器的智能特性。

1. 单词

单词是语言的基本要素，也是表达概念的最小单位，它是不可分割的。对于一个给定的论域U，与U相关的一类单词就构成了一个集合A。语义是通过A到U的模糊关系R来表达的。例如，论域U为气温，单词u为“高温”，元素a为“日最高气温”，则有：

$$R(u,a)=\mu_A(a)$$

2. 词组

由连接词“或”“且”将两个或多个单词相连，或者在单词前面加“非”，即可构成词组。例如：

人=男人或女人

非机动车=（非）机动且车子

3. 语言算子

模糊语言也有自己的算子，分为语气算子、模糊化算子、判断算子等。

（1）语气算子。

用于表达语言中对某一个单词或词组的确定性程度，如“很”“非常”“十分”等强化算子，也有“稍微”“有点”等淡化算子，其一般形式为

$$(HA)(u)=\left[A(u)\right]^{\lambda}$$

式中，λ——一正实数。当$\lambda>1$时，H为强化算子，否则为淡化算子。

（2）模糊化算子。

用来使语言中的某些清晰概念模糊化，或使模糊概念模糊化程度增大，如“大概”“可能”等。

（3）判断算子。

用来将模糊概念清晰化，如“多半是”“倾向”等。

4．语言值

语言系统中，那些与数值有直接联系的词，如“长”“短”“多”“少”“高”“低”等，或加上语言算子派生出来的词，如“不太胖”“很大个”等都被称为语言值。

注意：语言值一般都是模糊的，但在应用中往往按其论域做离散化处理。

5．语言变量

对于以实数或其子集为论域的单词，以及由它们按一定方式排成形成的词组，可以用模糊语言变量来表示。语言变量为一个五元体，即

$$S=(X,T(X),U,G,M)$$

式中，X——语言变量的名称；

$T(X)$——语言变量语言值名称的集合；

U——论域；

G——语法规则；

M——语义规则。

7.1.5　模糊推理

模糊控制的规则是用模糊语言来描述的，通常这些规则是人们在实际工作中的经验，而人们无法清晰地对其进行描述。模糊控制规则有以下三种常用的条件语言形式：

（1）if A then B；

（2）if A then B else C；

（3）if A and B then C。

所谓推理，就是根据已知的一些命题，按照一定的规则，去推断一个新命题的思维过程。传统的二值逻辑进行推理时，其结论是确定的，然而模糊推理不是这样的。

模糊推理是一种不确定的推理方式，其基础是模糊逻辑，它以模糊判断为前提，运用模糊语言规则，推断出一个新的模糊结论。例如：

大前提：美丽就是漂亮

小前提：李小组是个美丽的姑娘

结论：李小姐是个漂亮的姑娘

事实上，上述推理仍然是精确推理，与传统逻辑推理还是一样的。但对下面的例子就无法像传统逻辑一样进行推理：

大前提：高个子跳得高

小前提：小文应该算是高个子

结论：小文也许跳得很高

这种结论不是从前提中严格推出来而是近似逻辑地推出结论的方法，通常称为近似推理。模糊推理就是一种近似推理。常用模糊推理有 Zadeh 法、Mamdani 法两种。

（1）Zadeh 法。

设模糊蕴含关系"如果 A 则 B"用 $A \to B$ 表示，且 $A \in U$，$B \in V$，则 $A \to B$ 是 $U \times V$ 上的模糊关系，即

$$(A \to B)(u,v) \triangleq R(u,v) \in U \times V$$

（2）Mamdani 法。

Mamdani 模糊蕴含关系 $A \to B$ 用 A 和 B 直积表示，即

$$A \to B = A \times B$$

7.1.6 模糊控制系统的组成

随着系统复杂程度的提高，建立在精确数学模型上的传统控制方法难以满足实时控制的要求。而模糊控制是建立在人工经验基础上的，不需要了解被控对象的精确数学模型，它能完成传统控制方法所不能完成的任务。

系统，通常是指两个以上彼此联系又相互作用的对象所构成的具有某种功能的集体。模糊系统，是指其状态、输入或输出具有模糊性。模糊控制系统的组成核心是模糊控制器，其基本结构如图 7-1 所示。

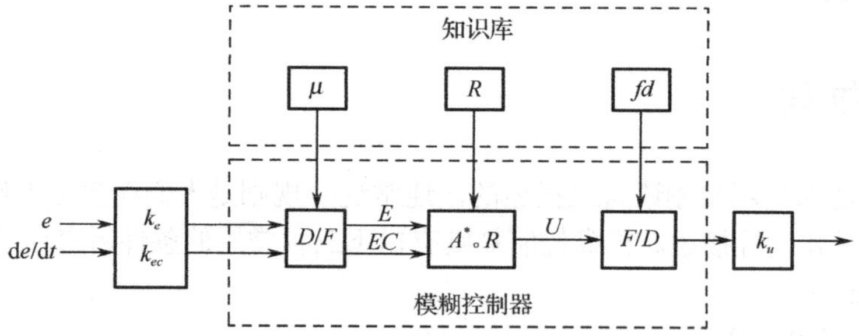

图 7-1 模糊控制系统结构图

图中，μ——隶属函数库，存储把数字量转换成模糊量时使用的隶属函数；

R——控制规则库，存储进行近似推理的 F 条件语句及近似推理的算法；

fd——清晰化方法库，存储对模糊量进行清晰化处理时使用的算法；

D/F——模糊化模块，完成清晰量转换成模糊量的运算；

$A^* \circ R$——完成根据输入模糊量 A^*（由两个模糊分量 E 和 EC 构成）进行近似推理运算，得出模糊量 U；

F/D——清晰化（或反模糊化）模块，完成把模糊量 U 转换成清晰量的运算。

在图 7-1 中，最左边由 k_e 和 k_{ec} 构成“量化因子”模块；最右边的 k_u 是“比例因子”模块。这两个模块对模糊控制器输入、输出的清晰值信号具有比例缩放作用，是模糊控制器的输入、输出接口，它们除了使其前后模块匹配外，还有改善模糊控制器某些性能的作用。

模糊逻辑控制器由三个核心部分组成：模糊化（D/F）模块、近似推理（$\circ R$）模块和清晰化（F/D）模块。为了使它们能跟输入、输出的清晰量相匹配，在模糊化模块之前设有“量化因子”模块，在清晰化模块之后设有“比例因子”模块。

1．模糊化过程

模糊化过程主要需要完成：测量输入变量的值，并将数字表示形式的输入量转化为模糊语言表示的某一值。对于某一输入值，必须与某一语言值的隶属程度相对应。模糊化过程一般将隶属函数作为模糊化函数，图 7-2 列出了 3 种常用模糊化函数。

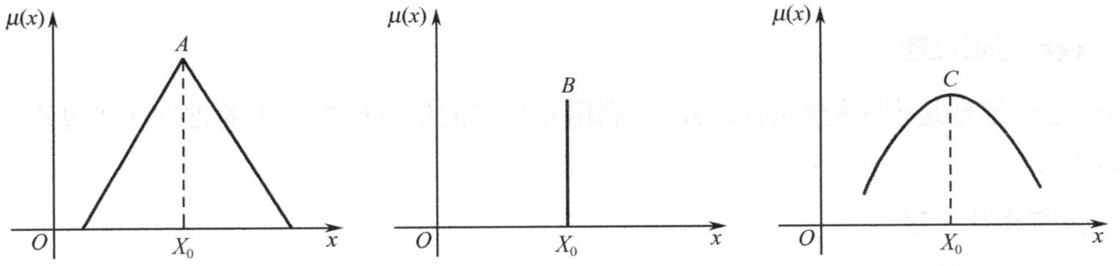

（a）三角型　　（b）直线型　　（c）高斯型

图 7-2　模糊化函数

当模糊集合设计完成后，对于任意输入值，根据模糊集合的分布情况确定此输入值对应的隶属度，就完成了将输入值模糊化的工作。

2．知识库

知识库包括数据库和规则库。数据库提供必要的定义，包含语言控制规则论域的离散化、量化和正则化以及输入控件的分区、隶属度函数的定义等。规则库则根据控制目的和控制策略给出一套由语言变量描述的控制规则集合。

模糊规则表示为“if…then…”条件语句。在应用中，通常将采用的模糊规则用模糊控制规则表的形式表示出来，如表 7-1 所示。

表 7-1　模糊控制规则表

	U						
E \ EC	NB	NM	NS	ZO	PS	PM	PB
NB	PB	PB	PB	PB	PM	ZO	ZO
NM	PB	PB	PB	PB	PM	ZO	ZO
NS	PM	PM	PM	PM	ZO	NS	NS
ZO	PM	PM	PS	ZO	NS	NM	NM
PS	PS	PS	ZO	NM	NM	NM	
PM	ZO	ZO	NM	NB	NB	NB	NB
PB	ZO	ZO	NM	NB	NB	NB	NB

其中几个常用的模糊语言变量的符号表示为：

NB（Negative Big）：负大。

NM（Negative Medium）：负中。

NM（Negative Small）：负小。

ZO（Almost Zero）：几乎为零。

PS（Positive Small）：正小。

PM（Positive Medium）：正中。

PB（Positive Big）：正大。

由表7-1可以产生类似于下面的规则：

if *E* is NB and *EC* is NB then *U* is PB

其中，*E*、*EC* 为两个输入变量，*U* 为输出变量。

3．模糊逻辑推理

模糊逻辑推理是模糊控制的核心，它利用知识库的信息模拟人类的推理决策过程，给出合适的控制量。

4．反模糊化过程

反模糊化过程，即精确化过程。通过模糊推理得到的结果是一个模糊集合，但在实际控制过程中，需要有一个确定的值才能去控制或驱动执行机构。在推理得到的模糊集合中，取一个能最佳代表这个模糊推理结果可能性的精确值的过程就是反模糊化过程。

常用的精确化计算方法有以下3种。

（1）最大隶属度函数法。

简单地取所有规则推理结果的模糊集合中隶属度最大的那个元素作为输出值。如果在输出论域V中，其最大隶属度函数对应的输出值多于一个，简单的方法是取所有具有最大隶属度输出的平均，即

$$v_0 = \frac{1}{J}\sum_{j=1}^{J} v_j$$

$$v_j = \max_{v \in V}(\mu_0(v))$$

$$J = \left|\{v\}\right|$$

最大隶属度函数法不考虑输出隶属度函数的形状，只关心其最大隶属度处的输出值，因此，难免会丢失许多信息。但它的突出优点是计算简单，所以在一些控制要求不同的场合，采用最大隶属度函数是非常方便的。

（2）重心法。

重心法是取模糊隶属度函数曲线与横坐标围成面积的重心为模糊推理最终输出值，即

$$v_0 = \frac{\int_V v\mu_v(v)\mathrm{d}v}{\int_V \mu_v(v)\mathrm{d}v}$$

与最大隶属度函数法相比，重心法具有更平滑的输出推理控制。

（3）加权平均法。

加权平均法的最终输出值是由下式决定：

$$v_0 = \frac{\sum_{i=1}^{m} v_i k_i}{\sum_{i=1}^{m} k_i}$$

其中，系数 k_i 的选择要根据实际情况而定，不同的系数就决定系统有不同的响应特性。当该系数 k_i 取为 $\mu_v(v_i)$ 时，就转化为重心法了。

7.2 模糊逻辑控制函数

在 MATLAB 中，提供了相关函数用于实现模糊逻辑控制，下面分别对这些函数作介绍。

7.2.1 高斯型隶属函数

高斯隶属函数的数学表达式为

$$f(x;\sigma;c) = \mathrm{e}^{-\frac{(x-c)^2}{2\sigma^2}}$$

式中，σ, c——参数；

x——自变量。

在 MATLAB 中，提供了 gaussmf 函数用于实现高斯隶属函数。函数的调用格式为：

```
y = gaussmf(x,[sig c]);
```

其中，参数 x 指定变量的论域的范围，参数 sig 决定了函数曲线的宽度 σ，c 决定了函数的中心点。

【例 7-1】 利用 gaussmf 函数创建高斯型分布的隶属函数曲线。

其实现的 MATLAB 代码为：

```
>> clear all;
x=0:0.1:10;
y=gaussmf(x,[2 5]);
plot(x,y);
xlabel('高斯型分布, P=[2 5]');
```

运行程序，系统仿真效果如图 7-3 所示。

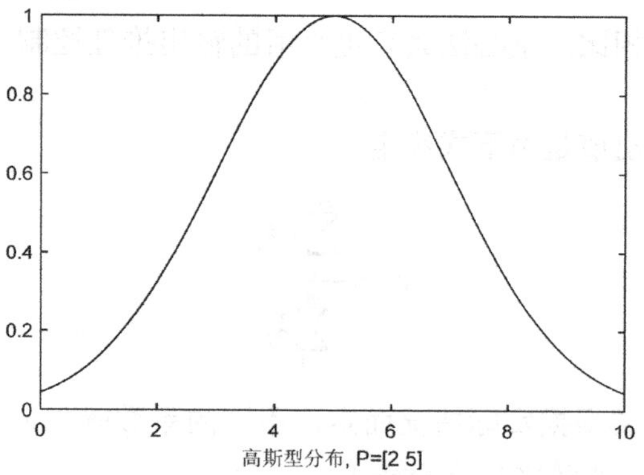

图 7-3　高斯隶属函数系统仿真效果

也可以实现创建不同高斯型隶属函数曲线，代码为：

```
>> clear all;
x=0:0.1:10;
figure('color',[1,1,1]);
y=gaussmf(x,[2 5]);
plot(x,y,'m','linewidth',2);
hold on;
y1=gaussmf(x,[1 5]);
plot(x,y1,'r:','linewidth',2);
y2=gaussmf(x,[1 3]);
plot(x,y2,'b--','linewidth',2);
y3=gaussmf(x,[-1 2]);
plot(x,y3,'g-.','linewidth',2);
y4=gaussmf(x,[5 5]);
plot(x,y4,'k+','linewidth',2);
xlabel('高斯型函数');
```

运行程序，系统仿真效果如图 7-4 所示。

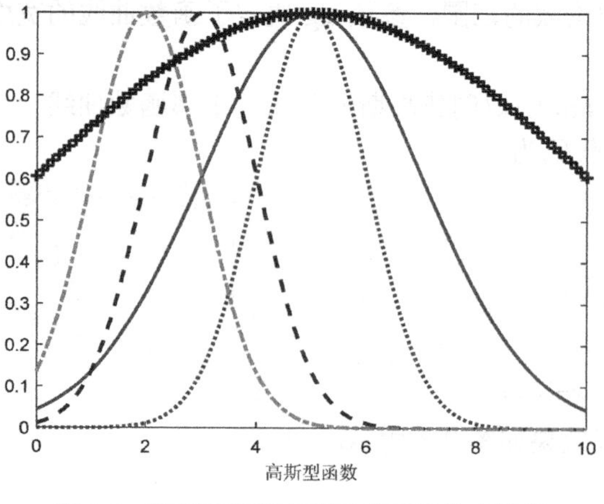

图 7-4　不同高斯型隶属函数系统仿真效果

7.2.2 三角形隶属函数

三角形隶属函数表达式为

$$f(x;a,b,c)=\begin{cases}0 & x\leqslant a\\ \dfrac{x-a}{b-a} & a\leqslant x\leqslant b\\ \dfrac{c-x}{c-b} & b\leqslant x\leqslant c\\ 0 & c\leqslant x\end{cases}$$

或

$$f(x;a,b,c)=\max\left(\left(\min\left(\frac{x-a}{b-a},\frac{c-x}{c-b}\right)\right),0\right)$$

在 MATLAB 中，提供了 trimf 函数用于实现三角形隶属函数。函数的调用格式为：

```
y = trimf(x,[a b c]):
```

其中，参数 x 指定变量的论域范围，参数 a、b、c 指定三角形的形状。

【例 7-2】 创建三角形隶属函数曲线。

其实现的 MATLAB 代码为：

```
>> clear all;
x = 0:0.1:10;
y = trimf(x,[3 6 8]);
plot(x,y)
xlabel('trimf, P = [3 6 8]')
ylim([-0.05 1.05])
```

运行程序，系统仿真效果如图 7-5 所示。

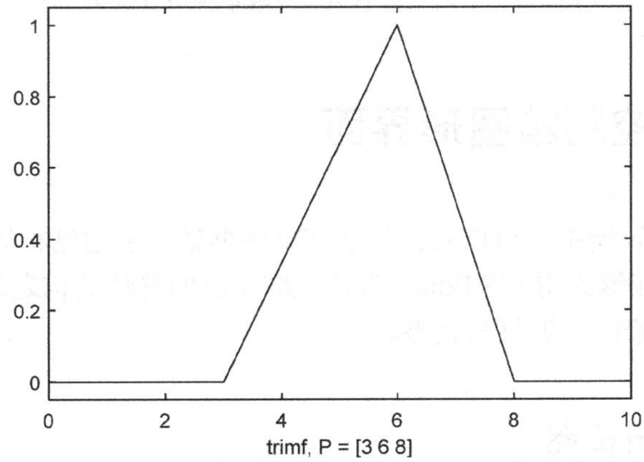

图 7-5 三角形隶属函数系统仿真效果

也可根据给定的参数值创建不同三角形隶属函数，代码为：

```
>> clear all;
x=(0:0.2:10)';
y1=trimf(x,[3 4 5]);
y2=trimf(x,[2 4 7]);
y3=trimf(x,[1 4 9]);
subplot(2,1,1);
plot(x,[y1 y2 y3]);
grid on;
axis tight
y1=trimf(x,[2 3 5]);
y2=trimf(x,[3 4 7]);
y3=trimf(x,[4 5 9]);
subplot(2,1,2);
plot(x,[y1 y2 y3]);
grid on;
axis tight;
```

运行程序，系统仿真效果如图 7-6 所示。

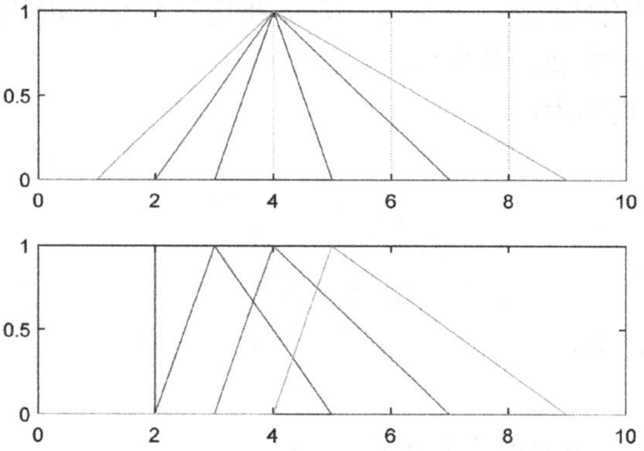

图 7-6　不同三角形隶属函数系统仿真效果

7.3　模糊逻辑控制箱图形界面

在模糊推理系统编辑器中，可以对模糊系统整体框架、主题结构等总体大局进行设计。设计任何模糊系统，都应该先用 FIS Editor 设计完成系统的总体架构之后，再分别进行细节编辑与设计，最后再返回修改、调整和完善。

7.3.1　基本 FIS 编辑器

在 MATLAB 中，提供了 fuzzy 函数用于打开未定义的基本 FIS 编辑器。

在 MATLAB 命令窗口中输入：

```
fuzzy    %使用 fuzzy('tipper')，弹出 FIS 编辑器
```

运行程序，模糊编辑器界面如图 7-7 所示。

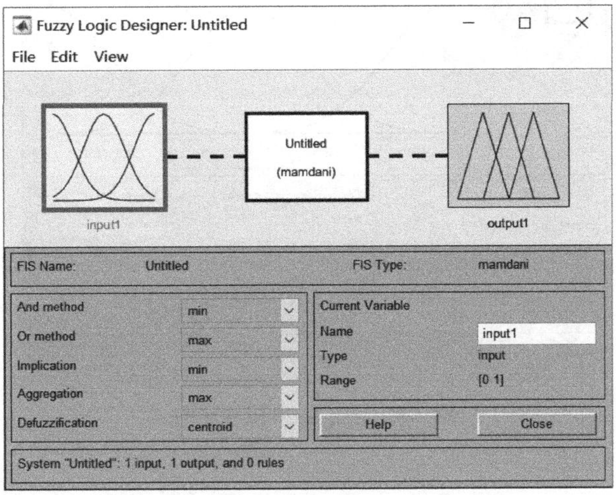

图 7-7 模糊编辑器界面

编辑器是任意模糊推理系统的高层显示，它允许调用各种其他的编辑器来对其进行操作。此界面允许方便地访问所有其他的编辑器，并以最灵活的方式与模糊系统进行交互。

如图 7-7 所示，窗口上方的方框图显示了输入、输出和它们中间的模糊规则处理器。单击任意一个变量框，使选中的方框成为当前变量，此时它变成红色高亮方框。双击任意一个变量，弹出隶属度函数编辑器；双击模糊规则编辑器，弹出规则编辑器。

FIS 编辑器的菜单允许打开相应的工具箱，打开并保存系统。

7.3.2 隶属函数编辑器

在 MATLAB 中，提供了 mfedit 函数用于生成一个隶属函数编辑器。函数的调用格式为：

```
(1) mfedit('a');
```

生成一个隶属函数编辑器，它允许检查和修改存储文件 a.fis 中 FIS 结构的所有隶属函数。

```
(2) mfedit(a);
```

对 FIS 结构操作一个 MATLAB 工作空间变量 a。

```
(3) mfedit;
```

弹出没有装入 FIS 的隶属函数编辑器。

在 MATLAB 命令窗口中输入：

```
>> mfedit('tank')
```

运行程序，tank.fis 隶属度函数如图 7-8 所示。

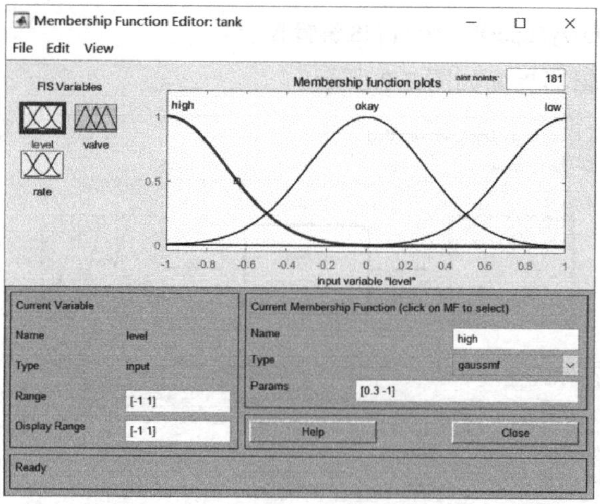

图 7-8　tank.fis 隶属度函数

7.3.3　绘制 FIS

在 MATLAB 中，提供了 plotfis 函数用于绘制一个 FIS。函数的调用格式为：

```
plotfis(fismat);
```

此函数显示由 fismat 指定的一个 FIS 的高层方框图，输入和它们的隶属函数出现在结构特征图的左边，同时输出和它们的隶属函数出现在结构特征图的右边。

例如，在 MATLAB 命令窗口中输入：

```
>> a = readfis('tipper');
plotfis(a)
```

运行程序，FIS 绘制如图 7-9 所示。

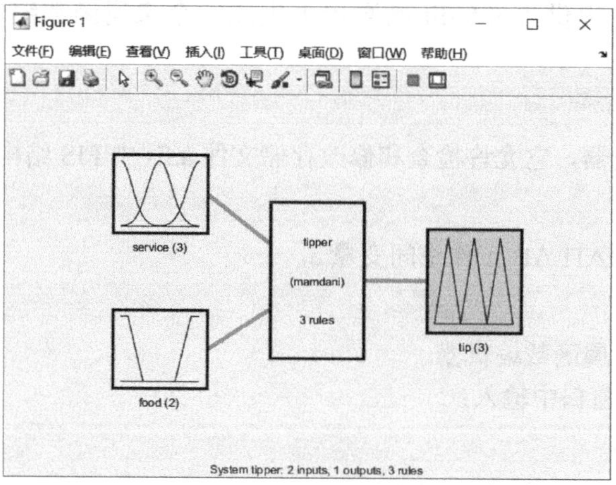

图 7-9　FIS 绘制

7.3.4　设置模糊系统属性

在 MATLAB 中，提供了 setfis 函数用于设置模糊系统属性。函数的调用格式为：

```
（1）a = setfis(a,'fispropname','newfisprop');
```

其中，参数 fispropname 为模糊推理系统 a 属性的名称；newfisprop 为期望设置的新属性值。

```
（2）a = setfis(a,'vartype',varindex,'varpropname','newvarprop');
```

其中，参数 vartype 为变量类型；varindex 为变量索引号；varpropname 为变量名称；newvarprop 为新的变量值。

```
（3）a = setfis(a,'vartype',varindex,'mf',mfindex,'mfpropname','newmfprop');
```

其中，参数 mf 为隶属函数；mfindex 为隶属函数的索引号。

【例 7-3】 读取 tipper 推理系统，并设置其系统的属性值。

```
%设置推理系统的第 3 个参数
>> a = readfis('tipper');
a2 = setfis(a, 'name', 'eating');
getfis(a2, 'name')
ans =
eating
%假设使用 5 个参数，即 setfis 更新两个变量的属性
>> a2 = setfis(a,'input',1,'name','help');
getfis(a2,'input',1,'name')
ans =
help
%假设使用 7 个参数，即 setfis 更新推理系统的几个属性值
>> a2 = setfis(a,'input',1,'mf',2,'name','wretched');
getfis(a2,'input',1,'mf',2,'name')
ans =
wretched
```

7.3.5　规则编辑器

在 MATLAB 中，提供了 ruleedit 函数用于调用规则编辑器。函数的调用格式为：

```
ruleedit('a')
ruleedit(a)
```

当使用 ruleedit('a')调用规则编辑器时，可用于修改存储在文件 a.fis 中的一个 FIS 结构的规则。它也可用于检查模糊推理系统使用的规则。为使用编辑器创建规则，必须首先用 FIS 编辑器定义要使用的所有输入/输出变量，可以使用列表框和检查框选择输入、输出变量，连接操作和权重来创建新规则。

例如，用 ruleedit('tank')打开规则编辑器并载入 tank.fis 中存储的所有规则。

在 MATLAB 命令窗口中输入：

```
>> ruleedit('tank')
```

运行程序，模糊编辑器如图 7-10 所示。

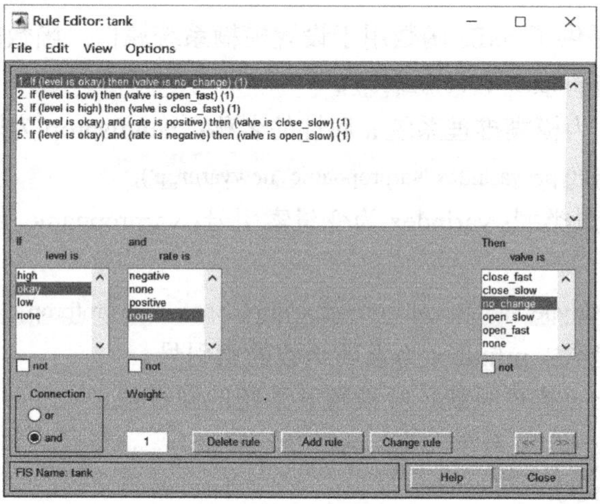

图 7-10　模糊编辑器

7.3.6　规则观察器

在 MATLAB 中，提供了 ruleview 函数用于调用规则观察器。函数的调用格式为：

```
ruleview('a'):
```

调用规则观察器时，将绘制在存储文件 a.fis 中的一个 FIS 的模糊推理框图。它用于观察从开始到结束整个蕴涵过程。可以移动对应输入的指示线，然后观察系统重新调节并计算新的输出。

例如，在 MATLAB 命令窗口中输入：

```
>> ruleview('tank')
```

运行程序，模糊推理规则观察器如图 7-11 所示。

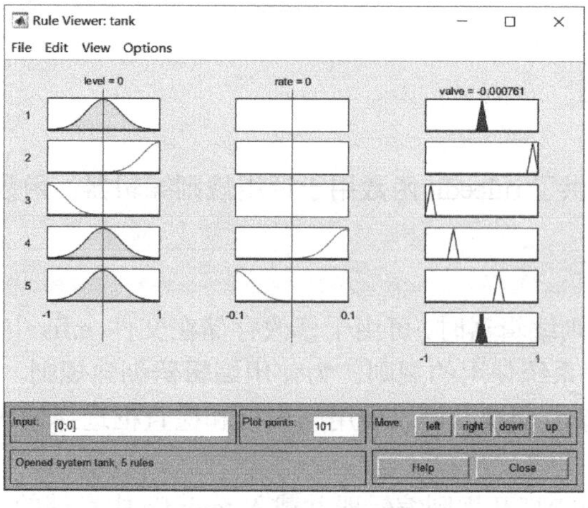

图 7-11　模糊推理规则观察器

7.3.7　曲面观察器

曲面观察器看到的是立体结果，它用一个空间曲面把整个论域上的输出量与输入量的函数关系显示了出来。如果系统是二维的，有两个输入变量、一个输出变量，则可以表示成三维曲面。

在 MATLAB 中，提供了 surfview 函数用于调用曲面观察器。函数的调用格式为：

```
surfview('a');
```

用于调用曲面观察器，绘制曲面在 a.fis 中的一个 FIS 的模糊推理框图。

例如，在 MATLAB 命令窗口中输入：

```
>> surfview('tank')
```

运行程序，曲面观察器如图 7-12 所示。

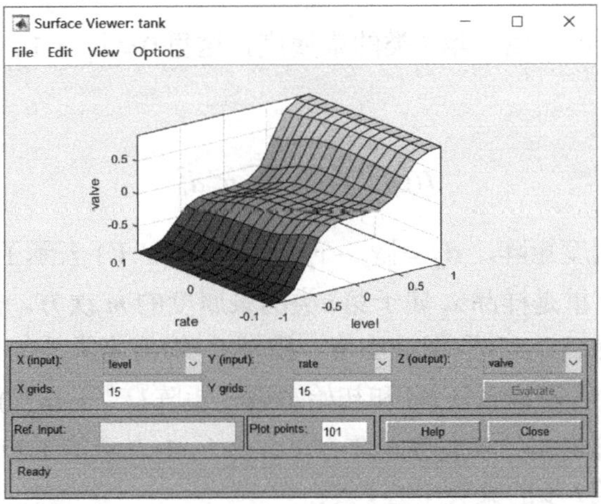

图 7-12　曲面观察器

7.4　模糊聚类分析

模糊聚类分析一般是指根据研究对象本身的属性来构造模糊矩阵，并在此基础上根据一定的隶属度来确定聚类关系，即用模糊数学的方法把样本之间的模糊关系定量的确定，从而客观且准确地进行聚类。聚类就是将数据集分成多个类或簇，使得各个类之间的数据差别应尽可能大，类内之间的数据差别应尽可能小，即为“最小化类间相似性，最大化类内相似性”原则。

7.4.1　模糊 C–均值聚类

1. C–均值聚类概述

C–均值是一种得到最广泛使用的聚类算法。它是将各个聚类子集内的所有数据样本的均值作为该聚类的代表点，算法的主要思想是通过迭代过程把数据集划分为不同的类别，使得评价聚类性能的准则函数达到最优，从而使生成的每个聚类内紧凑，类间独立。这一算法不适合处理离散型属性，但是对于连续型具有较好的聚类效果。

给定样本观测数据矩阵：

$$X=\begin{bmatrix} x_1 \\ x_2 \\ \vdots \\ x_n \end{bmatrix}=\begin{bmatrix} x_{11} & x_{12} & \cdots & x_{1p} \\ x_{21} & x_{22} & \cdots & x_{2p} \\ \vdots & \vdots & \ddots & \cdots \\ x_{n1} & x_{n2} & \cdots & x_{np} \end{bmatrix}$$

其中，X 的每一行为一个样品（或观测），每一列为一个变量的 n 个观测值，也就是说 X 是由 n 个样品（$x_1,x_2,\cdots,x_n$）的 p 个变量的观测值构成的矩阵。模糊聚类就是将 n 个样品划分为 c 类（$2\leqslant c\leqslant n$），记 $V=\{v_1,v_2,\cdots,v_c\}$ 为 c 个类的聚类中心，其中 $v_i=(v_{i1},v_{i2},\cdots,v_{ip})$（$i=1,2,\cdots,c$）。在模糊划分中，每一个样品不是严格地划分为某一类，而是以一定的隶属度属于某一类。

令 u_{ik} 表示第 k 个样品 x_k 属于第 i 类的隶属度，这里 $0\leqslant u_{ik}\leqslant 1$，$\sum\limits_{i=1}^{c}u_{ik}=1$。定义目标函数为

$$J(U,V)=\sum_{k=1}^{n}\sum_{i=1}^{c}u_{ik}^{m}d_{ik}^{2}$$

其中，$U=(u_{ik})_{c\times n}$ 为隶属度矩阵，$d_{ik}=\|x_k-v_i\|$。显然 $J(U,V)$ 表示了各类中样品到聚类中心的加权平方距离之和，权重是样品 x_k 属于第 i 类的隶属度的 m 次方。模糊 C-均值聚类法的聚类准则是求(U,V)，使得 $J(U,V)$ 取得最小值。模糊 C-均值聚类法的具体步骤如下：

（1）确定类的个数 c，幂指数 $m>1$ 和初始隶属度矩阵 $U^{(0)}=(u_{ik}^{(0)})$，通常的做法是取[0,1]上的均匀分布随机数来确定初始隶属度矩阵 $U^{(0)}$。令 $l=1$ 表示第 1 步迭代。

（2）通过下式计算第 l 步的聚类中心 $V^{(l)}$：

$$v_i^{(l)}=\frac{\sum\limits_{k=1}^{n}(u_{ik}^{(l-1)})^{m}x_k}{\sum\limits_{k=1}^{n}(u_{ik}^{(l-1)})^{m}}\qquad i=1,2,\cdots,c$$

（3）修正隶属度矩阵 $U^{(l)}$，计算目标函数 $J^{(l)}$：

$$u_{ik}^{(l)}=\frac{1}{\sum\limits_{j=1}^{c}\left(\dfrac{d_{ik}^{(l)}}{d_{jk}^{(l)}}\right)^{\frac{2}{m-1}}}\qquad i=1,2,\cdots,c;\ \ k=1,2,\cdots,n$$

$$J^{(l)}(U^{(l)},V^{(l)})=\sum_{k=1}^{n}\sum_{i=1}^{c}(u_{ik}^{(l)})^{m}(d_{ik}^{(l)})^{2}$$

其中，$d_{ik}^{(l)}=\left\|x_k-v_i^{(l)}\right\|$。

（4）对给定的隶属度终止容限 $\varepsilon_u>0$（或目标函数终止容限 $\varepsilon_J>0$，或最大迭代步长为 $L_{\max}$），当 $\max\{|u_{ik}^{(l)}-u_{ik}^{(l-1)}|\}<\varepsilon_u$（或当 $l>1$，$|J^{(l)}-J^{(l-1)}|<\varepsilon_J$；或 $l>L_{\max}$）时，停止迭代，否则 $l=l+1$，然后转（2）。

经过以上步骤的迭代后，可以求得最终的隶属度矩阵 U 和聚类中心 V ，使得目标函数 $J(U,V)$ 的值达到最小。根据最终的隶属度矩阵 U 中元素的取值可以确定所有样品的归属，当 $u_{jk}=\max\limits_{1\leqslant i\leqslant c}\{u_{ik}\}$ 时，可将样品 x_k 归为第 j 类。

在模糊 C-均值聚类方法中，每一个数据点按照一定的模糊隶属度隶属于某一聚类中心。这一聚类技术作为对传统聚类技术的改进，是 Jim Bezdek 于 1981 年提出的。该方法首先随机选取若干个聚类中心，所有数据点都被赋予对聚类中心一定的模型隶属度，然后通过迭代方法不断修正聚类中心，迭代过程以极小化所有数据点到各个聚类中心的距离及隶属度值的加权和为优化目标。

2. C-均值聚类 MATLAB 函数

在 MATLAB 中，提供了相关函数用于实现 C-均值聚类分析。

（1）fcm 函数。

在 MATLAB 模糊逻辑工具箱（Fuzzy Logic Toolbox）中提供了 fcm 函数用于实现模糊 C-均值聚类。函数的调用格式为：

```
[center,U,obj_fcn] = fcm(data,cluster_n)
[center,U,obj_fcn] =fcm(data,cluster_n,options)
```

其中，输入参数 data 为用于聚类的数据集，它是一个矩阵，每行对应一个样品（或观测），每列对应一个变量。cluster_n 为一个正整数，表示类的个数。options 为一个包含 4 个元素的向量，用来设置迭代的参数。options 的第 1 个元素是目标函数中隶属度的幂指数，其值应大于 1，默认值为 2；第 2 个元素为最大迭代次数，默认值为 100；第 3 个元素为目标函数的终止容限，默认值为 1e-5；第 4 个元素用来控制是否显示中间迭代过程，如果取值为 0，即表示不显示中间迭代过程，否则显示。

输出参数 center 是 cluster_n 个类的类中心坐标矩阵，它是 cluster_n 行、p 列的矩阵。U 是 cluster_n 行、n 列的隶属度矩阵，它的第 i 行第 k 列元素 u_{ik} 表示第 k 个样品 x_k 属于第 i 类的隶属度，可以根据 U 中每列元素的取值来判定每个样品的归属。obj_fcn 是目标函数值向量，它的第 i 个元素表示第 i 步迭代的目标函数值，它所包含的元素的总数是实际迭代的总步数。

【例 7-4】 对 MATLAB 给定的 fcmdata 进行模糊 C-均值聚类分析。

其实现的 MATLAB 代码为：

```
>> clear all;
load fcmdata.dat
[centers,U] = fcm(fcmdata,2);
maxU = max(U);
index1 = find(U(1,:) == maxU);
index2 = find(U(2,:) == maxU);
plot(fcmdata(index1,1),fcmdata(index1,2),'ob')
hold on
plot(fcmdata(index2,1),fcmdata(index2,2),'or')
plot(centers(1,1),centers(1,2),'xb','MarkerSize',15,'LineWidth',3)
plot(centers(2,1),centers(2,2),'xr','MarkerSize',15,'LineWidth',3)
```

```
hold off
```

运行程序，输出如下：

```
Iteration count = 1, obj. fcn = 8.970479
Iteration count = 2, obj. fcn = 7.197402
Iteration count = 3, obj. fcn = 6.325579
Iteration count = 4, obj. fcn = 4.586142
Iteration count = 5, obj. fcn = 3.893114
Iteration count = 6, obj. fcn = 3.810804
Iteration count = 7, obj. fcn = 3.799801
Iteration count = 8, obj. fcn = 3.797862
Iteration count = 9, obj. fcn = 3.797508
Iteration count = 10, obj. fcn = 3.797444
Iteration count = 11, obj. fcn = 3.797432
Iteration count = 12, obj. fcn = 3.797430
```

运行程序，模糊 C-均值聚类系统仿真效果如图 7-13 所示。

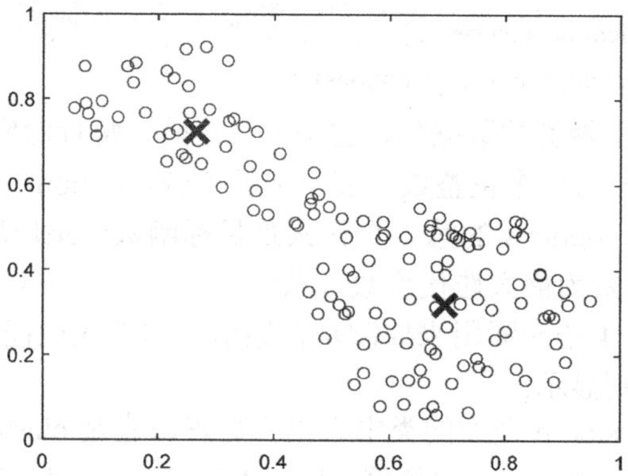

图 7-13　模糊 C-均值聚类系统仿真效果

（2）genfis3 函数。

在 MATLAB 中，提供了 genfis3 函数用于采用 C 均值聚类法创建模糊推理系统。函数的调用格式为：

```
fismat = genfis3(Xin,Xout)
fismat = genfis3(Xin,Xout,type)
fismat = genfis3(Xin,Xout,type,cluster_n)
fismat = genfis3(Xin,Xout,type,cluster_n,fcmoptions)
```

函数参数说明与 genfis2（该函数将在 7.4.2 节中进行介绍）函数参数说明类似。

【例 7-5】 利用 genfis3 函数采用 C-均值聚类法创建模糊推理系统。

其实现的 MATLAB 代码为：

```
>> clear all;
Xin1 =   7*rand(50,1);
Xin2 = 20*rand(50,1)-10;
```

```
Xin   = [Xin1 Xin2];
Xout =   5*rand(50,1);
fismat = genfis3(Xin,Xout)
[x,mf] = plotmf(fismat,'input',1);
subplot(2,1,1), plot(x,mf);
xlabel('隶属函数输入 1');
[x,mf] = plotmf(fismat,'input',2);
subplot(2,1,2), plot(x,mf);
xlabel('隶属函数输入 2');
```

运行程序，输出如下：

```
Iteration count = 1, obj. fcn = 275.938360
Iteration count = 2, obj. fcn = 196.256366
Iteration count = 3, obj. fcn = 155.863170
Iteration count = 4, obj. fcn = 119.978746
Iteration count = 5, obj. fcn = 103.358530
Iteration count = 6, obj. fcn = 96.135678
Iteration count = 7, obj. fcn = 90.044427
Iteration count = 8, obj. fcn = 83.792993
Iteration count = 9, obj. fcn = 80.894630
Iteration count = 10, obj. fcn = 79.261439
Iteration count = 11, obj. fcn = 78.114190
Iteration count = 12, obj. fcn = 77.257854
Iteration count = 13, obj. fcn = 76.661107
Iteration count = 14, obj. fcn = 76.283264
Iteration count = 15, obj. fcn = 76.050923
Iteration count = 16, obj. fcn = 75.903080
Iteration count = 17, obj. fcn = 75.794835
Iteration count = 18, obj. fcn = 75.691968
Iteration count = 19, obj. fcn = 75.559838
Iteration count = 20, obj. fcn = 75.345583
Iteration count = 21, obj. fcn = 74.977320
Iteration count = 22, obj. fcn = 74.477530
Iteration count = 23, obj. fcn = 74.058535
Iteration count = 24, obj. fcn = 73.805270
Iteration count = 25, obj. fcn = 73.662491
Iteration count = 26, obj. fcn = 73.588437
Iteration count = 27, obj. fcn = 73.553386
Iteration count = 28, obj. fcn = 73.537476
Iteration count = 29, obj. fcn = 73.530267
Iteration count = 30, obj. fcn = 73.526953
Iteration count = 31, obj. fcn = 73.525393
Iteration count = 32, obj. fcn = 73.524637
Iteration count = 33, obj. fcn = 73.524256
```

```
Iteration count = 34, obj. fcn = 73.524055
Iteration count = 35, obj. fcn = 73.523945
Iteration count = 36, obj. fcn = 73.523883
Iteration count = 37, obj. fcn = 73.523846
Iteration count = 38, obj. fcn = 73.523823
Iteration count = 39, obj. fcn = 73.523809
Iteration count = 40, obj. fcn = 73.523801
fismat =
            name: 'sugeno21'
            type: 'sugeno'
       andMethod: 'prod'
        orMethod: 'probor'
    defuzzMethod: 'wtaver'
       impMethod: 'prod'
       aggMethod: 'sum'
           input: [1x2 struct]
          output: [1x1 struct]
            rule: [1x10 struct]
```

运行程序，隶属函数曲线系统仿真效果如图 7-14 所示。

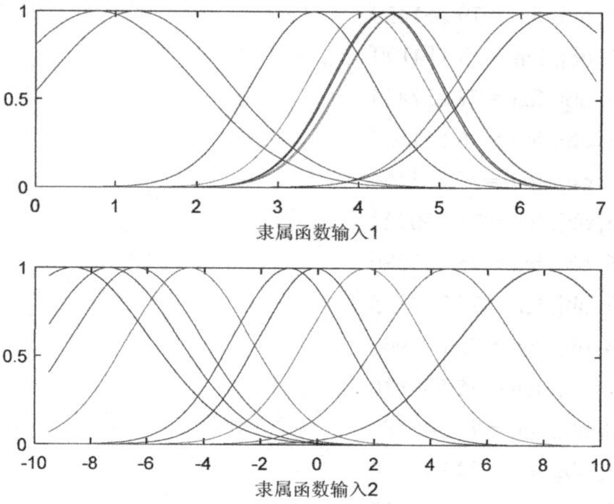

图 7-14　隶属函数曲线系统仿真效果

7.4.2　减法聚类

1．减法聚类概述

模糊 C–均值取类方法虽然已经被广泛应用，但是它对初值的设置非常敏感，初始设定不当会陷入局部最优解而且必须事先给定聚类个数，所以引入了减法聚类算法，用它来设定模糊 C–均值的初始值。

减法聚类是一种用于估计一组数据中的聚类个数以及聚类中心位置的快速单次算法（one-pass）。由减法聚类算法得到的聚类估计可以用于初始化那些基于重复优化过程的模糊聚类以及模型辨识方法，例如自适应神经网络模糊系统的算法函数 anfis。MATLAB 的模糊逻辑工具箱中的函数 subclust 就是通过减法聚类的算法来得到聚类信息的。

减法聚类方法将每个数据点作为可能的聚类中心，并根据各个数据点周围的数据点密度来计算该点作为聚类中心的可能性。被选为聚类中心的数据点周围具有最高的数据点密度，同时该数据点附近的数据点被排除作为聚类中心的可能性；在选出第一个聚类中心后，从剩余的可能作为聚类中心的数据点中，继续采用类似的方法选择下一个聚类中心。这一过程一直持续到所有剩余的数据点作为聚类中心的可能性低于某一阈值时。

考虑 M 维空间的 n 个数据点 $(x_1,x_2,\cdots,x_n)$。不失一般性，假设数据点已经归一化到一个超立方体。由于每个数据点都是聚类中心的候选者，因此，数据点 x_i 处的密度指标定义为

$$D_i=\sum_{j=1}^{n}\exp\left(\frac{\|x_i-x_j\|^2}{(r_a/2)^2}\right)$$

其中，r_a 为一个正数。显然，如果一个数据点有多个邻近的数据点，则该数据点具有高密度值。半径 r_a 定义了该点的一个邻域，半径以外的数据点对该点的密度指标贡献甚微。

在计算每个数据点密度指标后，选择具有最高密度指标的数据点为第一个聚类中心，令 x_{c1} 为选中的点，D_{c1} 为其密度指标。那么每个数据点 x_i 的密度指标公式为

$$D_i=D_i-D_{c1}\exp\left(\frac{\|x_i-x_{c1}\|^2}{(r_b/2)^2}\right)$$

其中，r_b 为一个正数。显然，靠近第一个聚类中心 x_{c1} 的数据点的密度指标显著减小，这样这些点不太可能成为下一个聚类中心。常数 r_b 定义了一个密度指标函数显著减小的邻域。常数 r_b 通常大于 r_a，以避免出现相距很近的聚类中心。一般取 $r_b=1.5\,r_a$。

修正了每个数据点的密度指标后，选定下一个聚类中心 x_{c2}，再次修正数据点所有密度指标。该过程不断重复，直到产生足够多的聚类中心，也可以根据一定的条件自动确定聚类的个数。

2．减法聚类的 MATLAB 实现

在 MATLAB 中，提供了几个函数用于实现减法聚类分析。

（1）subclust 函数。

在 MATLAB 中，提供了 subclust 函数用于实现减法聚类。函数的调用格式为：

```
[C,S] = subclust(X,radii,xBounds,options)
```

其中，输入参数中，矩阵 X 包含了用于聚类的数据，X 的每一行为一个数据点向量，X 的每一列代表空间的一维坐标。参数 radii 用于在假定数据点位于一个单位超立方体内（各维的坐标都在 0～1）的条件下，指定数据向量的每一维坐标上的聚类中心的影响范围，即 radii 每一维的数值大小均在 0 到 1 之间，通常的取值范围为 0.2 到 0.5。例如，如果数据点的维数为 2，则 radii=[0.5 0.25]指定了第一维数据的聚类中心的影响范围为数据空间的宽度的 1/2，而第二维数据的聚类中心的影响范围为数据空间宽度的 1/4。如果 radii 是一个标量，则表示空间所有坐标上的聚类中心的影响范围，这样所有聚类中心的影响范围是一个空间的球。例如，如

果数据点坐标维数是 3，radii=0.4 指定三维空间里的所有坐标上聚类中心的影响范围都是数据空间宽度的 2/5。xBounds 为一个 $2\times N$ 的尺度和坐标变换矩阵，其中 N 为数据的维数。该矩阵用于指定如何将 X 中的数据映射到一个超空间单位体中，其第一行和第二行分别包括了每一维数据被映射到单位超立方体的最小和最大取值。例如，xBounds=[−12 −6;12 6]指定了第一维数据在[−12 +12]之间的取值将被映射到[0 1]区间中；而第二维数据相应的区间范围为[−6 +6]。如果 xBounds 为[ ]或没有指定 xBounds，则默认的映射范围为所有数据点的最小和最大取值构成的区间。假设 xBoundss 的第 n 列，xBounds (:，.n)=[a，b]，则对于原来第 n 维的坐标值 X_n，经过公式进行尺度变化：

$$X_n' = \frac{X_n - a}{b - a}$$

如果 $X_n' > 1$，则取 $X_n' = 1$；如果 $X_n' < 0$，则取 $X_n' = 0$。这个参数的实际含义是利用上面的公式对原数据进行空间的坐标变换成为个空间单位体中的数据，以配合前面的 radii 参数的使用。如果没有特殊的含义，建议此项参数缺省。要改动此项参数必须有比较明确的实际意义。

参数向量 options 是一个可选的向量，用于指定聚类算法的有关参数，其具体含义如下：

```
options=[squashFactor   acceptRatio   rejectRatio   verbose]
```

options(1)=squashFactor：squashFactor 用与聚类中心的影响范围 radii 相乘来决定某一聚类中心邻近的某一个范围。在这个范围内的数据点被排除作为其他的聚类中心的可能性，默认值为 1.25。对于每一个数据点，开始都会计算它作为聚类中心的可能性，选择其中可能性最大的点作为最初的聚类中心，然后排除它附近的一个范围内的其他点作为聚类中心的可能性，再以剩下的数据点重复这个过程。

options(2)=acceptRatio：acceptRatio 用于指定在选出第一个聚类中心后，其他某个数据点作为聚类中心的可能性值只有高于第一个聚类中心可能性值的一定比例（由 acceptRatio 的大小决定），才能被作为新的聚类中心，默认值为 0.5。

options(3)= rejectRatio：rejectRatio 用于指定在先出第一个聚类中心后，只有某个数据点作为聚类中心的可能性值低于第一个聚类中心可能性值的一定比例（由 rejectRatio 的大小决定），才能被排除作为聚类中心的可能性，其默认值为 0.15。

options(4)= verbose：如果 verbose 为非零值，则聚类过程的有关信息将显示到窗口中，其默认值为 0。

函数的返回值 C 为聚类中心向量，C 的每一行代表一个聚类中心的位置。向量 S 包含了聚类中心在每一维坐标上的影响范围，所有聚类中心在同一方向上具有相同的影响范围。

函数的调用方法如下：

```
[C, S]=subclust (X, 0.5)
```

这样是最简单的用法，表明坐标上聚类中心的影响范围都是数据空间宽度的 0.5，其余都采用默认值。

```
[C, S]=subclust(X, [0.5 0.5 0.5],[],[1.5 0.5 01.5 0])
```

此处假设 X 是三维的坐标数据，其中在三个坐标上聚类中心的影响范围分别为 0.5、0.25 和 0.3，采用默认的尺度变换，options 参数分别为 2.0、0.8、0.7 和 0。

【例 7-6】 将空间 200 个点用减法聚类方法分类，找到聚类中心及影响范围。减法聚类输出空间聚类中心图如图 7-15 所示。

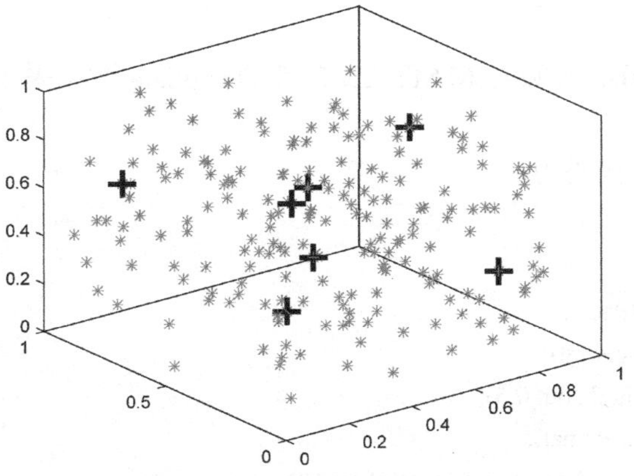

图 7-15　减法聚类输出空间聚类中心图

其实现的 MATLAB 代码为：

```
>> clear all;
x=rand(200,3);
[C,S]=subclust(x,[0.5 0.5 0.5],[],[1.5 0.5 0.15 0])
plot(0,0);
hold on;
plot3(C(:,1),C(:,2),C(:,3),'r+','markersize',16,'LineWidth',3);
%绘出聚类中心
hold on;
plot3(x(:,1),x(:,2),x(:,3),'g*');
%绘制出数据点
view(3)
```

（2）genfis2 函数。

在 MATLAB 中，提供了 genfis2 函数用于减法聚类方法的模糊推理系统模型。函数的调用格式为：

```
fismat = genfis2(Xin,Xout,radii)
fismat = genfis2(Xin,Xout,radii,xBounds)
fismat = genfis2(Xin,Xout,radii,xBounds,options)
fismat = genfis2(Xin,Xout,radii,xBounds,options,user_centers)
```

其中，给定输入数据集 Xin 和输出数据集 Xout。如果给定的数据是单输出，则该函数可以通过对给定数据进行减法聚类以生成初始的模糊推理系统，供自适应神经网络模糊推理系统的迭代训练（相似于函数 genfis1）。该函数提取一些规则来模拟出这些输入/输出数据所表示的系统行为。首先调用减法聚类函数 subclust，对输入/输出数据进行减法聚类，决定输入和输出语言变量的隶属度函数个数和规则个数，并采用最小方差估计得到 Sugeno 型推理规则结论部分的参数，即输出的隶属度函数（准确应当是相对于输入变量的线性函数）。该函数的输出为 Sugeno 型模糊推理系统的矩阵变量，它生成的模糊规则可以很好地覆盖系统全部特征。

参数 Xin 矩阵的每一行表示一个数据的输入部分；参数 Xout 矩阵的每一行表示一个数据

的输出部分；参数 radii、xBounds 和 Options 分别为减法聚类过程所使用的参数，详细说明参见减法聚类函数 subclust。

【例 7-7】 利用 genfis2 函数对 MATLAB 自带的 tripdata 数据采用减法聚类法创建模糊推理系统。

其实现的 MATLAB 代码为：

```
>> clear all;
tripdata
subplot(2,1,1);plot(datin);
subplot(2,1,2);plot(datout)
fismat=genfis2(datin,datout,0.5);
fuzout=evalfis(datin,fismat);
trnMSE=norm(fuzout-datout)/sqrt(length(fuzout))
figure;
plot(datout,'o');
hold on;
plot(fuzout);
```

运行程序，输出如下：

```
trnMSE =
    0.5276
```

运行程序，系统仿真效果分别如图 7-16 和图 7-17 所示。

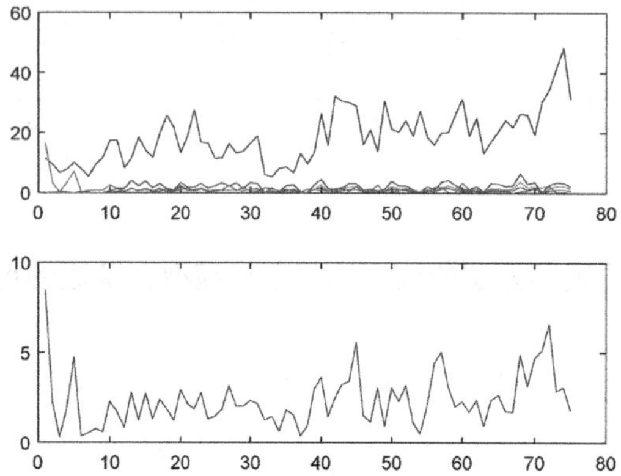

图 7-16　训练数据效果图

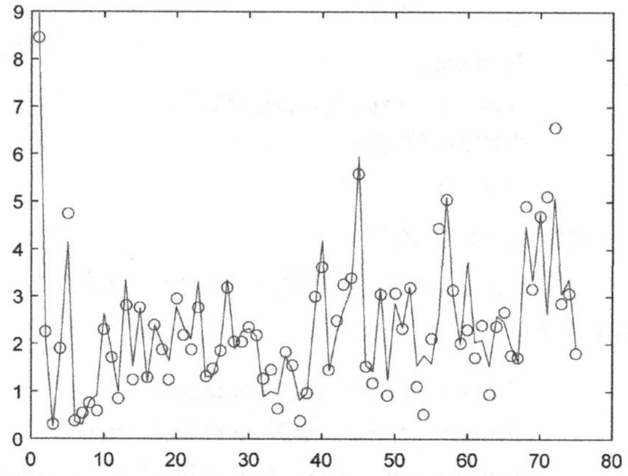

图 7-17　减法聚类模糊推理系统输出数据

7.4.3　其他聚类

除上面介绍的函数外，在 MATLAB 中还提供了一些函数用于实现其他聚类法。

1．genfis1 函数

在 MATLAB 中，提供了 genfis1 函数用于采用网格分割方式生成初始 Sugeno 型模糊推理系统。函数的调用格式为：

```
fismat = genfis1(data)
fismat = genfis1(data,numMFs,inmftype,outmftype)
```

其中，在输入参数中，data 为给定的输入/输出的训练数据集合。参数 numMFs 为一个整数向量，用于指定输入变量的隶属度函数个数，可以用一个数值表示所有输入变量具有相同数目的隶属度函数。如果是向量，则分别指明每一个输入变量的隶属度函数个数。参数 inmftype 用于指定隶属度函数的类型，为字符串数组（分别指明输入变量的隶属度函数类型）或是单个字符串（所有变量使用同种隶属度函数类型）。参数 outmftype 用于指定输出（MATLAB 的自适应神经模糊模型只支持一个输出变量）的隶属度函数类型，取值可以是“constant”或“linear”。

输出参数 fismat 为生成的模糊推理系统矩阵。当仅使用一个输入参数而不指定隶属度函数的个数和类型时，将使用默认值，即隶属度函数个数为 2，类型为钟形曲线。该函数生成的系统的总的规则数等于所有输入变量的隶属度函数个数的乘积。例如，3 个输入变量每个都有两个隶属度函数，则规则总数为 2×2×2=8 条。

【例 7-8】 利用 genfis1 产生一个两输入一单输出的模糊推理系统。其中要求输入隶属度函数分别为 π 形（pimf）和三角形（trimf），分割数分别为 3 和 7。

其实现的 MATLAB 代码为：

```
>> clear all;
data = [rand(10,1) 10*rand(10,1)-5 rand(10,1)];          %随机给定系统的输入/输出数据
numMFs = [3 7];                                          %指定每个输入语言变量的隶属度函数的数值
mfType = char('pimf','trimf');                           %指定每个输入语言变量的隶属度类型
fismat = genfis1(data,numMFs,mfType);                    %生成模糊推理系统
[x,mf] = plotmf(fismat,'input',1);
subplot(2,1,1), plot(x,mf)
xlabel('input 1 (pimf)')
[x,mf] = plotmf(fismat,'input',2);
subplot(2,1,2), plot(x,mf)
xlabel('input 2 (trimf)')
```

运行程序，系统仿真效果如图 7-18 所示。

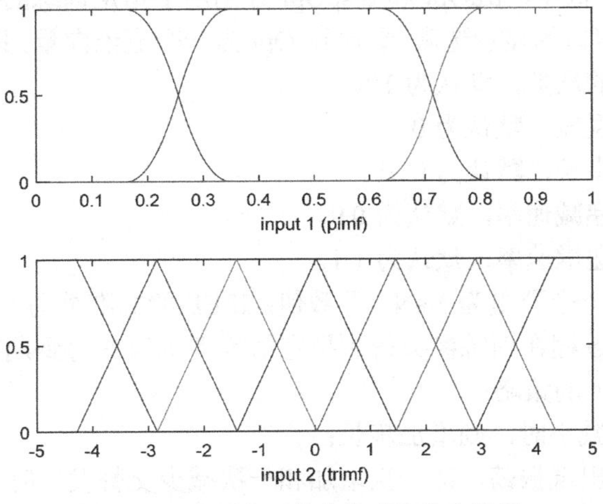

图 7-18 隶属度函数曲线系统仿真效果

2. anfis 函数

在 MATLAB 中，提供了 anfis 函数用于支持采用输出加权平均的一阶 Sugeno 型模糊推理。函数的调用格式为：

```
[fis,error,stepsize] = anfis(trnData)
[fis,error,stepsize] = anfis(trnData,initFis)
[fis,error,stepsize,chkFis,chkErr] = …
 anfis(trnData,initFis,trnOpt,dispOpt,chkData,optMethod)
[fis,error,stepsize,chkFis,chkErr] = …
 anfis(fis,trnData, initFis ,trnOpt,dispOpt,chkData,optMethod)
```

函数的输出为一个三维或五维向量。当未指定检验数据时，输出向量为三维，其中，参数 fis 为学习完成后得到的对应最小均方根误差的模糊推理系统矩阵；error 为训练的均方根误差向量；stepsize 为训练步长向量。当指定检验数据后，输出向量为五维参数向量，参数 chkFis 为对检验数据具有最小均方根误差的模糊推理系统，chkErr 为检验数据对应的最小均方根误差向量。

在函数的输入参数向量中，trnData 为用于训练学习的输入输出数据矩阵。该矩阵的每一行对应一组输入输出数据，其中最后一列为输出数据。由于 MATLAB 的自适应神经模糊模型只运行单输出变量的模糊系统，所以 trnData 行数为训练数据数，列数为输入变量数加 1（输入变量加输出变量数）。

initFis 是用于指定初始的模糊推理系统参数（包括隶属度函数类型和参数）的矩阵，该矩阵可使用函数 fuzzy 通过模糊推理系统编辑器生成，也可使用函数 genfis1 由训练数据直接生成。函数 genfis1 的功能是采用网格分割法生成模糊推理系统，其使用方法参见下文的说明。如果没有指明该参数，函数 anfis 会自动先调用 genfis1 来生成一个默认初始 FIS 推理系统参数。如果调用 anfis 时只使用一个参数即 trnData，genfis1 则使用默认的 FIS 结构的每个变量的两条高斯型的隶属度函数，如果 fismat 参数指定的是一个数值或是一个与输入变量个数相同的向量，则系统把这个数值或向量中的对应数值作为相应的输入变量分别的隶属度函数传入函数 genfis1，以生成相应的初始 FIS 系统。关于函数 genfis1，后面将进行介绍。

函数 anfis 的输入参数中，trnOpt 和 dispOpt 分别用于指定训练的有关选项和在训练执行过程中 MATLAB 命令窗口的显示选项。参数 trnOpt 为一个五维向量，其各个分量的定义如下：

- trnOpt (1)：训练的次数，默认为 10。
- trnOpt (2)：期望误差，默认为 0。
- trnOpt (3)：初始步长，默认为 0.01。
- trnOpt (4)：步长递减速率，默认为 0.9。
- trnOpt (5)：步长递增速率，默认为 1.1。

如果 trnOpt 的任意一个分量为 NaN（非数值：IEEE 的标准缩写）或被省略，则训练采用默认参数。学习训练的过程在训练参数得到指定值或训练误差得到期望误差时停止。训练过程中的步长调整采用如下的策略：

- 当误差连续四次减小时，则增加步长；
- 当误差连续两次出现振荡，即一次增加和一次减少交替发生时，则减小步长。

trnOpt 的第四个和第五个参数分别按照上述策略控制训练步长的调整。

参数 dispOpt 用于控制训练过程中 MATLAB 命令窗口的显示内容，其有 4 个参数，分别定义如下：

- dispOpt (1)：显示 ANFIS 的信息，默认为 1；
- dispOpt (2)：显示误差测量，默认为 1；
- dispOpt (3)：显示训练步长，默认为 1；
- dispOpt (4)：显示最终结果，默认为 1。

当上述某一分量为 0 时，则不显示相应的内容；如果为 1、NaN 或省略，则显示相应内容。

函数 anfis 的另一个输入参数为 chkData，该参数为一个与训练数据矩阵有相同列数的矩阵，用于提供检验数据。当提供检验数据时，anfis 返回对于核对数据具有最小均方根误差的模糊推理系统 chkFis。

函数最后一个可选的参数是 optMethod，指明网络的训练算法，可以取 1 和 0。当取 1 时选用（hybrid）混合算法，取 0 时采用反射传播算法（backpropagation），默认时采用 hybrid 算法。

当函数的训练次数达到或是误差精度目标达到，就停止训练。

当输入的某个参数为 NaN 或是空矩阵时，该参数取为默认值。注意，如果想默认前面的参数而使用后面的某个参数时，则前面的被默认的参数应当用 NaNs 来替代。例如

[fis,error,stepsize,chkFis,chkErr] = anfis(fis,trnData, initFis ,NaN,NaN, chkData)

【例 7-9】 建立一个模糊推理系统，对输入数据集进行模拟，即根据一组 100 点数据用模糊推理机制来构造（模拟）函数 y。

其实现的 MATLAB 代码为：

```
>> clear all;
%输入数据集
x = (0:0.1:10)';
y = sin(2*x)./exp(x/5);
trnData = [x y];
numMFs = 5;                    %5 条隶属函数
%采用钟形隶属函数，也可以选用其他各类的隶属函数
mfType = 'gbellmf';
epoch_n = 20;                  %训练次数
in_fis = genfis1(trnData,numMFs,mfType);
out_fis = anfis(trnData,in_fis,20);
plot(x,y,'r:',x,evalfis(x,out_fis),'ko');
legend('训练数据','anfis 输出');
```

运行程序，输出如下：

```
ANFIS info:
    Number of nodes: 24
    Number of linear parameters: 10
    Number of nonlinear parameters: 15
    Total number of parameters: 25
```

```
        Number of training data pairs: 101
        Number of checking data pairs: 0
        Number of fuzzy rules: 5
    Start training ANFIS ···
       1         0.0694086
       2         0.0680259
       3         0.066663
       4         0.0653198
       5         0.0639961
    Step size increases to 0.011000 after epoch 5.
       6         0.0626917
       7         0.0612787
       8         0.0598881
       9         0.0585193
    Step size increases to 0.012100 after epoch 9.
      10         0.0571712
      11         0.0557113
      12         0.0542741
      13         0.052858
    Step size increases to 0.013310 after epoch 13.
      14         0.0514612
      15         0.0499449
      16         0.0484475
      17         0.0469667
    Step size increases to 0.014641 after epoch 17.
      18         0.0455003
      19         0.0439022
      20         0.0423184
    Designated epoch number reached --> ANFIS training completed at epoch 20.
```

运行仿真，训练数据与 anfis 输出数据系统仿真效果如图 7-19 所示。

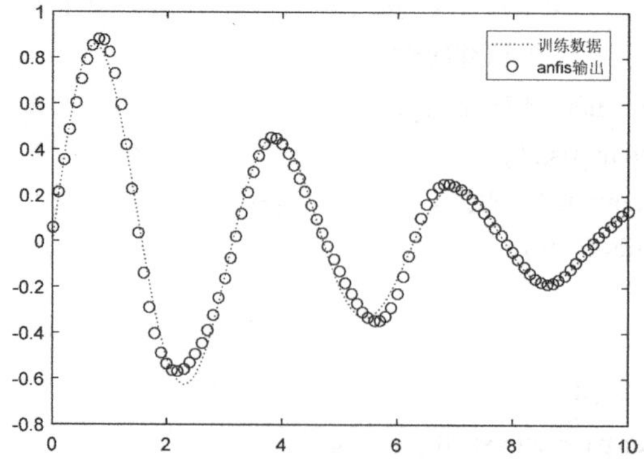

图 7-19　训练数据与 anfis 输出数据系统仿真效果

7.5 模糊控制系统仿真

模糊控制系统的核心是模糊控制器，也就是前面所介绍的模糊推理系统，本节将着重介绍怎样将模糊控制器与 Simulink 模型连接，进而建立模糊控制系统。

7.5.1 模糊逻辑工具箱

在 MATLAB 中，模糊控制系统的设计与仿真，必须使用到 Fuzzy Logic Toolbox 模糊逻辑工具箱。

在 Simulink 模块库浏览器中可以找到 Fuzzy Logic Toobox，它提供了三类模块：Membership Functions（隶属函数）、Fuzzy Logic Controller（模糊逻辑控制器）、Fuzzy Logic Controller with Ruleviewer（带规则观察器的模糊逻辑控制器），如图 7-20 所示。

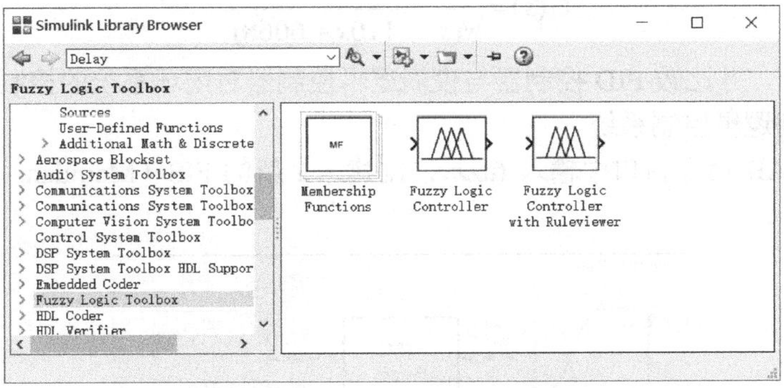

图 7-20　模糊逻辑工具箱提供的模块

其中，Membership Functions 包含许多隶属函数模块，如图 7-21 所示。

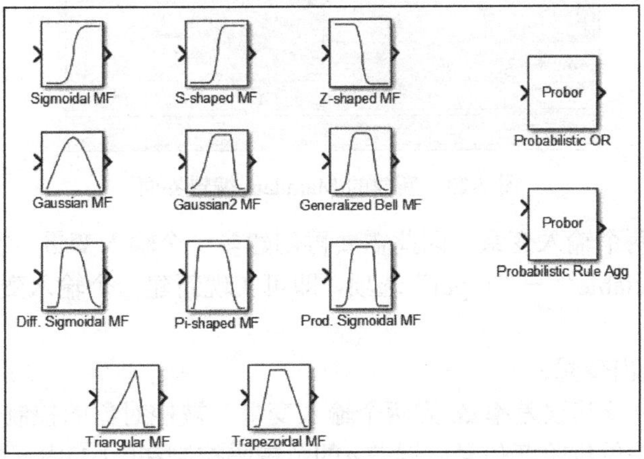

图 7-21　Membership Functions 子模块库包含的隶属函数模块

Fuzzy Logic Controller 模块和 Fuzzy Logic Controller with Ruleviewer 模块都是模糊逻辑控

制器，区别在于后者带有规则观察器。对这两个模块使用 Look Under Mask 就可以看到它们的内部结构的区别，如图 7-22 所示。

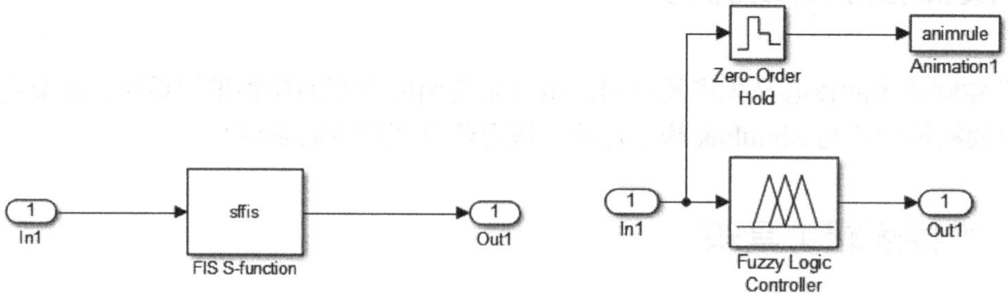

（a）Fuzzy Logic Controller 子系统　　（b）Fuzzy Logic Controller with Ruleviewer 子系统

图 7-22　模糊逻辑控制器内部结构

下面，通过一个实例来演示模糊逻辑工具箱模块的使用。

【例 7-10】 智能仿生人工腿中的执行电机传递函数可表示为

$$G(s)=\frac{6068}{s(s^2+110s+6068)}$$

试建立其闭环系统，并比较 PID 控制器与模糊逻辑控制器对闭环系统的控制性能。

（1）建立模糊逻辑控制系统。

① 在 MATLAB 命令窗口中输入 fuzzy，创建一个新的 FIS（Mamdani 型），编辑界面如图 7-23 所示。

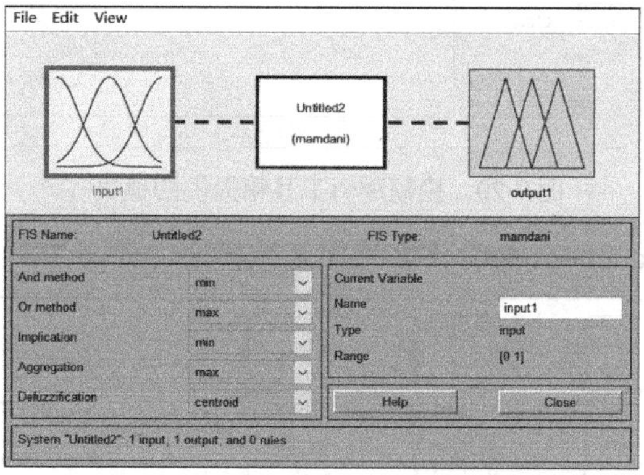

图 7-23　新建的 Mamdani 编辑界面

由于实例中需要两个输入变量，因此需要再创建多一个输入变量，在 FIS 界面中选择菜单“Edit”→“Add Variable”→“Input”选项，即可实现新建一个输入变量 input2，如图 7-24 所示。

② 编辑输入、输出变量。

以闭环系统误差 e 及其误差率 de 为两个输入变量，被控对象的控制输入 u 为输出变量。考虑到控制目标为跟踪单位阶跃信号，误差 e 的范围需控制在[−1,1]内，那么输入变量 e 和 de 的论域均可取为[−1,1]。同时为了满足控制输入的上界限制，取 u 的论域为[−2,2]。操作步骤为：

如图 7-24 所示，选中对应的输入、输出框图，在右侧的“Name”中可以修改输入、输出变量的名称，如图 7-25 所示。

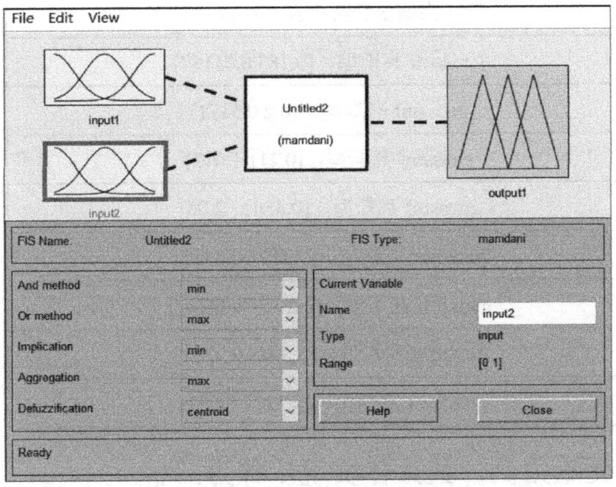

图 7-24 增加一个输入变量

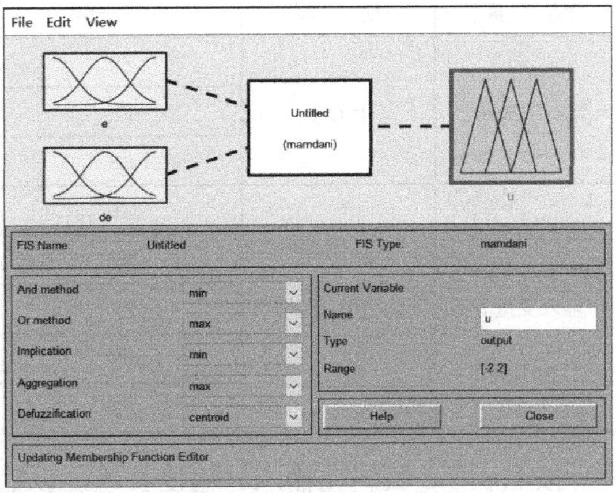

图 7-25 修改变量名称

修改完变量名称后，双击图 7-25 中对应的框图或选择“Edit”→“Membership Functions…”，即可打开 MF 编辑变量界面，如图 7-26 所示。

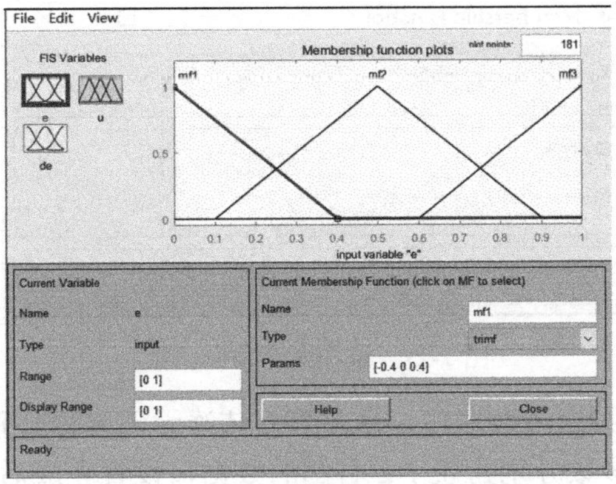

图 7-26 编辑变量界面

表 7-2 列出了覆盖输入、输出变量论域的模糊子集及隶属函数。

表 7-2 覆盖输入、输出变量论域的模糊子集及其隶属函数

变 量	论 域	模糊子集	隶属函数类型及其参数
输入变量 *e*	[−1,1]	NB	gaussmf 高斯型，[0.2028 −1.019]
		NB	gaussmf 高斯型，[0.21 −0.4407]
		ZE	gaussmf 高斯型，[0.2029 0.5162]
		PS	gaussmf 高斯型，[0.226 0.561]
		PB	gaussmf 高斯型，[0.225 1.024]
输入变量 *de*	[−1,1]	NB	gaussmf 高斯型，[0.2311 −1.024]
		NS	gaussmf 高斯型，[0.1677 −0.4988]

续表

变　　量	论　　域	模糊子集	隶属函数类型及其参数
输入变量 *de*	[−1,1]	ZE	gaussmf 高斯型，[0.183 0.01157]
		PS	gaussmf 高斯型，[0.2 0.5171]
		PB	gaussmf 高斯型，[0.211 1.013]
输入变量 *u*	[−2,2]	NB	gaussmf 高斯型，[0.4501 −2.03]
		NS	gaussmf 高斯型，[0.319 −0.8412]
		ZE	gaussmf 高斯型，[0.2939 0.08247]
		PS	gaussmf 高斯型，[0.2949 0.9761]
		PB	gaussmf 高斯型，[0.3277 2.002]

按照表 7-2 编辑完输入、输出变量，以输入变量为例，其具体实现步骤为：

- 单击 *e* 模框，选择“Edit”→“Add MFs…”，在弹出的如图 7-27 所示对话框中，设置“Number of MFs”为 2，“MF type”选择为 gaussmf，表示添加两个隶属函数。
- 单击 e 模框，在当前变量区，设置“Range”和“Display Range”均为[−1,1]。

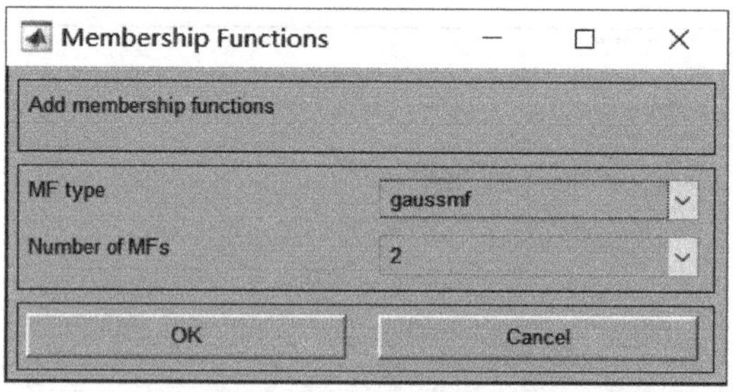

图 7-27　添加两个隶属函数

- 选中变量 *e* 对应的隶属函数曲线，从左到右依次设置名称分别为 NB、NS、ZE、PS、PB，类型都为 gaussmf，参数分别为表 7-2 右侧的数据，设置完成后回车即可。

设置完成后，输入变量 *e* 的隶属函数如图 7-28 所示。

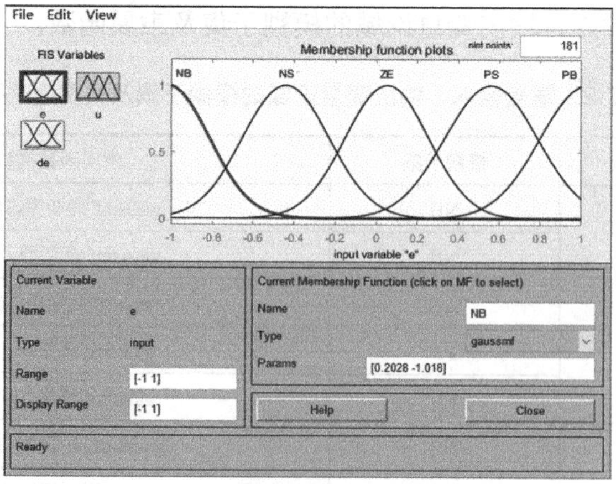

图 7-28　输入变量 *e* 隶属函数图

同理，设置输入变量 *de* 的隶属函数如图 7-29 所示，输出变量 *u* 的隶属函数如图 7-30 所示。

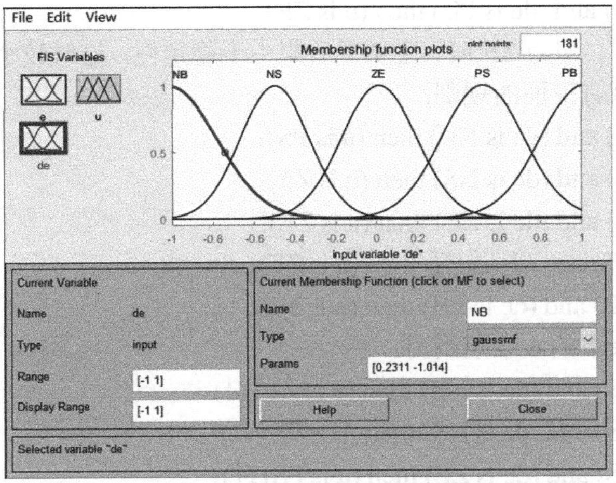

图 7-29 输入变量 *de* 隶属函数图

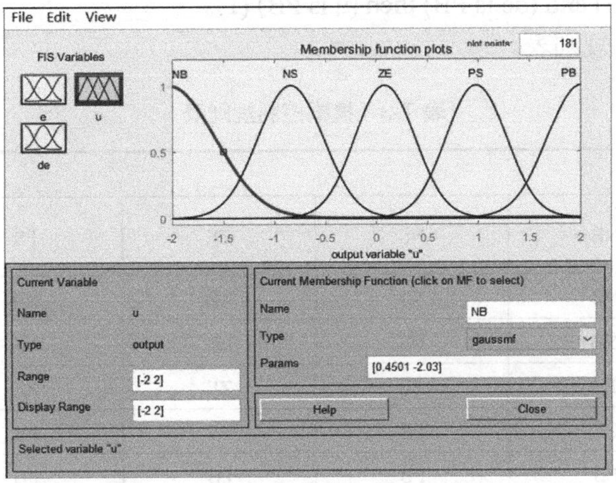

图 7-30 输出变量 *u* 的隶属函数图

③ 制定、编辑模糊规则。

完成对输入、输出变量的编辑后，需要添加模糊规则。模糊规则的制定，是根据人工经验来确定的，于是就有以下的分析。

当误差 *e* 为 NB 负大时，无论误差率 *de* 如何，控制输入都应该为 NB 负大，以尽快减小误差，所以有规则 Rule1：if e is NB then u is NB。

当误差 *e* 为 NS 负小时，就要考虑误差率的影响。如果 *de* 为 NB 负大，会导致 *e* 更负，所以控制输入仍然应该为 NB 负大；如果 *de* 为 ZE 零或 PS 正小，则需要较小的控制输入以帮助误差 *e* 恢复到零；如果 *de* 为 PB 正大，则不需要控制输入。所以有下面的规则：

Rule2：If (e is NS) and (de is NB) then (u is NB);

Rule 3：If (e is NS) and (de is NS) then (u is NB);

Rule 4：If (e is NS) and (de is ZE) then (u is NS)；

Rule 5：If (e is NS) and (de is PS) then (u is NS)；

Rule 6：If (e is NS) and (de is PB) then (u is ZE)。

当误差 e 接近于零，即为 ZE 时，主要矛盾集中于稳定性，这时较小的控制输入会更加适合小幅度的调整，所以有下面的规则：

Rule 7：If (e is ZE) and (de is NB) then (u is PS)；

Rule 8：If (e is ZE) and (de is NS) then (u is ZE)；

Rule 9：If (e is ZE) and (de is ZE) then (u is ZE)；

Rule 10：If (e is ZE) and (de is PS) then (u is ZE)；

Rule 11：If (e is ZE) and (de is PB) then (u is NS)。

对称地可以得出余下的 6 条规则为：

Rule 12：If (e is PS) and (de is NB) then (u is ZE) (1)；

Rule 13：If (e is PS) and (de is NS) then (u is PS) (1)；

Rule 14：If (e is PS) and (de is ZE) then (u is PS) (1)；

Rule 15：If (e is PS) and (de is PS) then (u is PB) (1)；

Rule 16：If (e is PS) and (de is PB) then (u is PB) (1)。

表 7-3 为模糊控制规则表。

表 7-3　模糊控制规则表

	u				
e \ *de*	NB	NS	ZE	PS	PB
NB	NB	NB	NB	NB	NB
NS	NB	NB	NS	NS	ZE
ZE	PS	ZE	ZE	ZE	NS
PS	ZE	PS	PS	PB	PB
PB	PB	PB	PB	PB	PB

按照表 7-3 在 Rule 编辑中添加所有的规则，完成后如图 7-31 所示。

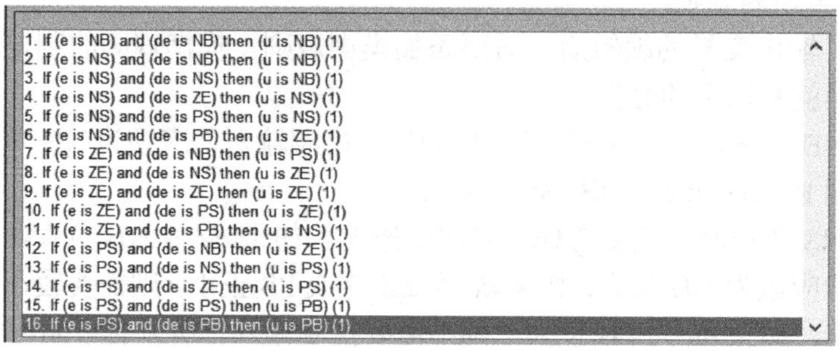

图 7-31　编辑完成后的模糊规则

④ 在 FIS Editor 界面上，选择“File”→“Export”→“To workspace…”命令，以 myFIS

为名称将其导入工作空间。

⑤ 根据需要，建立如图 7-32 所示的仿真模型。

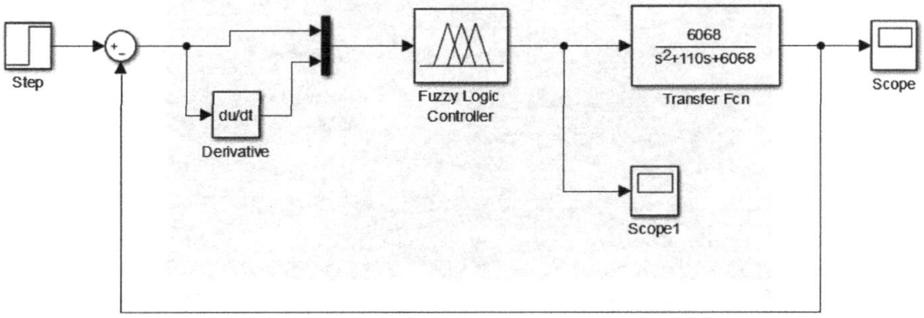

图 7-32 利用模糊逻辑控制器建立仿真模型

双击图 7-32 中的 Fuzzy Logic Controller 模块，设置 FIS 文件为 myFIS，如图 7-33 所示。

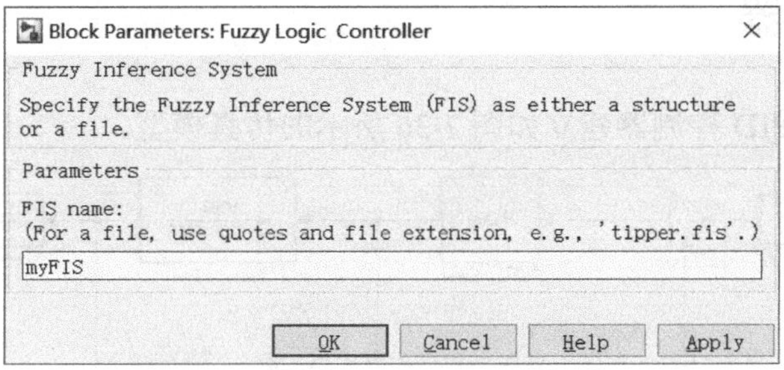

图 7-33 设置 FIS 文件

仿真时间设置为 0～0.1s，求解器设置为固定步长求解器，最大步长设置为 0.001。运行仿真，可以得到如图 7-34 所示的闭环系统阶跃响应曲线，以及如图 7-35 所示的控制输入变化曲线。阶跃响应曲线非常平稳，没有超调量，没有振荡，控制输入也保持在[−2,2]以内，这样的控制性能是很不错的。

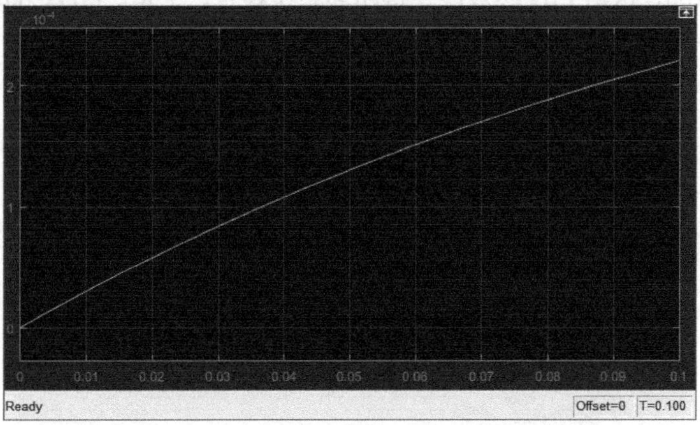

图 7-34 闭环系统阶跃响应曲线

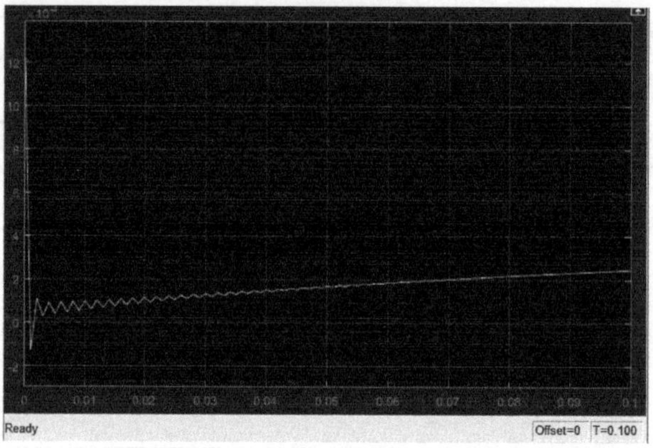

图 7-35　控制输入变化曲线

7.5.2　PID 控制器

根据需要，利用 PID 控制器建立如图 7-36 所示的仿真模型。

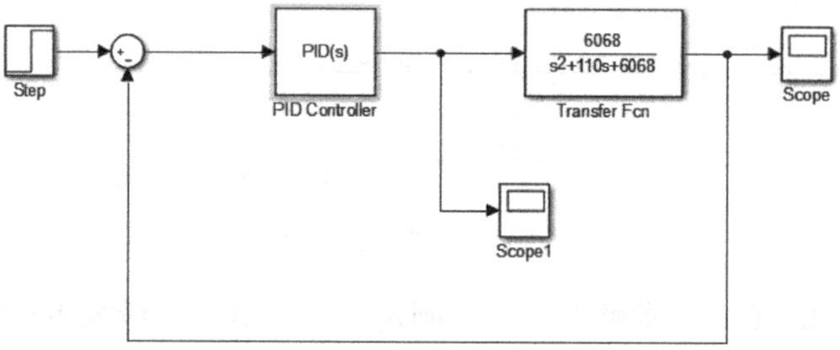

图 7-36　利用 PID 控制器建立仿真模型

根据 Ziegler-Nichols 调参方法，可以确定出一组 PID 参数：P=66、I=66/0.0403、D=66×0.0101、N=100，这组 PID 参数能使得闭环系统稳定。于是，PID Controller 模块的参数设置对话框如图 7-37 所示。

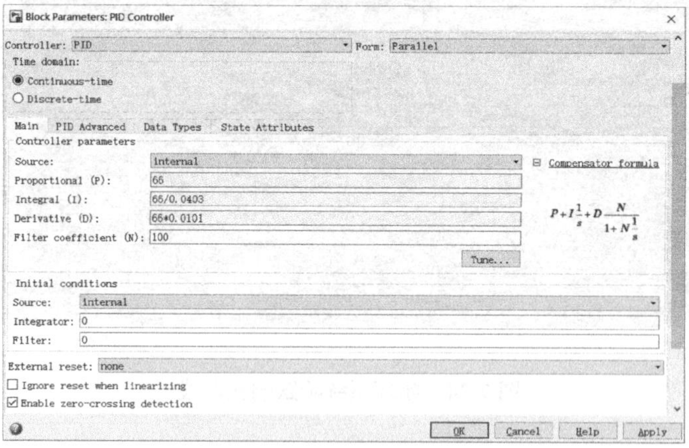

图 7-37　PID Controller 模块参数设置对话框

单击图 7-36 中的 Step 模块，将 Step time 设置为 0.001，仿真时间设置为 0～0.2s，求解器设置为固定求解器，最大步长设置为 0.001。

运行仿真，可以得到如图 7-38 所示的闭环系统阶跃响应曲线，以及如图 7-39 所示的控制输入变化曲线。虽然系统较快地趋于稳定，但产生了多次振荡，超调量很大，且控制输入也较大，不符合实际需求。

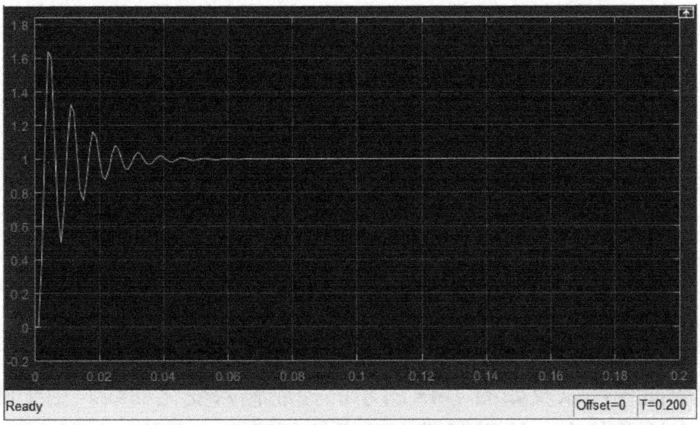

图 7-38　闭环系统阶跃响应曲线

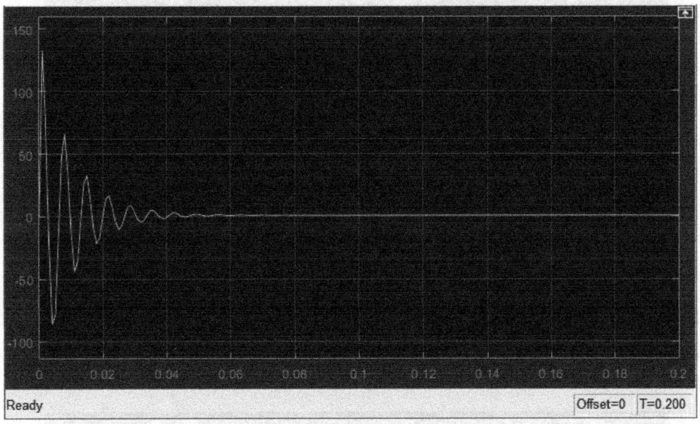

图 7-39　控制输入变化曲线

根据需要，对被控对象加入随机扰动，再次建立模糊逻辑控制系统模型，如图 7-40 所示。

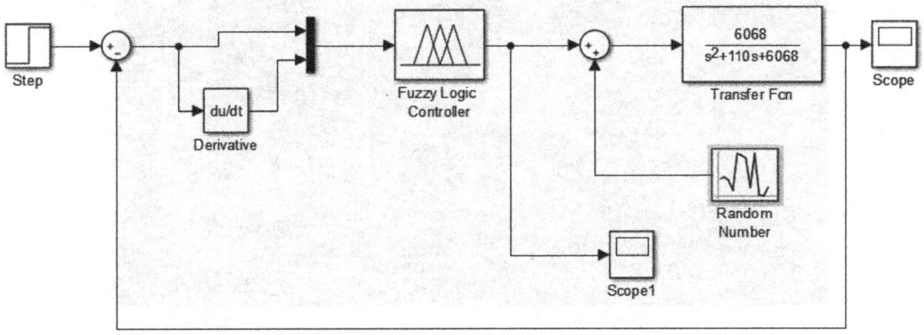

图 7-40　加入随机扰动的模糊逻辑控制系统模型

双击图 7-40 中的 Random Number 模块，其参数设置如图 7-41 所示。

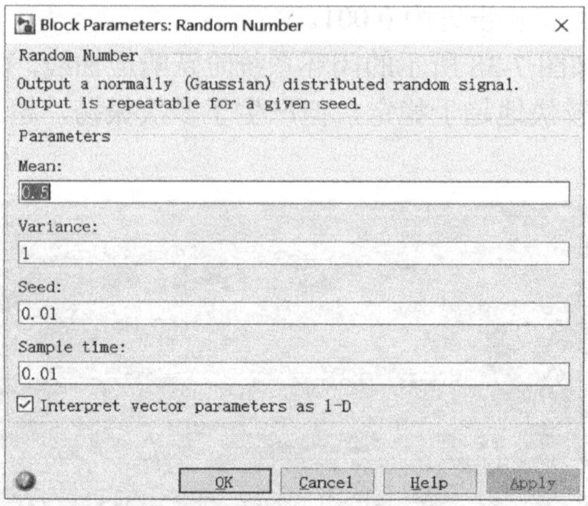

图 7-41　Random Number 模块参数设置对话框

仿真时间设置为 0～5s，求解器设置为固定求解器。运行仿真，可以得到如图 7-42 所示的闭环系统阶跃响应曲线，以及如图 7-43 所示的控制输入变化曲线。由于随机扰动的加入，响应曲线会一直处于波动状态，这说明模糊逻辑控制器有一定的干扰抑制作用。

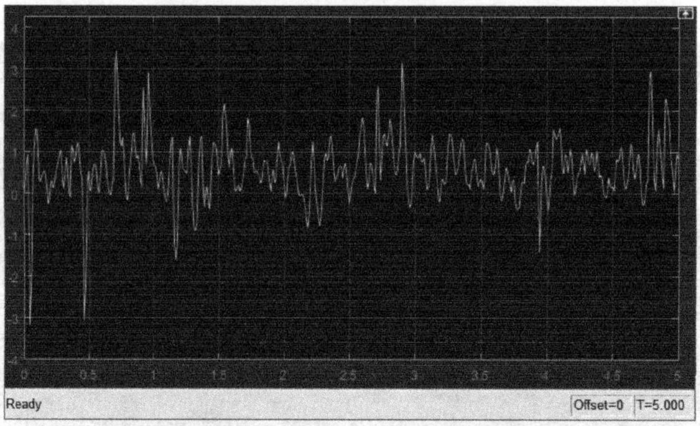

图 7-42　闭环系统阶跃响应曲线

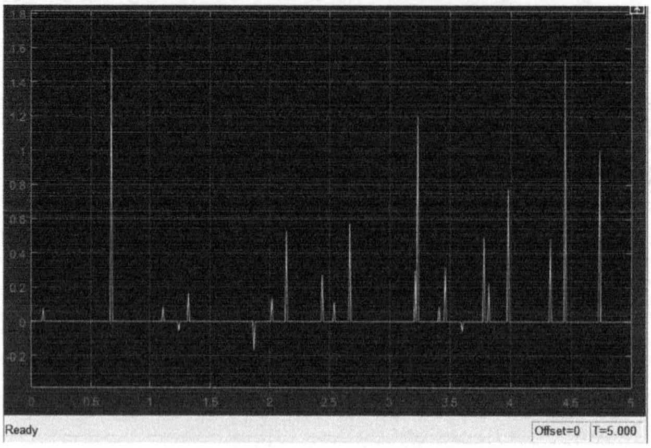

图 7-43　控制输入变化曲线

7.5.3 Rule 观察器

在规则界面中选择“View”→“Rules”命令，即打开如图 7-44 所示的 Rule 观察器，通过图像形象地观察 myFIS 的推理过程。从图中可以看到 16 条规则的图形化表示。

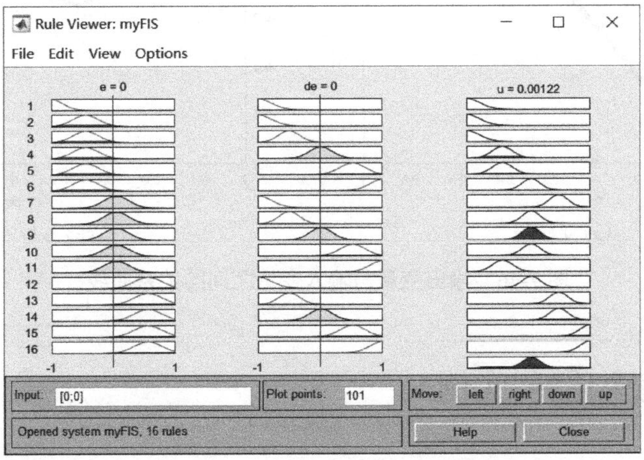

图 7-44 myFIS 的模糊规则观察器

7.5.4 Surface 观察器

在规则界面中选择“View”→“Surface”命令，即可打开如图 7-45 所示的 Surface 观察器，可以立体地观察输出变量 *u* 与输入变量 *e* 和 *de* 之间的关系。

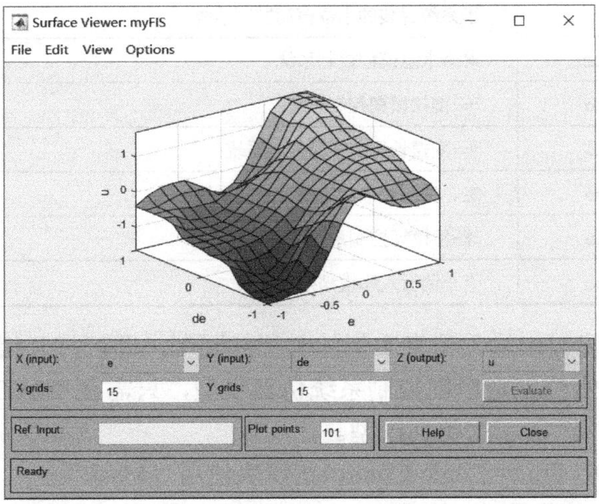

图 7-45 myFIS 的曲面观察器

要想观察 *u* 与 *e*、*u* 与 *de* 之间关系，只需在 X（input）右侧的编辑栏中选择 e 或 de，在

Y（input）右侧的编辑栏中选择-none-，就会出现如图 7-46 所示的关系曲线。

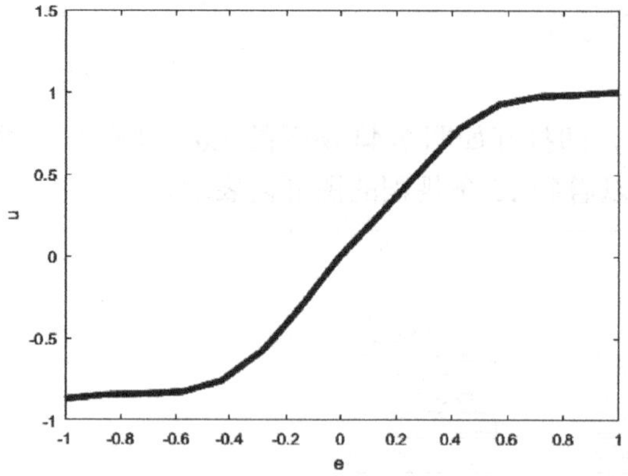

（a）u 与 e

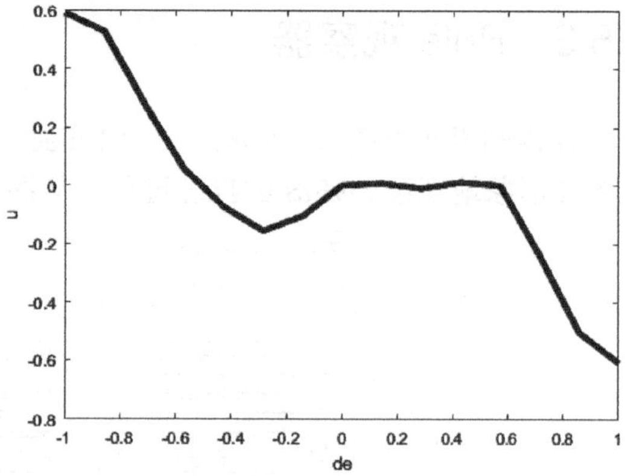

（b）u 与 de

图 7-46　输出变量与输入变量之间的关系曲线

7.5.5　自带的模糊控制实例

MATLAB 中有许多模糊控制系统的仿真实例，它们都是一些经典问题，具有一定的示范性。通过对这些经典仿真实例的学习，有助于加深对模糊控制系统的理解。表 7-4 列出了这些模糊控制系统仿真实例。

表 7-4　MATLAB 中模糊控制系统仿真实例

模 型 名 称	推 理 类 型	模 型 内 容
sltank	Mamdani	水箱水位恒定模糊控制系统
sltank2	Mamdani	子系统封装的水位模糊控制系统
shower	Mamdani	淋浴水温模糊控制系统
slcp	Sugeno	车-倒摆模糊控制系统
slcp1	Sugeno	车-变摆长倒摆模糊控制系统
slcpp1	Sugeno	定、变摆长二倒摆模糊控制系统
slbb	Sugeno	球-棒模糊控制系统
sltbu	Sugeno	卡车倒行入库模糊控制系统

在 MATLAB 命令窗口中输入仿真实例的名称并回车，即可打开相应的 Simulink 仿真模型。例如，要打开水箱水位恒定模糊控制系统仿真模型，只需在 MATLAB 命令窗口中输入 sltank，就会打开如图 7-47 所示的仿真模型。

对 sltank 仿真模型中 Fuzzy Logic Controler 模块使用“Mask”→“Look Under Mask”命令，其内部结构如图 7-48 所示。

然后，对图 7-48 中的 FIS Wizard 模块也使用“Mask”→“Look Under Mask”命令，可以发现其内部结构如图 7-49 所示。该结构很清晰地体现出了模糊推理的全过程：输入→到规则→到反模糊化→到输出。

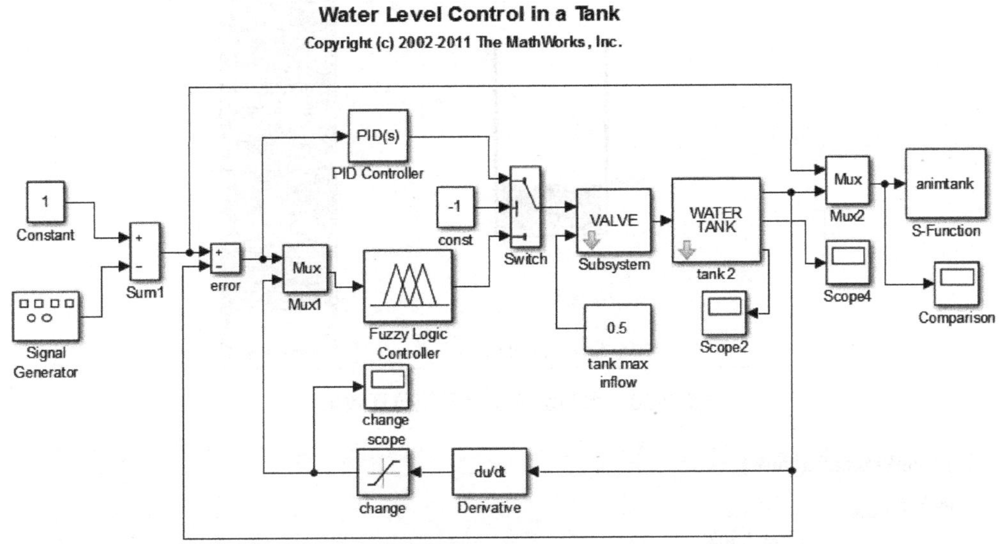

图 7-47 水箱水平恒定模糊控制系统仿真模型

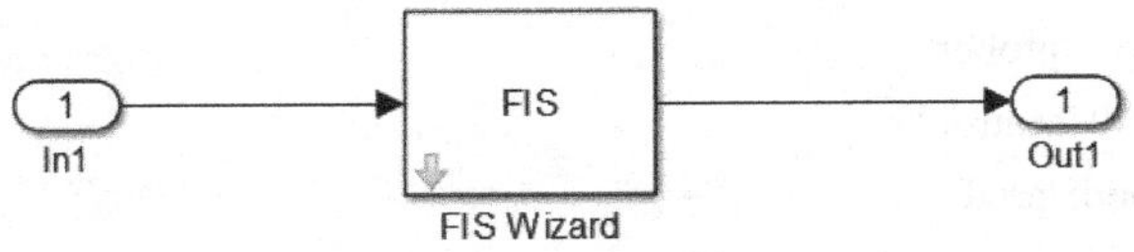

图 7-48 Fuzzy Logic Controller 模块内部结构

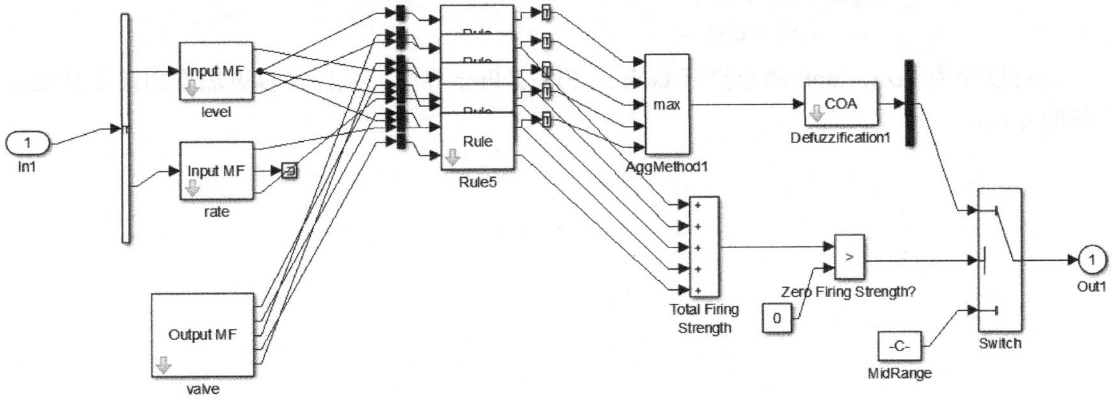

图 7-49 FIS Wizard 模块内部结构图

运行仿真，系统仿真效果如图 7-50 所示。

sltank 仿真模型的模糊逻辑控制器核心的模糊推理系统为 tank，在 MATLAB 命令窗口中输入 tank=readfis('tank')并回车，可得到它的结构文件列表：

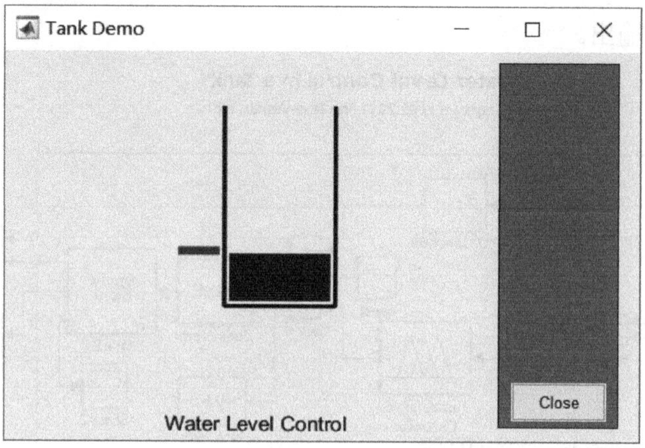

图 7-50　水箱水位变化系统仿真效果

```
>> tank=readfis('tank')
tank =
            name: 'tank'
            type: 'mamdani'
       andMethod: 'prod'
        orMethod: 'probor'
    defuzzMethod: 'centroid'
       impMethod: 'prod'
       aggMethod: 'max'
           input: [1x2 struct]
          output: [1x1 struct]
            rule: [1x5 struct]
```

也可以使用 fuzzy tank 命令打开 tank 的 FIS Editor 界面，从而可以更加详细地了解 tank 具体的方法。

第 8 章　MATLAB/Simulink 神经网络系统仿真

MATLAB 和 Simulink 包含许多用于进行神经网络应用的设计和分析的工具箱函数。目前最新的神经网络工具箱几乎完整地概括了现有的神经网络的新成果。

神经网络的研究内容相当广泛，反映了多学科交叉技术领域的特点。主要的研究工作集中在以下几个方面：

1．生物原型

从生理学、心理学、解剖学、脑科学、病理学等方面研究神经细胞、神经网络、神经系统的生物原型结构及其功能机理。

2．建立模型

根据生物原型的研究，建立神经元、神经网络的理论模型。其中包括概念模型、知识模型、物理化学模型、数学模型等。

3．算法

在理论模型研究的基础上构建具体的神经网络模型，以实现计算机模拟或准备制作硬件，包括网络学习算法的研究。这方面的工作也称为技术模型研究。

神经网络用到的算法就是向量乘法，并且广泛采用符号函数及其各种逼近。并行、容错、可以硬件实现以及自我学习特性，是神经网络的几个基本优点，也是神经网络计算方法与传统方法的区别所在。

4．应用

在网络模型与算法研究的基础上，利用人工神经网络组成实际的应用系统，例如完成某种信号处理或模式识别的功能、构作专家系统、制成机器人、复杂系统控制等。

纵观当代新兴科学技术的发展历史，人类在征服宇宙空间、基本粒子，生命起源等科学技术领域的进程中历经了崎岖不平的道路。我们也会看到，探索人脑功能和神经网络的研究将伴随着重重困难的克服而日新月异。

8.1　神经网络的概述

在自然界中，网络功能主要由神经节决定，可以通过改变连接点的权重来训练神经网络完成特定的功能。

神经网络所设计的神经网络模型包括：

- 感知器；
- 线性网络；
- BP 网络；
- 径向基函数网络；
- 竞争型神经网络；
- 自组织网络和学习向量量化网络；
- 反馈网络。

8.1.1 神经元模型

人工神经网络从生物神经网络发展而来，一个神经元就是一个神经细胞，在人类大脑皮层中大约有 100 亿个神经元，60 万亿个神经突触以及它们的连接体。

人工神经元是人工神经网络操作的基本信息处理单位。人工神经元的模型如图 8-1 所示，它是人工神经网络的设计基础。

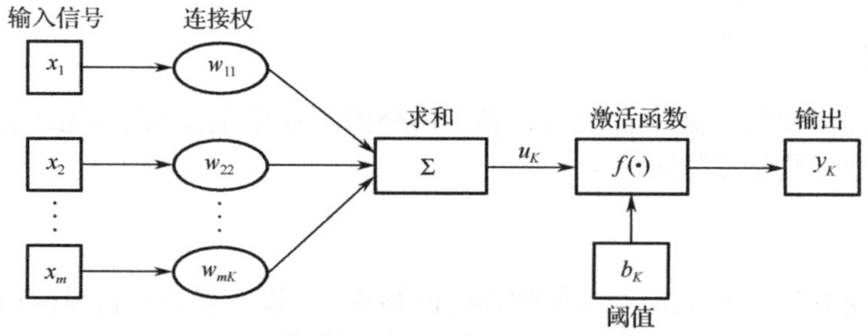

图 8-1　人工神经元模型

人工神经元模型可以看成由 3 种基本元素组成：

（1）一组连接：连接强度由各连接上的值表示，权值可以取正值也可以取负值，权值为正表示激活，权值为负表示抑制。

（2）一个加法器：用于求输入信号对神经元的相应突触加权之和。

（3）一个激活函数：用来限制神经元输出振幅。激活函数也称为压制函数，因为它将输入信号压制（限制）到允许范围之内的一定值。通常，一个神经元输出的正常幅度范围可写成单位闭区间[0，1]，或者另一种区间[−1，+1]。

另外，可以给一个神经元模型加一个外部偏置，记为 b_K。偏置的作用是根据其为正或为负，相应地增加或降低激活函数的网络输入。一个人工神经元 k 可以用以下公式表示：

$$u_k = \sum_{i=1}^{m} w_{ik} x_i$$

$$y_k = f(u_k + b_k)$$

式中　$x_i(i=1,\cdots,m)$——输入信号；

$w_{ik}(i=1,\cdots,m)$——神经元 k 的突触权值（对于激发状态，w_{ik} 取正值；对于抑制状态，w_{ik} 取负值；m 为输入信号数目）；

u_k——输入信号线性组合器的输出；

b_k——神经元单元的偏置（阈值）；

$f(\cdot)$——激活函数；

y_k——神经元输出信号。

激活函数主要有以下 3 种形式：

（1）域值函数，即阶梯函数。

当函数的自变量小于 0 时，函数的输出为 0；当函数的自变量大于或等于 0 时，函数的输出为 1。用该函数可以把输入分成两类：

$$f(v)=\begin{cases}1 & v\geqslant 0\\ 0 & v<0\end{cases}$$

（2）分段线性函数。

该函数在(−1，+1)线性区间内的放大系数是一致的，这种形式的激活函数可以看作是非线性放大器的近似，如图 8-2（a）所示。

$$f(v)=\begin{cases}1 & v\geqslant 1\\ v & -1<v<1\\ -1 & v\leqslant -1\end{cases}$$

（3）非线性转移函数。

该函数为实数域 R 到[0，1]闭集的非连接函数，代表了状态连续型神经元模型。最常用的非线性转移函数是单极性 Sigmoid 函数曲线，简称为 S 型函数，其特点是函数本身及其导数都是连续的，能够体现数学计算上的优越性，因而在处理上十分方便。单极性 S 型函数定义如下：

$$f(v)=\frac{1}{1+\mathrm{e}^{-v}}$$

有时也采用双极性 S 型函数（即双曲线正切）等形式：

$$f(v)=\frac{2}{1+\mathrm{e}^{-v}}-1=\frac{1-\mathrm{e}^{-v}}{1+\mathrm{e}^{-v}}$$

单极 S 型函数曲线特点如图 8-2（b）所示。

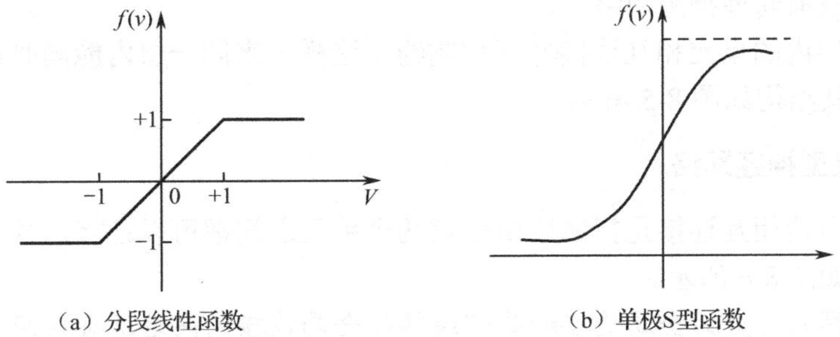

（a）分段线性函数　　　　（b）单极S型函数

图 8-2　激活函数

8.1.2 神经网络结构

人工神经网络将大量功能简单的神经元通过一定的拓扑结构组织起来，构成群体并行式处理的计算结构。根据神经元的不同连接方式，可将神经网络分为两类：分层神经网络和相互连接型神经网络。

1. 分层神经网络

分层网络将神经网络中的所有神经元按照其功能分成若干层，一般有输入层、隐含层和输出层。

（1）输入层连接外部输入信号，由各输入单元将输入信号传送给隐含层的各单元。

（2）隐含层是神经网络的内部处理单元层，隐含层可以有多层，也可以一层都没有。

（3）输出层产生神经网络的输出信号。

分层网络根据信号传输类型，还可以细分为三种连接方式。

（1）简单前向型神经网络。

输入信号由输入层进入神经网络，经过中间各层的顺序模式变换，由输出层产生一个输出信号，其结构如图 8-3 所示。

（2）反馈前向型神经网络。

这种类型的网络具有反馈结构，但网络本身还是前向型的，其结构如图 8-4 所示。

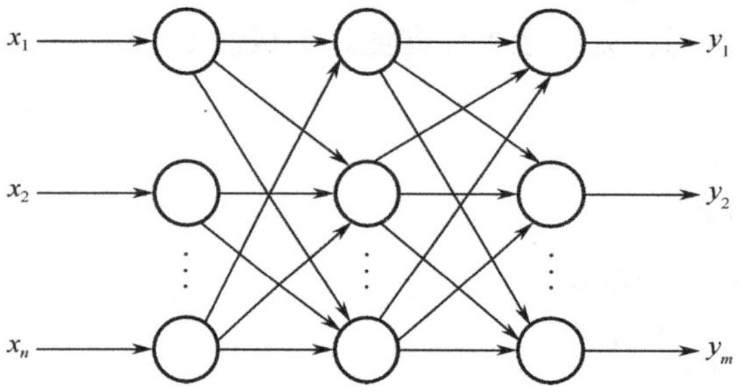

图 8-3 简单前向型神经网络结构

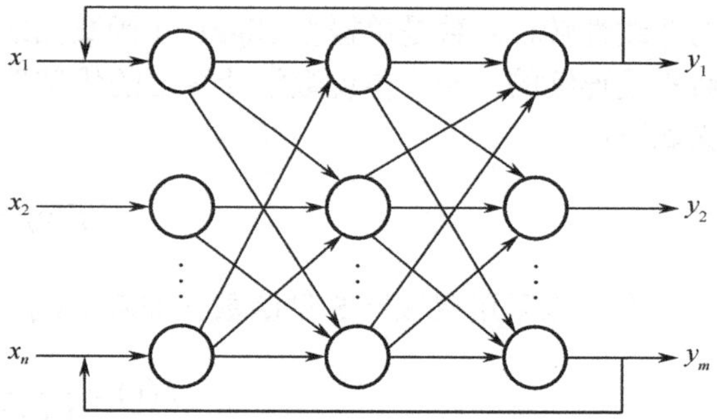

图 8-4 反馈前向型神经网络结构

（3）层内互联前向型神经网络。

该网络同一层内的单元相互连接并互相制约，这样一来同一层内能同时激活的单元个数就受到了限制，其结构如图 8-5 所示。

2. 相互连接型神经网络

顾名思义，所谓相互连接是指网络中任意两个单元之间都可以连接，并且其方向可以是双向的，其结构如图 8-6 所示。

注意：这种网络可分为全局连接和局部连接，全局连接的网络所有神经元均与其他神经元相连，而局部连接网络有的神经元之间没有连接。

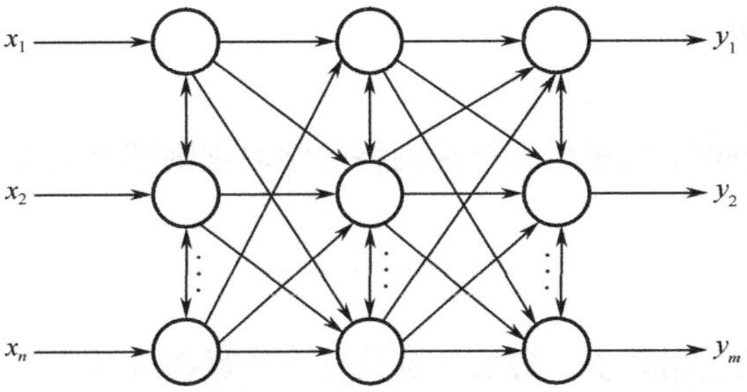

图 8-5 层内互联前向型神经网络结构

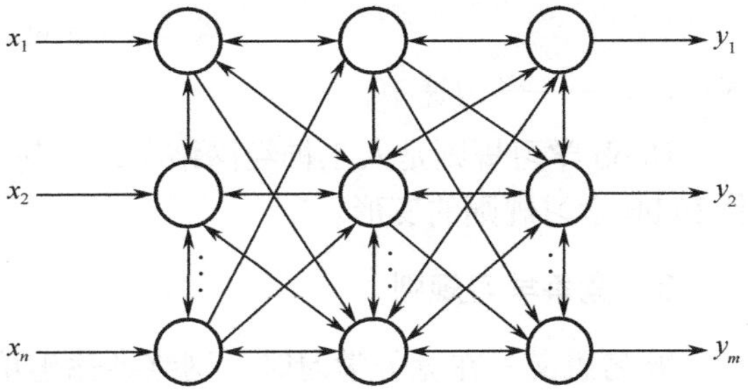

图 8-6 相互连接型神经网络结构

8.1.3 神经网络的学习规则

在 MATLAB 中，通常采用的神经网络学习规则包括以下 3 种。

1. 误差纠正学习规则

令 $y_k(n)$ 为输入 $x_k(n)$ 时神经元 k 在 n 时刻的实际输出，$d_k(n)$ 表示应有的输出（可由训练样本给出），则误差信号可写为

$$e_k(n) = d_k(n) - y_k(n)$$

误差纠正学习的最终目的是使某一基于 $e_k(n)$ 的目标函数达到要求，以使网络中每一输出单元的实际输出在某种统计意义上逼近应有输出。一旦选定了目标函数形式，误差纠正学习就变成了一个典型的最优化问题。最常用的目标函数是均方误差判据，定义为误差平方和的均值：

$$J = E\left[\frac{1}{2}\sum_k \mathrm{e}_k^2(n)\right]$$

式中，E——期望算子。

上式的前提是被学习的过程是平稳的，具体方法可用最优梯度下降法。直接用 J 作为目标函数时需要知道整个过程的统计特性，为解决这一问题，通常用 J 在时刻 n 的瞬时值代替 J，即

$$E = \frac{1}{2}\sum_k \mathrm{e}_k^2(n)$$

问题变为求 E 对权值 ω 的极小值，据梯度下降法可得

$$\Delta\omega_{kj} = \eta \mathrm{e}_k(n) x_j(n)$$

式中，η——学习步长，这就是通常所说的误差纠正学习规则。

2. Hebb 学习规则

它是 D. O. Hebb 根据生物学中条件反射的机理，于 1949 年提出的神经元连接强度变化的规则，属于无导师学习。其内容为：如果两个神经元同时兴奋，则它们之间的突触连接加强。如果神经元 i 神经元 j 的上层节点，用 v_i 、 v_j 表示神经元 i 和 j 的激活值（输出）， w_{ij} 表示两个神经元之间的连接权，则 Hebb 学习规则可以表示为

$$\Delta w_{ij} = \eta v_i v_j$$

式中，η——学习速率。

Hebb 学习规则是人工神经网络学习的基本规则，几乎所有神经网络的学习规则都可以看作 Hebb 学习规则的变形。

3. 竞争学习规则

顾名思义，在竞争学习时，网络各输出单元互相竞争，最后达到只有一个最强者激活，最常见的一种情况是输出神经元之间有侧向抑制性连接，这样原来输出单元中若有某一单元较强，则它将获胜并抑制其他单元，最后只有此强者处于激活状态。最常用的竞争学习规则可写为

$$\Delta \omega_{kj} = \begin{cases} \eta(x_k - \omega_{jk}) & \text{如果神经元}j\text{竞争获胜} \\ 0 & \text{如果神经元}j\text{竞争失败} \end{cases}$$

8.2 MATLAB 神经网络工具箱

使用 MATLAB 神经网络工具箱主要有以下几个步骤。

（1）在 MATLAB 命令窗口中输入 nnstart，可以打开 MATLAB 提供的神经网络图形用户界面，如图 8-7 所示。

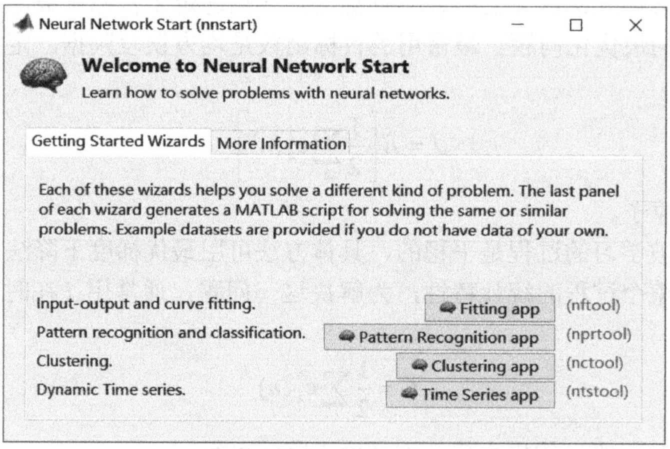

图 8-7　神经网络图形用户界面

（2）单击“Fitting app”按钮，打开神经网络拟合工具，如图 8-8 所示。也可以在 MATLAB 命令窗口中输入“nftool”直接打开神经网络拟合工具。

（3）单击“Next”按钮，弹出如图 8-9 所示界面。读者可以在“Input”和“Targets”选项框中分别选择神经网络的输入值和目标值；也可以单击“Load Example Data Set”按钮导入 MATLAB 提供神经网络实例。

（4）单击“Load Example Data Set”按钮后弹出如图 8-10 所示界面。

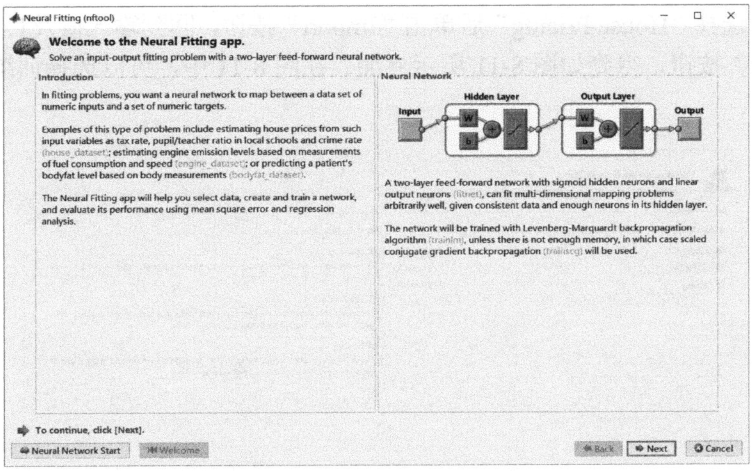

图 8-8　神经网络拟合工具

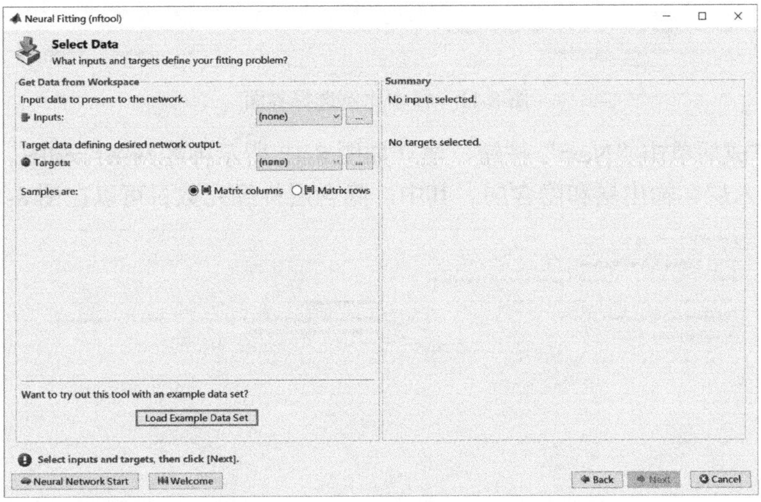

图 8-9　输入值及目标值选择界面

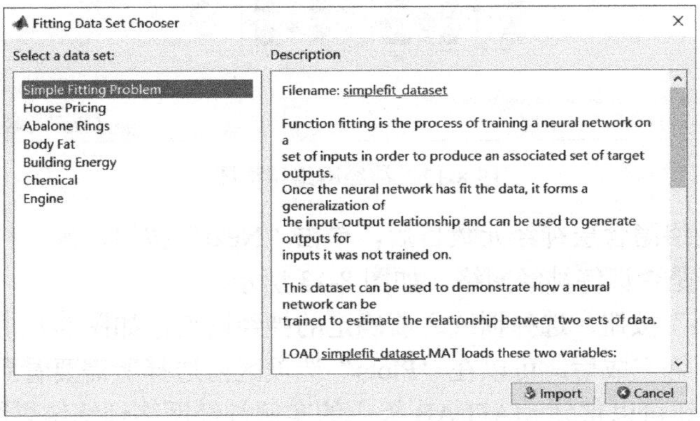

图 8-10　MATLAB 实例界面

（5）在左侧选择“House Pricing”后单击“Import”按钮，回到输入值及目标值选择界面。继续单击“Next”按钮，得到如图 8-11 所示界面。在图 8-11 中，可以选择训练和测试的样本比例。

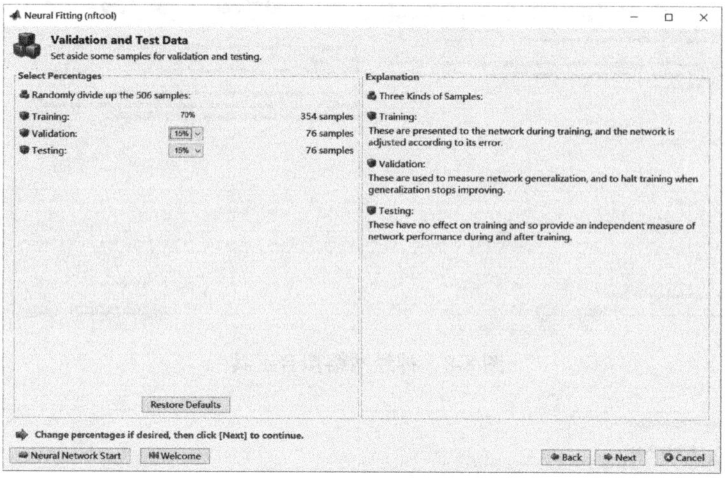

图 8-11　样本比例选择界面

（6）选择完成后单击“Next”按钮，建立如图 8-12 所示神经网络结构图。本神经网络共 3 层，分别为输入层、输出层和隐含层。其中，隐含层神经元数目可以在图 8-12 中修改。

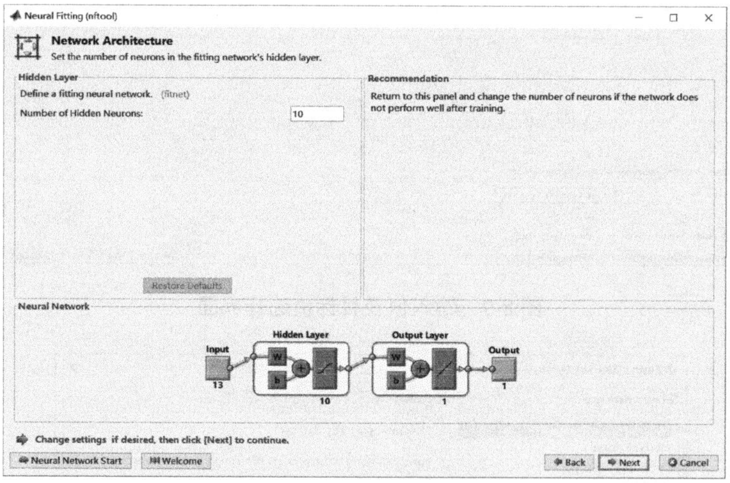

图 8-12　神经网络结构图

（7）确定神经网络隐含层神经元数目后，单击“Next”按钮，确定神经网络结构。在出现的界面中可以选择是否训练神经网络，如图 8-13 所示。

（8）单击“Train”按钮，选择训练之前确定的神经网络，如图 8-14 所示。

（9）神经网络训练完成后，可以在“Plots”选项区内选择所需要看到的图形。其中，单击“Performance”按钮可以得到 MATLAB 提供的实例神经网络训练结果图，如图 8-15 所示；单击“Training State”按钮可以得到神经网络训练过程参数变化曲线，如图 8-16 所示。其他神经网络训练参数，可以单击“Error Histogram”“Regression”和“Fit”按钮查看。

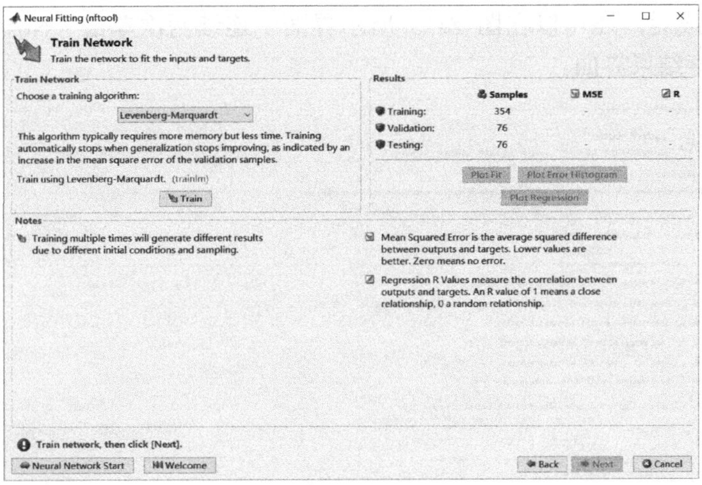

图 8-13 神经网络是否训练

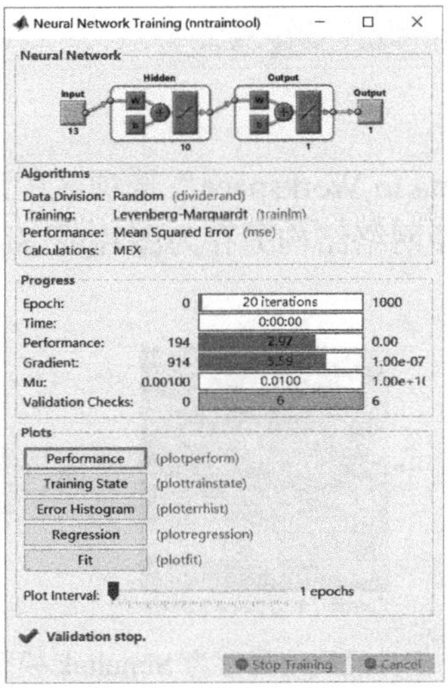

图 8-14 训练神经网络

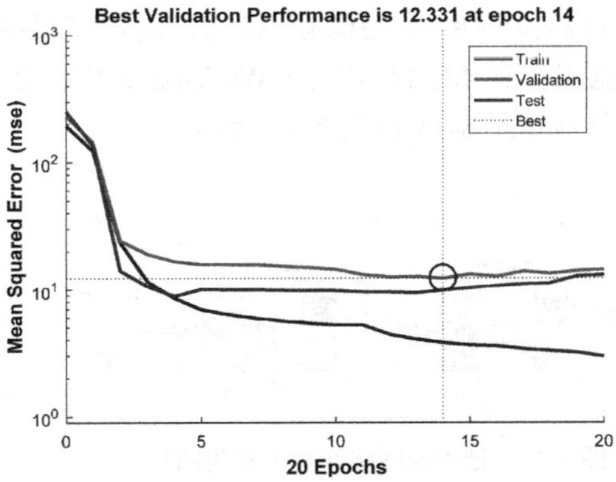

图 8-15 训练结果

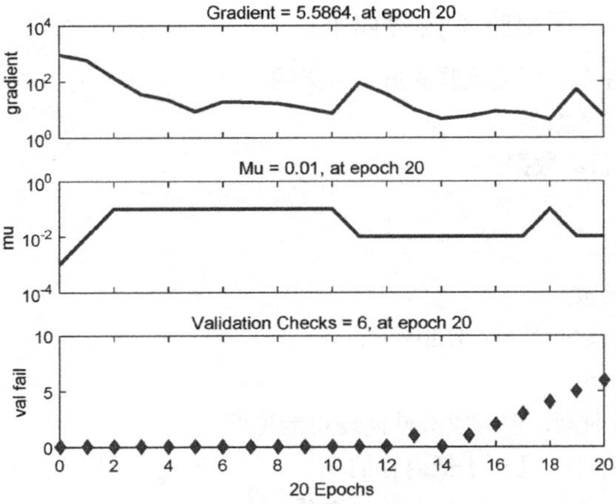

图 8-16 训练参数变化曲线

（10）训练完成后，还可以在图 8-13 所示界面中连续两次单击“Next”按钮，得到如图 8-17 所示的保存结果界面。

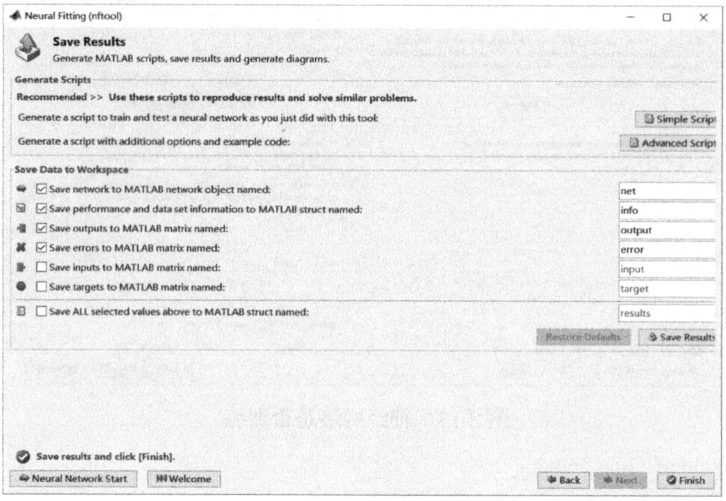

图 8-17　保存结果

在图 8-17 中单击“Back”按钮，用户可以在“Save Data to Workspace”选项区中选择将哪些数据保存到 MATLAB 的 Workspace 中；还可以将神经网络结构另存为图片或 Simulink 模型，分别如图 8-18 和图 8-19 所示。

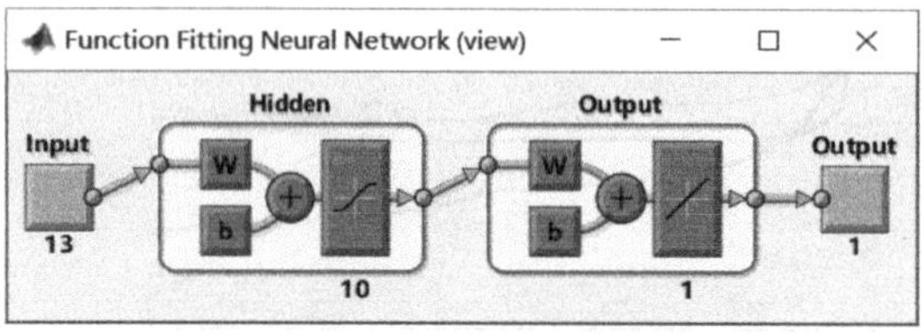

图 8-18　把神经网络结构另存为图片

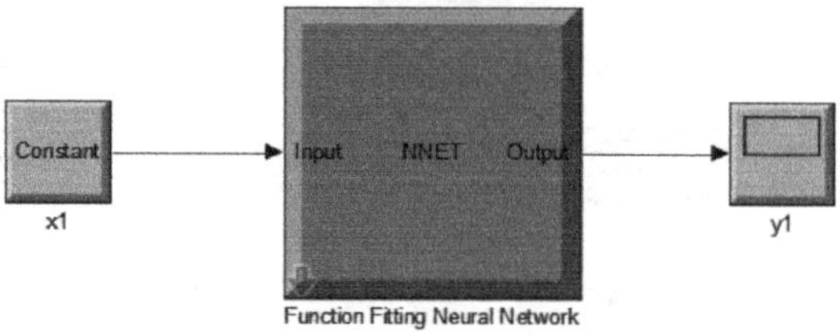

图 8-19　把神经网络另存为 Simulink 模型

单击图 8-17 中的“Simple Script”按钮或“Advanced Script”按钮生成脚本文件，后者较前者更加复杂、内容更多，简单脚本内容如下：

```
% 在这个脚本文件中，假定这些变量是定义的
% houseInputs  为输入数据.
% houseTargets  为目标数据.
x = houseInputs;
t = houseTargets;
% 选择一个训练函数
% 列出所有训练函数的类型：help nntrain
% 'trainlm'是通常最快
% 'trainbr'需要更长时间，但对挑战性问题可能更好
% 'trainscg'使用内存小，适用于低内存的
trainFcn = 'trainlm';   % Levenberg 为反向传播
```

```
% 创建一适合的网络
hiddenLayerSize = 10;
net = fitnet(hiddenLayerSize,trainFcn);
% 对数据进行训练、验证、测试
net.divideParam.trainRatio = 70/100;
net.divideParam.valRatio = 15/100;
net.divideParam.testRatio = 15/100;
% 训练神经网络
[net,tr] = train(net,x,t);
% 测试神经网络
y = net(x);
e = gsubtract(t,y);
performance = perform(net,t,y)
% 查看神经网络
view(net)
% 绘图
%figure, plotperform(tr)
%figure, plottrainstate(tr)
%figurc, plotcrrhist(c)
%figure, plotregression(t,y)
%figure, plotfit(net,x,t)
```

可以看到脚本文件中主要包含文件创建信息，网络的输入、输出信息，网络结构信息，训练、验证、检验样本分配信息，网络的训练与检测，还可以通过取消代码的注释，绘制网络有关的图像。

8.3 感知器神经网络

1958 年，美国心理学家 Frank Rosenblatt 提出一种具有单层计算单元的神经网络，称为 Perceptron，即感知器。感知器可谓是最早的人工神经网络。单层感知器是一个具有一层神经元、采用阈值激活函数的前向网络。通过对网络权值的训练，可以使感知器对一组输入矢量的响应达到元素为 0 或 1 的目标输出，从而实现对输入矢量分类的目的。如图 8-20 所示为单层感知器神经元模型图。

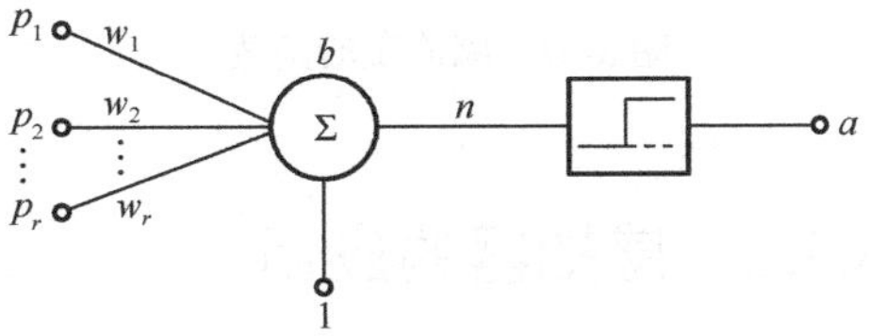

图 8-20 感知器神经元模型

使用单层感知器的目的就是让其对外部输入 $x_1,x_2,\cdots,x_m$ 进行识别分类，单层感知器可将外部输入分为两类：l_1 和 l_2。当感知器的输出为+1 时，可认为输入 $x_1,x_2,\cdots,x_m$ 属于 l_1 类，当感知器的输出为−1 时，即认为输入 $x_1,x_2,\cdots,x_m$ 属于 l_2 类，从而实现两类目标的识别。在 m 维信号空间，单层感知器进行模式识别的判决超平面由下式决定：

$$\sum_{j=1}^{m} w_{ij} x_j + b = 0$$

8.3.1 感知器网络结构

感知器的网络是由单层的s个感知神经元，通过一组权值$\{\omega_{ij}\}$（$i=1,2,\cdots,s$；$j=1,2,\cdots,r$）与r个输入相连组成。具有输入矢量$P_{r\times q}$和目标矢量$T_{s\times q}$的感知器网络的简化结构如图 8-21 所示。

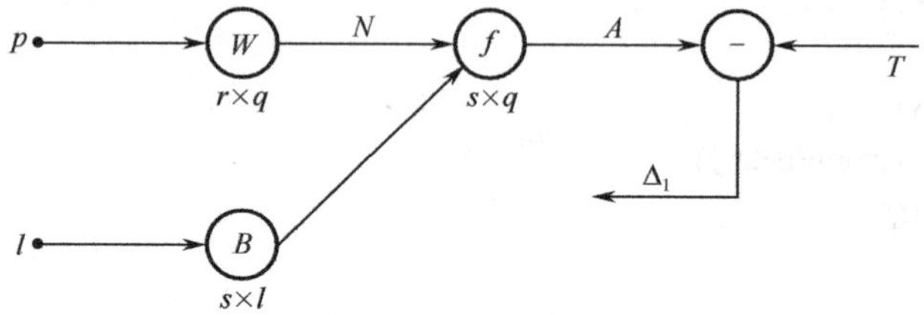

图 8-21 感知器简化结构图

根据网络结构，可以写出第i个输出神经元（$i=1,2,\cdots,s$）的加权输入和n_1及其输出a_i为

$$n_1 = \sum_{j=1}^{r} w_{ij} p_j$$

$$a_i = f(n_i + b_i)$$

感知器的输出值是通过测试加权输入和值落在阈值函数的左右来进行分类的，即有

$$a_i = \begin{cases} 1 & (n_i + b_i) \geqslant 0 \\ 0 & (n_i + b_i) < 0 \end{cases}$$

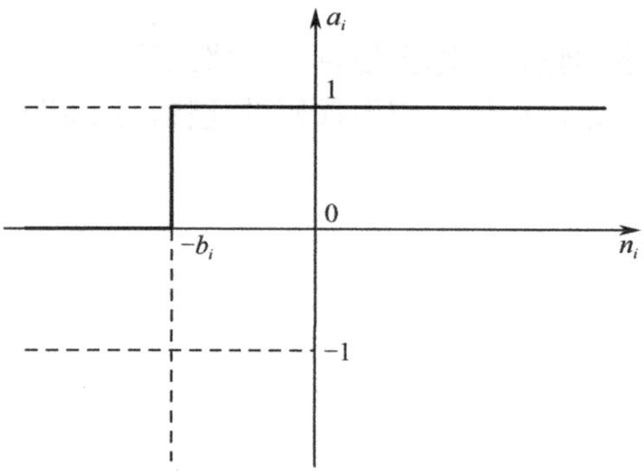

图 8-22 阈值激活函数

阈值激活函数如图 8-22 所示。由图可知：当输入$b_i + n_i$大于等于 0，即有$n_i \geqslant -b_i$时，感知器的输出为 1，否则输出a_i为 0。利用偏差b_i，可使其函数左右移动，从而增加了自由调整变量和实现网络特性的可能性。

8.3.2 感知器的应用

在 MATLAB 中，提供了相关函数用于实现感知器，在此不展开介绍，下面通过几个例子来演示感知器的实现。

【例 8-1】 假定已给出了某感知器的输入变量p和目标变量t，绘制其曲线，并给出感知器的权值和阈值，绘制其分界线。

其实现的 MATLAB 代码为：

```
>> clear all;
```

```
p = [0 0 1 1; 0 1 0 1];
t = [0 0 0 1];
plotpv(p,t)                    %绘制输入向量和目标向量
net=newp(minmax(p),1);         %创建一个感知器网络
net.iw{1,1}=[-1.2 -0.5];       %设定权值
net.b{1}=1;   %设定阈值
plotpc(net.iw{1,1},net.b{1})
```

运行程序，系统仿真效果如图 8-23 所示。

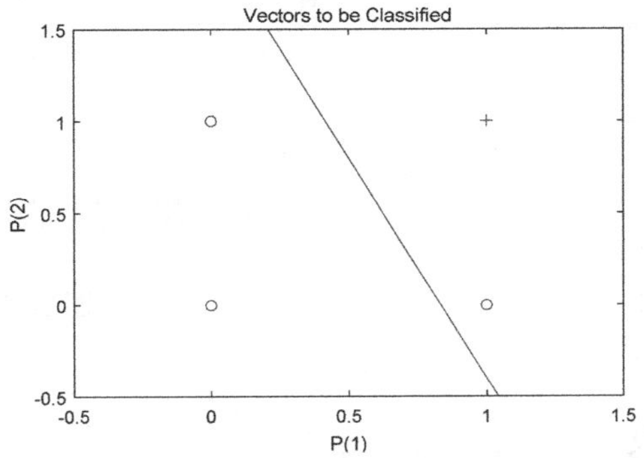

图 8-23　感知器分界线系统仿真效果

【例 8-2】 设计一个感知器神经网络，完成下列分类，已知：

$$p_1=\begin{bmatrix}0.5\\-1\end{bmatrix},t_1=0;\quad p_2=\begin{bmatrix}1\\0.5\end{bmatrix},t_2=1;\quad p_3=\begin{bmatrix}-1\\0.5\end{bmatrix},t_3=1;\quad p_4=\begin{bmatrix}-1\\-1\end{bmatrix},t_4=0$$

解析：输入向量有 2 个元素，取值范围为[-1,1]；输出向量有 1 个元素，是一个二值元素，取值为 0 或 1。由此可以确定单层感知器神经网络的结构：1 个输入向量，包括 2 个元素、1 个神经元，神经元的传输函数为 hardlim。

其实现的 MATLAB 代码为：

```
>> clear all;
%初始化感知器网络
pr=[-1 1; -1 1];                      %设置感知器网络输入向量每个元素的值域
net=newp(pr,1);                       %定义感知器网络
%训练感知器网络
p=[0.5 -1;1 0.5; -1 0.5; -1 -1]';     %输入向量（训练样本值）
t=[0 1 1 0];                          %目标向量
[net,tr]=train(net,p,t);              %训练感知器网络
%网络仿真
a=sim(net,p)                          %仿真结果
%绘制网络的分类结果及分类线
v=[-2 2 -2 2];                        %设置坐标的范围
plotpv(p,a,v);                        %绘制分类结果
plotpc(net.iw{1},net.b{1});           %绘制分类线
```

运行程序，训练过程如图 8-24 所示，分类效果如图 8-25 所示。

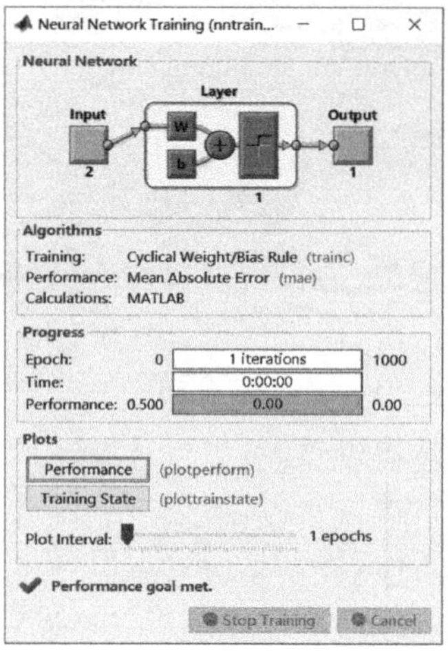

图 8-24　训练过程图

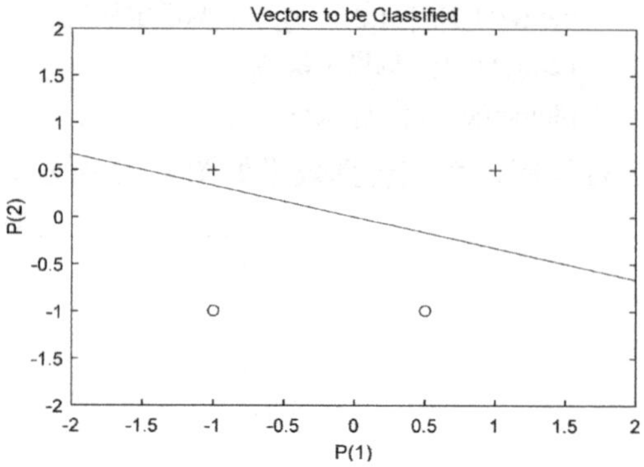

图 8-25　分类效果

8.4　BP 神经网络

BP（Back Propagation）神经网络是 1986 年由 Rumelhart 和 McCelland 为首的科学家小组提出的，是一种按误差逆传播算法训练的多层前馈网络，是目前应用最广泛的神经网络模型之一。

BP 网络主要用于以下四方面。

（1）函数逼近：用输入向量和相应的输出向量训练一个网络逼近一个函数。

（2）模式识别：用一个待定的输出向量将它与输入向量联系起来。

（3）分类：把输入向量所定义的合适方式进行分类。

（4）数据压缩：减少输出向量维数以便于传输或存储。

8.4.1　BP 神经网络模型

BP 神经网络模型如图 8-26 所示。

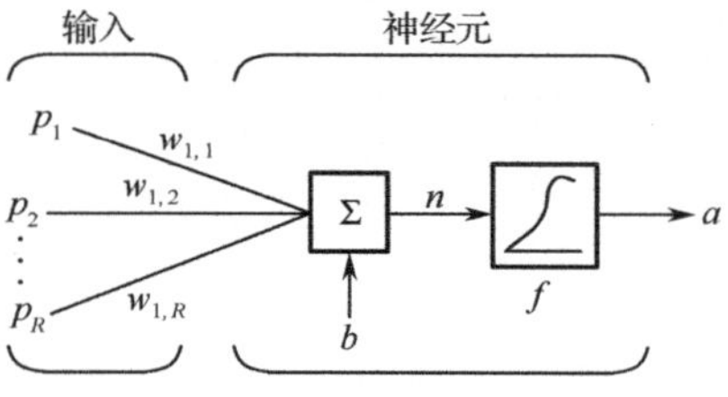

图 8-26　BP 神经元的一般模型

BP 神经元与其他神经元类似，不同的是 BP 神经元的传输函数为非线性函数，最常用的函数是 logsig 和 tansig 函数，有的输出层也采用线性函数（purelin）。其输出为

$$a = \mathrm{logsig}(Wp + b)$$

BP 网络一般为多层神经网络。由 BP 神经元构成的二层 BP 神经网络如图 8-27 所示。BP 网络的信息从输入层流向输出层，因此是一种多层前馈神经网络。

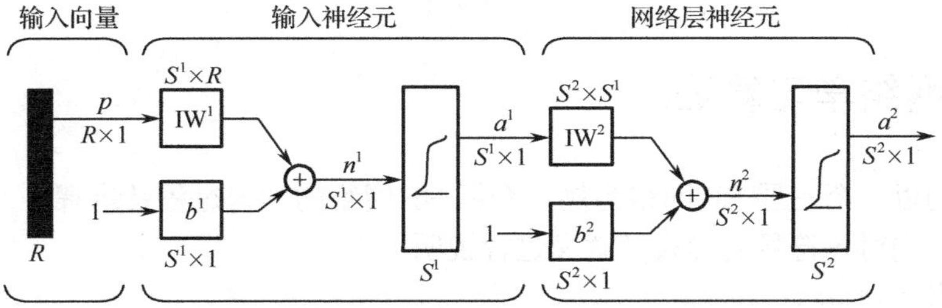

图 8-27 二层 BP 神经网络模型

如果多层 BP 网络的输出层采用 S 形传输函数（如 logsig），其输出值将会限制在一个较小的范围内(0,1)；而采用线性传输函数则可以取任意值。

BP 神经网络模型 BP 网络模型包括其输入输出模型、作用函数模型、误差计算模型和自学习模型。

（1） 节点输出模型。

隐节点输出模型为

$$O_j = f(\sum W_{ij} \times X_i - q_j)$$

输出节点输出模型：

$$Y_k = f(\sum T_{jk} \times O_j - q_k)$$

式中，f——非线性作用函数；

q——神经单元阈值。

（2）作用函数模型。

作用函数是反映下层输入对上层节点刺激脉冲强度的函数，又称刺激函数，一般取为(0,1)内连续取值的 Sigmoid 函数：

$$f(x) = \frac{1}{1+\mathrm{e}}$$

（3）误差计算模型。

误差计算模型是反映神经网络期望输出与计算输出之间误差大小的函数：

$$E_q = \frac{1}{2} \times \sum (t_{pi} - O_{pi})$$

式中，t_{pi}——节点的期望输出值；

O_{pi}——节点计算输出值。

（4）自学习模型。

神经网络的学习过程，即连接下层节点和上层节点之间的权重矩阵 W_{ij} 的设定和误差修正过程。BP 网络有导师学习方式的自学习模型为

$$\Delta W_{ij}(n+1) = h \times \phi_i \times O_j + a \times \Delta W_{ij}(n)$$

式中，h——学习因子；

ϕ_i——输出节点 i 的计算误差；

O_j——输出节点 j 的计算输出；

a——动量因子。

8.4.2 BP 网络学习算法

在此，我们以一个三层 BP 网络为例，介绍 BP 网络的学习过程及步骤。

在介绍前，先对各符号的形式及意义进行说明。

网络输入 $P_k=(a_1,a_2,\cdots,a_n)$；

网络目标向量 $T_k=(y_1,y_2,\cdots,y_q)$；

中间层单元输入向量 $S_k=(s_1,s_2,\cdots,s_p)$，输出向量 $B_k=(b_1,b_2,\cdots,b_p)$；

输出层单元输入向量 $L_k=(l_1,l_2,\cdots,l_q)$，输出向量 $C_k=(c_1,c_2,\cdots,c_q)$；

输入层至中间层的连接权 w_{ij}（$i=1,2,\cdots,n$）（$j=1,2,\cdots,p$）；

中间层至输出层的连接权 v_{jt}（$j=1,2,\cdots,p$）（$t=1,2,\cdots,p$）；

中间层各单元的输出阈值 θ_j （$j=1,2,\cdots,p$）；

输出层各单元的输出阈值 γ_j （$j=1,2,\cdots,p$）；

参数 $k=1,2,\cdots,m$。

（1）初始化。给每个连接权值 w_{ij}、v_{jt}、阈值 θ_j 与 γ_j 赋予区间(−1,1)内的随机量。

（2）随机选取一组输入和目标样本 $P_k=(a_1^k,a_2^k,\cdots,a_n^k)$、$T_k=(s_1^k,s_2^k,\cdots,s_p^k)$ 提供给网络。

（3）用输入样本 $P_k=(a_1^k,a_2^k,\cdots,a_n^k)$、连接权 w_{ij} 和阈值 θ_j 计算中间层各单元的输入 s_j，然后用 s_j 通过传递函数计算中间层各单元的输出 b_j。

$$s_j=\sum_{i=1}^{n}w_{ij}a_i-\theta_j \qquad j=1,2,\cdots,p$$

$$b_j=f(s_j) \qquad j=1,2,\cdots,p$$

（4）利用中间层的输出 b_j、连接权 v_{jt} 和阈值 γ_j 计算输出层各单元的输出 L_t，然后通过传递函数计算输出层各单元的响应 C_t。

$$L_t=\sum_{j=1}^{p}v_{jt}b_j-\gamma_t \qquad t=1,2,\cdots,q$$

$$C_t=f(L_t) \qquad t=1,2,\cdots,q$$

（5）利用网络目标向量 $T_k=(y_1^k,y_2^k,\cdots,y_q^k)$，网络的实际输出 C_t，计算输出层的各单元一般化误差 d_t^k。

$$d_t^k=(y_t^k-C_t)\cdot C_t(1-C_t) \qquad t=1,2,\cdots,q$$

（6）利用连接权 v_{jt}、输出层的一般化误差 d_t 和中间层的输出 b_j 计算中间层各单元的一般化误差 e_j^k。

$$e_j^k=\left[\sum_{t=1}^{q}d_t\cdot v_{jt}\right]b_j(1-b_j)$$

（7）利用输出层各单元的一般化误差 d_t^k 与中间层各单元的输出 b_j 来修正连接权 v_{jt} 和阈值 γ_t。

$$v_{jt}(N+1)=v_{jt}(N)+\alpha\cdot d_t^k\cdot b_j$$
$$\gamma_t(N+1)=\gamma_t(N)+\alpha\cdot d_t^k$$
$$t=1,2,\cdots,q;\ \ j=1,2,\cdots,p;\ \ 0<\alpha<1$$

（8）利用中间层各单元的一般化误差 e_j^k，输入层各单元的输入 $P_k=(a_1,a_2,\cdots,a_n)$ 来修正连接权 w_{ij} 和阈值 θ_j。

$$w_{ij}(N+1)=w_{ij}(N)+\beta e_j^k a_i^k$$
$$\theta_j(N+1)=\theta_j(N)+\beta e_j^k$$
$$i=1,2,\cdots,n;\ \ j=1,2,\cdots,p;\ \ 0<\beta<1$$

（9）随机选取下一个学习样本向量提供给网络，返回步骤（3），直到 m 个训练样本训练完毕。

（10）重新从 m 个学习样本中随机选取一组输入和目标样本，返回步骤（3），直到网络全局误差 E 小于预先设定的一个极小值，即网络收敛。如果学习次数大于预先设定的值，网络就无法收敛。

（11）学习结束。

可以看出，在以上学习步骤中，步骤（7）～（8）为网络误差的“逆传播过程”，步骤（9）～（10）则用于完成训练和收敛过程。

通常，经过训练的网络还应该进行性能测试。测试的方法就是选择测试样本向量，将其提供给网络，检验网络对其分类的正确性。测试样本向量中应该包含今后网络应用过程中可能遇到的主要典型模式。这些样本可以通过直接测取得到，也可以通过仿真得到，在样本数据较少或者较难得到时，也可以通过对学习样本加上适当的噪声或按照一定规则插值得到。为了更好地验证网络的泛化能力，一个良好的测试样本集中不应该包含和学习样本完全相同的模式。

8.4.3 BP 神经网络应用

在 MATLAB 中也提供了相关函数实现 BP 神经网络，使 BP 神经网络广泛应用于函数逼近、模式识别、分类数据压缩等领域。

下面，将用分类与模式识别的 BP 网络实例来说明 BP 神经网络在分类中的应用。

【例 8-3】 用 BP 神经网络来实现两类模式的分类，两类模式的分类如图 8-28 所示。根据图示两类模式确定的训练样本为

P=[1 2;−1 1;−2 1;−4 0]

T=[0.2 0.8 0.8 0.2]

分析以上问题，因为处理的问题简单，所以采用最速下降 BP 算法来训练该网络。其实现的 MATLAB 代码为：

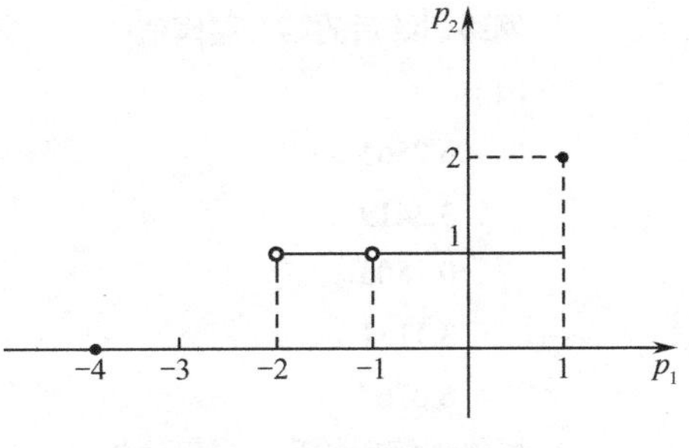

图 8-28 两类模式的分类

```
>> clear all;
```

```
%定义输入向量及目标向量
P=[1 2;-1 1;-2 1;-4 0]';
T=[0.2 0.8 0.8 0.2];
%创建 BP 网络和定义训练函数及参数
net=newff([-1 1;-1 1],[5 1],{'logsig','logsig'},'traingd');
net.trainParam.goal=0.001;
net.trainParam.epochs=5000;
[net,tr]=train(net,P,T);                %网络训练
disp('网络训练后的第一层权值为：')
iw1=net.iw{1}
disp('网络训练后的第一层阈值：')
b1=net.b{1}
disp('网络训练后的第二层权值为：')
iw2=net.Lw{2}
disp('网络训练后的第二层阈值：')
b2=net.b{2}
save M8_3fun net;
%通过测试样本对网络进行仿真
load M8_3fun net;                       %载入训练后的 BP 网络
p1=[1 2;-1 1;-2 1;-4 0]';               %测试输入向量
a2=sim(net,p1);                         %仿真输出结果
disp('输出分类结果为：')
a2=a2>0.5                               %根据判决门限，输出分类结果
```

运行程序，输出如下：

```
网络训练后的第一层权值为：
iw1 =
   -5.7464    2.4873
   -1.2074   -5.9623
    4.9746    3.8462
    3.5326    5.1814
    6.0123    2.0854
网络训练后的第一层阈值：
b1 =
    6.2561
    3.3419
   -0.1803
    3.1184
    6.0767
网络训练后的第二层权值为：
```

```
iw2 =
    2.8061     2.4575    -1.3763     1.9674    -3.2571
网络训练后的第二层阈值：
b2 =
   -1.1616
输出分类结果为：
a2 =
     0     1     1     1
```

训练过程如图 8-29 所示。

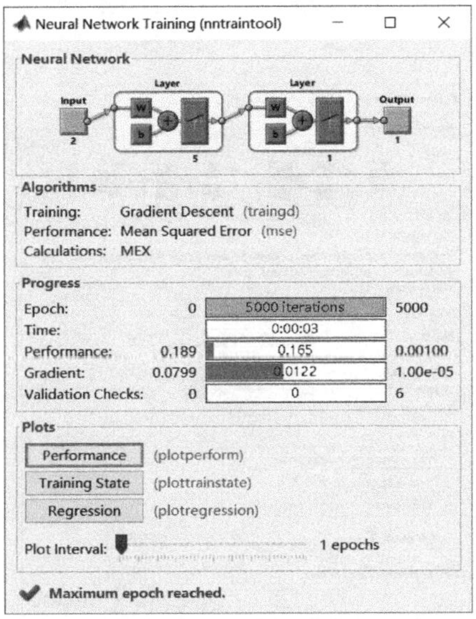

图 8-29　训练过程

在实际应用中，往往希望产生一些非线性的输入输出曲线，且没有明确的函数关系，借助神经网络实现曲线拟合，可以很方便地解决这一问题。

【例 8-4】 已知某系统输出 y 与输入 x 的部分的对应关系如表 8-1 所示。设计 BP 神经网络，完成 $y = f(x)$ 。

表 8-1　函数 $y=f(x)$的部分对应关系

x	−1	−0.9	−0.8	−0.7	−0.6	−0.5	−0.4	−0.3	−0.2	−0.1
y	−0.832	−0.423	−0.024	0.344	1.282	3.456	4.02	3.232	2.102	1.504
x	0	0.1	0.2	0.3	0.4	0.5	0.6	0.7	0.8	0.9
y	0.248	1.242	2.344	3.262	2.052	1.684	1.022	2.224	3.022	1.984

以隐层节点数为 15 的单输入和单输出两层 BP 网络来实现曲线拟合。创建和训练 BP 网络的 MATLAB 程序。

其实现的 MATLAB 代码为：

```
>>clear all;
P=-1:0.1:0.9;
T=[-0.832 -0.423 00.024 0.344 1.282 3.456 4.02 3.232 2.102 1.504...
   0.248 1.242 2.344 3.262 2.052 1.684 1.022 2.224 3.022 1.984];
net=newff([-1 1],[15 1],{'tansig' 'purelin'},'traingdx','learngdm');
net.trainParam.epochs=2500;
net.trainParam.goal=0.001;
net.trainParam.show=10;
net.trainParam.lr=0.05;
net=train(net,P,T);
```

训练过程如图 8-30 所示。

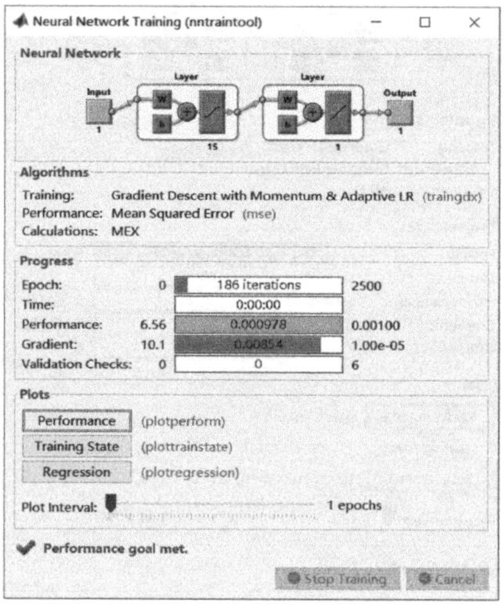

图 8-30　训练过程

由图 8-30 可以看出，当训练次数为 186 时，其训练误差为 0.000978<0.001，即满足要求。BP 网络实现的拟合程序为：

```
>> P=-1:0.1:0.9;
T=[-0.832 -0.423 00.024 0.344 1.282 3.456 4.02 3.232 2.102 1.504…
   0.248 1.242 2.344 3.262 2.052 1.684 1.022 2.224 3.022 1.984];
hold on
plot(P,T,'r+');
p=-1:0.01:0.9;
R=sim(net,p);
plot(p,R);
hold off
```

运行程序，得到曲线拟合如图 8-31 所示。

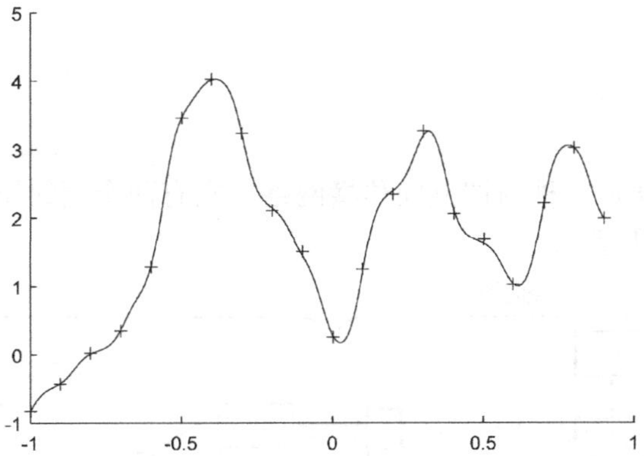

图 8-31 BP 网络拟合效果图

实线为得到的拟合曲线；“+”为训练样本。从结果上看，可以对个别训练样本进行很好的拟合，但拟合曲线欠光滑，出现了“过适配”现象。

8.5 RBF 神经网络

径向基函数（Radical Basis Function，RBF）神经网络，是在借鉴生物局部调节和交叠接受区域知识的基础上，提出的一种采用局部接受区域来执行函数映射的人工神经网络。

RBF 网络的基本思想是：用 RBF 作为隐单元的“基”构成隐含层空间，这样就可以将输入矢量直接（即不需要通过权接）映射到隐空间。

8.5.1 RBF 神经元模型

如图 8-32 所示为一个有 R 个输入的径向基神经元模型。

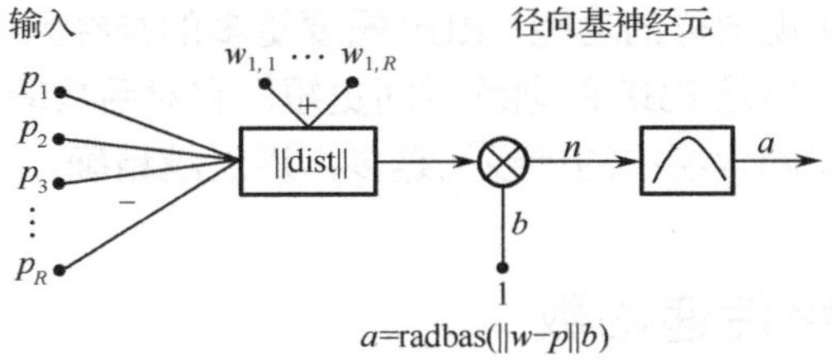

图 8-32 径向基神经元模型

径向基神经元的传递函数有各种各样的形式，但最常用的形式是高斯函数（radbas）。与前面介绍的神经元不同，神经元 radbas 的输入为输入向量 p 和权值向量 w 之间的距离乘以阈值 b。径向基传递函数可表示为

$$\text{radbas}(n) = \mathrm{e}^{-n^2}$$

8.5.2　RBF 网络模型

径向基神经网络同样是一种前馈反向传播网络，它有两个网络层：隐层为径向基层；输出为线性层，如图 8-33 所示。

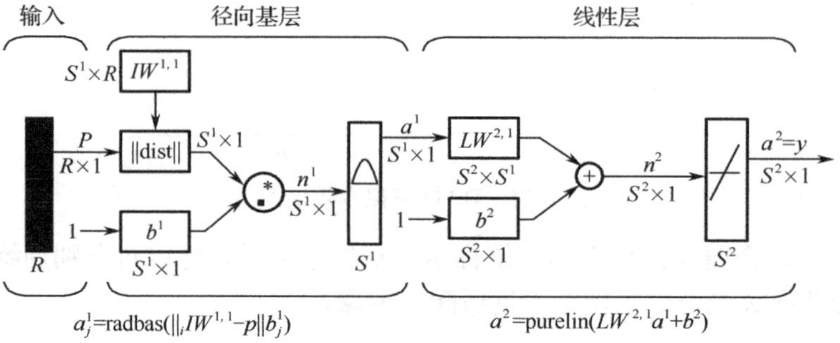

图 8-33　径向基函数网络的结构

网络的输出为

$$a^2 = \text{purelin}(LW^2 a^1 + b^2)$$
$$a^1 = \text{radbas}(n^1)$$

其中：

$$n^1 = \|IW - P\|.* b^1$$
$$= (\text{diag}((IW - \text{ones}(S^1,1) * P')(IW - \text{ones}(S^1,1) * P')')).\text{^}0.5.* b^1$$

式中，diag(x)——取矩阵向量主对角线上的元素组成的列向量；

.^和.*——分别表示数量乘方和数量乘积（即矩阵中各对应元素的乘方和乘积）。

RBF 网络是一个三层的网络，除了输入层和输出层之外仅有一个隐含层。隐含层中的传递函数是局部响应的高斯函数，而其他前向型网络，传递函数一般都是全局响应函数。

由于这样的不同，要实现同样的功能，RBF 需要更多的神经元，这就是 RBF 网络不能取代标准前向型网络的原因。但是 RBF 的训练时间更短。它对函数的逼近是最优的，可以以任意精度逼近任意连续函数。隐含层中的神经元越多，逼近越精确。

8.5.3　RBF 神经网络传递函数

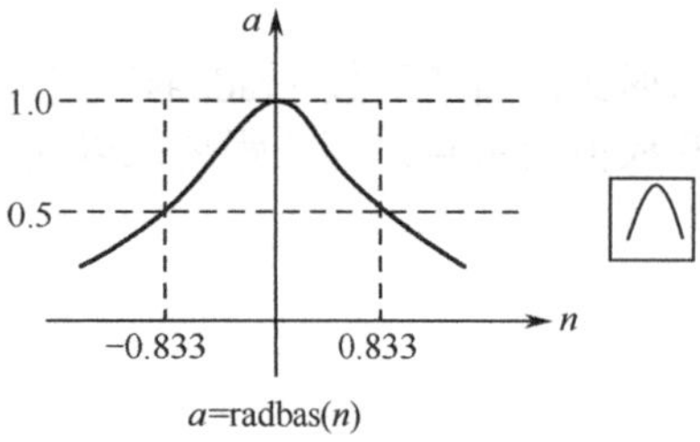

图 8-34　径向基函数的图形和符号

径向基函数的图形和符号如图 8-34 所示。

从图 8-34 中可以看出，只有在距离为 0 时，其输出为 1；而在距离为 0.833 时，输出仅为 0.5。

假如给定一个输入向量，RBF 神经元将根据各输入向量与每个神经元权值的距离输出一个值，那些与神经元权值相差很远（距离大）的输入向量产生的输出值趋于 0，这些很小的输出值，对线性神经元输出的影响可以忽略；相反，那些与神经元权值相差较小（距离小）的输入向量产生的输出值趋于 1，从而激活第二层线性神经元输出权值。换句话说，径向基网络只对那些靠近（距离接近于 0 的中央位置）输入权值向量的输入产生响应。

由于隐含层对输入信号的响应，只在函数的中央位置产生较大的输出，即局部响应，因此该网络具有很好的局部逼近能力。

可以从两方面理解 RBF 神经网络的工作原理：

（1）从函数逼近的观点看：若把网络看成是对未知函数的逼近，则任何函数都可以表示成一组基函数的加权和。在径向基网络中，相当于选择各隐层神经元的传输函数，使之构成一组基函数逼近未知函数。

（2）从模式识别的观点看：总可以将低维空间非线性可分的问题映射到高维空间，使其在高维空间线性可分。在径向基网络中，隐层的神经元数目一般比标准的 BP 网络的要多，构成高维的隐单元空间，同时，隐层神经元的传输函数为非线性函数，从而完成从输入空间到隐单元空间的非线性变换。只要隐层神经元的数目足够多，就可以使输入模式在隐层的高维输出空间线性可分。在径向基网络中，输出层为线性层，完成对隐层空间模式的线性分类，即提供从隐单元空间到输出空间的一种线性变换。

8.5.4 RBF 神经网络的创建与学习过程

当 RBF 神经网络的径向基层采用高斯函数时，网络的训练从理论上说应确定高斯函数的数学期望、方差及隐含层和输出层神经元的权值与阈值。但从 RBF 神经网络的结构上看，当隐含层和输出层神经元的权值与阈值确定后，网络的输出也就确定了。所以，径向基网络的学习，仍然是各网络层权值和阈值的修正过程。

因为 RBF 神经网络设计函数 newrbe 和 newrb，在创建 RBF 神经网络的过程中，以不同的方式完成了权值和阈值的选取和修正，所以没有专门的训练和学习函数。下面介绍这两个设计函数。

1. newrbe 函数

RBF 神经元数目等于输入样本数，其权值等于输入向量的转置：

$$IW = p^{\mathrm{T}}$$

所有 RBF 神经元的阈值公式为

$$b=[-\log(0.5)]1/2/spread$$

式中，spread——RBF 的扩展系数，默认值为 1.0。

合理选择 spread 是很重要的，其值应该足够大，使 RBF 神经元能够对输入向量所覆盖的区间都产生响应，但也不要求大到所有的 RBF 元都如此，只要部分 RBF 神经元能够对输入向量所覆盖的区间产生响应就足够了。spread 的值越大，其输出结果越光滑，但太大的 spread 值会导致数值计算上的困难，如果在设计网络时，出现了 Rank deficient 警告，应考虑减小 spread 的值重新进行设计。

以 RBF 神经元的输出作为线性网络层神经元的输入，确定线性神经元的权值和阈值，使之满足：

$$[W\{2,1\}b\{2\}]\times[A\{1\};ones]=T$$

可看出，上述过程只要进行一次就可以得到一个零误差的 RBF 神经网络，所以以 newrbe 函数创建径向基网络的速度是非常快的。但由于其 RBF 神经元数等于输入样本数，如果输入向量数目很大时，将导致网络的规模也很大，更有效的方法是采用 newrb 函数创建 RBF 神经网络。

2. newrb 函数

以 newrb 函数创建径向基网络时，开始是没有径向基神经元的，通过以下步骤，逐渐增加径向基神经元的数目。

（1）以所有的输入样本对网络进行仿真。

（2）找到误差最大的一个输入样本。

（3）增加一个径向基神经元，其权值等于该样本输入向量的转置；阈值 spread 的选择与 newrbe 函数一样。

（4）以 RBF 神经元输出的点作为线性网络层神经元的输入，重新设计线性网络层，使其误差最小。

（5）当均方误差未达到规定的误差性能指针且神经元的数目未达到规定的上限值时，重复以上步骤，直到网络的均方误差达到规定的误差性能指标或神经元的数目达到规定的上限值时为止。

可以看出，当创建 RBF 神经网络时，newrb 函数是逐渐增加径向基神经元数的，所以可以获得比 newrbe 函数更小规模的 RBF 神经网络。

8.5.5 径向基网络的应用

下面通过几个实例来演示径向基网络的应用。

1. 曲线拟合

利用 RBF 神经网络也可以实现曲线的拟合效果。

【例 8-5】 使用 newrb 函数对接近的一组数据点创建径向基网络，完成 $y=f(x)$的曲线拟合。

其实现的 MATLAB 代码为：

```
>> clear all;
%定义 21 个输入 P 和相关目标向量 T
X = -1:.1:1;
T = [-.9602 -.5770 -.0729  .3771  .6405  .6600  .4609…
      .1336 -.2013 -.4344 -.5000 -.3930 -.1647  .0988…
      .3072  .3960  .3449  .1816 -.0312 -.2189 -.3201];
plot(X,T,'+');
title('训练向量');
xlabel('输入向量 P');
```

```
ylabel('目标向量 T');
```

运行仿真，训练数据散点如图 8-35 所示。

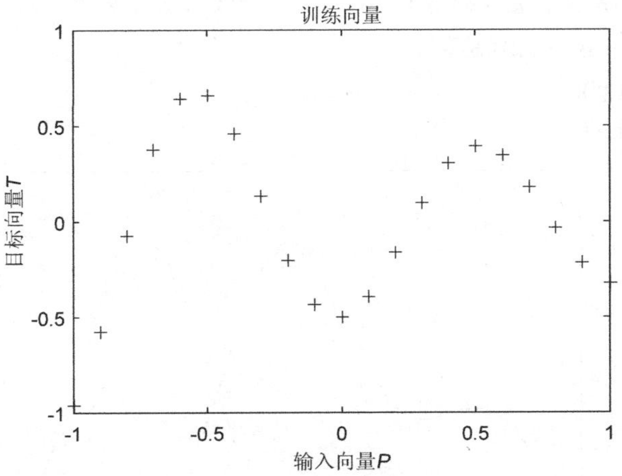

图 8-35　训练数据散点图

使用径向传递函数 radbas 计算隐藏层的输出，代码为：

```
>> x = -3:.1:3;
a = radbas(x);
plot(x,a)
title('径向基传递函数');
xlabel('输入向量 p');
ylabel('输出向量 a');
```

运行仿真，径向基传递函数系统仿真效果如图 8-36 所示。

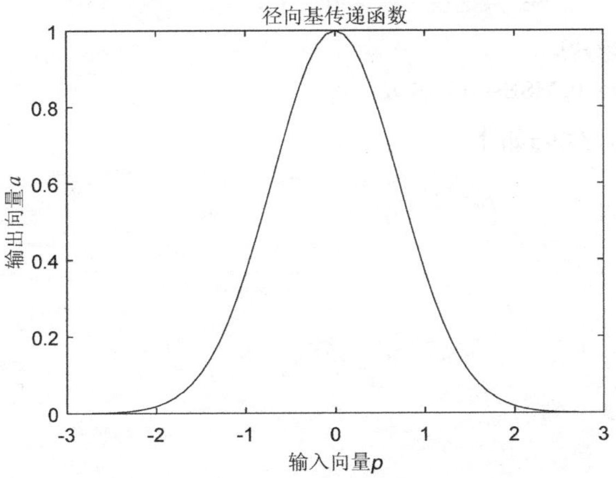

图 8-36　径向基传递函数系统仿真效果

定义径向基网络权值与阈值不同的宽度，比较各隐藏层输出传递函数曲线，3 个径向基函数分别用曲线用“虚线”“点线”“点虚线”表示，其加权和用“实线”表示。代码为：

```
>> a2 = radbas(x-1.5);
```

```
a3 = radbas(x+2);
a4 = a + a2*1 + a3*0.5;                                %加权和
plot(x,a,'b--',x,a2,'r-.',x,a3,'k:',x,a4,'m')          %效果如图 8-37 所示
title('径向基传递函数的加权总和');
xlabel('输入向量 p');
ylabel('输出向量 a');
```

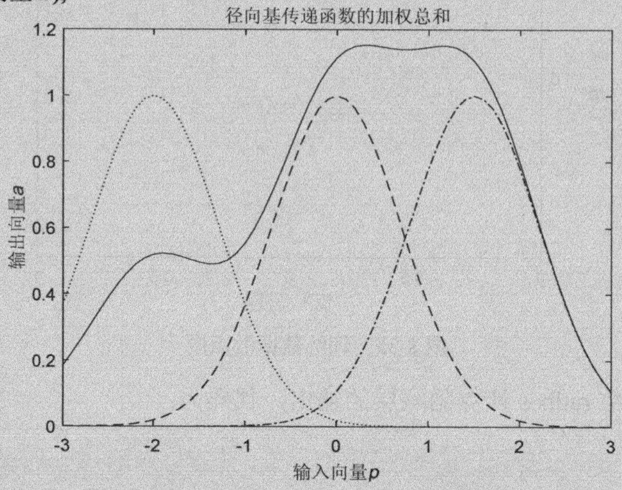

图 8-37 径向函数与加权和效果图

利用 newrb 函数快速创建一个接近 P 和 T 的定义，除了训练集和目标函数的径向基网络外，代码为：

```
>> eg = 0.02;               %总和平方误差目标
sc = 1;                     %扩展速度，默认值为 1
net = newrb(X,T,eg,sc);
NEWRB, neurons = 0, MSE = 0.176192
```

绘制函数拟合曲线，代码如下：

```
>> plot(X,T,'+');
xlabel('输入');
X = -1:.01:1;
Y = net(X);
hold on;
plot(X,Y);
hold off;
legend({'目标','输出'})
```

运行程序，曲线拟合仿真效果如图 8-38 所示。

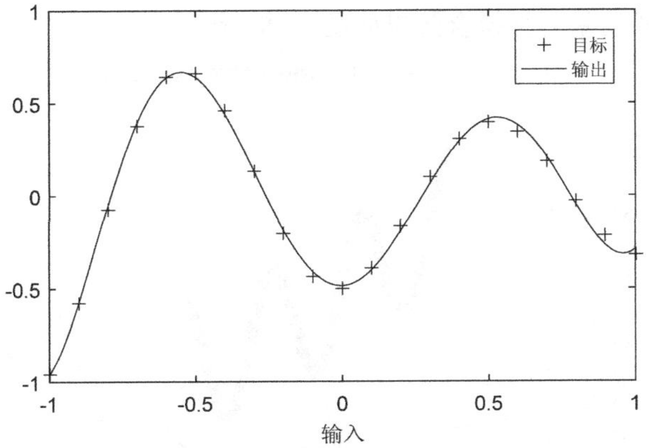

图 8-38　曲线拟合仿真效果

2．回归分析

径向基网络除了可以应用于曲线拟合外，还可以实现函数的回归分析。

【例 8-6】 使用 exact 径向基函数来实现非线性函数回归分析。

其实现的 MATLAB 代码为：

```
>> clear all;
%产生输入输出数据
%设置步长
interval=0.01;
%产生 x1 x2
x1=-1.5:interval:1.5;
x2=-1.5:interval:1.5;
%按照函数先求得相应的函数值，作为网络的输出
F=20+x1.^2-10*cos(2*pi*x1)+x2.^2-10*cos(2*pi*x2);
%网络建立和训练
%网络建立输入为[x1;x2]，输出为 F。Spread 使用默认值 1
net=newrbe([x1;x2],F);
%将原数据回带，测试网络效果
ty=sim(net,[x1;x2]);
%使用图像来查看网络对非线性函数的拟合效果
plot3(x1,x2,F,'rd');
hold on;
plot3(x1,x2,ty,'b-.');
view(113,36)
title('可视化的方法观察严格的 RBF 神经网络的拟合效果')
xlabel('x1');
ylabel('x2');
zlabel('F');
grid on;
```

运行程序，exact 径向基网络拟合效果如图 8-39 所示。

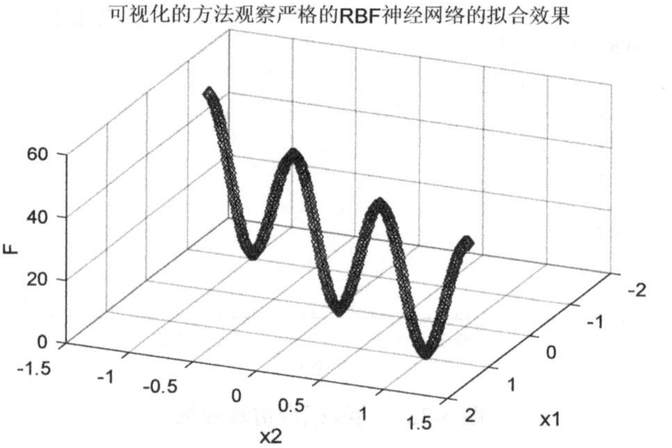

图 8-39　exact 径向基网络拟合效果图

8.6　自组织竞争人工神经网络

自组织竞争人工神经网络正是基于上述生物结构和现象形成的。它是一种以无导师学习方式进行网络训练的，具有自组织功能的神经网络。网络通过自身训练，自动对输入模式进行分类。

与 BP 神经网络相比，这种自组织自适应的学习能力进一步拓宽了人工神经网络在模式识别、分类方面的应用。而且，竞争学习网络的核心——竞争层，又是许多种其他神经网络模型的重要组成部分，例如科荷伦（Kohonen）网络（又称特性图）、BP 网络以及自适应共轭理论网络等均包含竞争层。

8.6.1　网络结构

自组织竞争型神经网络有很多具体形式和不同的学习，在此节只一种比较简单的网络结构和学习算法，其网络结构如图 8-40 所示。

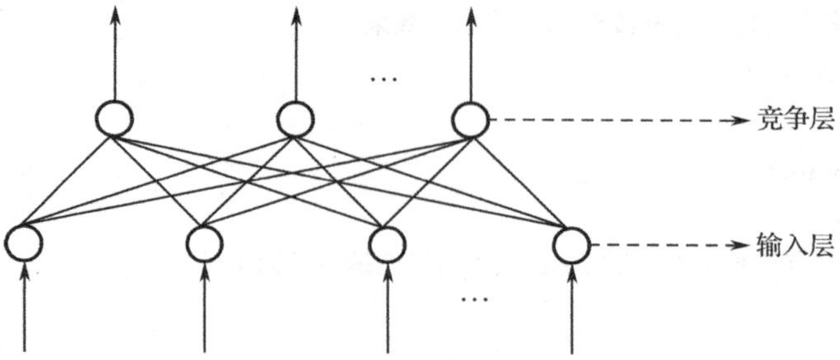

图 8-40　自组织网络的典型结构

自组织竞争型网络可分为输入层和竞争层。假定输入层由 N 个神经元构成，竞争层有 M

个神经元。网络的连接权值为 w_{ij}（$i=1,2,\cdots,N$）（$j=1,2,\cdots,M$）且满足约束条件 $\sum_{i=1}^{N} w_{ij}=1$。在竞争层中，神经元之间相互竞争，最终只有一个或几个神经元获胜，以适应当前的输入样本。竞争胜利的神经元就代表着当前输入样本的分类模式。

自组织竞争型网络的输入样本为二值向量，各元素取值 0 或 1。竞争层神经元 j 的状态可按下式计算：

$$S_j=\sum_{i=1}^{N} w_{ij}x_i$$

式中，x_i——输入样本向量的第 i 个元素。

根据竞争机制，竞争层中具有最大加权值的神经元 k 赢得竞争胜利，输出为

$$a_k=\begin{cases}1 & s_k>s_j,\ \forall j,k\neq j\\ 0 & \text{其他}\end{cases}$$

竞争后的权值按照下式进行修正，对于所有的 i 个，有

$$w_{ij}=w_{ij}+\alpha\left(\frac{x_i}{m}-w_{ij}\right)$$

式中，α——学习参数，$0<\alpha\ll 1$，一般取为 0.01～0.03；

m——输入层中输出为 1 的神经元个数，即 $m=\sum_{i=1}^{N} x_i$。

权值调整公式中的 $\frac{x_i}{m}$ 项表示当 x_i 为 1 时，权值增加；而当 x_i 为 0 时，权值减小。也就是说，当 x_i 活跃时，对应的第 i 个权值就增加，否则就减小。由于所有权值的和为 1，所以当第 i 个权值增加或减小时，对应的其他权值就可能减小或增加。此外，该公式还保证了权值的调整能够满足所有的权值调整量之和为 0。

8.6.2　竞争学习规则

竞争神经网络的学习规则是由内星规则而来的 Kohnen 学习规则。格劳斯贝格（S. Grossberg）提出了内星和外星两种学习规则，以解释人和动物的学习现象。内星规则可用于学习一个向量，而外星规则可用来产生一个向量。

1. 内星学习规则

内星神经元模型如图 8-41 所示。

在图 8-41 中，假设输入信号为 r 维向量，该向量与权值向量连接，输送到输出神经 Y 中。Y 采用硬限幅函数作为传递函数，使神经元的个输出限定为 0 或 1。

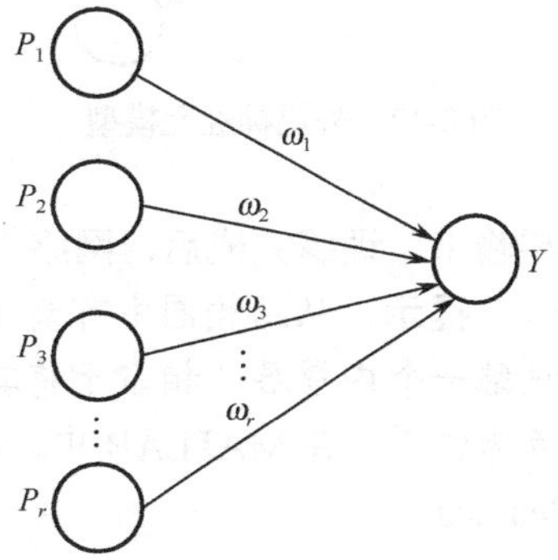

图 8-41　内星神经元模型

内星模型训练的目的是使得神经元 Y 只对某些特定的输入向量产生兴奋。这一点是通过连接权值的逐步调整得到的。假

设学习率为η，则权值根据下式进行调整：

$$\Delta\omega_{ij} = \eta(P_i - \omega_{ij})Y$$

式中，ω_{ij}——连接权值；

$\Delta\omega_{ij}$——权值修改量；

P_i——输入向量的第i个元素；

Y——输出神经元的值。

由于传输函数为硬限幅函数（hardlim），因此Y取值必为 0 或 1。当$Y=0$时，权值不做调整；当$Y=1$时，$\Delta\omega_{ij} = \eta(P_i - \omega_{ij})$。权值的修改量为输入样本与原权值的差值，在这种训练方式的作用下，连接权值会越来越“像”输入样本，最终$P_i = \omega_{ij}$。

以上是输入为P时的训练过程。当有新的训练样本加入时，假设其为P'，则网络的输出为

$$Y = \text{hardlim}(P'\omega) = \text{hardlim}(P'P)$$

硬限幅函数有一个临界点，当函数的输入大于该点时，输出为 1，否则输出为 0。假设该临界值为ε，则当输入的新样本P'满足以下条件时，系统会在训练过程中调整权值向量：

$$P'P = \|P'\|\|P\|\cos\theta > \varepsilon$$

如果新样本P'不满足上述条件，则神经元输出为零，连接权值不会得到更新。上式的几何意义非常明显：只有当输入的样本P'与权值P比较相似时，权值才会被更新。如果对内星模型输入多个样本进行训练，最终得到的网络权值趋近于各输入向量的平均值。

2. 外星学习规则

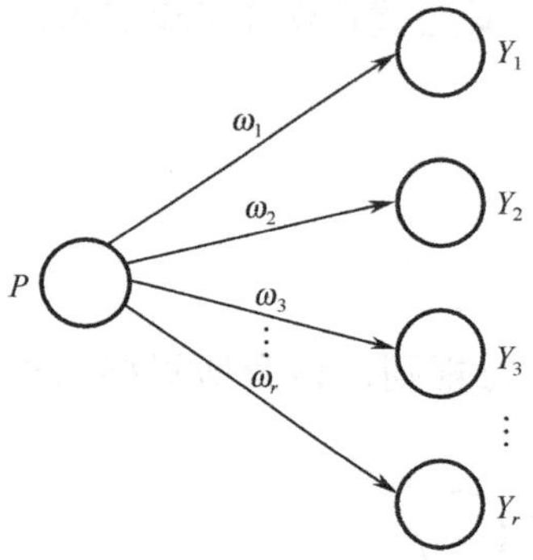

图 8-42　外星神经元模型

外星神经元模型如图 8-42 所示。

外星网络模型的输入P只能取 0 或 1，其输出神经元的传递函数则为线性函数。如图 8-42 所示，对于一个输入的样本值（0 或 1），网络的输出是一个维数为r的向量。权值调整的规则根据下式进行：

$$\Delta\omega_{ij} = \eta(Y_i - \omega_{ij})P$$

式中，η——学习率；

P——网络输入；

Y_j——第j个神经元的期望输出。

外星学习规则常被用于学习和回忆一个向量：当输入样本值P维持高值时，网络权值得到更新，且以η为步长越来越接近期望输出。训练完成后，网络权值等于期望输出，期望输出向量就被“记住”了。

提示：从结构图中可看出，外星规则与内星规则存在对称性。对一组输入和目标向量来训练一个内星层，相当于将其输入和目标向量对换后训练一个外星层，两者的权值矩阵恰好互为转置。在 MATLAB 中，内星学习规则对应的函数为 learnis，外星学习规则对应的函数为 learnos。

8.6.3 竞争网络的训练过程

弄懂网络的训练过程是为了更好地设计出网络。

因为只有与获胜节点相连权值才能得到修正，通过其学习法则使修正后的权值更加接近其获胜输入矢量。结果是，获胜的节点对将来再次出现的相似矢量（能被偏差公所包含，或在偏差范围以内的），更加容易赢得该节点的胜利。

而对于一个不同的矢量出现时，就更加不易取胜，但可能使其他某个节点获胜，归为另一类矢量群中。随着输入矢量的重复出现而不断地调整与胜者相连的矢量，以使其更加接近于某一类输入矢量。最终，如果有足够的神经元节点，每一组输入矢量都能使一节点的输出为 1 而聚为该类。通过重复训练，自组织竞争网络将所有输入矢量进行了分类。

所以竞争网络的学习和训练过程，实际上是对输入矢量的划分聚类过程，使得获胜节点与输入矢量之间的权矢量代表获胜输入矢量。

这样，当达到最大循环的值后，网络已重复多次训练了 P 中的所有矢量，训练结束后，对于用于训练的模式 P，其网络输出矢量中，其值为 1 的代表一种类型，而每类的典型模式值由该输出节点与输入节点相连的权矢量表示。

竞争网络的输入层节点 r 是由已知输入矢量决定的，但竞争层的神经元数 s 是由设计者确定的，它们代表输入矢量可能被划为的种类数。其值如果被选得过少，则会出现有些输入矢量无法被分类的不良结果；但如果被选得太大，竞争后可能有许多节点都被空闲，而且在网络竞争过程中还占用了大量的设计量和时间，在一定程度上造成了一定的浪费。所以一般情况下，可以根据输入矢量的维数及其估计，再适当地增加些数目来确定。

另外，还要事先确定的参数有学习速率和最大循环次数。竞争网络的训练是在达到最大循环次数后停止，这个数一般可取输入矢量数组的 15～20 倍，即使每组输入矢量能够在网络中重复出现 15～20 次。

竞争网络比较适合用于具有大批相似数组的分类问题，也适用于具有典型聚类特性的大量数据的辨识，但当遇到大量的具有概率分布的输入矢量时，竞争网络就无能为力了，这时可以采用科荷伦网络来解决。

8.6.4 自组织竞争网络的应用

在 MATLAB 中，同样提供了相关函数用于实现自组织竞争网络，而自组织竞争网络也广泛应用于各领域，下面通过几个实例来演示自组织竞争网络的应用。

【例 8-7】 从资料中得到了我国某地区的 10 个土壤样本，每个样本用 7 个理化指标表示其性状，原始数据如表 8-2 所示。确定网络的输入模式为

$$P_k=(P_1^k,P_2^k,\cdots,P_n^k)\qquad k=1,2,\cdots,10;\ n=7$$

即一共有 10 组土壤样本向量，每个样本中包括 7 个元素。

表 8-2　土壤样本及性状

序号	土壤类型	全氮（%）	全磷（%）	有机质（%）	PH	代换量	耕层厚（%）	容量（g/cm^3）
1	薄层黏底白浆化黑土	0.270	0.142	6.46	5.5	35.8	21	1.03
2	厚层黏底黑土	0.171	0.115	3.46	6.3	33.0	60	0.78
3	薄层黏底黑土	0.114	0.101	2.43	6.4	26.5	25	1.13
4	厚层黏底黑土	0.173	0.123	3.30	5.8	28.9	65	1.09
5	薄层黏底黑土	0.145	0.131	3.28	6.0	28.5	25	1.03
6	厚层草甸黑土	0.173	0.140	3.45	5.8	33.4	60	0.98
7	中层草甸黑土	0.250	0.177	5.51	7.2	42.5	45	0.93
8	薄层草甸黑土	0.237	0.189	5.37	6.1	32.9	27	1.00
9	薄层沟谷地草甸黑土	0.319	0.227	7.04	5.8	35.9	24	1.03
10	厚层平地草甸土	0.163	0.124	3.73	6.2	30.6	61	1.28

其实现的 MATLAB 代码为：

```
>> clear all;
P=[0.270  0.142  6.46  5.5  35.8  21  1.03;0.171  0.115  3.46  6.3  33.0  60  0.78;…
   0.114  0.101  2.43  6.4  26.5  25  1.13;0.173  0.123  3.30  5.8  28.9  65  1.09;…
   0.145  0.131  3.28  6.0  28.5  25  1.03;0.173  0.140  3.45  5.8  33.4  60  0.98;…
   0.250  0.177  5.51  7.2  42.5  45  0.93;0.237  0.189  5.37  6.1  32.9  27  1.00;…
   0.319  0.227  7.04  5.8  35.9  24  1.03;0.163  0.124  3.73  6.2  30.6  61  1.28]';
%创建一个 SOFM 网络
net=newsom(minmax(P),[6 4]);
%对网络进行仿真及训练
a=[10 100 1000];
yc=rands(1,10);
for i=1:3
    net.trainParam.epochs=a(i);
    net=train(net,P);
    y=sim(net,P);
    yc=vec2ind(y)
end
```

运行程序，输出如下：

```
yc =
    24    1    24    1    24    1    3    24    24    1
yc =
    12    1    24    19    24    1    4    22    11    20
yc =
    13    17    1    12    1    22    4    8    20    24
```

训练过程如图 8-43 所示。

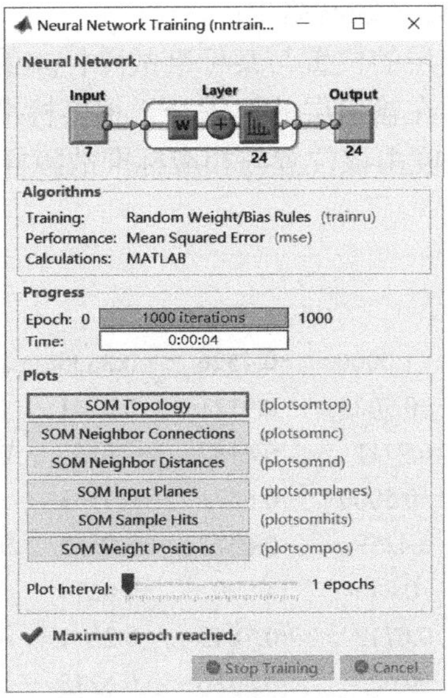

图 8-43　训练过程

利用 SOM 神经网络也可以解决故障诊断分析问题。

【例 8-8】 给出一个含有 8 个故障样本的数据集。每个故障样本中有 8 个特征，分别为最大压力（P_1）、次最大压力（P_2）、波形幅度（P_3）、上升沿宽度（P_4）、波形宽度（P_5）、最大余波的宽度（P_6）、波形的面积（P_7）、起喷压力（P_8），使用 SOM 网络进行故障诊断。故障样本如表 8-3 所列（数据已归一化）。

表 8-3　常见的 8 种故障特征

输入样本								
故障原因	P_1	P_2	P_3	P_4	P_5	P_6	P_7	P_8
T_1	0.9325	1.0000	1.0000	−0.4526	0.3895	1.0000	1.0000	1.0000
T_2	−0.4571	−0.2854	−0.9024	−0.9121	−0.0841	1.0000	−0.2871	0.5647
T_3	0.5134	0.9413	0.9711	−0.4187	0.2855	0.8546	0.9478	0.9512
T_4	0.1545	0.1564	−0.5000	−0.6571	−0.3333	−0.6667	−0.3333	−0.5000
T_5	0.1765	0.7648	0.4259	−0.6472	−0.0563	0.1726	0.5151	0.4212
T_6	−0.6744	−0.4541	−0.8454	1.0000	−0.8614	−0.6714	−0.6279	−0.6785
T_7	0.4647	0.8710	0.0712	−0.7845	−0.2871	0.8915	0.6553	0.6152
T_8	0.6818	1.0000	−0.625	−0.8426	−0.6215	−0.1574	1.0000	0.7782

应用 SOM 神经诊断网络柴油机故障的步骤如下：

（1）选取标准故障样本；

（2）对每一种标准故障样本进行学习，学习结束后，对具有最大输出的神经元标以该故障的记号；

（3）将待检样本输入到SOM神经网络中；

（4）如果输出神经元在输出层的位置与某标准故障样本的位置相同，说明待检样本发生了相应的故障；如果输出神经元在输出层的位置介于很多标准故障之间，说明这几种标准故障都有可能发生，且各故障的程度由该位置与相应标准故障样本位置的欧氏距离确定。

其实现的MATLAB代码为：

```
>> clear all;
%样本数据
p=[0.9325    1.0000    1.0000    -0.4526    0.3895    1.0000    1.0000    1.0000; …
   -0.4571   -0.2854   -0.9024   -0.9121   -0.0841    1.0000   -0.2871    0.5647; …
    0.5134    0.9413    0.9711   -0.4187    0.2855    0.8546    0.9478    0.9512; …
    0.1545    0.1564   -0.5000   -0.6571   -0.3333   -0.6667   -0.3333   -0.5000; …
    0.1765    0.7648    0.4259   -0.6472   -0.0563    0.1726    0.5151    0.4212; …
   -0.6744   -0.4541   -0.8454    1.0000   -0.8614   -0.6714   -0.6279   -0.6785; …
    0.4647    0.8710    0.0712   -0.7845   -0.2871    0.8915    0.6553    0.6152; …
    0.6818    1.0000   -0.625    -0.8426   -0.6215   -0.1574    1.0000    0.7782];
%newsom 建立 SOM 网络。Minmax(p)取输入的最大最小值。竞争层为 6×6=36 个神经元
net=newsom(minmax(p),[6 6]);
plotsom(net.layers{1}.positions)
%7 次训练的次数
a=[10 30 50 100 200 500 1000];
%随机初始化一个 7×8 向量
yc=rands(7,8);
%训练次数为 10 次
net.trainparam.epochs=a(1);
%训练网络和查看分类
net=train(net,p);
y=sim(net,p);
yc(1,:)=vec2ind(y);
plotsom(net.iw{1,1},net.layers{1}.distances)

%训练次数为 30 次
net.trainparam.epochs=a(2);
%训练网络和查看分类
net=train(net,p);
y=sim(net,p);
yc(2,:)=vec2ind(y);
plotsom(net.iw{1,1},net.layers{1}.distances)

%训练次数为 50 次
net.trainparam.epochs=a(3);
```

```
%训练网络和查看分类
net=train(net,p);
y=sim(net,p);
yc(3,:)=vec2ind(y);
plotsom(net.iw{1,1},net.layers{1}.distances)

%训练次数为 100 次
net.trainparam.epochs=a(4);
%训练网络和查看分类
net=train(net,p);
y=sim(net,p);
yc(4,:)=vec2ind(y);
plotsom(net.iw{1,1},net.layers{1}.distances)
%训练次数为 200 次
net.trainparam.epochs=a(5);
%训练网络和查看分类
net=train(net,p);
y=sim(net,p);
yc(5,:)=vec2ind(y);
plotsom(net.iw{1,1},net.layers{1}.distances)
%训练次数为 500 次
net.trainparam.epochs=a(6);
%训练网络和查看分类
net=train(net,p);                    %得到训练记录过程如图 8-44 所示
```

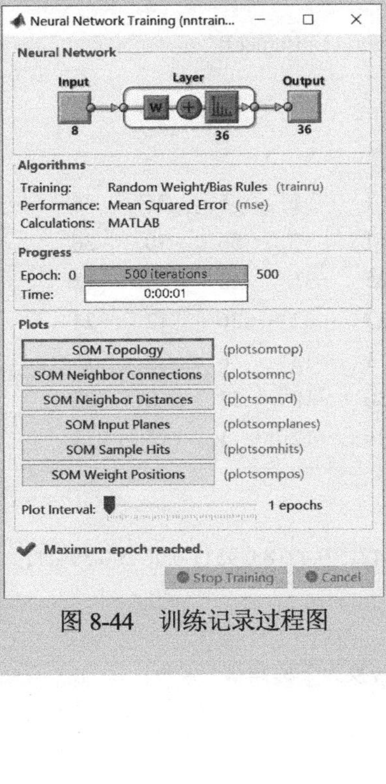

图 8-44　训练记录过程图

```
>> y=sim(net,p);
yc(6,:)=vec2ind(y);
plotsom(net.iw{1,1},net.layers{1}.distances)
%训练次数为 1000 次                %得到训练为 1000 次的权值向量图，如图 8-45 所示
```

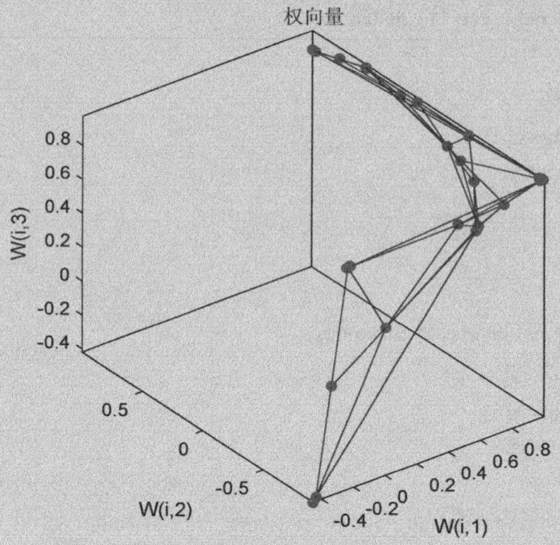

图 8-45 训练为 1000 次的权值向量图

```
net.trainparam.epochs=a(7);
%训练网络和查看分类
net=train(net,p);
y=sim(net,p);
yc(7,:)=vec2ind(y);
plotsom(net.iw{1,1},net.layers{1}.distances)
title('权向量')
yc
yc =
      4    36     1     1     1     5    36    36
     24    30     7     1     7    36    30    36
     11     6    19    25    31    12     6    12
      9     6    33    13    32    36    12    24
     33    36    25     1    15     6    29    18
     16     1     6    36    18    33     8    25
     28    32     4    36    12     1    25    13
>>%网络作分类的预测
%测试样本输入
t=[0.9512 1.0000 0.9458 -0.4215 0.4218 0.9511 0.9645 0.8941]';
%用 sim 来做网络仿真
r=sim(net,t);
%变换函数，将单值向量转换为下标向量
```

```
rr=vec2ind(r)
%查看网络拓扑学结构
plotsomtop(net)                    %SOM 网络拓扑学结构如图 8-46 所示
```

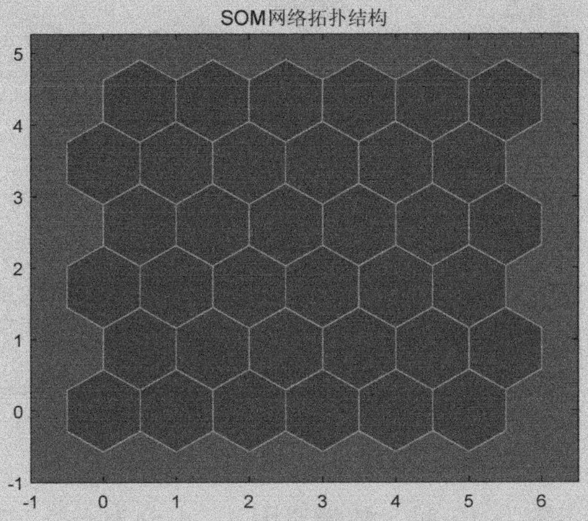

图 8-46　SOM 网络拓扑学结构图

```
title('SOM 网络拓扑结构')
rr =
    13
>> %查看临近神经元之间的距离情况
plotsomnd(net)                     %得到临近神经元之间距离，如图 8-47 所示
```

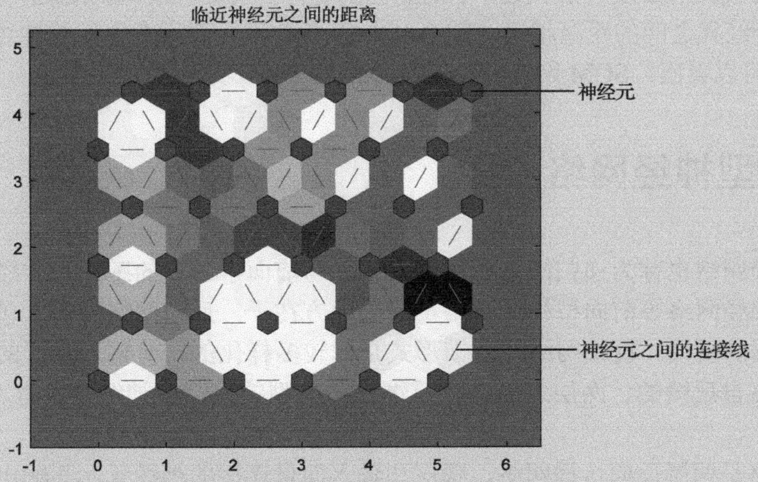

图 8-47　临近神经元之间的距离情况

```
title('临近神经元之间的距离')
>> %查看每个神经元的分类情况
plotsomhits(net,p)                 %每个神经元分类情况如图 8-48 所示
title('每个神经元的分类')
```

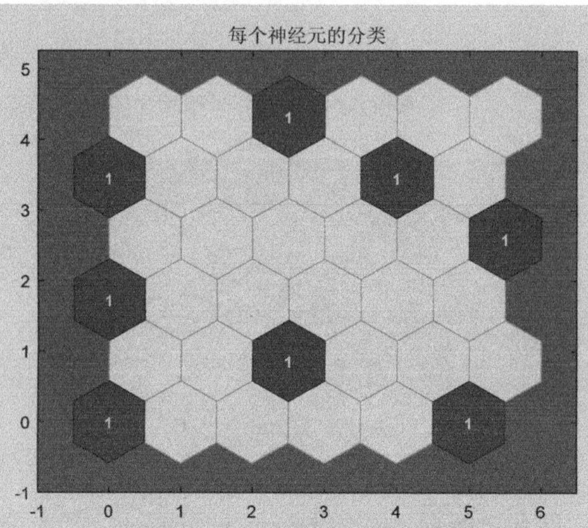

图 8-48　每个神经元的分类情况

聚类的结果：当训练步数为 10 时，故障原因 1、4 分为一类，2、6、7、8 分为一类，3 单独为一类、5 单独为一类。可见，网络已经对样本进行了初步的分类，这种分类不够精准。

当训练步数为 100 时，每个样本都被划分为一类。这种分类结果更加细化了。当训练步数为 200 时、500 时或者 1000 时，同样是每个样本都被划分为一类。这时如果再提高训练步数，已经没有实际意义了。

由图 8-46 可知，竞争层神经元有 6×6=36 个；在图 8-47 中，小的六边形代表神经元，神经元是直接通过实线来连接，每个菱形中的颜色表示神经元之间距离的远近，从黄色到黑色，颜色越深说明神经元之间的距离越远。图 8-48 中蓝色神经元表示竞争型的神经元。

从图 8-48 可以看出，SOM 网络将未知故障样本分到了第一类故障中。

8.7　反馈型神经网络

反馈型神经网络也称为递归网络或回归网络。与前面学习过的感知器神经网络、线性神经网络或径向神经网络等前向型神经网络不同的地方在于，反馈网络的输入包含有延迟的输入或者输出数据的反馈。反馈网络的反馈形式是比较多样化的，有输入延迟的、单层输出反馈的、神经网络自反馈的、两层之间互相反馈等。典型的反馈型神经网络有 Elman 网络和 Hopfield 网络。

Elman 网络是两层反向传播网络，隐层和输入向量连接的神经元，其输出不仅作为输出层的输入，而且还连接隐层内的另外一些神经元，反馈到隐层的输入。由于其输入表示了信号的空域信息，而反馈支路是一个延迟单元，反映了信号的时域信息，所以 Elman 网络可以在时域和空域进行模式识别。

Hopfield 网络又称为联想记忆网络，它常常存储一个或多个稳定的目标向量，当网络输入端输入相似的向量时，这些稳定的目标向量将“唤醒”网络记忆的模式，并通过输出呈现出来。

8.7.1 Elman 网络

Elman 神经网络是 Elman 于 1990 年提出的，该模型在前馈式网络的隐含层中增加了一个承接层，作为一步延时的算子，以达到记忆的目的，从而使系统具有适应时变特性的能力，能直接动态反映动态过程系统的特性。

1. Elman 网络结构

基本的 Elman 神经网络由输入层、隐含层、连接层和输出层组成。与 BP 网络相比，在结构上多了一个连接层，用于构成局部反馈。连接层的传输函数为线性函数，但是多了一个延迟单元，因此连接层可以记忆过去的状态，并在下一时刻与网络的输入一起作为隐含层的输入，使网络具有动态记忆功能，非常适合时间序列的预测问题。

Elman 网络的结构如图 8-49 所示。

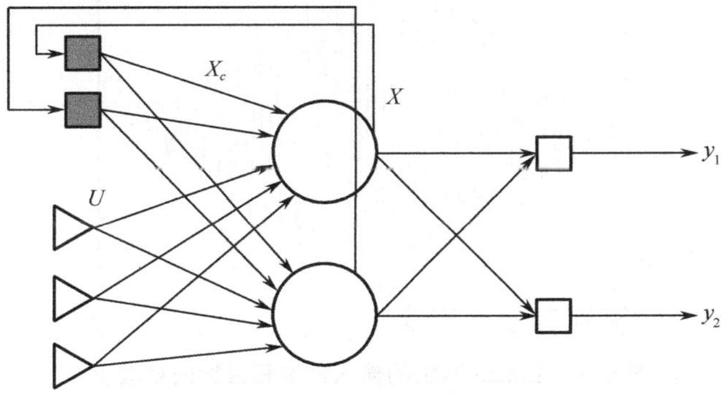

图 8-49 Elman 网络结构

在 Elman 网络中，输出层和连接层的传递函数为线性函数（MATLAB 中的 purelin 函数），隐含层的传递函数则为某种非线性函数，如 Sigmoid 函数。由于隐含层不但接收来自输入层的数据，还要接收连接层中储存的数据，因此对于相同的输入数据，不同时刻产生的输出也可能不同。输入层数据反映了信号的空域信息，而连接层延迟则反映了信号的时域信息，这是 Elman 神经网络可以用于时域和空域模式识别的原因。

2. Elman 网络训练

Elman 网络的训练可采用 train 或 adapt 两个函数中的任意一个。当采用函数 train 时，每一步迭代过程按以下步骤进行：

（1）在网络输入端先输入所有的输入序列，然后计算输出结果，并与目标序列进行比较，从而产生一误差序列。

（2）在每一次迭代中，误差被反向传播，以确定每一个权值和阈值的误差梯度，实际上梯度的计算是近似的，因为经由延迟反馈支路对权值和阈值误差的贡献是忽略了的。

（3）该梯度用于对用户选择的反向传播训练函数进行的权值修正。建议采用训练函数 traingdx。

当采用函数 adapt 时，迭代过程与采用函数 train 时基本一样，只是权值的修正函数建议采用学习函数 learngdm。

Elman 网络没有其他网络的可靠性高，因为训练或调整都是以误差梯度的近似值进行的。

3. Elman 网络的应用

在 MATLAB 中，也提供相关函数用于实现 Elman 网络，下面通过一个例子来演示 Elman 函数的应用。

【例 8-9】 用 Elman 神经网络用于峰值检波

振幅调制（AM）是通信系统一种最常见的模拟通信方式，在接收端往往采用峰值检波，这里以 Elman 神经网络来实现。训练样本集中的输入样本采用三角波调制的调幅波形，调幅度为 100%，载波频率约为 3.18Hz（20rad/s），调制信号频率为 0.11Hz（0.67rad/s）；目标向量为调制信号，即调幅波的包络，如图 8-50 所示。

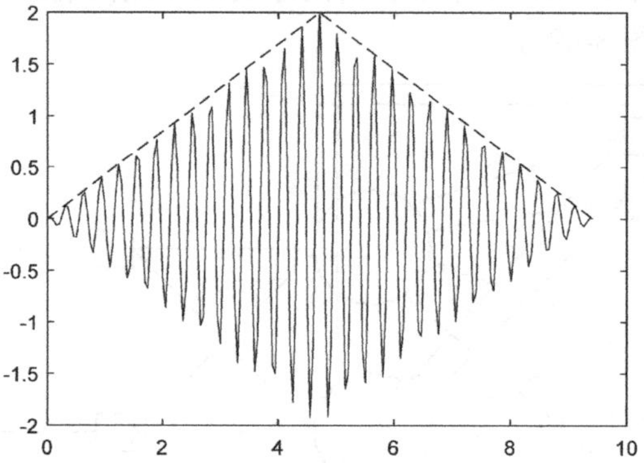

图 8-50　Elman 网络的输入样本和目标向量波形

采用调幅度为 100%，调制信号为三角波调制的调幅波形，可以使已调波信号从 0 变到最大值，从而使训练后的网络能够较完整地反映不同调幅度、不同波形的情况，使网络解调的性能更好。

载波频率选为 3.18Hz（20rad/s），调制信号频率选为 0.11Hz（0.67rad/s），这完全是为了使绘制的波形便于读者观察，同时减小网络输入向量的规模而设置的，实际上载频要高得多，调制信号也有一定的频带宽度。

从 Elman 神经网络的机理上看，可以将 AM 已调波信号的输入看成是时域中的信号，网络在时域中先对其进行识别；而已调波的包络可以看成二维平面上的曲线，即为空域中的信号模式，Elman 神经网络在空域中对输入向量的模式分类成峰值检波的输出。

Elman 神经网络的 MATLAB 程序代码如下：

```
>>clear all;
%定义输入向量和目标向量
Time1=0:0.05:1.5*pi;
T1=Time1/(1.5*pi)-0.5;
Time2=1.5*pi:0.05:3*pi;
T2=1.5-Time2/(1.5*pi);
Time=[Time1 Time2];
```

```
%三角波（目标向量）
T=2*[T1 T2];
%调幅波（输入向量）
p=(1+T).*cos(20*Time);
%创建 Elman 网络
net=newelm(minmax(p),[20 1],{'tansig','purelin'},'traingdx');
%训练 Elman 网络
Pq=con2seq(p);                 %将输入向量矩阵转换为输入序列
Tq=con2seq(T);                 %将目标向量矩阵转换为目标序列
plot(Time,p,Time,1+T,'r--');
pause;
net.trainParam.epochs=500;
[net,tr]=train(net,Pq, Tq);
%选用了三角波、正弦波和矩形波 3 种调制信号形成的已调波形作为测试信号，
%对所设计的 Elman 神经网络进行仿真
%以三角波调制进行仿真
Time1=0:0.05:2*pi;
T1=Time1/(2*pi)-0.5;
Time2=2*pi:0.05:4*pi;
T2=1.5-Time2/(2*pi);
Time=[Time1 Time2];
%三角波（目标向量）
T=[T1 T2];
%调幅波（输入向量）
p=(1+T).*cos(20*Time);         %形成三角波调制的已调波信号
subplot(321);
plot(Time,p);
Pq=con2seq(p);
A=sim(net,Pq);
Y=seq2con(A);
subplot(322);
plot(Time,Y{1},Time,T,'r--');
%以正弦波调制进行仿真
T=0.5*sin(Time);
p=(1+T).*cos(20*Time);
subplot(323);
plot(Time,p);
Pq=con2seq(p);
A=sim(net,Pq);
Y=seq2con(A);
subplot(324);
plot(Time,Y{1},Time,T,'r--');
```

```
%以矩形波调制进行仿真
T=0.5*sign(sin(Time));
p=(1+T).*cos(20*Time);
subplot(325);
plot(Time,p);
Pq=con2seq(p);
A=sim(net,Pq);
Y=seq2con(A);
subplot(326);
plot(Time,Y{1},Time,T,'r--');
```

运行程序，训练过程如图 8-51 所示，其系统仿真效果如图 8-52 所示。

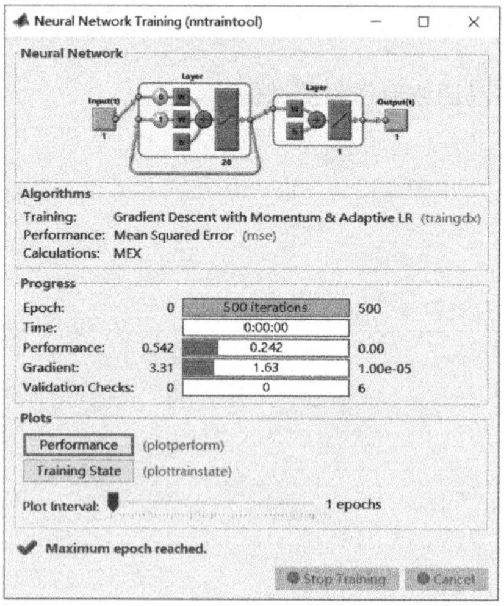

图 8-51 训练过程

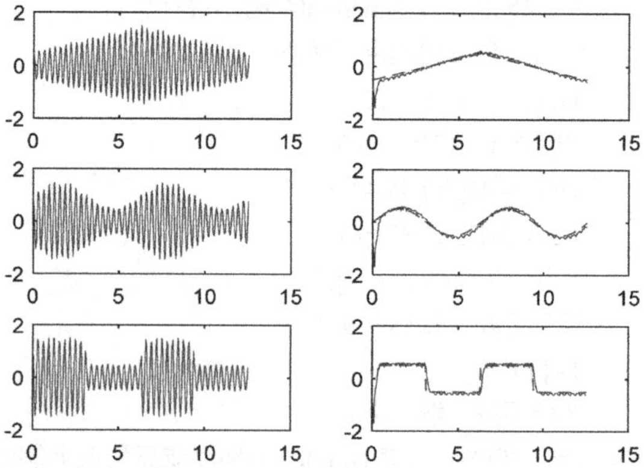

图 8-52 Elman 神经网络对于不同调制信号的系统仿真效果

图 8-52 中的实线表示输出信号，虚线表示调制信号。从仿真结果看，输出信号和调制信号基本吻合，所设计网络可以很好地完成不同调制信号、不同调幅度的峰值检波，输出波形中的纹波可以通过低通滤波器滤除。

8.7.2 Hopfield 网络

Hopfield 网络是神经网络发展历史上的一个重要的里程碑，其是一种由非线性元件构成的反馈系统，其稳定状态的分析比前向神经网络要复杂得多。1984 年，Hopfield 设计并研制了网络模型的电路，并成功地解决了旅行商（TSP）计算难题（优化问题）。

Hopfield 网络分为离散型和连续型两种网络模型，分别记作 DHNN（Discrete Hopfield Neural Network）和 CHNN（Continues Hopfield Neural Network）。

1. 连续 Hopfield 网络

Hopfield 最早提出的网络是二值神经网络，神经元的输出只取 1 和-1，所以也称离散

Hopfield 神经网络。

DHNN 是一种单层的、输入/输出为二值的反馈网络。假设一个由三个神经元组成的离散 Hopfield 神经网络，其结构如图 8-53 所示。

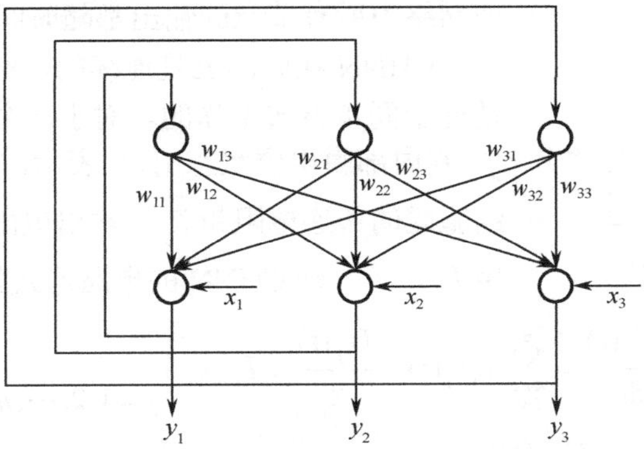

图 8-53　离散 Hopfield 网络结构

在图 8-53 中，第 0 层仅仅是作为网络的输入，它不是实际神经元，所以无计算功能；第一层是神经元，故而执行对输入信息和权系数乘积求累加和，并经非线性函数 f 处理后产生输出信息。f 是一个简单的阈值函数，如果神经元的输出信息大于阈值 θ，那么，神经元的输出取值为 1；小于阈值 θ，则神经元的输出取值为 θ。

对于二值神经元，它的计算公式如下：

$$u_j = \sum_j w_{ij} y_i + x_j$$

式中，x_j——外部输入，并且有

$$\begin{cases} y_i = 1 & u_i \geqslant \theta_i \\ y_i = 0 & u_i < \theta_i \end{cases}$$

一个 DHNN 的网络状态是输出神经元信息的集合。对于一个输出层是 n 个神经元的网络，其 t 时刻的状态为一个 n 维向量：

$$Y(t) = [y_1(t), y_2(t), \cdots, y_n(t)]^{\mathrm{T}}$$

因为 $y_i(t)$（$i = 1, 2, \cdots, n$）可以取值为 1 或 0，故 n 维向量 $Y(t)$ 有 2^n 种状态，即网络有 2^n 种状态。

2. 连续 Hopfield 网络

1984 年 Hopfield 把 DHNN 进一步发展成连续型 Hopfield 网络，缩写为 CHNN 网。CHNN 的基本结构与 DHNN 相似，但 CHNN 中所有神经元都同步工作，各输入-输出量均是随时间连续变化的模拟量，这就是使得 CHNN 比 DHNN 在信息处理的并行性、实时性等方面更接近于实际生物神经网络的工作机理。

如果定义网络中第 i 个节点的输入 u_i，输出为 v_i，那么输入输出的关系为

$$v_i = f(u_i) = f(\sum_{j=1}^{n} w_{ji} v_j - \theta_i)$$

式中，n——网络的节点数，状态转移函数为 Sigmoid 型函数，一般常用

$$f(x)=1/(1+e^{-\lambda x})\text{或者}f(x)=\text{th}(\lambda x)$$

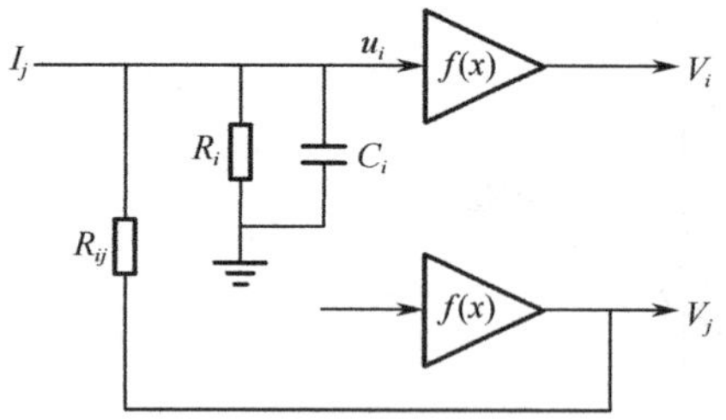

图 8-54 CHNN 的电路形式

网络工作方式分为异步、同步和连续更新三种方式，与离散型 Hopfield 网络相比，多了一种连续更新方式，即网络中所有节点的输出都随时间连续变化。

CHNN 在时间上是连续的，所以，网络中各神经元是处于同步方式工作的。对于一个神经细胞，即神经元 j，其内部膜电位状态用 U_j 表示，细胞膜输入电容为 C_j，细胞膜的传递电阻为 R_j，输出电压为 V_j，外部输入电流用 I_j 表示，则 CHNN 的电路形式如图 8-54 所示。

$$\begin{cases} C_j\dfrac{\mathrm{d}U_j(t)}{\mathrm{d}t}=\sum_{i=1}^{n}w_{ij}V_i(t)-\dfrac{U_j(t)}{R_j}+I_j \\ V_j(t)=g_j(U_j(t)) \end{cases} \quad j=1,2,\cdots,n$$

式中，n——神经网络神经元的个数；

$V_j(t)$——输出电位；

$U_j(t)$——输入电位。

3. Hopfield 网络应用

在 MATLAB 中，也提供了相关函数用于实现离散及连续的 Hopfiled 网络，下面通过例子来演示 Hopfiled 网络应用。

【例 8-10】 设计一个二神经元的 Hopfield 神经网络并进行仿真验证，其具有两个稳定平衡点。

其实现的 MATLAB 代码为：

```
>> clear all;
%输出两个目标向量 T
T = [+1 -1; -1 +1];
%在二维平面内绘制出这两个稳定平衡点
plot(T(1,:),T(2,:),'rp')            %效果如图 8-55 所示
```

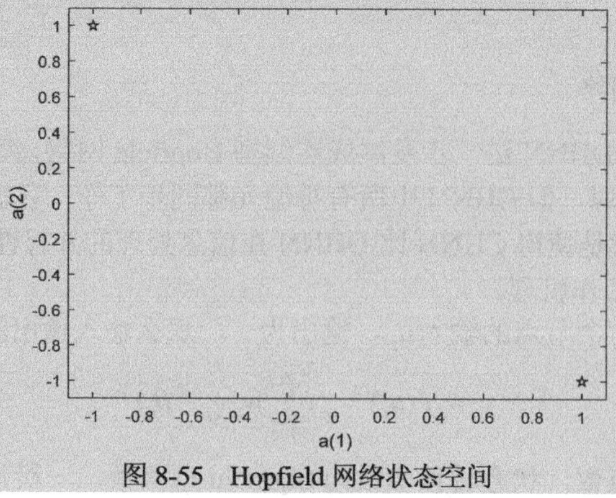

图 8-55 Hopfield 网络状态空间

```
axis([-1.1 1.1 -1.1 1.1])
xlabel('a(1)');
ylabel('a(2)');
%创建网络及测试
net = newhop(T);                    %设计 Hopfield 网络
[Y,Pf,Af] = net([],[],T);           %网络测试
Y
Y =
     1    -1
    -1     1
```

可见，网络输出能够稳定到期望值。

```
>> %再随机选取初始点，对网络进行仿真
a = {rands(2,1)};
[y,Pf,Af] = net({20},{},a);
%绘制初始点向平衡点逼近过程
record = [cell2mat(a) cell2mat(y)];
start = cell2mat(a);
hold on
plot(start(1,1),start(2,1),'bx',record(1,:),record(2,:))     %效果如图 8-56 所示
```

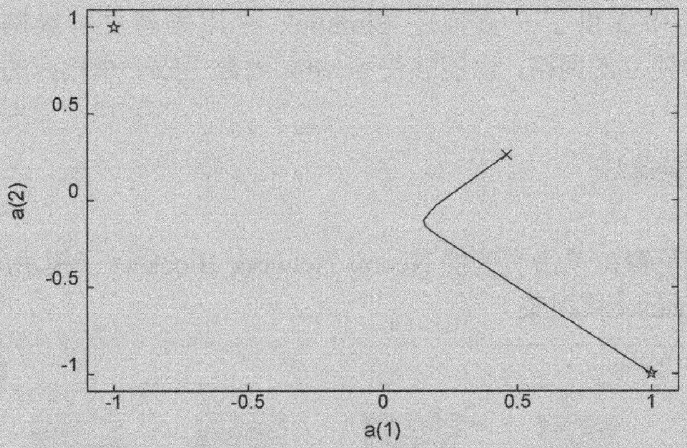

图 8-56 随机初始点测试

由图 8-56 可见，随机选取的初始点最后稳定在左上角的平衡点。

```
>> %再随机选取 25 个初始点进行测试
color = 'rgbmy';
for i=1:25
    a = {rands(2,1)};
    [y,Pf,Af] = net({20},{},a);
    record=[cell2mat(a) cell2mat(y)];
    start=cell2mat(a);
    plot(start(1,1),start(2,1),'kx',record(1,:),record(2,:),color(rem(i,5)+1))
end
```

25 个随机初始点测试如图 8-57 所示。

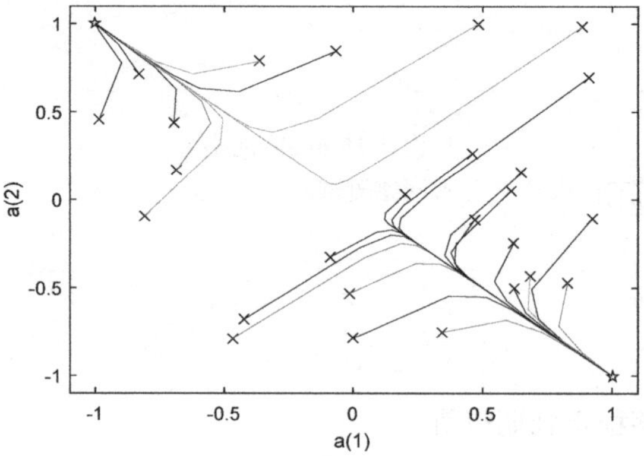

图 8-57　25 个随机初始点测试

从图 8-57 中可以看出，所有的点最后都收敛于两个平衡点，与左上角接近的点收敛于左上角，与右下角接近的点收敛于右下角。由此可见，Hopfield 神经网络具有联想记忆功能。

8.8　基于 Simulink 神经网络

神经网络工具箱中提供了一套可在 Simulink 中用来建立神经网络的模块，对于在 MATLAB 工作空间中建立的网络，也能够使 gensim 函数生成一个相应的 Simulink 网络模块。

8.8.1　神经网络模块

在 Simulink 库浏览窗口单击右侧的 Neural Network Blockset 子模块库，可打开如图 8-58 的 Neural Network Blockset 模块集。

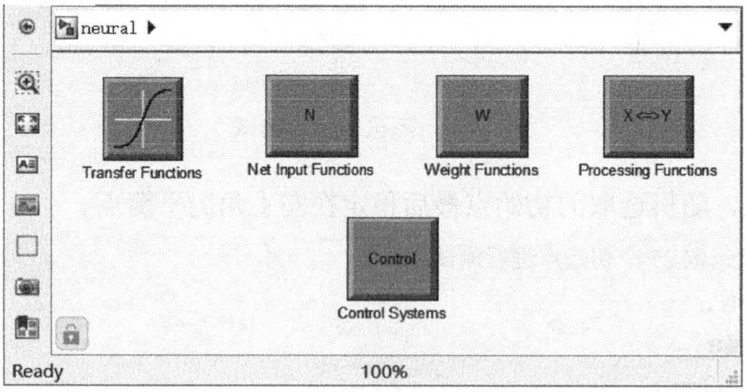

图 8-58　Neural Network Blockset 模块集

在 Neural Network Blockset 模块集中包含了 5 个模块库，双击各个模块库的图标，即可打开相应的模块库。

1．传输函数模块库

双击“Transfer Functions”（传输函数）模块库的图标，即可打开如图 8-59 所示的传输函数模块库窗口。传输函数模块库中的任意一个模块都能接收一个网络输入向量，并且相应地产生一个输出向量，这个输出向量的组数和输入向量相同。

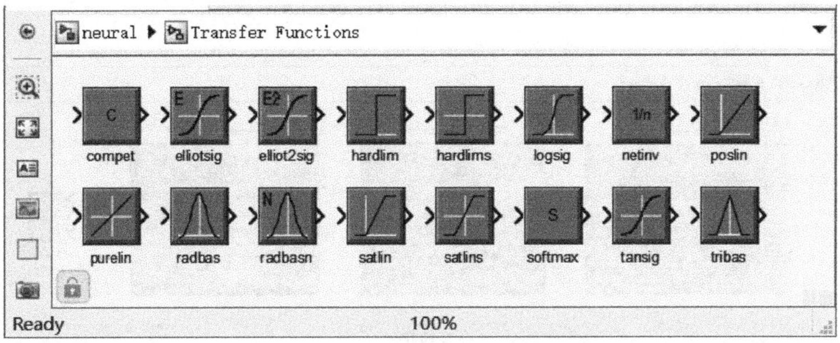

图 8-59　传输函数模块库窗口

2．网络输入模块库

双击“Net Input Functions”（网络输入）模块库的图标，即可打开如图 8-60 所示的网络输入模块库窗口。

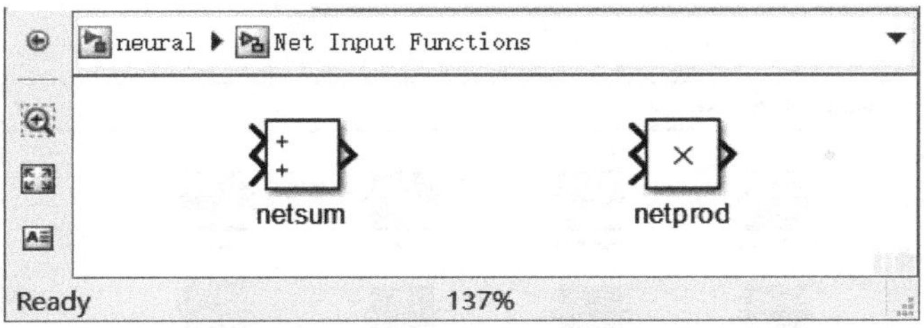

图 8-60　网络输入模块库窗口

网络输入模块库中的每一个模块都能够接收任意数目的加权输入向量、加权的层输出向量，以及偏值向量，并且返回一个网络输入向量。

3．权值模块库

双击“Weight Functions”（权值）模块库的图标，即可打开如图 8-61 所示的权值模块库窗口。权值模块库中的每个模块都以一个神经元权值向量作为输入，并将其与一个输入向量（或者某一层的输出向量）进行运算，得到神经元的加权输入值。

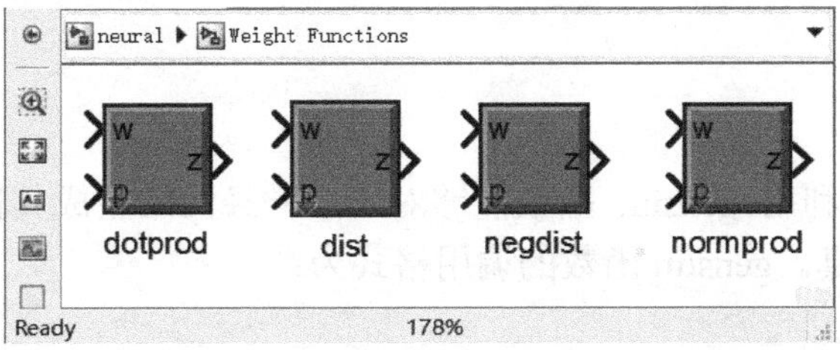

图 8-61　权值模块库窗口

上面的这些模块需要的权值向量必须定义为列向量。这是因为 Simulink 中的信号可以为列向量，但是不能为矩阵或行向量。

4．控制系统模块库

双击“Control Systems”（控制系统）模块库的图标，即可打开如图 8-62 所示的控制系统模块库窗口。

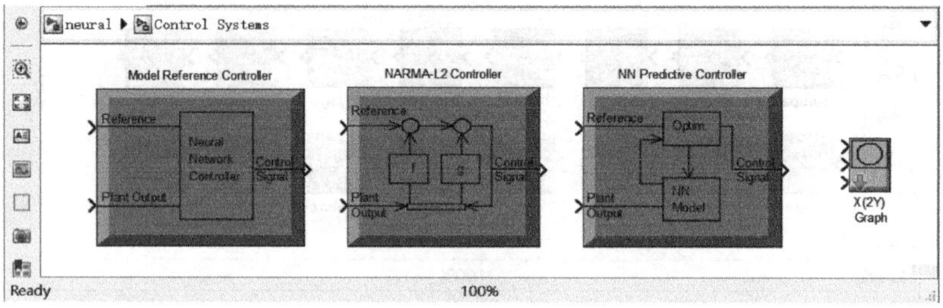

图 8-62　控制系统模块库窗口

神经网络的控制系统模块库中包含 3 个控制器和 1 个示波器。

5．网络处理模块库

双击“Processing Function”（网络处理）模块库的图标，即可打开如图 8-63 所示的网络处理模块库窗口。

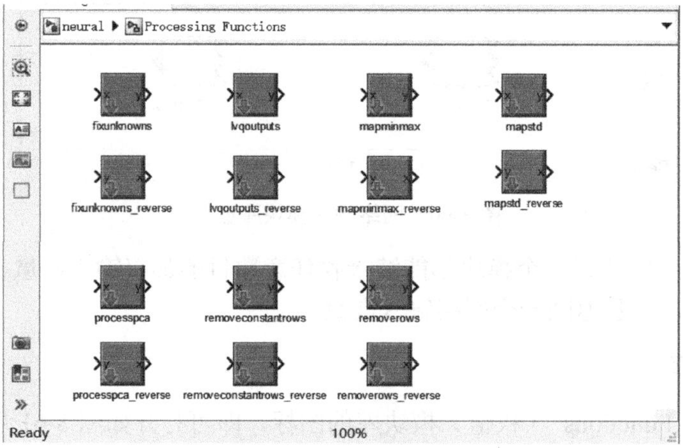

图 8-63　网络处理模块库窗口

8.8.2　创建模块

在 MATLAB 中，利用 gensim 函数能够对一个神经网络生成其模块化描述，从而可在 Simulink 中对其进行仿真。gensim 函数的调用格式为：

```
gensim (net,st)
```

其中，net 为神经网络；st 为样本时间，默认值为 1。如果 net 没有输入或相关层的延迟，即

net.numInputDelays 和 net.numLayerDelays 均为 0，即可使用设定 st=-1 来得到一个连续取样网络。

如果网络没有与输入权值或层中权值相关的延迟，则指定第二个参数为-1，那么函数 gensim 将生成一个连续采样的网络。

【例 8-11】设计一个线性网络，定义网络的输入为 X=[2 4 6 8 10]，相应的目标为 T=[1 3 5 7 9]。

其实现的 MATLAB 代码为：

```
>> clear all;
X=[2 4 6 8 10];
T=[1 3 5 7 9];
net=newff(X,T);
net=train(net,X,T);
TT=sim(net,X)
```

运行程序，输出如下：

```
TT =
    1.0000    3.0000    5.0000    7.0000    9.0000
```

可以看出，网络已经正确地解决了问题。

采用神经网络工具箱进行设置，代码为：

```
>> gensim(net,-1)
```

系统将自动建立的神经网络模型如图 8-64 所示。

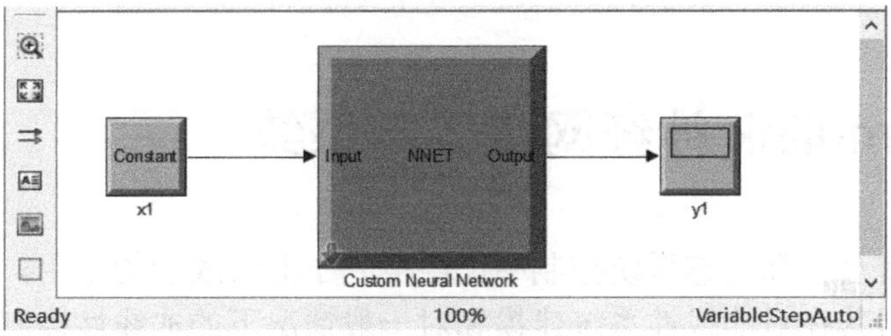

图 8-64　神经网络模型

运行仿真，得到系统仿真效果如图 8-65 所示。

图 8-65　系统仿真效果

采用 Sine Wave 函数进行输入，采用该神经网络进行控制输出，修改的仿真模型如图 8-66 所示。

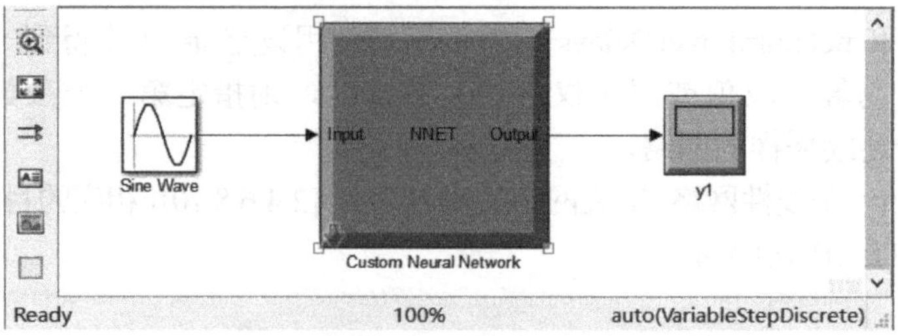

图 8-66　修改的仿真模型

运行仿真模型，得到修改后的系统仿真效果如图 8-67 所示。

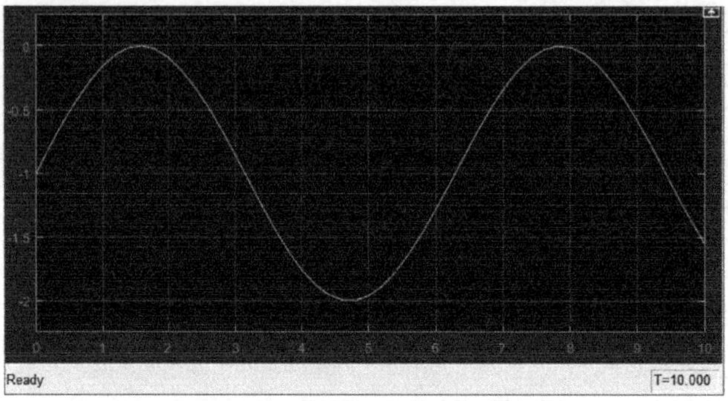

图 8-67　修改后的系统仿真效果

8.9　基于 Simulink 神经网络控制系统

神经网络在系统辨识和动态系统控制中已经得到了非常成功的使用。由于神经网络具有全局逼近能力，使得其在对非线性系统建模和对一般情况下的非线性控制器的实现等方面而应用的比较普遍。

本节将介绍 3 种在神经网络工具箱控制系统模块中利用 Simulink 实现的比较普遍的神经网络结构，它们常用于预测和控制，并已在 MATLAB 对应的神经网络工具箱中给出实现。

这 3 种神经网络结构如下：

- 神经网络模型预测控制器（NN Predictive Controller）；
- 反馈线性化控制器（NARMA-L2 Controller）；
- 模型参考控制器（Model Reference Controller）。

使用神经网络进行控制时，通常有两个步骤，分别为辨识和控制设计。

在系统辨识阶段，主要任务是对需要控制的系统建立神经网络模型；在控制设计阶段，主要使用神经网络模型来设计（训练）控制器。

对于模型预测控制器，系统模型用于预测系统未来的行为，并且找到最优的算法，用于选择控制输入，以优化未来的性能。

对于 NARMA-L2（反馈线性化）控制器，控制器仅仅是将系统模型进行重整。

对于模型参考控制器，控制器是一个神经网络，它被训练用于控制系统，使得系统跟踪一个参考模型，这个神经网络系统模型在控制训练中起辅助作用。

8.9.1　神经网络预测控制器

神经网络预测控制器是使用非线性神经网络模型来预测未来模型性能。控制器计算控制输入，而控制输入在未来一段指定的时间内将最优化模型性能。模型预测第一步是要建立神经网络模型（系统辨识）；第二步，使用控制器来预测未来神经网络性能。

1．系统辨识

模型预测的第一步就是训练神经网络未来表示网络的动态机制。模型输出与神经网络输出之间的预测误差，用来作为神经网络的训练信号。神经网络模型利用当前输入和当前输出预测神经未来输出值。

2．模型预测

模型预测方法是基于水平后退的方法，神经网络模型预测在指定时间内预测模型响应，预测使用数字最优化程序来确定控制信号，实现最优化的准则函数为

$$J=\sum_{j=1}^{N_2}[y_r(t+j)-y_m(t+j)]^2+\rho\sum_{j=1}^{N_u}[u(t+j-1)-u(t+j-2)]^2$$

式中，N_2——预测时域长度；

N_u——控制时域长度；

$u(t)$——控制信号；

y_r——期望响应；

y_m——网络模型响应；

ρ——控制量加权系数。

在 MATLAB 神经网络工具箱中实现的神经网络预测控制器，使用了一个非线性系统模型，用于预测系统未来的性能。

接着，这个控制器将计算控制输入，用于在某个未来的时间区间里优化系统的性能。进行模型预测控制首先要建立系统的模型，然后使用控制器来预测未来的性能。

下面结合 MATLAB 神经网络工具箱中提供的实例，介绍 Simulink 中的实现过程。

（1）问题的描述。

要讨论的问题基于一个搅拌器（CSTR），其示意图如图 8-68 所示。

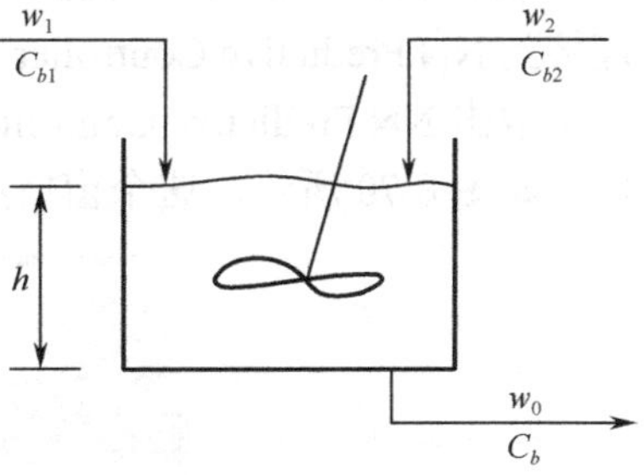

图 8-68　搅拌器示意图

对于这个系统，其动力学模型为

$$\frac{\mathrm{d}h(t)}{\mathrm{d}t}=w_1(t)+w_2(t)-0.2\sqrt{h(t)}$$

$$\frac{\mathrm{d}C_b(t)}{\mathrm{d}t}=(C_{b1}-C_b(t))\frac{w_1(t)}{h(t)}+(C_{b2}-C_b(t))\frac{w_2(t)}{h(t)}-\frac{k_1C_b(t)}{(1+k_2C_b(t))^2}$$

式中，$h(t)$——液面高度；

$C_b(t)$——产品输出浓度；

$w_1(t)$——浓缩液 C_{b1} 的输入流速；

$w_2(t)$——稀释液 C_{b2} 的输入流速。

输入浓度设定为 C_{b1}=24.9，C_{b2}=0.1。消耗常量设置为 k_1=1，k_2=1。

控制的目标是通过调节流速 $w_2(t)$ 来保持产品浓度。为了简化演示过程，不妨设 $w_1(t)$=0.1。在实例中不考虑液面高度 $h(t)$。

（2）建立 Simulink 模型。

在 MATLAB 神经网络工具箱中提供了这个演示实例。只需在 MATLAB 命令窗口中输入 predcstr 函数即可自动调用 Simulink，模型如图 8-69 所示。

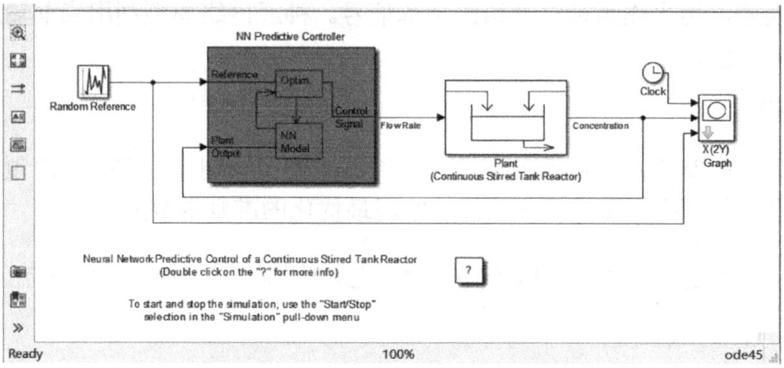

图 8-69　搅拌器的 Simulink 模型

其中神经网络预测控制器（NN Predictive Controller）模块和 X(2Y) Graph 模块由 Neural Network Toolbox 中的 Control Systems 模块库复制。

Plant（Continuous Stirred Tank Reactor）模块包含了搅拌器系统的 Simulink 模型，双击该模块，可得到具体的 Simulink 实现，在此不讨论。

NN Predictive Controller 模块的 Control Signal 端连接到搅拌器系统模型的输入端，同时搅拌器系统模型的输出端连接到 NN Predictive Controller 模块的 Plant Output 端，Reference 信号连接到 NN Predictive Controller 模块的 Reference 端。

双击 NN Predictive Controller 模块，将会产生一个“Neural Network Predictive Control”窗口，如图 8-70 所示，这个窗口用于设计模型预测控制器。

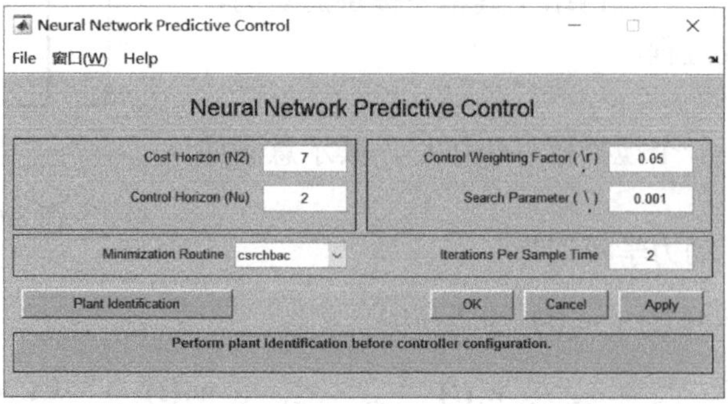

图 8-70　“Neural Network Predictive Control”窗口

在该窗口中，有多项参数可以调整，用于改变预测控制算法中的有关参数。将鼠标移动到相应的位置，就会出现这些参数的说明。

（3）系统仿真。

在“Neural Network Predictive Control”窗口中单击“Plant Identification”按钮，将产生一个“Plant Identification”窗口，用于设置系统辨识参数，如图 8-71 所示。

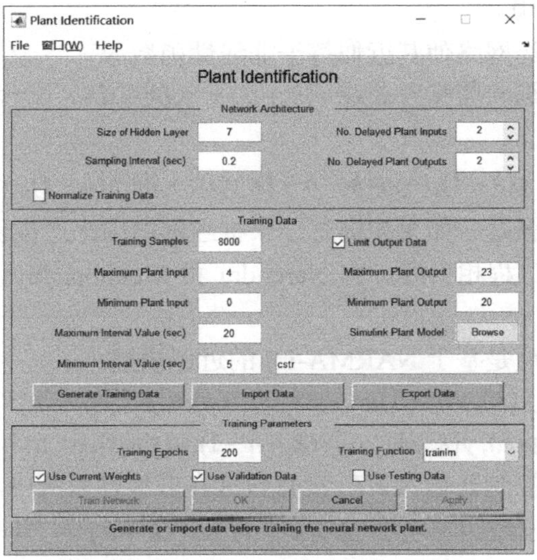

图 8-71 “Plant Identification”窗口

在 Simulink 模型窗口中，选择“Simulation”→“Model Configuration Parameters”命令设置相应的仿真参数，然后单击开始仿真命令，得到系统的输出和参考信号仿真图，如图 8-72 所示。

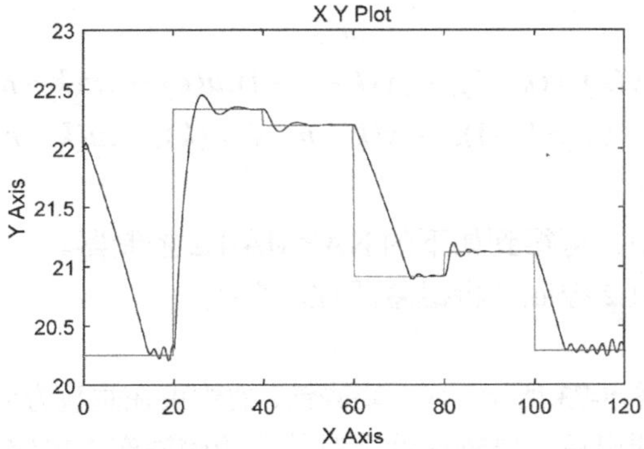

图 8-72 搅拌器的输出和参考信号系统仿真图

8.9.2 反馈线性化控制器

反馈线性化（NARMA-L2）的中心思想是通过去掉非线性，将一个非线性系统变换成线性系统。

辨识 NARMA-L2 模型与模型预测控制一样，反馈线性化控制的第一步就是辨识被控的系统。通过训练一个神经网络来表示系统的前向动态机制，在第一步中首先选择一个模型结构以供使用，一个用来代表一般的离散非线性系统的标准模型是非线性回归移动平均模型（NARMA），用下式来表示：

$$y(k+d)=N[y(k),y(k-1),\cdots,y(k-n+1),u(k),u(k-1),\cdots,u(k-n+1)]$$

式中，$u(k)$——系统的输入；

$y(k)$——系统的输出。

在辨识阶段，训练神经网络使其近似等于非线性函数 N。

如果希望系统输出跟踪一些参考曲线 $y(k+d)=y_r(k+d)$，下一步就是建立一个如下形式的非线性控制器：

$$u(k)=G[y(k),y(k-1),\cdots,y(k-n+1),y_r(k+d),u(k-1),\cdots,u(k-n+1)]$$

使用该类控制器的问题是，如果想训练一个神经网络用来产生函数 G（最小化均方差），必须使用动态反馈，且该过程相当慢。由 Narendra 和 Mukhopadhyay 提出的一个解决方法：使用近似模型来代表系统。

在此使用的控制器模型是基于 NARMA-L2 的近似模型：

$$\hat{y}(k+d)=f[y(k),y(k-1),\cdots,y(k-n+1),u(k-1),\cdots,u(k-n+1)]+\\ g[y(k),y(k-1),\cdots,y(k-n+1),u(k-1),\cdots,u(k-n+1)]u(k)$$

该模型是并联形式，控制器输入 $u(k)$ 没有包含在非线性系统中。这种形式的优点是，能解决控制器输入使系统输出跟踪参考曲线 $y(k+d)=y_r(k+d)$。

最终的控制器形式为

$$u(k)=\frac{y_r(k+d)-f[y(k),y(k-1),\cdots,y(k-n+1),u(k),u(k-1),\cdots,u(k-n+1)]}{g[y(k),y(k-1),\cdots,y(k-n+1),u(k),u(k-1),\cdots,u(k-n+1)]}$$

直接使用该等式会引起实现问题，因为基于输出 $y(k)$ 的同时必须同时得到 $u(k)$，所以采用下述模型：

$$y(k+d)=f[y(k),y(k-1),\cdots,y(k-n+1),u(k),\cdots,u(k-n+1)]+\\ g[y(k),y(k-1),\cdots,y(k-n+1),u(k),\cdots,u(k-n+1)]u(k+1)$$

其中，$d\geqslant 2$。

利用 NARMA-L2 模型，可得到如下的 NARMA-L2 控制器。

下面，利用 NARMA-L2 控制分析磁悬浮控制系统。

（1）问题描述。

悬浮磁铁控制系统如图 8-73 所示，有一块磁铁，被约束在垂直方向上运动。在其下方有一块电磁铁，通电后，电磁铁就会对其上的磁铁产生电磁力作用。目标就是通过控制电磁铁，使其上的磁铁保持悬浮在空中，不会掉下来。

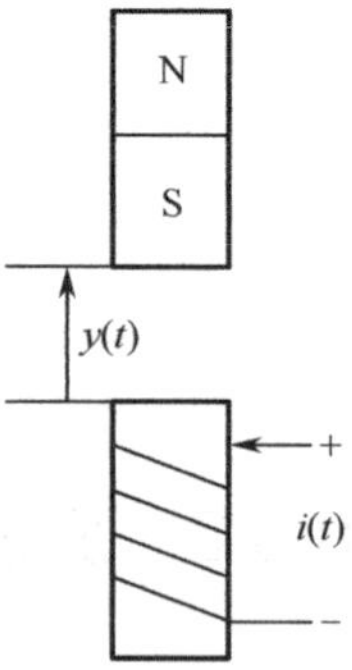

图 8-73　悬浮磁铁控制系统

建立这个实际问题的动力学方程为

$$\frac{\mathrm{d}^2y(t)}{\mathrm{d}t^2}=-g+\frac{\alpha i^2(t)}{My(t)}-\frac{\beta\mathrm{d}y(t)}{M\mathrm{d}t}$$

式中，$y(t)$——磁铁离电磁铁的距离；

$i(t)$——电磁铁中的电流；

M——磁铁的质量；

g——重力加速度；

β——黏性摩擦系数，它由磁铁所在的容器的材料决定；

α——场强常数，它由电磁铁上所绕的线圈圈数以及磁铁的强度所决定。

（2）建立模型。

MATLAB 的神经网络工具箱中提供了该实例。只需在 MATLAB 命令窗口中输入 narmamaglev，即会调用 Simulink，模型如图 8-74 所示。

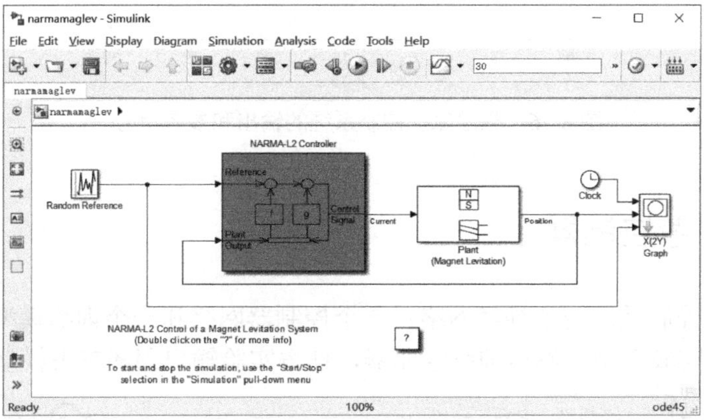

图 8-74　悬浮磁铁控制系统模型

（3）系统辨识。

双击“NARMA-L2 Controller”模块，将会产生一个新的窗口，如图 8-75 所示。

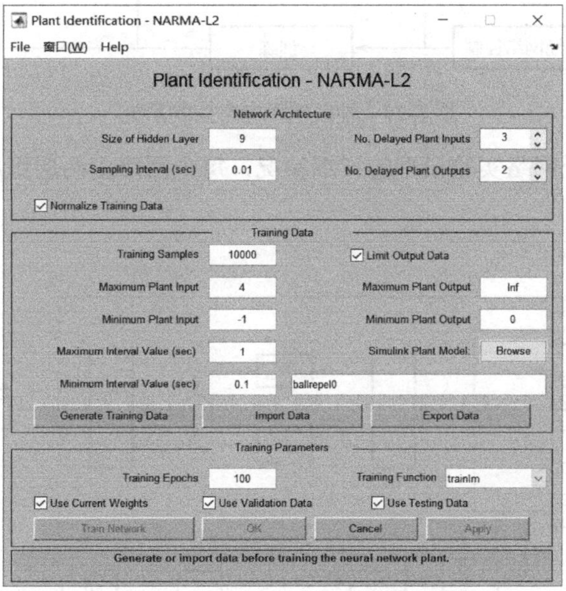

图 8-75　“Plant Identification”窗口

（4）系统仿真。

在 Simulink 模型窗口中，选择“Simulation”→“Model Configuration Parameter”命令设置相应的仿真参数，然后单击“Start”按钮进行仿真，得到系统的输出和参考信号如图 8-76 所示。

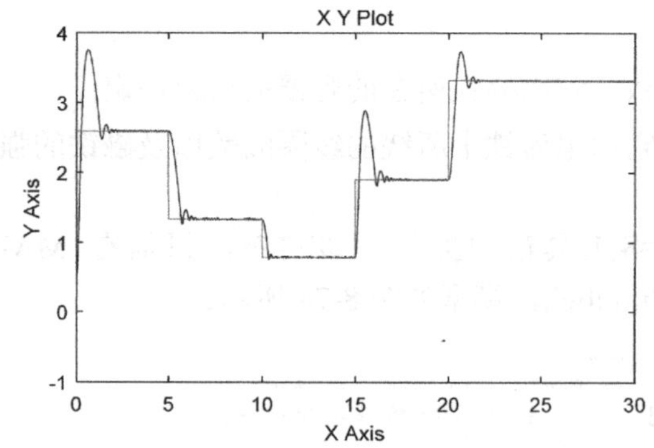

图 8-76　悬浮磁铁控制系统的输出和参考信号

8.9.3　模型参考控制器

神经模型参考控制采用两个神经网络：一个控制器网络和一个训练模型网络，如图 8-77 所示。首先辨识出实验模型，然后训练控制器，使得实验输出跟随参考模型输出。

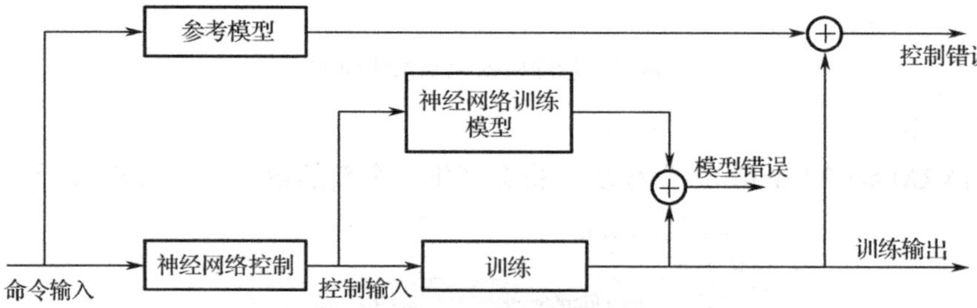

图 8-77　神经模型参考控制系统

图 8-78 显示了神经网络实验模型的详细情况，每个网络由两层组成，并且可以选择隐含层的神经元数目。

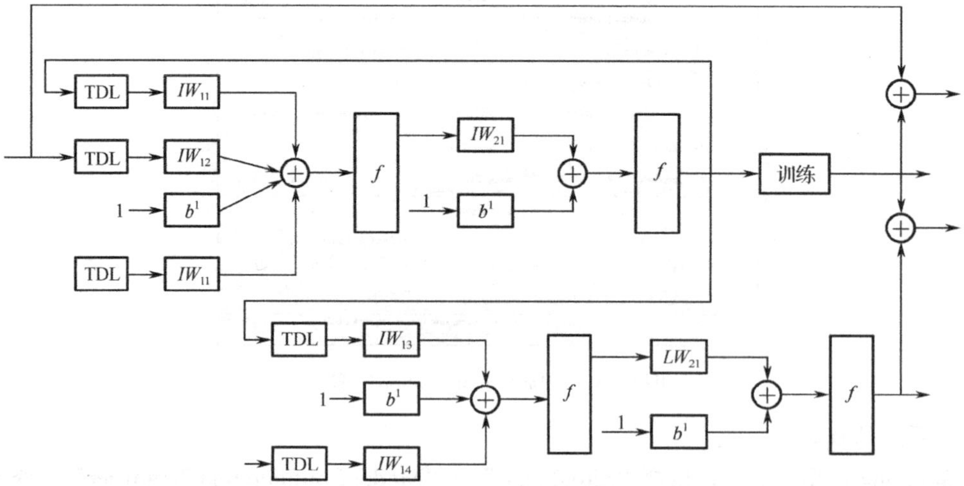

图 8-78　神经网络实验模型

有 3 组控制器输入：延迟的参考输入、延迟的控制输出和延迟的系统输出。对于每一种输入，可以选择延迟值。通常，随着系统阶次的增加，延迟的数目也增加。对于神经网络系统模型，有两组输入：延迟的控制器输出和延迟的系统输出。

下面结合 MATLAB 神经网络工具箱中提供的一个实例，介绍神经网络控制器的训练过程。

（1）问题描述。

图 8-79 中显示了一个简单的单连接机械臂，目的是控制它的运行。

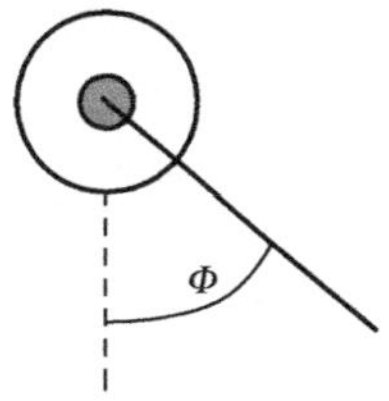

图 8-79　简单的单连接机械臂

建立它的运动方程为

$$\frac{\mathrm{d}^2\Phi}{\mathrm{d}t^2}=-10\sin\Phi-2\frac{\mathrm{d}\Phi}{\mathrm{d}t}+u$$

式中，Φ——机械臂的角度；

u——DC（直流）电机的转矩。

目标是训练控制器，使得机械臂能够跟踪参考模型：

$$\frac{\mathrm{d}^2 y_r}{\mathrm{d}t^2}=-9y_r-6\frac{\mathrm{d}y_r}{\mathrm{d}t}+9r$$

式中，y_r——参考模型的输出；

r——参考信号。

（2）模型建立。

MATLAB 的神经网络工具箱中提供了这个实例。控制器的输入包含了两个延迟参考输入、两个延迟系统输出和一个延迟控制器输出，采样间隔为 0.05s。

只需在 MATLAB 命令窗口中输入 mrefrobotarm，即可调用 Simulink，模型如图 8-80 所示。

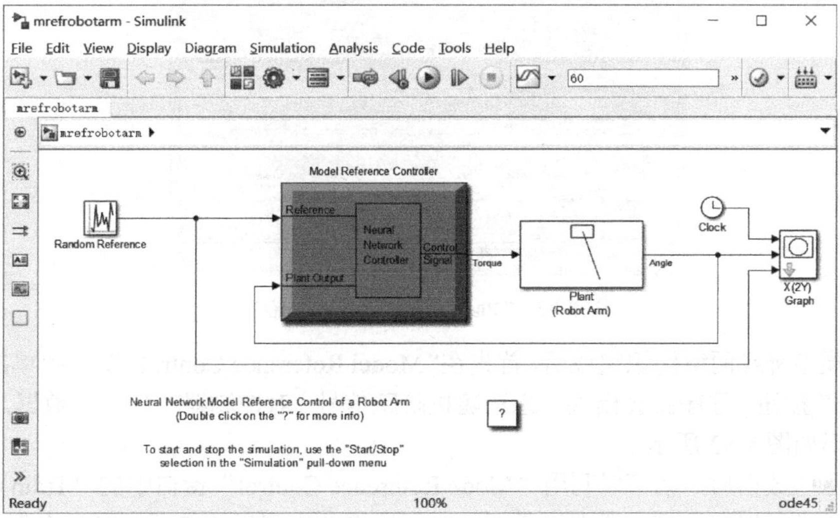

图 8-80　单连接机械臂模型

双击模型参考控制模块，将会产生一个“Model Reference Control”窗口，如图 8-81 所示。这个窗口用于训练模型参考神经网络。

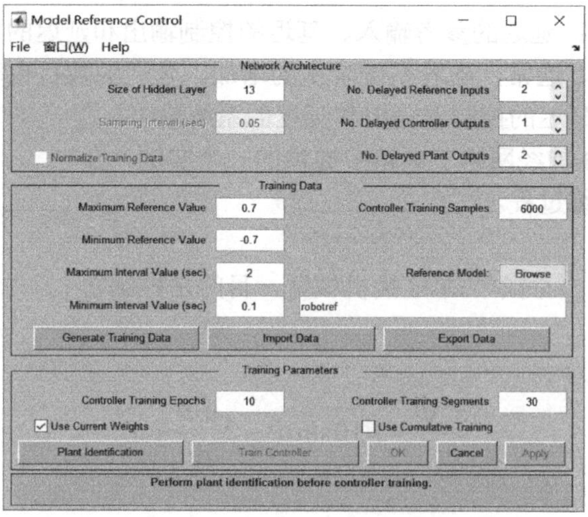

图 8-81 “Model Reference Control”窗口

单击“Plant Identification”按钮，将弹出一个“Plant Identification”窗口，如图 8-82 所示。系统辨识过程的操作同前。系统辨识结束后，单击“OK”按钮，返回图 8-81 所示的窗口。

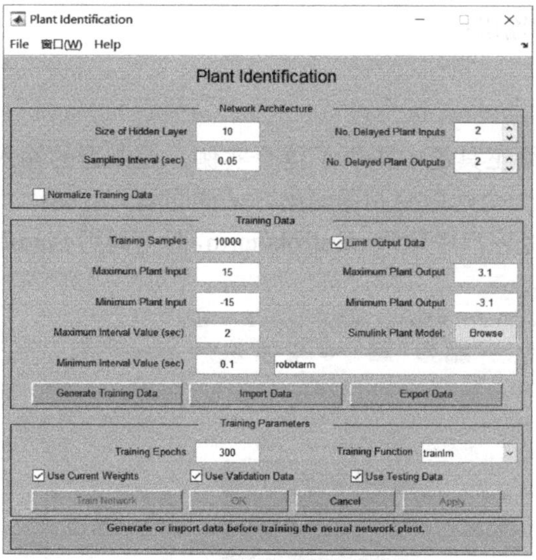

图 8-82 “Plant Identification”窗口

当系统模型神经网络辨识完成后，首先在“Model Reference Control”窗口中单击“Generate Training Data”按钮，程序就会提供一系列随机阶跃信号，对控制器产生训练数据，网络输入、输出小号波形如图 8-83 所示。

当接受这些数据后，就可以利用“Mode Reference Control”窗口中的“Train Controller”按钮对控制器进行训练。控制器训练需要的时间比系统模型训练需要的时间多得多，这是因为控制器必须使用动态反馈算法。

如果需要使用新的数据继续训练，可以在单击“Train Controller”按钮前再次单击“Generate Training Data”按钮或“Import Data”按钮（注意：确认“Use Current Weight”选项的复选框被选中)。另外，如果系统模型不够准确，也会影响控制器的训练。

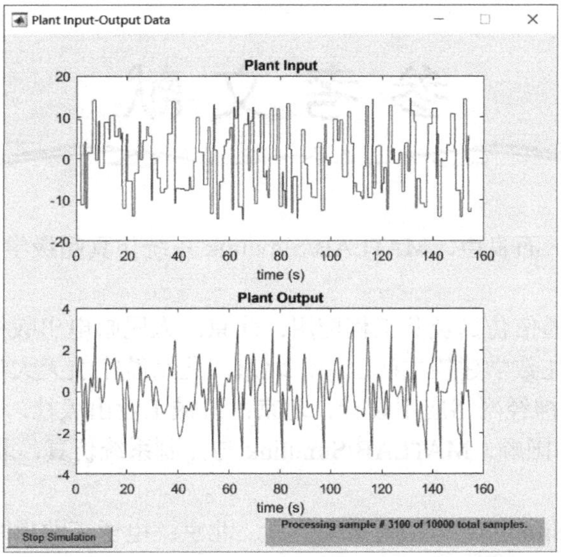

图 8-83　训练过程误差曲线

在“Model Reference Control”窗口中单击“OK”按钮，将训练好的神经网络控制器权值导入 Simulink 模型窗口，并返回 Simulink 模型窗口。

（3）系统仿真。

在 Simulink 模型系统仿真时，首先选择“Simulation”→“Model Configuration Parameters”命令设置相应的仿真参数，然后选择运行仿真按钮，得到神经网络训练曲线如图 8-83 所示。当仿真结束时，将会显示系统的输出和参考信号，效果如图 8-84 所示。

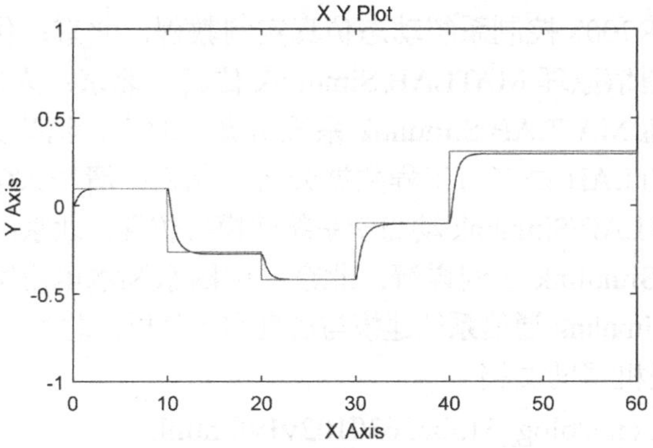

图 8-84　系统的输出和参考信号

参考文献

[1] MATLAB 技术联盟，石良臣．MATLAB/Simulink 系统仿真超级学习手册．北京：人民邮电出版社，2014.

[2] 邓华等．MATLAB 通信仿真及其工程应用．北京：人民邮电出版社，2003.

[3] 卓金武．MATLAB 在数学建模中的应用．北京：北京航空航天大学出版社，2011.

[4] 张德丰．MATLAB 神经网络应用设计．北京：机械工业出版社，2012.

[5] 王正林，王胜开，陈国顺．MATLAB/Simulink 与控制系统仿真．北京：电子工业出版社，2005.

[6] 王正林．MATLAB/Simulink 与控制系统仿真．北京：电子工业出版社，2012.

[7] 石辛民，郝整清．模糊控制及其 MATLAB 仿真．北京：北京交通大学出版社，2008.

[8] 邵佳，董辰辉．MATLAB/Simulink 通信系统建模与仿真实例精读．北京：电子工业出版社，2009.

[9] 王江，付文利．基于 MATLAB/Simulink 系系统仿真权威指南．北京：机械工业出版社，2013.

[10] 李颖．Simulink 动态系统建模与仿真．西安：西安电子科技大学出版社，2009.

[11] 葛哲学．精通 MATLAB．北京：电子工业出版社，2008.

[12] 赵彦玲，等．MATLAB 与 Simulink 工程应用．北京：电子工业出版社，2002.

[13] 杨发权，MATLAB 通信系统建模与仿真．北京：清华大学出版社，2015.

[14] 谢仕宏，MATLAB R2008 控制系统动态仿真实例教程．北京：化学工业出版社，2009.

[15] 张水英，徐伟强．通信原理 MATLAB/Simulink 仿真．北京：人民邮电出版社，2012.

[16] 李献，骆志伟．精通 MATLAB/Simulink 系统仿真．北京：清华大学出版社，2015.

[17] 隋思涟，王岩．MATLAB 语言与工程数据分析．北京：清华大学出版社，2009.

[18] 黎明安，钱利．MATLAB/Simulink 动力学系统建模与仿真．北京：国防工业出版社，2015.

[19] 周俊杰．MATLAB/Simulink 实例详解．北京：中国水利水电出版社，2014.

[20] 邵玉斌．MATLAB/Simulink 通信系统建模与仿真实例分析．北京：清华大学出版社，2008.

[21] MATLAB R2016a 联机帮助文档.

[22] http://blog. sina. com. cn/s/blog_513be2630102v1vf. html.

[23] http://baike. baidu. com/view/141313. htm.

[24] http://baike. Baidu. com/link?url=RyHN2-bGDtIgI8XDvYluMk-8PuQFZEO517IExP82I_Orxc4wxAELeMkbqbRX7x-FBUeBnHnlmBU9xsTXHMpcL.

[25] http://baike. baidu． com/link?url=xdVh4GjJ51wtjls-i6qnYHPjqhZghFOFBPMNH1KGR5UnlYCzAiqK0utUURgFY5WnTfAfaLBkpcAat2VYg8ovl3fg6-OX9ibA9mSm2lBjtGhBcwXRMbaLQmS86eax8rB04FWN41epmjrsnnM9wjf_7i0CUVsyr7crK4DJEXCM0Y5B3uF_7xX5Aq9b58n75v-rVKExHfoZvAVt4PZRd9ht2q#2.

反侵权盗版声明

举报电话：（010）88254396；（010）88258888

传　　真：（010）88254397

E-mail:　　dbqq@phei.com.cn

通信地址：北京市海淀区万寿路 173 信箱

　　　　　电子工业出版社总编办公室

邮　　编：100036